내가 뽑은 원픽! 최신 출제경향에 맞춘 최고의 수험서

2024

가스 산업기사 필기

과년도 문제풀이 7개년

권오수·박창현·전삼종 공저

한국가스신문사
(사)한국가스기술인협회

예문사

PREFACE

머리말

가스는 통상적으로 압축가스, 액화가스, 용해가스로 나누며, 성분에 따라 가연성가스, 독성가스, 조연성가스, 불연성가스로 나눈다. 가스는 일반적으로 고압용기에 저장하며, 특히 가연성가스는 폭발의 위험이 있고, 독성가스는 인체에 해를 크게 끼치므로 항상 조심스럽고 안전하게 취급해야 하는 기체이다.

가스는 최근에 제정된 「중대재해 처벌 등에 관한 법률」에 해당하는 유체로서 아무나 취급하지 못하게 하기 위하여 가스 분야 기술자격증(가스기사, 가스산업기사, 가스기능장, 가스기능사)을 취득한 사람만이 취급 및 설비 시공이 가능하도록 하고 있다.

본 저자는 수십 년간 가스 분야의 저술가로 활동하였고 (사)한국가스기술인협회를 창립하고 회장에 취임하여 현직에서 활발하게 직무를 수행하고 있다.

그동안의 오랜 경험과 노하우를 반영한 《가스산업기사 필기 과년도 문제풀이 7개년》은 해마다 되풀이되는 가스사고의 예방과 산업안전에 큰 도움이 되고자 저술하였고, 이 책이 여러분이 자격증을 취득하는 데 밀알이 되기를 바란다.

최선을 다하여 저술하였으나 오류가 있으면 수정하고, 독자분들의 의견을 수렴하여 계속 보완해 나갈 것을 약속드린다.

마지막으로 이 책을 출간하는 데 많이 도와주신 도서출판 예문사 정용수 사장님과 편집부 직원들에게 감사 인사를 전한다.

권오수

INFORMATION

최신 출제기준

직무 분야	안전관리	중직무 분야	안전관리	자격 종목	가스산업기사	적용 기간	2024. 1. 1. ~ 2027. 12. 31.

직무내용 : 가스 및 용기제조의 공정관리, 가스의 사용방법 및 취급요령 등을 위해 예방을 위한 지도 및 감독업무와 저장, 판매, 공급 등의 과정에서 안전관리를 위한 지도 및 감독 업무를 수행하는 직무이다.

필기검정방법	객관식	문제수	80	시험시간	2시간

필기과목명	출제 문제수	주요항목	세부항목	세세항목
연소공학	20	1. 연소이론	1. 연소기초	1. 연소의 정의 2. 열역학 법칙 3. 열전달 4. 열역학의 관계식 5. 연소속도 6. 연소의 종류와 특성
			2. 연소계산	1. 연소현상 이론 2. 이론 및 실제 공기량 3. 공기비 및 완전연소 조건 4. 발열량 및 열효율 5. 화염온도 6. 화염전파 이론
		2. 가스의 특성	1. 가스 폭발	1. 폭발 범위 2. 폭발 및 확산 이론 3. 폭발의 종류
		3. 가스안전	1. 가스화재 및 폭발방지 대책	1. 가스폭발의 예방 및 방호 2. 가스화재 소화이론 3. 방폭구조의 종류 4. 정전기 발생 및 방지대책
가스설비	20	1. 가스설비	1. 가스설비	1. 가스제조 및 충전설비 2. 가스기화장치 3. 저장설비 및 공급방식 4. 내진설비 및 기술사항
			2. 조정기와 정압기	1. 조정기 및 정압기의 설치 2. 정압기의 특성 및 구조 3. 부속설비 및 유지관리
			3. 압축기 및 펌프	1. 압축기의 종류 및 특성 2. 펌프의 분류 및 각종 현상 3. 고장원인과 대책 4. 압축기 및 펌프의 유지관리

필기과목명	출제 문제수	주요항목	세부항목	세세항목
			4. 저온장치	1. 저온생성 및 냉동사이클, 냉동장치 2. 공기액화사이클 및 액화 분리장치
			5. 배관의 부식과 방식	1. 부식의 종류 및 원리 2. 방식의 원리 3. 방식시설의 설계, 유지관리 및 측정
			6. 배관재료 및 배관설계	1. 배관설비, 관이음 및 가공법 2. 가스관의 용접 · 융착 3. 관경 및 두께계산 4. 재료의 강도 및 기계적 성질 5. 유량 및 압력손실 계산 6. 밸브의 종류 및 기능
		2. 재료의 선정 및 시험	1. 재료의 선정	1. 금속재료의 강도 및 기계적 성질 2. 고압장치 및 저압장치재료
			2. 재료의 시험	1. 금속재료의 시험 2. 비파괴 검사
		3. 가스용기기	1. 가스사용기기	1. 용기 및 용기밸브 2. 연소기 3. 콕 및 호스 4. 특정설비 5. 안전장치 6. 차단용밸브 7. 가스누출경보/차단장치
가스안전관리	20	1. 가스에 대한 안전	1. 가스제조 및 공급, 충전 등에 관한 안전	1. 고압가스 제조 및 공급 · 충전 2. 액화석유가스 제조 및 공급 · 충전 3. 도시가스 제조 및 공급 · 충전 4. 수소 제조 및 공급 · 충전
		2. 가스사용시설 관리 및 검사	1. 가스저장 및 사용에 관한 안전	1. 저장 탱크 2. 탱크로리 3. 용기 4. 저장 및 사용시설
		3. 가스사용 및 취급	1. 용기, 냉동기, 가스용품, 특정설비 등 제조 및 수리 등에 관한 안전	1. 고압가스 용기제조 수리 검사 2. 냉동기기 제조, 특정설비 제조 수리 3. 가스용품 제조
			2. 가스사용 · 운반 · 취급 등에 관한 안전	1. 고압가스 2. 액화석유가스 3. 도시가스 4. 수소

INFORMATION

최신 출제기준

필기과목명	출제 문제수	주요항목	세부항목	세세항목
			3. 가스의 성질에 관한 안전	1. 가연성가스 2. 독성가스 3. 기타가스
		4. 가스사고 원인 및 조사, 대책수립	1. 가스안전사고 원인 조사 분석 및 대책	1. 화재사고 2. 가스폭발 3. 누출사고 4. 질식사고 등 5. 안전관리 이론, 안전교육 및 자체검사
가스계측	20	1. 계측기기	1. 계측기기의 개요	1. 계측기 원리 및 특성 2. 제어의 종류 3. 측정과 오차
			2. 가스계측기기	1. 압력계측 2. 유량계측 3. 온도계측 4. 액면 및 습도계측 5. 밀도 및 비중의 계측 6. 열량계측
		2. 가스분석	1. 가스분석	1. 가스 검지 및 분석 2. 가스 기기분석
		3. 가스미터	1. 가스미터의 기능	1. 가스미터의 종류 및 계량 원리 2. 가스미터의 크기선정 3. 가스미터의 고장처리
		4. 가스시설의 원격감시	1. 원격감시장치	1. 원격감시장치의 원리 2. 원격감시장치의 이용 3. 원격감시 설비의 설치 · 유지

직무 분야	안전관리	중직무 분야	안전관리	자격 종목	가스산업기사	적용 기간	2024. 1. 1. ~ 2027. 12. 31.

직무내용 : 가스 및 용기제조의 공정관리, 가스의 사용방법 및 취급요령 등을 위해 예방을 위한 지도 및 감독업무와 저장, 판매, 공급 등의 과정에서 안전관리를 위한 지도 및 감독 업무를 수행하는 직무이다.

수행준거 : 1. 가스제조에 대한 전문적인 지식 및 기능을 가지고 각종 가스를 제조, 설치 및 정비작업을 할 수 있다.
2. 가스설비, 운전, 저장 및 공급에 대한 취급과 가스장치의 고장 진단 및 유지관리를 할 수 있다.
3. 가스기기 및 설비에 대한 검사업무 및 가스안전관리에 관한 업무를 수행할 수 있다.

실기검정방법	복합형	시험시간	필답형 : 1시간 30분, 작업형 : 1시간 30분 정도

실기과목명	주요항목	세부항목	세세항목
가스 실무	1. 가스설비 실무	1. 가스 설비 설치하기	1. 고압가스 설비를 설계 · 설치관리 할 수 있다. 2. 액화석유가스 설비를 설계 · 설치관리 할 수 있다. 3. 도시가스 설비를 설계 · 설치관리 할 수 있다. 4. 수소 설비를 설계·설치관리 할 수 있다.
		2. 가스 설비 유지관리 하기	1. 고압가스 설비를 안전하게 유지관리 할 수 있다. 2. 액화석유가스 설비를 안전하게 유지관리 할 수 있다. 3. 도시가스 설비를 안전하게 유지관리 할 수 있다. 4. 수소 설비를 안전하게 유지관리 할 수 있다.
	2. 안전관리 실무	1. 가스안전 관리하기	1. 용기, 가스용품, 저장탱크 등 가스설비 및 기기의 취급운반에 대한 안전 대책을 수립할 수 있다. 2. 가스폭발 방지를 위한 대책을 수립하고, 사고발생 시 신속히 대응할 수 있다. 3. 가스시설의 평가, 진단 및 검사를 할 수 있다.
		2. 가스 안전검사 수행하기	1. 가스관련 안전인증대상 기계 · 기구와 자율안전 확인 대상 기계·기구 등을 구분할 수 있다. 2. 가스관련 의무안전인증 대상 기계·기구와 자율안전 확인대상 기계·기구 등에 따른 위험성의 세부적인 종류, 규격, 형식의 위험성을 적용할 수 있다. 3. 가스관련 안전인증 대상 기계·기구와 자율안전 대상 기계 · 기구 등에 따른 기계 · 기구에 대하여 측정장비를 이용하여 정기적인 시험을 실시 할 수 있도록 관리계획을 작성할 수 있다. 4. 가스관련 안전인증 대상 기계 · 기구와 자율안전 대상 기계 · 기구 등에 따른 기계 · 기구 설치방법 및 종류에 의한 장단점을 조사할 수 있다. 5. 공정진행에 의한 가스관련 안전인증 대상 기계 · 기구와 자율안전 확인 대상 기계 · 기구 등에 따른 기계기구의 설치, 해체, 변경 계획을 작성할 수 있다.

CBT 전면시행에 따른

CBT PREVIEW

한국산업인력공단(www.q-net.or.kr)에서는 실제 컴퓨터 필기시험 환경과 동일하게 구성된 자격검정 CBT 웹 체험을 제공하고 있습니다. 또한, 예문사 홈페이지(http://yeamoonsa.com)에서도 CBT 형태의 모의고사를 풀어볼 수 있으니 참고하여 활용하시기 바랍니다.

수험자 정보 확인

시험장 감독위원이 컴퓨터에 나온 수험자 정보와 신분증이 일치하는지를 확인하는 단계입니다. 수험번호, 성명, 주민등록번호, 응시종목, 좌석번호를 확인합니다.

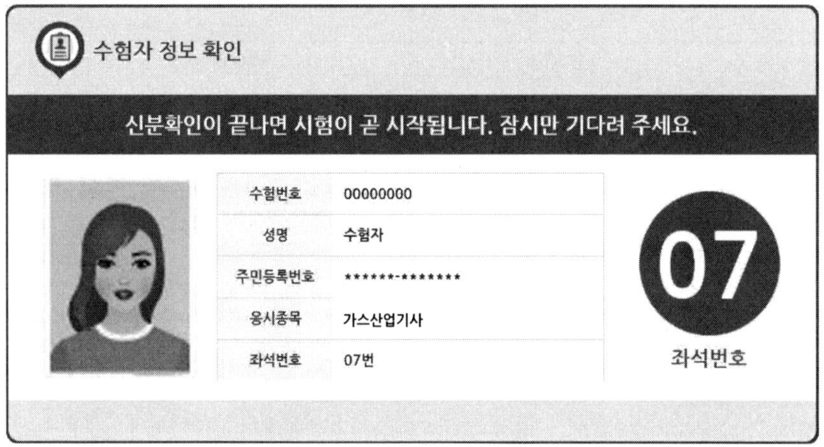

안내사항

시험에 관련된 안내사항이므로 꼼꼼히 읽어보시기 바랍니다.

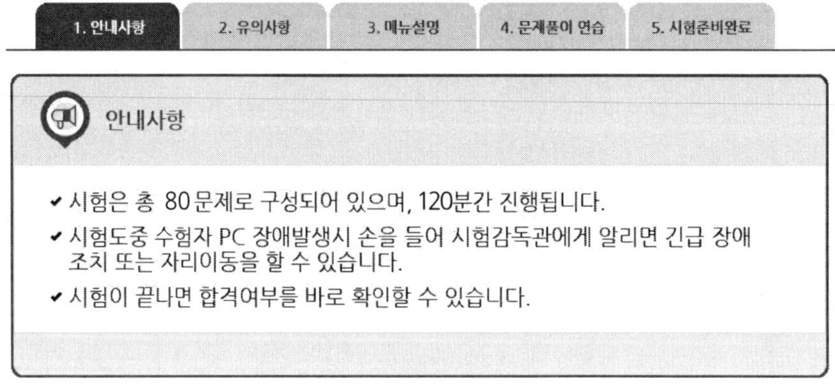

유의사항

부정행위는 절대 안 된다는 점, 잊지 마세요!

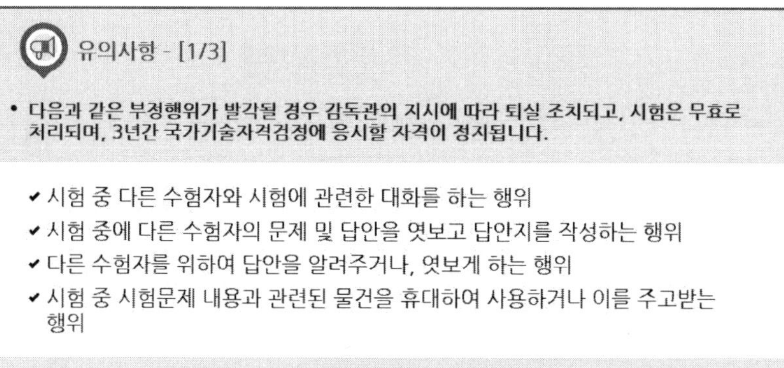

문제풀이 메뉴 설명

문제풀이 메뉴에 대한 주요 설명입니다. CBT에 익숙하지 않다면 꼼꼼한 확인이 필요합니다. (글자크기/화면배치, 전체/안 푼 문제 수 조회, 남은 시간 표시, 답안 표기 영역, 계산기 도구, 페이지 이동, 안 푼 문제 번호 보기/답안 제출)

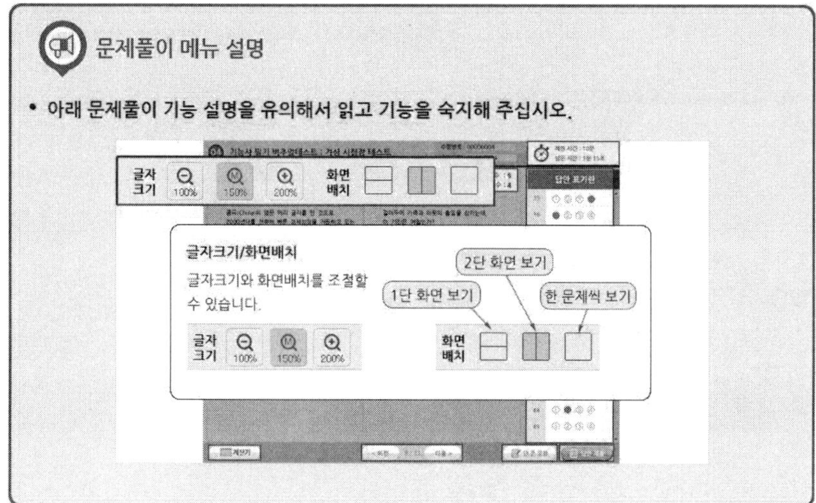

CBT 전면시행에 따른

CBT PREVIEW

시험준비 완료!

이제 시험에 응시할 준비를 완료합니다.

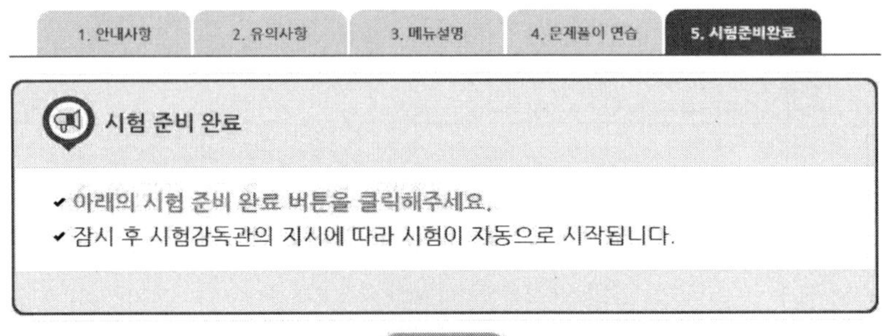

시험화면

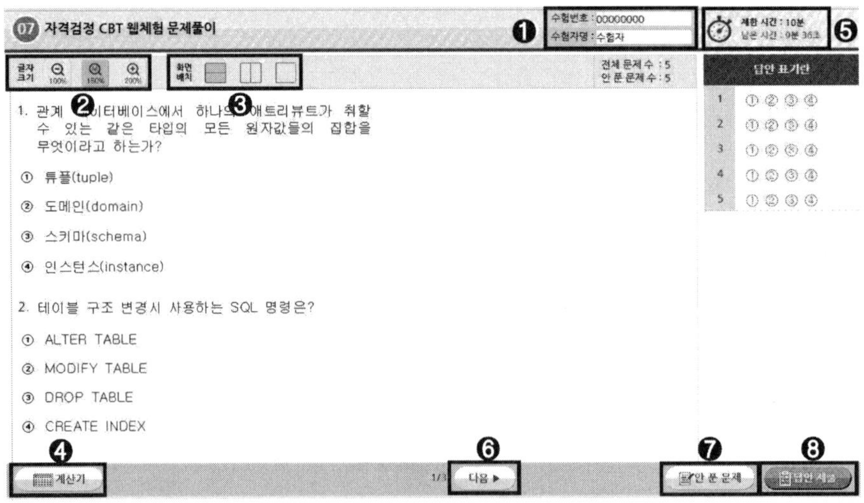

❶ 수험번호, 수험자명 : 본인이 맞는지 확인합니다.
❷ 글자크기 : 100%, 150%, 200%로 조정 가능합니다.
❸ 화면배치 : 2단 구성, 1단 구성으로 변경합니다.
❹ 계산기 : 계산이 필요할 경우 사용합니다.
❺ 제한 시간, 남은 시간 : 시험시간을 표시합니다.
❻ 다음 : 다음 페이지로 넘어갑니다.
❼ 안 푼 문제 : 답안 표기가 되지 않은 문제를 확인합니다.
❽ 답안 제출 : 최종답안을 제출합니다.

답안 제출

문제를 다 푼 후 답안 제출을 클릭하면 다음과 같은 메시지가 출력됩니다.
여기서 '예'를 누르면 답안 제출이 완료되며 시험을 마칩니다.

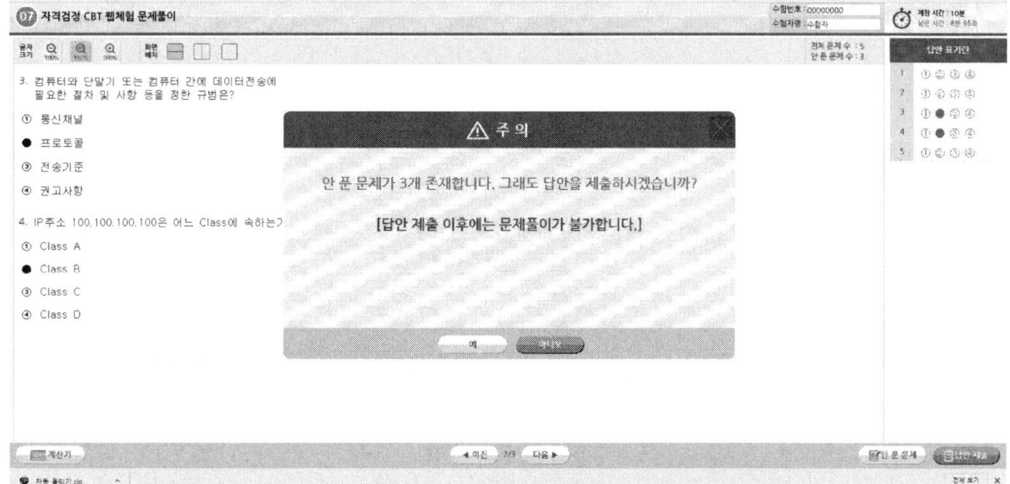

알고 가면 쉬운 CBT 4가지 팁

1. 시험에 집중하자.
기존 시험과 달리 CBT 시험에서는 같은 고사장이라도 각기 다른 시험에 응시할 수 있습니다. 옆 사람은 다른 시험을 응시하고 있으니, 자신의 시험에 집중하면 됩니다.

2. 필요하면 연습지를 요청하자.
응시자의 요청에 한해 시험장에서는 연습지를 제공하고 있습니다. 연습지는 시험이 종료되면 회수되므로 필요에 따라 요청하시기 바랍니다.

3. 이상이 있으면 주저하지 말고 손을 들자.
갑작스럽게 프로그램 문제가 발생할 수 있습니다. 이때는 주저하며 시간을 허비하지 말고, 즉시 손을 들어 감독관에게 문제점을 알려주시기 바랍니다.

4. 제출 전에 한 번 더 확인하자.
시험 종료 이전에는 언제든지 제출할 수 있지만, 한 번 제출하고 나면 수정할 수 없습니다. 맞게 표기하였는지 다시 확인해보시기 바랍니다.

CBT 모의고사 이용 가이드

• 인터넷에서 [예문사]를 검색하여 홈페이지에 접속합니다.
• PC, 휴대폰, 태블릿 등을 이용해 사용이 가능합니다.

STEP 1 회원가입 하기

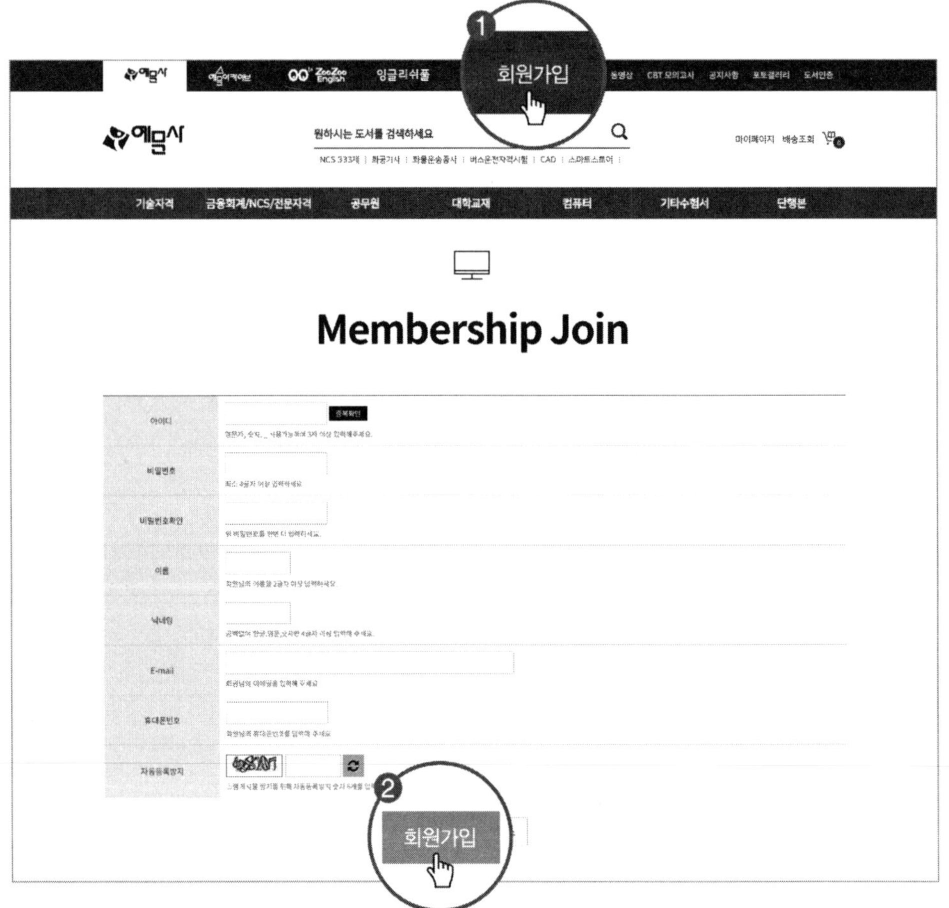

1. 메인 화면 상단의 [회원가입] 버튼을 누르면 가입 화면으로 이동합니다.
2. 입력을 완료하고 아래의 [회원가입] 버튼을 누르면 **인증절차 없이 바로 가입**이 됩니다.

STEP 2 시리얼 번호 확인 및 등록

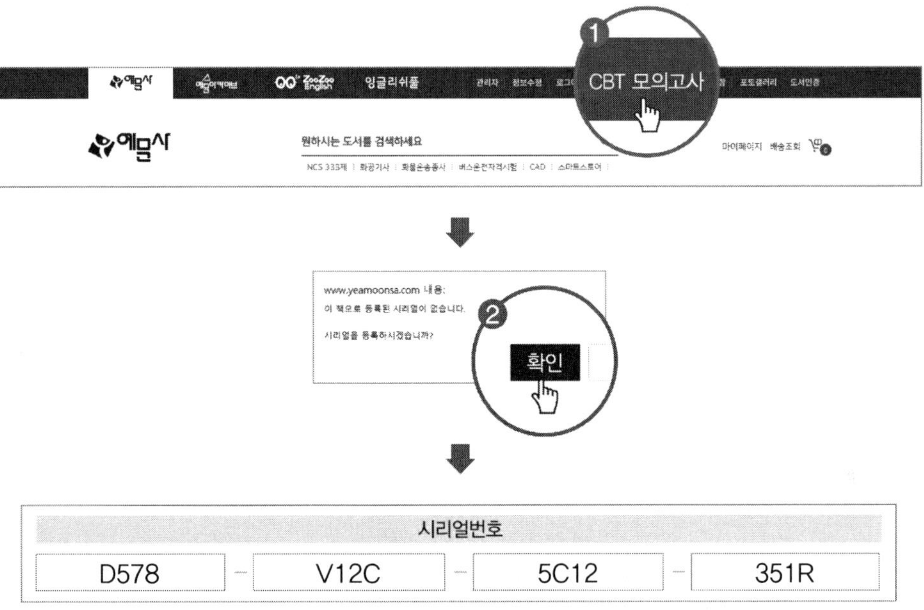

1. 로그인 후 메인 화면 상단의 [CBT 모의고사]를 누른 다음 **수강할 강좌를 선택**합니다.
2. 시리얼 등록 안내 팝업창이 뜨면 [확인]을 누른 뒤 **시리얼 번호를 입력**합니다.

STEP 3 등록 후 사용하기

1. 시리얼 번호 입력 후 [마이페이지]를 클릭합니다.
2. 등록된 CBT 모의고사는 [모의고사]에서 확인할 수 있습니다.

C O N T E N T S

이책의 차례

제1편 과년도 기출문제

2019년

2020년

제2편 CBT 실전모의고사

가스산업기사는 2020년 4회 시험부터 CBT(Computer-Based Test)로 전면 시행됩니다.

1 불연성가스

1) 개요

공기중에서 연소성이 없는 가스

2) 종류

질소, 이산화탄소, 알곤 등 희가스 6개, 수증기, 아황산가스

2 조연성가스

1) 개요

자기 자신은 연소하지 않고 가연성가스가 연소하는데 도움을 주는 가스

2) 종류

산소, 오존, 공기, 불소, 염소, 이산화질소, 일산화질소

3 가연성가스

1) 개요

① 공기와 혼합된 경우 연소를 일으킬 수 있는 공기 중의 가스농도 한계를 말한다.
② 공기 중에서 폭발한계의 하한이 10% 이하이거나 폭발한계의 상한과 하한의 차가 각각 20% 이상인 것을 말한다.

2) 종류

아크릴로니트릴, 아크릴알데히드, 아세트알데히드, 아세틸렌, 암모니아, 수소, 황화수소, 시안화수소, 일산화탄소, 이황화탄소, 메탄, 염화메탄, 브롬화메탄, 에탄, 염화에탄, 염화비닐, 에틸렌, 산화에틸렌, 프로판, 시클로프로판, 프로필렌, 산화프로필렌, 부탄, 부타디엔, 부틸렌, 메틸에테르, 모노메틸아민, 디메틸아민, 트리메틸아민, 에틸아민, 벤젠, 에틸벤젠

4 독성가스 종류

1) 개요

① 공기 중에서 일정량 이상 존재하는 경우 인체에 유해한 독성을 가진 가스로서 허용농도 100만분의 5,000 이하인 가스를 말한다.

② 해당가스를 성숙한 흰쥐 집단에게 대기 중에서 1시간 동안 계속하여 노출시킨 경우 14일 이내에 그 흰쥐의 2분의 1 이상이 죽게 되는 가스의 농도를 말한다.

2) 종류(31개)

아크릴로니트릴, 아크릴알데히드, 아황산가스, 암모니아, 일산화탄소, 이황화탄소, 불소, 염소, 브롬화메탄, 염화메탄, 염화프렌, 산화에틸렌, 시안화수소, 황화수소, 모노메틸아민, 디메틸아민, 트리메틸아민, 벤젠, 포스핀, 요오드화수소, 브롬화수소, 염화수소, 불화수소, 겨자가스, 알진, 모노실란, 디실란, 디보레인, 세렌화수소, 포스핀, 모노게르만

5 가연성가스이면서 독성가스 종류

1) 개요

연소성이 있는 가스로서 독성이 있는 가스

2) 종류(16개)

아크릴로리트릴, 아크릴알데히드, 암모니아, 일산화탄소, 이황화탄소, 브롬화메탄, 염화메탄, 산화에틸렌, 시안화수소, 황화수소, 모노메틸아민, 디메틸아민, 트리메틸아민, 벤젠, 염화메탄, 시안화수소

6 고압가스안전관리법

1) 용어설명

• 액화가스 : 가압(加壓)·냉각 등의 방법에 의하여 액체상태로 되어 있는 것으로서 대기압에서의 끓는점이 섭씨 40도 이하 또는 상용 온도 이하인 것

• 압축가스 : 일정한 압력에 의하여 압축되어 있는 가스

- 저장설비 : 고압가스를 충전 · 저장하기 위한 설비로서 저장탱크 및 충전용기보관설비
- 저장능력 : 저장설비에 저장할 수 있는 고압가스의 양으로서 시행규칙 별표 1에 따라 산정된 것
- 저장탱크 : 고압가스를 충전 · 저장하기 위하여 지상 또는 지하에 고정 설치된 탱크
- 초저온저장탱크 : 섭씨 영하 50도 이하의 액화가스를 저장하기 위한 저장탱크로서 단열재를 씌우거나 냉동설비로 냉각시키는 등의 방법으로 저장탱크 내의 가스온도가 상용의 온도를 초과하지 아니하도록 한 것
- 저온저장탱크 : 액화가스를 저장하기 위한 저장탱크로서 단열재를 씌우거나 냉동설비로 냉각시키는 등의 방법으로 저장탱크 내의 가스온도가 상용의 온도를 초과하지 아니하도록 한 것 중 초저온저장탱크와 가연성가스 저온저장탱크를 제외한 것
- 가연성가스 저온저장탱크 : 대기압에서의 끓는점이 섭씨 0도 이하인 가연성가스를 섭씨 0도 이하인 액체 또는 해당 가스의 기상부의 상용 압력이 0.1메가파스칼 이하인 액체상태로 저장하기 위한 저장탱크로서 단열재를 씌우거나 냉동설비로 냉각하는 등의 방법으로 저장탱크 내의 가스온도가 상용 온도를 초과하지 아니하도록 한 것
- 차량에 고정된 탱크 : 고압가스의 수송 · 운반을 위하여 차량에 고정 설치된 탱크
- 초저온용기 : 섭씨 영하 50도 이하의 액화가스를 충전하기 위한 용기로서 단열재를 씌우거나 냉동설비로 냉각시키는 등의 방법으로 용기 내의 가스온도가 상용 온도를 초과하지 아니하도록 한 것
- 저온용기 : 액화가스를 충전하기 위한 용기로서 단열재를 씌우거나 냉동설비로 냉각시키는 등의 방법으로 용기 내의 가스온도가 상용의 온도를 초과하지 아니하도록 한 것 중 초저온용기 외의 것
- 충전용기 : 고압가스의 충전질량 또는 충전압력의 2분의 1 이상이 충전되어 있는 상태의 용기
- 잔가스용기 : 고압가스의 충전질량 또는 충전압력의 2분의 1 미만이 충전되어 있는 상태의 용기

- 가스설비 : 고압가스의 제조 · 저장 · 사용 설비(제조 · 저장 · 사용 설비에 부착된 배관을 포함하며, 사업소 밖에 있는 배관은 제외) 중 가스(제조 · 저장되거나 사용 중인 고압가스, 제조공정 중에 있는 고압가스가 아닌 상태의 가스, 해당 고압가스제조의 원료가 되는 가스 및 고압가스가 아닌 상태의 수소)가 통하는 설비

- 고압가스설비 : 가스설비 중 다음의 설비를 말한다.
  ㉠ 고압가스가 통하는 설비
  ㉡ ㉠에 따른 설비와 연결된 것으로서 고압가스가 아닌 상태의 수소가 통하는 설비. 다만, 「수소경제 육성 및 수소 안전관리에 관한 법률」에 따른 수소연료사용시설에 설치된 설비는 제외한다.

- 처리설비 : 압축 · 액화나 그 밖의 방법으로 가스를 처리할 수 있는 설비 중 고압가스의 제조(충전을 포함한다)에 필요한 설비와 저장탱크에 딸린 펌프 · 압축기 및 기화장치

- 감압설비 : 고압가스의 압력을 낮추는 설비

- 처리능력 : 처리설비 또는 감압설비에 의하여 압축 · 액화나 그 밖의 방법으로 1일에 처리할 수 있는 가스의 양(온도 섭씨 0도, 게이지압력 0파스칼의 상태를 기준으로 한다. 이하 같다)

- 불연재료(不燃材料) : 「건축법 시행령」에 따른 불연재료

- 방호벽(防護壁) : 높이 2미터 이상, 두께 12센티미터 이상의 철근콘크리트 또는 이와 같은 수준 이상의 강도를 가지는 구조의 벽

- 보호시설 : 제1종보호시설 및 제2종보호시설로서 시행규칙 별표 2에서 정한 것

- 용접용기 : 동판 및 경판(동체의 양 끝부분에 부착하는 판을 말한다. 이하 같다)을 각각 성형하고 용접하여 제조한 용기

- 이음매 없는 용기 : 동판 및 경판을 일체(一體)로 성형하여 이음매가 없이 제조한 용기

- 접합 또는 납붙임용기 : 동판 및 경판을 각각 성형하여 심(Seam)용접이나 그 밖의 방법으로 접합하거나 납붙임하여 만든 내용적(內容積) 1리터 이하인 일회용 용기

- 충전설비 : 용기 또는 차량에 고정된 탱크에 고압가스를 충전하기 위한 설비로서 충전기와 저장탱크에 딸린 펌프 · 압축기를 말한다.

• 특수고압가스 : 압축모노실란 · 압축디보레인 · 액화알진 · 포스핀 · 세렌화수소 · 게르만 · 디실란 및 그 밖에 반도체의 세정 등 산업통상자원부장관이 인정하는 특수한 용도에 사용되는 고압가스

2) 저장능력

"산업통상자원부령으로 정하는 일정량"이란 다음 내용에 따른 저장능력을 말한다.

① 액화가스 : 5톤. 다만, 독성가스인 액화가스의 경우에는 1톤(허용농도가 100만분의 200 이하인 독성가스인 경우에는 100킬로그램)

② 압축가스 : 500세제곱미터. 다만, 독성가스인 압축가스의 경우에는 100세제곱미터(허용농도가 100만분의 200 이하인 독성가스인 경우에는 10세제곱미터)

3) 냉동능력

"산업통상자원부령으로 정하는 냉동능력"이란 시행규칙 별표 3에 따른 냉동능력 산정기준에 따라 계산된 냉동능력 3톤을 말한다.

4) 안전설비

"산업통상자원부령으로 정하는 것"이란 다음 내용의 어느 하나에 해당하는 안전설비를 말하며, 그 안전설비의 구체적인 범위는 산업통상자원부장관이 정하여 고시한다.

① 독성가스 검지기

② 독성가스 스크러버

③ 밸브

5) 고압가스 관련 설비

"산업통상자원부령으로 정하는 고압가스 관련 설비"란 다음 내용의 설비를 말한다.

① 안전밸브 · 긴급차단장치 · 역화방지장치

② 기화장치

③ 압력용기

④ 자동차용 가스 자동주입기

⑤ 독성가스배관용 밸브

⑥ 냉동설비를 구성하는 압축기 · 응축기 · 증발기 또는 압력용기(이하 "냉동용특정설비"라 한다). 다만 일체형 냉동기는 제외한다.

⑦ 고압가스용 실린더캐비닛

⑧ 자동차용 압축천연가스 완속충전설비(처리능력이 시간당 18.5세제곱미터 미만인 충전설비)

⑨ 액화석유가스용 용기 잔류가스회수장치

⑩ 차량에 고정된 탱크

가스산업기사 필기 과년도 문제풀이 7개년

INDUSTRIAL ENGINEER GAS

PART

01

과년도 기출문제

2014년 1회 가스산업기사

SECTION 01 연소공학

01 화학반응속도를 지배하는 요인에 대한 설명으로 옳은 것은?

① 압력이 증가하면 반응속도는 항상 증가한다.
② 생성물질의 농도가 커지면 반응속도는 항상 증가한다.
③ 자신은 변하지 않고 다른 물질의 화학변화를 촉진하는 물질을 부촉매라고 한다.
④ 온도가 높을수록 반응속도가 증가한다.

해설 화학반응에서도 온도가 10℃ 상승함에 따라 반응속도가 약 2배 증가한다.

02 다음 반응에서 평형을 오른쪽으로 이동하여 생성물을 더 많이 얻으려면 어떻게 해야 하는가?

$$CO + H_2O \rightleftarrows H_2 + CO_2 + Qkcal$$

① 온도를 높인다. ② 압력을 높인다.
③ 온도를 낮춘다. ④ 압력을 낮춘다.

해설 발열반응이므로 온도는 낮추고 압력은 부피가 일정하므로 큰 영향이 없다.

03 연소범위에 대한 온도의 영향으로 옳은 것은?

① 온도가 낮아지면 방열속도가 느려져서 연소범위가 넓어진다.
② 온도가 낮아지면 방열속도가 느려져서 연소범위가 좁아진다.
③ 온도가 낮아지면 방열속도가 빨라져서 연소범위가 넓어진다.
④ 온도가 낮아지면 방열속도가 빨라져서 연소범위가 좁아진다.

해설
- 연소온도가 낮아지면 주위에 열이 전달되어 연소물 주위의 방열속도가 빨라져 온도가 내려가고 연소범위도 좁아진다.
- 연소범위(폭발범위)는 온도와 압력이 증가하면 넓어진다.

04 안전간격에 대한 설명으로 옳지 않은 것은?

① 안전간격은 방폭전기기기 등의 설계에 중요하다.
② 한계직경은 가는 관 내부를 화염이 진행할 때 도중에 꺼지는 관의 직경이다.
③ 두 평행판 간의 거리를 화염이 전파하지 않을 때까지 좁혔을 때 그 거리를 소염거리라고 한다.
④ 발화의 제반조건을 갖추었을 때 화염이 최대한으로 전파되는 거리를 화염일주라고 한다.

해설 화염일주는 발화의 제반조건에서 화염이 내부에서 외부로 전파되지 않는 거리이다(온도나 압력 가스조성의 조건이 갖추어져도 용기가 작으면 발화하지 않고 부분적으로 발화하여도 화염이 전파되지 않고 도중에 꺼져 버리는 현상이다).

05 상온, 상압하에서 에탄(C_2H_6)이 공기와 혼합되는 경우 폭발범위는 약 몇 %인가?

① 3.0~10.5% ② 3.0~12.5%
③ 2.7~10.5% ④ 2.7~12.5%

해설 에탄(C_2H_4)
㉠ 폭발범위 : 3~12.5%
㉡ 안전간격이 0.6mm 이상인 1등급 가스이다.

06 폭발과 관련한 가스의 성질에 대한 설명으로 옳지 않은 것은?

① 연소속도가 큰 것일수록 위험하다.
② 인화온도가 낮을수록 위험하다.
③ 안전간격이 큰 것일수록 위험하다.
④ 가스의 비중이 크면 낮은 곳에 체류한다.

해설 가연성 가스는 안전간격이 작을수록 위험하다.

1. ④ 2. ③ 3. ④ 4. ④ 5. ② 6. ③ | ANSWER

07 다음 반응식을 이용하여 메탄(CH_4)의 생성열을 계산하면?

㉠ $C+O_2 \rightarrow CO_2$	$\Delta H=-97.2$kcal/mol
㉡ $H_2+\frac{1}{2}O_2 \rightarrow H_2O$	$\Delta H=-57.6$kcal/mol
㉢ $CH_4+2O_2 \rightarrow CO_2+2H_2O$	$\Delta H=-194.4$kcal/mol

① $\Delta H=-17$kcal/mol
② $\Delta H=-18$kcal/mol
③ $\Delta H=-19$kcal/mol
④ $\Delta H=-20$kcal/mol

해설 생성열(ΔH) : ㉠+2×㉡−㉢
$\Delta H=(-97.2\text{kcal/mol})\times(2\times-57.6\text{kcal/mol})$
-194.4kcal/mol
∴ 생성열(ΔH) = −18kcal/mol

※ 생성열 : 화합물 1몰이 2성분 원소의 단체로부터 생성될 때 발생 또는 흡수되는 에너지이다.
($C+O_2 \rightarrow CO_2+94.1$kcal)

08 공기 중에서 압력을 증가시켰더니 폭발범위가 좁아지다가 고압 이후부터 폭발범위가 넓어지기 시작했다. 어떤 가스인가?

① 수소
② 일산화탄소
③ 메탄
④ 에틸렌

해설 수소는 압력을 높이면 폭발범위가 약간 좁아지다가 일정 압력 이상의 고압이 되면 폭발범위가 넓어지는 특성이 있다.

09 다음 기체 가연물 중 위험도(H)가 가장 큰 것은?

① 수소 ② 아세틸렌
③ 부탄 ④ 메탄

해설 위험도$(H)=\dfrac{U(\text{상한})-L(\text{하한})}{L(\text{하한})}$

※ 연소범위(폭발범위)가 넓을수록, 하한이 낮을수록 위험하다(아세틸렌 폭발범위 : 2.5~81%).

10 가연성 물질의 위험성에 대한 설명으로 틀린 것은?

① 화염일주한계가 작을수록 위험성이 크다.
② 최소 점화에너지가 작을수록 위험성이 크다.
③ 위험도는 폭발상한과 하한의 차를 폭발하한계로 나눈 값이다.
④ 암모니아의 위험도는 2이다.

해설 암모니아(NH_3)
㉠ 연소범위 : 15~28%
㉡ 위험도$(H)=\dfrac{28-15}{15}=0.867$

11 다음 연료 중 착화온도가 가장 낮은 것은?

① 벙커 C유
② 무연탄
③ 역청탄
④ 목재

해설 착화온도
① 벙커 C유 : 약 60~140℃
② 무연탄 : 300℃ 내외
③ 역청탄 : 300~400℃
④ 목재 : 상온(약 20℃)

12 어떤 기체의 확산속도가 SO_2의 2배였다. 이 기체는 어떤 물질로 추정되는가?

① 수소
② 메탄
③ 산소
④ 질소

해설 확산속도
$\dfrac{U_2}{U_1}=\sqrt{\dfrac{M_1}{M_2}}$ [아황산가스(SO_2) 분자량 : 64g]
$\dfrac{2}{1}=\sqrt{\dfrac{64}{x}}$
∴ $x=\dfrac{1\times64}{2^2}=16$g[메탄($CH_4$)분자량]

13 다음은 폭굉의 정의에 관한 설명이다. ( ) 안에 들어갈 알맞은 용어는?

> "폭굉이란 가스의 화염(연소) ( )가(이) ( )보다 큰 것으로, 파면선단의 압력파에 의해 파괴작용을 일으키는 것을 말한다."

① 전파속도 – 화염온도
② 폭발파 – 충격파
③ 전파온도 – 충격파
④ 전파속도 – 음속

해설 폭굉이란 가스의 화염(연소) 전파속도가 음속보다 큰 것으로, 파면선단의 압력파에 의해 파괴작용을 일으키는 것을 말한다.

14 층류 연소속도에 대한 설명으로 옳은 것은?

① 미연소 혼합기의 비열이 클수록 층류 연소속도는 크게 된다.
② 미연소 혼합기의 비중이 클수록 층류 연소속도는 크게 된다.
③ 미연소 혼합기의 분자량이 클수록 층류 연소속도는 크게 된다.
④ 미연소 혼합기의 열전도율이 클수록 층류 연소속도는 크게 된다.

해설
- 층류 연소속도는 열전도율이 클수록 주위의 온도가 상승하여 크게 된다.
- 연소속도는 온도나 압력이 높을수록 증가한다.

15 예혼합연소에 대한 설명으로 옳지 않은 것은?

① 난류연소속도는 연료의 종류, 온도, 압력에 대응하는 고유값을 갖는다.
② 전형적인 층류 예혼합화염은 원추상 화염이다.
③ 층류 예혼합화염의 경우 대기압에서의 화염두께는 대단히 얇다.
④ 난류 예혼합화염은 층류 화염보다 훨씬 높은 연소속도를 가진다.

해설 난류연소속도는 연료의 종류, 온도, 압력 등에 의해 층류 화염보다 훨씬 높은 연소속도를 가진다.

16 일정량의 기체의 체적은 온도가 일정할 때 어떤 관계가 있는가?(단, 기체는 이상기체로 거동한다.)

① 압력에 비례한다.
② 압력에 반비례한다.
③ 비열에 비례한다.
④ 비열에 반비례한다.

해설 보일법칙에 의해 온도가 일정할 때 압력과 부피는 서로 반비례한다.

17 1kWh의 열당량은 약 몇 kcal인가?(단, 1kcal는 4.2J이다.)

① 427 ② 576
③ 660 ④ 860

해설 1kWh = 102kg · m/s × 60초/분 × 60분/시간 $\times \frac{1}{427}$ kcal = 860kcal

※ 1W = 1J/S

18 폭굉유도거리(DID)가 짧아지는 요인이 아닌 것은?

① 압력이 낮을 때
② 점화원의 에너지가 클 때
③ 관 속에 장애물이 있을 때
④ 관 지름이 작을 때

해설 압력이 높을수록 폭굉유도거리가 짧아진다.

19 가로, 세로, 높이가 각각 3m, 4m, 3m인 가스 저장소에 최소 몇 L의 부탄가스가 누출되면 폭발될 수 있는가?(단, 부탄가스의 폭발범위는 1.8~8.4%이다.)

① 460 ② 560
③ 660 ④ 760

해설 ㉠ 저장소 체적(ν) : 3×4×3 = 36m^3, 1m^3 = 1,000L

㉡ 폭발하한부피(L) : 36m^3 × 1,000 × $\frac{1.8}{100}$ = 648L(이상)

※ 폭발상한부피(L) : 36m^3 × 1,000 × $\frac{8.4}{100}$ = 3,024L(이하)

20 다음 중 액체연료의 인화점 측정방법이 아닌 것은?

① 태그법 ② 펜스키 마텐스법
③ 에벨펜스키법 ④ 봄브법

해설 봄브법은 고체 · 액체연료의 발열량 측정법이다.

SECTION 02 가스설비

21 축류펌프의 특징에 대한 설명으로 틀린 것은?

① 비속도가 작다.
② 마감기동이 불가능하다.
③ 펌프의 크기가 작다.
④ 높은 효율을 얻을 수 있다.

해설 축류펌프는 임펠러에서 나오는 물을 축방향으로 방출하며, 비교적 비속도가 크다(터보형 펌프이다).

22 고온, 고압하에서 수소를 사용하는 장치공정의 재질은 어느 재료를 사용하는 것이 가장 적당한가?

① 탄소강 ② 스테인리스강
③ 터프피치 ④ 실리콘강

해설 수소는 고온, 고압에서 수소 취성이 우려되므로 18−8 스테인리스강, 5~6% 니켈강을 사용한다.

23 가연성 가스 및 독성 가스 용기의 도색 구분이 옳지 않은 것은?

① LPG − 회색 ② 액화암모니아 − 백색
③ 수소 − 주황색 ④ 액화염소 − 청색

해설 고압용기 색상

가스명	색상	가스명	색상
수소	주황색	염소	갈색
아세틸렌	황색	암모니아	백색
산소	녹색	탄산가스	청색
LPG	회색	기타 가스	회색

24 린데식 액화장치의 구조상 반드시 필요하지 않은 것은?

① 열교환기 ② 증발기
③ 팽창밸브 ④ 액화기

해설 린데식 액화장치의 구조

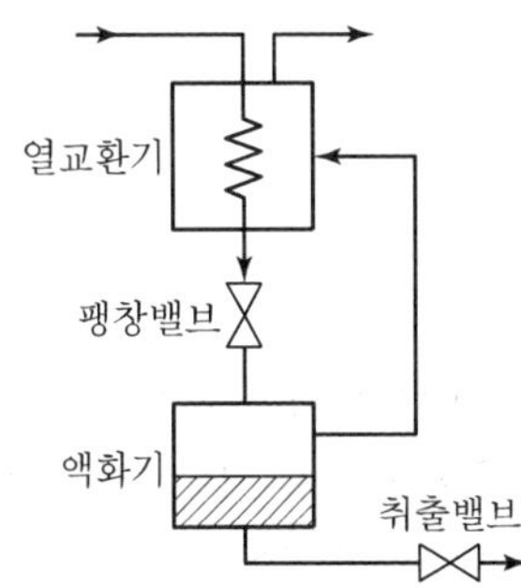

25 다음 [보기] 중 비등점이 낮은 것부터 바르게 나열된 것은?

ⓐ O_2	ⓑ H_2	ⓒ N_2	ⓓ CO

① ⓑ−ⓒ−ⓓ−ⓐ
② ⓑ−ⓒ−ⓐ−ⓓ
③ ⓑ−ⓓ−ⓒ−ⓐ
④ ⓑ−ⓓ−ⓐ−ⓒ

해설 가스의 비등점(비등점이 낮을수록 액화하기가 어렵다.)
㉠ O_2 : −183℃
㉡ H_2 : −252℃
㉢ N_2 : −196℃
㉣ CO : −192℃

26 원통형 용기에서 원주방향 응력은 축방향 응력의 얼마인가?

① 0.5배 ② 1배
③ 2배 ④ 4배

해설 ㉠ 원주방향 응력$(\sigma) = \dfrac{PD}{2t}$

㉡ 축방향 응력$(\sigma) = \dfrac{PD}{4t}$

∴ 응력비 = 2 : 1

27 **LP가스의 연소방식 중 분젠식 연소방식에 대한 설명으로 옳은 것은?**

① 불꽃의 색깔은 적색이다.
② 연소 시 1차 공기, 2차 공기가 필요하다.
③ 불꽃의 길이가 길다.
④ 불꽃의 온도가 900℃ 정도이다.

해설 분젠식 연소방식은 1차 공기와 혼합하여 있기 때문에 연소는 급속하고 2차 공기가 필요하며 화염의 온도는 약 1,200℃ 정도이다.

28 **액화천연가스(LNG)의 탱크로서 저온수축을 흡수하는 기구를 가진 금속박판을 사용한 탱크는?**

① 프리스트레스트 탱크
② 동결식 탱크
③ 금속제 이중구조 탱크
④ 멤브레인 탱크

해설 멤브레인 탱크는 금속박판을 사용하여 저온수축에 강하며 공기식보다 공간면적이 크고 안정성이 높다고 평가된다.

29 **성능계수가 3.2인 냉동기가 10ton의 냉동을 하기 위하여 공급하여야 할 동력은 약 몇 kW인가?**

① 10 ② 12
③ 14 ④ 16

해설 $\varepsilon(\text{성능계수}) = \dfrac{\text{흡수동력}}{\text{공급동력}}$

$3.2 = \dfrac{10 \times 3,320}{x}$

$x = \dfrac{10 \times 3,320}{3.2} = 10,375\text{kcal}$

$(1\text{kWh} = 860\text{kcal})$

$\therefore \dfrac{10,375\text{kcal}}{860\text{kcal}} = 12.06\text{kW}$

30 **가스용 PE 배관을 온도 40℃ 이상의 장소에 설치할 수 있는 가장 적절한 방법은?**

① 단열성능을 가지는 보호판을 사용한 경우
② 단열성능을 가지는 침상재료를 사용한 경우
③ 로케이팅 와이어를 이용하여 단열조치를 한 경우
④ 파이프슬리브를 이용하여 단열조치를 한 경우

해설 파이프슬리브는 가스용 PE 배관이 들어갈 수 있도록 조치한 후에 콘크리트를 타설한 것으로, 단열조치한 경우 안전하다.

31 **가스온수기에 반드시 부착하지 않아도 되는 안전장치는?**

① 소화안전장치
② 과열방지장치
③ 불완전연소방지장치
④ 전도안전장치

해설 가스온수기, 보일러의 안전장치
㉠ 소화안전장치
㉡ 과열방지장치
㉢ 불완전연소방지장치
㉣ 저압가스 압력차단장치
㉤ 과대 풍압안전장치

32 **에어졸 용기의 내용적은 몇 L 이하인가?**

① 1 ② 3
③ 5 ④ 10

해설 에어졸 용기의 내용적은 1L 이하로 한다.

33 **금속재료에 대한 설명으로 틀린 것은?**

① 탄소강은 철과 탄소를 주요 성분으로 한다.
② 탄소함유량이 0.8% 이하인 강을 저탄소강이라 한다.
③ 황동은 구리와 아연의 합금이다.
④ 강의 인장강도는 300℃ 이상이 되면 급격히 저하된다.

해설 탄소함유량에 따른 탄소강 분류
㉠ 저탄소강 : 0.3% 이하
㉡ 중탄소강 : 0.3~0.6%
㉢ 고탄소강 : 0.6% 이상

27. ② 28. ④ 29. ② 30. ④ 31. ④ 32. ① 33. ② | ANSWER

34 아세틸렌 용기의 다공질물 용적이 30L, 침윤잔용적이 6L일 때 다공도는 몇 %이며 관련법상 합격인지 판단하면?

① 20%로서 합격이다.
② 20%로서 불합격이다.
③ 80%로서 합격이다.
④ 80%로서 불합격이다.

해설 다공도(%) $= \frac{V-E}{V} \times 100 = \frac{30-6}{30} \times 100 = 80\%$

∴ C_2H_2 다공도는 75~92% 미만으로 합격이다.

35 LPG 저장탱크 2기를 설치하고자 할 경우, 두 저장탱크의 최대 지름이 각각 2m, 4m일 때 상호 유지하여야 할 최소 이격거리는?

① 0.5m ② 1m
③ 1.5m ④ 2m

해설 탱크 상호거리는 최대 직경 합산의 $\frac{1}{4}$을 유지한다.

∴ $(2+4) \times \frac{1}{4} = 1.5$m 이상 이격거리

36 저압가스배관에서 관의 내경이 1/2로 되면 압력손실은 몇 배로 되는가?(단, 다른 모든 조건은 동일한 것으로 본다.)

① 4 ② 16
③ 32 ④ 64

해설 H(저압가스배관 압력손실)

$$= \frac{Q^2 \cdot S \cdot L}{K^2 \cdot D^5} = \frac{1}{\left(\frac{1}{2}\right)^5} = \frac{1}{0.03125} = 32\text{배}$$

37 전열온수식 기화기에서 사용되는 열매체는?

① 공기
② 기름
③ 물
④ 액화가스

해설 전열온수식 기화기 열매체

물(온수), 전기 등

※ 기화기 구성 3요소 : 기화부, 제어부, 조압부

38 저온 수증기 개질 프로세스의 방식이 아닌 것은?

① C.R.G식 ② M.R.G식
③ Lurgi식 ④ I.C.I식

해설 저온 수증기 개질 : 도시가스 접촉분해공정

※ I.C.I식은 고온 수증기 개질에 해당한다.

39 자동절체식 조정기 설치에 있어서 사용 측과 예비 측 용기의 밸브 개폐방법에 대한 설명으로 옳은 것은?

① 사용 측 밸브는 열고 예비 측 밸브는 닫는다.
② 사용 측 밸브는 닫고 예비 측 밸브는 연다.
③ 사용 측, 예비 측 밸브 전부를 닫는다.
④ 사용 측, 예비 측 밸브 전부를 연다.

해설 자동절체식 조정기는 사용 측과 예비 측 밸브를 열어 두어야 사용 측 사용이 종료되면 예비 측 사용으로 전환할 수 있다.

40 고압가스용 기화장치에 대한 설명으로 옳은 것은?

① 증기 및 온수가열구조의 것에는 기화장치 내의 물을 쉽게 뺄 수 있는 드레인밸브를 설치한다.
② 기화기에 설치된 안전장치는 최고충전압력에서 작동하는 것으로 한다.
③ 기화장치에는 액화가스의 유출을 방지하기 위한 액 밀봉 장치를 설치한다.
④ 임계온도가 −50℃ 이하인 액화가스용 고정식 기화장치의 압력이 허용압력을 초과하는 경우 압력을 허용압력 이하로 되돌릴 수 있는 안전장치를 설치한다.

해설 기화장치의 안전장치는 내압시험의 $\frac{8}{10}$에서 작동하는 안전밸브를 설치한다(증기나 온수 가열구조는 응축된 물의 드레인밸브도 함께 설치).

ANSWER | 34. ③ 35. ③ 36. ③ 37. ③ 38. ④ 39. ④ 40. ①

SECTION 03 가스안전관리

41 고압가스 안전관리법에서 정하고 있는 특정고압가스가 아닌 것은?

① 천연가스 ② 액화염소
③ 게르만 ④ 염화수소

해설 특정고압가스
수소, 산소, 액화암모니아, 아세틸렌, 액화염소, 천연가스, 압축모노실란, 압축디보레인, 액화알진, 포스핀, 셀렌화수소, 게르만, 디실란, 오불화비소, 오불화인, 삼불화인, 삼불화질소, 삼불화붕소, 사불화유황, 사불화규소 등

42 가연성 가스를 차량에 고정된 탱크에 의하여 운반할 때 갖추어야 할 소화기의 능력단위 및 비치 개수가 옳게 짝지어진 것은?

① ABC용, B－12 이상－차량 좌우에 각각 1개 이상
② AB용, B－12 이상－차량 좌우에 각각 1개 이상
③ ABC용, B－12 이상－차량에 1개 이상
④ AB용, B－12 이상－차량에 1개 이상

해설 고압가스 운반 시 휴대하는 소화설비기준

가스 구분	소화기 종류		비치 개수
	소화약제 종류	소화기 능력 단위	
가연성 가스	분말 소화제	BC용, B－10 이상 또는 ABC용, B－12 이상	차량 좌우에 각 1개 이상
산소	분말 소화제	BC용, B－8 이상 또는 ABC용, B－10 이상	차량 좌우에 각 1개 이상

43 저장탱크의 내용적이 몇 m^3 이상일 때 가스방출장치를 설치하여야 하는가?

① $1m^3$ ② $3m^3$
③ $5m^3$ ④ $10m^3$

해설 저장탱크의 내용적이 $5m^3$ 이상일 때는 가스방출장치를 설치하여야 한다.

44 최고사용압력이 고압이고 내용적이 $5m^3$인 도시가스 배관의 자기압력기록계를 이용한 기밀시험 시 기밀유지시간은?

① 24분 이상 ② 240분 이상
③ 300분 이상 ④ 480분 이상

해설 고압가스설비와 배관의 기밀시험 유지기준

압력측정기구	용적	기밀유지기간
압력계 또는 자기압력기록계	$1m^3$ 미만	48분
	$1m^3$ 이상 $10m^3$ 미만	480분
	$10m^3$ 이상	48× V(용적 m^3)분

45 안전성 평가는 관련 전문가로 구성된 팀으로 안전평가를 실시해야 한다. 다음 중 안전평가 전문가의 구성에 해당하지 않는 것은?

① 공정운전 전문가 ② 안전성 평가 전문가
③ 설계 전문가 ④ 기술용역 진단전문가

해설 기술용역과 안전성 평가는 별개의 문제다.

46 액화석유가스를 충전한 자동차에 고정된 탱크는 지상에 설치된 저장탱크의 외면으로부터 몇 m 이상 떨어져 정차하여야 하는가?

① 1 ② 3
③ 5 ④ 8

해설 충전한 자동차에 고정된 탱크는 지상에서 설치된 저장탱크의 외면으로부터 3m 이상 떨어져 정차한다.

47 도시가스 제조시설에서 벤트스택의 설치에 대한 설명으로 틀린 것은?

① 벤트스택 높이는 방출된 가스의 착지농도가 폭발상한계값 미만이 되도록 설치한다.
② 벤트스택에는 액화가스가 함께 방출되지 않도록 하는 조치를 한다.
③ 벤트스택 방출구는 작업원이 통행하는 장소로부터 5m 이상 떨어진 곳에 설치한다.
④ 벤트스택에 연결된 배관에는 응축액의 고임을 제거할 수 있는 조치를 한다.

41. ④ 42. ① 43. ③ 44. ④ 45. ④ 46. ② 47. ① | ANSWER

해설 벤트스택 높이는 방출된 가스의 착지농도가 폭발하한계값 미만이 되도록 설치한다.
※ 벤트스택 : 가연성 가스 또는 독성 가스 설비에서 이상상태가 발생한 경우 설비 내의 내용물을 설비 밖으로 긴급하게 이송하는 설비이다.

48 고압가스 저장탱크 물분무장치의 설치에 대한 설명으로 틀린 것은?

① 물분무장치는 30분 이상 동시에 방사할 수 있는 수원에 접속되어야 한다.
② 물분무장치는 매월 1회 이상 작동상황을 점검하여야 한다.
③ 물분무장치는 저장탱크 외면으로부터 10m 이상 떨어진 위치에서 조작할 수 있어야 한다.
④ 물분무장치는 표면적 $1m^2$당 8L/분을 표준으로 한다.

해설 가스저장탱크의 물분무장치는 저장탱크 외면으로부터 15m 이상 떨어진 위치에서 조작한다.

49 가스의 종류와 용기도색의 구분이 잘못된 것은?

① 액화염소 : 황색
② 액화암모니아 : 백색
③ 에틸렌(의료용) : 자색
④ 사이클로프로판(의료용) : 주황색

해설 고압용기 색상

가스명	색상	가스명	색상
수소	주황색	염소	갈색
아세틸렌	황색	암모니아	백색
산소	녹색	탄산가스	청색
LPG	밝은 회색	기타 가스	회색

50 가연성 가스의 폭발등급 및 이에 대응하는 내압방폭구조 폭발등급의 분류기준이 되는 것은?

① 최대안전틈새 범위
② 폭발 범위
③ 최소점화전류비 범위
④ 발화온도

해설 가연성 가스의 폭발등급
㉠ 폭발 1등급 : 안전간격이 0.6mm 초과(대상 : 메탄, 에탄, 가솔린)
㉡ 폭발 2등급 : 안전간격이 0.4~0.6mm 이하(대상 : 에틸렌, 석탄가스)
㉢ 폭발 3등급 : 안전간격이 0.4mm 이하(대상 : 수소, 아세틸렌, 이황화탄소, 수성가스)

51 소형저장탱크의 설치방법으로 옳은 것은?

① 동일한 장소에 설치하는 경우 10기 이하로 한다.
② 동일한 장소에 설치하는 경우 충전질량의 합계는 7,000kg 미만으로 한다.
③ 탱크 지면에서 3cm 이상 높게 설치된 콘크리트 바닥 등에 설치한다.
④ 탱크가 손상받을 우려가 있는 곳에는 가드레일 등의 방호조치를 한다.

해설 동일한 장소에는 6기 이하로 하고, 충전질량은 5,000kg 미만으로 지상에 수평하게 설치한다(소형탱크 설치 시 ④항의 조치가 필요하다).
※ 소형저정탱크는 3톤 미만의 탱크이다.

52 액화가스를 차량에 고정된 탱크에 의해 250km의 거리까지 운반하려고 한다. 운반책임자가 동승하여 감독 및 지원을 할 필요가 없는 경우는?

① 에틸렌 : 3,000kg
② 아산화질소 : 3,000kg
③ 암모니아 : 1,000kg
④ 산소 : 6,000kg

해설 아산화질소는 조연성 가스로 분류되므로 6,000kg 이상이어야 안전동승자가 필요하다.

53 가스설비 및 저장설비에서 화재폭발이 발생하였다. 원인이 화기였다면 관련법상 화기를 취급하는 장소까지 몇 m 이내이어야 하는가?

① 2m ② 5m
③ 8m ④ 10m

ANSWER | 48. ③ 49. ① 50. ① 51. ④ 52. ② 53. ①

해설 가스설비 및 저장설비와 화기는 2m 이상 우회거리를 유지한다.

54 **용기보관장소에 대한 설명 중 옳지 않은 것은?**

① 산소 충전용기보관실의 지붕은 콘크리트로 견고히 하여야 한다.
② 독성 가스 용기보관실에는 가스누출검지 경보장치를 설치하여야 한다.
③ 공기보다 무거운 가연성 가스의 용기보관실에는 가스누출검지 경보장치를 설치하여야 한다.
④ 용기보관장소는 그 경계를 명시하여야 한다.

해설 가연성, 독성 및 산소를 구분하고 면적을 각각 $10m^2$ 이상으로 한다(지붕은 가벼운 재질로 한다).

55 **도시가스 사업자는 가스공급시설을 효율적으로 안전관리하기 위하여 도시가스 배관망을 전산화하여야 한다. 전산화 내용에 포함되지 않는 사항은?**

① 배관의 설치도면
② 정압기의 시방서
③ 배관의 시공자, 시공연월일
④ 배관의 가스흐름방향

해설 배관의 가스흐름방향, 공급압력, 가스명칭은 전산화 내용이 아닌 배관 외부 표시사항이다.

56 **일반도시가스공급시설의 기화장치에 대한 기준으로 틀린 것은?**

① 기화장치에는 액화가스가 넘쳐흐르는 것을 방지하는 장치를 설치한다.
② 기화장치는 직화식 가열구조가 아닌 것으로 한다.
③ 기화장치로서 온수로 가열하는 구조의 것은 급수부에 동결방지를 위하여 부동액을 첨가한다.
④ 기화장치의 조작용 전원이 정지할 때에도 가스공급을 계속 유지할 수 있도록 자가발전기를 설치한다.

해설 기화장치로서 온수로 가열하는 구조의 것은 급수부에 부식방지를 조치한다.

57 **고압가스 일반제조의 시설기준에 대한 설명으로 옳은 것은?**

① 초저온 저장탱크에는 환형유리관 액면계를 설치할 수 없다.
② 고압가스설비에 장치하는 압력계는 상용압력의 1.1배 이상 2배 이하의 최고눈금이 있어야 한다.
③ 공기보다 가벼운 가연성 가스의 가스설비실에는 1방향 이상의 개구부 또는 자연환기설비를 설치하여야 한다.
④ 저장능력이 1,000톤 이상인 가연성 가스(액화가스)의 지상 저장탱크의 주위에는 방류둑을 설치하여야 한다.

해설 초저온 저장탱크에는 환형유리관 액면계를 설치할 수 있으며 고압가스설비에 장치하는 압력계의 최고눈금범위는 상용압력의 1.5배 이상 2배 이하로 하고, 환기장치는 2방향 이상에 설치한다.

58 **고압가스 특정제조시설에서 작업원에 대한 제독작업에 필요한 보호구의 장착훈련 주기는?**

① 매 15일마다 1회 이상
② 매 1개월마다 1회 이상
③ 매 3개월마다 1회 이상
④ 매 6개월마다 1회 이상

해설 고압가스 특정제조시설에서 작업원에 대하여 매 3개월마다 1회 이상 보호구 장착훈련을 한다.

59 **고압가스 특정설비 제조자의 수리범위에 해당되지 않는 것은?**

① 단열재 교체
② 특정설비의 부품 교체
③ 특정설비의 부속품 교체 및 가공
④ 아세틸렌 용기 내의 다공질물 교체

54. ① 55. ④ 56. ③ 57. ④ 58. ③ 59. ④ | ANSWER

해설 아세틸렌 용기 내의 다공질물 교체는 용기제조자의 수리범위에 해당한다.

60 어떤 온도에서 압력 6.0MPa, 부피 125L인 산소와 8.0MPa, 부피 200L인 질소가 있다. 두 기체를 부피 500L 용기에 넣으면 용기 내 혼합기체의 압력은 약 몇 MPa이 되는가?

① 2.5　　② 3.6
③ 4.7　　④ 5.6

해설 $PV = P_1V_1 + P_2V_2$

$P_3 \times 500 = (6 \times 125) + (8 \times 200)$

$$P_3 = \frac{(6 \times 125) + (8 \times 200)}{500} = 4.7\text{MPa}$$

SECTION 04 가스계측

61 헴펠식 가스분석에 대한 설명으로 틀린 것은?

① 산소는 염화구리 용액에 흡수시킨다.
② 이산화탄소는 30% KOH 용액에 흡수시킨다.
③ 중탄화수소는 무수황산 25%를 포함한 발연황산에 흡수시킨다.
④ 수소는 연소시켜 감량으로 정량한다.

해설 헴펠식에서 산소는 알칼리성 피로갈롤 용액으로 흡수시킨다.

62 접촉식 온도계의 종류와 특징을 연결한 것 중 틀린 것은?

① 유리 온도계 – 액체의 온도에 따른 팽창을 이용한 온도계
② 바이메탈 온도계 – 바이메탈이 온도에 따라 굽히는 정도가 다른 점을 이용한 온도계
③ 열전대 온도계 – 온도 차이에 의한 금속의 열상승 속도의 차이를 이용한 온도계
④ 저항 온도계 – 온도 변화에 따른 금속의 전기저항 변화를 이용한 온도계

해설 열전대온도계는 온도 차이에 의한 열기전력 차이를 이용한 온도계이다.

63 증기압식 온도계에 사용되지 않는 것은?

① 아닐린　　② 프레온
③ 에틸에테르　　④ 알코올

해설 알코올, 수은 등은 액체 팽창을 이용한 온도계에 사용된다.

64 다음 중 포스겐가스의 검지에 사용되는 시험지는?

① 하리슨 시험지　　② 리트머스 시험지
③ 연당지　　④ 염화제일구리 착염지

해설 ㉠ 암모니아 – 리트머스 시험지
㉡ 황화수소 – 연당지
㉢ 아세틸렌 – 염화제일구리 착염지
㉣ 일산화탄소 – 염화파라듐지

65 열전대와 비교한 백금저항온도계의 장점에 대한 설명 중 틀린 것은?

① 큰 출력을 얻을 수 있다.
② 기준접점의 온도보상이 필요 없다.
③ 측정온도의 상한이 열전대보다 높다.
④ 경시변화가 적으며 안정적이다.

해설 전기저항식 측온식 백금온도계 측정온도의 상한은 열전대보다 낮다.
• 백금측온 : −200~500℃, 열전대 : −200~1,600℃

66 막식 가스미터 고장의 종류 중 부동(不動)의 의미를 가장 바르게 설명한 것은?

① 가스가 크랭크축이 녹슬거나 밸브와 밸브시트가 타르(Tar)접착 등으로 통과하지 않는다.
② 가스의 누출로 통과하나 정상적으로 미터가 작동하지 않아 부정확한 양만 측정된다.
③ 가스가 미터는 통과하나 계량막의 파손, 밸브의 탈락 등으로 계량기지침이 작동하지 않는 것이다.
④ 날개나 조절기에 고장이 생겨 회전장치에 고장이 생긴 것이다.

ANSWER | 60. ③ 61. ① 62. ③ 63. ④ 64. ① 65. ③ 66. ③

해설 ㉠ 불통(不通) : 가스가 가스미터를 통과하지 못하는 것
㉡ 부동(不動) : 가스가 미터는 통과하나 계량기 지침이 작동하지 않는 것

67 가스크로마토그래피에서 운반기체(Carrier gas)의 불순물을 제거하기 위하여 사용하는 부속품이 아닌 것은?

① 수분제거트랩(Moisture Trap)
② 산소제거트랩(Oxygen Trap)
③ 화학필터(Chemical Filter)
④ 오일트랩(Oil Trap)

해설 가스크로마토그래피 가스분석기에서 운반기체의 정제를 위해 수분제거트랩, 산소제거트랩, 화학필터를 이용한다.

68 염소가스를 분석하는 방법은?

① 폭발법
② 수산화나트륨에 의한 흡수법
③ 발열황산에 의한 흡수법
④ 열전도법

해설 염소가스는 중화적정법에서 수산화나트륨(NaOH)에 의한 흡수법을 이용한다.

69 오리피스유량계의 유량계산식은 다음과 같다. 유량을 계산하기 위하여 설치한 유량계에서 유체를 흐르게 하면서 측정해야 할 값은?(단, C : 오리피스 계수, A_2 : 오리피스 단면적, H : 마노미터 액주계 눈금, γ_1 : 유체의 비중량이다.)

$$Q = C \times A_2 \left[2gH\left(\frac{\gamma_1 - 1}{\gamma} \right) \right]^{0.5}$$

① C　　② A_2
③ H　　④ γ_1

해설 마노미터 액주계 눈금(H)은 유체흐름 시 정압과 동압의 차이로 나타나므로 측정하여야 한다.

70 가스크로마토그래피의 검출기가 갖추어야 할 구비조건으로 틀린 것은?

① 감도가 낮을 것
② 재현성이 좋을 것
③ 시료에 대하여 선형적으로 감응할 것
④ 시료를 파괴하지 않을 것

해설 가스분석 시 검출기의 감도가 좋아야 한다.
※ 검출기의 종류
㉠ 열전도형
㉡ 수소염 이온화
㉢ 전자포획 이온화
㉣ 염광광도형
㉤ 알칼리성 이온화

71 다음 중 편위법에 의한 계측기기가 아닌 것은?

① 스프링 저울
② 부르동관 압력계
③ 전류계
④ 화학천칭

해설 ㉠ 편위법 : 측정량의 크기가 직접적인 변위가 되는 것(예 : 스프링 저울)
㉡ 영위법 : 측정량의 크기를 서로 비교하여 나타낸 것(예 : 화학천칭)

72 도시가스 사용압력이 2.0kPa인 배관에 설치된 막식 가스미터기의 기밀시험압력은?

① 2.0kPa 이상
② 4.4kPa 이상
③ 6.4kPa 이상
④ 8.4kPa 이상

해설 도시가스 사용시설의 기밀시험 압력은 8.4kPa 이상 1,000kPa 이하로 한다.

67. ④ 68. ② 69. ③ 70. ① 71. ④ 72. ④

73 스팀을 사용하여 원료가스를 가열하기 위하여 그림과 같이 제어계를 구성하였다. 이 중 온도를 제어하는 방식은?

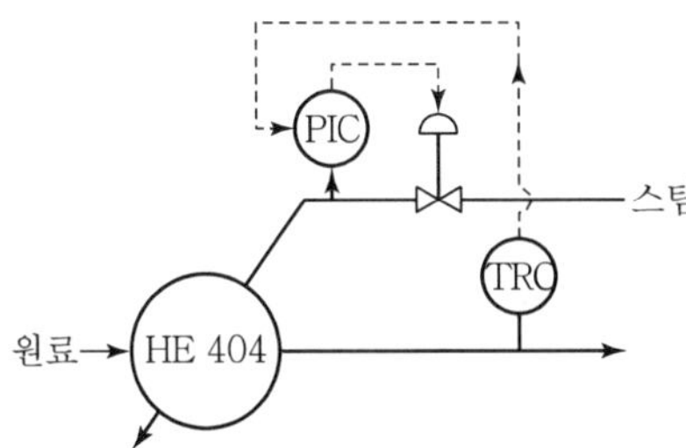

① Feedback ② Forward
③ Cascade ④ 비례식

해설 캐스케이드(Cascade)제어
제어계를 조합하여 1차 제어장치에서 측정된 명령을 바탕으로 2차 제어계에서 제어량을 조절하는 방식이다.

74 고속회전형 가스미터로서 소형으로 대용량의 계량이 가능하고, 가스압력이 높아도 사용이 가능한 가스미터는?

① 막식 가스미터
② 습식 가스미터
③ 루트(Roots)가스미터
④ 로터미터

해설 루트(Roots)가스미터는 대용량 계량에 이용하며 주로 대량 수용가, 도시가스 공급자가 사용한다.

75 수평 30°의 각도를 갖는 경사마노미터의 액면의 차가 10cm라면 수직 U자 마노미터의 액면차는?

① 2cm
② 5cm
③ 20cm
④ 50cm

해설 경사마노미터 높이$(h) = 10\text{cm} \times \sin 30° = 5\text{cm}$

76 공업용 액면계가 갖추어야 할 구비조건에 해당되지 않는 것은?

① 비연속적 측정이라도 정확해야 할 것
② 구조가 간단하고 조작이 용이할 것
③ 고온, 고압에 견딜 것
④ 값이 싸고 보수가 용이할 것

해설 공업용 액면계는 연속적 측정이 가능하고 정확해야 한다.

77 자동제어에서 블록선도란 무엇인가?

① 제어대상과 변수편차를 표시한다.
② 제어신호의 전달경로를 표시한다.
③ 제어편차의 증감변화를 나타낸다.
④ 제어회로의 구성요소를 표시한다.

해설 제어신호의 전달경로를 블록선도(피드백 제어의 기본회로)라 한다.

78 온도가 60°F에서 100°F까지 비례제어된다. 측정온도가 71°F에서 75°F로 변할 때 출력압력이 3PSI에서 15PSI로 도달하도록 조정될 때 비례대역(%)은?

① 5%
② 10%
③ 20%
④ 33%

해설 비례대역(%) $= \dfrac{(75°F - 71°F)}{(100°F - 60°F)} \times 100 = 10\%$

79 압력계 교정 또는 검정용 표준기로 사용되는 압력계는?

① 표준 부르동관식
② 기준 박막식
③ 표준 드럼식
④ 기준 분동식

해설 부르동관 압력계 등 2차 압력계 압력교정용 압력계로 표준 기준 분동식이 이용된다.

ANSWER | 73. ③ 74. ③ 75. ② 76. ① 77. ② 78. ② 79. ④

80 **기체 크로마토그래피에 대한 설명으로 틀린 것은?**

① 액체 크로마토그래피보다 분석속도가 빠르다.

② 컬럼에 사용되는 액체 정지상은 휘발성이 높아야 한다.

③ 운반기체로서 화학적으로 비활성인 헬륨을 주로 사용한다.

④ 다른 분석기기에 비하여 감도가 뛰어나다.

해설 컬럼에 사용되는 액체 정지상은 낮은 휘발성으로, 최고온도보다 적어도 200℃ 더 높은 끓는점을 가져야 좋다.

※ 기체 가스크로마토그래피 3대 구성 : 컬럼(분리관), 검출기, 기록계

80. ② | ANSWER

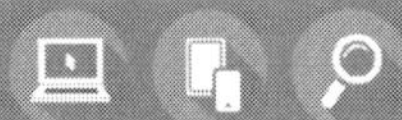

SECTION 01 연소공학

01 산소 32kg과 질소 28kg의 혼합가스가 나타내는 전압이 20atm이다. 이때 산소의 분압은 몇 atm인가? (단, O_2의 분자량은 32, N_2의 분자량은 28이다.)

① 5
② 10
③ 15
④ 20

해설 32kg+28kg=60kg(전체질량)
∴ 산소분압$(P_1)=20\times\frac{32}{60}=10.66$atm

02 정전기를 제어하는 방법으로서 전하의 생성을 방지하는 방법이 아닌 것은?

① 접속과 접지(Bonding and Grounding)
② 도전성 재료 사용
③ 침액파이프(Dip Pipes) 설치
④ 첨가물에 의한 전도도 억제

해설 전하의 생성방지법
㉠ 접속과 접지
㉡ 도전성 재료 사용
㉢ 침액파이프 설치

03 폭발범위(폭발한계)에 대한 설명으로 옳은 것은?

① 폭발범위 내에서만 폭발한다.
② 폭발상한계에서만 폭발한다.
③ 폭발상한계 이상에서만 폭발한다.
④ 폭발하한계 이하에서만 폭발한다.

해설 가연성 가스의 폭발범위
가스의 폭발은 폭발범위(하한계~상한계)에서만 발생한다.
• 메탄의 폭발범위(5~15%)

04 다음 중 공기비를 옳게 표시한 것은?

① $\frac{실제공기량}{이론공기량}$
② $\frac{이론공기량}{실제공기량}$
③ $\frac{사용공기량}{1-이론공기량}$
④ $\frac{이론공기량}{1-사용공기량}$

해설 공기비$(m)=\frac{실제\ 공기량}{이론\ 공기량}$(항상 1보다 크다.)
공기비가 너무 크면 과잉산소량이 증가한다(기체는 1.1~1.2가 이상적이다).

05 LP가스의 연소 특성에 대한 설명으로 옳은 것은?

① 일반적으로 발열량이 작다.
② 공기 중에서 쉽게 연소 폭발하지 않는다.
③ 공기보다 무겁기 때문에 바닥에 체류한다.
④ 금수성 물질이므로 흡수하여 발화한다.

해설 LP가스(프로판, 부탄 등)는 공기의 분자량(29)보다 커서 비중이 무겁기 때문에 누설 시 바닥에 체류한다.
㉠ 프로판 분자량 : 44
㉡ 부탄 분자량 : 58

06 가스용기의 물리적 폭발 원인이 아닌 것은?

① 압력 조정 및 압력방출장치의 고장
② 부식으로 인한 용기 두께의 축소
③ 과열로 인한 용기 강도의 감소
④ 누출된 가스의 점화

해설 가스가 누출되면 공기와의 확산반응으로 연소폭발이 발생할 우려가 있다(산화 화학반응 폭발).

ANSWER | 1. ② 2. ④ 3. ① 4. ① 5. ③ 6. ④

07 화재나 폭발의 위험이 있는 장소를 위험장소라 한다. 다음 중 제1종 위험장소에 해당하는 것은?

① 상용의 상태에서 가연성 가스의 농도가 연속해서 폭발하한계 이상으로 되는 장소
② 상용상태에서 가연성 가스가 체류해 위험하게 될 우려가 있는 장소
③ 가연성 가스가 밀폐된 용기 또는 설비의 사고로 인해 파손되거나 오조작의 경우에만 누출할 위험이 있는 장소
④ 환기장치에 이상이나 사고가 발생한 경우에 가연성 가스가 체류하여 위험하게 될 우려가 있는 장소

해설 제1종 위험장소
상용상태에서 가연성 가스가 체류해 위험하게 될 우려가 있는 장소
• ①항의 내용은 제0종 위험장소이다.

08 배관 내 혼합가스의 한 점에서 착화되었을 때 연소파가 일정거리를 진행한 후 급격히 화염전파속도가 증가되어 1,000~3,500m/s에 도달하는 경우가 있다. 이와 같은 현상을 무엇이라 하는가?

① 폭발(Explosion) ② 폭굉(Detonation)
③ 충격(Shock) ④ 연소(Combustion)

해설 폭굉(디토네이션)
화염전파속도는 약 1,000~3,500m/s이다.

09 탄소 2kg이 완전연소할 경우 이론공기량은 약 몇 kg인가?

① 5.3 ② 11.6
③ 17.9 ④ 23.0

해설 $\underline{C} + \underline{O_2} \rightarrow \underline{CO_2}$(공기 중 산소중량당=23.2%)
12kg+32kg → 44kg
2kg+$x$kg

$$\text{이론산소량} = 32 \times \frac{2}{12} = 5.33\text{kg}$$

$$\text{이론공기량} = \text{이론산소량} \times \frac{1}{0.232} = 5.33 \times \frac{1}{0.232} = 23\text{kg}$$

(탄소분자량 : 12, 산소분자량 : 32, CO_2 분자량 : 44)

10 물 250L를 30℃에서 60℃로 가열할 때 프로판 0.9kg이 소비되었다면 열효율은 약 몇 %인가?(단, 물의 비열은 1kcal/kg℃, 프로판의 발열량은 12,000 kcal/kg이다.)

① 58.4 ② 69.4
③ 78.4 ④ 83.3

해설 물의 현열=250×1×(60−30)=7,500kcal
프로판 소비열량=12,000×0.9=10,800kcal

$$\therefore \text{열효율} = \frac{7{,}500}{10{,}800} \times 100 = 69.4\%$$

11 분자의 운동상태(분자의 병진운동 · 회전운동, 분자 내 원자의 진동)와 분자의 집합상태(고체 · 액체 · 기체 상태)에 따라서 달라지는 에너지는?

① 내부에너지 ② 기계적 에너지
③ 외부에너지 ④ 비열에너지

해설 내부에너지
분자의 운동상태와 분자의 집합상태에 따라서 달라진다.
※ 총에너지 : 내부에너지+외부에너지

12 미연소혼합기의 흐름이 화염 부근에서 층류에서 난류로 바뀌었을 때의 현상으로 옳지 않은 것은?

① 화염의 성질이 크게 바뀌며 화염대의 두께가 증대한다.
② 예혼합연소일 경우 화염전파속도가 가속된다.
③ 적화식 연소는 난류 확산연소로서 연소율이 높다.
④ 확산연소일 경우는 단위면적당 연소율이 높아진다.

해설 적화식 연소법
가스를 그대로 대기 중에 분출하여 연소시키는 것이다(불꽃이 길게 늘어나 적황색이 되고 온도가 900℃ 정도로 비교적 낮다).
㉠ 연소실이 커야 한다.
㉡ 고칼로리 가스에는 사용이 부적당하다.
㉢ 연소속도는 확산속도에 의해 지배된다.
㉣ 2차공기를 100%로 연소시킨다.

7. ② 8. ② 9. ④ 10. ② 11. ① 12. ③ | ANSWER

13 **방폭구조 종류 중 전기기기의 불꽃 또는 아크를 발생시키는 부분을 기름 속에 넣어 유면상에 존재하는 폭발성 가스에 인화될 우려가 없도록 한 구조는?**

① 내압방폭구조　② 유입방폭구조
③ 안전증방폭구조　④ 압력방폭구조

해설 유입방폭구조(Oil Immersed Explosion Proof Type)
가스, 증기에 대한 전기기기 방폭구조의 한 형식으로, 용기 내 전기불꽃을 발생시키는 부분을 기름에 넣어 유면상 및 용기의 외부에 존재하는 폭발성 분위기에 점화할 염려가 없게 한 방폭구조

14 **연소한계에 대한 설명으로 옳은 것은?**

① 착화온도의 상한과 하한값
② 화염온도의 상한과 하한값
③ 완전연소가 될 수 있는 산소의 농도한계
④ 공기 중 연소 가능한 가연성 가스의 최저 및 최고 농도

해설 연소한계(폭발한계)
공기 중 연소가 가능한 가연성 가스의 최저 및 최고 농도
• 메탄가스(최저한계 : 5%, 최고한계 : 15%)

15 **CO_2 32vol%, O_2 5vol%, N_2 63vol%인 혼합기체의 평균분자량은 얼마인가?**

① 29.3　② 31.3
③ 33.3　④ 35.3

해설 개별분자량
$CO_2=44$, $O_2=32$, $N_2=28$
∴ 평균분자량 $=(44\times0.32)+(32\times0.05)+(28\times0.63)$
$=33.3$

16 **고체연료의 일반적인 연소방법이 아닌 것은?**

① 분무연소　② 화격자연소
③ 유동층연소　④ 미분탄연소

해설 분무연소(안개방울화 연소)
분해연소하는 오일(중유 등 중질유)연소에 분무컵을 이용하여 안개 방울화하여 연소한다.

17 **분진폭발에 대한 설명으로 옳지 않은 것은?**

① 입자의 크기가 클수록 위험성은 더 크다.
② 분진의 농도가 높을수록 위험성은 더 크다.
③ 수분함량의 증가는 폭발위험을 감소한다.
④ 가연성 분진의 난류확산은 일반적으로 분진위험을 증가시킨다.

해설 • 기체폭발 중 분진폭발에서 분진은 입자의 크기가 작을수록 위험성이 더 커진다.
• 분진입자가 100미크론 이하에서 위험성이 커진다.

18 **방폭구조 및 대책에 관한 설명으로 옳지 않은 것은?**

① 방폭대책에는 예방, 국한, 소화, 피난 대책이 있다.
② 가연성 가스의 용기 및 탱크 내부는 제2종 위험장소이다.
③ 분진폭발은 1차 폭발과 2차 폭발로 구분되어 발생한다.
④ 내압방폭구조는 내부폭발에 의한 내용물 손상으로 영향을 미치는 기기에는 부적당하다.

해설 제2종 장소
저장탱크가 아닌 밀폐된 용기 또는 설비 내에 밀봉된 가연성 가스가 그 용기 또는 설비의 사고로 인해 파손되거나 오조작의 경우에만 누출될 위험이 있는 장소

19 **다음 중 가연물의 조건으로 옳지 않은 것은?**

① 열전도율이 작을 것
② 활성화에너지가 클 것
③ 산소와의 친화력이 클 것
④ 발열량이 클 것

해설 가연물은 활성화에너지가 작아야 한다.
※ 활성화에너지 : 화학반응 시 원계에서 생성계로 이동할 때 퍼텐셜 장벽을 넘기 위해 필요한 최소 에너지
활성화 엔탈피(ΔE)
=활성화에너지 − 기체상수 × 절대온도

ANSWER | 13. ② 14. ④ 15. ③ 16. ① 17. ① 18. ② 19. ②

20 차가운 물체에 뜨거운 물체를 접촉시키면 뜨거운 물체에서 차가운 물체로 열이 전달되지만, 반대의 과정은 자발적으로 일어나지 않는다. 이러한 비가역성을 설명하는 법칙은?

① 열역학 제0법칙
② 열역학 제1법칙
③ 열역학 제2법칙
④ 열역학 제3법칙

해설 열역학 제2법칙
비가역성을 설명하는 법칙이다.

SECTION 02 가스설비

21 최고충전압력이 15MPa인 질소용기에 12MPa가 충전되어 있다. 이 용기의 안전밸브 작동압력은 얼마인가?

① 15MPa ② 18MPa
③ 20MPa ④ 25MPa

해설 안전밸브 작동압력 = 내압시험압력 $\times \frac{8}{10}$

내압시험압력 = 최고충전압력 $\times \frac{5}{3}$ 배

∴ 안전밸브 작동압력 $= \left(15 \times \frac{5}{3}\right) \times \frac{8}{10} = 20\text{MPa}$

22 가연성 가스 운반차량의 운행 중 가스가 누출될 경우 취해야 할 긴급조치 사항으로 가장 거리가 먼 것은?

① 신속히 소화기를 사용한다.
② 주위가 안전한 곳으로 차량을 이동한다.
③ 누출 방지 조치를 취한다.
④ 교통 및 화기를 통제한다.

해설 소화기는 화재 시에만 사용이 가능하다(공기 중 가연성 가스가 누출하면 농도가 희박하여 화재는 크게 염려하지 않아도 되지만 가스폭발 우려가 있다).
※ 가스 누출 시 예방대책은 ②, ③, ④항이다.

23 원심압축기의 특징에 대한 설명으로 틀린 것은?

① 맥동현상이 적다.
② 용량조정범위가 비교적 좁다.
③ 압축비가 크다.
④ 윤활유가 불필요하다.

해설 왕복동 압축기의 압축비 $= \frac{\text{응축압력}}{\text{증발압력}}$ (압축비가 크다.)

24. 터보펌프의 특징에 대한 설명으로 옳은 것은?

① 고양정이다.
② 토출량이 크다.
③ 높은 점도의 액체용이다.
④ 시동 시 물이 필요 없다.

해설 터보형 펌프(원심식 펌프)
㉠ 비용적식 펌프이다.
㉡ 종류 : 사류펌프, 축류펌프, 터빈펌프, 볼류트펌프

25 어떤 냉동기가 20℃의 물에서 −10℃의 얼음을 만드는 데 톤당 50PSh의 일이 소요되었다. 물의 융해열이 80kcal/kg, 얼음의 비열이 0.5kcal/kg℃라고 할 때 냉동기의 성능계수는 얼마인가?(단, 1PSh = 632.3kcal이다.)

① 3.05
② 3.32
③ 4.15
④ 5.17

해설 성능계수(COP) $= \frac{\text{증발능력}}{\text{압축기동력}}$, 물 1톤 = 1,000kg

- 물의 현열 $= 1{,}000 \times 1 \times (20-0) = 20{,}000\text{kcal}$
- 얼음의 현열 $= 1{,}000 \times 0.5 \times (0-(-10)) = 5{,}000\text{kcal}$
- 물의 응고열 $= 1{,}000 \times 80 = 80{,}000\text{kcal}$
- 동력소비열 $= 50 \times 632.3 = 31{,}615\text{kcal}$

∴ 성능계수 $= \frac{80{,}000 + 20{,}000 + 5{,}000}{31{,}615} = 3.32$

20. ③ 21. ③ 22. ① 23. ③ 24. ② 25. ② | ANSWER

26 **LPG 용기에 대한 설명으로 옳은 것은?**

① 재질은 탄소강으로서 성분은 C : 0.33% 이하, P : 0.04% 이하, S : 0.05% 이하로 한다.
② 용기는 주물형으로 제작하고 충분한 강도와 내식성이 있어야 한다.
③ 용기의 바탕색은 회색이며 가스명칭과 충전기한은 표시하지 아니한다.
④ LPG는 가연성 가스로서 용기에 반드시 '연'자 표시를 한다.

해설 LPG 용기(이음매가 있는 용접용기)
㉠ 탄소함량 : 0.33% 이하
㉡ 인함량 : 0.04% 이하
㉢ 황함량 : 0.05% 이하

27 **정압기의 정상상태에서 유량과 2차 압력의 관계를 의미하는 정압기의 특성은?**

① 정특성
② 동특성
③ 유량특성
④ 사용 최대차압 및 작동 최소차압

해설 ㉠ 정특성 : 정상상태에서 정압기의 유량과 2차 압력의 관계
㉡ 동특성 : 부하변동 시 응답의 신속성과 안정성 특성
㉢ 유량특성 : 메인 밸브와 그 밸브 열림과 유량관계

28 **설치위치, 사용목적에 따른 정압기의 분류에서 가스도매 사업자에서 도시가스사 소유 배관과 연결되기 직전에 설치되는 정압기는?**

① 저압정압기　　② 지구정압기
③ 지역정압기　　④ 단독정압기

해설 지구정압기
도시가스사 소유 배관과 연결되기 직전에 설치되는 정압기

29 **강의 열처리방법 중 오스테나이트 조직을 마텐자이트 조직으로 바꿀 목적으로 0℃ 이하로 처리하는 방법은?**

① 담금질　　② 불림
③ 심랭처리　　④ 염욕처리

해설 심랭처리
철강 재료의 특성 향상을 위해 실시되는 것으로, 0℃ 이하에서 조직을 변형하는 열처리방법이다.

30 **고압가스 배관에서 발생할 수 있는 진동의 원인으로 가장 거리가 먼 것은?**

① 파이프의 내부에 흐르는 유체의 온도 변화에 의한 것
② 펌프 및 압축기의 진동에 의한 것
③ 안전밸브 분출에 의한 영향
④ 바람이나 지진에 의한 영향

해설 파이프 내부의 가스유체 온도 변화는 진동의 원인으로 거리가 멀다.

31 **원심펌프로 물을 지하 10m에서 지상 20m 높이의 탱크에 유량 $3m^3$/min로 양수하려고 한다. 이론적으로 필요한 동력은?**

① 10PS
② 15PS
③ 20PS
④ 25PS

해설 펌프동력(PS) $= \dfrac{\gamma \cdot Q \cdot H}{75 \times 60 \times \eta} = \dfrac{1{,}000 \times 3 \times (10+20)}{75 \times 60 \times 1}$
$= 20\text{PS}$
※ 물의 비중량(γ) = 1,000kgf/m^3

32 **전기방식시설의 유지관리를 위한 도시가스시설의 전위측정용 터미널(T/B) 설치에 대한 설명으로 옳은 것은?**

① 희생양극법에 의한 배관에는 500m 이내 간격으로 설치한다.
② 배류법에 의한 배관에는 500m 이내 간격으로 설치한다.
③ 외부전원법에 의한 배관에는 300m 이내 간격으로 설치한다.
④ 직류전철 횡단부 주위에 설치한다.

ANSWER | 26. ① 27. ① 28. ② 29. ③ 30. ① 31. ③ 32. ④

해설 전기방식에서 도시가스시설의 전위측정용 터미널은 직류전철 횡단부 주위에 설치한다.
㉠ 외부전원법 : 500m마다 설치
㉡ 희생양극법, 배류법 : 300m마다 설치

33 고압가스 관련 설비 중 특정설비가 아닌 것은?

① 기화장치
② 독성 가스배관용 밸브
③ 특정고압가스용 실린더 캐비닛
④ 초저온용기

해설 고압가스 관련 설비
㉠ 안전밸브, 긴급차단장치, 역화방지장치
㉡ 기화장치, 압력용기
㉢ 자동차용 가스자동주입기
㉣ 독성 가스배관용 밸브
㉤ 냉동설비(압축기 등)
㉥ 특정고압가스용 실린더 캐비닛
㉦ 자동차용 압축천연가스 완속충전설비
㉧ 액화석유가스용 용기, 잔류가스 회수장치

34 도시가스 배관 등의 용접 및 비파괴검사 중 용접부의 외관검사에 대한 설명으로 틀린 것은?

① 보강 덧붙임은 그 높이가 모재 표면보다 낮지 않도록 하고, 3mm 이상으로 할 것
② 외면의 언더컷은 그 단면이 V자형으로 되지 않도록 하며, 1개의 언더컷 길이 및 깊이는 각각 30mm 이하 및 0.5mm 이하일 것
③ 용접부 및 그 부근에는 균열, 아크 스트라이크, 위해하다고 인정되는 지그의 흔적, 오버랩 및 피트 등의 결함이 없을 것
④ 비드 형상이 일정하며, 슬러그, 스패터 등이 부착되어 있지 않을 것

해설 ①항에서는 3mm 이하를 원칙으로 한다.
※ 용접부검사(도시가스안전에서) 시 알루미늄은 제외한다.

35 다음 중 왕복펌프가 아닌 것은?

① 피스톤(Piston)펌프
② 베인(Vane)펌프
③ 플런저(Plunger)펌프
④ 다이어프램(Diaphragm)펌프

해설 용적형 펌프
㉠ 왕복형 펌프 : 피스톤펌프, 플런저펌프, 다이어프램펌프
㉡ 회전펌프 : 기어펌프, 스크류펌프, 베인편심펌프

36 다음 중 SNG에 대한 설명으로 옳은 것은?

① 순수 천연가스를 뜻한다.
② 각종 도시가스의 총칭이다.
③ 대체(합성) 천연가스를 뜻한다.
④ 부생가스로 고로가스가 주성분이다.

해설 SNG
대체(합성) 천연가스로, 천연가스의 성상과 거의 일치하게 제조공정을 거친다.

37 증기압축식 냉동기에서 고온 · 고압의 액체 냉매를 교축작용에 의해 증발을 일으킬 수 있는 압력까지 감압해 주는 역할을 하는 기기는?

① 압축기 ② 팽창밸브
③ 증발기 ④ 응축기

해설 팽창밸브
교축작용에 의해 냉매를 감압하여 증발기로 보낸다.
※ 증기압축식 냉동기 : 프레온, 암모니아 등을 이용한 냉동기

38 가스를 충전하는 경우에 밸브 및 배관이 얼었을 때 응급 조치하는 방법으로 틀린 것은?

① 석유 버너 불로 녹인다.
② 40℃ 이하의 물로 녹인다.
③ 미지근한 물로 녹인다.
④ 얼어 있는 부분에 열습포를 사용한다.

해설 가스배관 동결 시 40℃ 이하의 미지근한 물로 배관 내 가스를 녹인다.

33. ④ 34. ① 35. ② 36. ③ 37. ② 38. ① | ANSWER

39 **용기의 내압시험 시 항구증가율이 몇 % 이하인 용기를 합격한 것으로 하는가?**

① 3 ② 5
③ 7 ④ 10

해설 용기의 내압시험 시 항구증가율이 10% 이하인 용기가 합격 용기이다.

40 **고압가스 배관의 기밀시험에 대한 설명으로 옳지 않은 것은?**

① 상용압력 이상으로 하되, 1MPa을 초과하는 경우 1MPa 압력 이상으로 한다.
② 원칙적으로 공기 또는 불활성 가스를 사용한다.
③ 취성파괴를 일으킬 우려가 없는 온도에서 실시한다.
④ 기밀시험압력 및 기밀유지시간에서 누설 등의 이상이 없을 때 합격으로 한다.

해설 가스의 기밀시험
㉠ 초저온 용기 및 저온 용기 : 최고충전압력의 1.1배
㉡ 아세틸렌 용기 : 최고충전압력의 1.8배
㉢ 기타 용기 : 최고충전압력

SECTION 03 가스안전관리

41 **독성 가스가 누출될 우려가 있는 부분에는 위험표지를 설치하여야 한다. 이에 대한 설명으로 옳은 것은?**

① 문자의 크기는 가로 10cm, 세로 10cm 이상으로 한다.
② 문자는 30m 이상 떨어진 위치에서도 알 수 있도록 한다.
③ 위험표지의 바탕색은 백색, 글씨는 흑색으로 한다.
④ 문자는 가로방향으로만 한다.

해설 독성 가스 위험표지
㉠ 문자 크기 : 가로, 세로 5cm 이상으로 한다.
㉡ 문자는 10m 이상 떨어진 위치에서 알 수 있어야 한다.
㉢ 바탕색은 백색, 글씨는 흑색으로 한다.
㉣ 문자는 가로 또는 세로로 쓸 수 있다.

42 **용기보관장소에 고압가스용기 보관 시 준수해야 하는 사항 중 틀린 것은?**

① 용기는 항상 40℃ 이하를 유지해야 한다.
② 용기보관장소 주위 3m 이내에는 화기 또는 인화성 물질을 두지 아니한다.
③ 가연성 가스 용기보관장소에는 방폭형 휴대용전등 외의 등화를 휴대하지 아니한다.
④ 용기보관장소에는 충전용기와 잔가스용기를 각각 구분하여 놓는다.

해설 용기보관장소 주위 2m 이내에는 화기 또는 인화성 물질이나 발화성 물질을 두지 아니할 것

43 **가스 관련법에서 정한 고압가스 관련 설비에 해당되지 않는 것은?**

① 안전밸브
② 압력용기
③ 기화장치
④ 정압기

해설 고압가스 관련 설비
㉠ 안전밸브, 긴급차단장치, 역화방지장치
㉡ 기화장치, 압력용기
㉢ 자동차용 가스자동주입기
㉣ 독성 가스 배관용 밸브
㉤ 냉동설비(압축기 등)
㉥ 특정고압가스용 실린더 캐비닛
㉦ 자동차용 압축천연가스 완속충전설비
㉧ 액화석유가스용 용기, 잔류가스 회수장치
※ 정압기 : 감압설비

44 **독성 가스 저장탱크를 지상에 설치하는 경우 몇 톤 이상일 때 방류둑을 설치하여야 하는가?**

① 5 ② 10
③ 50 ④ 100

해설 방류둑 설치기준
㉠ 산소 : 1천 톤 이상
㉡ 독성 가스 : 5톤 이상

ANSWER | 39. ④ 40. ① 41. ③ 42. ② 43. ④ 44. ①

45 **차량에 고정된 탱크에 설치된 긴급차단장치는 차량에 고정된 탱크 또는 이에 접속하는 배관 외면의 온도가 몇 ℃일 때 자동적으로 작동할 수 있어야 하는가?**

① 40 ② 65
③ 80 ④ 110

해설 긴급차단장치
그 성능이 원격조작에 의하여 작동되고 차량에 고정된 탱크 또는 이에 접속하는 배관 외면의 온도가 110℃일 때에 자동적으로 작동하는 장치이다.

46 **고압가스설비에 설치하는 안전장치의 기준으로 옳지 않은 것은?**

① 압력계는 상용압력의 1.5배 이상 2배 이하의 최고 눈금이 있는 것일 것
② 가연성 가스를 압축하는 압축기와 오토크레이브 사이의 배관에는 역화방지장치를 설치할 것
③ 가연성 가스를 압축하는 압축기와 충전용 주관 사이에는 역류방지밸브를 설치할 것
④ 독성 가스 및 공기보다 가벼운 가연성 가스의 제조시설에는 가스누출검지 경보장치를 설치할 것

해설 독성 가스 또는 공기보다 무거운 가연성 가스 제조시설에도 가스누출검지 경보장치를 설치한다.
※ 검지기 : 접촉연소방식, 격막갈바니전지방식, 반도체방식

47 **가스배관은 움직이지 아니하도록 고정 부착하는 조치를 하여야 한다. 관경이 13mm 이상 33mm 미만인 것에는 얼마의 길이마다 고정장치를 하여야 하는가?**

① 1m마다 ② 2m마다
③ 3m마다 ④ 4m마다

해설 가스배관 고정장치
㉠ 13mm 미만 : 1m마다
㉡ 13mm 이상~33mm 미만 : 2m마다
㉢ 33mm 이상 : 3m마다

48 **C_2H_2 가스 충전 시 희석제로 적당하지 않은 것은?**

① N_2 ② CH_4
③ CS_2 ④ CO

해설 아세틸렌가스 분해폭발방지를 위한 희석제 : 질소, 메탄, 일산화탄소 등
※ 이황화탄소(CS_2) 폭발범위 : 1.2~44%(독성이면서 가연성 가스)

49 **다음 중 가연성 가스가 아닌 것은?**

① 아세트알데히드 ② 일산화탄소
③ 산화에틸렌 ④ 염소

해설 염소(Cl_2) : 허용농도 1ppm의 독성 가스 및 조연성 가스
※ 가연성 가스 폭발범위
㉠ 아세트알데히드 : 4.1~57%
㉡ 일산화탄소 : 12.5~74%
㉢ 산화에틸렌 : 3~80%

50 **시안화수소를 장기간 저장하지 못하는 주된 이유는?**

① 중합폭발 때문에
② 산화폭발 때문에
③ 악취 발생 때문에
④ 가연성 가스 발생 때문에

해설 시안화수소(HCN)의 특징
㉠ 기체상태에서 복숭아 냄새가 남
㉡ 허용농도가 10ppm인 독성 가스
㉢ 가연성 가스의 연소범위 : 6~41%
㉣ H_2O에 의한 중합폭발 우려로 장기간 저장불가(60일 이상 저장하지 않는다.)
㉤ 안정제 : 황산, 아황산가스, 염화칼슘, 인산, 오산화인, 동망 등

51 **가스설비실에 설치하는 가스누출경보기에 대한 설명으로 틀린 것은?**

① 담배연기 등 잡가스에는 경보가 울리지 않아야 한다.
② 경보기의 경보부와 검지부는 분리하여 설치할 수 있어야 한다.
③ 경보가 울린 후 주위의 가스농도가 변화되어도 계속 경보를 울려야 한다.
④ 경보기의 검지부는 연소기의 폐가스가 접촉하기 쉬운 곳에 설치한다.

45. ④ 46. ④ 47. ② 48. ③ 49. ④ 50. ① 51. ④ | ANSWER

해설 가스설비실의 가스누출경보기는 누설된 가스가 체류하기 쉬운 곳에 이들 설비군의 바닥면 둘레 10m에 대하여 1개 이상의 비율로 설치한다.

52 **검사에 합격한 고압가스용기의 각인사항에 해당하지 않는 것은?**

① 용기제조업자의 명칭 또는 약호
② 충전하는 가스의 명칭
③ 용기의 번호
④ 기밀시험압력

해설 용기 각인사항 중 압력 표시
㉠ 내압시험(TP)
㉡ 용기 최고충전압력(FP)
㉢ 내압시험 합격연월
※ 기밀시험은 고압가스 제조설비에서 시험한다.

53 **LP가스용 금속플렉시블 호스에 대한 설명으로 옳은 것은?**

① 배관용 호스는 플레어 또는 유니언의 접속기능을 갖추어야 한다.
② 연소기용 호스의 길이는 한쪽 이음쇠의 끝에서 다른 쪽 이음쇠까지로 하며 길이허용오차는 +4%, −3% 이내로 한다.
③ 스테인리스강은 튜브의 재료로 사용하여서는 아니 된다.
④ 호스의 내열성 시험은 100±2℃에서 10분간 유지 후 균열 등의 이상이 없어야 한다.

해설 LP가스 금속플렉시블 호스의 기술기준에서 배관용 호스는 (이음쇠)플레어(Flare) 또는 유니언(Union)의 접속기능을 갖출 것

54 **액화석유가스 사용시설에서 가스배관 이음부(용접이음매 제외)와 전기개폐기는 몇 cm 이상의 이격거리를 두어야 하는가?**

① 15cm ② 30cm
③ 40cm ④ 60cm

해설 이격거리(가스이음부)
㉠ 전기개폐기, 전기안전기 : 60cm 이상
㉡ 전기소켓, 전기콘센트, 전기점멸기 : 30cm 이상
㉢ 절연조치, 단열조치를 하지 않은 전기전선 : 15cm 이상 (절연전선 : 10cm 이상)

55 **지상에 설치된 액화석유가스 저장탱크와 가스 충전장소 사이에 설치하여야 하는 것은?**

① 역화방지기 ② 방호벽
③ 드레인 세퍼레이터 ④ 정제장치

해설 방호벽

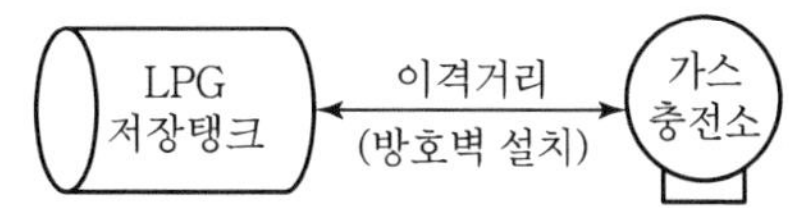

㉠ 철근콘크리트 ㉡ 콘크리트 블록
㉢ 박강판 ㉣ 후강판

56 **고압가스제조자 또는 고압가스판매자가 실시하는 용기의 안전점검 및 유지관리 사항에 해당되지 않는 것은?**

① 용기의 도색상태
② 용기관리 기록대장의 관리상태
③ 재검사기간 도래 여부
④ 용기밸브의 이탈방지 조치 여부

해설 고압가스 용기 안전점검 및 유지관리 사항으로 ①, ③, ④ 외에 부식상태 핸들부착 여부, 스커트 등의 찌그러짐을 주의하여야 한다.

57 **고압가스의 제조설비에서 사용 개시 전에 점검하여야 할 항목이 아닌 것은?**

① 불활성 가스 등에 의한 치환 상황
② 자동제어장치의 기능
③ 가스설비의 전반적인 누출 유무
④ 배관계통의 밸브개폐 상황

해설 ①항은 제조설비에서 사용 종료 시 점검사항이다.

ANSWER | 52. ④ 53. ① 54. ④ 55. ② 56. ② 57. ①

58 고압가스 냉동제조의 기술기준에 대한 설명으로 옳지 않은 것은?

① 암모니아를 냉매로 사용하는 냉동제조시설에는 제독제로 물을 다량 보유한다.
② 냉동기의 재료는 냉매가스 또는 윤활유 등으로 인한 화학작용에 의하여 약화되어도 상관없는 것으로 한다.
③ 독성 가스를 사용하는 내용적이 1만 L 이상인 수액기 주위에는 방류둑을 설치한다.
④ 냉동기의 냉매설비는 설계압력 이상의 압력으로 실시하는 기밀시험 및 설계압력의 1.5배 이상의 압력으로 하는 내압시험에 각각 합격한 것이어야 한다.

해설 냉동기의 재료는 냉매가스 또는 윤활유 등으로 인한 화학작용에 의하여 약화되지 않는 재료로 사용한다.

59 가스누출자동차단기의 제품성능에 대한 설명으로 옳은 것은?

① 고압부는 5MPa 이상, 저압부는 0.5MPa 이상의 압력으로 실시하는 내압시험에 이상이 없는 것으로 한다.
② 고압부는 1.8MPa 이상, 저압부는 8.4kPa 이상 10kPa 이하 압력으로 실시하는 기밀시험에서 누출이 없는 것으로 한다.
③ 전기적으로 개폐하는 자동차단기는 5,000회의 개폐조작을 반복한 후 성능에 이상이 없는 것으로 한다.
④ 전기적으로 개폐하는 자동차단기는 전기충전부와 비충전금속부의 절연저항은 1kΩ 이상으로 한다.

해설 가스누출자동차단기 제품성능기준에서 고압부는 1.8MPa 이상, 저압부는 8.4~10kPa 이하 압력으로 실시하는 기밀시험에서 누출이 없는 것으로 성능이 우수해야 한다.

60 −162℃의 LNG(액비중 : 0.46, CH_4 : 90%, C_2H_6 : 10%) 1m^{3}를 20℃까지 기화시켰을 때의 부피는 약 몇 m^{3}인가?

① 592.6 ② 635.6
③ 645.6 ④ 692.6

해설 액비중 0.46=0.46kg/L=460g/L=460kg/m^3
LNG(메탄분자량 16g=22.4L)
평균분자량=(16×0.9+30×0.1)=17.4

$$V_2 = V_1 \times \frac{T_2}{T_1} = \left(\frac{460}{17.4} \times 22.4\right) \times \frac{20+273}{273}$$
$$=635.6\text{m}^3$$

※ 메탄분자량=16, 에탄분자량=30

$$\text{몰수} = \frac{\text{가스질량}}{\text{분자량}}(\text{mol})$$

1몰=22.4L

SECTION 04 가스계측

61 수정이나 전기석 또는 로셸염 등 결정체의 특정방향으로 압력을 가할 때 발생하는 표면 전기량으로 압력을 측정하는 압력계는?

① 스트레인 게이지 ② 피에조 전기 압력계
③ 자기변형 압력계 ④ 벨로스 압력계

해설 피에조 전기 압력계
수정, 전기석, 로셸염 등 결정체의 특정방향으로 압력을 가하며 그 표면 전기량으로 압력을 측정한다.

62 가스크로마토그램에서 성분 X의 보유시간이 6분, 피크폭이 6mm였다. 이 경우 X에 관하여 $HETP$는 얼마인가?(단, 분리관 길이는 3m, 기록지의 속도는 분당 15mm이다.)

① 0.83mm ② 8.30mm
③ 0.64mm ④ 6.40mm

해설 1단 분리관의 길이($HETP$)$=\frac{L}{\eta}$,

$$\text{이론단수}(n) = 16 \times \left(\frac{t_R}{W}\right)^2$$

$$\therefore HETP = \frac{3\text{m} \times 10^3}{16 \times \left(\frac{6 \times 15}{6}\right)^2} = 0.83\text{mm}$$

※ 1m=10^{3}mm

63 두 개의 계측실이 가스흐름에 의해 상호 보완작용으로 밸브시스템을 작동하여 계측실의 왕복운동을 회전운동으로 변환하여 가스양을 적산하는 가스미터는?

① 오리피스 유량계
② 막식 유량계
③ 터빈 유량계
④ 볼텍스 유량계

해설 막식 가스계량기(다이어프램식)
㉠ 계측실이 두 개이다(건식 가스미터기).
㉡ 왕복운동의 회전운동 변화가 있다.
㉢ 적산가스미터기이다(가격이 싸고 부착 후 유지관리에 시간을 요하지 않는다).

64 점도가 높거나 점도 변화가 있는 유체에 가장 적합한 유량계는?

① 차압식 유량계
② 면적식 유량계
③ 유속식 유량계
④ 용적식 유량계

해설 용적식 유량계의 특징
㉠ 점도가 높은 유체 측정이 가능하다.
㉡ 정도가 높다.
㉢ 상업거래용이며 루트식, 오벌기어식, 로터리식이 있다.

65 니켈, 망간, 코발트, 구리 등의 금속산화물을 압축 · 소결시켜 만든 온도계는?

① 바이메탈 온도계
② 서미스터 저항체 온도계
③ 제게르 콘 온도계
④ 방사 온도계

해설 서미스터 저항체 온도계
㉠ 재료 : 금속산화물의 분말로서 니켈, 망간, 코발트, 철, 구리 등
㉡ 온도계수가 25℃에서 백금의 10배 정도

66. 다음과 같이 시차 액주계의 높이(H)가 60mm일 때 유속(V)은 약 몇 m/s인가?(단, 비중 γ와 γ'는 1과 13.6이고, 속도계수는 1, 중력가속도는 9.8m/s^{2}이다.)

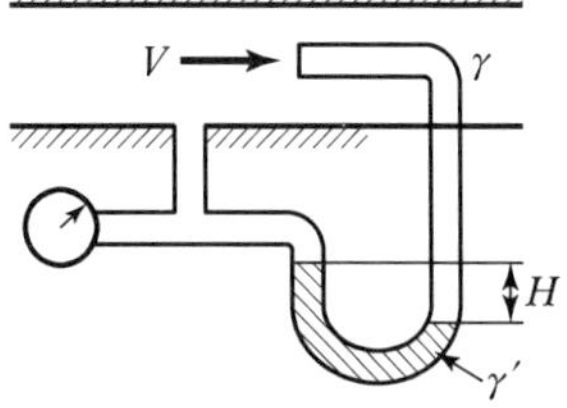

① 1.08
② 3.36
③ 3.85
④ 5.00

해설 유속$(V) = c\sqrt{2g\left(\frac{\gamma'-1}{\gamma}\right)}$

$\therefore\ 1\times\sqrt{2\times9.8\left(\frac{13.6-1}{1}\right)\times0.06} = 3.85\text{m/s}$

67 일반적으로 계측기는 크게 3부분으로 구성되어 있다. 이에 해당되지 않는 것은?

① 검출부
② 전달부
③ 수신부
④ 제어부

해설 계측기기 3대 구성요소
㉠ 검출부
㉡ 전달부
㉢ 수신부

68 가스크로마토그래피(Gas Chromatography)를 이용하여 가스를 검출할 때 반드시 필요하지 않은 것은?

① Column
② Gas Sampler
③ Carrier Gas
④ UV Detector

해설 가스크로마토그래피의 가스검출기(기기분석법) 필요 구성부분
㉠ 컬럼(분리관)
㉡ 가스 샘플
㉢ 캐리어가스(운반가스) : He, H_2, Ar, N_2 등 가스
㉣ 검출기

69 **계량에 관한 법률의 목적으로 가장 거리가 먼 것은?**

① 계량의 기준을 정함
② 공정한 상거래 질서 유지
③ 산업의 선진화 기여
④ 분쟁의 협의 조정

해설 계량에 관한 법률 제정목적
㉠ 계량 기준 설정
㉡ 공정한 상거래 질서 유지
㉢ 산업의 선진화 기여

70 **400K은 몇 °R인가?**

① 400 ② 620
③ 720 ④ 820

해설 절대온도(K, ° R)
㉠ K=℃+273
㉡ °R=°F+460=K×1.8배
∴ °R=400×1.8=720

71 **화합물이 가지는 고유의 흡수 정도의 원리를 이용하여 정성 및 정량분석에 이용할 수 있는 분석방법은?**

① 저온분류법
② 적외선분광분석법
③ 질량분석법
④ 가스크로마토그래피법

해설 기기분석법
㉠ 가스크로마토그래피법
㉡ 질량분석법
㉢ 적외선분광분석법(적외선의 흡수법 이용)
㉣ 전기량에 의한 적정법
㉤ 저온정밀 측정법

72 **다음 중 추량식 가스미터에 해당하지 않는 것은?**

① 오리피스 미터
② 벤투리 미터
③ 회전자식 미터
④ 터빈식 미터

해설 가스미터기
㉠ 실측식 : 막식(독립내기식, 클로버식), 회전식(루트식, 로터리식, 오벌식)
㉡ 추량식 : 오리피스식, 터빈식, 선근차식, 벤투리

73 **보상도선, 측온접점 및 기준접점, 보호관 등으로 구성되어 있는 온도계는?**

① 복사 온도계
② 열전대 온도계
③ 광고 온도계
④ 저항 온도계

해설 열전대 온도계
보상도선, 측온접점 및 기준접점, 보호관 등으로 되어 있는 온도계이다.

74 **다음 압력계 중 미세압 측정이 가능하여 통풍계로도 사용되며, 감도(정도)가 좋은 압력계는?**

① 경사관식 압력계
② 분동식 압력계
③ 부르동관 압력계
④ 마노미터(U자관 압력계)

해설 경사관식 액주식 압력계
미세압 측정이 가능하여 통풍계로도 사용되며 정도가 매우 좋은 압력계이다.

75 **물 100cm 높이에 해당하는 압력은 몇 Pa인가?(단, 물의 비중량은 9,803N/m^3이다.)**

① 4,901 ② 490,150
③ 9,803 ④ 980,300

해설 P(압력)=γH(비중량×높이)
100cm=1m, 10mH_2O=98kPa(98,000Pa)
물 1,000kg/m^3=9,800N/m^3
∴ P=1×9,803=9,803Pa
※ 물의 밀도 102kgfs^2/m^4=1,000kg/m^3
표준대기압(atm)=10.332mH_2O=10,332mmH_2O
=101.325kPa

69. ④ 70. ③ 71. ② 72. ③ 73. ② 74. ① 75. ③ | ANSWER

76 다음 열전대 온도계 중 가장 고온에서 사용할 수 있는 것은?

① R형　　② K형
③ T형　　④ J형

해설 ㉠ 백금－백금로듐(R형) : 600~1,600℃
㉡ 크로멜－알루멜(K형) : －20~300℃
㉢ 철－콘스탄탄(J형) : －20~800℃
㉣ 구리－콘스탄탄(T형) : －180~350℃

77 계량기 형식 승인 번호의 표시방법에서 계량기의 종류별 기호 중 가스미터의 표시기호는?

① G　　② N
③ K　　④ H

해설 계량기 중 가스계량기 가스미터의 표시기호 : H

78 광학적 방법인 슐리렌법(Schlieren Method)은 무엇을 측정하는가?

① 기체의 흐름에 대한 속도 변화
② 기체의 흐름에 대한 온도 변화
③ 기체의 흐름에 대한 압력 변화
④ 기체의 흐름에 대한 밀도 변화

해설 광학적 슐리렌법
기체의 흐름에 대한 밀도(kg/m^3) 변화 측정

79 계측기기의 측정과 오차에서 흩어짐의 정도를 나타내는 것은?

① 정밀도　　② 정확도
③ 정도　　④ 불확실성

해설 정밀도
계측기기의 측정과 오차에서 흩어짐(산포)의 정도를 나타낸다. 우연오차가 작을수록 정밀도가 높고 계통오차가 작으면 정확도가 높다.

80 0℃에서 저항이 120Ω이고 저항온도계수가 0.0025인 저항온도계를 노 안에 삽입하였을 때 저항이 210Ω이 되었다면 노 안의 온도는 몇 ℃인가?

① 200℃　　② 250℃
③ 300℃　　④ 350℃

해설 $R_t = R_o \times (1 + a \cdot \Delta t)$
$210\Omega = 120 \times (1 + 0.0025 \times \Delta t)$
온도차(Δt) $= \frac{1}{0.0025} \times \left(\frac{210}{120} - 1\right) = 300℃$
∴ 노 안의 온도 $= 0℃ + 300℃ = 300℃$

2014년 3회 가스산업기사

SECTION 01 연소공학

01 연소의 난이성에 대한 설명으로 옳지 않은 것은?

① 화학적 친화력이 큰 가연물이 연소가 잘된다.
② 연소성 가스가 많이 발생하면 연소가 잘된다.
③ 환원성 분위기가 잘 조성되면 연소가 잘된다.
④ 열전도율이 낮은 물질은 연소가 잘된다.

해설 연료가 산화성 분위기가 잘 조성되면 연소가 잘된다(환원성 분위기 : O_2 부족에 따른 CO 가스 발생 분위기).

02 과열증기온도와 포화증기온도의 차를 무엇이라고 하는가?

① 포화도　　② 비습도
③ 과열도　　④ 건조도

해설 과열도＝과열증기온도－포화증기온도

03 이너트 가스(Inert Gas)로 사용되지 않는 것은?

① 질소　　② 이산화탄소
③ 수증기　　④ 수소

해설 이너트 가스
불활성 가스(연소성을 방해하거나 연소 후 연소생성물 질소, 이산화탄소, 수증기, 불활성 등의 가스)
※ 수소 : 가연성 가스

04 화학반응 중 폭발의 원인과 관련이 가장 먼 반응은?

① 산화반응　　② 중화반응
③ 분해반응　　④ 중합반응

해설 중화반응
가스에서 독성을 제거하거나 단일성분 특성을 변화시키는 반응이다.

05 상온, 상압하에서 프로판이 공기와 혼합되는 경우 폭발범위는 약 몇 %인가?

① 1.9~8.5　　② 2.2~9.5
③ 5.3~14　　④ 4.0~75

해설 프로판 가스(C_3H_8) 폭발범위(연소범위) 한계
2.2%~ 9.5%

06 CO_2 40vol%, O_2 10vol%, N_2 50vol%인 혼합기체의 평균분자량은 얼마인가?

① 16.8　　② 17.4
③ 33.5　　④ 34.8

해설 분자량＝(CO_2 : 44, O_2 : 32, N_2 : 28)
평균분자량＝(44×0.4＋32×0.1＋28×0.5)＝34.8
※ 비중＝(분자량/29)＝(34.8/29)＝1.2

07 가스를 연료로 사용하는 연소의 장점이 아닌 것은?

① 연소의 조절이 신속 · 정확하며 자동제어에 적합하다.
② 온도가 낮은 연소실에서도 안정된 불꽃으로 높은 연소 효율이 가능하다.
③ 연소속도가 커서 연료로서 안전성이 높다.
④ 소형 버너를 병용 사용하여 노 내 온도분포를 자유로이 조절할 수 있다.

해설 가스연료는 연소속도가 커서 연료로서 안정성이 낮다(연소속도＝cm/s).

08 기체상수 R을 계산한 결과 1.987이었다. 이때 사용되는 단위는?

① L · atm/mol · K
② cal/mol · K
③ erg/kmol · K
④ Joule/mol · K

1. ③ 2. ③ 3. ④ 4. ② 5. ② 6. ④ 7. ③ 8. ② | ANSWER

해설 $mR = \frac{P \cdot mV}{T} = \frac{1.0332 \times 10^4 \times 22.4}{273}$

$= 848 \text{kg} \cdot \text{m/kmol} \cdot \text{K}$

$mR = \frac{1\text{atm} \times 22.4\text{L/mol}}{273\text{K}} = 0.082\text{L} \cdot \text{atm/mol} \cdot \text{K}$

$mR = 848\text{kg} \cdot \text{m/kmol} \cdot \text{K} \times \frac{1}{427}\text{kcal/kg} \cdot \text{m}$

$= 1.987\text{kcal/kmol} \cdot \text{K}$

$= 1.987\text{cal/mol} \cdot \text{K}$

09 500L의 용기에 40atm · abs, 30℃에서 산소(O_2)가 충전되어 있다. 이때 산소는 몇 kg인가?

① 7.8kg ② 12.9kg
③ 25.7kg ④ 31.2kg

해설 산소 총 충전량=500×40=20,000L
산소 1몰=22.4L=32g(분자량), 1kg=1,000g

중량$= \frac{20,000}{22.4} = 892.857\text{mol}$

$\therefore\ 892.857 \times 32\text{g/mol} \times \frac{1}{1,000} \times \frac{273+0}{273+30} = 25.7\text{kg}$

10 소화의 종류 중 주변의 공기 또는 산소를 차단하여 소화하는 방법은?

① 억제소화
② 냉각소화
③ 제거소화
④ 질식소화

해설 질식소화
화재 시 소화에서 산소를 차단하는 소화법이다.

11 폭굉(Detonation)에 대한 설명으로 옳지 않은 것은?

① 발열반응이다.
② 연소의 전파속도가 음속보다 느리다.
③ 충격파가 발생한다.
④ 짧은 시간에 에너지가 방출된다.

해설 폭굉은 연소속도(1,000~3,500m/s)가 음속(340m/s)보다 빠르다.

12 위험장소 분류 중 폭발성 가스의 농도가 연속적이거나 장시간 지속적으로 폭발한계 이상이 되는 장소 또는 지속적인 위험상태가 생성되거나 생성될 우려가 있는 장소는?

① 제0종 위험장소 ② 제1종 위험장소
③ 제2종 위험장소 ④ 제3종 위험장소

해설 제0종 장소
상용의 상태에서 가연성 가스의 농도가 연속해서 폭발한계 이상으로 되는 장소이다.

13 불활성화 방법 중 용기에 액체를 채운 다음 용기로부터 액체를 배출하는 동시에 증기층으로 불활성 가스를 주입하여 원하는 산소농도를 만드는 퍼지방법은?

① 사이펀퍼지 ② 스위프퍼지
③ 압력퍼지 ④ 진공퍼지

해설 사이펀퍼지
불활성화 방법 중 용기에 액체를 채운 다음 용기로부터 액체를 배출하는 동시에 증기층으로 불활성 가스를 주입하여 원하는 산소농도를 만드는 퍼지방법이다.

14 BLEVE(Boiling Liquid Expanding Vapour Explosion) 현상에 대한 설명으로 옳은 것은?

① 물이 점성의 뜨거운 기름 표면 아래서 끓을 때 연소를 동반하지 않고 Overflow 되는 현상
② 물이 연소유(Oil)의 뜨거운 표면에 들어갈 때 발생되는 Overflow 현상
③ 탱크바닥에 물과 기름의 에멀션이 섞여 있을 때 기름의 비등으로 인하여 급격하게 Overflow 되는 현상
④ 과열상태의 탱크에서 내부의 액화 가스가 분출, 일시에 기화되어 착화, 폭발하는 현상

해설 BLEVE(비등액체팽창 증기폭발)
가연성 액체 저장탱크 주변에서 화재가 발생하여 기상부의 탱크가 국부적으로 가열되면 그 부분의 강도가 약해져 탱크가 파열된다. 이때 내부의 액화가스가 급격히 유출 · 팽창되어 화구를 형성하여 폭발하는 형태이다.
※ UVCE : 증기운폭발

ANSWER | 9. ③ 10. ④ 11. ② 12. ① 13. ① 14. ④

15 액체연료의 연소형태와 가장 거리가 먼 것은?

① 분무연소
② 등심연소
③ 분해연소
④ 증발연소

해설 분해연소
목재, 석탄 등 고체연료, 중질유 오일의 연소형태이다.

16 연소한계, 폭발한계, 폭굉한계를 일반적으로 비교한 것 중 옳은 것은?

① 연소한계는 폭발한계보다 넓으며, 폭발한계와 폭굉한계는 같다.
② 연소한계와 폭발한계는 같으며, 폭굉한계보다는 넓다.
③ 연소한계는 폭발한계보다 넓고, 폭발한계는 폭굉한계보다 넓다.
④ 연소한계, 폭발한계, 폭굉한계는 같으며, 단지 연소현상으로 구분된다.

해설 연소한계와 폭발한계는 같은 내용이며 폭굉(디토네이션)한계보다는 넓다.

17 폭발범위가 넓은 것부터 차례로 된 것은?

① 일산화탄소 > 메탄 > 프로판
② 일산화탄소 > 프로판 > 메탄
③ 프로판 > 메탄 > 일산화탄소
④ 메탄 > 프로판 > 일산화탄소

해설 폭발범위
㉠ CO(12.5~74%)
㉡ 메탄(5~15%)
㉢ 프로판(2.1~9.5%)

18 액체공기 100kg 중에는 산소가 약 몇 kg 들어 있는가?(단, 공기는 79mol% N_2와 21mol% O_2로 되어 있다.)

① 18.3　　② 21.1
③ 23.3　　④ 25.4

해설 공기(중량당 비율)
㉠ O_2 : 23.3%
㉡ N_2 : 76.7%
∴ $100 \times 0.233 = 23.3$kg

19 100℃의 수증기 1kg이 100℃의 물로 응결될 때 수증기 엔트로피 변화량은 몇 kJ/K인가?(단, 물의 증발잠열은 2,256.7kJ/kg이다.)

① −4.87　　② −6.05
③ −7.24　　④ −8.67

해설 엔트로피 변화량$(\Delta S) = \frac{-dQ}{T}$

$$= \frac{-2,256.7}{273+100}$$
$$= -6.05 \text{ kJ/K}$$

20 다음 연소와 관련된 식으로 옳은 것은?

① 과잉공기비 = 공기비(m) − 1
② 과잉공기량 = 이론공기량(A_0) + 1
③ 실제공기량 = 공기비(m) + 이론공기량(A_0)
④ 공기비 = (이론산소량/실제공기량) − 이론공기량

해설 ㉠ 과잉공기비 = 공기비 − 1
㉡ 과잉공기량 = 실제공기량 − 이론공기량(m^3/kg)
㉢ 실제공기량 = 이론공기량 × 공기비
㉣ 공기비 = $\frac{\text{실제공기량}}{\text{이론공기량}}$ (1보다 크다.)
㉤ 과잉공기율 = (공기비 − 1) × 100(%)

SECTION 02 가스설비

21 압축가스를 저장하는 납붙임 용기의 내압시험압력은?

① 상용압력 수치의 5분의 3배
② 상용압력 수치의 3분의 5배
③ 최고충전압력 수치의 5분의 3배
④ 최고충전압력 수치의 3분의 5배

15. ③ 16. ② 17. ① 18. ③ 19. ② 20. ① 21. ④ | ANSWER

해설 압축가스 저장(납붙임 용기) 내압시험 압력
최고충전압력의 $\frac{5}{3}$배

22 고압가스 냉동제조시설의 자동제어장치에 해당하지 않는 것은?

① 저압차단장치
② 과부하보호장치
③ 자동급수 및 살수장치
④ 단수보호장치

해설 냉동제조시설의 자동제어장치
㉠ 저압차단장치
㉡ 과부하보호장치
㉢ 단수보호장치

23 노즐에서 분출되는 가스 분출속도에 의해 연소에 필요한 공기의 일부를 흡입하여 혼합기 내에서 잘 혼합하여 염공으로 보내 연소하고, 이때 부족한 연소공기는 불꽃 주위로부터 새로운 공기를 혼입하여 가스를 연소시키며 연소온도가 가장 높은 방식의 버너는?

① 분젠식 버너 ② 전 1차식 버너
③ 적화식 버너 ④ 세미분젠식 버너

해설 분젠식 버너
노즐에서 분출되는 가스 분출속도에 의해 연소에 필요한 공기를 일부 흡입하여 가스와 공기를 잘 혼합한 후 염공으로 보내서 연소시키고 이때 부족한 공기는 불꽃 주위에서 취하는 버너방식이며 화염이 청록색이다.
(1차 공기 40~70%, 2차 공기 60~30%)

24 입구 측 압력이 0.5MPa 이상인 정압기 안전밸브의 분출구경 크기는 얼마 이상으로 하여야 하는가?

① 20A ② 25A
③ 32A ④ 50A

해설 정압기 안전밸브의 분출구경 크기
㉠ 0.5MPa(5kg/cm^2) 이상 : 50A 이상
㉡ 0.5MPa 미만 : 25A 이상(설계유량 1,000Nm^3/h 이상은 50A 이상, 1,000Nm^3/h 미만은 25A 이상)

25 직동식 정압기와 비교한 파일럿식 정압기의 특성에 대한 설명으로 틀린 것은?

① 대용량이다.
② 오프셋이 커진다.
③ 요구 유량제어 범위가 넓은 경우에 적합하다.
④ 높은 압력제어 정도가 요구되는 경우에 적합하다.

해설 직동식은 2차 압력을 신호 겸 구동압력으로서 이용하기 때문에 오프셋이 크게 되나, 파일럿식은 파일럿에서 2차 압력의 작은 변화를 증폭해서 메인 정압기를 작동하므로 오프셋이 작아진다.

26 도시가스 공급관에서 전위차가 일정하고 비교적 작기 때문에 전위구배가 작은 장소에 적합한 전기방식법은?

① 외부전원법 ② 희생양극법
③ 선택배류법 ④ 강제배류법

해설 희생양극법(유전양극법)
㉠ 전기방식이며 가스공급관에서 전위차가 일정하고 비교적 작기 때문에 전위구배가 작은 장소에 적합한 가스배관 방식법이다.
㉡ 양극재료는 마그네슘, 아연 등이며 매설배관은 음극으로 한다.

27 도시가스용 압력조정기에서 스프링은 어떤 재질을 사용하는가?

① 주물 ② 강재
③ 알루미늄합금 ④ 다이캐스팅

해설 도시가스용 압력조정기의 스프링 재질은 강재(강철재)를 사용한다.

28 대기 중에 10m 배관을 연결할 때 중간에 상온스프링을 이용하여 연결하려 한다면 중간 연결부에서 얼마의 간격으로 하여야 하는가?(단, 대기 중의 온도는 최저 −20℃, 최고 30℃이고, 배관의 열팽창 계수는 7.2×10^{-5}/℃이다.)

① 18mm ② 24mm
③ 36mm ④ 48mm

ANSWER | 22. ③ 23. ① 24. ④ 25. ② 26. ② 27. ② 28. ①

해설 10m = 10,000mm

온도차 = 30 − (−20) = 50℃

상온스프링 간격 = 열팽창 배관길이 × $\frac{1}{2}$

∴ $10,000 \times 50 \times (7.2 \times 10^{-5}) \times \frac{1}{2} = 18$mm

29 압축기의 종류 중 구동모터와 압축기가 분리된 구조로서 벨트나 커플링에 의하여 구동되는 압축기의 형식은?

① 개방형 ② 반밀폐형

③ 밀폐형 ④ 무급유형

해설 개방형 압축기

압축기 구동모터와 압축기가 분리된 구조로서 벨트나 커플링에 의하여 구동된다.

30 물 수송량이 6,000L/min, 전양정이 45m, 효율이 75%인 터빈펌프의 소요마력은 약 몇 kW인가?

① 40 ② 47

③ 59 ④ 68

해설 터빈펌프의 소요동력(kW) = $\frac{1,000 \times Q \times H}{102 \times 60 \times \eta}$

Q = 6,000L/min = 6m³/min

∴ $P = \frac{1,000 \times 6 \times 45}{102 \times 60 \times 0.75} = 59$kW

31 고압장치의 재료로 구리관의 성질과 특징이 틀린 것은?

① 알칼리에는 내식성이 강하지만 산성에는 약하다.

② 내면이 매끈하여 유체저항이 적다.

③ 굴곡성이 좋아 가공이 용이하다.

④ 전도 및 전기절연성이 우수하다.

해설 구리(Cu)는 연성, 전성이 좋고 가공성이 우수하며 내식성이 좋다. 또한 전기나 열의 통과성이 매우 좋다.

32 원심펌프를 병렬로 연결하는 것은 무엇을 증가시키기 위한 것인가?

① 양정 ② 동력

③ 유량 ④ 효율

해설

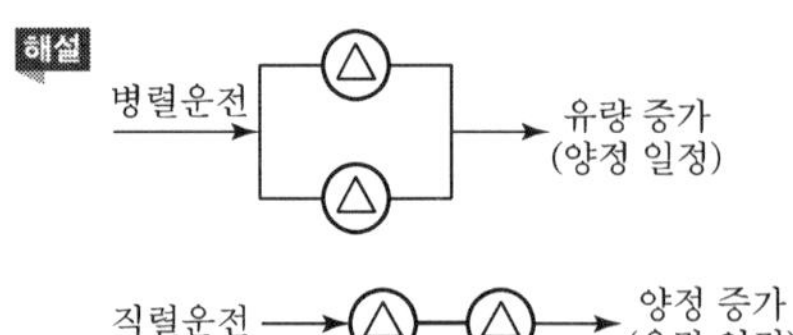

33 배관에는 온도 변화 및 여러 가지 하중을 받기 때문에 이에 견디는 배관을 설계해야 한다. 외경과 내경의 비가 1.2 미만인 경우 배관의 두께는 식 t(mm) $= \frac{PD}{2\frac{f}{s} - P} + C$에 의하여 계산된다. 기호 P의 의미로 옳게 표시된 것은?

① 충전압력 ② 상용압력

③ 사용압력 ④ 최고충전압력

해설 P : 상용압력, D : 관의 내경, C : 부식여유치수, s : 안전율, f : 재료의 인장강도(kg/mm²)

34 액화석유가스사용시설에서 배관의 이음매와 절연조치를 한 전선과는 최소 얼마 이상의 거리를 두어야 하는가?

① 10cm ② 15cm

③ 30cm ④ 40cm

해설 배관의 이음매

㉠ 절연조치를 하지 않은 전선, 단열조치를 하지 않은 굴뚝과의 이격거리 : 15cm 이상

㉡ 절연조치를 한 전선과의 이격거리 : 10cm 이상

35 천연가스 중압공급방식의 특징에 대한 설명으로 옳은 것은?

① 단시간의 정전이 발생하여도 영향을 받지 않고 가스를 공급할 수 있다.

② 고압공급방식보다 가스 수송능력이 우수하다.

③ 중압공급배관(강관)은 전기방식을 할 필요가 없다.

④ 중압배관에서 발생하는 압력 감소의 주된 원인은 가스의 재응축 때문이다.

29. ① 30. ③ 31. ④ 32. ③ 33. ② 34. ① 35. ① | ANSWER

해설 도시가스 중압공급

㉠ 정전에 의해 압송기의 운전 정지 등의 영향을 받아 공급에 지장이 있으나 중압가스 홀더가 있는 경우에는 단시간의 정전으로는 영향을 받지 않는다.

㉡ 중앙공급 : 0.1MPa 이상~1MPa 미만

36 **고압가스설비의 운전을 정지하고 수리할 때 일반적으로 유의하여야 할 사항이 아닌 것은?**

① 가스 치환작업
② 안전밸브 작동
③ 장치 내부 가스분석
④ 배관의 차단

해설 안전밸브 조정횟수
압축기 최종단에 설치한 경우 1년에 1회 이상, 기타의 경우 2년에 1회 이상이다.

37 **액화석유가스(LPG) 20kg 용기를 재검사하기 위하여 수압에 의한 내압시험을 하였다. 이때 전증가량이 200mL, 영구증가량이 20mL였다면 영구증가율과 적합 여부를 판단하면?**

① 10%, 합격
② 10%, 불합격
③ 20%, 합격
④ 20%, 불합격

해설 $\text{영구증가율} = \dfrac{\text{영구증가량}}{\text{전증가량}} = \dfrac{20}{200} \times 100 = 10\%$

영구증가율 10% 이하는 내압시험 합격에 해당된다.

38 **배관설계 시 고려하여야 할 사항으로 가장 거리가 먼 것은?**

① 가능한 한 옥외에 설치할 것
② 굴곡을 작게 할 것
③ 은폐하여 매설할 것
④ 최단거리로 할 것

해설 가스배관은 일반적으로 개방하여 설비할 것(누설검사가 용이하다.)

39 **도시가스배관의 내진설계 기준에서 일반도시가스사업자가 소유하는 배관의 경우 내진 1등급에 해당되는 압력은 최고 사용압력이 얼마인 배관을 말하는가?**

① 0.1MPa
② 0.3MPa
③ 0.5MPa
④ 1MPa

해설 ㉠ 내진 특등급 : 7MPa 이상 배관
㉡ 내진 1등급 : 0.5MPa 이상 배관

40 **정압기의 이상감압에 대처할 수 있는 방법이 아닌 것은?**

① 저압배관의 Loop화
② 2차 측 압력 감시장치 설치
③ 정압기 2계열 설치
④ 필터 설치

해설 필터 : 가스 내 불순물 제거(스트레이너 역할)

SECTION 03 가스안전관리

41 **일반도시가스사업소에 설치된 정압기 필터 분해점검에 대하여 옳게 설명한 것은?**

① 가스공급 개시 후 매년 1회 이상 실시한다.
② 가스공급 개시 후 2년에 1회 이상 실시한다.
③ 설치 후 매년 1회 이상 실시한다.
④ 설치 후 2년에 1회 이상 실시한다.

해설 일반도시가스사업소 정압기 필터는 최초 공급 개시 후 1개월 이내 및 가스공급 개시 후 매년 1회 이상 필터 분해 점검이 필요하다.
※ 작동상황점검 : 1주일에 1회 이상

ANSWER | 36. ② 37. ① 38. ③ 39. ③ 40. ④ 41. ①

42 **가연성 가스 저장탱크 및 처리설비를 실내에 설치하는 기준에 대한 설명 중 틀린 것은?**

① 저장탱크와 처리설비는 구분 없이 동일한 실내에 설치한다.
② 저장탱크 및 처리설비가 설치된 실내는 천장 · 벽 및 바닥의 두께가 30cm 이상인 철근콘크리트로 한다.
③ 저장탱크의 정상부와 저장탱크실 천장의 거리는 60cm 이상으로 한다.
④ 저장탱크에 설치한 안전밸브는 지상 5m 이상의 높이에 방출구가 있는 가스 방출관을 설치한다.

해설 가연성 가스 저장탱크와 처리설비는 별도의 구역에 옥외에 설치하는 것이 이상적이다(단, 별도의 구역에 실내 설치는 가능하다).

43 **액화석유가스 충전시설에서 가스산업기사 이상의 자격자를 선임하여야 하는 저장능력의 기준은?**

① 30톤 초과 ② 100톤 초과
③ 300톤 초과 ④ 500톤 초과

해설 액화석유가스(LPG) 충전시설에서 저장용량 500톤 초과 시 가스안전관리자는 가스산업기사 이상의 자격자를 선임하여야 한다.

44 **LPG 사용시설에서 용기보관실 및 용기집합설비의 설치에 대한 설명으로 틀린 것은?**

① 저장능력이 100kg을 초과하는 경우에는 옥외에 용기보관실을 설치한다.
② 용기보관실의 벽, 문, 지붕은 불연재료로 하고 복층구조로 한다.
③ 건물과 건물 사이 등 용기보관실 설치가 곤란한 경우에는 외부인의 출입을 방지하기 위한 출입문을 설치한다.
④ 용기집합설비의 양단 마감조치 시에는 캡 또는 플랜지로 마감한다.

해설 LPG 가스 용기보관실에 불연성 재료 또는 난연성 재료를 사용한 가벼운 지붕을 설치한다.

45 **고정식 압축도시가스 이동식 충전차량 충전시설에 설치하는 가스누출검지경보장치의 설치위치가 아닌 것은?**

① 개방형 피트 외부에 설치된 배관 접속부 주위
② 압축가스설비 주변
③ 개별 충전설비 본체 내부
④ 펌프 주변

해설 고정식 압축도시가스 이동식 충전차량에서 주위 개방형 배관 접속부 주위에는 가스누출검지경보장치를 설치하지 않아도 된다.

46 **소비자 1호당 1일 평균 가스소비량이 1.6kg/day이고, 소비호수 10호인 경우 자동절체조정기를 사용하는 설비를 설계하면 용기는 몇 개 정도 필요한가?(단, 표준가스발생능력은 1.6kg/h이고, 평균가스소비율은 60%, 용기는 2계열 집합으로 사용한다.)**

① 8개
② 10개
③ 12개
④ 14개

해설 ㉠ 가스최대소비량 $= 1.6\text{kg/day} \times 10\text{호} \times \dfrac{60\%}{100\%}$
$= 9.6\text{kg/h}$
㉡ 용기개수 $= \dfrac{\text{최대소비량}}{\text{용기표준가스발생량}}$
$= \dfrac{9.6}{1.6} = 6\text{개}(1\text{계열용})$
∴ 2계열 $= 6 \times 2 = 12$개 필요

47 **저장탱크의 맞대기 용접부 기계시험방법이 아닌 것은?**

① 비파괴시험
② 이음매 인장시험
③ 표면 굽힘시험
④ 측면 굽힘시험

해설 ㉠ 파괴시험 : 기계시험
㉡ 비파괴검사 : 방사선검사, 음향검사, 침투검사, 자분탐상검사, 초음파검사, 설파프린트검사

42. ① 43. ④ 44. ② 45. ① 46. ③ 47. ① | ANSWER

48 고압가스 안전관리법에 의한 LPG 용접용기를 제조하고자 하는 자가 반드시 갖추지 않아도 되는 설비는?

① 성형설비　② 원료 혼합설비
③ 열처리설비　④ 세척설비

해설 LPG 용접용기 제조설비
㉠ 성형설비
㉡ 용접설비
㉢ 부식방지 도장설비(세척설비 등)
㉣ 각인기
㉤ 자동밸브 탈착기
㉥ 용기 내부 건조설비 및 진공흡입설비
㉦ 열처리설비
㉧ 기타

49 가스위험성 평가에서 위험도가 큰 가스부터 작은 순서대로 바르게 나열된 것은?

① C_2H_6, CO, CH_4, NH_3
② C_2H_6, CH_4, CO, NH_3
③ CO, CH_4, C_2H_6, NH_3
④ CO, C_2H_6, CH_4, NH_3

해설 가연성 가스의 위험도(H)

$$H=\frac{\text{가스폭발상한계}-\text{가스폭발하한계}}{\text{가스폭발하한계}}$$

㉠ $CO=\frac{74-12.5}{12.5}=4.92$
㉡ $C_2H_6=\frac{12.5-3}{3}=3.17$
㉢ $CH_4=\frac{15-5}{5}=2$
㉣ $NH_3=\frac{28-15}{15}=0.9$

50 저장능력이 20톤인 암모니아 저장탱크 2기를 지하에 인접하여 매설할 경우 상호 간에 최소 몇 m 이상의 이격거리를 유지하여야 하는가?

① 0.6m　② 0.8m
③ 1m　④ 1.2m

해설 저장탱크를 지하에 2개 이상 인접하여 설치하는 경우에는 상호 간에 1m 이상 거리를 유지한다.

51 고압가스의 운반기준에서 동일 차량에 적재하여 운반할 수 없는 것은?

① 염소와 아세틸렌　② 질소와 산소
③ 아세틸렌과 산소　④ 프로판과 부탄

해설 염소와 아세틸렌, 암모니아, 수소가스는 동일 차량에 적재하여 운반하지 못한다.

52 독성 가스가 누출되었을 경우 이에 대한 제독조치로서 적당하지 않은 것은?

① 물 또는 흡수제에 의하여 흡수 또는 중화하는 조치
② 벤트스택을 통하여 공기 중에 방출하는 조치
③ 흡착제에 의하여 흡착 제거하는 조치
④ 집액구 등으로 고인 액화가스를 펌프 등의 이송설비로 반송하는 조치

해설 가연성 가스 안전설비
㉠ 벤트스택(가스방출용)
㉡ 플레어스택(가스연소용)

53 폭발방지 대책을 수립하고자 할 경우 먼저 분석하여야 할 사항으로 가장 거리가 먼 것은?

① 요인분석
② 위험성평가분석
③ 피해예측분석
④ 보험가입여부분석

해설 가스폭발방지 대책 수립 시 가장 먼저 ①, ②, ③의 사항을 분석한다.

54 가연성 가스 또는 산소를 운반하는 차량에 휴대하여야 하는 소화기로 옳은 것은?

① 포말소화기
② 분말소화기
③ 화학포소화기
④ 간이소화기

해설 가연성 가스 또는 산소용기 운반차량 휴대용 소화기
분말소화기

ANSWER | 48. ② 49. ④ 50. ③ 51. ① 52. ② 53. ④ 54. ②

55 **용기에 의한 액화석유가스 사용시설의 기준으로 틀린 것은?**

① 가스저장실 주위에 보기 쉽게 경계표시를 한다.
② 저장능력이 250kg 이상인 사용시설에는 압력이 상승할 때를 대비하여 과압안전장치를 설치한다.
③ 용기는 용기집합설비의 저장능력이 300kg 이하인 경우 용기, 용기밸브 및 압력조정기가 직사광선, 빗물 등에 노출되지 않도록 한다.
④ 내용적 20L 이상인 충전용기를 옥외에서 이동하여 사용하는 때에는 용기운반손수레에 단단히 묶어 사용한다.

해설 ③은 액화석유가스가 100kg 미만일 때에 해당한다. 100kg 초과 시 별도 용기저장시설을 구비하여야 한다.

56 **발연황산시약을 사용한 오르자트법 또는 브롬시약을 사용한 뷰렛법에 의한 시험으로 품질검사를 하는 가스는?**

① 산소　　② 암모니아
③ 수소　　④ 아세틸렌

해설 ㉠ 산소 : 동, 암모니아시약 사용
㉡ 아세틸렌 : 발연황산시약, 브롬시약 사용
㉢ 수소 : 피로갈롤시약, 하이드로 설파이트시약

57 **고압가스 저장설비에 설치하는 긴급차단장치에 대한 설명으로 틀린 것은?**

① 저장설비의 내부에 설치하여도 된다.
② 동력원(動力源)은 액압, 기압, 전기 또는 스프링으로 한다.
③ 조작 버튼(Button)은 저장설비에서 가장 가까운 곳에 설치한다.
④ 간단하고 확실하며 신속히 차단되는 구조여야 한다.

해설

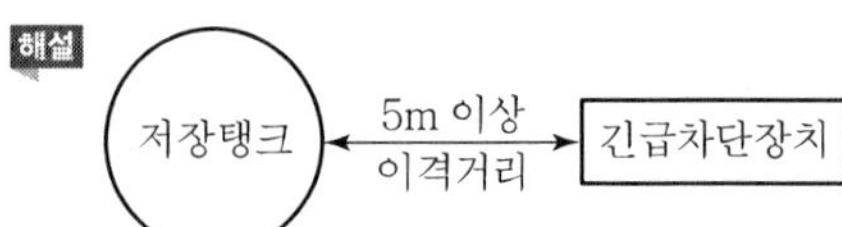

차단장치 동력원 : 액압, 기압, 전기, 스프링

58 **고압가스 일반제조시설의 배관 설치에 대한 설명으로 틀린 것은?**

① 배관은 지면으로부터 최소한 1m 이상의 깊이에 매설한다.
② 배관의 부식방지를 위하여 지면으로부터 30cm 이상의 거리를 유지한다.
③ 배관설비는 상용압력의 2배 이상의 압력에 항복을 일으키지 아니하는 두께 이상으로 한다.
④ 모든 독성 가스는 2중관으로 한다.

해설 2중관 배관이 필요한 독성 가스
㉠ 염소　　㉡ 포스겐
㉢ 불소　　㉣ 아크릴알데히드
㉤ 아황산가스　　㉥ 시안화수소
㉦ 황화수소

59 **고압가스 운반 중 가스누출 부분에 수리가 불가능한 사고가 발생하였을 경우의 조치로서 가장 거리가 먼 것은?**

① 상황에 따라 안전한 장소로 운반한다.
② 부근의 화기를 없앤다.
③ 소화기를 이용하여 소화한다.
④ 비상연락망에 따라 관계업소에 원조를 의뢰한다.

해설 고압가스 운반 중 수리가 불가능한 사고 시 조치사항은 ①, ②, ④항이다.

60 **공기액화분리기의 운전을 중지하고 액화산소를 방출해야 하는 경우는?**

① 액화산소 5L 중 아세틸렌의 질량이 1mg을 넘을 때
② 액화산소 5L 중 아세틸렌의 질량이 5mg을 넘을 때
③ 액화산소 5L 중 탄화수소의 탄소 질량이 5mg을 넘을 때
④ 액화산소 5L 중 탄화수소의 탄소 질량이 50mg을 넘을 때

해설 공기액화분리기 운전 중 액화산소 방출 조건
㉠ 아세틸렌이 5mg을 넘을 때
㉡ 탄화수소 중 탄소질량이 500mg을 넘을 때

55. ③ 56. ④ 57. ③ 58. ④ 59. ③ 60. ② | ANSWER

SECTION 04 가스계측

61 열전도율식 CO_2 분석계 사용 시 주의사항 중 틀린 것은?

① 가스의 유속을 거의 일정하게 한다.
② 수소가스(H_2)의 혼입으로 지시값을 높여 준다.
③ 셀의 주위 온도와 측정가스의 온도를 거의 일정하게 유지하고 과도한 상승을 피한다.
④ 브리지의 공급 전류의 점검을 확실하게 한다.

해설 수소가스는 열전도율이 높아서 CO_2 분석계 분석 중 H_2 가스가 혼입이 되면 지시값이 낮아진다.

62 가스분석에서 흡수분석법에 해당하는 것은?

① 적정법 ② 중량법
③ 흡광광도법 ④ 헴펠법

해설 흡수분석법
㉠ 헴펠법 ㉡ 오르자트법 ㉢ 게겔법

63 용적식 유량계의 특징에 대한 설명 중 옳지 않은 것은?

① 유체의 물성치(온도, 압력 등)에 의한 영향을 거의 받지 않는다.
② 점도가 높은 액의 유량 측정에는 적합하지 않다.
③ 유량계 전후의 직관길이에 영향을 받지 않는다.
④ 외부 에너지의 공급이 없어도 측정할 수 있다.

해설 용적식 유량계(루트식, 오벌기어식 등)는 정도가 매우 높아서 상업거래용으로 사용되며, 고점도 유체의 유량 측정에 적합하다.

64 물체는 고온이 되면, 온도 상승과 더불어 짧은 파장의 에너지를 발산한다. 이러한 원리를 이용하는 색온도계의 온도와 색의 관계가 바르게 짝지어진 것은?

① 800℃ – 오렌지색
② 1,000℃ – 노란색
③ 1,200℃ – 눈부신 황백색
④ 2,000℃ – 매우 눈부신 흰색

해설 ㉠ 800℃ : 적색
㉡ 1,000℃ : 오렌지색
㉢ 1,200℃ : 황색(노란색)
㉣ 1,500℃ : 눈부신 황백색
㉤ 2,000℃ : 매우 눈부신 흰색

65 전자유량계는 다음 중 어느 법칙을 이용한 것인가?

① 쿨롱의 전자유도법칙
② 옴의 전자유도법칙
③ 패러데이의 전자유도법칙
④ 줄의 전자유도법칙

해설 전자유량계
Faraday의 전자유도법칙에 의한 유량계(자장에 의한 기전력 발생에 따른 도전성 액체의 유량 측정용)로서 슬러지가 있거나 고점도 액체 측정도 가능하다. 응답속도가 빠르고 압력손실이 전혀 없다.

66 막식 가스미터의 고장에 대한 설명으로 틀린 것은?

① 부동 : 가스가 미터기를 통과하지만 계량되지 않는 고장
② 떨림 : 가스가 통과할 때 출구 측의 압력변동이 심하게 되어 가스의 연소 형태를 불안정하게 하는 고장 형태
③ 기차불량 : 설치오류, 충격, 부품의 마모 등으로 계량정밀도가 저하되는 경우
④ 불통 : 회전자 베어링 마모에 의한 회전저항이 크거나, 설치 시 이물질이 기어 내부에 들어갈 경우

해설 가스미터기 불통
가스가 가스미터기를 통과하지 못하는 상황이다.

67 다음 중 램버트 – 비어의 법칙을 이용한 분석법은?

① 분광광도법 ② 분별연소법
③ 전위차적정법 ④ 가스크로마토그래피법

해설 가스분석 분광광도법
일명 흡광광도법이며 Lambert – Beer(램버트 – 비어)의 법칙을 이용한 가스 화학분석법이다(미량분석용이며 구성은 광원부, 파장선택부, 시료부, 측정부).

ANSWER | 61. ② 62. ④ 63. ② 64. ④ 65. ③ 66. ④ 67. ①

68 내경 50mm의 배관으로 유체가 평균유속 1.5m/s의 속도로 흐를 때의 유량(m^3/h)은 얼마인가?

① 10.6 ② 11.2
③ 12.1 ④ 16.2

해설 ㉠ 유량(Q)＝단면적(m^2)×유속(m/s)×3,600s/h ＝m^3/h

㉡ 단면적(A)＝$\frac{\pi}{4}d^2 = \frac{3.14}{4} \times (0.05)^2$ ＝$0.0019625m^2$

∴ $Q=0.0019625 \times 1.5 \times 3,600 = 10.6m^3/h$

69 전압 또는 전력증폭기, 제어밸브 등으로 되어 있으며 조절부에서 나온 신호를 증폭하여, 제어대상을 작동하는 장치는?

① 검출부 ② 전송기
③ 조절기 ④ 조작부

해설 자동제어 블록선도

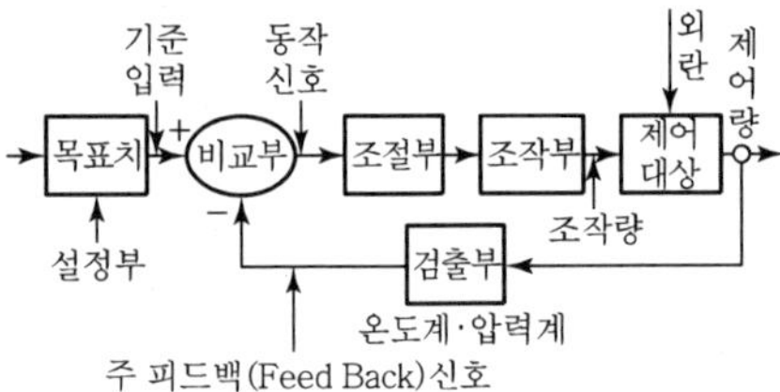

70 유리제 온도계 중 알코올 온도계의 특징으로 옳은 것은?

① 저온측정에 적합하다.
② 표면장력이 커 모세관현상이 적다.
③ 열팽창계수가 작다.
④ 열전도율이 좋다.

해설 알코올 온도계
㉠ －100~200℃로 저온측정이 가능하다.
㉡ 모세관현상이 크다.
㉢ 열팽창계수가 크다.
㉣ 응답이 빠르다.

71 가스크로마토그래피의 운반기체(Carrier Gas)가 구비해야 할 조건으로 옳지 않은 것은?

① 비활성일 것
② 확산속도가 클 것
③ 건조할 것
④ 순도가 높을 것

해설 캐리어가스(전개제)는 시료분석가스의 운반기체로서 Ar, He, H_2, N_2 등이며 확산속도가 작아야 한다.

72 다음 가스계량기 중 간접측정방법이 아닌 것은?

① 막식 계량기
② 터빈계량기
③ 오리피스계량기
④ 볼텍스계량기

해설 막식 가스계량기(다이어프램식)
직접식 가스분석기로, 가격이 싸고 부착 후 유지 관리에 시간을 요하지 않으며 대용량에서는 설치 스페이스가 크다.

73 유량측정에 대한 설명으로 옳지 않은 것은?

① 유체의 밀도가 변할 경우 질량유량을 측정하는 것이 좋다.
② 유체가 액체일 경우 온도와 압력에 의한 영향이 크다.
③ 유체가 기체일 때 온도나 압력에 의한 밀도의 변화는 무시할 수 없다.
④ 유체의 흐름이 층류일 때와 난류일 때의 유량측정 방법은 다르다.

해설 유량측정에서 이송용 유체가 기체이면 온도와 압력에 의한 영향이 크다.

68. ① 69. ④ 70. ① 71. ② 72. ① 73. ② | ANSWER

74 가스누출 검지경보장치의 기능에 대한 설명으로 틀린 것은?

① 경보농도는 가연성 가스인 경우 폭발하한계의 1/4 이하, 독성 가스인 경우 TLV-TWA 기준농도 이하로 할 것
② 경보를 발신한 후 5분 이내에 자동적으로 경보정지가 되어야 할 것
③ 지시계의 눈금은 독성 가스인 경우 0~TLV-TWA 기준농도 3배 값을 명확하게 지시하는 것일 것
④ 가스검지에서 발신까지의 소요시간은 경보농도의 1.6배 농도에서 보통 30초 이내일 것

해설 가스누출 검지경보장치는 경보를 발신하고 상황종료 후 경보정지가 되어야 한다.

75 다음 중 접촉식 온도계에 해당하는 것은?

① 바이메탈 온도계 ② 광고온계
③ 방사 온도계 ④ 광전관 온도계

해설 접촉식 온도계
㉠ 유리제 액주식 온도계
㉡ 압력식 온도계
㉢ 바이메탈 온도계
㉣ 저항 온도계
㉤ 열전대 온도계
※ ②, ③, ④는 고온측정 비접촉식 온도계이다.

76 가스크로마토그래피에서 사용하는 검출기가 아닌 것은?

① 원자방출검출기(AED)
② 황화학발광검출기(SCD)
③ 열추적검출기(TTD)
④ 열이온검출기(TID)

해설 가스크로마토그래피 검출기
㉠ 원자방출검출기
㉡ 황화학발광검출기
㉢ 열이온검출기
㉣ 수소이온화 검출기
㉤ 열전도형 검출기
㉥ 전자포획이온화 검출기

77 산소 64kg과 질소 14kg의 혼합기체가 나타내는 전압이 10기압이면 이때 산소의 분압은 얼마인가?

① 2기압 ② 4기압
③ 6기압 ④ 8기압

해설 총질량(W) = 64kg + 14kg = 78kg
∴ 산소분압 $= 10 \times \frac{64}{78} = 8.2$기압

78 열전대 온도계의 일반적인 종류로서 옳지 않은 것은?

① 구리-콘스탄탄
② 백금-백금 · 로듐
③ 크로멜-콘스탄탄
④ 크로멜-알루멜

해설 ㉠ K형 : 크로멜-알루멜(CA) 열전대(0~1,200℃ 측정)
㉡ J형 : 철-콘스탄탄(IC) 열전대(-200~800℃ 측정)
㉢ R형 : 백금-백금로듐(P-R) 열전대(0~1,600℃ 측정)
㉣ T형 : 동-콘스탄탄(C-C) 열전대(-200~350℃ 측정)

79 전기저항온도계에서 측온저항체의 공칭저항치라고 하는 것은 몇 ℃의 온도일 때 저항소자의 저항을 의미하는가?

① -273℃ ② 0℃
③ 5℃ ④ 21℃

해설 백금측온 저항온도계의 0℃에서 공칭저항값 표준
㉠ 25Ω
㉡ 50Ω
㉢ 100Ω

80 대용량 수요처에 적합하며 100~5,000m^3/h의 용량범위를 갖는 가스미터는?

① 막식 가스미터 ② 습식 가스미터
③ 마노미터 ④ 루트미터

해설 실측식 가스미터기 용량범위
㉠ 막식 : 1.5~200m^3/h
㉡ 습식 : 0.2~3,000m^3/h
㉢ 루트식 : 100~5,000m^3/h

ANSWER | 74. ② 75. ① 76. ③ 77. ④ 78. ③ 79. ② 80. ④

2015년 1회 가스산업기사

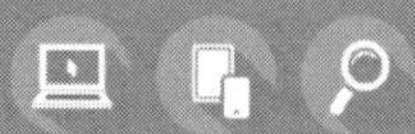

SECTION 01 연소공학

01 공기압축기의 흡입구로 빨려 들어간 가연성 증기가 압축되어 그 결과로 큰 재해가 발생하였다. 이 경우 가연성 증기에 작용한 기계적인 발화원으로 볼 수 있는 것은?

① 충격 ② 마찰
③ 단열압축 ④ 정전기

해설 단열압축 발화원
공기압축기 내 가연성 증기의 기계적 발화원

02 다음 중 연소속도에 영향을 미치지 않는 것은?

① 관의 단면적
② 내염표면적
③ 염의 높이
④ 관의 염공

해설 염(불꽃)의 높이는 연소속도에 영향을 미치지 않는다.

03 고체연료에 있어 탄화도가 클수록 발생하는 성질은?

① 휘발분이 증가한다.
② 매연 발생이 많아진다.
③ 연소속도가 증가한다.
④ 고정탄소가 많아져 발열량이 커진다.

해설 고체연료에서는 탄화도(탄소/수소)가 크면 고정탄소가 많아져서 발열량이 증가하는 반면, 휘발분 · 매연 · 연소속도 등은 감소한다.

04 폭발에 대한 설명으로 틀린 것은?

① 폭발한계란 폭발이 일어나는 데 필요한 농도의 한계를 의미한다.
② 온도가 낮을 때는 폭발 시의 방열속도가 느려지므로 연소범위는 넓어진다.
③ 폭발 시의 압력을 상승시키면 반응속도는 증가한다.
④ 불활성 기체를 공기와 혼합하면 폭발범위는 좁아진다.

해설 압력, 온도가 높으면 폭발 시의 방열속도가 빨라져서 연소범위가 증가한다.

05 다음 [보기]는 가스의 폭발에 관한 설명이다. 옳은 내용으로만 짝지어진 것은?

> ㉮ 안전간격이 큰 가스일수록 위험하다.
> ㉯ 폭발범위가 넓을수록 위험하다.
> ㉰ 가스압력이 커지면 통상 폭발범위는 넓어진다.
> ㉱ 연소속도가 크면 안정하다.
> ㉲ 가스비중이 큰 것은 낮은 곳에 체류할 위험이 있다.

① ㉰, ㉱, ㉲ ② ㉯, ㉰, ㉱, ㉲
③ ㉯, ㉰, ㉲ ④ ㉮, ㉯, ㉰, ㉲

해설 ㉮ 안전간격이 작은 가스일수록 위험하다.
㉱ 연소속도가 커지면 불안정하다.

06 메탄 50v%, 에탄 25v%, 프로판 25v%가 섞여 있는 혼합기체의 공기 중에서의 연소하한계(v%)는 얼마인가?(단, 메탄, 에탄, 프로판의 연소하한계는 각각 5v%, 3v%, 2.1v%이다.)

① 2.3 ② 3.3
③ 4.3 ④ 5.3

해설 혼합가스 하한계

$$\frac{V}{L}=\frac{100}{\left(\frac{50}{5}\right)+\left(\frac{25}{3}\right)+\left(\frac{25}{2.1}\right)}=\frac{100}{30.13}=3.3$$

※ 혼합가스 상한계

$$\frac{V}{L}=\frac{100}{\left(\frac{50}{\text{상한계}}\right)+\left(\frac{25}{\text{상한계}}\right)+\left(\frac{25}{\text{상한계}}\right)}$$

1. ③ 2. ③ 3. ④ 4. ② 5. ③ 6. ② | ANSWER

07 활성화에너지가 클수록 연소반응속도는 어떻게 되는가?

① 빨라진다.
② 활성화에너지와 연소반응속도는 관계가 없다.
③ 느려진다.
④ 빨라지다가 점차 느려진다.

해설 활성화에너지가 클수록 연소반응속도는 느려진다.

08 액체연료의 연소에 있어서 1차 공기란?

① 착화에 필요한 공기
② 연료의 무화에 필요한 공기
③ 연소에 필요한 계산상 공기
④ 화격자 아래쪽에서 공급되어 주로 연소에 관여하는 공기

해설 액체 중질유 연소
1차 공기가 연료의 무화(안개방울 미립자)에 소비되는 공기이다.

09 열역학법칙 중 '어떤 계의 온도를 절대온도 0K까지 내릴 수 없다'에 해당하는 것은?

① 열역학 제0법칙
② 열역학 제1법칙
③ 열역학 제2법칙
④ 열역학 제3법칙

해설 열역학 제3법칙
어떤 계의 온도를 절대온도 0K(−273℃)까지 내릴 수 없다는 열역학 법칙이다.

10 이산화탄소 40v%, 질소 40v%, 산소 20v%로 이루어진 혼합기체의 평균분자량은 약 얼마인가?

① 17　　② 25
③ 35　　④ 42

해설 가스분자량 : (CO_2=44, N_2=28, O_2=32)
∴ 평균분자량=(44×0.4)+(28×0.4)+(32×0.2)
=17.6+11.2+6.4=35.2

11 정상운전 중에 가연성 가스의 점화원이 될 전기불꽃, 아크 등의 발생을 방지하기 위하여 기계적 · 전기적 구조상 또는 온도상승에 대해서 안전도를 증가시킨 방폭구조는?

① 내압방폭구조　　② 압력방폭구조
③ 안전증방폭구조　　④ 본질안전방폭구조

해설 문제에서 말하고 있는 방폭구조는 안전증방폭구조에 해당된다(안전증방폭구조 표시방법 : e).

12 시안화수소의 위험도(H)는 약 얼마인가?

① 5.8　　② 8.8
③ 11.8　　④ 14.8

해설 가연성 가스의 위험도(H)

$$H=\frac{U-L}{L}=\frac{41-6}{6}=5.8$$

※ 시안화수소(HCN) 폭발범위 : 6~41%

13 이상연소 현상인 리프팅(Lifting)의 원인이 아닌 것은?

① 버너 내의 압력이 높아져 가스가 과다 유출될 경우
② 가스압이 이상 저하한다든지 노즐과 콕 등이 막혀 가스양이 극히 적게 될 경우
③ 공기 및 가스의 양이 많아져 분출량이 증가한 경우
④ 버너가 낡고 염공이 막혀 염공의 유효면적이 작아져 버너 내압이 높게 되어 분출속도가 빠르게 되는 경우

해설 리프팅(선화) 현상
가스 노즐의 염공(불꽃구멍)으로부터 가스 유출속도가 연소의 연소속도보다 크게 될 때, 화염이 노즐 선단 염공을 떠나서 공간에서 연소하는 현상이다.

14 내용이 5m^3인 탱크에 압력 6kg/cm^2, 건성도 0.98의 습윤 포화증기를 몇 kg 충전할 수 있는가?(단, 이 압력에서의 건성포화증기의 비용적은 0.278m^3/kg이다.)

① 3.67　　② 11.01
③ 14.68　　④ 18.35

해설 질량 $= \frac{5m^3}{0.278m^3/kg} = 17.98kg$(건포화증기)

$\therefore$ 습윤포화증기 $= \frac{17.98}{0.98} = 18.35kg$

15 상온, 표준대기압하에서 어떤 혼합기체의 각 성분에 대한 부피가 각각 CO_2 : 20%, N_2 : 20%, O_2 : 40%, Ar : 20%이면 이 혼합기체 중 CO_2 분압은 약 몇 mmHg인가?

① 152 ② 252
③ 352 ④ 452

해설 표준대기압(1atm) = 760mmHg

CO_2 백분율 $= \frac{20}{20+20+40+20} = 0.2(20\%)$

$\therefore$ CO_2 분압 $= 760 \times 0.2 = 152mmHg$

16 연료 1kg을 완전연소시키는 데 소요되는 건공기의 질량은 $0.232kg = \frac{O_0}{A_0}$으로 나타낼 수 있다. 이때 A_0가 의미하는 것은?

① 이론산소량
② 이론공기량
③ 실제산소량
④ 실제공기량

해설 • O_0 : 이론산소량
• A_0 : 이론공기량
• A : 실제공기량

17 기체의 압력이 클수록 액체 용매에 잘 용해된다는 것을 설명한 법칙은?

① 아보가드로
② 게이뤼삭
③ 보일
④ 헨리

해설 헨리의 법칙
기체의 압력이 클수록 액체 용매에 잘 용해된다는 것을 설명한 법칙이다(온도가 낮으면 용해가 잘된다).

18 이상기체에서 정적비열(C_V)과 정압비열(C_P)의 관계로 옳은 것은?

① $C_P - C_V = R$ ② $C_P + C_V = R$
③ $C_P + C_V = 2R$ ④ $C_P - C_V = 2R$

해설 ㉠ 정압비열(C_P) $= C_V + R = \frac{KR}{K-1}$
㉡ 가스기체상수(R) $= C_P - C_V = KC_V - C_V$
㉢ 정적비열(C_V) $= \frac{R}{K-1}$
㉣ 비열비(K) $= \frac{C_P}{C_V}$

19 액체연료의 연소형태 중 램프 등과 같이 연료를 심지로 빨아올려 심지의 표면에서 연소시키는 것은?

① 액면연소 ② 증발연소
③ 분무연소 ④ 등심연소

해설 등심연소
램프 등의 심지로 액체연료(등유, 경유 등)를 빨아올려 심지의 표면에서 연소시키는 것이다.

20 다음 중 강제점화가 아닌 것은?

① 가전(加電)점화
② 열면점화(Hot Surface Ignition)
③ 화염점화
④ 자기점화(Self Ignition, Auto Ignition)

해설 강제점화의 종류
㉠ 화염점화 ㉡ 열면점화 ㉢ 가전점화

SECTION 02 가스설비

21 비중이 1.5인 프로판이 입상 30m일 경우의 압력손실은 약 몇 Pa인가?

① 130 ② 190
③ 256 ④ 450

15. ① 16. ② 17. ④ 18. ① 19. ④ 20. ④ 21. ② | ANSWER

해설 입상관의 압력손실(H)=1.293(S−1)h
H=1.293(1.5−1)×30=19mmH₂O
공기의 밀도 : 1.293kg/m³, 1mmH₂O=1Pa
1atm=101.325kPa=10.332mmH₂O
∴ 19×(101.325/10.332)=190kPa

22 고압원통형 저장탱크의 지지방법 중 횡형탱크의 지지방법으로 널리 이용되는 것은?

① 새들형(Saddle형)　② 지주형(Leg형)
③ 스커트형(Skirt형)　④ 평판형(Flat Plate형)

해설

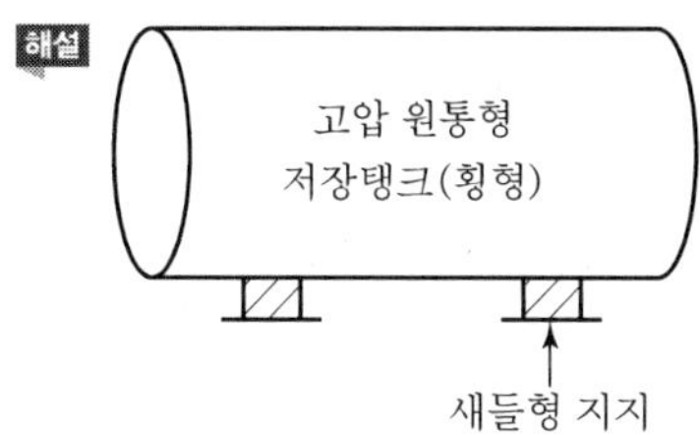

23 정압기의 기본구조 중 2차 압력을 감지하여 그 2차 압력의 변동을 메인밸브로 전하는 부분은?

① 다이어프램　② 조정밸브
③ 슬리브　④ 웨이트

해설 다이어프램
가스정압기(Governor)의 기본구조 중 2차 압력(출구압력)을 감지하여 그 2차 압력의 변동을 메인밸브로 전한다.
※ 정압기의 종류 : 피셔식, 엑셀-플로식, 레이놀즈식

24 1단 감압식 준저압조정기의 입구압력과 조정압력으로 맞는 것은?

① 입구압력 : 0.07~1.56MPa, 조정압력 : 2.3~3.3 kPa
② 입구압력 : 0.07~1.56MPa, 조정압력 : 5~30kPa 이내에서 제조자가 설정한 기준압력의 ±20%
③ 입구압력 : 0.1~1.56MPa, 조정압력 : 2.3~3.3 kPa
④ 입구압력 : 0.1~1.56MPa, 조정압력 : 5~30kPa 이내에서 제조자가 설정한 기준압력의 ±20%

해설 액화석유가스(LPG, 1단 감압식 준저압조정기)
㉠ 입구압력 : 0.1~1.56MPa
㉡ 조정압력 : 5~30kPa

25 단면적이 300mm²인 봉을 매달고 600kg의 추를 그 자유단에 달았더니 재료의 허용인장응력에 도달하였다. 이 봉의 인장강도가 400kg/cm²이라면 안전율은 얼마인가?

① 1　② 2
③ 3　④ 4

해설 ㉠ 허용안전율
$=\frac{\text{인장응력(극한강도)}}{\text{허용응력}}=\frac{\text{인장파괴응력}}{\text{인장응력}}$
㉡ 안전율$=\frac{400}{200}=2$
※ 인장응력$=\frac{\text{정하중}}{\text{단면적}}=\frac{600}{3}=200\text{kg/cm}^2$
$300\text{mm}^2=3\text{cm}^2$

26 가연성 고압가스 저장탱크 외부에는 은백색 도료를 바르고 주위에서 보기 쉽도록 가스의 명칭을 표시한다. 가스명칭 표시의 색상은?

① 검은색　② 녹색
③ 적색　④ 황색

해설

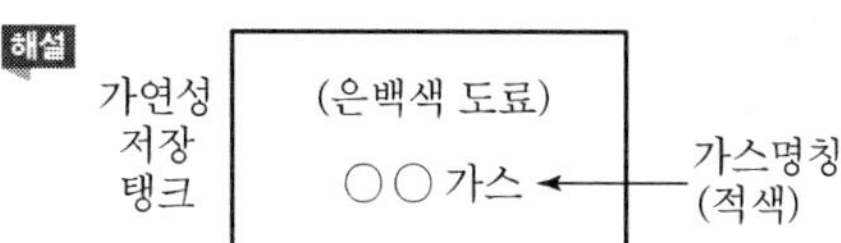

27 고압가스설비에 대한 설명으로 옳은 것은?

① 고압가스 저장탱크에는 환형 유리관 액면계를 설치한다.
② 고압가스 설비에 장치하는 압력계의 최고 눈금은 상용압력의 1.1배 이상 2배 이하이어야 한다.
③ 저장능력이 1,000톤 이상인 액화산소 저장탱크의 주위에는 유출을 방지하는 조치를 한다.
④ 소형저장탱크 및 충전용기는 항상 50℃ 이하를 유지한다.

ANSWER | 22. ① 23. ① 24. ④ 25. ② 26. ③ 27. ③

해설 고압가스설비
㉠ 가스는 40℃ 이하 유지
㉡ 압력계 눈금 : 1.5배 이상~2배 이하
㉢ 산소방류둑 : 1천 톤 이상 저장 시 설치(단, 독성은 5톤 이상)
㉣ 고압가스 저장탱크에는 환형 유리관이 아닌 평형반사식 등의 액면계 설치

28 전용보일러실에 반드시 설치해야 하는 보일러는?

① 밀폐식 보일러
② 반밀폐식 보일러
③ 가스보일러를 옥외에 설치하는 경우
④ 전용 급기구 통을 부착하는 구조로 검사에 합격한 강제 배기식 보일러

해설 개방식, 반밀폐식 가스보일러는 실내환기 불량이 많아서 전용보일러실에 설치하여야 한다.

29 탱크로리에서 저장탱크로 LP가스 이송 시 잔가스 회수가 가능한 이송법은?

① 차압에 의한 방법
② 액송펌프 이용법
③ 압축기 이용법
④ 압축가스 용기 이용법

해설 압축기 이용법의 특징
㉠ 충전시간이 길다.
㉡ 잔가스 회수가 가능하다.
㉢ 베이퍼록 현상이 없다.
㉣ 부탄의 경우 비점이 높아서 저온에서 재액화할 우려가 있다.

30 3톤 미만의 LP가스 소형 저장탱크에 대한 설명으로 틀린 것은?

① 동일 장소에 설치하는 소형 저장탱크의 수는 6기 이하로 한다.
② 화기와의 우회거리는 3m 이상을 유지한다.
③ 지상 설치식으로 한다.
④ 건축물이나 사람이 통행하는 구조물의 하부에 설치하지 아니한다.

해설 소형 저장탱크
LPG 저장능력 3톤 미만(주위 5m 이내에서는 화기사용금지)

31 원심펌프의 유량 $1m^3/min$, 전양정 50m, 효율이 80%일 때, 회전수를 10% 증가시키려면 동력은 몇 배가 필요한가?

① 1.22 ② 1.33
③ 1.51 ④ 1.73

해설 동력=회전수 증가의 3제곱에 의한다.

$$P_s' = P_s \times \left(\frac{N_2}{N_1}\right)^3 = 1 \times \left(\frac{100+10}{100}\right)^3 = 1.33\text{배}$$

32 다음 중 정특성, 동특성이 양호하며 중압용으로 주로 사용되는 정압기는?

① Fisher식 ② KRF식
③ Reynolds식 ④ ARF식

해설 피셔식 정압기(Fisher Governor)의 특징
㉠ 로딩형(Loading)이다.
㉡ 고압 → 중압 A, 중압 A−A, 중압 B에 사용
㉢ 비교적 콤팩트하고 정특성, 동특성이 양호하다.

33 고압가스 용기 충전구의 나사가 왼나사인 것은?

① 질소 ② 암모니아
③ 브롬화메탄 ④ 수소

해설 ㉠ 가연성 가스 충전구 나사 : 왼나사(단, NH_3와 CH_3Br은 제외)
㉡ 오른나사용 가스 : NH_3, 브롬화메탄(CH_3Br) 및 불연성 가스, 조연성 가스
※ 수소(H_2) 가스는 폭발범위가 4~75%인 가연성 가스

34 고압가스 배관의 최소두께 계산 시 고려하지 않아도 되는 것은?

① 관의 길이 ② 상용압력
③ 안전율 ④ 재료의 인장강도

해설 배관의 최소두께 계산 시 관의 길이는 고려대상이 아니다.

28. ② 29. ③ 30. ② 31. ② 32. ① 33. ④ 34. ① | ANSWER

35 매설배관의 경우에는 유기물질 재료를 피복재로 사용하는 방식이 이용된다. 이 중 타르 에폭시 피복재의 특성에 대한 설명 중 틀린 것은?

① 저온에서도 경화가 빠르다.
② 밀착성이 좋다.
③ 내마모성이 크다.
④ 토양응력에 강하다.

해설 타르 에폭시의 특징
에폭시수지와 석탄에서 나오는 타르의 혼합이다(가스강관이나 덮개에 사용된다).
㉠ 타르의 혼합이므로 경화가 늦다.
㉡ 방식용, 바닥재로 사용한다.

36 재료 내·외부의 결함 검사방법으로 가장 적당한 방법은?

① 침투탐상법 ② 유침법
③ 초음파탐상법 ④ 육안검사법

해설 초음파탐상법
재료의 내·외부의 결함, 불균일층의 존재 여부 파악
㉠ 투상반향법
㉡ 공진법

37 고압가스설비 및 배관의 두께 산정 시 용접이음매의 효율이 가장 낮은 것은?

① 맞대기 한 면 용접
② 맞대기 양면 용접
③ 플러그 용접을 하는 한 면 전두께 필렛 겹치기용접
④ 양면 전두께 필렛 겹치기용접

해설 ㉠ 플랫용접(Flat Position, 아래보기 용접자세) : 겹치기 용접 시 용접효율이 낮다.
㉡ 플러그용접 : 접합하는 부재 한쪽에 구멍을 뚫고 판의 표면까지 가득하게 용접하고, 다른 쪽 부재와 접합하는 용접

38 도시가스의 원료로서 적당하지 않은 것은?

① LPG ② Naphtha
③ Natural Gas ④ Acetylene

해설 도시가스 원료
㉠ LPG
㉡ 천연가스(NG)
㉢ 나프타
※ 아세틸렌(Acetylene) : 용접, 절단용 가스

39 외경(D)이 216.3mm, 구경 두께가 5.8mm인 200A의 배관용 탄소강관이 내압 0.99MPa을 받았을 경우에 관에 생기는 원주방향응력은 약 몇 MPa인가?

① 8.8 ② 17.5
③ 26.3 ④ 35.1

해설
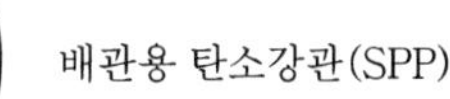

원주방향응력(σ)

$$= \frac{P \cdot D}{2 \cdot t} = \frac{0.99 \times (216.3 - 2 \times 5.8)}{2 \times 5.8} = 17.5\text{MPa}$$

40 고압가스 관이음으로 통상적으로 사용되지 않는 것은?

① 용접 ② 플랜지
③ 나사 ④ 리베팅

해설 고압가스의 배관이음
㉠ 용접이음
㉡ 플랜지이음
㉢ 나사이음
※ 리베팅 : 원통형 제작

SECTION 03 가스안전관리

41 액체염소가 누출된 경우 필요한 조치가 아닌 것은?

① 물 살포
② 가성소다 살포
③ 탄산소다 수용액 살포
④ 소석회 살포

해설 독성 가스 염소의 제독제
㉠ 가성소다 수용액
㉡ 탄산소다 수용액
㉢ 소석회

42 고압가스 제조허가의 종류가 아닌 것은?

① 고압가스 특정제조
② 고압가스 일반제조
③ 고압가스 충전
④ 독성 가스 제조

해설 고압가스 제조
㉠ 특정제조, 용기 및 차량 탱크 충전
㉡ 저장시설
㉢ 자동차 충전
※ 독성 가스는 일반제조 허가사항이다.

43 저장탱크의 설치방법 중 위해방지를 위하여 저장탱크를 지하에 매설할 경우 저장탱크의 주위를 무엇으로 채워야 하는가?

① 흙　　② 콘크리트
③ 마른 모래　　④ 자갈

해설

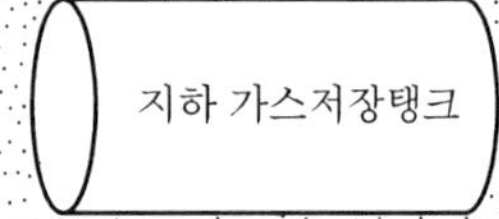

44 다음 중 2중관으로 하여야 하는 독성 가스가 아닌 것은?

① 염화메탄　　② 아황산가스
③ 염화수소　　④ 산화에틸렌

해설 배관 중 2중관이 필요한 독성 가스
㉠ 염소　　㉡ 포스겐
㉢ 불소　　㉣ 아크릴알데히드
㉤ 아황산가스　　㉥ 시안화수소
㉦ 황화수소

45 고압가스 용기보관 장소에 대한 설명으로 틀린 것은?

① 용기보관 장소는 그 경계를 명시하고, 외부에서 보기 쉬운 장소에 경계표시를 한다.
② 가연성 가스 및 산소 충전용기 보관실은 불연재료를 사용하고 지붕은 가벼운 재료로 한다.
③ 가연성 가스의 용기보관실은 가스가 누출될 때 체류하지 아니하도록 통풍구를 갖춘다.
④ 통풍이 잘되지 아니하는 곳에는 자연환기시설을 설치한다.

해설 고압가스 용기보관 장소
통풍이 잘되지 않으면 배풍기로 강제환기를 해야 한다.

46 액화석유가스 저장탱크에는 자동차에 고정된 탱크에서 가스를 이입할 수 있도록 로딩암을 건축물 내부에 설치할 경우 환기구를 설치하여야 한다. 환기구 면적의 합계는 바닥면적의 얼마 이상으로 하여야 하는가?

① 1%
② 3%
③ 6%
④ 10%

해설 LPG가스 이입 시 건축물 내 로딩암을 설치하는 경우 환기구면적
바닥면적의 6% 이상

47 산소가스설비를 수리 또는 청소할 때는 안전관리상 탱크 내부의 산소 농도가 몇 % 이하로 될 때까지 계속 치환하여야 하는가?

① 22%
② 28%
③ 31%
④ 35%

해설 산소가스설비의 수리 및 청소 시에는 산소량이 100%에서 22% 이하(18~21%)가 될 때까지 치환해야 한다.

42. ④ 43. ③ 44. ③ 45. ④ 46. ③ 47. ① | ANSWER

48 액화가스 저장탱크의 저장능력을 산출하는 식은? [단, Q : 저장능력(m^3), W : 저장능력(kg), P : 35℃에서 최고충전압력(MPa), V : 내용적(L), d : 상용 온도 내에서 액화가스 비중(kg/L), C : 가스의 종류에 따르는 정수이다.]

① $W=\frac{V}{C}$

② $W=0.9dV$

③ $Q=(10P+1)V$

④ $Q=(P+2)V$

해설 액화가스 저장능력(kg)
$=0.9\times$액화가스비중$\times$탱크 내 용적$=0.9dV$

49 국내에서 발생한 대형 도시가스 사고 중 대구 도시가스 폭발사고의 주원인은 무엇인가?

① 내부 부식
② 배관의 응력 부족
③ 부적절한 매설
④ 공사 중 도시가스 배관 손상

해설 대구 도시가스 폭발사고의 원인
지하공사 중 도시가스 배관 손상

50 다음 [보기]의 가스 중 분해폭발을 일으키는 것을 모두 고른 것은?

㉠ 이산화탄소	㉡ 산화에틸렌	㉢ 아세틸렌

① ㉡ ② ㉢
③ ㉠, ㉡ ④ ㉡, ㉢

해설 분해폭발
㉠ 아세틸렌(C_2H_2)
$$C_2H_2 \xrightarrow{\text{압축}} 2C+H_2+54.2\text{kcal}$$
㉡ 산화에틸렌(C_2H_4O)
산화에틸렌 증기는 화염, 전기스파크, 충격, 아세틸드의 분해에 의한 폭발 위험이 있다.

51 압축기는 그 최종단에, 그 밖의 고압가스 설비에는 압력이 상용압력을 초과한 경우에 그 압력을 직접 받는 부분마다 각각 내압시험압력의 10분의 8 이하의 압력에서 작동되게 설치하여야 하는 것은?

① 역류방지밸브 ② 안전밸브
③ 스톱밸브 ④ 긴급차단장치

해설 안전밸브 분출압력
내압시험압력의 $\frac{8}{10}$ 이하에서 작동하도록 조절한다.

52 차량에 고정된 고압가스 탱크에 설치하는 방파판의 개수는 탱크 내용적의 얼마 이하마다 1개씩 설치해야 하는가?

① $3m^3$ ② $5m^3$
③ $10m^3$ ④ $20m^3$

해설

53 액화석유가스 제조설비에 대한 기밀시험 시 사용되지 않는 가스는?

① 질소 ② 산소
③ 이산화탄소 ④ 아르곤

해설 프로판, 부탄가스 등 가연성 가스의 연소를 도와주는 조연성 가스인 산소(O_2)는 기밀시험에서 사용하지 않는다.

54 지상에 설치하는 액화석유가스 저장탱크의 외면에는 어떤 색의 도료를 칠하여야 하는가?

① 은백색 ② 노란색
③ 초록색 ④ 빨간색

해설

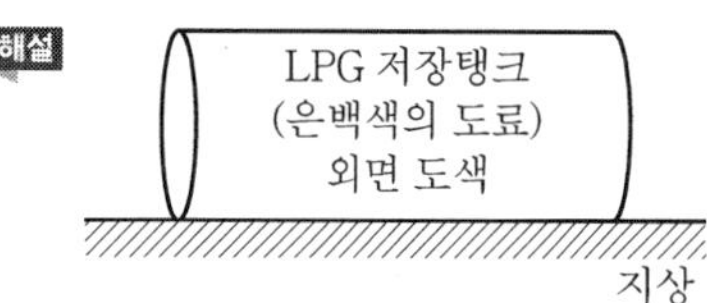

ANSWER | 48. ② 49. ④ 50. ④ 51. ② 52. ② 53. ② 54. ①

55 **고압가스 충전용기의 운반기준으로 틀린 것은?**

① 밸브가 돌출한 충전용기는 캡을 부착하여 운반한다.
② 원칙적으로 이륜차에 적재하여 운반이 가능하다.
③ 충전용기와 위험물안전관리법에서 정하는 위험물과는 동일 차량에 적재, 운반하지 않는다.
④ 차량의 적재함을 초과하여 적재하지 않는다.

해설 이륜차(오토바이 등)는 LPG 용기(액화석유가스 용기)의 운반만 가능하다.

56 **이동식 부탄연소기의 올바른 사용방법은?**

① 바람의 영향을 줄이기 위해서 텐트 안에서 사용한다.
② 효율을 높이기 위해서 두 대를 나란히 연결하여 사용한다.
③ 사용하는 그릇은 연소기의 삼발이보다 폭이 좁은 것을 사용한다.
④ 연소기 운반 중에는 용기를 내부에 보관한다.

해설 이동식 부탄연소기 사용 시 주의사항
사용하는 그릇은 연소기의 삼발이보다 폭이 좁아야 가스폭발을 방지할 수 있다.

57 **고압가스용 차량에 고정된 초저온 탱크의 재검사 항목이 아닌 것은?**

① 외관검사
② 기밀검사
③ 자분탐상검사
④ 방사선투과검사

해설 초저온 탱크(차량에 고정된 탱크)의 재검사 항목
㉠ 외관검사
㉡ 기밀검사
㉢ 자분탐상검사

58 **액화석유가스 저장탱크의 설치기준으로 틀린 것은?**

① 저장탱크에 설치한 안전밸브는 지면으로부터 2m 이상의 높이에 방출구가 있는 가스방출관을 설치한다.
② 지하저장탱크를 2개 이상 인접하여 설치하는 경우 상호 간에 1m 이상의 거리를 유지한다.
③ 저장탱크의 지면으로부터 지하저장탱크의 정상부까지의 깊이는 60cm 이상으로 한다.
④ 저장탱크의 일부를 지하에 설치한 경우 지하에 묻힌 부분이 부식되지 않도록 조치한다.

해설 저장탱크 안전밸브 가스방출관 위치
지면에서 5m 이상인 높이에 설치한다.

59 **고압가스 일반제조의 시설기준 및 기술기준으로 틀린 것은?**

① 가연성 가스 제조시설의 고압가스설비 외면으로부터 다른 가연성 가스 제조시설의 고압가스설비까지의 거리는 5m 이상으로 한다.
② 저장설비 주위 5m 이내에는 화기 또는 인화성 물질을 두지 않는다.
③ $5m^3$ 이상의 가스를 저장하는 곳에는 가스방출장치를 설치한다.
④ 가연성 가스 제조시설의 고압가스설비 외면으로부터 산소 제조시설의 고압가스설비까지의 거리는 10m 이상으로 한다.

해설
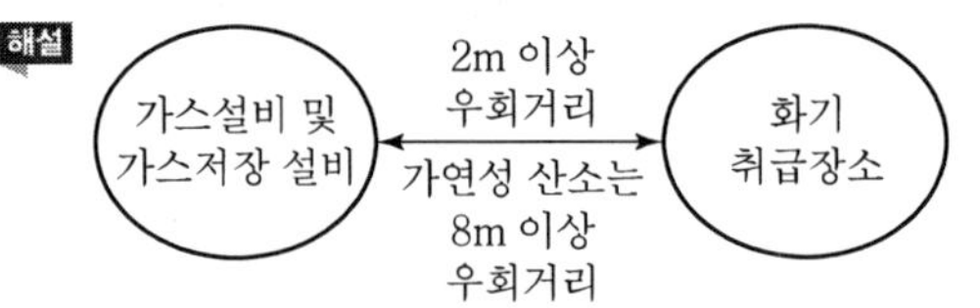

60 **아세틸렌을 용기에 충전하는 때의 다공도는?**

① 65% 이하 ② 65~75%
③ 75~92% ④ 92% 이상

해설 C_2H_2(아세틸렌) 다공물질의 다공도
75% 이상~92% 미만
※ 다공물질 : 분해폭발방지용으로서 규조토, 점토, 목탄, 석회, 산화철 등

55. ② 56. ③ 57. ④ 58. ① 59. ② 60. ③ | ANSWER

SECTION 04 가스계측

61 가스미터 중 실측식에 속하지 않는 것은?

① 건식 ② 회전식
③ 습식 ④ 오리피스식

해설 가스미터기 추측식(추량식)
㉠ 오리피스식
㉡ 터빈식
㉢ 선근차식

62 다음 중 온도측정범위가 가장 좁은 온도계는?

① 알루멜－크로멜 ② 구리－콘스탄탄
③ 수은 ④ 백금－백금 · 로듐

해설 온도측정범위
① 알루멜－크로멜 : －200~1,200℃
② 구리－콘스탄탄 : －180~350℃
③ 수은 : －35~360℃
④ 백금－백금 · 로듐 : 0~1,600℃

63 습도를 측정하는 가장 간편한 방법은?

① 노점 측정 ② 비점 측정
③ 밀도 측정 ④ 점도 측정

해설 습도 측정
노점을 측정하여 간단하게 측정할 수 있다. 습도 측정기의 종류에는 전기식 건습구 습도계, 전기저항식 습도계, 듀셀 전기 노점계 등이 있다.
※ 습도가 높으면 밀도가 커진다.

64 가스미터 설치 시 입상배관을 금지하는 가장 큰 이유는?

① 겨울철 수분 응축에 따른 밸브, 밸브시트의 동결 방지를 위하여
② 균열에 따른 누출 방지를 위하여
③ 고장 및 오차 발생 방지를 위하여
④ 계량막 밸브와 밸브시트 사이의 누출 방지를 위하여

해설 가스미터 설치 시 입상배관의 금지 이유
겨울철 수분 응축에 따른 밸브, 밸브시트의 동결 방지를 위하여

65 적외선분광분석계로 분석이 불가능한 것은?

① CH_4 ② Cl_2
③ $COCl_2$ ④ NH_3

해설 적외선분광분석계
어떤 파장폭에서 적외선을 흡수하는 원리를 이용하여 2원자 분자가스(H_2, O_2, N_2, Cl_2 등)를 제외한 거의 모든 가스(CH_4, CO, CO_2, NH_3, $COCl_2$ 등)를 분석하는 가스분석계를 말한다.

66 LPG의 성분분석에 이용되는 분석법 중 저온분류법에 의해 적용될 수 있는 것은?

① 관능기의 검출
② Cis, Trans의 검출
③ 방향족 이성체의 분리정량
④ 지방족 탄화수소의 분리정량

해설 액화석유가스 성분분석법 중 저온분류법 적용
지방족 탄화수소의 분리정량(탄소가 사슬모양으로 연결되거나 혹은 이에 사슬모양의 가지를 갖는 탄화수소)

67 벨로스식 압력계로 압력 측정 시 벨로스 내부에 압력이 가해질 경우 원래 위치로 돌아가지 않는 현상을 의미하는 것은?

① Limited 현상 ② Bellows 현상
③ End All 현상 ④ Hysteresis 현상

해설 히스테리시스(Hysteresis) 현상
벨로스식 압력계로 압력 측정 시 벨로스 내부에 압력이 가해질 경우 원래 위치로 돌아가지 않는 현상을 의미한다.

68 비중이 0.8인 액체의 압력이 $2kg/cm^2$일 때 액면높이(Head)는 약 몇 m인가?

① 16 ② 25
③ 32 ④ 40

ANSWER | 61. ④ 62. ③ 63. ① 64. ① 65. ② 66. ④ 67. ④ 68. ②

해설 물의 비중 1(1,000kg/m³)로서 $10mH_2O=1kg/cm^2$

액면높이=1 : 10=0.8 : x

$x=10\times\frac{1}{0.8}=12.5m$

∴ $12.5\times2=25m$

69 분별연소법 중 산화구리법에 의하여 주로 정량할 수 있는 가스는?

① O_2
② N_2
③ CH_4
④ CO_2

해설 분별연소법(연소분석법)

2종 이상의 동족 탄화수소와 수소(H_2)가 혼합되어 있는 시료가스에 사용되는 분석법으로, H_2, CO만을 분별적으로 완전 산화시키며 파라듐관연소법, 산화구리법이 있다.

대표적인 산화구리법에서 CO, H_2는 연소되고 메탄만 정량 분석된다.

70 검지가스와 누출 확인 시험지가 옳은 것은?

① 하리슨 시험지 : 포스겐
② KI전분지 : CO
③ 염화파라듐지 : HCN
④ 연당지 : 할로겐

해설 ② KI전분지 : 염소분석 시험지

③ 염화파라듐지 : CO가스 분석 시험지

④ 연당지(초산납 시험지) : H_2S(황화수소) 분석 시험지

71 깊이 5.0m인 어떤 밀폐탱크 안에 물이 3.0m 채워져 있고 $2kgf/cm^2$의 증기압이 작용하고 있을 때 탱크 밑에 작용하는 압력은 몇 kgf/cm^2인가?

① 1.2
② 2.3
③ 3.4
④ 4.5

해설

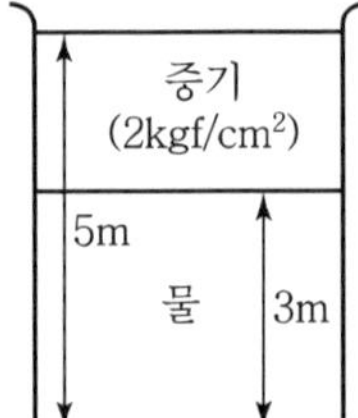

물 $10mH_2O=1kg/cm^2$

물 $3.0mH_2O=0.3kg/cm^2$

∴ 전압(P)$=2\times10+3$

$=23m$

$=2.3kgf/cm^2$

72 편차의 크기에 비례하여 조절요소의 속도가 연속적으로 변하는 동작은?

① 적분동작 ② 비례동작
③ 미분동작 ④ 뱅뱅동작

해설 ㉠ 적분동작(I) : 편차(오프셋)의 크기에 비례하여 조절요소의 속도가 연속적으로 변하는 동작이다(편차가 제거된다).

$Y=K_p\int \varepsilon dt$(여기서, K_p : 비례상수, ε : 편차)

㉡ 미분동작(D) : 편차의 변화속도에 비례하는 관계로 편차가 일어날 때 초기상태에서 큰 수정동작을 한다. P 또는 PI동작과 결합하여 사용한다.

73 자동제어장치를 제어량의 성질에 따라 분류한 것은?

① 프로세스제어
② 프로그램제어
③ 비율제어
④ 비례제어

해설 (1) 자동제어 제어량의 성질에 따른 분류

㉠ 서보기구
㉡ 프로세스 제어
㉢ 자동조정

(2) 목푯값에 따른 자동제어 : 정치제어, 캐스케이드제어, 추치제어(추종제어, 프로그램제어, 비율제어)

74 블록선도의 구성요소로 이루어진 것은?

① 전달요소, 가합점, 분기점
② 전달요소, 가감점, 인출점
③ 전달요소, 가합점, 인출점
④ 전달요소, 가감점, 분기점

69. ③ 70. ① 71. ② 72. ① 73. ① 74. ③ | ANSWER

해설

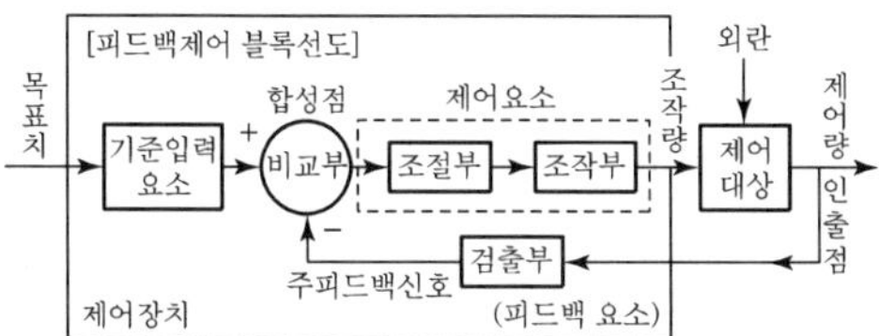

75 **계측기기의 감도(Sensitivity)에 대한 설명으로 틀린 것은?**

① 감도가 좋으면 측정시간이 길어진다.
② 감도가 좋으면 측정범위가 좁아진다.
③ 계측기가 측정량의 변화에 민감한 정도를 말한다.
④ 측정량의 변화를 지시량의 변화로 나누어 준 값이다.

해설 계측기의 감도
지시량의 변화를 측정량의 변화로 나눈 값으로, 감도가 좋으면 측정시간이 길어지고 측정범위가 좁아진다.

76 **흡수분석법 중 게겔법에 의한 가스분석의 순서로 옳은 것은?**

① CO_2, O_2, C_2H_2, C_2H_4, CO
② CO_2, C_2H_2, C_2H_4, O_2, CO
③ CO, C_2H_2, C_2H_4, O_2, CO_2
④ CO, O_2, C_2H_2, C_2H_4, CO_2

해설 게겔법
㉠ 주로 저급탄화수소를 분석하는 데 사용
㉡ 가스분석 순서 : CO_2 → C_2H_2 → 프로필렌 → 노르말부틸렌 → 에틸렌(C_2H_4) → O_2 → CO

77 **서보기구에 해당되는 제어로서 목표치가 임의의 변화를 하는 제어로 옳은 것은?**

① 정치제어 ② 캐스케이드제어
③ 추치제어 ④ 프로세스제어

해설 ㉠ 서보기구 : 주로 물체의 위치, 방위, 자세 등의 기계적 변위를 제어량으로 하는 제어계
㉡ 추치제어 : 목푯값이 시간적으로 변화하는 자동제어(73번 문제 해설 참고)

78 **크로마토그래피의 피크가 그림과 같이 기록되었을 때 피크의 넓이(A)를 계산하는 식으로 가장 적합한 것은?**

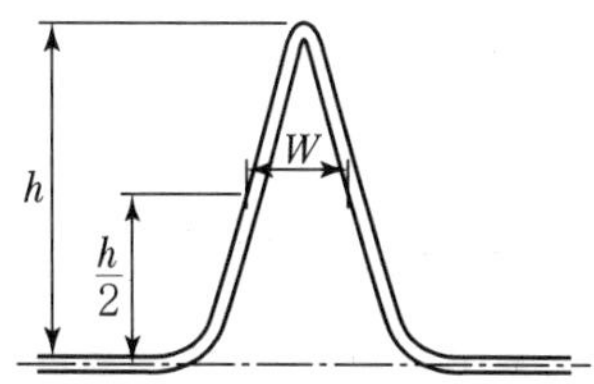

① $\frac{1}{4}Wh$ ② $\frac{1}{2}Wh$
③ Wh ④ $2Wh$

해설 가스분석 시 피크의 넓이(A) 계산 : $W \times h$
여기서, W : 바탕선의 길이

79 **액면계로부터 가스가 방출되었을 때 인화 또는 중독의 우려가 없는 장소에 주로 사용하는 액면계는?**

① 플로트식 액면계
② 정전용량식 액면계
③ 슬립튜브식 액면계
④ 전기저항식 액면계

해설 슬립튜브식 액면계
액면계로부터 가스가 방출되었을 때 인화 또는 중독의 우려가 없는 장소에 설치가 가능한 액면계이다.

80 **다이어프램 가스미터의 최대유량이 $4m^3/h$일 경우 최소유량의 상한값은?**

① 4L/h ② 8L/h
③ 16L/h ④ 25L/h

해설 다이어프램(막식) 가스미터기
㉠ $4m^3$ = 4,000L(최대유량)
㉡ 25L(최소유량값)
∴ 25L/h ~ 4,000L/h

ANSWER | 75. ④ 76. ② 77. ③ 78. ③ 79. ③ 80. ④

2015년 2회 가스산업기사

SECTION 01 연소공학

01 다음에서 설명하는 법칙은?

> "임의의 화학반응에서 발생(또는 흡수)하는 열은 변화 전과 변화 후의 상태에 의해서 정해지며 그 경로는 무관하다."

① Dalton의 법칙　② Henry의 법칙
③ Avogadro의 법칙　④ Hess의 법칙

해설 헤스의 법칙
임의의 화학반응에서 발생하는 열은 변화 전과 변화 후의 상태에 의해서 정해지며 그 경로는 무관하다.

02 수소가 완전연소 시 발생되는 발열량은 약 몇 kcal/kg인가?(단, 수증기 생성열은 57.8kcal/mol이다.)

① 12,000　② 24,000
③ 28,900　④ 57,800

해설 $H_2 + \frac{1}{2}O_2 \rightarrow H_2O$(1몰=22.4L=2g)
1kg=1,000g
1kmol=1,000mol
57.8×1,000=57,800kcal/kmol(2kg)
$\therefore \frac{57,800}{2} = 28,900$kcal/kg

03 전 폐쇄구조인 용기 내부에서 폭발성 가스의 폭발이 일어났을 때 용기가 압력에 견디고 외부의 폭발성 가스에 인화할 우려가 없도록 한 방폭구조는?

① 안전증방폭구조　② 내압방폭구조
③ 특수방폭구조　④ 유입방폭구조

해설 내압방폭구조
전 폐쇄구조인 용기 내부에서 폭발성 가스의 폭발이 일어난 경우 용기가 압력에 견디고 외부의 폭발성 가스에 인화할 우려가 없도록 한 구조이다.

04 밀폐된 용기 속에 3atm, 25℃에서 프로판과 산소가 2 : 8의 몰비로 혼합되어 있으며 이것이 연소하면 다음 식과 같이 된다. 연소 후 용기 내의 온도가 2,500K으로 되었다면 용기 내의 압력은 약 몇 atm이 되는가?

> $2C_3H_8 + 8O_2 \rightarrow 6H_2O + 4CO_2 + 2CO + 2H_2$

① 3　② 15
③ 25　④ 35

해설 $P_1V_1 = n_1R_1T_1$, $P_2V_2 = n_2R_2T_2$
$V_1 = V_2$와 $R_1 = R_2$는 같다. $\frac{P_2}{P_1} = \frac{n_2}{n_1} \times \frac{T_2}{T_1}$

$$P_2 = \frac{n_2}{n_1} \times \frac{T_2}{T_1} \times P_1$$
$$= \frac{(6+4+2+2)}{(2+8)} \times \left(\frac{2,500}{273+25}\right) \times 3 = 35\text{atm}$$

05 메탄 50%, 에탄 40%, 프로판 5%, 부탄 5%인 혼합가스의 공기 중 폭발하한값(%)은?(단, 폭발하한값은 메탄 5%, 에탄 3%, 프로판 2.1%, 부탄 1.8%이다.)

① 3.51　② 3.61
③ 3.71　④ 3.81

해설 $\frac{100}{L} = \frac{V_1}{L_1} + \frac{V_2}{L_2} + \frac{V_3}{L_3} + \frac{V_4}{L_4}$

$$\therefore \text{하한계}\left(\frac{100}{L}\right) = \frac{100}{\left(\frac{50}{5}\right)+\left(\frac{40}{3}\right)+\left(\frac{5}{2.1}\right)+\left(\frac{5}{1.8}\right)} = 3.51$$

06 분진폭발에 대한 설명 중 틀린 것은?

① 분진은 공기 중에 부유하는 경우 가연성이 된다.
② 분진은 구조물 위에 퇴적하는 경우 불연성이다.
③ 분진이 발화, 폭발하기 위해서는 점화원이 필요하다.
④ 분진폭발 과정에서 입자표면에 열에너지가 주어져 표면온도가 상승한다.

1. ④ 2. ③ 3. ② 4. ④ 5. ① 6. ② | ANSWER

해설 분진은 구조물 위에 퇴적하는 경우 점화의 조건이 주어지면 가연성이 된다.
※ 분진의 종류 : Mg, Al, Fe, 소맥분, 전분, 합성수지류, 황, 코코아, 리그닌, 석탄분, 고무분말 등

07 탄화도가 커질수록 연료에 미치는 영향이 아닌 것은?

① 연료비가 증가한다.
② 연소속도가 늦어진다.
③ 매연발생이 상대적으로 많아진다.
④ 고정탄소가 많아지고 발열량이 커진다.

해설 탄화도가 적고 휘발분의 농도가 클수록 매연발생이 많아지며 점화는 용이하나, 탄화도(고정탄소/휘발분)가 크면 ①, ②, ④의 특성이 나타난다.

08 폭굉유도거리를 짧게 하는 요인에 해당하지 않는 것은?

① 관경이 클수록 ② 압력이 높을수록
③ 연소열량이 클수록 ④ 연소속도가 클수록

해설 관 속에 방해물이 있거나 관경이 작을수록 폭굉유도거리(DID)가 짧아져서 위험하다.

09 연소 시 배기가스 중의 질소산화물(NOx)의 함량을 줄이는 방법으로 가장 거리가 먼 것은?

① 굴뚝을 높게 한다.
② 연소온도를 낮게 한다.
③ 질소함량이 적은 연료를 사용한다.
④ 연소가스가 고온으로 유지되는 시간을 짧게 한다.

해설 굴뚝을 높게 하면 자연적 통풍력이 커진다.

10 수소의 연소반응은 '$H_2+\frac{1}{2}O_2 \rightarrow H_2O$'로 알려져 있으나 실제로는 수많은 연소반응이 연쇄적으로 일어난다고 한다. 다음은 무슨 반응에 해당하는가?

$$OH + H_2 \rightarrow H_2O + H$$
$$O + HO_2 \rightarrow O_2 + OH$$

① 연쇄창시반응 ② 연쇄분지반응
③ 기상정지반응 ④ 연쇄이동반응

해설 연쇄이동반응(전파반응)
$O+HO_2 \rightarrow O_2+OH$
$OH+H_2 \rightarrow H_2O+H$
안정한 분자에서 활성기가 발생하는 반응이다.

11 설치장소의 위험도에 대한 방폭구조의 선정에 관한 설명 중 틀린 것은?

① 0종 장소에서는 원칙적으로 내압방폭구조를 사용한다.
② 2종 장소에서 사용하는 전선관용 부속품은 KS에서 정하는 일반품으로서 나사접속의 것을 사용할 수 있다.
③ 두 종류 이상의 가스가 같은 위험장소에 존재하는 경우에는 그중 위험등급이 높은 것을 기준으로 하여 방폭전기기기의 등급을 선정하여야 한다.
④ 유입방폭구조는 1종 장소에서는 사용을 피하는 것이 좋다.

해설 제0종 장소
본질안전방폭구조(ia 또는 ib)를 사용한다.

12 유황(S)의 완전연소 시 발생하는 SO_2의 양을 구하는 식은?

① $4.31\times SNm^3$ ② $3.33\times SNm^3$
③ $0.7\times SNm^3$ ④ $4.38\times SNm^3$

해설 $S+O_2 \rightarrow SO_2$, 황의 분자량 : 32
$32kg+22.4Nm^3 \rightarrow 22.4Nm^3$
아황산가스$(SO_2)=\frac{22.4}{32}=0.7SNm^3/kg$

13 아세틸렌(C_2H_2) 가스의 위험도는 얼마인가?(단, 아세틸렌의 폭발한계는 2.51~81.2%이다.)

① 29.15 ② 30.25
③ 31.35 ④ 32.45

ANSWER | 7. ③ 8. ① 9. ① 10. ④ 11. ① 12. ③ 13. ③

해설 아세틸렌 가스의 위험도(H)

$$H=\frac{U-L}{L}=\frac{81.2-2.51}{2.51}=31.35$$

14 **LPG가 완전연소될 때 생성되는 물질은?**

① CH_4, H_2
② CO_2, H_2O
③ C_3H_8, CO_2
④ C_4H_{10}, H_2O

해설 LPG($C_3H_8+C_4H_{10}$)
㉠ 프로판($C_3H_8+5O_2 \rightarrow 3CO_2+4H_2O$)
㉡ 부탄($C_4H_{10}+6.5O_2 \rightarrow 4CO_2+5H_2O$)

15 **디토네이션(Detonation)에 대한 설명으로 옳지 않은 것은?**

① 발열반응으로서 연소의 전파속도가 그 물질 내에서 음속보다 느린 것을 말한다.
② 물질 내에 충격파가 발생하여 반응을 일으키고 또한 반응을 유지하는 현상이다.
③ 충격파에 의해 유지되는 화학반응현상이다.
④ 디토네이션은 확산이나 열전도의 영향을 거의 받지 않는다.

해설 디토네이션(폭굉=DID)
화염의 전파속도(1,000~3,500m/s)가 음속보다 빠르면 파면선단에 충격파라고 하는 큰 압력파가 생겨 격렬한 파괴작용을 일으키는 현상이다.

16 **불꽃 중 탄소가 많이 생겨서 황색으로 빛나는 불꽃은?**

① 휘염
② 층류염
③ 환원염
④ 확산염

해설 휘염
불꽃 중 탄소가 많이 생겨서 황색으로 빛나는 불꽃이다.

17 **가스연료와 공기의 흐름이 난류일 때의 연소상태에 대한 설명으로 옳은 것은?**

① 화염의 윤곽이 명확하게 된다.
② 층류일 때보다 연소가 어렵다.
③ 층류일 때보다 열효율이 저하된다.
④ 층류일 때보다 연소가 잘되며 화염이 짧아진다.

해설 난류흐름에서 연소상태
층류흐름보다 화염의 윤곽이 흐리고 연소가 잘되며 화염이 짧아진다.

18 **프로판 1몰 연소 시 필요한 이론공기량은 약 얼마인가?(단, 공기 중 산소량은 21v%이다.)**

① 16mol ② 24mol
③ 32mol ④ 44mol

해설 $C_3H_8+5O_2 \rightarrow 3CO_2+4H_2O$

$$\text{이론공기량}=\text{이론산소량}\times\frac{1}{0.21}$$
$$=5\times\frac{1}{0.21}=24\text{mol}$$

19 **다음은 고체연료의 연소과정에 관한 사항이다. 보통 기상에서 일어나는 반응이 아닌 것은?**

① $C+CO_2 \rightarrow 2CO$ ② $CO+\frac{1}{2}O_2 \rightarrow CO_2$
③ $H_2+\frac{1}{2}O_2 \rightarrow H_2O$ ④ $CO+H_2O \rightarrow CO_2+H_2$

해설 분해연소과정
$C+O_2 \rightarrow CO_2$(탄산가스)
$C+\frac{1}{2}O_2 \rightarrow CO$(일산화탄소)

20 **위험성 평가기법 중 공정에 존재하는 위험요소들과 공정의 효율을 떨어뜨릴 수 있는 운전상의 문제점을 찾아내어 그 원인을 제거하는 정성적인 안전성 평가기법은?**

① What-if ② HEA
③ HAZOP ④ FMECA

14. ② 15. ① 16. ① 17. ④ 18. ② 19. ① 20. ③ | ANSWER

해설 ① What-if : 사고예상 질문분석기법
② HEA : 작업자 실수분석기법
③ HAZOP : 위험과 운전분석(정성적 평가기법)
④ FMECA : 이상 위험도 분석기법

SECTION 02 가스설비

21 고온 · 고압상태의 암모니아 합성탑에 대한 설명으로 틀린 것은?

① 재질은 탄소강을 사용한다.
② 재질은 18-8 스테인리스강을 사용한다.
③ 촉매로는 보통 산화철에 CaO를 첨가한 것이 사용된다.
④ 촉매로는 보통 산화철에 K_2O 및 Al_2O_3를 첨가한 것이 사용된다.

해설 암모니아 합성탑의 종류
㉠ 고압합성법(60~100MPa)
㉡ 중압합성법(30MPa)
㉢ 저압합성법(15MPa)
※ 탄소강 : 고온, 고압하에서 질화발생 및 수소취성(탈탄)이 발생하므로 암모니아 합성탑 재료로는 부적당하다.

22 정압기의 정특성에 대한 설명으로 옳지 않은 것은?

① 정상상태에서의 유량과 2차 압력의 관계를 뜻한다.
② Lock-up이란 폐쇄압력과 기준유량일 때의 2차 압력과의 차를 뜻한다.
③ 오프셋값은 클수록 바람직하다.
④ 유량이 증가할수록 2차 압력은 점점 낮아진다.

해설 오프셋(Off Set) : 편찻값
유량변화 시 2차 압력과 기준 압력의 차이로, 오프셋값이 작을수록 바람직하다.
※ 정압기 정특성 : 로크업, 오프셋, 시프트

23 가스의 압축방식이 아닌 것은?

① 등온압축
② 단열압축
③ 폴리트로픽압축
④ 감열압축

해설 가스압축의 종류
①, ②, ③ 외 정압압축이 있다.

24 액화석유가스 저장소의 저장탱크는 몇 ℃ 이하의 온도를 유지하여야 하는가?

① 20℃ ② 35℃
③ 40℃ ④ 50℃

해설 모든 가스는 40℃ 이하의 온도를 유지해야 한다.

25 전기방식방법 중 희생양극법의 특징에 대한 설명으로 틀린 것은?

① 시공이 간단하다.
② 과방식의 우려가 없다.
③ 방식효과 범위가 넓다.
④ 단거리 배관에 경제적이다.

해설 전기방식 중 희생양극법(유전양극법)은 방식효과 범위가 좁다(양극재료 : Mg, Zn 등).
또한 전류조절이 어렵고 강한 전식에는 효과가 없다.

26 고압산소용기로 가장 적합한 것은?

① 주강용기
② 이중용접용기
③ 이음매 없는 용기
④ 접합용기

해설 산소는 비점(-183℃)이 낮아 액화가스화 하기가 어려워서 고압의 압축가스로 저장하므로 이음매가 없는 용기(무계목 용기)를 사용한다.

27 기화장치의 성능에 대한 설명으로 틀린 것은?

① 온수가열방식은 그 온수의 온도가 80℃ 이하이어야 한다.
② 증기가열방식은 그 온수의 온도가 120℃ 이하이어야 한다.
③ 가연성 가스용 기화장치의 접지 저항치는 100Ω 이상이어야 한다.
④ 압력계는 계량법에 의한 검사 합격품이어야 한다.

해설 가연성 가스용 기화장치 접지 저항치는 10Ω 이하일 것

28 염화비닐호스에 대한 규격 및 검사방법에 대한 설명으로 맞는 것은?

① 호스의 안지름은 1종, 2종, 3종으로 구분하며 2종의 안지름은 9.5mm이고 그 허용오차는 ±0.8mm이다.
② −20℃ 이하에서 24시간 이상 방치한 후 지체 없이 10회 이상 굽힘시험을 한 후에 기밀시험에 누출이 없어야 한다.
③ 3MPa 이상의 압력으로 실시하는 내압시험에서 이상이 없고 4MPa 이상의 압력에서 파열되지 아니하여야 한다.
④ 호스의 구조는 안층 · 보강층 · 바깥층으로 되어 있고 안층의 재료는 염화비닐을 사용하며, 인장강도는 65.6N/5mm 폭 이상이다.

해설 염화비닐호스 규격
㉠ 허용오차 : ±0.7mm로 한다.
㉡ 기밀시험 : 0.2MPa 이하 압력에서 누출이 없을 것

29 냄새가 나는 물질(부취제)의 구비조건으로 옳지 않은 것은?

① 부식성이 없어야 한다.
② 물에 녹지 않아야 한다.
③ 화학적으로 안정하여야 한다.
④ 토양에 대한 투과성이 낮아야 한다.

해설 가스에 사용되는 냄새용 부취제(TBM, THT, DMS)는 물에 잘 녹지 않고 토양에 대하여 투과성이 커야 한다.

30 배관의 온도변화에 의한 신축을 흡수하는 조치로 틀린 것은?

① 루프이음
② 나사이음
③ 상온스프링
④ 벨로스형 신축이음매

해설 배관용 나사이음, 용접이음, 플랜지이음, 소켓이음 등은 신축흡수가 아닌 관의 접합방법이다.

31 1단 감압식 저압조정기 출구로부터 연소기입구까지의 허용압력손실로 옳은 것은?

① 수주 10mm를 초과해서는 아니 된다.
② 수주 15mm를 초과해서는 아니 된다.
③ 수주 30mm를 초과해서는 아니 된다.
④ 수주 50mm를 초과해서는 아니 된다.

해설 1단 감압식 저압조정기

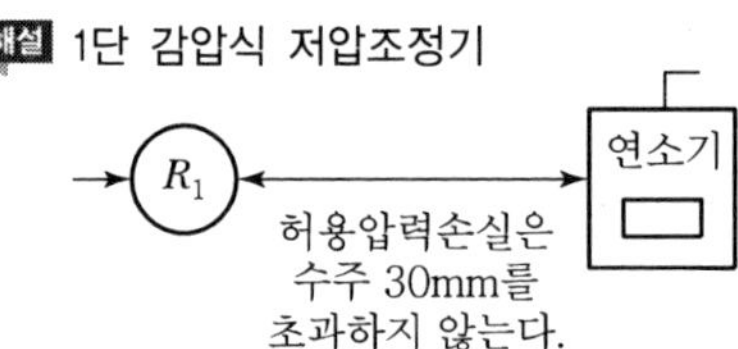

32 안지름 10cm의 파이프를 플랜지에 접속하였다. 이 파이프 내에 $40kgf/cm^2$의 압력으로 볼트 1개에 걸리는 힘을 400kgf 이하로 하고자 할 때 볼트는 최소 몇 개가 필요한가?

① 7개 ② 8개
③ 9개 ④ 10개

해설 단면적$(A) = \frac{\pi}{4}d^2 = \frac{3.14}{4} \times 10^2 = 78.5cm^2$

$\therefore$ 볼트 개수$= \frac{40 \times 78.5}{400} \fallingdotseq 8$개

33 아세틸렌을 용기에 충전하는 경우 충전 중의 압력은 온도에 불구하고 몇 MPa 이하로 하여야 하는가?

① 2.5 ② 3.0
③ 3.5 ④ 4.0

27. ③ 28. 전항 정답 29. ④ 30. ② 31. ③ 32. ② 33. ① | ANSWER

해설 아세틸렌 용기 압력
㉠ 아세틸렌 가스 용기저장 시 충전 중의 압력은 온도에 불구하고 2.5MPa 이하로 충전한다.
㉡ 충전 후 압력은 15℃에서 1.5MPa 이하로 한다(충전은 2~ 3회에 걸쳐서 충전한다).

34 수동교체 방식의 조정기와 비교한 자동절체식 조정기의 장점이 아닌 것은?

① 전체 용기 수량이 많아져서 장시간 사용할 수 있다.
② 분리형을 사용하면 1단 감압식 조정기의 경우보다 배관의 압력손실을 크게 해도 된다.
③ 잔액이 거의 없어질 때까지 사용이 가능하다.
④ 용기 교환주기의 폭을 넓힐 수 있다.

해설 액화석유가스용 자동절체식 조정기는 전체 용기 수량이 수동교체식보다 적어도 된다.

35 다음 중 LP가스의 성분이 아닌 것은?

① 프로판
② 부탄
③ 메탄올
④ 프로필렌

해설 메탄올(CH_3OH)의 특징
㉠ 분자량 : 32(독성이 있다.)
㉡ 비점 : 64.5℃
㉢ 폭발범위 : 7.3~36%(가연성 가스, 독성 가스)
㉣ 목정(목재 건류에 의해서도 얻는다.)
$CO + 2H_2 \rightarrow CH_3OH$

36 직경 50mm의 강재로 된 둥근 막대가 8,000kgf의 인장하중을 받을 때의 응력은 약 몇 kgf/mm²인가?

① 2 ② 4
③ 6 ④ 8

해설 단면적 $= \frac{3.14}{4} \times 50^2 = 1{,}962.5\text{mm}^2$
$\therefore$ 응력 $= \frac{8{,}000}{1{,}962.5} = 4\text{kgf/mm}^2$

37 가스설비 공사 시 지반이 점토질 지반일 경우 허용지지력도(MPa)는?

① 0.02 ② 0.05
③ 0.5 ④ 1.0

해설 ㉠ 점토질 지반 허용지지력도 : 0.02MPa(t/m²)
㉡ 조밀한 모래질 지반 지지력도 : 0.05MPa(t/m²)
㉢ 단단한 롬 지지력도 : 1.0MPa(t/m²)

38 압축기 실린더 내부 윤활유에 대한 설명으로 옳지 않은 것은?

① 공기압축기에는 광유(鑛油)를 사용한다.
② 산소압축기에는 기계유를 사용한다.
③ 염소압축기에는 진한황산을 사용한다.
④ 아세틸렌 압축기에는 양질의 광유(鑛油)를 사용한다.

해설 산소압축기 윤활제
㉠ 물
㉡ 10% 이하인 묽은 글리세린 수

39 용접장치에서 토치에 대한 설명으로 틀린 것은?

① 불변압식 토치는 니들밸브가 없는 것으로 독일식이라 한다.
② 팁의 크기는 용접할 수 있는 판 두께에 따라 선정한다.
③ 가변압식 토치를 프랑스식이라 한다.
④ 아세틸렌 토치의 사용압력은 0.1MPa 이상에서 사용한다.

해설 가스용접 토치의 종류
㉠ 저압식(0.07kg/cm² 이하)
㉡ 중압식(0.07~0.4kg/cm²)
㉢ 고압식(1.05kg/cm² 이상)

40 가로 15cm, 세로 20cm의 환기구에 철재 갤러리를 설치한 경우 환기구의 유효면적은 몇 cm²인가?(단, 개구율은 0.3이다.)

① 60 ② 90
③ 150 ④ 300

ANSWER | 34. ① 35. ③ 36. ② 37. ① 38. ② 39. ④ 40. ②

해설 환기구 유효면적 = 면적 × 개구율
= (15 × 20) × 0.3 = 90cm²

SECTION 03 가스안전관리

41 도시가스배관을 도로매설 시 배관의 외면으로부터 도로 경계까지 얼마 이상의 수평거리를 유지하여야 하는가?

① 0.8m ② 1.0m
③ 1.2m ④ 1.5m

해설

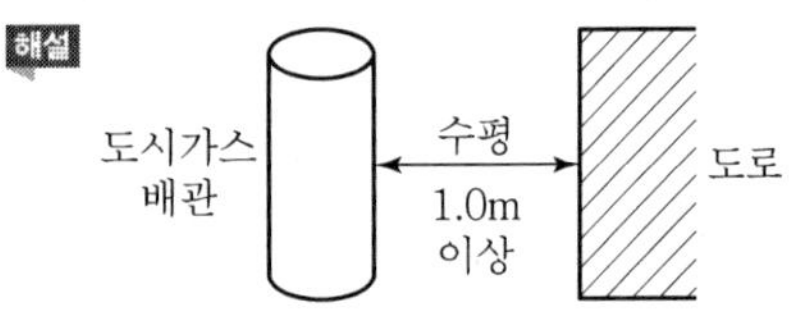

42 에어졸의 충전 기준에 적합한 용기의 내용적은 몇 L 이하이어야 하는가?

① 1 ② 2
③ 3 ④ 5

해설 에어졸 충전 용기 내용적 : 1L 이하(내용적 100cm³ 초과 용기는 그 재료가 강 또는 경금속일 것)
금속제 용기 두께는 0.125mm 이상이 필요하다.

43 내용적 20,000L의 저장탱크에 비중량이 0.8kg/L인 액화가스를 충전할 수 있는 양은?

① 13.6톤 ② 14.4톤
③ 16.5톤 ④ 17.7톤

해설 액화가스 충전량 = 20,000 × 0.8 = 16,000kg
(탱크에는 전체 용기의 90%까지만 충전)
∴ 16,000 × 0.9 = 14,400kg(14.4톤)

44 기업활동 전반을 시스템으로 보고 시스템운영규정을 작성·시행하여 사업장에서의 사고예방을 위한 모든 형태의 활동 및 노력을 효과적으로 수행하기 위한 체계적이고 종합적인 안전관리체계를 의미하는 것은?

① MMS
② SMS
③ CRM
④ SSS

해설 SMS(종합적 안전관리체계)
㉠ 시스템운영규정 작성, 시행
㉡ 사업장 사고예방을 위한 모든 형태의 활동 및 노력
㉢ 효과적 수행을 위한 체계적 종합관리

45 특수가스의 하나인 실란(SiH_4)의 주요 위험성은?

① 상온에서 쉽게 분해된다.
② 분해 시 독성물질을 생성한다.
③ 태양광에 의해 쉽게 분해된다.
④ 공기 중에 누출되면 자연발화한다.

해설 특수가스
압축모노실란, 압축디보레인, 액화알진, 포스핀, 세렌화수소, 게르만, 실란(SiH_4) 등 특수한 반도체의 세정에 사용되는 특수고압가스로 실란은 공기 중에 누출되면 자연발화한다.

46 에어졸 충전시설에는 온수시험탱크를 갖추어야 한다. 충전용기의 가스누출시험 온도는?

① 26℃ 이상 30℃ 미만
② 30℃ 이상 50℃ 미만
③ 46℃ 이상 50℃ 미만
④ 50℃ 이상 66℃ 미만

해설 에어졸 충전용기의 온수탱크에서 가스누출시험 온도
46℃ 이상~50℃ 미만 사용

41. ② 42. ① 43. ② 44. ② 45. ④ 46. ③ | ANSWER

47 LPG 판매사업소의 시설기준으로 옳지 않은 것은?

① 가스누출경보기는 용기보관실에 설치하되 일체형으로 한다.
② 용기보관실의 전기설비 스위치는 용기보관실 외부에 설치한다.
③ 용기보관실의 실내온도는 40℃ 이하로 유지한다.
④ 용기보관실 및 사무실은 동일 부지 내에 구분하여 설치한다.

해설 가스누출경보기의 종류
접촉연소방식, 격막갈바니 전지방식, 반도체방식(LPG 판매시설의 용기보관실 가스누출 경보기는 효과적 대응을 위해 분리형을 설치한다.)

48 최대지름이 6m인 고압가스 저장탱크 2기가 있다. 이 탱크에 물분무장치가 없을 때 상호유지되어야 할 최소 이격거리는?

① 1m
② 2m
③ 3m
④ 4m

해설

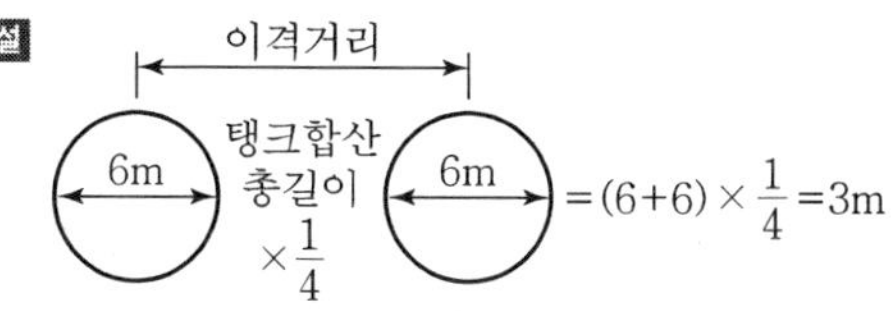

49 산화에틸렌(C_2H_4O)에 대한 설명으로 틀린 것은?

① 휘발성이 큰 물질이다.
② 독성이 없고 화염속도가 빠르다.
③ 사염화탄소, 에테르 등에 잘 녹는다.
④ 물에 녹으면 안정된 수화물을 형성한다.

해설 산화에틸렌가스
㉠ TLV−TWA 기준 50ppm 독성 가스
㉡ 무색의 가연성 가스로 폭발범위는 3~80%

50 액화석유가스 저장설비 및 가스설비실의 통풍구조 기준에 대한 설명으로 옳은 것은?

① 사방을 방호벽으로 설치하는 경우 한 방향으로 2개소의 환기구를 설치한다.
② 환기구의 1개소 면적은 2,400cm^2 이하로 한다.
③ 강제통풍 시설의 방출구는 지면에서 2m 이상의 높이에 설치한다.
④ 강제통풍 시설의 통풍능력은 1m^2 마다 0.1m^3/분 이상으로 한다.

해설 LPG가스 통풍구조
㉠ 바닥면적 : 1m^2당 300cm^2 비율(1개소 환기구면적은 2,400cm^2 이하)
㉡ 통풍능력 : 바닥면적 1m^2당 0.5m^3/min 이상
㉢ 배기가스 방출구 : 지면에서 5m 이상의 높이

51 도시가스를 지하에 매설할 경우 배관은 그 외면으로부터 지하의 다른 시설물과 얼마 이상의 거리를 유지하여야 하는가?

① 0.3m ② 0.5m
③ 1m ④ 1.5m

해설

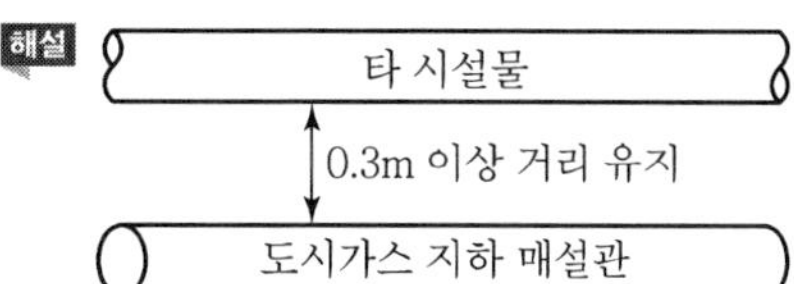

52 암모니아의 성질에 대한 설명으로 틀린 것은?

① 20℃에서 약 8.5기압의 가압으로 액화할 수 있다.
② 암모니아를 물에 계속 녹이면 용액의 비중은 물보다 커진다.
③ 액체 암모니아가 피부에 접촉하면 동상에 걸려 심한 상처를 입게 된다.
④ 암모니아 가스는 기도, 코, 인후의 점막을 자극한다.

해설 암모니아는 물 1cc당 800cc가 용해되고(NH_3, 분자량=17) LC 기준 독성허용농도가 7,338ppm이며 비점은 −33.4℃로 액화가 용이하다.
※ 물의 분자량은 18

ANSWER | 47. ① 48. ③ 49. ② 50. ② 51. ① 52. ②

53 고압가스 특정제조시설에 설치되는 가스누출 검지경보장치의 설치기준에 대한 설명으로 옳은 것은?

① 경보농도는 가연성 가스의 경우 폭발한계의 1/2 이하로 하여야 한다.
② 검지에서 발신까지 걸리는 시간은 경보농도의 1.2배 농도에서 보통 20초 이내로 한다.
③ 경보기의 정밀도는 경보농도 설정치에 대하여 가연성 가스용은 ±25% 이하이어야 한다.
④ 검지경보장치의 경보정밀도는 전원의 전압 등 변동이 ±20% 정도일 때에도 저하되지 아니하여야 한다.

해설 ① 1/4 이하
② 1.6배 농도, 30초 이내
③ 경보기 정밀도(가연성 : ±25%, 독성 : ±30%)
④ ±10% 정도

54 LPG 저장설비 주위에는 경계책을 설치하여 외부인의 출입을 방지할 수 있도록 해야 한다. 경계책의 높이는 몇 m 이상이어야 하는가?

① 0.5m ② 1.5m
③ 2.0m ④ 3.0m

해설 LPG(액화석유가스 저장설비) 경계책 높이 : 1.5m 이상

55 독성 가스 충전시설에서 다른 제조시설과 구분하여 외부로부터 독성 가스 충전시설임을 쉽게 식별할 수 있도록 설치하는 조치는?

① 충전표지
② 경계표지
③ 위험표지
④ 안전표지

해설 위험표지 예시문

독성 가스 누출 주의 부분

56 고압가스 특정제조의 기술기준으로 옳지 않은 것은?

① 가연성 가스 또는 산소의 가스설비 부근에는 작업에 필요한 양 이상의 연소하기 쉬운 물질을 두지 아니할 것
② 산소 중의 가연성 가스의 용량이 전 용량의 3% 이상의 것은 압축을 금지할 것
③ 석유류 또는 글리세린은 산소압축기의 내부윤활제로 사용하지 말 것
④ 산소 제조 시 공기액화분리기 내에 설치된 액화산소통 내의 액화산소는 1일 1회 이상 분석할 것

해설 ② 산소와 가연성 가스는 3% 이상이 아닌 4% 이상일 때 압축을 금지한다.

57 수소용기의 외면에 칠하는 도색의 색깔은?

① 주황색
② 적색
③ 황색
④ 흑색

해설 가스용기 도색 색상
㉠ 수소 : 주황색
㉡ 아세틸렌 : 황색

58 용기 파열사고의 원인으로서 가장 거리가 먼 것은?

① 염소용기는 용기의 부식에 의하여 파열사고가 발생할 수 있다.
② 수소용기는 산소와 혼합충전으로 격심한 가스폭발에 의한 파열사고가 발생할 수 있다.
③ 고압아세틸렌가스는 분해폭발에 의한 파열사고가 발생할 수 있다.
④ 용기 내 과다한 수증기 발생에 의한 폭발로 용기 파열이 발생할 수 있다.

해설 고압가스 용기 내부 수증기(H_2O) 발생은 용기파열과는 관련성이 없다.

53. ③ 54. ② 55. ③ 56. ② 57. ① 58. ④ | ANSWER

59 **LP가스 용기저장소를 그림과 같이 설치할 때 자연환기시설의 위치로서 가장 적당한 곳은?**

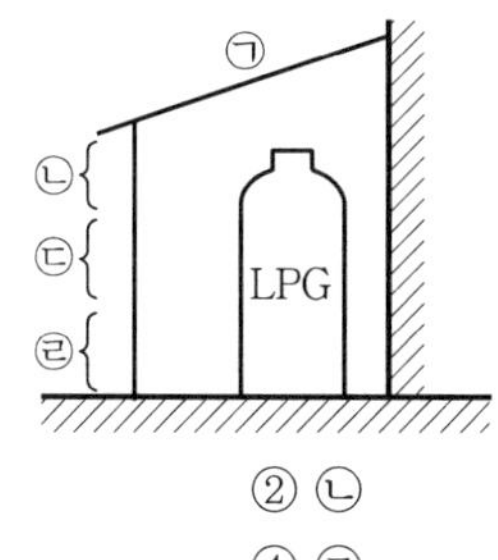

① ㉠ ② ㉡
③ ㉢ ④ ㉣

해설 LP가스(액화석유가스)는 주성분이 프로판(비중 : 1.53), 부탄(비중 : 2) 등으로, 누설 시 공기보다 무거워서 하부로 고이므로 자연환기시설의 위치는 바닥인 ㉣이 이상적이다.

60 **LPG용 가스레인지를 사용하는 도중 불꽃이 치솟는 사고가 발생하였을 때 가장 직접적인 사고 원인은?**

① 압력조정기 불량
② T관으로 가스 누출
③ 연소기의 연소 불량
④ 가스누출자동차단기 미작동

해설 LPG용 압력조정기 불량에 따른 사고
압력조정기가 불량하면 가스레인지 사용 도중 불꽃이 치솟는 사고가 발생한다(직접적인 사고원인).

SECTION 04 가스계측

61 **액면계의 종류로만 나열된 것은?**

① 플로트식, 퍼지식, 차압식, 정전용량식
② 플로트식, 터빈식, 액비중식, 광전관식
③ 퍼지식, 터빈식, Oval식, 차압식
④ 퍼지식, 터빈식, Roots식, 차압식

해설 액면계의 종류
㉠ 직접식 : 플로트식, 검척식, 유리관식
㉡ 간접식 : 퍼지식(기포식), 차압식, 정전용량식, 방사선식

62 **가연성 가스 검지방식으로 가장 적합한 것은?**

① 격막전극식 ② 정전위전해식
③ 접촉연소식 ④ 원자흡광광도법

해설 가연성 가스 검지경보장치의 종류
㉠ 접촉연소방식
㉡ 격막 갈바니 전지방식
㉢ 반도체 방식

63 **가스미터 출구 측 배관을 수직배관으로 설치하지 않는 가장 큰 이유는?**

① 설치면적을 줄이기 위하여
② 화기 및 습기 등을 피하기 위하여
③ 검침 및 수리 등의 작업이 편리하도록 하기 위하여
④ 수분응축으로 밸브의 동결을 방지하기 위하여

해설 가스미터 출구 측 배관을 수직으로 하지 않고 수평관으로 하는 이유는 수분응축에 따른 밸브의 동결을 방지하기 위함이다.

64 **도플러 효과를 이용한 것으로, 대유량을 측정하는 데 적합하며 압력손실이 없고, 비전도성 유체도 측정할 수 있는 유량계는?**

① 임펠러 유량계 ② 초음파 유량계
③ 코리올리 유량계 ④ 터빈 유량계

해설 초음파 유량계
㉠ 도플러 효과를 이용한 대유량 측정용 유량계이다.
㉡ 압력손실이 없다.
㉢ 비전도성 유체도 측정이 가능하다.

65 **도로에 매설된 도시가스가 누출되는 것을 감지하여 분석한 후 가스누출 유무를 알려주는 가스검출기는?**

① FID ② TCD
③ FTD ④ FPD

해설 FID 가스크로마토그래프(수소이온화 검출기)
㉠ 탄화수소(도시가스 등)에서 감도가 최고
㉡ H_2, O_2, CO, CO_2, SO_2 등에는 감도 측정 불가

ANSWER | 59. ④ 60. ① 61. ① 62. ③ 63. ④ 64. ② 65. ①

66 30℃는 몇 °R(Rankine)인가?

① 528°R　② 537°R
③ 546°R　④ 555°R

해설 °R = °F(화씨) + 460
°F = 1.8 × ℃ + 32 = 1.8 × 30 + 32 = 86°F
∴ 랭킨절대온도 = 86 + 460 = 546°R

67 연소분석법 중 2종 이상의 동족 탄화수소와 수소가 혼합된 시료를 측정할 수 있는 것은?

① 폭발법, 완만연소법
② 산화구리법, 완만연소법
③ 분별연소법, 완만연소법
④ 파라듐관 연소법, 산화구리법

해설 연소분석법의 종류
㉠ 폭발법 : 가연성 가스 분석
㉡ 분별연소법(파라듐관 연소법, 산화구리법) : 2종 이상의 동족 탄화수소와 H_2, CO 등의 가스가 혼합되어 있는 성분 분석

68 제어기기의 대표적인 것을 들면 검출기, 증폭기, 조작기기, 변환기로 구분되는데 서보전동기(Servo Motor)는 어디에 속하는가?

① 검출기　② 증폭기
③ 변환기　④ 조작기기

해설 조작기기의 종류
㉠ 조작기기(전기계) : 전자밸브, 전동밸브, 2상서보모터, 직류서보모터, 펄스모터
㉡ 조작기기(기계계) : 클러치, 다이어프램밸브, 밸브 포지셔너, 유압식 조작기

69 가스크로마토그래피의 구성요소가 아닌 것은?

① 분리관(컬럼)　② 검출기
③ 유속조절기　④ 단색화 장치

해설 가스크로마토그래피의 구성요소
분리관, 검출기, 유속조절기, 항온도

70 그림과 같은 조작량의 변화는 어떤 동작인가?

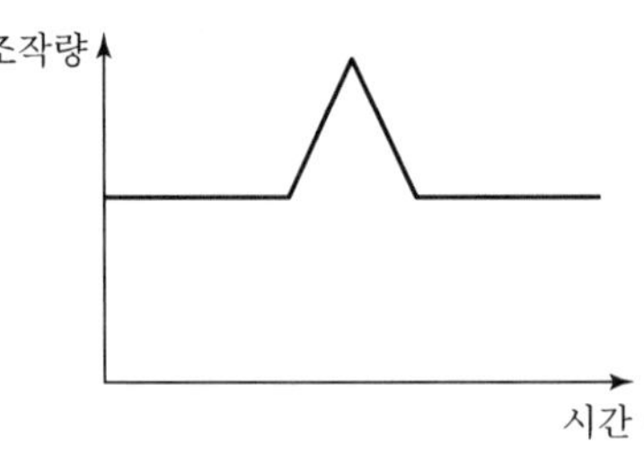

① I동작　② PD동작
③ D동작　④ PI동작

해설 ㉠ P동작 : 비례동작
㉡ I동작 : 적분동작
㉢ D동작 : 미분동작
PD동작$(Y) = K_p\left(\varepsilon + T_D\frac{d\varepsilon}{dt}\right)$
여기서, K_p : 비례감도, ε : 동작신호
$T_D\frac{d\varepsilon}{dt}$: 미분시간

71 가스크로마토그래피의 불꽃이온화검출기에 대한 설명으로 옳지 않은 것은?

① N_2 기체는 가장 높은 검출한계를 갖는다.
② 이온의 형성은 불꽃 속에 들어온 탄소 원자의 수에 비례한다.
③ 열전도도 검출기보다 감도가 높다.
④ H_2, NH_3 등 비탄화수소에 대하여는 감응이 없다.

해설 가스크로마토그래피 검출기의 종류
㉠ 염열이온화검출기(FTD) : 유기인화합물, 질소화합물에 고감도이다.
㉡ 불꽃이온화검출기(FPD) : 유기인 · 유기황화합물에 고감도 분석이 된다.

72 공업용으로 사용될 수 있는 LP가스미터기의 용량을 가장 정확하게 나타낸 것은?

① 1.5m^3/h 이하　② 10m^3/h 초과
③ 20m^3/h 초과　④ 30m^3/h 초과

해설 LP가스미터기 공업용 용량범위 : 30m^3/h 초과

66. ③ 67. ④ 68. ④ 69. ④ 70. ② 71. ① 72. ④ | ANSWER

73 MAX $1.0m^3/h$, 0.5L/rev로 표기된 가스미터가 시간당 50회전 하였을 경우 가스 유량은?

① $0.5m^3/h$ ② 25L/h
③ $25m^3/h$ ④ 50L/h

해설 ㉠ 가스미터 최대 사용 표시량 : $1.0m^3/h$
㉡ 1회전 시 가스 소비량 : 0.5L/rev(분당)
∴ 시간당 가스유량=0.5×50=25L/h

74 염소(Cl_2)가스 누출 시 검지하는 가장 적당한 시험지는?

① 연당지 ② KI전분지
③ 초산벤젠지 ④ 염화제일구리착염지

해설 ① 연당지 : 황화수소가스 검지
③ 초산벤젠지(질산구리 벤젠지) : 시안화수소가스 검지
④ 염화제일구리(Cu)착염지 : 아세틸렌가스 검지

75 복사에너지의 온도와 파장의 관계를 이용한 온도계는?

① 열선 온도계 ② 색 온도계
③ 광고온계 ④ 방사 온도계

해설 색 온도계
복사에너지 온도와 파장의 관계를 이용한 온도계이다.
㉠ 600℃ : 어두운 색
㉡ 800℃ : 적색
㉢ 1,000℃ : 오렌지색
㉣ 1,200℃ : 노란색
㉤ 1,500℃ : 눈부신 황백색
㉥ 2,000℃ : 매우 눈부신 흰색
㉦ 2,500℃ : 푸른기가 있는 흰백색

76 동특성 응답이 아닌 것은?

① 과도 응답 ② 임펄스 응답
③ 스텝 응답 ④ 정오차 응답

해설 자동제어 동특성 응답의 종류
㉠ 과도 응답
㉡ 임펄스 응답
㉢ 스텝 응답

77 1차 제어장치가 제어량을 측정하여 제어명령을 발하고 2차 제어장치가 이 명령을 바탕으로 제어량을 조절하는 측정제어는?

① 비율제어 ② 자력제어
③ 캐스케이드제어 ④ 프로그램제어

해설 캐스케이드제어
1차 제어장치가 제어량을 측정하여 제어명령을 발하고 2차 제어장치가 이 명령을 바탕으로 제어량을 조절하는 측정장치이다.

78 기본단위가 아닌 것은?

① 전류(A) ② 온도(K)
③ 속도(V) ④ 질량(kg)

해설 ㉠ 유도단위 : 속도, 체적, 가속도, 일, 열량, 유량, 점도, 밀도, 주파수, 소음, 힘 등
㉡ 기본단위 : 길이, 질량, 시간, 온도, 전류, 광도, 물질량

79 기계식 압력계가 아닌 것은?

① 환상식 압력계
② 경사관식 압력계
③ 피스톤식 압력계
④ 자기변형식 압력계

해설 기계식 압력계
환상천평식, 경사관식, 피스톤식, 열전대식 등의 압력계

80 공업계기의 구비조건으로 가장 거리가 먼 것은?

① 구조가 복잡해도 정밀한 측정이 우선이다.
② 주변 환경에 대하여 내구성이 있어야 한다.
③ 경제적이며 수리가 용이하여야 한다.
④ 원격조정 및 연속 측정이 가능하여야 한다.

해설 공업계기의 구비조건
②, ③, ④항 외에도 다음의 조건이 있다.
㉠ 구조가 간단하여야 한다.
㉡ 견고하고 신뢰성이 있어야 한다.

ANSWER | 73. ② 74. ② 75. ② 76. ④ 77. ③ 78. ③ 79. ④ 80. ①

2015년 3회 가스산업기사

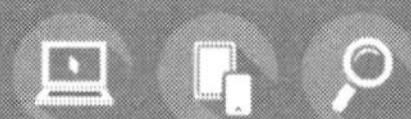

SECTION 01 연소공학

01 고압가스설비의 퍼지(Purging) 방법 중 한쪽 개구부에 퍼지가스를 가하고 다른 개구부로 혼합가스를 대기 또는 스크러버로 빼내는 공정은?

① 진공 퍼지(Vacuum Purging)
② 압력 퍼지(Pressure Purging)
③ 사이펀 퍼지(Siphon Purging)
④ 스위프 퍼지(Sweep－through Purging)

해설 스위프 퍼지
가스설비 퍼지방법으로, 한쪽 개구부에 퍼지가스를 가하고 다른 개구부로 혼합가스를 대기 또는 스크러버로 빼내는 공정이다.

02 메탄(CH_4)에 대한 설명으로 옳은 것은?

① 고온에서 수증기와 작용하면 일산화탄소와 수소를 생성한다.
② 공기 중 메탄 성분이 60% 정도 함유되어 있는 혼합기체는 점화되면 폭발한다.
③ 부취제와 메탄을 혼합하면 서로 반응한다.
④ 조연성 가스로서 유기화합물을 연소시킬 때 발생한다.

해설 메탄(CH_4)의 특징
㉠ 공기 중 5~15% 사이에 점화되면 폭발한다.
㉡ 가연성 가스이다.
㉢ 부취제와 메탄은 혼합 시 반응하지 않는다.
㉣ 고온에서 산소, 수증기를 반응시키면 CO와 H_2의 혼합가스를 생성한다.

03 다음 중 산소 공급원이 아닌 것은?

① 공기 ② 산화제
③ 환원제 ④ 자기연소성 물질

해설 환원제는 산소(O_2)가 부족한 반응제이다.

04 연소에 대한 설명으로 옳지 않은 것은?

① 착화온도는 인화온도보다 항상 낮다.
② 인화온도가 낮을수록 위험성이 크다.
③ 착화온도는 물질의 종류에 따라 다르다.
④ 기체의 착화온도는 산소의 함유량에 따라 달라진다.

해설 연료는 항상 착화온도(주위 산화열에 의해 불이 붙는 최저온도)가 인화온도(불씨에 의해 점화되는 최저온도)보다 높다.

05 메탄(CH_4)의 기체 비중은 약 얼마인가?

① 0.55 ② 0.65
③ 0.75 ④ 0.85

해설 메탄(CH_4)
㉠ 비중$=\frac{\text{가스 분자량}}{\text{분자량(공기)}}=\frac{16}{29}=0.55$
㉡ 연소반응식
$CH_4+2O_2 \rightarrow CO_2+2H_2O$

06 상온, 상압에서 프로판－공기의 가연성 혼합기체를 완전연소시킬 때 프로판 1kg을 연소시키기 위하여 공기는 약 몇 kg이 필요한가?(단, 공기 중 산소는 23.15wt%이다.)

① 13.6
② 15.7
③ 17.3
④ 19.2

해설 프로판(C_3H_8)의 연소반응식
$\underline{C_3H_8} + \underline{5O_2} \rightarrow \underline{3CO_2} + \underline{4H_2O}$
44kg　5×32kg　3×44kg　4×18kg
이론공기량$=$이론산소량$\times\frac{1}{0.2315}\times\frac{1}{44}$
$=15.70$kg/kg
※ 분자량(프로판 : 44, 산소 : 32, CO_2 : 44, H_2O : 18)

1. ④ 2. ① 3. ③ 4. ① 5. ① 6. ② | ANSWER

07 다음 중 폭발범위가 가장 좁은 것은?

① 이황화탄소 ② 부탄
③ 프로판 ④ 시안화수소

해설 가연성 가스의 폭발범위
① 이황화탄소 : 1.25~44%
② 부탄 : 1.8~8.4%
③ 프로판 : 2.1~9.5%
④ 시안화수소 : 6~41%

08 1atm, 27℃의 밀폐된 용기에 프로판과 산소가 1 : 5의 부피비로 혼합되어 있다. 프로판이 완전연소하여 화염의 온도가 1,000℃가 되었다면 용기 내에 발생하는 압력은?

① 1.95atm ② 2.95atm
③ 3.95atm ④ 4.95atm

해설 $P_1V_1 = P_2V_2,\ P_2 = P_1 \times \frac{T_2}{T_1} \times \frac{V_1}{V_2}$

$\frac{P_1}{P_2} = \frac{n_1}{n_2} \times \frac{T_1}{T_2},\ P_2 = \frac{P_1 n_2 T_2}{n_1 T_1}$

$C_3H_8 + 5O_2 \rightarrow 3CO_2 + 4H_2O$
1 5 → 6몰, 3 4 → 7몰

$\therefore P_2 = \left\{ \frac{(3+4) \times (273+1,000)}{(1+5) \times (27+273)} \right\} = 4.95\text{atm}$

09 LPG 저장탱크의 배관이 파손되어 가스로 인한 화재가 발생하였을 때 안전관리자가 긴급차단장치를 조작하여 LPG 저장탱크로부터의 LPG 공급을 차단하여 소화하는 방법은?

① 질식소화 ② 억제소화
③ 냉각소화 ④ 제거소화

해설 LPG 등 가연성을 차단하는 소화방법 : 제거소화

10 어떤 기체가 168kJ의 열을 흡수하면서 동시에 외부로부터 20kJ의 열을 받으면 내부에너지의 변화는 약 얼마인가?

① 20kJ ② 148kJ
③ 168kJ ④ 188kJ

해설 u(내부에너지 변화)
'분자의 운동에너지+위치에너지(그 물체의 전체 에너지에서 역학적 에너지를 제외한 에너지)'로서 과거의 상태와는 관계없고 현재의 상태에 의해서만 정해지는 상태량이다.
비엔탈피$(h) = u + PV$(kJ/kg)
$\therefore 168 + 20 = 188$kJ(내부에너지)

11 프로판(C_3H_8) 가스 1Sm³를 완전연소시켰을 때의 건조 연소가스양은 약 몇 Sm³인가?(단, 공기 중 산소의 농도는 21vol%이다.)

① 19.8 ② 21.8
③ 23.8 ④ 25.8

해설 ㉠ 프로판 가스의 연소반응식
$C_3H_8 + 5O_2 \rightarrow 3CO_2 + 4H_2O$
㉡ 습연소가스양$(G_{ow}) = (1-0.21)A_0 + CO_2 + H_2O$
㉢ 건연소가스양$(G_{od}) = (1-0.21)A_0 + CO_2$
㉣ 이론공기량(A_0) = 이론산소량/0.21
$\therefore G_{od} = (1-0.21) \times \frac{5}{0.21} + 3 = 21.8\text{Sm}^3/\text{Sm}^3$

12 연소로(燃燒爐) 내의 폭발에 의한 과압을 안전하게 방출하여 노의 파손에 의한 피해를 최소화하기 위해 폭연벤트(Deflagration Vent)를 설치한다. 이에 대한 설명으로 옳지 않은 것은?

① 가능한 한 곡절부에 설치한다.
② 과압으로 손쉽게 열리는 구조로 한다.
③ 과압을 안전한 방향으로 방출할 수 있는 장소를 선택한다.
④ 크기와 수량은 노의 구조와 규모 등에 의해 결정한다.

해설 폭연벤트
연소로 내의 폭발에 의한 과압을 안전하게 방출하여 노의 파손에 의한 피해를 최소화하기 위해 설치한다(설치위치는 ②, ③, ④항에 의하고 가능한 한 곡절부가 아닌 곳에 설치한다).

ANSWER | 7. ② 8. ④ 9. ④ 10. ④ 11. ② 12. ①

13 가연물의 위험성에 대한 설명으로 틀린 것은?

① 비등점이 낮으면 인화의 위험성이 높아진다.
② 파라핀 등 가연성 고체는 화재 시 가연성 액체가 되어 화재를 확대한다.
③ 물과 혼합되기 쉬운 가연성 액체는 물과 혼합되면 증기압이 높아져 인화점이 낮아진다.
④ 전기전도도가 낮은 인화성 액체는 유동이나 여과 시 정전기를 발생시키기 쉽다.

해설 액체 가연물은 물과 혼합하여 증기압이 낮아져서 인화점이 높아지고 가스는 압력이 높을수록 발화온도가 낮아진다.

14 연소에 대한 설명으로 옳지 않은 것은?

① 열, 빛을 동반하는 발열반응이다.
② 반응에 의해 발생하는 열에너지가 반자발적으로 반응을 계속하는 현상이다.
③ 활성물질에 의해 자발적으로 반응이 계속되는 현상이다.
④ 분자 내 반응에 의해 열에너지를 발생하는 발열분해 반응도 연소의 범주에 속한다.

해설 연소특성은 ①, ③, ④항 외에도 연소는 반응에 의해 발생하는 열에너지가 반자발적이 아닌 자발적 반응을 계속하는 현상이다.

15 용기 내부에 공기 또는 불활성 가스 등의 보호가스를 압입하여 용기 내의 압력이 유지됨으로써 외부로부터 폭발성 가스 또는 증기가 침입하지 못하도록 한 방폭구조는?

① 내압방폭구조
② 압력방폭구조
③ 유입방폭구조
④ 안전증방폭구조

해설 압력방폭구조
용기 내부에 공기 또는 불활성 가스 등의 보호가스를 압입하여 용기 내의 압력이 유지됨으로써 외부로부터 폭발성 가스 또는 증기가 침입하지 못하도록 한 방폭구조이다.

16 공기와 연료의 혼합기체의 표시에 대한 설명 중 옳은 것은?

① 공기비(Excess Air Ratio)는 연공비의 역수와 같다.
② 연공비(Fuel Air Ratio)라 함은 가연 혼합기 중의 공기와 연료의 질량비로 정의된다.
③ 공연비(Air Fuel Ratio)라 함은 가연 혼합기 중의 연료와 공기의 질량비로 정의된다.
④ 당량비(Equivalence Ratio)는 이론연공비 대비 실제연공비로 정의한다.

해설 ㉠ 공기비$=\dfrac{\text{실제공기량}}{\text{이론공기량}}$　㉡ 연공비$=\dfrac{\text{연료몰수}}{\text{공기몰수}}$

㉢ 공연비$=\dfrac{\text{공기몰수}}{\text{연료몰수}}$　㉣ 등가비$=\dfrac{1}{\text{공기비}}$

㉤ 당량비$=\dfrac{\text{이론연공기}}{\text{실제연공비}}$

17 석탄이나 목재가 연소 초기에 화염을 내면서 연소하는 형태는?

① 표면연소　② 분해연소
③ 증발연소　④ 확산연소

해설 분해연소
석탄이나 목재가 연소 초기에 화염을 내면서 연소하는 형태이다.

18 연소가스양 $10Nm^3/kg$, 비열 $0.325kcal/Nm^3 \cdot ℃$인 어떤 연료의 저위발열량이 6,700kcal/kg이었다면 이론연소온도는 약 몇 ℃인가?

① 1,962℃　② 2,062℃
③ 2,162℃　④ 2,262℃

해설 이론연소온도$(T)=\dfrac{\text{연료의 저위발열량}}{\text{연소가스양}\times\text{가스비열}}$

$=\dfrac{6{,}700}{10\times 0.325}=2{,}062℃$

19 자연발화(自然發火)의 원인으로 옳지 않은 것은?

① 건초의 발효열
② 활성탄의 흡수열
③ 셀룰로이드의 분해열
④ 불포화유지의 산화열

13. ③ 14. ② 15. ② 16. ④ 17. ② 18. ② 19. ② | ANSWER

해설 활성탄은 흡수열에 의해 자연발화를 방지한다.

20 발화지연시간(Ignition Delay Time)에 영향을 주는 요인으로 가장 거리가 먼 것은?

① 온도
② 압력
③ 폭발하한값
④ 가연성 가스의 농도

해설 발화지연시간
어느 온도에서 가열하기 시작하여 발화에 이르기까지의 시간이다. 온도, 조성(농도), 압력, 용기의 형태 등이 영향을 준다.

SECTION 02 가스설비

21 20kg 용기(내용적 47L)를 3.1MPa의 수압으로 내압시험한 결과 내용적이 47.8L로 증가하였다. 영구(항구) 증가율은 얼마인가?(단, 압력을 제거하였을 때 내용적은 47.1L이었다.)

① 8.3% ② 9.7%
③ 11.4% ④ 12.5%

해설 내압시험=47.8L−47=0.8L 증가
영구 증가=47.1L−47L=0.1L
∴ 영구 증가율=$\frac{0.1}{0.8}\times 100 = 12.5\%$

22 LiBr−H_2O계 흡수식 냉동기에서 가열원으로서 가스가 사용되는 곳은?

① 증발기 ② 흡수기
③ 재생기 ④ 응축기

해설 리튬브로마이드(LiBr)−수증기(H_2O)계 흡수식 냉동기 가열원으로 가스 또는 오일버너가 부착된 곳은 고온재생기이다. 고온재생기에서는 LiBr과 물(냉매, H_2O)을 분리한다.

23 용기내장형 LP가스 난방기용 압력조정기에 사용되는 다이어프램의 물성시험에 대한 설명으로 틀린 것은?

① 인장강도는 12MPa 이상인 것으로 한다.
② 인장응력은 3.0MPa 이상인 것으로 한다.
③ 신장영구 늘음률은 20% 이하인 것으로 한다.
④ 압축영구 줄음률은 30% 이하인 것으로 한다.

해설 LP 압력조정기 다이어프램의 물성시험 기준은 ①, ③, ④항이며, 인장응력은 2.0MPa 이상인 것으로 한다.

24 배관의 부식과 그 방지에 대한 설명으로 옳은 것은?

① 매설되어 있는 배관에 있어서 일반적인 강관이 주철관보다 내식성이 좋다.
② 구상흑연 주철관의 인장강도는 강관과 거의 같지만 내식성은 강관보다 나쁘다.
③ 전식이란 땅속으로 흐르는 전류가 배관으로 흘러 들어간 부분에 일어나는 전기적인 부식을 한다.
④ 전식은 일반적으로 천공성 부식이 많다.

해설 전기에 의한 부식(전식)
전해질(흙) 속에 어떠한 이유로 전류가 흐르고 있을 때 흙 속의 금속에 전류의 일부가 유입되어 있다가 이것이 유출되는 부위에서 일어나는 부식이다.
※ 천공성 부식은 국부 부식에 의한 발생이 많다.

25 안지름 10cm의 파이프를 플랜지에 접속하였다. 이 파이프 내에 40kgf/cm^{2}의 압력으로 볼트 1개에 걸리는 힘을 300kgf 이하로 하고자 할 때 볼트는 최소 몇 개가 필요한가?

① 7개
② 11개
③ 15개
④ 19개

해설 ㉠ 단면적(A)=$\frac{\pi}{4}d^2 = \frac{3.14}{4}\times 10^2 = 78.5\text{cm}^2$
㉡ 전압력(P)=$78.5\times 40 = 3{,}140\text{kgf}$
∴ 볼트 수(E)=$\frac{3{,}140}{300}$=11개

26 다음은 압력조정기의 기본 구조이다. 옳은 것으로만 나열된 것은?

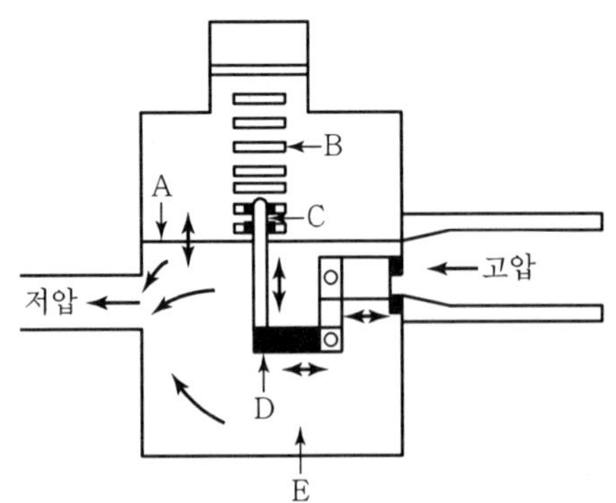

① A : 다이어프램, B : 안전장치용 스프링
② B : 안전장치용 스프링, C : 압력조정용 스프링
③ C : 압력조정용 스프링, D : 레버
④ D : 레버, E : 감압실

해설
- A : 다이어프램(격막)
- B : 스프링(압력조정용)
- C : 스프링 안전장치
- D : 레버
- E : 감압실

27 구형 저장탱크의 특징이 아닌 것은?

① 모양이 아름답다.
② 기초구조를 간단하게 할 수 있다.
③ 동일 용량, 동일 압력의 경우 원통형 탱크보다 두께가 두껍다.
④ 표면적이 다른 탱크보다 작으며 강도가 높다.

해설

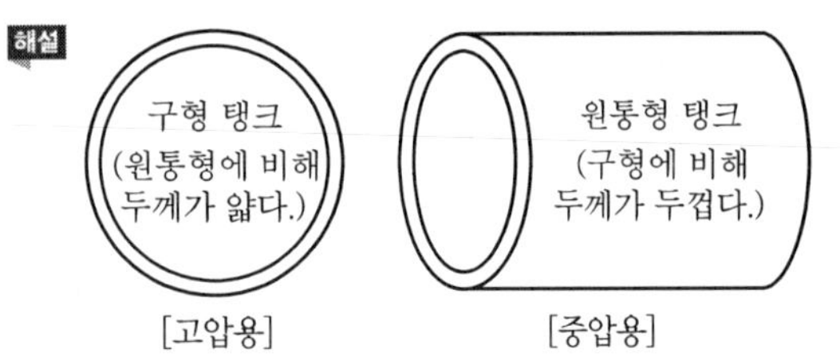

28 다음 [보기]의 특징을 가진 오토클레이브는?

- 가스 누설의 가능성이 적다.
- 고압력에서 사용할 수 있고 반응물의 오손이 없다.
- 뚜껑판에 뚫린 구멍에 촉매가 끼어 들어갈 염려가 없다.

① 교반형 ② 진탕형
③ 회전형 ④ 가스교반형

해설 진탕형 오토클레이브(고압 반응기)
가장 많이 사용하는 반응기이다. 가스 누설의 우려가 없고 고압에 적당하며, 반응물의 오손이 없다.

29 도시가스 정압기의 일반적인 설치 위치는?

① 입구밸브와 필터 사이
② 필터와 출구밸브 사이
③ 차단용 바이패스밸브 앞
④ 유량조절용 바이패스밸브 앞

해설 도시가스 정압기의 일반적인 설치 위치

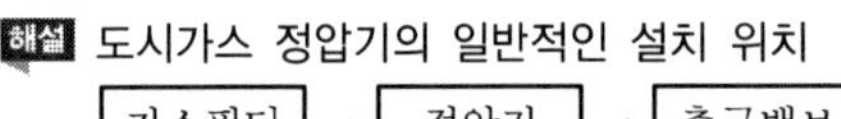

30 도시가스 공급방식에 의한 분류방법 중 저압공급 방식이란 어떤 압력을 뜻하는가?

① 0.1MPa 미만
② 0.5MPa 미만
③ 1MPa 미만
④ 0.1MPa 이상 1MPa 미만

해설 도시가스 공급 방식
㉠ 고압식 : 1MPa 이상
㉡ 중압식 : 0.1MPa 이상~1MPa 미만
㉢ 저압식 : 0.1MPa 미만

31 도시가스 제조공정 중 가열방식에 의한 분류로, 원료에 소량의 공기와 산소를 혼합하여 가스발생의 반응기에 넣어 원료의 일부를 연소시켜 그 열을 열원으로 이용하는 방식은?

① 지열식 ② 부분연소식
③ 축열식 ④ 외열식

26. ④ 27. ③ 28. ② 29. ② 30. ① 31. ② | ANSWER

해설 부분연소식
도시가스 제조공정 중 가열방식에 의한 분류로, 원료에 소량의 공기와 산소를 혼합하여 가스발생의 반응기에 넣어 원료의 일부를 연소시켜 그 열을 열원으로 이용하는 방식이다.

32 정압기의 유량 특성에서 메인밸브의 열림(스트로크 리프트)과 유량의 관계를 말하는 유량특성에 해당되지 않는 것은?

① 직선형　　② 2차형
③ 3차형　　④ 평방근형

해설 정압기의 유량 특성
㉠ 직선형(개구부의 모양이 장방형의 Slit)
㉡ 2차형(개구부의 모양이 V자형)
㉢ 평방근형(접시형의 메인밸브)

33 배관설비에 있어서 유속을 5m/s, 유량을 $20m^3/s$이라고 할 때 관경의 직경은?

① 175cm　　② 200cm
③ 225cm　　④ 250cm

해설 $d(\text{관 직경}) = \sqrt{\frac{4Q}{\pi V}} = \sqrt{\frac{4\times 20}{3.14\times 5}}$
$= 2.25\text{m}(225\text{cm})$

34 정류(Rectification)에 대한 설명으로 틀린 것은?

① 비점이 비슷한 혼합물의 분리에 효과적이다.
② 상층의 온도는 하층의 온도보다 높다.
③ 환류비를 크게 하면 제품의 순도는 좋아진다.
④ 포종탑에서는 액량이 거의 일정하므로 접촉효과가 우수하다.

해설 정류탑 구성
㉠ 상부탑 : 압력이 낮다(온도가 낮음).
㉡ 하부탑 : 압력이 높다(온도가 높음).

35 시안화수소를 용기에 충전하는 경우 품질검사 시 합격 최저 순도는?

① 98%　　② 98.5%
③ 99%　　④ 99.5%

해설 가스 품질검사 시 합격 최저 순도
㉠ 시안화수소(HCN) : 순도 98% 이상
㉡ 산소 : 99.5% 이상
㉢ 아세틸렌 : 98% 이상
㉣ 수소 : 98.5% 이상

36 왕복식 압축기의 특징에 대한 설명으로 틀린 것은?

① 기체의 비중에 영향이 없다.
② 압축하면 맥동이 생기기 쉽다.
③ 원심형이어서 압축 효율이 낮다.
④ 토출압력에 의한 용량 변화가 적다.

해설 ㉠ 원심형 압축기 : 터보형 압축기(대용량 압축기)이며 일반적으로 효율이 낮고 높은 압축비를 얻을 수 없다.
㉡ 용적식 압축기 : 왕복식, 회전식, 스크류식, 다이어프램식

37 고온 · 고압 장치의 가스배관 플랜지 부분에서 수소가스가 누출되기 시작하였다. 누출 원인으로 가장 거리가 먼 것은?

① 재료 부품이 적당하지 않았다.
② 수소 취성에 의한 균열이 발생하였다.
③ 플랜지 부분의 개스킷이 불량하였다.
④ 온도의 상승으로 이상 압력이 되었다.

해설 플랜지 부분에서 가스의 누출원인은 ①, ②, ③항이다.

38 도시가스 배관의 굴착으로 인하여 20m 이상 노출된 배관에 대하여 누출된 가스가 체류하기 쉬운 장소에 설치하는 가스누출경보기는 몇 m마다 설치하여야 하는가?

① 10
② 20
③ 30
④ 50

해설 건축물 밖의 가스누출경보기는 가스가 체류하기 쉬운 장소에 20m마다 설치한다(작동상황점검은 1주일에 1회 이상).

ANSWER | 32. ③ 33. ③ 34. ② 35. ① 36. ③ 37. ④ 38. ②

39 가스충전구가 왼나사 구조인 가스밸브는?

① 질소용기 ② LPG 용기
③ 산소용기 ④ 암모니아 용기

해설 충전구 나사
㉠ 왼나사 : 가연성 가스 [NH_3와 CH_3Br(브롬화메탄) 제외]
㉡ 오른나사 : NH_3, CH_3Br 및 조연성 가스, 불연성 가스

40 금속재료에 대한 충격시험의 주된 목적은?

① 피로도 측정 ② 인성 측정
③ 인장강도 측정 ④ 압축강도 측정

해설 금속재료의 충격시험 목적 : 재료의 인성 측정

SECTION 03 가스안전관리

41 다음 [보기] 중 용기 제조자의 수리범위에 해당하는 것이 옳게 나열된 것은?

> Ⓐ 용기 몸체의 용접
> Ⓑ 용기 부속품의 부품 교체
> Ⓒ 초저온 용기의 단열재 교체
> Ⓓ 아세틸렌 용기 내의 다공질물 교체

① Ⓐ, Ⓑ ② Ⓒ, Ⓓ
③ Ⓐ, Ⓑ, Ⓒ ④ Ⓐ, Ⓑ, Ⓒ, Ⓓ

해설 Ⓐ, Ⓑ, Ⓒ, Ⓓ는 고압가스 안전관리법 시행규칙 별표 13에 의한 용기의 제조등록을 한 자의 수리범위에 해당한다.

42 가연성 가스와 공기혼합물의 점화원이 될 수 없는 것은?

① 정전기 ② 단열압축
③ 융해열 ④ 마찰

해설 얼음의 융해(잠)열
80kcal/kg(0℃ 얼음을 0℃의 물로 만든다.)

43 고압가스특정제조시설에서 안전구역 안의 고압가스설비는 그 외면으로부터 다른 안전구역 안에 있는 고압가스설비의 외면까지 몇 m 이상의 거리를 유지하여야 하는가?

① 10m ② 20m
③ 30m ④ 50m

해설

고압가스 특정 제조 시설 안전구역 안의 고압가스 설비 외면	← 30m 이상 이격거리 →	다른 안전구역 안에 있는 고압가스설비 외면

44 공기액화분리에 의한 산소와 질소 제조시설에 아세틸렌 가스가 소량 혼입되었다. 이때 발생 가능한 현상으로 가장 유의하여야 할 사항은?

① 산소에 아세틸렌이 혼합되어 순도가 감소한다.
② 아세틸렌이 동결되어 파이프를 막고 밸브를 고장 낸다.
③ 질소와 산소 분리 시 비점차이의 변화로 분리를 방해한다.
④ 응고되어 이동하다가 구리 등과 접촉하면 산소 중에서 폭발할 가능성이 있다.

해설 공기액화분리장치에 아세틸렌 가스가 소량 혼입되면 응고되어 이동하다가 구리 등과 접촉하면 산소 중에서 폭발할 가능성이 있다.
[($C_2H_2 + 2Cu \rightarrow Cu_2C_2$(구리아세틸라이드)$+ H_2$]

45 이동식 부탄연소기와 관련된 사고가 액화석유가스 사고의 약 10% 수준으로 발생하고 있다. 이를 예방하기 위한 방법으로 가장 부적당한 것은?

① 연소기에 접합용기를 정확히 장착한 후 사용한다.
② 과대한 조리기구를 사용하지 않는다.
③ 잔가스 사용을 위해 용기를 가열하지 않는다.
④ 사용한 접합용기는 파손되지 않도록 조치한 후 버린다.

해설 이동식 부탄연소기는 사고예방을 위하여 사용한 접합용기를 파손하여 조치 후 버린다.

39. ② 40. ② 41. ④ 42. ③ 43. ③ 44. ④ 45. ④ | ANSWER

46 다음 중 고압가스 충전용기 운반 시 운반책임자의 동승이 필요한 경우는?(단, 독성 가스는 허용농도가 100만분의 200을 초과한 경우이다.)

① 독성 압축가스 100m³ 이상
② 독성 액화가스 500kg 이상
③ 가연성 압축가스 100m³ 이상
④ 가연성 액화가스 1,000kg 이상

해설 운반책임자 동승기준(시행규칙 별표 30 기준)
허용농도의 100만분의 200을 초과하는 경우
㉠ 독성 압축가스 : 100m³ 이상
㉡ 독성 액화가스 : 1,000kg 이상
㉢ 가연성 압축가스 : 300m³ 이상
㉣ 가연성 액화가스 : 3,000kg 이상

47 독성 가스 충전용기를 운반하는 차량의 경계표지 크기의 가로 치수는 차체 폭의 몇 % 이상으로 하는가?

① 5% ② 10%
③ 20% ④ 30%

해설 (고시령)

경계표지
(위험 고압가스)
세로 치수
가로 치수

㉠ 가로 치수 : 차체 폭의 30% 이상
㉡ 세로 치수 : 가로 치수의 20% 이상

48 가연성 가스에 대한 정의로 옳은 것은?

① 폭발한계의 하한 20% 이하, 폭발범위 상한과 하한의 차가 20% 이상인 것
② 폭발한계의 하한 20% 이하, 폭발범위 상한과 하한의 차가 10% 이상인 것
③ 폭발한계의 하한 10% 이하, 폭발범위 상한과 하한의 차가 20% 이상인 것
④ 폭발한계의 하한 10% 이하, 폭발범위 상한과 하한의 차가 10% 이상인 것

해설 가연성 가스의 정의
㉠ 하한치와 상한치 차가 20% 이상 되는 가스
㉡ 폭발하한계값이 10% 이하에 해당되는 가스
㉢ C_2H_2 : 2.5~81%, CO : 12.5~74%, CH_4 : 5~15%

49 용기에 의한 액화석유가스 사용시설에서 용기보관실을 설치하여야 할 기준은?

① 용기 저장능력 50kg 초과
② 용기 저장능력 100kg 초과
③ 용기 저장능력 300kg 초과
④ 용기 저장능력 500kg 초과

해설 액화석유가스(LPG) 용기 사용시설(용기보관실) 설치조건 : 용기 저장능력이 100kg 초과일 경우
※ 100kg 이하 : 용기, 용기밸브 및 압력조정기가 직사광선, 눈, 빗물에 노출되지 않도록 조치한다.

50 가스안전사고를 방지하기 위하여 내압시험압력이 25MPa인 일반가스용기에 가스를 충전할 때는 최고충전압력을 얼마로 하여야 하는가?

① 42MPa
② 25MPa
③ 15MPa
④ 12MPa

해설 FP(최고 충전압력) : 내압시험압력 $\times \frac{3}{5}$배

$\therefore FP = 25 \times \frac{3}{5} = 15\text{MPa}$

51 허가를 받아야 하는 사업에 해당되지 않는 자는?

① 압력조정기 제조사업을 하고자 하는 자
② LPG 자동차 용기 충전사업을 하고자 하는 자
③ 가스난방기용 용기 제조사업을 하고자 하는 자
④ 도시가스용 보일러 제조사업을 하고자 하는 자

해설 고압가스 안전관리법 시행령 제3조에 따라 ①, ②, ④항은 허가대상 조건이다.

ANSWER | 46. ① 47. ④ 48. ③ 49. ② 50. ③ 51. ③

52 **고압가스용 용접용기 제조의 기준에 대한 설명으로 틀린 것은?**

① 용기동판의 최대두께와 최소두께의 차이는 평균두께의 20% 이하로 한다.
② 용기의 재료는 탄소, 인 및 황의 함유량이 각각 0.33%, 0.04%, 0.05% 이하인 강으로 한다.
③ 액화석유가스용 강제용기와 스커트 접속부의 안쪽 각도는 30도 이상으로 한다.
④ 용기에는 그 용기의 부속품을 보호하기 위하여 프로텍터 또는 캡을 부착한다.

해설 고압가스용 충전용기 중 용접용기의 제조기준은 ②, ③, ④항을 따른다.
①항은 평균두께의 10% 이하로 한다.

53 **고압가스 사업소에 설치하는 경계표지에 대한 설명으로 틀린 것은?**

① 경계표지는 외부에서 보기 쉬운 곳에 게시한다.
② 사업소 내 시설 중 일부만이 같은 법의 적용을 받더라도 사업소 전체에 경계표지를 한다.
③ 충전용기 및 잔가스 용기 보관장소는 각각 구획 또는 경계선에 따라 안전확보에 필요한 용기상태를 식별할 수 있도록 한다.
④ 경계표지는 법의 적용을 받는 시설이란 것을 외부 사람이 명확히 식별할 수 있어야 한다.

해설 고압가스 사업소에서 경계표지
사업소 내 일부만이 법적용을 받는 당해 시설은 법적용을 받는 부위에만 한다.

54 **냉장고 수리를 위하여 아세틸렌 용접작업 중 산소가 떨어지자 산소에 연결된 호스를 뽑아 얼마 남지 않은 것으로 생각되는 LPG 용기에 연결하여 용접 토치에 불을 붙이자 LPG 용기가 폭발하였다. 그 원인으로 가장 가능성이 높을 것으로 예상되는 경우는?**

① 용접열에 의한 폭발
② 호스 속의 산소 또는 아세틸렌이 역류되어 역화에 의한 폭발
③ 아세틸렌과 LPG가 혼합된 후 반응에 의한 폭발
④ 아세틸렌 불법제조에 의한 아세틸렌 누출에 의한 폭발

해설 아세틸렌 용기 호스를 LPG 용기에 연결 시 산소나 아세틸렌이 LPG 내부로 역류하여 역화할 경우에 철저히 대비한다.

55 **다음 그림은 LPG 저장탱크의 최저부이다. 이는 어떤 기능을 하는가?**

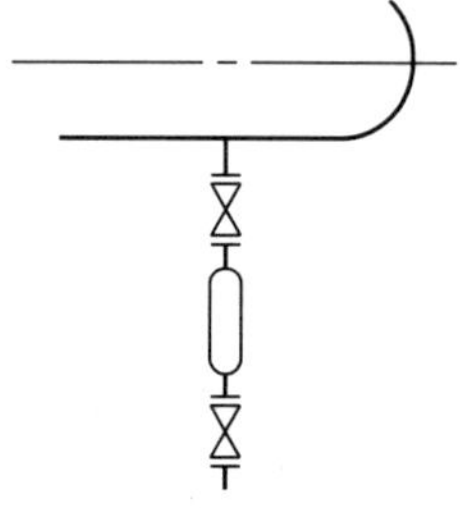

① 대량의 LPG가 유출되는 것을 방지한다.
② 일정압력 이상 시 압력을 낮춘다.
③ LPG 내의 수분 및 불순물을 제거한다.
④ 화재 등에 의해 온도 상승 시 긴급 차단한다.

해설 LPG 저장탱크 최저부의 기능
LPG(액화석유가스) 내의 수분(H_2O) 및 불순물을 제거한다.

56 **자동차 용기 충전시설에서 충전용 호스의 끝에 반드시 설치하여야 하는 것은?**

① 긴급차단장치
② 가스누출경보기
③ 정전기 제거장치
④ 인터록 장치

해설 자동차 용기 충전시설에서 충전용 호스 끝에는 반드시 정전기 제거장치를 설치해야 한다.

52. ① 53. ② 54. ② 55. ③ 56. ③ | ANSWER

57 **액화석유가스 저장탱크에 가스를 충전할 때 액체 부피가 내용적의 90%를 넘지 않도록 규제하는 가장 큰 이유는?**

① 액체 팽창으로 인한 탱크의 파열을 방지하기 위하여
② 온도 상승으로 인한 탱크의 취약 방지를 위하여
③ 등적 팽창으로 인한 온도상승 방지를 위하여
④ 탱크 내부의 부압(Negative Pressure)발생 방지를 위하여

해설 액화가스 온도상승 시 팽창에 따른 탱크의 파열을 방지하기 위하여 가스는 내용적 90%를 넘지 않게 저장한다.

58 **액화석유가스 집단공급시설의 점검기준에 대한 설명으로 옳은 것은?**

① 충전용주관의 압력계는 매 분기 1회 이상 국가표준기본법에 따른 교정을 받은 압력계로 그 기능을 검사한다.
② 안전밸브는 매월 1회 이상 설정되는 압력 이하의 압력에서 작동하도록 조정한다.
③ 물분무장치, 살수장치와 소화전은 매월 1회 이상 작동상황을 점검한다.
④ 집단공급시설 중 충전설비의 경우에는 매월 1회 이상 작동상황을 점검한다.

해설 액화석유가스 집단공급시설 점검기준에 의하면 물분무장치, 살수장치, 소화전은 매월 1회 이상 작동상황을 점검해야 한다.
①항 : 매월 1회 이상
②항 : 압축기 최종단용은 1년에 1회 이상
④항 : 1일 1회 이상

59 **용기의 각인기호에 대해 잘못 나타낸 것은?**

① V : 내용적
② W : 용기의 질량
③ TP : 기밀시험압력
④ FP : 최고충전압력

해설 TP : 내압시험압력
※ 기밀시험 : 가스설비시설에서 실시한다.

60 **다음 가스안전성 평가기법 중 정성적 안전성 평가기법은?**

① 체크리스트 기법
② 결함수 분석 기법
③ 원인결과 분석 기법
④ 작업자실수 분석 기법

해설 ㉠ 정성적 안전성 평가기법 : Checklist(체크리스트)
㉡ 정량적 안전성 평가기법 : ②, ③, ④항

SECTION 04 가스계측

61 **최대 유량이 $10m^3/h$인 막식 가스미터기를 설치하고 도시가스를 사용하는 시설이 있다. 가스레인지 $2.5m^3/h$를 1일 8시간 사용하고, 가스보일러 $6m^3/h$를 1일 6시간 사용했을 경우 월 가스사용량은 약 몇 m^3인가?(단, 1개월은 31일이다.)**

① 1,570 ② 1,680
③ 1,736 ④ 1,950

해설 월 가스사용량 $=(2.5\times8\times31)+(6\times6\times31)=1,736m^3$

62 **가스는 분자량에 따라 다른 비중값을 갖는다. 이 특성을 이용하는 가스분석기기는?**

① 자기식 O_2 분석기기
② 밀도식 CO_2 분석기기
③ 적외선식 가스분석기기
④ 광화학 발광식 NOx 분석기기

해설 CO_2는 밀도[(44/22.4)=1.964g/L]가 크며 이 원리를 이용한 가스분석기가 밀도식이다(CO_2 1kmol=44kg=$22.4Nm^3$).

63 **가스폭발 등 급속한 압력변화를 측정하는 데 가장 적합한 압력계는?**

① 다이어프램 압력계 ② 벨로스 압력계
③ 부르동관 압력계 ④ 피에조 전기압력계

ANSWER | 57. ① 58. ③ 59. ③ 60. ① 61. ③ 62. ② 63. ④

해설 피에조 전기압력계(압전기식)
수정이나 전기석 또는 로셸염을 이용하고 이 결정체에 압력을 가하면 기전력이 발생하며 발생한 전기량은 압력에 비례한다. 가스폭발이나 급격한 압력변화 측정에 사용된다.

64 직접적으로 자동제어가 가장 어려운 액면계는?

① 유리관식 ② 부력검출식
③ 부자식 ④ 압력검출식

해설 유리관식 액면계(직접식)는 직접 자동제어에 이용되기가 어려운 액면계이다.

65 압력계의 부품으로 사용되는 다이어프램의 재질로서 가장 부적당한 것은?

① 고무 ② 청동
③ 스테인리스 ④ 주철

해설 다이어프램 압력계(격막식 압력계)
천연고무, 합성고무, 특수고무, 테플론, 가죽, 인청동, 구리, 스테인리스강 등의 재질로 이루어진 2차 압력계이며 탄성식 압력계이다
※ 주철은 너무 강하여 압력계 재질로 사용하기가 부적당하다.

66 오리피스 유량계는 어떤 형식의 유량계인가?

① 용적식 ② 오벌식
③ 면적식 ④ 차압식

해설 오리피스(차압식 유량계)
압력손실이 크나 구조가 간단하고 제작이 용이하며 협소한 장소에도 설치가 가능하다.

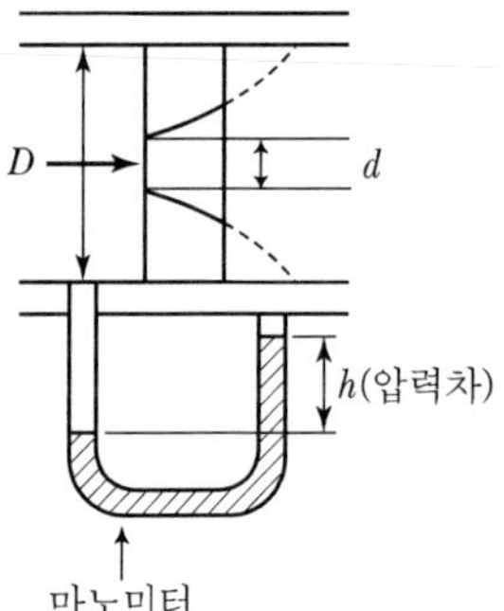

67 열전도형 진공계 중 필라멘트의 열전대로 측정하는 열전대 진공계의 측정 범위는?

① 10^{-5}~10^{-3}torr ② 10^{-3}~0.1torr
③ 10^{-3}~1torr ④ 10~100torr

해설 열전도형 진공계
㉠ 종류 : 피라니형, 서미스터형, 열전대형
㉡ 측정범위 : 10^{-3}~1torr

68 자동조정의 제어량에서 물리량의 종류가 다른 것은?

① 전압 ② 위치
③ 속도 ④ 압력

해설 ㉠ 자동조정 물리량 : 위치, 속도, 압력
㉡ 전압, 속도 검출기 : 자동 조정용 검출기

69 습도에 대한 설명으로 틀린 것은?

① 상대습도는 포화증기량과 습가스 수증기의 중량비이다.
② 절대습도는 습공기 1kg에 대한 수증기 양의 비율이다.
③ 비교습도는 습공기의 절대습도와 포화증기의 절대습도의 비이다.
④ 온도가 상승하면 상대습도는 감소한다.

해설 X(절대습도)
건공기 1kg에 대한 수증기(H_2O) 양의 비율이다.

$$X = (\text{kg/kg}') = \frac{\text{수증기 중량}}{\text{건공기 중량}}$$

70 전자밸브(Solenoid Valve)의 작동 원리는?

① 토출압력에 의한 작동
② 냉매의 과열도에 의한 작동
③ 냉매 또는 유압에 의한 작동
④ 전류의 자기작용에 의한 작동

해설 전자밸브(솔레노이드 밸브)의 작동원리
전류의 자기작용에 의한 작동을 하는 밸브이다.

64. ① 65. ④ 66. ④ 67. ③ 68. ① 69. ② 70. ④ | ANSWER

71 다음 식에서 나타내는 제어동작은?(단, Y : 제어출력신호, P_s : 전 시간에서의 제어 출력신호, K_c : 비례상수, ε : 오차를 나타낸다.)

$$Y = P_s + K_c \cdot \varepsilon$$

① O동작 ② D동작
③ I동작 ④ P동작

해설 연속동작(P동작, 비례동작)
$Y = P_s + K_c \cdot \varepsilon$(잔류편차가 발생한다.)

72 가스미터 선정 시 고려할 사항으로 틀린 것은?

① 가스의 최대사용유량에 적합한 계량능력인 것을 선택한다.
② 가스의 기밀성이 좋고 내구성이 큰 것을 선택한다.
③ 사용 시 기차가 커서 정확하게 계량할 수 있는 것을 선택한다.
④ 내열성 · 내압성이 좋고 유지 관리가 용이한 것을 선택한다.

해설 가스미터기는 사용 시 기차가 작은 미터기로 가스사용량을 측정하는 것을 선택한다.
※ 습식 가스미터기는 계량이 정확하며, 일반수용가용으로는 저렴한 막식이 사용된다.

73 메탄, 에틸알코올, 아세톤 등을 검지하고자 할 때 가장 적합한 검지법은?

① 시험지법
② 검지관법
③ 흡광광도법
④ 가연성 가스검출기법

해설 메탄, 에틸알코올, 아세톤 등은 가연성 가스나 가연성 증기이다.
※ 가스검지법 종류 : 안전등형, 간섭계형, 열선형(접촉연소식), 반도체식 등이 있다.

74 가스크로마토그래피에 사용되는 운반기체의 조건으로 가장 거리가 먼 것은?

① 순도가 높아야 한다.
② 비활성이어야 한다.
③ 독성이 없어야 한다.
④ 기체 확산을 최대로 할 수 있어야 한다.

해설 ㉠ 운반기체[캐리어 가스(전개제)] : 수소, 헬륨, 아르곤, 질소 등 운반기체는 시료가스와 반응성이 낮은 불활성 기체이어야 한다. 즉, 기체 확산을 최소로 하여야 한다.
㉡ 가스크로마토그래피 : 가스기기 분석법(TCD, FID, ECD, FPD, FTD 등)

75 차압유량계의 특징에 대한 설명으로 틀린 것은?

① 액체, 기체, 스팀 등 거의 모든 유체의 유량 측정이 가능하다.
② 관로의 수축부가 있어야 하므로 압력손실이 비교적 높은 편이다.
③ 정확도가 우수하고, 유량측정 범위가 넓다.
④ 가동부가 없어 수명이 길고 내구성도 좋으나 마모에 의한 오차가 있다.

해설 차압식 유량계(오리피스, 플로노즐, 벤투리미터)는 간접식 유량계로, 베르누이 방정식을 이용하며 정확도가 낮고 유량 측정 범위가 좁다.

76 가스미터의 원격계측(검침) 시스템에서 원격계측 방법으로 가장 거리가 먼 것은?

① 제트식 ② 기계식
③ 펄스식 ④ 전자식

해설 가스미터기 원격검침방법
㉠ 기계식
㉡ 펄스식
㉢ 전자식

77 적외선분광분석법으로 분석이 가능한 가스는?

① N_2 ② CO_2
③ O_2 ④ H_2

해설 기기분석 적외선분광법으로 분석이 불가능한 가스
㉠ 단원자 분자 : He, Ne, Ar 등
㉡ 대칭 2원자 분자 : H_2, O_2, N_2, Cl_2 등

78 **오르자트 분석기에 의한 배기가스의 성분을 계산하고자 한다. 다음은 어떤 가스의 함량 계산식인가?**

$$\frac{\text{암모니아성 염화제일구리 용액 흡수량}}{\text{시료 채취량}} \times 100$$

① CO_2　　② CO
③ O_2　　④ N_2

해설 ① CO_2 : KOH 30% 수용액
③ O_2 : 알칼리성 피로갈롤 용액
④ N_2 : $100-(CO_2+O_2+CO)$

79 **어떤 잠수부가 바닷속 15m 아래 지점에서 작업을 하고 있다. 이 잠수부가 바닷물에 의해 받는 압력은 몇 kPa인가?(단, 해수의 비중은 1.025이다.)**

① 46　　② 102
③ 151　　④ 252

해설 $10mH_2O = 98kPa(1kg/cm^2)$

$\therefore$ 해수수압$(P) = 15m \times \frac{98}{10} \times 1.025 = 151kPa$

80 **루트미터에서 회전자는 회전하고 있으나 미터의 지침이 작동하지 않는 고장의 형태로서 가장 옳은 것은?**

① 부동　　② 불통
③ 기차불량　　④ 감도불량

해설 ① 부동 : 가스미터(루트미터)에서 회전자는 회전하나 미터기의 지침이 작동하지 않는 고장
② 불통 : 회전자의 회전이 정지하여 가스가 통과하지 못하는 것
③ 기차불량 : 사용공차를 초과하는 불량
④ 감도불량 : 적은 양의 가스 감도유량을 통과시켰을 때 지침의 시도 변화가 나타나지 않는 고장

78. ② 79. ③ 80. ① | ANSWER

2016년 1회 가스산업기사

SECTION 01 연소공학

01 메탄 80v%, 프로판 5v%, 에탄 15v%인 혼합가스의 공기 중 폭발하한계는 약 얼마인가?

① 2.1% ② 3.3%
③ 4.3% ④ 5.1%

해설 폭발하한계 $= \frac{100}{L} = \frac{100}{\frac{80}{5}+\frac{5}{2.1}+\frac{15}{3}} = 4.3$

※ 가스폭발범위
㉠ 메탄(5~15%)
㉡ 프로판(2.1~9.5%)
㉢ 에탄(3~12.5%)

02 $1Sm^3$의 합성가스 중의 CO와 H_2의 몰비가 1 : 1일 때 연소에 필요한 이론공기량은 약 몇 Sm^3/Sm^3인가?

① 0.50 ② 1.00
③ 2.38 ④ 4.76

해설 $CO + 0.5O_2 \rightarrow CO_2$, $H_2 + 0.5O_2 \rightarrow H_2O$

이론공기량(A_0) = 이론산소량 $\times \frac{1}{0.21}$

$= 0.5 \times \frac{1}{0.21} = 2.38Sm^3/Sm^3$

03 다음 중 이론연소온도(화염온도, t℃)를 구하는 식은?(단, H_h : 고발열량, H_L : 저발열량, G : 연소가스양, C_P : 비열이다.)

① $t = \frac{H_L}{G\,C_P}$ ② $t = \frac{H_h}{G\,C_P}$
③ $t = \frac{G\,C_P}{H_L}$ ④ $t = \frac{G\,C_P}{H_h}$

해설 이론연소온도(t)

$t = \frac{\text{저위발열량}(H_L)}{\text{연소가스양}(G) \times \text{가스의 비열}(C_P)}$ (℃)

04 고온체의 색깔과 온도를 나타낸 것 중 옳은 것은?

① 적색 : 1,500℃ ② 휘백색 : 1,300℃
③ 황적색 : 1,100℃ ④ 백적색 : 850℃

해설 ① 적색(850℃)
② 휘백색(1,500℃)
④ 백적색(1,300℃)

05 가연성 물질을 공기로 연소시키는 경우 공기 중의 산소농도를 높게 하면 어떻게 되는가?

① 연소속도는 빠르게 되고, 발화온도는 높게 된다.
② 연소속도는 빠르게 되고, 발화온도는 낮게 된다.
③ 연소속도는 느리게 되고, 발화온도는 높게 된다.
④ 연소속도는 느리게 되고, 발화온도는 낮게 된다.

해설 공기 중의 산소농도를 높게 하면 연소속도는 증가하고, 발화온도(착화온도)는 낮아진다.

06 공기 중에서 가스가 정상 연소할 때 속도는?

① 0.03~10m/s
② 11~20m/s
③ 21~30m/s
④ 31~40m/s

해설 가스의 정상적인 연소속도 : 0.03~10m/s 이내

07 폭굉을 일으킬 수 있는 기체가 파이프 내에 있을 때 폭굉 방지 및 방호에 대한 설명으로 옳지 않은 것은?

① 파이프 라인에 오리피스 같은 장애물이 없도록 한다.
② 공정 라인에서 회전이 가능하면 가급적 완만한 회전을 이루도록 한다.
③ 파이프의 지름대 길이의 비는 가급적 작게 한다.
④ 파이프 라인에 장애물이 있는 곳은 관경을 축소한다.

ANSWER 1. ③ 2. ③ 3. ① 4. ③ 5. ② 6. ① 7. ④

해설 가스배관 내 장애물 발생

관경을 크게 하면 폭굉(디토네이션)이 방지된다.

08 연소속도에 대한 설명 중 옳지 않은 것은?

① 공기의 산소분압을 높이면 연소속도는 빨라진다.
② 단위면적의 화염면이 단위시간에 소비하는 미연소혼합기의 체적이라 할 수 있다.
③ 미연소혼합기의 온도를 높이면 연소속도는 증가한다.
④ 일산화탄소 및 수소 기타 탄화수소계 연료는 당량비가 1.1 부근에서 연소속도의 피크가 나타난다.

해설 당량비(ϕ)

$$= \frac{\text{실제연공비}}{\text{이론연공비}} = \frac{(\text{연료질량}/\text{공기질량})}{(\text{이론연료질량}/\text{이론공기질량})}$$

당량비는 ϕ가 1에 가까울수록 좋다. $\phi>1$일 경우 연료는 많고 공기는 적어서 불완전연소가 일어나므로 당량비가 클수록 연소효율이 감소한다.

09 점화원이 될 우려가 있는 부분을 용기 안에 넣고 불활성 가스를 용기 안에 채워 넣어 폭발성 가스가 침입하는 것을 방지한 방폭구조는?

① 압력방폭구조 ② 안전증방폭구조
③ 유입방폭구조 ④ 본질방폭구조

해설 압력방폭구조 : 용기 내에 보호가스를 압입하여 가연성 가스가 침입하는 것을 방지한 방폭구조이다.

10 "착화온도가 85℃이다."를 가장 잘 설명한 것은?

① 85℃ 이하로 가열하면 인화한다.
② 85℃ 이상으로 가열하고 점화원이 있으면 연소한다.
③ 85℃로 가열하면 공기 중에서 스스로 발화한다.
④ 85℃로 가열해서 점화원이 있으면 연소한다.

해설 착화온도

점화원이 없어도 공기 중에서 스스로 발화하는 온도이다.

11 화재와 폭발을 구별하기 위한 주된 차이점은?

① 에너지 방출속도
② 점화원
③ 인화점
④ 연소한계

해설 물질이 연소하거나 반응 시 에너지가 방출된다. 즉, 생성물질이 가진 에너지가 반응물질이 가진 에너지보다 적다(흡수 시에는 반대). 에너지 방출속도 차이에 의해 화재와 폭발이 구별된다.

12 용기 내의 초기 산소농도를 설정치 이하로 감소하도록 하는 데 이용되는 퍼지방법이 아닌 것은?

① 진공 퍼지
② 온도 퍼지
③ 스위프 퍼지
④ 사이펀 퍼지

해설 가스폭발 방지를 위하여 가스용기 내의 초기 산소농도를 설정치 이하로 감소하도록 하는 데 이용되는 퍼지방법(비활성화 최소산소 농도 이하 유지)

㉠ 진공 퍼지(용기의 진공)
㉡ 스위프 퍼지(불활성 가스 주입)
㉢ 사이펀 퍼지(최소산소농도 유지)

13 최소 점화에너지에 대한 설명으로 옳지 않은 것은?

① 연소속도가 클수록, 열전도도가 작을수록 큰 값을 갖는다.
② 가연성 혼합기체를 점화하는 데 필요한 최소 에너지를 최소 점화에너지라 한다.
③ 불꽃 방전 시 일어나는 점화에너지의 크기는 전압의 제곱에 비례한다.
④ 일반적으로 산소농도가 높을수록, 압력이 증가할수록 값이 감소한다.

해설 최소 점화에너지

- 연소속도가 클수록, 열전도도가 작을수록 최소 점화에너지 값은 작아진다.
- 최소 점화에너지가 작을수록 연소가 잘된다.
- 온도나 압력이 높으면 연소가 빨라서 최소 점화에너지가 작아진다.

8. ④ 9. ① 10. ③ 11. ① 12. ② 13. ① | ANSWER

14 다음 중 불연성 물질이 아닌 것은?

① 주기율표의 0족 원소
② 산화반응 시 흡열반응을 하는 물질
③ 완전연소한 산화물
④ 발열량이 크고 계의 온도상승이 큰 물질

해설 발열량이 크고 계의 온도상승이 큰 물질은 가연성 물질이다.

15 다음 중 가연물의 구비조건이 아닌 것은?

① 연소열량이 커야 한다.
② 열전도도가 작아야 된다.
③ 활성화에너지가 커야 한다.
④ 산소와의 친화력이 좋아야 한다.

해설 가연물(연소성 물질)은 주위로 활성화에너지가 작아야 연소상태가 양호하다.

16 아세틸렌(C_2H_2)의 완전연소반응식은?

① $C_2H_2+O_2 \rightarrow CO_2+H_2O$
② $2C_2H_2+O_2 \rightarrow 4CO_2+H_2O$
③ $C_2H_2+5O_2 \rightarrow CO_2+2H_2O$
④ $2C_2H_2+5O_2 \rightarrow 4CO_2+2H_2O$

해설 아세틸렌 반응식
㉠ 연소반응식 : $C_2H_2+2.5O_2 \rightarrow 2CO_2+H_2O$
㉡ 완전연소반응식 : $2C_2H_2+5O_2 \rightarrow 4CO_2+2H_2O$

17 LPG를 연료로 사용할 때의 장점으로 옳지 않은 것은?

① 발열량이 크다.
② 조성이 일정하다.
③ 특별한 가압장치가 필요하다.
④ 용기, 조정기와 같은 공급설비가 필요하다.

해설 LPG는 액화석유가스로 연소 시 기화시켜 압력을 조정하는 조정기가 필요하다. 그 특성은 ①, ②, ④항이다.

18 2kg의 기체를 0.15MPa, 15℃에서 체적이 0.1m^3가 될 때까지 등온압축할 때 압축 후 압력은 약 몇 MPa인가?(단, 비열은 각각 $C_P=0.8$, $C_V=0.6$kJ/kg · K)

① 1.10
② 1.15
③ 1.20
④ 1.25

해설 기체상수$(R)=C_P-C_V=0.8-0.6=0.2$(kJ/kg · K)

$$V_1=\frac{GRT}{P}=\frac{2\times0.2\times(15+273)}{0.15\times10^3}=0.768\text{m}^3$$

$$\therefore\ P_2=P_1\times\frac{V_1}{V_2}=0.15\times\frac{0.768}{0.1}=1.15\text{MPa}$$

19 아세틸렌 가스의 위험도(H)는 약 얼마인가?

① 21
② 23
③ 31
④ 33

해설 가스의 위험도(C_2H_2 가스)

$$=\frac{U-L}{L}=\frac{\text{폭발범위상한}-\text{폭발범위하한}}{\text{폭발범위하한}}$$

$$=\frac{81-2.5}{2.5}=31.4$$

※ C_2H_2 가스 폭발범위 : 2.5~81%

20 기체연료의 주된 연소형태는?

① 확산연소
② 증발연소
③ 분해연소
④ 표면연소

해설 기체연료 연소방식
㉠ 확산연소(포트형, 버너형)
㉡ 예혼합연소(저압버너, 고압버너, 송풍버너)

SECTION 02 가스설비

21 도시가스 원료의 접촉분해공정에서 반응온도가 상승하면 일어나는 현상으로 옳은 것은?

① CH_4, CO가 많고 CO_2, H_2가 적은 가스 생성
② CH_4, CO_2가 적고 CO, H_2가 많은 가스 생성
③ CH_4, H_2가 많고 CO_2, CO가 적은 가스 생성
④ CH_4, H_2가 적고 CO_2, CO가 많은 가스 생성

해설 도시가스 원료의 접촉분해공정에서 반응온도가 상승하면 CH_4, CO_2는 적고 CO, H_2는 많은 가스가 생성된다.
※ 접촉분해공정 : 촉매를 사용하여 400~800℃에서 탄화수소와 수증기를 반응시켜 CH_4, H_2, CO, CO_2로 변환하는 가스제조공정이다.

22 2단 감압식 2차용 저압조정기의 출구 쪽 기밀시험압력은?

① 3.3kPa ② 5.5kPa
③ 8.4kPa ④ 10.0kPa

해설 2단 감압식 2차용 저압조정기(0.025~0.35MPa)의 출구 쪽 기밀시험압력은 550mmH₂O(=5.5kPa)이다.

23 지하 정압실 통풍구조를 설치할 수 없는 경우 적합한 기계환기 설비기준으로 맞지 않는 것은?

① 통풍능력을 바닥면적 $1m^2$마다 $0.5m^3$/분 이상으로 한다.
② 배기구는 바닥면(공기보다 가벼운 경우는 천장면) 가까이 설치한다.
③ 배기가스 방출구는 지면에서 5m 이상 높게 설치한다.
④ 공기보다 비중이 가벼운 경우에는 배기가스 방출구는 5m 이상 높게 설치한다.

해설

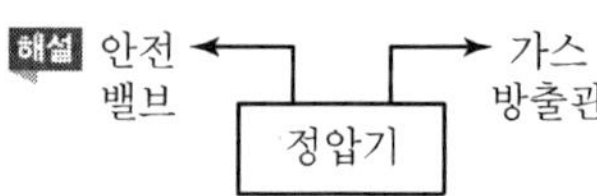

④ 공기보다 가벼우면 지상(지면)에서 3m 이상 높이에 설치하고 공기보다 무거우면 5m 이상 높게 한다.

24 유체에 대한 저항은 크나 개폐가 쉽고 유량조절에 주로 사용되는 밸브는?

① 글로브 밸브
② 게이트 밸브
③ 플러그 밸브
④ 버터플라이 밸브

해설 ㉠ 유량 조절이 가능한 밸브 : 글로브 밸브
㉡ 유량 조절이 불가능한 밸브 : 게이트 밸브(슬루스 밸브)

25 기화기에 의해 기화된 LPG에 공기를 혼합하는 목적으로 가장 거리가 먼 것은?

① 발열량 조절
② 재액화 방지
③ 압력 조절
④ 연소효율 증대

해설 LPG 기화기에 공기를 혼합하는 이유
㉠ 발열량 조절
㉡ 재액화 방지
㉢ 연소효율 증대

26 다음 중 동 및 동합금을 장치의 재료로 사용할 수 있는 것은?

① 암모니아 ② 아세틸렌
③ 황화수소 ④ 아르곤

해설 아르곤(Ar) 가스는 불활성 기체이므로 구리나 구리합금의 장치에 사용할 수 있다.

27 고온 · 고압에서 수소를 사용하는 장치는 일반적으로 어떤 재료를 사용하는가?

① 탄소강 ② 크롬강
③ 조강 ④ 실리콘강

해설 크롬(Cr) 5~9%
㉠ 내식성, 내열용에 사용
㉡ 내마모성 및 담금질성 증가

21. ② 22. ② 23. ④ 24. ① 25. ③ 26. ④ 27. ② | ANSWER

28 다음 보기는 터보펌프의 정지 시 조치사항이다. 정지 시의 작업순서가 올바르게 된 것은?

> ㉠ 토출밸브를 천천히 닫는다.
> ㉡ 전동기의 스위치를 끊는다.
> ㉢ 흡입밸브를 천천히 닫는다.
> ㉣ 드레인밸브를 개방하여 펌프 속의 액을 빼낸다.

① ㉠-㉡-㉢-㉣ ② ㉠-㉡-㉣-㉢
③ ㉡-㉠-㉢-㉣ ④ ㉡-㉠-㉣-㉢

해설 터보형 펌프(원심식) 정지 시 조치순서
㉠ → ㉡ → ㉢ → ㉣의 순서에 따른다.

29 다음 중 가스홀더의 기능이 아닌 것은?

① 가스수요의 시간적 변화에 따라 제조가 따르지 못할 때 가스의 공급 및 저장
② 정전, 배관공사 등에 의한 제조 및 공급설비의 일시적 중단 시 공급
③ 조성의 변동이 있는 제조가스를 받아들여 공급가스의 성분, 열량, 연소성 등의 균일화
④ 공기를 주입하여 발열량이 큰 가스로 혼합공급

해설 가스홀더(저압식 : 유수식, 무수식), 고압식 홀더의 기능은 ①, ②, ③항이다.

30 원유, 나프타 등의 분자량이 큰 탄화수소를 원료로 고온에서 분해하여 고열량의 가스를 제조하는 공정은?

① 열분해공정 ② 접촉분해공정
③ 부분연소공정 ④ 수소화분해공정

해설 열분해공정
원유, 나프타 등의 분자량이 큰 탄화수소를 고온에서 분해하여 고발열량의 가스를 제조한다.

31 분젠식 버너의 특징에 대한 설명 중 틀린 것은?

① 고온을 얻기 쉽다.
② 역화의 우려가 없다.
③ 버너가 연소가스양에 비하여 크다.
④ 1차 공기와 2차 공기 모두를 사용한다.

해설 분젠식 버너(1차 공기 40~70%+2차 공기 60~30% 혼합 버너)를 일반가스기구, 온수기, 가스레인지 등에 부착하면 역화할 우려가 있다(연소실이 커야 완전연소가 가능한 버너).

32 배관재료의 허용응력(S)이 8.4kg/mm²이고 스케줄 번호가 80일 때의 최고 사용압력 P[kg/cm²]는?

① 67 ② 105
③ 210 ④ 650

해설 배관의 스케줄번호(Sch) $= 10\times\dfrac{P}{S} = 80 = 10\times\dfrac{x}{8.4} = 80$

$\therefore\ x = \dfrac{80\times 8.4}{10} = 67\text{kg/cm}^2$

33 공기 액화장치 중 수소, 헬륨을 냉매로 하며 2개의 피스톤이 한 실린더에 설치되어 팽창기와 압축기의 역할을 동시에 하는 형식은?

① 캐스케이드식
② 캐피자식
③ 클라우드식
④ 필립스식

해설 필립스식 공기액화분리장치
수소와 헬륨(He)을 냉매로 하며 2개의 피스톤이 한 실린더에 설치되어서 상부에 팽창기, 하부에 압축기의 역할을 동시에 하는 분리장치이다.

34 고압가스 일반제조시설에서 저장탱크를 지하에 묻는 경우의 기준으로 틀린 것은?

① 저장탱크 정상부와 지면의 거리는 60cm 이상으로 할 것
② 저장탱크의 주위에 마른 흙을 채울 것
③ 저장탱크를 2개 이상 인접하여 설치하는 경우 상호 간에 1m 이상의 거리를 유지할 것
④ 저장탱크를 묻는 곳의 주위에는 지상에 경계표지를 할 것

해설 저장탱크 지하용에는 흙이 아닌 마른 모래(건조사)를 채워야 한다.

35 강을 연하게 하여 기계가공성을 좋게 하거나, 내부응력을 제거하는 목적으로 적당한 온도까지 가열한 다음 그 온도를 유지한 후에 서랭하는 열처리방법은?

① Marquenching
② Quenching
③ Tempering
④ Annealing

해설 어닐링(풀림, 소둔)
강을 열처리한 후 경화된 재료를 연하게 하여 내부응력을 제거하는 목적으로 서랭처리하는 열처리방법이다(잔류응력 제거, 템퍼링보다 약간 높은 온도에서 열처리한다).

36 LPG 집단공급시설에서 입상관이란?

① 수용가에 가스를 공급하기 위해 건축물에 수직으로 부착되어 있는 배관을 말하며 가스의 흐름방향이 공급자에서 수용가로 연결된 것을 말한다.
② 수용가에 가스를 공급하기 위해 건축물에 수평으로 부착되어 있는 배관을 말하며 가스의 흐름방향이 공급자에서 수용가로 연결된 것을 말한다.
③ 수용가에 가스를 공급하기 위해 건축물에 수직으로 부착되어 있는 배관을 말하며 가스의 흐름방향과 관계없이 수직배관은 입상관으로 본다.
④ 수용가에 가스를 공급하기 위해 건축물에 수평으로 부착되어 있는 배관을 말하며 가스의 흐름방향과 관계없이 수직배관은 입상관으로 본다.

해설

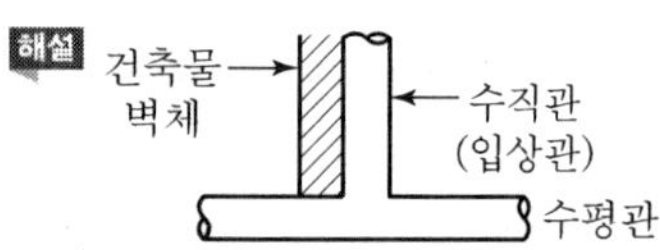

37 펌프에서 일반적으로 발생하는 현상이 아닌 것은?

① 서징(Surging)현상
② 실링(Sealing)현상
③ 캐비테이션(공동)현상
④ 수격(Water Hammering)작용

해설 Sealing 현상
밸브의 마감 특성이다.

38 직경 100mm, 행정 150mm, 회전수 600rpm, 체적효율이 0.8인 2기통 왕복압축기의 송출량은 약 몇 m^3/min인가?

① 0.57
② 0.84
③ 1.13
④ 1.54

해설 왕복동=단면적×행정×회전수×효율×기통수

$$=\left(\frac{3.14}{4}\times(0.1)^2\times0.15\times600\times0.8\right)\times2$$

$$=1.13\text{m}^3/\text{min}$$

39 액화염소가스 68kg을 용기에 충전하려면 용기의 내용적은 약 몇 L가 되어야 하는가?(단, 연소가스의 정수 C는 0.8이다.)

① 54.4
② 68
③ 71.4
④ 75

해설 용기내용적(V)=질량×정수=68×0.8=54.4L

40 가스액화 분리장치 구성기기 중 터보 팽창기의 특징에 대한 설명으로 틀린 것은?

① 팽창비는 약 2 정도이다.
② 처리가스양은 10,000m^3/h 정도이다.
③ 회전수는 10,000~20,000rpm 정도이다.
④ 처리가스에 윤활유가 혼입되지 않는다.

해설 터보형(터빈식) 팽창기의 팽창비는 약 5 정도이다(종류는 반동식, 충동식, 반경류반동식이 있다).

35. ④ 36. ③ 37. ② 38. ③ 39. ① 40. ① | ANSWER

SECTION 03 가스안전관리

41 산소 중에서 물질의 연소성 및 폭발성에 대한 설명으로 틀린 것은?

① 기름이나 그리스 같은 가연성 물질은 발화 시에 산소 중에서 거의 폭발적으로 반응한다.
② 산소농도나 산소분압이 높아질수록 물질의 발화온도는 높아진다.
③ 폭발한계 및 폭굉한계는 공기 중과 비교할 때 산소 중에서 현저하게 넓어진다.
④ 산소 중에서는 물질의 점화에너지가 낮아진다.

해설 기름이나 그리스 등은 산소나 공기 중에서 온도가 상승하여 기화한 증기에서만 폭발적으로 반응한다.

42 액화석유가스 판매사업소 및 영업소 용기저장소의 시설기준 중 틀린 것은?

① 용기보관소와 사무실은 동일 부지 내에 설치하지 않을 것
② 판매업소의 용기 보관실 벽은 방호벽으로 할 것
③ 가스누출경보기는 용기보관실에 설치하되 분리형으로 설치할 것
④ 용기보관실은 불연성 재료를 사용한 가벼운 지붕으로 할 것

해설 ① 용기보관소와 사무실은 동일 부지 내에 설치한다(용기보관실 : $19m^2$, 사무실 $9m^2$ 이상).

43 정전기 제거 또는 발생방지 조치에 대한 설명으로 틀린 것은?

① 상대습도를 높인다.
② 공기를 이온화한다.
③ 대상물을 접지한다.
④ 전기저항을 증가시킨다.

해설 정전기를 제거하거나 방지하려면 전기의 저항을 감소한다(절연체에 도전성을 갖게 한다).

44 가연성 가스 및 독성 가스 용기의 도색 및 문자표시의 색상으로 틀린 것은?

① 수소 – 주황색으로 용기 도색, 백색으로 문자 표기
② 아세틸렌 – 황색으로 용기 도색, 흑색으로 문자 표기
③ 액화암모니아 – 백색으로 용기 도색, 흑색으로 문자 표기
④ 액화염소 – 회색으로 용기 도색, 백색으로 문자 표기

해설 ④ 액화염소 – 갈색으로 용기 도색, 백색으로 문자 표기

45 고압가스 용기의 재검사를 받아야 할 경우가 아닌 것은?

① 손상의 발생
② 합격표시의 훼손
③ 충전한 고압가스의 소진
④ 산업통상자원부령이 정하는 기간의 경과

해설 충전한 고압가스가 소진되면 다시 충전하여 재사용한다(충전기한 내).

46 도시가스사업이 허가된 지역에서 도로를 굴착하고자 하는 자는 가스안전영향평가를 하여야 한다. 이때 가스안전영향평가를 하여야 하는 굴착공사가 아닌 것은?

① 지하보도 공사　② 지하차도 공사
③ 광역상수도 공사　④ 도시철도 공사

해설 굴착하는 광역상수도 공사는 가스공사가 아니므로 가스의 안전영향평가가 불필요하다.

47 합격용기 각인사항의 기호 중 용기의 내압시험압력을 표시하는 기호는?

① TP　② TW
③ TV　④ FP

해설 용기 각인기호
㉠ TP : 내압시험 압력
㉡ W : 가스질량
㉢ FP : 최고 충전압력
㉣ TW : 용기질량+용기다공물질+용제+밸브의 질량을 합한 C_2H_2 가스용기 각인기호

ANSWER | 41. ① 42. ① 43. ④ 44. ④ 45. ③ 46. ③ 47. ①

48 전기방식전류가 흐르는 상태에서 토양 중에 매설되어 있는 도시가스 배관의 방식전위는 포화황산동 기준전극으로 몇 V 이하이어야 하는가?

① −0.75 ② −0.85
③ −1.2 ④ −1.5

해설 전기방식 포화황산동 기준전극으로 −0.85V 이하
(단, 황산염 환원 박테리아가 번식하는 경우에는 −0.95V 이하)

49 용기에 의한 액화석유가스 저장소에서 액화석유가스 저장설비 및 가스설비는 그 외면으로부터 화기를 취급하는 장소까지 최소 몇 m 이상의 우회거리를 두어야 하는가?

① 3 ② 5
③ 8 ④ 10

해설 LPG 용기 저장설비 ←우회거리 8m 이상→ 화(火)기

50 고압가스 운반 등의 기준에 대한 설명으로 옳은 것은?

① 염소와 아세틸렌, 암모니아 또는 수소는 동일차량에 혼합 적재할 수 있다.
② 가연성 가스와 산소는 충전용기의 밸브가 서로 마주 보게 적재할 수 있다.
③ 충전용기와 경유는 동일 차량에 적재하여 운반할 수 있다.
④ 가연성 가스 또는 산소를 운반하는 차량에는 소화설비 및 응급조치에 필요한 자재 및 공구를 휴대한다.

해설 ④항은 가연성 가스 운반차량의 보호장비 비치사항이다.

51 LPG 압력조정기 중 1단 감압식 저압조정기의 용량이 얼마 미만에 대하여 조정기의 몸통과 덮개를 일반공구(몽키렌치, 드라이버 등)로 분리할 수 없는 구조로 하여야 하는가?

① 5kg/h ② 10kg/h
③ 100kg/h ④ 300kg/h

해설 1단 감압식 저압조정기(LPG 압력조정기)의 용량이 10kg/h 미만인 경우 조정기의 몸통과 덮개를 일반공구로 분리할 수 없는 구조로 한다.

52 액화가스를 충전하는 탱크의 내부에 액면의 요동을 방지하기 위하여 설치하는 장치는?

① 방호벽 ② 방파판
③ 방해판 ④ 방지판

해설 방파판
액화가스 탱크 내부에 설치하는 액면요동 방지판이다(탱크 내용적 $5m^3$ 이하마다 1개씩 설치).

53 가스의 분류에 대하여 바르지 않게 나타낸 것은?

① 가연성 가스 : 폭발범위하한이 10% 이하이거나, 상한과 하한의 차가 20% 이상인 가스
② 독성 가스 : 공기 중에 일정량 이상 존재하는 경우 인체에 유해한 독성을 가진 가스
③ 불연성 가스 : 반응을 하지 않는 가스
④ 조연성 가스 : 연소를 도와주는 가스

해설 ③항에서 반응을 하지 않는 가스는 불활성 가스(He, Ar 등)이다(불연성 : 연소성이 없는 가스).

54 독성 가스 용기 운반차량 운행 후 조치사항에 대한 설명으로 틀린 것은?

① 충전용기를 적재한 차량은 제1종 보호시설에서 15m 이상 떨어진 장소에 주정차한다.
② 충전용기를 적재한 차량은 제2종 보호시설에서 10m 이상 떨어진 장소에 주정차한다.
③ 주정차장소 선정은 지형을 고려하여 교통량이 적은 안전한 장소를 택한다.
④ 차량의 고장 등으로 인하여 정차하는 경우는 적색표지판 등을 설치하여 다른 차량과의 충돌을 피하기 위한 조치를 한다.

해설 충전용기 등을 적재한 차량은 주정차 시 제2종 보호시설이 밀집되어 있는 지역은 가능한 한 피하며, 주위의 교통장해, 화기 등이 없는 안전한 장소를 택한다.

48. ② 49. ③ 50. ④ 51. ② 52. ② 53. ③ 54. ② | ANSWER

55 고압가스제조시설은 안전거리를 유지해야 한다. 안전거리를 결정하는 요인이 아닌 것은?

① 가스사용량
② 가스저장능력
③ 저장하는 가스의 종류
④ 안전거리를 유지해야 할 건축물의 종류

해설 제조시설 안전거리 결정요인은 ②, ③, ④항이다. 가스사용량은 일반도시가스 공급시설용이다.

56 고압가스 장치의 운전을 정지하고 수리할 때 유의할 사항으로 가장 거리가 먼 것은?

① 가스의 치환
② 안전밸브의 작동
③ 배관의 차단 확인
④ 장치 내 가스분석

해설 안전밸브 작동은 정지 시가 아닌 운전 중에 압력이 제한범위를 벗어날 때 실시한다.

57 아세틸렌 용기에 충전하는 다공물질의 다공도값은?

① 62~75%　② 72~85%
③ 75~92%　④ 82~95%

해설 다공도 : 75~92%

58 도시가스용 압력조정기란 도시가스 정압기 이외에 설치되는 압력조정기로서 입구 쪽 호칭지름과 최대 표시유량을 각각 바르게 나타낸 것은?

① 50A 이하, $300Nm^3/h$ 이하
② 80A 이하, $300Nm^3/h$ 이하
③ 80A 이하, $500Nm^3/h$ 이하
④ 100A 이하, $500Nm^3/h$ 이하

해설 도시가스 압력조정기
정압기 이외에 설치되는 압력조정기이다. 입구 측 호칭지름이 50A 이하이고 최대 표시유량이 $300Nm^3/h$ 이하이며 주로 저압용으로 사용한다(50A 이상, $300Nm^3/h$ 초과이면 정압기를 사용).

59 전기기기의 내압방폭구조의 선택은 가연성 가스의 무엇에 의해 주로 좌우되는가?

① 인화점, 폭굉한계
② 폭발한계, 폭발등급
③ 최대 안전틈새, 발화온도
④ 발화도, 최소 발화에너지

해설 내압방폭구조 선택은 최대 안전틈새, 발화온도에 의해 좌우된다.

60 HCN은 충전한 후 며칠이 경과하기 전에 다른 용기에 옮겨 충전하여야 하는가?

① 30일
② 60일
③ 90일
④ 120일

해설 시안화수소(HCN) 가스는 중합폭발 방지를 위하여 충전 후 60일 전에 다른 용기에 옮겨 충전하여야 한다(단, 순도 98% 이상은 제외한다).

SECTION 04 가스계측

61 막식 가스미터에서 크랭크축이 녹슬거나, 날개 등의 납땜이 떨어지는 등 회전장치 부분에 고장이 생겨 가스가 미터기를 통과하지 않는 고장의 형태는?

① 부동
② 불통
③ 누설
④ 감도불량

해설 막식 가스미터기 불통
가스가 가스미터기를 통과하지 못하는 현상이다(크랭크축의 녹 , 날개의 납땜 불량, 회전장치 고장 등이 원인이다).

ANSWER | 55. ① 56. ② 57. ③ 58. ① 59. ③ 60. ② 61. ②

62 수소염이온화식 가스검지기에 대한 설명으로 옳지 않은 것은?

① 검지성분은 탄화수소에 한한다.
② 탄화수소의 상대감도는 탄소수에 반비례한다.
③ 검지감도가 다른 감지기에 비하여 아주 높다.
④ 수소 불꽃 속에 시료가 들어가면 전기전도도가 증대하는 현상을 이용한 것이다.

해설 FID, 수소염이온화검출기(가스크로마토 분석기)
㉠ 탄화수소에 비례하여 가스가 검지된다(H_2, O_2, CO, CO_2, SO_2 등의 가스는 가스분석이 어렵다).
㉡ 검지감도가 가장 높다.

63 현재 산업체와 연구실에서 사용하는 가스크로마토그래피의 각 피크(Peak) 면적측정법으로 주로 이용되는 방식은?

① 중량을 이용하는 방법
② 면적계를 이용하는 방법
③ 적분계(Integrator)에 의한 방법
④ 각 기체의 길이를 총량한 값에 의한 방법

해설 산업체, 연구실의 가스분석기인 가스크로마토그래피의 각 피크(Peak, 가스체류 보유시간) 면적측정법은 적분계에 의한 방법을 많이 사용한다.

64 2원자 분자를 제외한 대부분의 가스가 고유한 흡수스펙트럼을 가지는 것을 응용한 것으로 대기오염 측정에 사용되는 가스분석기는?

① 적외선 가스분석기
② 가스크로마토그래피
③ 자동화학식 가스분석기
④ 용액흡수도전율식 가스분석기

해설 적외선 가스분석기
2원자 분자(O_2, H_2, N_2 등)를 제외한 대부분의 가스는 흡수스펙트럼을 가지는 것을 응용하여 대기오염 측정에 사용한다.

65 내경 50mm인 배관으로 비중이 0.98인 액체가 분당 $1m^3$의 유량으로 흐르고 있을 때 레이놀즈수는 약 얼마인가?(단, 유체의 점도는 0.05kg/m · s이다.)

① 11,210 ② 8,320
③ 3,230 ④ 2,210

해설 점성계수(μ)=0.05kg/m · s(kg/m · s=g/cm · s)

$$레이놀즈수(Re)=\frac{\rho VD}{\mu}$$

$$유속(V)=\frac{1m^3\times\frac{1}{60}}{\frac{3.14}{4}\times(0.05)^2}=8.49m/s$$

$$Re=\frac{0.98\times8.49\times0.05}{0.05\times10^{-3}}=8,320$$

66 가스계량기 중 추량식이 아닌 것은?

① 오리피스식 ② 벤투리식
③ 터빈식 ④ 루트식

해설 실측식(회전식 가스미터기)
루트식, 로터리식, 오발식 등

67 가스성분과 그 분석방법으로 가장 옳은 것은?

① 수분 : 노점법
② 전유황 : 요오드적정법
③ 나프탈렌 : 중화적정법
④ 암모니아 : 가스크로마토그래피법

해설 ② 전유황 : 취소(Br, 브롬) 및 피크르산과 첨가하여 피크레이트를 생성하므로 전유황성분 검출 정량에 이용된다.
③ 나프탈렌 : 승화성 물질(방향성 탄화수소)
④ 암모니아 : 황산

68 액주식 압력계의 종류가 아닌 것은?

① U자관 ② 단관식
③ 경사관식 ④ 단종식

해설 침종식 압력계(1차 압력계)
㉠ 단종식
㉡ 복종식
아르키메데스의 원리를 이용한 압력계이다.

62. ② 63. ③ 64. ① 65. ② 66. ④ 67. ① 68. ④ | ANSWER

69 같은 무게와 내용적의 빈 실린더에 가스를 충전하였다. 다음 중 가장 무거운 것은?

① 5기압, 300K의 질소
② 10기압, 300K의 질소
③ 10기압, 360K의 질소
④ 10기압, 300K의 헬륨

해설 ㉠ 압력이 높고 온도가 낮으면 가스 충전 시 중량이 무겁다(단, 분자량이 같은 경우).
㉡ 분자량(질소 : 28, 헬륨 : 4)
$\therefore PV = GRT,\ G = \frac{PV}{RT}$
※ 분자량이 클수록 무게가 무겁다.

70 가스검지법 중 아세틸렌에 대한 염화제1구리착염지의 반응색은?

① 청색 ② 적색
③ 흑색 ④ 황색

해설 아세틸렌(C_2H_2) 가스검지
㉠ 시험지 : 염화 제1동(구리)착염지
㉡ 누설 시 반응색 : 적색시험지 변화

71 가스미터의 필요 조건이 아닌 것은?

① 구조가 간단할 것
② 감도가 좋을 것
③ 대형으로 용량이 클 것
④ 유지관리가 용이할 것

해설 가스미터기는 소형이면서 사용용량에 여유가 있을 것

72 오차에 비례한 제어출력신호를 발생시키며 공기식 제어기의 경우에는 압력 등을 제어출력신호로 이용하는 제어기는?

① 비례제어기 ② 비례적분제어기
③ 비례미분제어기 ④ 비례적분－미분제어기

해설 비례제어기
• 오차에 비례한다.
• 공기식 제어기는 압력의 제어출력으로 이용한다.

73 전기식 제어방식의 장점에 대한 설명으로 틀린 것은?

① 배선작업이 용이하다.
② 신호전달 지연이 없다.
③ 신호의 복잡한 취급이 쉽다.
④ 조작속도가 빠른 비례 조작부를 만들기 쉽다.

해설 전기식 제어기는 신호전달은 매우 빠르나 조작속도가 빠른 비례 조작부를 만들기가 약간 어렵다.

74 수면에서 20m 깊이에 있는 지점에서의 게이지압이 3.16kgf/cm²이었다. 이 액체의 비중량은?

① 1,580kgf/m³
② 1,850kgf/m³
③ 15,800kgf/m³
④ 18,500kgf/m³

해설 중량$(\gamma) = \frac{P}{H} = \frac{3.16 \times 10^4}{20} = 1{,}580\text{kgf/m}^3$
※ $\text{kgf/cm}^2 = 10^4\text{kgf/m}^2$

75 미리 알고 있는 측정량과 측정치를 평형시켜 알고 있는 양의 크기로부터 측정량을 알아내는 방법으로, 대표적인 예로서 천칭을 이용하여 질량을 측정하는 방식을 무엇이라 하는가?

① 영위법 ② 평형법
③ 방위법 ④ 편위법

해설 영위법
미리 알고 있는 측정량과 측정치를 평형시켜 알고 있는 양의 크기로부터 측정량을 알아내는 방법이다(대표적으로 천칭을 이용하여 질량을 측정한다).

76 습증기의 열량을 측정하는 기구가 아닌 것은?

① 조리개 열량계
② 분리 열량계
③ 과열 열량계
④ 봄베 열량계

해설 봄베식(단열식, 비단열식) 열량계
증기엔탈피가 아닌 고체연료의 발열량을 측정한다.

ANSWER | 69. ② 70. ② 71. ③ 72. ① 73. ④ 74. ① 75. ① 76. ④

77 **계측기의 원리에 대한 설명으로 가장 거리가 먼 것은?**

① 기전력의 차이로 온도를 측정한다.
② 액주높이로부터 압력을 측정한다.
③ 초음파 속도 변화로 유량을 측정한다.
④ 정전용량을 이용하여 유속을 측정한다.

해설 정전용량은 전기장을 이용하여 정전용량변화로 액면을 측정하는 액면계이다(물질의 유전율을 이용하는 간접식 액면계).

78 **가스분석 중 화학적 방법이 아닌 것은?**

① 연소열을 이용한 방법
② 고체흡수제를 이용한 방법
③ 용액흡수제를 이용한 방법
④ 가스밀도, 점성을 이용한 방법

해설 가스밀도, 가스의 점성을 이용한 가스분석은 물리적인 가스분석방법이다.

79 **400m 길이의 저압본관에 가스가 시간당 200m^{3}로 흐르도록 하려면 가스배관의 관경은 약 몇 cm가 되어야 하는가?(단, 기점, 종점 간의 압력강하 : 1.47 mmHg, K값 : 0.707 가스비중 : 0.64로 한다.)**

① 12.45cm ② 15.93cm
③ 17.23cm ④ 21.34cm

해설 $D^5 = \dfrac{Q^2 \cdot S \cdot L}{K^2 h}$, $Q = K\sqrt{\dfrac{D^5 \cdot h}{S \cdot L}}$

$$\therefore \sqrt[5]{\frac{(200)^2 \times 0.64 \times 400}{(0.707)^2 \times \left(1.47 \times \frac{1}{760} \times 10,332\right)}} = 15.93\text{cm}$$

※ $1.47\text{mmHg} \times \dfrac{1}{760\text{mmHg}} \times 10.332\text{mH}_2\text{O} \times 10^3$
$= 19.99\text{mmH}_2\text{O}$

80 **검사절차를 자동화하려는 계측작업에서 반드시 필요한 장치가 아닌 것은?**

① 자동가공장치 ② 자동급송장치
③ 자동선별장치 ④ 자동검사장치

해설 자동가공장치는 근로자의 편의를 도모하는 장치이며 계측작업에는 해당되지 않는다.

77. ④ 78. ④ 79. ② 80. ① | ANSWER

2016년 2회 가스산업기사

SECTION 01 연소공학

01 다음 중 기상폭발에 해당되지 않는 것은?

① 혼합가스폭발
② 분해폭발
③ 증기폭발
④ 분진폭발

해설 증기폭발
체적변화에 의한 물리적 현상이다(증기는 압력폭발이다).

02 열기관에서 온도 10℃의 엔탈피 변화가 단위중량당 100kcal일 때 엔트로피 변화량(kcal/kg·K)은?

① 0.35 ② 0.37
③ 0.71 ④ 10

해설 엔트로피 변화량(ΔS)

$$=\frac{\delta q}{T}=\frac{100}{273+10}=0.35\text{kcal/kg}\cdot\text{K}$$

03 내압(耐壓)방폭구조로 방폭 전기기기를 설계할 때 가장 중요하게 고려해야 할 사항은?

① 가연성 가스의 발화점
② 가연성 가스의 연소열
③ 가연성 가스의 최대안전틈새
④ 가연성 가스의 최소점화에너지

해설 내압방폭구조 방폭전기기기 설계 시 가장 중요한 고려사항은 가연성 가스의 최대안전틈새이다.
㉠ 최대안전틈새 0.9mm 이상 : A등급
㉡ 최대안전틈새 0.5 초과~0.9mm 미만 : B등급
㉢ 최대안전틈새 0.5mm 이하 : C등급

04 가스의 폭발범위(연소범위)에 대한 설명 중 옳지 않은 것은?

① 일반적으로 고압일 경우 폭발범위가 더 넓어진다.
② 수소와 공기 혼합물의 폭발범위는 저온보다 고온일 때 더 넓어진다.
③ 프로판과 공기 혼합물에 질소를 더 가할 때 폭발범위가 더 넓어진다.
④ 메탄과 공기 혼합물의 폭발범위는 저압보다 고압일 때 더 넓어진다.

해설 연료와 공기 중 불연성 가스인 질소(N_2) 및 불활성 가스가 증가하면 폭발범위는 좁아진다.

05 층류확산화염에서 시간이 지남에 따라 유속 및 유량이 증대할 경우 화염의 높이는 어떻게 되는가?

① 높아진다.
② 낮아진다.
③ 거의 변화가 없다.
④ 처음에는 어느 정도 낮아지다가 점점 높아진다.

해설 층류확산화염
시간이 지나서 유속이나 유량이 증가하면 화염의 높이가 높아진다.
※ 압력, 온도, 열전도율이 크거나 분자량이 적을수록 층류연소속도가 빨라진다.

06 시안화수소(HCN)를 장기간 저장하지 못하는 주된 이유는?

① 산화폭발 ② 분해폭발
③ 중합폭발 ④ 분진폭발

해설 시안화수소의 중합폭발
㉠ 시안화수소를 장기간 저장하면 수분 증가로 중합폭발이 일어난다(방지제 : 황산, 동망, 염화칼슘, 인산, 오산화인, 아황산가스 등).
㉡ 독성허용농도 10ppm, 폭발범위는 6~41%이다.

ANSWER | 1. ③ 2. ① 3. ③ 4. ③ 5. ① 6. ③

07 상용의 상태에서 가연성 가스가 체류해 위험하게 될 우려가 있는 장소를 무엇이라 하는가?

① 0종 장소 ② 1종 장소
③ 2종 장소 ④ 3종 장소

해설 1종 장소
상용의 상태에서 가연성 가스가 체류하면 위험하게 되는 장소이다.

08 자연발화온도(AIT ; Autoignition Temperature)에 영향을 주는 요인에 대한 설명으로 틀린 것은?

① 산소량의 증가에 따라 AIT는 감소한다.
② 압력의 증가에 의하여 AIT는 감소한다.
③ 용기의 크기가 작아짐에 따라 AIT는 감소한다.
④ 유기화합물의 동족열 물질은 분자량이 증가할수록 AIT는 감소한다.

해설 용기의 크기가 작으면 발화되지 않거나 발화해도 화염이 전파되지 않고 도중에 꺼져버린다. 그러므로 AIT는 커져서 안정하다(AIT가 감소하면 자연발화온도가 낮아져서 위험하다).

09 프로판 가스의 연소과정에서 발생한 열량이 13,000 kcal/kg, 연소할 때 발생된 수증기의 잠열이 2,500 kcal/kg이면 프로판 가스의 연소효율(%)은 약 얼마인가?(단, 프로판 가스의 진발열량은 11,000kcal/kg이다.)

① 65.4 ② 80.8
③ 92.5 ④ 95.4

해설 프로판가스의 유효발생열량
$13,000 - 2,500 = 10,500\text{kcal/kg}$
$\text{연소효율}(\eta) = \frac{10,500}{11,000} \times 100 = 95.4\%$

10 융점이 낮은 고체연료가 액상으로 용융되어 발생한 가연성 증기가 착화하여 화염을 내고, 이 화염의 온도에 의하여 액체 표면에서 증기의 발생을 촉진하여 연소를 계속해 나가는 연소형태는?

① 증발연소 ② 분무연소
③ 표면연소 ④ 분해연소

해설 융점이 낮은 고체연료가 액상으로 용융된 후 액체 표면에서 증기의 발생을 촉진하여 연소가 지속되는 연소를 증발연소라 한다.

11 다음 중 질소산화물의 주된 발생원인은?

① 연소실 온도가 높을 때
② 연료가 불완전연소할 때
③ 연료 중에 질소분의 연소 시
④ 연료 중에 회분이 많을 때

해설 질소는 고온에서 산소와 결합하여 질소산화물(NOx)이 증가하며 발생한다. 기후변화 및 독성을 유발한다.

12 탄소 1mol이 불완전연소하여 전량 일산화탄소가 되었을 경우 몇 mol이 되는가?

① $\frac{1}{2}$ ② 1
③ $1\frac{1}{2}$ ④ 2

해설 $\underline{C} + \underline{\frac{1}{2}O_2} \rightarrow \underline{CO}$
1몰 + 0.5몰 → 1몰

13 폭굉유도거리(DID)에 대한 설명으로 옳은 것은?

① 관경이 클수록 짧다.
② 압력이 낮을수록 짧다.
③ 점화원의 에너지가 약할수록 짧다.
④ 정상연소속도가 빠른 혼합가스일수록 짧다.

해설 DID(폭굉유도거리)가 짧아지는 요인
④항 외 관경이 작을수록, 가스관 속에 방해물이 있거나 점화원의 에너지가 강할수록, 압력이 높을수록 등이다(DID가 짧아지면 위험하다).
※ 폭굉 : 화염전파속도가 음속보다 큰 경우의 폭발이다. 파면선단에 충격파인 압력파가 생겨 격렬한 파괴작용이 일어난다.

7. ② 8. ③ 9. ④ 10. ① 11. ① 12. ② 13. ④ | ANSWER

14 다음 중 염소폭명기의 정의로서 옳은 것은?

① 염소와 산소가 점화원에 의해 폭발적으로 반응하는 현상
② 염소와 수소가 점화원에 의해 폭발적으로 반응하는 현상
③ 염화수소가 점화원에 의해 폭발하는 현상
④ 염소가 물에 용해하여 염산이 되어 폭발하는 현상

해설 직사광선에 의한 염소폭명기
Cl_2(염소) + H_2(수소) → 2HCl(염화수소) + 44kcal

15 1기압, 40L의 공기를 4L 용기에 넣었을 때 산소의 분압은 얼마인가?(단, 압축 시 온도변화는 없고, 공기는 이상기체로 가정하며, 공기 중 산소는 20%로 가정한다.)

① 1기압 ② 2기압
③ 3기압 ④ 4기압

해설

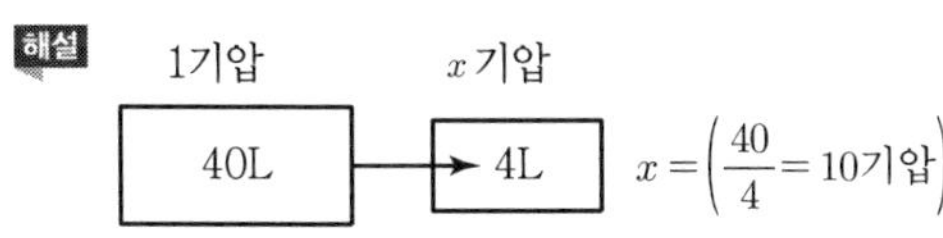

$x = \left(\frac{40}{4} = 10\text{기압}\right)$

∴ 산소분압(P) = 10 × 0.2 = 2기압

16 가연성 혼합기체가 폭발범위 내에 있을 때 점화원으로 작용할 수 있는 정전기의 방지대책으로 틀린 것은?

① 접지를 실시한다.
② 제전기를 사용하여 대전된 물체를 전기적 중성 상태로 한다.
③ 습기를 제거하여 가연성 혼합기가 수분과 접촉하지 않도록 한다.
④ 인체에서 발생하는 정전기를 방지하기 위하여 방전복 등을 착용하여 정전기 발생을 제거한다.

해설 겨울철 습기가 건조할 때 정전기 발생이 심하며 습기가 풍부하면 정전기가 방지된다.

17 가연성 물질의 성질에 대한 설명으로 옳은 것은?

① 끓는점이 낮으면 인화의 위험성이 낮아진다.
② 가연성 액체는 온도가 상승하면 점성이 적어지고 화재를 확대한다.
③ 전기전도도가 낮은 인화성 액체는 유동이나 여과 시 정전기를 발생시키지 않는다.
④ 일반적으로 가연성 액체는 물보다 비중이 작으므로 연소 시 축소된다.

해설 ① 끓는점이 낮으면 인화의 위험성이 커진다.
③ 전기전도도가 낮은 인화성 액체는 유동이나 여과 시 정전기가 발생된다.
④ 가연성 액체는 물보다 비중이 가벼워서 연소가 확대된다.
※ ②항 내용은 증기폭발로 이어지며 위험하다.

18 연료와 공기를 별개로 공급하여 연료와 공기의 경계에서 연소시키는 것으로서 화염의 안정범위가 넓고 조작이 쉬우며 역화의 위험성이 적은 연소방식은?

① 예혼합연소 ② 분젠연소
③ 전1차식 연소 ④ 확산연소

해설 확산연소방식
가스연료에서 역화의 위험성은 적으나 예혼합연소에 비해 연소상태가 다소 양호하지 못하다.

19 다음 연료 중 착화온도가 가장 높은 것은?

① 메탄 ② 목탄
③ 휘발유 ④ 프로판

해설 ㉠ 메탄 : 발화온도가 645℃ 초과
㉡ ②, ③, ④의 연료는 메탄보다 착화온도가 낮다(프로판 : 510℃, 목탄 : 300℃, 휘발유 : 300℃).

20 층류의 연소속도가 작아지는 경우는?

① 압력이 높을수록 ② 비중이 작을수록
③ 온도가 높을수록 ④ 분자량이 작을수록

해설 층류의 연소속도는 비중이 작을수록 작아진다.
※ 분자량이 작을수록 압력이나 온도가 높을수록 열전도율이 클수록 층류 연소속도가 빨라진다.

ANSWER | 14. ② 15. ② 16. ③ 17. ② 18. ④ 19. ① 20. ②

SECTION 02 가스설비

21 기지국에서 발생된 정보를 취합하여 통신선로를 통해 원격감시제어소에 실시간으로 전송하고, 원격감시제어소로부터 전송된 정보에 따라 해당 설비의 원격제어가 가능하도록 제어신호를 출력하는 장치를 무엇이라 하는가?

① Master Station
② Communication Unit
③ Remote Terminal Unit
④ 음성경보장치 및 Map Board

해설 Remote Terminal Unit
해당 설비의 원격제어가 가능하도록 제어신호를 출력하는 장치이다.

22 프로판(C_3H_8)과 부탄(C_4H_{10})의 몰비가 2 : 1인 혼합가스가 3atm(절대압력), 25℃로 유지되는 용기 속에 존재할 때 이 혼합기체의 밀도는?(단, 이상기체로 가정한다.)

① 5.40g/L
② 5.98g/L
③ 6.55g/L
④ 17.7g/L

해설 프로판 C_3H_8 분자량 : 44g(22.4L), 부탄 : C_4H_{10} 분자량 : 58g (22.4L)

$$\text{체적}=\left(22.4\times\frac{2}{3}+22.4\times\frac{1}{3}\right)\times\frac{273+25}{273}\times\frac{1}{3}=8.15\text{L}$$

$$\text{밀도}(\rho)=\frac{\text{질량}}{\text{체적}}$$

$$\therefore \rho=\frac{\left(44\times\frac{2}{3}\right)+\left(58\times\frac{1}{3}\right)}{8.15}=5.98\text{g/L}$$

23 내용적 $10m^3$인 액화산소 저장설비(지상설치)와 제1종 보호시설이 유지해야 할 안전거리는 몇 m인가?(단, 액화산소의 비중은 1.14이다.)

① 7 ② 9
③ 14 ④ 21

해설 $10m^3$=10,000L
10,000×1.14=11,400kg
산소처리나 저장설비는 압축가스이다.
안전거리기준은 압축액화가스가 1만 초과 2만 이하 시 제1종은 14m 이상, 제2종은 8m 이상 거리를 유지한다.

24 가스배관의 구경을 산출하는 데 필요한 것으로만 짝지어진 것은?

㉮ 가스유량	㉯ 배관길이
㉰ 압력손실	㉱ 배관재질
㉲ 가스의 비중	

① ㉮, ㉯, ㉰, ㉱
② ㉯, ㉰, ㉱, ㉲
③ ㉮, ㉯, ㉰, ㉲
④ ㉮, ㉯, ㉱, ㉲

해설 가스배관 구경 산출 필요요건은 ㉮, ㉯, ㉰, ㉲이다.
※ 구경산출식(압력차)

$$H=\frac{Q^2\cdot S\cdot L}{K^2\cdot D^5},\ D=\sqrt[5]{\frac{Q^2\cdot S\cdot L}{K^2\cdot H}}\ (\text{mm})$$

25 배관의 기호와 그 용도 및 사용조건에 대한 설명으로 틀린 것은?

① SPPS는 350℃ 이하의 온도에서, 압력 9.8N/mm^2 이하에 사용된다.
② SPPH는 450℃ 이하의 온도에서, 압력 9.8N/mm^2 이하에 사용된다.
③ SPLT는 빙점 이하의 특히 낮은 온도의 배관에 사용한다.
④ SPPW는 정수두 100m 이하의 급수배관에 사용한다.

해설 SPPH(고압배관용 탄소강관)
350℃ 이하에서 사용하며 9.8MPa(100kg/cm^2) 이상에서 사용한다(373N/mm^2 이상).

21. ③ 22. ② 23. ③ 24. ③ 25. ② | ANSWER

26 **동일한 가스 입상배관에서 프로판가스와 부탄가스를 흐르게 할 경우 가스 자체의 무게로 인하여 입상관에서 발생하는 압력손실을 서로 비교하면?(단, 부탄 비중은 2, 프로판 비중은 1.5이다.)**

① 프로판이 부탄보다 약 2배 정도 압력손실이 크다.
② 프로판이 부탄보다 약 4배 정도 압력손실이 크다.
③ 부탄이 프로판보다 약 2배 정도 압력손실이 크다.
④ 부탄이 프로판보다 약 4배 정도 압력손실이 크다.

해설 가스 중 부탄가스가 프로판가스의 비중에 비해 더 크므로 입상관에서는 약 2배의 압력손실이 생긴다.
※ 압력손실 계산(H)
$H = 1.293(S-1) \times h$
여기서, S : 가스비중
h : 입상높이

27 **작은 구멍을 통해 새어나오는 가스의 양에 대한 설명으로 옳은 것은?**

① 비중이 작을수록 많아진다.
② 비중이 클수록 많아진다.
③ 비중과는 관계가 없다.
④ 압력이 높을수록 적어진다.

해설 작은 구멍(노즐)에서 누설되는 가스양은 비중이 작은 가스가 비중이 무거운 가스보다 기화능력과 부력이 커서 누설량이 많다.

28 **염소가스 압축기에 주로 사용되는 윤활제는?**

① 진한황산 ② 양질의 광유
③ 식물성유 ④ 묽은 글리세린

해설 염소(Cl_2)가스 압축기의 오일 윤활제는 주로 진한황산을 사용한다(H_2SO_4).

29 **프로판 용기에 V : 47, TP : 31로 각인이 되어 있다. 프로판의 충전상수가 2.35일 때 충전량(kg)은?**

① 10kg ② 15kg
③ 20kg ④ 50kg

해설 충전량(W) $= \frac{V}{C} = \frac{47}{2.35} = 20\text{kg}$

30 **다음 [그림]의 냉동장치와 일치하는 행정 위치를 표시한 TS 선도는?**

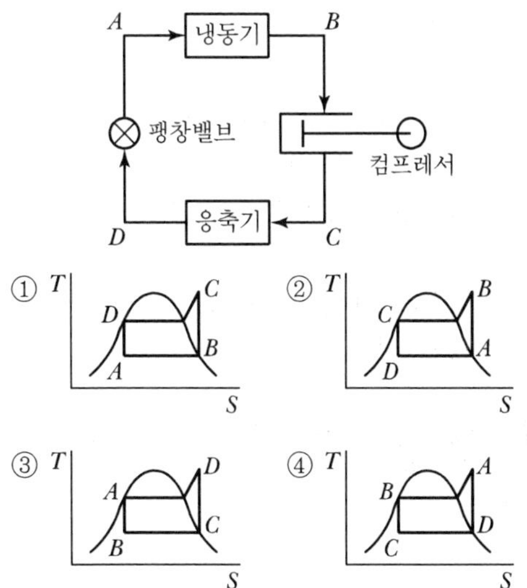

해설 냉동장치(역카르노 사이클)
• A → B(증발기)
• B → C(압축기)
• C → D(응축기)
• D → A(팽창밸브)

31 **부식을 방지하는 효과가 아닌 것은?**

① 피복한다.
② 잔류응력을 없앤다.
③ 이종금속을 접촉시킨다.
④ 관이 콘크리트 벽을 관통할 때 절연한다.

해설 관의 부식을 방지하려면 이종금속을 분리해야 한다.

32 **가스액화분리장치의 구성요소에 해당되지 않는 것은?**

① 한랭발생장치 ② 정류장치
③ 고온발생장치 ④ 불순물제거장치

해설 가스액화분리는 저온발생장치에서만 가능하다.
※ 메탄비점 : −161.5℃, 산소비점 : −183℃

33 **LPG 저장설비 중 저온 저장탱크에 대한 설명으로 틀린 것은?**

① 외부압력이 내부압력보다 저하됨에 따라 이를 방지하는 설비를 설치한다.
② 주로 탱커(Tanker)에 의하여 수입되는 LPG를 저장하기 위한 것이다.
③ 내부압력이 대기압 정도로서 강재 두께가 얇아도 된다.
④ 저온액화의 경우에는 가스체적이 작아 다량 저장에 사용된다.

해설 진공용기 및 LPG 저장설비 중 저온저장탱크에서 내부압력이 외부압력보다 저하됨에 따라 이를 방지하는 설비가 필요하다.

34 **나프타를 원료로 접촉분해 프로세스에 의하여 도시가스를 제조할 때 반응온도를 상승시키면 일어나는 현상으로 옳은 것은?**

① CH_4, CO_2가 많이 포함된 가스가 생성된다.
② C_3H_8, CO_2가 많이 포함된 가스가 생성된다.
③ CO, CH_4가 많이 포함된 가스가 생성된다.
④ CO, H_2가 많이 포함된 가스가 생성된다.

해설 나프타 원료의 접촉분해 프로세스로 도시가스 제조 시에는 반응온도 상승 시 CO나 H_2 가스가 많이 포함된 가스가 생성된다.
※ 나프타 : 원유의 증류 시 35~220℃의 비점에서 유출되는 탄화수소의 혼합체로, 일명 중질 가솔린이다. 나프타 분해 시 에틸렌, 프로필렌, 부탄, 부틸렌, 유분, 방향족에서 반응을 거친다.

35 **고압가스 일반제조시설 중 고압가스설비의 내압시험압력은 상용압력의 몇 배 이상으로 하는가?**

① 1 ② 1.1
③ 1.5 ④ 1.8

해설 고압가스설비 내압시험압력은 상용압력의 1.5배 이상으로 한다.

36 **[그림]은 수소용기의 각인이다. Ⓐ, V, Ⓑ TP, Ⓒ FP의 의미에 대하여 바르게 나타낸 것은?**

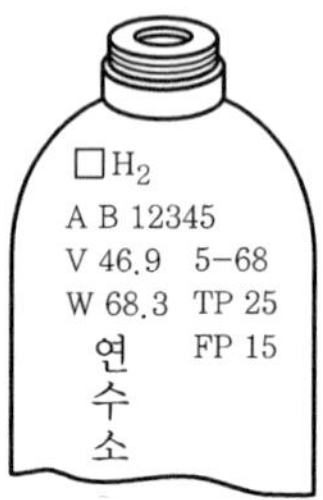

① Ⓐ 내용적, Ⓑ 최고충전압력, Ⓒ 내압시험압력
② Ⓐ 총부피, Ⓑ 내압시험압력, Ⓒ 기밀시험압력
③ Ⓐ 내용적, Ⓑ 내압시험압력, Ⓒ 최고충전압력
④ Ⓐ 내용적, Ⓑ 사용압력, Ⓒ 기밀시험압력

해설 용기각인
- V : 용기내용적
- TP : 내압시험압력
- FP : 최고충전압력

37 **냉동장치에서 냉매가 냉동실에서 무슨 열을 흡수함으로써 온도를 강하시키는가?**

① 융해잠열 ② 용해열
③ 증발잠열 ④ 승화잠열

해설 냉매액
냉동실에서 냉매의 증발잠열(kcal/kg)을 이용한다.

38 **가스가 공급되는 시설 중 지하에 매설되는 강재배관에는 부식을 방지하기 위하여 전기적 부식방지조치를 한다. Mg−Anode를 이용하여 양극금속과 매설배관을 전선으로 연결하여 양극금속과 매설배관 사이의 전지작용에 의해 전기적 부식을 방지하는 방법은?**

① 직접배류법 ② 외부전원법
③ 선택배류법 ④ 희생양극법

33. ① 34. ④ 35. ③ 36. ③ 37. ③ 38. ④ | ANSWER

해설 희생양극법
가스매설배관 부식방지로서 마그네슘(Mg)-애노드(Anode)를 이용하여 양극금속과 매설배관 사이의 전지작용을 이용해 부식을 방지한다.

39 **지하매몰 배관에 있어서 배관의 부식에 영향을 주는 요인으로 가장 거리가 먼 것은?**

① pH
② 가스의 폭발성
③ 토양의 전기전도성
④ 배관주위의 지하전선

해설 가스의 폭발성
가연성 가스는 폭발범위 내에서 점화가 이루어져서 가스의 폭발이 일어난다.

40 **도시가스 공급시설에 해당되지 않는 것은?**

① 본관
② 가스계량기
③ 사용자 공급관
④ 일반도시가스사업자의 정압기

해설 도시가스에 장착하는 소비자용 가스계량기는 도시가스 사용설비이다.

SECTION 03 가스안전관리

41 **흡수식 냉동설비에서 1일 냉동능력 1톤의 산정기준은?**

① 발생기를 가열하는 1시간의 입열량 3,320kcal
② 발생기를 가열하는 1시간의 입열량 4,420kcal
③ 발생기를 가열하는 1시간의 입열량 5,540kcal
④ 발생기를 가열하는 1시간의 입열량 6,640kcal

해설 ㉠ 흡수식 냉동기 1RT 용량 : 6,640kcal/h
㉡ 증기압축식 냉동기 1RT 용량 : 3,320kcal/h

42 **고압가스 특정제조시설에서 배관의 도로 밑 매설기준에 대한 설명으로 틀린 것은?**

① 배관의 외면으로부터 도로의 경계까지 2m 이상의 수평거리를 유지한다.
② 배관은 그 외면으로부터 도로 밑의 다른 시설물과 0.3m 이상의 거리를 유지한다.
③ 시가지 도로노면 밑에 매설할 때는 노면으로부터 배관의 외면까지의 깊이를 1.5m 이상으로 한다.
④ 포장되어 있는 차도에 매설하는 경우에는 그 포장부분의 노반 밑에 매설하고 배관의 외면과 노반의 최하부의 거리는 0.5m 이상으로 한다.

해설 지하 매설배관에서 ①항은 1m 이상(도로 밑의 다른 시설물과는 0.3m 이상 거리 유지)

43 **시안화수소를 용기에 충전한 후 정치해 두어야 할 기준은?**

① 6시간 ② 12시간
③ 20시간 ④ 24시간

해설 시안화수소(HCN)
㉠ 용기 충전 후 정치시간 : 24시간 이상
㉡ 독성농도 : 10ppm(TLV-TWA 기준)
㉢ 가연성 폭발범위 : 6~41%

44 **LPG 사용시설에서 충전질량이 500kg인 소형저장탱크를 2개 설치하고자 할 때 탱크 간 거리는 얼마 이상을 유지하여야 하는가?**

① 0.3m ② 0.5m
③ 1m ④ 2m

해설 LPG 저장탱크 이격거리
㉠ 1,000kg 미만 탱크의 탱크 간 거리 : 0.3m 이상
㉡ 1,000kg 이상~2,000kg 미만 탱크 간 거리 : 0.5m 이상
㉢ 2,000kg 이상 탱크 간 거리 : 0.5m 이상

ANSWER | 39. ② 40. ② 41. ④ 42. ① 43. ④ 44. ①

45 **가스공급자가 수요자에게 액화석유가스를 공급할 때에는 체적판매방법으로 공급하여야 한다. 다음 중 중량판매방법으로 공급할 수 있는 경우는?**

① 1개월 이내의 기간 동안만 액화석유가스를 사용하는 자
② 3개월 이내의 기간 동안만 액화석유가스를 사용하는 자
③ 6개월 이내의 기간 동안만 액화석유가스를 사용하는 자
④ 12개월 이내의 기간 동안만 액화석유가스를 사용하는 자

해설 중량판매법기준
6개월 이내의 기간 동안만 사용하는 경우(LPG 경우) 체적판매를 공급하지 않아도 된다(중량판매가 허용된다).

46 **수소의 품질검사에 사용하는 시약으로 옳은 것은?**

① 동 · 암모니아 시약
② 피로갈롤 시약
③ 발연황산 시약
④ 브롬 시약

해설 ㉠ 산소(O_2) 가스분석 : 알칼리성 피로갈롤 시약
㉡ 수소가스 품질검사 : 피로갈롤 시약이나 하이드로 설파이트 시약

47 **고압가스 특정제조시설에서 저장량 15톤인 액화산소 저장탱크의 설치에 대한 설명으로 틀린 것은?**

① 저장탱크 외면으로부터 인근 주택과의 안전거리는 9m 이상 유지하여야 한다.
② 저장탱크 또는 배관에는 그 저장탱크 또는 배관을 보호하기 위하여 온도상승방지 등 필요한 조치를 하여야 한다.
③ 저장탱크는 그 외면으로부터 화기를 취급하는 장소까지 2m 이상의 우회거리를 유지하여야 한다.
④ 저장탱크 주위에는 액상의 가스가 누출한 경우에 그 유출을 방지하기 위한 조치를 반드시 할 필요는 없다.

해설

• 가연성 가스 • 산소가스 설비	← 8m 이상 / 우회거리 →	화기

48 **수소의 성질에 대한 설명으로 옳은 것은?**

① 비중이 약 0.07 정도로서 공기보다 가볍다.
② 열전도도가 아주 낮아 폭발하한계도 낮다.
③ 열에 대하여 불안정하여 해리가 잘 된다.
④ 산화제로 사용되며 용기의 색은 적색이다.

해설 수소(분자량 : 2) 가스
㉠ 열전도율이 대단히 크고 열에 대해 안정하다.
㉡ 수소용기 도색은 주황색이다(비중$=\frac{2}{29}=0.07$).

49 **액화석유가스 사용시설의 기준에 대한 설명으로 틀린 것은?**

① 용기저장능력이 100kg 초과 시에는 용기보관실을 설치한다.
② 저장설비를 용기로 하는 경우 저장능력은 500kg 이하로 한다.
③ 가스온수기를 목욕탕에 설치할 경우에는 배기가 용이하도록 배기통을 설치한다.
④ 사이펀 용기는 기화장치가 설치되어 있는 시설에서만 사용한다.

해설 목욕탕 같은 지하에서나 수분, H_2O가 많은 곳에서는 액화석유 같은 비중이 무거운 가스의 가스온수기는 설치하지 않는 것이 좋다(환기구가 필요하다).

50 **용접결함에 해당되지 않는 것은?**

① 언더컷(Undercut)
② 피트(Pit)
③ 오버랩(Overlap)
④ 비드(Bead)

해설 비드
용접작업 모재와 용접봉이 녹아서 생긴 띠 모양의 길쭉한 파형의 용착자국이다.

45. ③ 46. ② 47. ③ 48. ① 49. ③ 50. ④ | ANSWER

51 **공기 중에 누출되었을 때 바닥에 고이는 가스로만 나열된 것은?**

① 프로판, 에틸렌, 아세틸렌
② 에틸렌, 천연가스, 염소
③ 염소, 암모니아, 포스겐
④ 부탄, 염소, 포스겐

해설 공기의 분자량(29)보다 분자량이 크면 바닥에 누설된다(가스 누설 시).
㉠ 부탄(58)
㉡ 염소(71)
㉢ 포스겐(99)

52 **고압가스 저장탱크 및 처리설비를 실내에 설치하는 경우의 기준에 대한 설명으로 틀린 것은?**

① 천장, 벽 및 바닥의 두께가 각각 30cm 이상인 철근콘크리트로 만든 실로서 방수처리가 된 것으로 한다.
② 저장탱크실과 처리설비실은 각각 구분하여 설치하되 출입문은 공용으로 한다.
③ 저장탱크의 정상부와 저장탱크실 천장의 거리는 60cm 이상으로 한다.
④ 저장탱크에 설치한 안전밸브는 지상 5m 이상의 높이에 방출구가 있는 가스방출관을 설치한다.

해설

(실내 설치)
가스 저장탱크 | 출입문은 별도로 설치한다. | 가스 처리설비

53 **밸브가 돌출한 용기를 용기보관소에 보관하는 경우 넘어짐 등으로 인한 충격 및 밸브의 손상을 방지하기 위한 조치를 하지 않아도 되는 용기의 내용적의 기준은?**

① 1L 미만 ② 3L 미만
③ 5L 미만 ④ 10L 미만

해설 밸브 돌출 가스용기의 내용적이 5L 미만인 것을 용기보관소에 보관하는 경우 넘어짐 등으로 인한 충격 및 밸브의 손상을 방지하기 위한 별도의 조치가 필요 없다.

54 **내용적 50L의 용기에 프로판을 충전할 때 최대 충전량은?(단, 프로판 충전정수는 2.35이다.)**

① 21.3kg
② 47kg
③ 117.5kg
④ 11.8kg

해설 가스충전량$(W)=\frac{V}{C}=\frac{50}{2.35}=21.3\text{kg}$

55 **고압가스 배관을 보호하기 위하여 배관과의 수평거리 얼마 이내에서는 파일박기 작업을 하지 아니하여야 하는가?**

① 0.1m ② 0.3m
③ 0.5m ④ 1m

해설

가스배관
수평거리의 0.3m 이내에서는 파일박기를 하지 아니한다. (배관의 보호를 위해)
기타 시설물

56 **고압가스 충전 등에 대한 기준으로 틀린 것은?**

① 산소충전작업 시 밀폐형의 수전해조에는 액면계와 자동급수장치를 설치한다.
② 습식 아세틸렌 발생기의 표면은 70℃ 이하의 온도로 유지한다.
③ 산화에틸렌의 저장탱크에는 45℃에서 그 내부가스의 압력이 0.4MPa 이상이 되도록 탄산가스를 충전한다.
④ 시안화수소를 충전한 용기는 충전한 후 90일이 경과되기 전에 다른 용기에 옮겨 충전한다.

해설 시안화수소를 충전한 용기는 60일이 경과되기 전에 다른 용기에 옮겨 충전할 것. 다만, 순도가 98% 이상으로서 착색되지 아니한 것은 다른 용기에 옮겨 충전하지 아니한다.

57 액화가스의 저장탱크 설계 시 저장능력에 따른 내용적 계산식으로 적합한 것은? [단, V : 용적(m^3), W : 저장능력(톤), d : 상용온도에서 액화가스의 비중]

① $V=\frac{W}{0.9d}$

② $V=\frac{W}{0.85d}$

③ $V=\frac{W}{0.8d}$

④ $V=\frac{W}{0.6d}$

해설 액화가스 저장탱크 내용적(V)

$V=\frac{W}{0.9d}(m^3)$, $W=0.9dV$

※ 탱크에 90%만 저장한다.

58 고압가스 운반기준에 대한 설명으로 틀린 것은?

① 충전용기와 휘발유는 동일 차량에 적재하여 운반하지 못한다.

② 산소탱크의 내용적은 1만 6천 L를 초과하지 않아야 한다.

③ 액화 염소탱크의 내용적은 1만 2천 L를 초과하지 않아야 한다.

④ 가연성 가스와 산소를 동일 차량에 적재하여 운반하는 때에는 그 충전용기의 밸브가 서로 마주보지 않도록 적재하여야 한다.

해설 ②항에서 조연성 가스인 산소탱크 운반의 경우 1만 8천 L를 초과하지 않는다.

59 염소 누출에 대비하여 보유하여야 하는 제독제가 아닌 것은?

① 가성소다 수용액　② 탄산소다 수용액
③ 암모니아수　④ 소석회

해설 염소(Cl_2)

㉠ 제독제 : 가성소다 수용액, 탄산소다 수용액, 소석회 등이다(염소는 독성 가스).

㉡ 독성허용농도 : TLV-TWA기준 1ppm이다.

60 고압가스안전관리법에서 주택은 제 몇 종 보호시설로 분류되는가?

① 제0종　② 제1종
③ 제2종　④ 제3종

해설 제2종 보호시설

㉠ 주택

㉡ 사람을 수용하는 건축물로서 연면적이 $100m^2$ 이상~$1,000m^2$ 미만의 것

SECTION 04 가스계측

61 접촉연소식 가스검지기의 특징에 대한 설명으로 틀린 것은?

① 가연성 가스는 검지대상이 되므로 특정한 성분만을 검지할 수 없다.

② 측정가스의 반응열을 이용하므로 가스는 일정농도 이상이 필요하다.

③ 완전연소가 일어나도록 순수한 산소를 공급해 준다.

④ 연소반응에 따른 필라멘트의 전기저항 증가를 검출한다.

해설 접촉연소식 가스검지기는 접촉연소식 열선(필라멘트) 센서를 이용하여 전기저항 증가를 검출한다.

62 "계기로 같은 시료를 여러 번 측정하여도 측정값이 일정하지 않다." 여기에서 이 일치하지 않는 것이 작은 정도를 무엇이라고 하는가?

① 정밀도(精密度)

② 정도(程度)

③ 정확도(正確度)

④ 감도(感度)

해설 정밀도

계기로 측정 시 여러 번 측정하여도 측정값이 일정하지 않은데, 이 일치하지 않은 것이 작은 정도를 의미한다.

57. ① 58. ② 59. ③ 60. ③ 61. ③ 62. ① | ANSWER

63 **날개에 부딪히는 유체의 운동량으로 회전체를 회전시켜 운동량과 회전량의 변화로 가스 흐름을 측정하는 것으로, 측정범위가 넓고 압력손실이 적은 가스유량계는?**

① 막식 유량계
② 터빈 유량계
③ Roots 유량계
④ Vortex 유량계

해설 터빈 유량계
날개 회전체를 회전시켜서 운동량과 회전량의 변화로 가스 흐름을 측정하는 가스계량기로서, 측정범위가 넓고 압력손실이 적다.

64 **기체크로마토그래피에서 시료성분의 통과속도를 느리게 하여 성분을 분리하는 부분은?**

① 고정상 ② 이동상
③ 검출기 ④ 분리관

해설 가스분석기의 기체크로마토그래피에서 시료 성분의 통과속도를 느리게 하여 성분을 분리하는 부분은 고정상(흡착제)이다.

65 **가스 유량 측정기구가 아닌 것은?**

① 막식 미터 ② 토크 미터
③ 델타식 미터 ④ 회전자식 미터

해설 토크 미터
회전력 측정기기이다(전동기 모터 회전력 측정단위는 kgf · m).

66 **피토관을 사용하여 유량을 구할 때의 식으로 옳은 것은?(단, Q : 유량, A : 관의 단면적, C : 유량계수, P_t : 전압, P_s : 정압, γ : 유체의 비중량)**

① $Q=AC(P_t-P_s)\sqrt{2g/\gamma}$
② $Q=AC\sqrt{2g(P_t-P_s)/\gamma}$
③ $Q=\sqrt{2gAC(P_t-P_s)/\gamma}$
④ $Q=(P_t-P_s)\sqrt{2g/AC\gamma}$

해설 피토관 속도측정기의 유량계산(Q)

$$Q=A\cdot C\sqrt{2g\left(\frac{P_t-P_s}{\gamma}\right)}\ (\mathrm{m^3/s})$$

67 **도시가스로 사용하는 NG의 누출을 검지하기 위하여 검지기는 어느 위치에 설치하여야 하는가?**

① 검지기 하단은 천장면의 아래쪽 0.3m 이내
② 검지기 하단은 천장면의 아래쪽 3m 이내
③ 검지기 상단은 바닥면에서 위쪽으로 0.3m 이내
④ 검지기 상단은 바닥면에서 위쪽으로 3m 이내

해설 NG(천연가스)
분자량이 16, 비중이 0.53으로 공기보다 가벼워서 천장 쪽 위로 가스가 상승하므로 검지 시 가스누출검지기 하단은 천장면의 아래쪽 0.3m 이내에 설치한다.

68 **막식 가스미터에서 이물질로 인한 불량이 생기는 원인으로 가장 옳지 않은 것은?**

① 연동기구가 변형된 경우
② 계량기의 유리가 파손된 경우
③ 크랭크축에 이물질이 들어가 회전부에 윤활유가 없어진 경우
④ 밸브와 시트 사이에 점성 물질이 부착된 경우

해설 ②항은 계량기의 기타 고장에 속한다.

69 **어떤 분리관에서 얻은 벤젠의 가스크로마토그램을 분석하였더니 시료 도입점으로부터 피크최고점까지의 길이가 85.4mm, 봉우리의 폭이 9.6mm이었다. 이론단수는?**

① 835 ② 935
③ 1,046 ④ 1,266

해설 이론단수(N) $=16\times\left(\frac{T_r}{W}\right)^2$

$$=16\times\left(\frac{\text{피크최고점까지의 길이}}{\text{봉우리 폭}}\right)^2$$

$$=16\times\left(\frac{85.4}{9.6}\right)^2=1,266$$

70 방사고온계에 적용되는 이론은?

① 필터효과 ② 제베크효과
③ 윈-프랑크 법칙 ④ 스테판-볼츠만 법칙

해설 방사고온계(복사온도계)
스테판-볼츠만 법칙을 이용한 비접촉식 온도계이다(측정범위 : 50~3,000℃ 정도).

71 정확한 계량이 가능하여 기준기로 주로 이용되는 것은?

① 막식 가스미터 ② 습식 가스미터
③ 회전자식 가스미터 ④ 벤투리식 가스미터

해설 습식 가스미터(용적식 유량계)
기준기로 사용하며 정확한 계량이 가능한 연구실 실측식인 실험용 가스미터기이다.

72 계통적 오차(Systematic Error)에 해당되지 않는 것은?

① 계기오차 ② 환경오차
③ 이론오차 ④ 우연오차

해설 오차
㉠ 과오에 의한 오차
㉡ 우연오차(원인이 불명확한 오차)
㉢ 계통적 오차(①, ②, ③항은 계통적 오차)

73 부르동관 압력계의 특징으로 옳지 않은 것은?

① 정도가 매우 높다.
② 넓은 범위의 압력을 측정할 수 있다.
③ 구조가 간단하고 제작비가 저렴하다.
④ 측정 시 외부로부터 에너지를 필요로 하지 않는다.

해설 부르동관 압력계는 오차가 다소 크고 경사관식 압력계는 압력계의 정도가 높다.

74 계측시간이 짧은 에너지의 흐름을 무엇이라 하는가?

① 외란 ② 시정수
③ 펄스 ④ 응답

해설 펄스(Pulse)
계측기기의 계측시간이 짧은 에너지의 흐름이다(즉, 맥박시간처럼 짧은 시간에 생기는 진동현상).

75 가스 사용시설의 가스누출 시 검지법으로 틀린 것은?

① 아세틸렌 가스누출검지에 염화제1구리착염지를 사용한다.
② 황화수소 가스누출 검지에 초산연지를 사용한다.
③ 일산화탄소 가스누출 검지에 염화파라듐지를 사용한다.
④ 염소 가스노출 검지에 묽은황산을 사용한다.

해설 염소
요드화칼륨 수용액에 흡수시켜서 유리된 요소를 티오황산나트륨으로 적정한다(황록색의 산화력이 강한 맹독성 가스, TLV-TWA 기준=1ppm, LC_{50} 기준=293ppm).

76 MKS 단위에서 다음 중 중력환산 인자의 차원은?

① kg · m/sec^2 · kgf ② kgf · m/sec^2 · kg
③ kgf · m^2/sec · kgf ④ kg · m^2/sec · kgf

해설 중력단위계차원(공학단위)
$M^{-1}L^3$(환산인자차원 : kg · m/s^2 · kgf)

77 길이 2.19mm인 물체를 마이크로미터로 측정하였더니 2.10mm이었다. 오차율은 몇 %인가?

① +4.1% ② −4.1%
③ +4.3% ④ −4.3%

해설 2.10−2.19=−0.09

$$\therefore \frac{-0.09}{2.19} \times 100 = -4.1\%$$

78 루트(Roots) 가스미터의 특징이 아닌 것은?

① 설치공간이 적다.
② 여과기 설치를 필요로 한다.
③ 설치 후 유지관리가 필요하다.
④ 소유량에서도 작동이 원활하다.

70. ④ 71. ② 72. ④ 73. ① 74. ③ 75. ④ 76. ① 77. ② 78. ④ | ANSWER

해설 용적식인 루트식 가스미터기는 대용량의 가스 측정에 적합하다.
※ 소유량용 : 막식 가스미터기 사용

79 속도계수가 C이고 수면의 높이가 h인 오리피스에서 유출하는 물의 속도수두는 얼마인가?

① $h \cdot C$　② h/C
③ $h \cdot C^2$　④ h/C^2

해설 속도수두 $= C\sqrt{2gh}$ (m/s)
여기서, C : 물의 속도계수, h : 수면높이

80 다음 중 분리분석법에 해당하는 것은?

① 광흡수분석법
② 전기분석법
③ Polarography
④ Chromatography

해설 크로마토그래피법
가스의 기기분석법으로, 각종 가스의 흡착력의 차이에 따라 시료 각 성분을 분리 · 분석한다.

ANSWER | 79. ③ 80. ④

2016년 3회 가스산업기사

SECTION 01 연소공학

01 가연물과 일반적인 연소형태를 짝지어 놓은 것 중 틀린 것은?

① 등유－증발연소
② 목재－분해연소
③ 코크스－표면연소
④ 니트로글리세린－확산연소

해설 글리세린의 특징
㉠ 인화점 : 160℃
㉡ 발화점 : 393℃
㉢ 액비중 : 1.26(증기비중 : 3.17)
㉣ 연소 : 증발연소
※ 니트로글리세린(제3석유류) : NTG(다이너마이트의 주성분)

02 내압방폭구조에 대한 설명이 올바른 것은?

① 용기 내부에 보호가스를 압입하여 내부압력을 유지하여 기연성 가스가 침입하는 것을 방지하는 구조
② 정상 및 사고 시에 발생하는 전기불꽃 및 고온부로부터 폭발성 가스에 점화되지 않는다는 것을 공적 기관에서 시험 및 기타 방법에 의해 확인한 구조
③ 정상운전 중에 전기불꽃 및 고온이 생겨서는 안 되는 부분에 이들이 생기는 것을 방지하도록 구조상 및 온도상승에 대비하여 특별히 안전도를 증가시킨 구조
④ 용기 내부에서 가연성 가스의 폭발이 일어났을 때 용기가 압력에 견디고 또한 외부의 가연성 가스에 인화되지 않도록 한 구조

해설 내압방폭구조
용기 내부에서 가연성 가스의 폭발이 일어났을 때 용기가 압력에 견디고 외부의 가연성 가스에 인화되지 않도록 한 구조이다.

03 증기폭발(Vapor Explosion)에 대한 설명으로 옳은 것은?

① 수증기가 갑자기 응축하여 그 결과로 압력강하가 일어나 폭발하는 현상
② 가연성 기체가 상온에서 혼합기체가 되어 발화원에 의하여 폭발하는 현상
③ 가연성 액체가 비점 이상의 온도에서 발생한 증기가 혼합기체가 되어 폭발하는 현상
④ 고열의 고체와 저온의 물 등 액체가 접촉할 때 찬 액체가 큰 열을 받아 갑자기 증기가 발생하여 증기의 압력에 의하여 폭발하는 현상

해설 증기폭발(증기운폭발, UVCE)
고열의 고체와 저온의 물 등 액체가 접촉할 때 찬 액체가 큰 열을 받아 갑자기 증기가 발생하여 증기의 압력에 의하여 폭발하는 현상이다.

04 다음 폭발 원인에 따른 종류 중 물리적 폭발은?

① 압력폭발
② 산화폭발
③ 분해폭발
④ 촉매폭발

해설 ㉠ 물리적 폭발 : 보일러 폭발, 고압용기의 압력폭발, 수증기 폭발
㉡ 화학적 폭발 : 산화폭발, 분해폭발, 중합폭발

05 화학반응속도를 지배하는 요인에 대한 설명으로 옳은 것은?

① 압력이 증가하면 반응속도는 항상 증가한다.
② 생성물질의 농도가 커지면 반응속도는 항상 증가한다.
③ 자신은 변하지 않고 다른 물질의 화학변화를 촉진하는 물질을 부촉매라고 한다.
④ 온도가 높을수록 반응속도가 증가한다.

1. ④ 2. ④ 3. ④ 4. ① 5. ④ | ANSWER

해설 화학반응속도
㉠ 온도에 매우 민감하다.
㉡ 기체의 경우 압력에 의해서 크게 변화한다.
㉢ 반응물질의 농도에 매우 민감하게 변화한다.
㉣ 촉매를 넣어주면 화학반응속도가 빨라지기도 한다.

06 수소의 위험도(H)는 얼마인가?(단, 수소의 폭발하한 : 4%, 폭발상한 : 75%이다.)

① 5.25 ② 17.75
③ 27.25 ④ 33.75

해설 위험도(H)
$= \frac{\text{폭발범위 상한값} - \text{폭발범위 하한값}}{\text{폭발범위 하한값}}$
수소(H_2) 폭발범위 : 4~7%
$\therefore H = \frac{75-4}{4} = 17.75$
(위험도 숫자가 클수록 위험한 가연성 가스이다.)

07 CO_2 32vol%, O_2 5vol%, N_2 63vol%의 혼합기체의 평균 분자량은 얼마인가?

① 29.3 ② 31.3
③ 33.3 ④ 35.3

해설 분자량(CO_2 : 44, O_2 : 32, N_2 : 28)
$\therefore$ 평균분자량 $= 44\times0.32+32\times0.05+28\times0.63=33.32$

08 최소점화에너지(MIE)에 대한 설명으로 틀린 것은?

① MIE는 압력의 증가에 따라 감소한다.
② MIE는 온도의 증가에 따라 증가한다.
③ 질소농도의 증가는 MIE를 증가시킨다.
④ 일반적으로 분진의 MIE는 가연성 가스보다 큰 에너지 준위를 가진다.

해설 최소점화에너지(MIE)는 온도의 증가에 따라서 감소한다(분자의 운동이 활발해지기 때문).
방전에너지(E) $= \frac{1}{2} \times$ 축전기의 전용량 $\times$ (불꽃전압)^2
※ MIE : 대기나 산소 중에서 특정 가연성 물질이 점화될 수 있는 최소에너지를 뜻하며 측정은 표준절차에 따른다(단위 : mJ).

09 착화열에 대한 가장 바른 표현은?

① 연료가 착화해서 발생하는 전 열량
② 외부로부터 열을 받지 않아도 스스로 연소하여 발생하는 열량
③ 연료를 초기온도로부터 착화온도까지 가열하는 데 필요한 열량
④ 연료 1kg이 착화해서 연소하여 나오는 총발열량

해설 착화열
연료를 초기온도로부터 착화온도(발화온도)까지 가열하는 데 소비되는 열량이다.

10 인화성 물질이나 가연성 가스가 폭발성 분위기를 생성할 우려가 있는 장소 중 가장 위험한 장소 등급은?

① 1종 장소
② 2종 장소
③ 3종 장소
④ 0종 장소

해설 0종 장소
상용의 상태에서 가연성 가스의 농도가 연속해서 폭발한계 이상으로 되는 장소로, 본질안전방폭구조가 필요하다.

※ 위험장소의 등급분류
1종 장소, 2종 장소, 0종 장소

11 다음 중 가열만으로도 폭발의 우려가 가장 높은 물질은?

① 산화에틸렌
② 에틸렌글리콜
③ 산화철
④ 수산화나트륨

해설 산화에틸렌(C_2H_4O)의 특징
㉠ 폭발범위 : 3~80%[독성허용농도(TLV 기준) 50ppm]
㉡ 에테르향이 나며 고농도에서는 자극적인 냄새가 나는 가연성이면서 독성 가스이다.
㉢ 분해폭발, 중합폭발, 화합폭발이 발생한다.
㉣ 45℃에서 0.4MPa 이상이 되도록 질소나 탄산가스로 충전하여 항상 용기 내부에 액체상태로만 존재하게 한다.

ANSWER | 6. ② 7. ③ 8. ② 9. ③ 10. ④ 11. ①

12 자연발화의 형태와 가장 거리가 먼 것은?

① 산화열에 의한 발열
② 분해열에 의한 발열
③ 미생물의 작용에 의한 발열
④ 반응생성물의 중합에 의한 발열

해설 자연발화의 원인은 ①, ②, ③항이다. 기타 중합열에 의한 자연발화도 있다. C_2H_4O 등은 주석, 철, 알루미늄의 무수염화물, 산, 알칼리, 산화철, 산화알루미늄 등에 의해 중합폭발이 발생한다.

13 이상기체에 대한 돌턴(Dalton)의 법칙을 옳게 설명한 것은?

① 혼합기체의 전 압력은 각 성분의 분압의 합과 같다.
② 혼합기체의 부피는 각 성분의 부피의 합과 같다.
③ 혼합기체의 상수는 각 성분의 상수의 합과 같다.
④ 혼합기체의 온도는 항상 일정하다.

해설 돌턴의 분압법칙
혼합기체의 전 압력은 각 가스 성분의 분압의 합과 같다.

$$분압 = 전압 \times \frac{성분가스\ 몰수}{전체가스\ 몰수}$$

$\therefore$ 전압(P) = 성분기체의 분압($P_1 + P_2 + P_3$)

14 0.5atm, 10L인 기체 A와 1.0atm, 5.0L인 기체 B를 전체 부피 15L의 용기에 넣을 경우 전체 압력은 얼마인가?(단, 온도는 일정하다.)

① 1/3atm ② 2/3atm
③ 1atm ④ 2atm

해설 전체의 압력
전체 부피 = (0.5×10) + (1.0×5.0) = 10L

$\therefore$ 전체 압력 = $\frac{10}{15}$ = 0.67atm($\frac{2}{3}$atm)

15 점화지연(Ignition Delay)에 대한 설명으로 틀린 것은?

① 혼합기체가 어떤 온도 및 압력 상태하에서 자기점화가 일어날 때까지만 약간의 시간이 걸린다는 것이다.
② 온도에도 의존하지만 특히 압력에 의존하는 편이다.
③ 자기점화가 일어날 수 있는 최저온도를 점화온도(Ignition Temperature)라 한다.
④ 물리적 점화지연과 화학적 점화지연으로 나눌 수 있다.

해설 점화지연(발화지연)은 고온이나 고압일수록, 가연성 가스와 산소의 혼합비가 완전산화에 가까울수록 짧아진다.
※ 지연의 원인
㉠ 기계적 지연
㉡ 전기적 지연
㉢ 물리적 지연

16 탄소 2kg이 완전연소할 경우 이론공기량은 약 몇 kg인가?

① 5.3 ② 11.6
③ 17.9 ④ 23.0

해설 $\underline{C}$ + $\underline{O_2}$ → $\underline{CO_2}$
12kg 22.4Nm³(32kg) 22.4Nm³(44kg)

이론공기량(A_0) = 이론산소량 × $\frac{1}{0.21}\left(\frac{1}{0.232}\ :\ 중량당\right)$

$$\therefore A_0 = \left(\frac{22.4}{12} \times \frac{1}{0.21}\right) \times 2 = 17.78\text{Nm}^3$$

$$A_0 = \left(\frac{32}{12} \times \frac{1}{0.232}\right) \times 2 = 23\text{kg}$$

(공기 중 산소는 부피당 21%, 중량당 23.2%)

17 프로판 30v% 및 부탄 70v%의 혼합가스 1L가 완전연소하는 데 필요한 이론공기량은 약 몇 L인가?(단, 공기 중 산소농도는 20%로 한다.)

① 26 ② 28
③ 30 ④ 32

해설 연소반응식
㉠ 프로판(C_3H_8) + $5O_2$ → $3CO_2$ + $4H_2O$
㉡ 부탄(C_4H_{10}) + $6.5O_2$ → $4CO_2$ + $5H_2O$

$\therefore$ 이론공기량(A_0) = (5×0.3 + 6.5×0.7) × $\frac{1}{0.2}$ = 30L

18 **폭발과 관련한 가스의 성질에 대한 설명으로 옳지 않은 것은?**

① 인화온도가 낮을수록 위험하다.
② 연소속도가 큰 것일수록 위험하다.
③ 안전간격이 큰 것일수록 위험하다.
④ 가스의 비중이 크면 낮은 곳에 체류한다.

해설 안전간격이 클수록 위험도가 낮다.
폭발 3등급 > 폭발 2등급 > 폭발 1등급

폭발 등급	안전 간격	해당 가스
1등급	0.6mm 초과	CO, CH_4, C_3H_8, C_4H_{10}, C_2H_6
2등급	0.4mm 초과~ 0.6mm 이하	C_2H_4, 석탄가스
3등급	0.4mm 이하	H_2, 수성가스, CS_2, C_2H_2

19 **폭발범위가 넓은 것부터 옳게 나열된 것은?**

① $H_2 > CO > CH_4 > C_3H_8$
② $CO > H_2 > CH_4 > C_3H_8$
③ $C_3H_8 > CH_4 > CO > H_2$
④ $H_2 > CH_4 > CO > C_3H_8$

해설 폭발범위
㉠ 수소(H_2) : 4~75%
㉡ 일산화탄소(CO) : 12.5~74%
㉢ 메탄(CH_4) : 5~15%
㉣ 프로판(C_3H_8) : 2.1~9.5%

20 **다음 중 폭발방지를 위한 안전장치가 아닌 것은?**

① 안전밸브
② 가스누출경보장치
③ 방호벽
④ 긴급차단장치

해설 방호벽
폭발된 가스나 화염가스가 저장실 주위로 번지는 것을 방지한다(콘크리트, 콘크리트 블록, 박강판, 후강판 등 사용).

SECTION 02 가스설비

21 **펌프를 운전하였을 때에 주기적으로 한숨을 쉬는 듯한 상태가 되어 입·출구 압력계의 지침이 흔들리고 동시에 송출유량이 변화하는 현상과 이에 대한 대책을 옳게 설명한 것은?**

① 서징현상 : 회전차, 안내깃의 모양 등을 바꾼다.
② 캐비테이션 : 펌프의 설치 위치를 낮추어 흡입양정을 짧게 한다.
③ 수격작용 : 플라이휠을 설치하여 펌프의 속도가 급격히 변하는 것을 막는다.
④ 베이퍼록현상 : 흡입관의 지름을 크게 하고 펌프의 설치위치를 최대한 낮춘다.

해설 ㉠ ①항은 서징현상(맥동현상) 방지법이다.
㉡ 캐비테이션 : 펌프의 설치위치를 낮추면 방지된다.
㉢ 워터해머(수격작용) : 공기 에어탱크를 설치하면 워터해머가 방지된다.
㉣ 베이퍼록현상 : 흡입관의 지름을 작게 하고 펌프의 설치위치를 높이면 베이퍼록이 증가한다(Vapor lock : 저비등점의 액체 이송 시 펌프 입구 측에서 액화가스가 기화되는 현상).
※ 플라이휠(Flywheel) : 플라이휠이 크면 관성력이 크다. 자동차 등에서 휠의 관성을 이용해 불규칙한 회전을 부드럽게 만들어준다.

22 **촉매를 사용하여 반응온도 400~800℃에서 탄화수소와 수증기를 반응시켜 메탄, 수소, 일산화탄소 등으로 변환하는 공정은?**

① 열분해공정
② 접촉분해공정
③ 부분연소공정
④ 대체천연가스공정

해설 접촉분해공정
촉매를 사용하여 반응온도 400~800℃에서 탄화수소와 수증기를 반응시켜 메탄(CH_4), 수소(H_2), 일산화탄소(CO), 이산화탄소(CO_2)로 변환하는 가스제조 프로세스이다.

23 내용적 50L의 고압가스 용기에 대하여 내압시험을 하였다. 이 경우 30kg/cm^{2}의 수압을 걸었을 때 용기의 용적이 50.4L로 늘어났고 압력을 제거하여 대기압으로 하였더니 용기 용적은 50.04L로 되었다. 영구증가율은 얼마인가?

① 0.5% ② 5%
③ 8% ④ 10%

해설 50.04−50=0.04L(영구 증가)
50.4−50=0.4L(용기용적 증가)

$$영구증가율=\frac{50.04-50}{50.4-50}=\frac{0.04}{0.4}\times 100=10\%$$

24 양정(H) 10m, 송출량(Q) 0.30m^3/min, 효율(η) 0.65인 2단 터빈 펌프의 축출력(L)은 약 몇 kW인가?(단, 수송유체인 물의 밀도는 1,000kg/m^{3}이다.)

① 0.75 ② 0.92
③ 1.05 ④ 1.32

해설 $$펌프의\ 동력=\frac{1{,}000\times Q\times H}{102\times 60\times \eta}(\text{kW})$$
$$=\frac{1{,}000\times 0.30\times 10}{102\times 60\times 0.65}=0.75(\text{kW})$$
※ 1분(min)=60초(sec)

25 이음매 없는 고압배관을 제작하는 방법이 아닌 것은?

① 연속주조법 ② 만네스만법
③ 인발하는 방법 ④ 전기저항용접법(ERW)

해설 이음매 없는 고압배관(무계목 배관) 제작법
- 연속주조법
- 만네스만법
- 인발하는 방법

※ 용접은 이음매가 있는 저압배관 제작에 사용된다.

26 Loading형으로 정특성, 동특성이 양호하며 비교적 콤팩트한 형식의 정압기는?

① KRF식 정압기
② Fisher식 정압기
③ Reynolds식 정압기
④ Axial−flow식 정압기

해설 정압기(Governor) 중 피셔식(Fisher 식)의 특징
㉠ 로딩형(Loading)이다.
㉡ 정특성 · 동특성이 양호하다.
㉢ 비교적 구조가 콤팩트하다.

27 플랜지 이음에 대한 설명 중 틀린 것은?

① 반영구적인 이음이다.
② 플랜지 접촉면에는 기밀을 유지하기 위하여 패킹을 사용한다.
③ 유니언 이음보다 관경이 크고 압력이 많이 걸리는 경우에 사용한다.
④ 패킹 양면에 그리스 같은 기름을 발라두면 분해 시 편리하다.

해설 ㉠ 반영구적 이음 : 플랜지 이음이 아닌 용접이음에 해당한다.
㉡ 플랜지 이음 : 수시로 해체가 가능한 관경 50A 이상용 이음이다.

28 LNG의 주성분은?

① 에탄 ② 프로판
③ 메탄 ④ 부탄

해설 액화천연가스(LNG)의 주성분은 메탄(CH_4)이다.

29 도시가스 배관에 사용되는 밸브 중 전개 시 유동저항이 적고 서서히 개폐가 가능하므로 충격을 일으키는 것이 적으나, 유체 중 불순물이 있는 경우 밸브에 고이기 쉬우므로 차단능력이 저하될 수 있는 밸브는?

① 볼밸브
② 플러그밸브
③ 게이트밸브
④ 버터플라이밸브

해설 게이트밸브(슬루스밸브)
밸브 전개 시 유동저항이 적고 개폐가 서서히 이루어지며 충격은 완화되지만 불순물이 밸브에 고이기 쉬우므로 차단능력이 저하된다(유량조절은 불가).

23. ④ 24. ① 25. ④ 26. ② 27. ① 28. ③ 29. ③ | ANSWER

30 **배관을 통한 도시가스의 공급에 있어서 압력을 변경하여야 할 지점마다 설치되는 설비는?**

① 압송기(壓送器) ② 정압기(Governor)
③ 가스전(栓) ④ 홀더(Holder)

해설 정압기
㉠ 도시가스의 공급에서 압력을 변경할 때 사용된다.
㉡ 종류
- 피셔식
- 엑셀－플로식
- 레이놀즈식

31 **탄소강 그대로는 강의 조직이 약하므로 가공이 필요하다. 다음 설명 중 틀린 것은?**

① 열간가공은 고온도로 가공하는 것이다.
② 냉간가공은 상온에서 가공하는 것이다.
③ 냉간가공하면 인장강도, 신장, 교축, 충격치가 증가한다.
④ 금속을 가공하는 도중 결정 내 변형이 생겨 경도가 증가하는 것을 가공경화라 한다.

해설
- 열간가공이 아닌 탄소강의 냉간가공 시 인장강도, 신장, 교축, 충격치가 감소한다.
- 냉간가공 : 금속의 재결정 온도 이하에서 가공하는 것(강도나 경도 증가, 탄성한도 증가, 연신율 감소)
- 철의 재결정 온도 : 500℃, 구리 : 200℃

32 **저압배관의 내경만 10cm에서 5cm로 변화시킬 때 압력손실은 몇 배 증가하는가?(단, 다른 조건은 모두 동일하다고 본다.)**

① 4 ② 8
③ 16 ④ 32

해설 배관 내 유체 압력손실

관 내경의 5승에 반비례한다(내경이 $\frac{1}{2}$로 줄어들면 압력손실은 32배).

$\therefore \left(\frac{10}{5}\right)^5 = 32$

33 **전기방식법 중 가스배관보다 저전위의 금속(마그네슘 등)을 전기적으로 접촉시킴으로써 목적하는 방식 대상 금속 자체를 음극화하여 방식하는 방법은?**

① 외부전원법 ② 희생양극법
③ 배류법 ④ 선택법

해설 희생양극법
가스배관보다 저전위의 금속인 Mg 등을 전기적으로 접촉시켜서 방식대상 금속 자체를 음극화하여 전기방식하는 것으로 일명 유전양극법이라고 하며 비교적 방식이 간단하며 값이 싸다.

34 **프로판 충전용 용기로 주로 사용되는 것은?**

① 용접용기 ② 리벳용기
③ 주철용기 ④ 이음매 없는 용기

해설 프로판(C_3H_8) 가스는 최고정점 40℃에서 15.6kg/cm^2 정도의 저압이므로 용접용기는 이음매가 있는 저압용인 계목용기로 제작한다.

35 **전기방식시설 시공 시 도시가스시설의 전위측정용 터미널(T/B) 설치방법으로 옳은 것은?**

① 희생양극법의 경우에는 배관길이 300m 이내의 간격으로 설치한다.
② 배류법의 경우에는 배관길이 500m 이내의 간격으로 설치한다.
③ 외부전원법의 경우에는 배관길이 300m 이내의 간격으로 설치한다.
④ 희생양극법, 배류법, 외부전원법 모두 배관길이 500m 이내의 간격으로 설치한다.

해설 전위측정용 터미널 설치간격
㉠ 희생양극법(유전양극법) : 배관길이 300m 이내
㉡ 외부전원법 : 500m 이내

36 **저온장치에 사용되는 진공단열법이 아닌 것은?**

① 고진공단열법 ② 분말진공단열법
③ 다층진공단열법 ④ 저위도 단층진공단열법

ANSWER | 30. ② 31. ③ 32. ④ 33. ② 34. ① 35. ① 36. ④

해설 저온장치 진공단열법
㉠ 고진공단열법
㉡ 분말진공단열법
㉢ 다층진공단열법

37 왕복펌프의 특징에 대한 설명으로 옳지 않은 것은?
① 진동과 설치면적이 적다.
② 고압, 고점도의 소유량에 적당하다.
③ 단속적이므로 맥동이 일어나기 쉽다.
④ 토출량이 일정하여 정량 토출할 수 있다.

해설 왕복펌프
㉠ 진동이나 맥동이 발생된다(맥동방지로 공기실 설치).
㉡ 용적형이다.
㉢ 고점도 액체나 고온물질 약액 등의 송출에 적당하고 그 외 ②, ③, ④항의 특징이 있다.

38 암모니아를 냉매로 하는 냉동설비의 기밀시험에 사용하기에 가장 부적당한 가스는?
① 공기 ② 산소
③ 질소 ④ 아르곤

해설 암모니아는 독성이면서 가연성 가스이므로 기밀시험에서 조연성 가스인 산소(O_2)는 사용이 불가능하다.

39 고압가스시설에서 사용하는 다음 용어에 대한 설명으로 틀린 것은?
① 압축가스라 함은 일정한 압력에 의하여 압축되어 있는 가스를 말한다.
② 충전용기라 함은 고압가스의 충전질량 또는 충전압력의 2분의 1 이상이 충전되어 있는 상태의 용기를 말한다.
③ 잔가스용기라 함은 고압가스의 충전질량 또는 충전압력의 10분의 1 미만이 충전되어 있는 상태의 용기를 말한다.
④ 처리능력이라 함은 처리설비 또는 감압설비로 압축 · 액화 그 밖의 방법으로 1일에 처리할 수 있는 가스의 양을 말한다.

해설 잔가스용기
충전질량의 $\frac{1}{2}$ 미만 또는 충전압력의 $\frac{1}{2}$ 미만이 충전되어 있는 용기이다.

40 도시가스 사용시설에서 액화가스란 상용의 온도 또는 섭씨 35도의 온도에서 압력이 얼마 이상이 되는 것을 말하는가?
① 0.1MPa ② 0.2MPa
③ 0.5MPa ④ 1MPa

해설 도시가스 사용시설에서 액화가스란 상용의 온도나 섭씨 35℃에서 압력이 0.2 메가파스칼(MPa) 이상인 가스이다.

SECTION 03 가스안전관리

41 고압가스를 압축하는 경우 가스를 압축하여서는 아니 되는 기준으로 옳은 것은?
① 가연성 가스 중 산소의 용량이 전체 용량의 10% 이상의 것
② 산소 중의 가연성 가스 용량이 전체 용량의 10% 이상의 것
③ 아세틸렌, 에틸렌 또는 수소 중의 산소용량이 전체 용량의 2% 이상의 것
④ 산소 중의 아세틸렌, 에틸렌 또는 수소의 용량합계가 전체 용량의 4% 이상의 것

해설 압축 금지 조건
① : 4% 이상의 것
② : 4% 이상의 것
④ : 2% 이상의 것

42 용접부에서 발생하는 결함이 아닌 것은?
① 오버랩(Over-lap)
② 기공(Blow hole)
③ 언더컷(Under-cut)
④ 클래드(Clad)

37. ① 38. ② 39. ③ 40. ② 41. ③ 42. ④ | ANSWER

해설 클래드
가열하여 용접부위를 덮는 것(결함방지)

43 저장탱크에 의한 액화석유가스 저장소에 설치하는 방류둑의 구조기준으로 옳지 않은 것은?

① 방류둑은 액밀한 것이어야 한다.
② 성토는 수평에 대하여 30° 이하의 기울기로 한다.
③ 방류둑은 그 높이에 상당하는 액화가스의 액두압에 견딜 수 있어야 한다.
④ 성토 윗부분의 폭은 30cm 이상으로 한다.

해설 성토
수평에 대하여 45℃ 이하 기울기여야 한다.

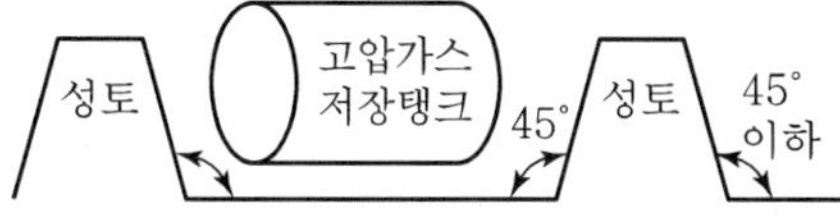

44 배관 설계경로를 결정할 때 고려하여야 할 사항으로 가장 거리가 먼 것은?

① 최단 거리로 할 것
② 가능한 한 옥외에 설치할 것
③ 건축물 기초 하부 매설을 피할 것
④ 굴곡을 많게 하여 신축을 흡수할 것

해설 배관은 굴곡을 최소한 작게 하고(압력손실 방지) 신축은 흡수가 가능해야 한다.

45 고압가스 특정 제조시설에서 안전구역의 면적의 기준은?

① 1만 m^2 이하 ② 2만 m^2 이하
③ 3만 m^2 이하 ④ 5만 m^2 이하

해설 특정 제조시설 안전구역(고압가스 제조기준)

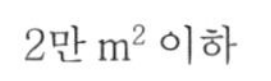

46 아세틸렌용 용접용기 제조 시 다공질물의 다공도는 다공질물을 용기에 충전한 상태로 몇 ℃에서 아세톤 또는 물의 흡수량으로 측정하는가?

① 0℃ ② 15℃
③ 20℃ ④ 25℃

해설 다공물질 다공도는 다공물질을 용기에 충전한 상태로 온도 20℃에서 아세톤, 디메틸포름아미드 또는 물의 흡수량으로 측정한다.

47 아세틸렌가스에 대한 설명으로 옳은 것은?

① 습식 아세틸렌 발생기의 표면은 62℃ 이하의 온도를 유지한다.
② 충전 중의 압력은 일정하게 1.5MPa 이하로 한다.
③ 아세틸렌이 아세톤에 용해되어 있을 때에는 비교적 안정해진다.
④ 아세틸렌을 압축하는 때에는 희석제로 PH_3, H_2S, O_2를 사용한다.

해설 ㉠ ①항에서는 70℃ 이하의 온도 유지
㉡ ②항에서 충전 중에는 2.5MPa 이하 유지
㉢ 충전 후에는 15℃에서 1.5MPa 이하가 될 때까지 정치한다.
㉣ ④항에서 희석제 : 에틸렌, 메탄, CO, N_2 등

48 액화석유가스 압력조정기 중 1단 감압식 저압조정기의 조정압력은?

① 2.3~3.3MPa ② 5~30MPa
③ 2.3~3.3kPa ④ 5~30kPa

해설 ㉠ 1단 감압식 저압조정기 : 2.3~3.3kPa 조정압력
㉡ 2단 감압식 1차용 조정기 : 57~83kPa 조정압력
㉢ 1단 감압식 준저압조정기 : 5~30kPa 조정압력

49 전가스 소비량이 232.6kW 이하인 가스 온수기의 성능기준에서 전가스 소비량은 표시치의 얼마 이내이어야 하는가?

① ±1% ② ±3%
③ ±5% ④ ±10%

ANSWER | 43. ② 44. ④ 45. ② 46. ③ 47. ③ 48. ③ 49. ④

해설 232.6kW(200,000kcal/h) 이하 가스온수기의 성능기준에서 전가스 소비량은 표시치의 ±10% 이내이어야 한다.

50 **일반도시가스사업 정압기실의 시설기준으로 틀린 것은?**

① 정압기실 주위에는 높이 1.2m 이상의 경계책을 설치한다.
② 지하에 설치하는 지역정압기실의 조명도는 150 룩스를 확보한다.
③ 침수위험이 있는 지하에 설치하는 정압기에는 침수방지조치를 한다.
④ 정압기실에는 가스공급시설 외의 시설물을 설치하지 아니한다.

해설 도시가스 정압기실

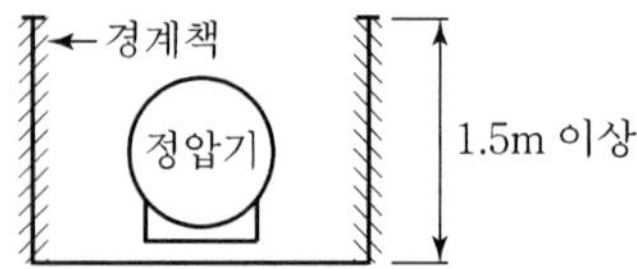

51 **용기에 의한 고압가스 판매소에서 용기 보관실은 그 보관할 수 있는 압축가스 및 액화가스가 얼마 이상인 경우 보관실 외면으로부터 보호시설까지의 안전거리를 유지하여야 하는가?**

① 압축가스 $100m^3$ 이상, 액화가스 1톤 이상
② 압축가스 $300m^3$ 이상, 액화가스 3톤 이상
③ 압축가스 $500m^3$ 이상, 액화가스 5톤 이상
④ 압축가스 $500m^3$ 이상, 액화가스 10톤 이상

해설 용기 고압가스 판매소 보관실

용기보관실(압축가스 $300m^3$ 이상 액화가스 3톤 이상)은 그 외면으로부터 보호시설까지 별표 4 제2호 가목에 규정된 안전거리 유지

52 **다음 가스용품 중 합격표시를 각인으로 하여야 하는 것?**

① 배관용 밸브
② 전기절연이음관
③ 금속 플렉시블 호스
④ 강제혼합식 가스버너

해설 ㉠ 가스용품 : 압력조정기, 가스누출차단장치, 호스 등
㉡ 배관용 밸브 : 합격표시를 각인으로 한다(200A 미만 높이 : 5mm, 200A 이상 높이 : 10mm).

53 **일반도시가스사업제조소의 가스공급시설에 설치하는 벤트스택의 기준에 대한 설명으로 틀린 것은?**

① 벤트스택 높이는 방출된 가스의 착지농도가 폭발상한계값 미만이 되도록 설치한다.
② 액화가스가 함께 방출될 우려가 있는 경우에는 기액분리기를 설치한다.
③ 벤트스택 방출구는 작업원이 통행하는 장소로부터 10m 이상 떨어진 곳에 설치한다.
④ 벤트스택에 연결된 배관에는 응축액의 고임을 제거할 수 있는 조치를 한다.

해설 벤트스택
설치높이는 방출된 가스의 착지농도가 폭발(하한계)값 미만이 되도록 충분한 높이로 하고 독성 가스인 경우에는 허용 농도값 미만이 되도록 충분한 높이로 한다.

54 **밀폐된 목욕탕에서 도시가스 순간온수기로 목욕하던 중 의식을 잃은 사고가 발생하였다. 사고 원인을 추정할 때 가장 옳은 것은?**

① 일산화탄소 중독
② 가스누출에 의한 질식
③ 온도 급상승에 의한 쇼크
④ 부취제(Mercaptan)에 의한 질식

해설 밀폐된 목욕탕에서 도시가스 순간온수기 작동 시 공기 부족에 따른 일산화탄소(CO) 가스 발생에 주의하여야 한다.

50. ① 51. ② 52. ① 53. ① 54. ① | ANSWER

55 **처리능력 및 저장능력이 20톤인 암모니아(NH_3)의 처리설비 및 저장설비와 제2종 보호시설과의 안전거리의 기준은?(단, 제2종 보호시설은 사업소 및 전용 공업지역 안에 있는 보호시설이 아님)**

① 12m ② 14m
③ 16m ④ 18m

해설 암모니아 독성 가스 20톤(2만 m^3 이하)
1만 초과~2만 이하의 경우
㉠ 제1종 보호시설 이격거리 : 21m 유지
㉡ 제2종 보호시설 이격거리 : 14m 유지

56 **LPG 용기에 있는 잔가스의 처리법으로 가장 부적당한 것은?**

① 폐기 시에는 용기를 분리한 후 처리한다.
② 잔가스 폐기는 통풍이 양호한 장소에서 소량씩 실시한다.
③ 되도록이면 사용 후 용기에 잔가스가 남지 않도록 한다.
④ 용기를 가열할 때는 온도 60℃ 이상의 뜨거운 물을 사용한다.

해설 LPG(액화석유가스) 잔가스의 처리방법 : 온도 40℃ 이하의 미지근한 물로 가열

57 **질소 충전용기에서 질소가스의 누출 여부를 확인하는 방법으로 가장 쉽고 안전한 방법은?**

① 기름 사용
② 소리 감지
③ 비눗물 사용
④ 전기스파크 이용

해설 가스누설검사
가장 간단한 방법으로 질소 등 불연성 가스는 비눗물 사용이 이상적이다.

58 **고압가스 특정제조시설 중 배관의 누출확산 방지를 위한 시설 및 기술기준으로 옳지 않은 것은?**

① 시가지, 하천, 터널 및 수로 중에 배관을 설치하는 경우에는 누출된 가스의 확산방지조치를 한다.
② 사질토 등의 특수성 지반(해저 제외) 중에 배관을 설치하는 경우에는 누출가스의 확산방지조치를 한다.
③ 고압가스의 온도와 압력에 따라 배관의 유지관리에 필요한 거리를 확보한다.
④ 독성 가스의 용기보관실은 누출되는 가스의 확산을 적절하게 방지할 수 있는 구조로 한다.

해설 고압가스 특성제조시설에서
㉠ 산소 가스
㉡ 독성 및 가연성 가스
㉢ 그 밖의 가스처리 설비 및 저장설비 등
처리능력 및 저장능력에 따라 필요한 안전거리를 정한다.

59 **고압가스안전관리법 시행규칙에서 정의하는 '처리능력'이라 함은?**

① 1시간에 처리할 수 있는 가스의 양이다.
② 8시간에 처리할 수 있는 가스의 양이다.
③ 1일에 처리할 수 있는 가스의 양이다.
④ 1년에 처리할 수 있는 가스의 양이다.

해설 고압가스 처리능력 기준
처리설비 또는 감압설비에 의하여 압축, 액화 그 밖의 방법으로 1일에 처리할 수 있는 가스의 양(0℃, 게이지압력 0Pa/cm^2)을 기준으로 한다.

60 **액화가스를 충전한 차량에 고정된 탱크는 그 내부에 액면요동을 방지하기 위하여 무엇을 설치하는가?**

① 슬립튜브
② 방파판
③ 긴급차단밸브
④ 역류방지밸브

해설 고정된 탱크를 장착한 액화가스 충전 차량에서 그 내부에 액화가스의 액면요동방지판으로 방파판을 설치한다(방파판은 탱크 횡단면적의 40% 이상이 되어야 한다).

ANSWER | 55. ② 56. ④ 57. ③ 58. ③ 59. ③ 60. ②

SECTION 04 가스계측

61 소형으로 설치공간이 적고 가스압력이 높아도 사용 가능하지만 $0.5m^3/h$ 이하의 소용량에서는 작동하지 않을 우려가 있는 가스 계측기는?

① 막식 가스미터
② 습식 가스미터
③ 델타형 가스미터
④ 루트식(Roots)식 가스미터

해설 루트식 가스미터기(대용량 가스미터)는 100~5,000m^3/h에서 사용한다.

62 작은 압력변화에도 크게 편향하는 성질이 있어 저기압의 압력측정에 사용되고 점도가 큰 액체나 고체 부유물이 있는 유체의 압력을 측정하기에 적합한 압력계는?

① 다이어프램 압력계
② 부르동관 압력계
③ 벨로스 압력계
④ 매클라우드 압력계

해설 다이어프램 압력계(격막식)의 특징
㉠ 미소한 압력측정(1~2,000mmH_2O)
㉡ 재질 : 인, 구리, 청동, 스테인리스
(비금속용 : 천연고무, 특수고무, 가죽)
㉢ 사용온도 : −30~120℃
㉣ 점도가 크거나 고체 부유물의 유체압력 측정이 가능하다.

63 표준대기압 1atm과 같지 않은 것은?

① 1.013bar ② 10.332mH_2O
③ 1.013N/m^2 ④ 29.92inHg

해설 1atm : 1.0332kg/cm^2=10,332kg/m^2=1.013bar =101,325N/m^2=29.92inHg

64 FID 검출기를 사용하는 가스크로마토그래피는 검출기의 온도가 100℃ 이상에서 작동되어야 한다. 주된 이유로 옳은 것은?

① 가스소비량을 적게 하기 위하여
② 가스의 폭발을 방지하기 위하여
③ 100℃ 이하에서는 점화가 불가능하기 때문에
④ 연소 시 발생하는 수분의 응축을 방지하기 위하여

해설 FID(수소이온화 검출기)의 특징
㉠ $H_2+\frac{1}{2}O_2 \rightarrow H_2O$(수증기)
㉡ 탄화수소에서 감도가 최고이다.
㉢ H_2, O_2, CO, CO_2, SO_2 등은 분석이 어렵다.
㉣ 검출기의 온도가 100℃ 이상에서 작동하여야 연소 시 발생하는 수분의 응축을 방지한다.

65 가스크로마토그래피의 컬럼(분리관)에 사용되는 충전물로 부적당한 것은?

① 실리카겔 ② 석회석
③ 규조토 ④ 활성탄

해설 컬럼(분리관) 충전물
실리카겔, 규조토, 활성탄 등
※ 캐리어(전개가스) : Ar, He, H_2, N_2 등

66 유황분 정량 시 표준용액으로 적절한 것은?

① 수산화나트륨 ② 과산화수소
③ 초산 ④ 요오드칼륨

해설 유황(S)분 정량 시 표준용액
수산화나트륨(가성소다)

67 계량기 종류별 기호에서 LPG 미터의 기호는?

① H ② P
③ L ④ G

해설 LPG(액화석유가스) 가스미터기 계량기 기호 : L

61. ④ 62. ① 63. ③ 64. ④ 65. ② 66. ① 67. ③ | ANSWER

68 다음 온도계 중 연결이 바르지 않은 것은?

① 상태 변화를 이용한 것 – 서모 컬러
② 열팽창을 이용한 것 – 유리 온도계
③ 열기전력을 이용한 것 – 열전대 온도계
④ 전기저항 변화를 이용한 것 – 바이메탈 온도계

해설 ㉠ 바이메탈 온도계 : 선팽창계수(열팽창률)를 이용하는 온도계(인바+황동금속)
㉡ 전기저항 온도계 : 백금 온도계, 구리 온도계, 니켈 온도계, 서미스터 온도계

69 오르자트 가스 분석기에서 가스의 흡수 순서로 옳은 것은?

① $CO \rightarrow CO_2 \rightarrow O_2$
② $CO_2 \rightarrow CO \rightarrow O_2$
③ $O_2 \rightarrow CO_2 \rightarrow CO$
④ $CO_2 \rightarrow O_2 \rightarrow CO$

해설 오르자트 가스 분석기 측정순서(화학적 분석)

흡수순서	가스명	흡수용액
1	CO_2	KOH 33% 용액
2	O_2	알칼리성 피로갈롤 용액
3	CO	암모니아성 염화제1동용액

70 다음 중 탄성 압력계의 종류가 아닌 것은?

① 시스턴(Cistern) 압력계
② 부르동(Bourdon)관 압력계
③ 벨로스(Bellows) 압력계
④ 다이어프램(Diaphragm) 압력계

해설 Cistern 압력계
물통, 저수지, 물탱크 등의 수압을 나타내는 비탄성식 압력계이다.

71 가스의 발열량 측정에 주로 사용되는 계측기는?

① 봄베열량계
② 단열열량계
③ 융커스식 열량계
④ 냉온수적산열량계

해설 가스의 발열량계
㉠ 융커스식
㉡ 시그마식

※ 봄베열량계(단열식, 비단열식)
고체연료 등

72 가스미터에서 감도유량의 의미를 가장 바르게 설명한 것은?

① 가스미터 유량이 최대유량의 50%에 도달했을 때의 유량
② 가스미터가 작동하기 시작하는 최소유량
③ 가스미터가 정상상태를 유지하는 데 필요한 최소유량
④ 가스미터 유량이 오차 한도를 벗어났을 때의 유량

해설 가스미터기 감도유량
가스미터가 작동하기 시작하는 가스양 중 최소유량이다.

73 평균유속이 5m/s인 원관에서 20kg/s의 물이 흐르도록 하려면 관의 지름은 약 몇 mm로 해야 하는가?

① 31　　② 51
③ 71　　④ 91

해설 유량(Q)=단면적×유속
$20\text{kg/s}=0.02\text{m}^3/\text{s}$(물 $1{,}000\text{kg/m}^3$)
$0.02=A\times5$, 단면적$(A)=\frac{0.02}{5}=0.004\text{m}^2$
$\therefore$ 지름$(d)=\sqrt{\frac{4Q}{\pi V}}=\sqrt{\frac{4\times0.02}{3.14\times5}}=0.071\text{m}(71\text{mm})$

74 다음 중 차압식 유량계에 해당하지 않는 것은?

① 벤투리미터 유량계
② 로터미터 유량계
③ 오리피스 유량계
④ 플로노즐

해설 면적식 유량계
㉠ 로터미터(부자식)
㉡ 게이트식

75 **수정이나 전기석 또는 로셸염 등의 결정체의 특정방향으로 압력을 가할 때 발생하는 표면전기량으로 압력을 측정하는 압력계는?**

① 스트레인 게이지
② 자기변형 압력계
③ 벨로스 압력계
④ 피에조 전기압력계

해설 피에조 전기 압력계
㉠ 수정이나 전기석, 로셸염 등 결정체의 특수방향에 압력을 가하면 그 표면에 전기가 발생되고 발생한 전기량은 압력에 비례한다는 원리를 이용한 압력계이다.
㉡ 가스폭발 등 급속한 압력변화를 측정하는 데 유효하다.
㉢ 고압측정용이다.

76 **다음 유량계측기 중 압력손실 크기 순서를 바르게 나타낸 것은?**

① 전자유량계 > 벤투리 > 오리피스 > 플로노즐
② 벤투리 > 오리피스 > 전자유량계 > 플로노즐
③ 오리피스 > 플로노즐 > 벤투리 > 전자유량계
④ 벤투리 > 플로노즐 > 오리피스 > 전자유량계

해설 차압식 등 유량계 압력손실의 크기
오리피스 > 플로노즐 > 벤투리 > 전자유량계(패러데이 전자유도법칙을 이용한 유량계)

77 **기체가 흐르는 관 안에 설치된 피토관의 수주높이가 0.46m일 때 기체의 유속은 약 몇 m/s인가?**

① 3　　② 4
③ 5　　④ 6

해설 피토관 유량계 유속$(V)=\sqrt{2gh}$
$\therefore \sqrt{2\times 9.8\times 0.46}=3\text{m/s}$

78 **제어계가 불안정하여 주기적으로 변화하는 좋지 못한 상태를 무엇이라 하는가?**

① Step 응답　　② 헌팅(난조)
③ 외란　　④ 오버슈트

해설 헌팅(난조)
자동제어계가 불안정하여 주기적으로 변화하는 좋지 못한 상태이다.

79 **오르자트 가스분석계로 가스분석 시 가장 적당한 온도는?**

① 0~15℃　　② 10~15℃
③ 16~20℃　　④ 20~28℃

해설 오르자트 화학식 가스분석계 분석 시 이상적인 온도는 16~20℃의 상온이다.

80 **가스크로마토그래피에서 운반기체(Carrier Gas)의 불순물을 제거하기 위하여 사용하는 부속품이 아닌 것은?**

① 오일트랩(Oil Trap)
② 화학필터(Chemical Filter)
③ 산소제거트랩(Oxygen Trap)
④ 수분제거트랩(Moisture Trap)

해설 가스크로마토그래피 운반가스(캐리어 가스)의 불순물 제거 부속품
㉠ 화학필터
㉡ 산소제거트랩
㉢ 수분제거트랩

75. ④ 76. ③ 77. ① 78. ② 79. ③ 80. ① | ANSWER

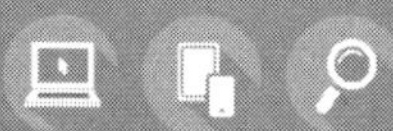

SECTION 01 연소공학

01 부피로 Hexane 0.8v%, Methane 2.0v%, Ethylene 0.5v%로 구성된 혼합가스의 LFL을 계산하면 약 얼마인가?(단, Hexane, Methane, Ethylene의 폭발하한계는 각각 1.1v%, 5.0v%, 2.7v%라고 한다.)

① 2.5%　② 3.0%
③ 3.3%　④ 3.9%

해설 혼합가스 폭발하한계(LFL)

$$LFL = \frac{0.8+2.0+0.5}{\left(\frac{0.8}{1.1}\right)+\left(\frac{2.0}{5.0}\right)+\left(\frac{0.5}{2.7}\right)} = 2.5\%$$

02 수소의 연소반응식이 다음과 같을 경우 1mol의 수소를 일정한 압력에서 이론산소량으로 완전연소시켰을 때의 온도는 약 몇 K인가?(단, 정압비열은 10cal/mol · K, 수소와 산소의 공급온도는 25℃, 외부로의 열손실은 없다.)

$$H_2 + \frac{1}{2}O_2 \rightarrow H_2O(g) + 57.8kcal/mol$$

① 5,780　② 5,805
③ 6,053　④ 6,078

해설 이론연소가스온도 계산(T)

$T_2 = \frac{Hl}{G_o \cdot C_p}$, $\Delta H = C_p \cdot \Delta t = C_p(T_2 - T_1)$

T_2(연소 후 온도)$= (273+25) + \frac{57.8 \times 10^3}{10} = 6{,}078K$

※ $1kcal = 10^3cal$, $10^3mol = 1kmol$

03 표준상태에서 질소가스의 밀도는 몇 g/L인가?

① 0.97　② 1.00
③ 1.07　④ 1.25

해설 밀도(ρ)$= \frac{질량}{부피} = \frac{28g}{22.4L} = 1.25g/L$

※ 1몰 22.4L=분자량값(질소=28)

04 프로판(C_3H_8)과 부탄(C_4H_{10})의 혼합가스가 표준상태에서 밀도가 2.25kg/m^3이다. 프로판의 조성은 약 몇 %인가?

① 35.16　② 42.72
③ 54.28　④ 68.53

해설 밀도$= \frac{질량}{부피}$(kg/m^3)

프로판 몰수가 x라면 부탄 몰수는 $(1-x)$가 된다.

C_3H_8 22.4m^3=44kg, C_4H_{10} 22.4m^3=58kg

$\frac{44}{22.4} = 1.964kg/m^3$, $\frac{58}{22.4} = 2.589kg/m^3$

$1.964x + 2.589(1-x) = 2.25(kg/m^3)$

$\therefore x = 0.5424(54.24\%)$

05 열전도율 단위는 어느 것인가?

① kcal/m · h · ℃
② kcal/m^2 · h · ℃
③ kcal/m^2 · ℃
④ kcal/h

해설 ① 열전도율(kcal/mh℃=kJ/m℃)
② 열관류율, 열전달률
④ 발생열량 또는 손실열량

06 연소의 3요소 중 가연물에 대한 설명으로 옳은 것은?

① 0족 원소들은 모두 가연물이다.
② 가연물은 산화반응 시 발열반응을 일으키며 열을 축적하는 물질이다.
③ 질소와 산소가 반응하여 질소산화물을 만드므로 질소는 가연물이다.
④ 가연물은 반응 시 흡열반응을 일으킨다.

해설 ㉠ 0족 원소 : 불활성 기체
㉡ 가연물 : 산화 시 발열반응
㉢ 질소 : 불연성 가스

ANSWER | 1. ① 2. ④ 3. ④ 4. ③ 5. ① 6. ②

07 액체 시안화수소를 장기간 저장하지 않는 이유는?

① 산화폭발하기 때문에
② 중합폭발하기 때문에
③ 분해폭발하기 때문에
④ 고결되어 장치를 막기 때문에

해설 액체 시안화수소(HCN)
오래된 시안화수소는 소량의 수분(2%) 등이 혼합하면 중합폭발을 일으킨다(독성 농도가 강하고 폭발범위가 6~41%이며, 가연성 독성 가스이다).

08 대기 중에 대량의 가연성 가스나 인화성 액체가 유출되어 발생 증기가 대기 중의 공기와 혼합하여 폭발성인 증기운을 형성하고 착화 폭발하는 현상은?

① BLEVE ② UVCE
③ Jet Fire ④ Flash Over

해설 ① BLEVE : 비등액체 팽창 증기폭발
② UVCE : 증기운폭발
③ Jet Fire : 고속화염
④ Flash Over : 발화원 위치점

09 다음 보기에서 설명하는 소화제의 종류는?

㉠ 유류 및 전기화재에 적합하다. ㉡ 소화 후 잔여물을 남기지 않는다. ㉢ 연소반응을 억제하는 효과와 냉각소화 효과를 동시에 가지고 있다. ㉣ 소화기의 무게가 무겁고, 사용 시 동상의 우려가 있다.

① 물 ② 할론
③ 이산화탄소 ④ 드라이케미컬분말

해설 CO_2
밀도가 무겁고 냉각 · 질식소화용이다.

10 기체연료의 예혼합연소에 대한 설명 중 옳은 것은?

① 화염의 길이가 길다.
② 화염이 전파하는 성질이 있다.
③ 연료와 공기의 경계에서 주로 연소가 일어난다.
④ 연료와 공기의 혼합비가 순간적으로 변한다.

해설 기체연료의 연소방법에는 확산연소, 예혼합연소 2가지가 있으며, 가스와 공기를 사전에 혼합하는 예혼합연소는 역화 발생 우려 및 화염전파 성질이 있다(연소 시 자력의 화염을 전파해 가는 내부혼합방식이다).

11 연료의 구비조건이 아닌 것은?

① 발열량이 클 것
② 유해성이 없을 것
③ 저장 및 운반효율이 낮을 것
④ 안전성이 있고 취급이 쉬울 것

해설 연료의 구비조건
저장이 간편하고 운반이 용이해야 하며, 열효율이 높아야 한다.

12 불활성화에 대한 설명으로 틀린 것은?

① 가연성 혼합가스에 불활성 가스를 주입하여 산소의 농도를 최소산소농도 이하로 낮게 하는 공정이다.
② 이너트 가스로는 질소, 이산화탄소 또는 수증기가 사용된다.
③ 이너팅은 산소농도를 안전한 농도로 낮추기 위하여 이너트 가스를 용기에 처음 주입하면서 시작한다.
④ 일반적으로 실시되는 산소농도의 제어점은 최소산소농도보다 10% 낮은 농도이다.

해설 ④ 산소농도 제어점은 최고산소농도보다 10% 낮은 농도이다.

13 연소 및 폭발에 대한 설명 중 틀린 것은?

① 폭발이란 주로 밀폐된 상태에서 일어나며 급격한 압력상승을 수반한다.
② 인화점이란 가연물이 공기 중에서 가열될 때 그 산화열로 인해 스스로 발화하게 되는 온도를 말한다.
③ 폭굉은 연소파의 화염 전파속도가 음속을 돌파할 때 그 선단에 충격파가 발달하게 되는 현상을 말한다.
④ 연소란 적당한 온도의 열과 일정비율의 산소와 연료와의 결합반응으로 발열 및 발광현상을 수반하는 것이다.

7. ② 8. ② 9. ③ 10. ② 11. ③ 12. ④ 13. ② | ANSWER

해설 문제 내용 중 ②항은 착화점(발화점)에 해당하는 내용이다(인화점은 불씨에 의해 불이 점화되는 최소온도).

14 **연소속도를 결정하는 가장 중요한 인자는 무엇인가?**

① 환원반응을 일으키는 속도
② 산화반응을 일으키는 속도
③ 불완전 환원반응을 일으키는 속도
④ 불완전 산화반응을 일으키는 속도

해설 연소속도=산화반응속도

15 **"기체분자의 크기가 0이고 서로 영향을 미치지 않는 이상기체의 경우, 온도가 일정할 때 가스의 압력과 부피는 서로 반비례한다."와 관련이 있는 법칙은?**

① 보일의 법칙 ② 샤를의 법칙
③ 보일-샤를의 법칙 ④ 돌턴의 법칙

해설 보일의 법칙
가스의 압력과 부피는 서로 반비례한다.
(고압 : 부피가 소량, 저압 : 부피가 대량)

$$P_1V_1 = P_2V_2\left(\text{샤를법칙} = \frac{V_1}{T_1} = \frac{V_2}{T_2}\right)$$

16 **공기와 혼합하였을 때 폭발성 혼합가스를 형성할 수 있는 것은?**

① NH_3 ② N_2
③ CO_2 ④ SO_2

해설 NH_3(암모니아) 가스는 가연성 가스이며 폭발범위는 15~28%이다.
※ $C+O_2 \rightarrow CO_2$
$S+O_2 \rightarrow SO_2$

17 **상온, 상압하에서 에탄(C_2H_6)이 공기와 혼합되는 경우 폭발범위는 약 몇 %인가?**

① 3.0~10.5 ② 3.0~12.5
③ 2.7~10.5 ④ 2.7~12.5

해설 에탄가스 폭발범위
3.0~12.5%
※ $C_2H_6+3.5O_2 \rightarrow 2CO_2+3H_2O$

18 **가연성 가스의 폭발범위에 대한 설명으로 옳은 것은?**

① 폭굉에 의한 폭풍이 전달되는 범위를 말한다.
② 폭굉에 의하여 피해를 받는 범위를 말한다.
③ 공기 중에서 가연성 가스가 연소할 수 있는 가연성 가스의 농도범위를 말한다.
④ 가연성 가스와 공기의 혼합기체가 연소하는 데 혼합기체의 필요한 압력범위를 말한다.

해설 가연성 가스 폭발범위
공기 중에서 가연성 가스가 연소할 수 있는 가연성 가스의 농도범위이다.

19 **다음 기체 가연물 중 위험도(H)가 가장 큰 것은?**

① 수소 ② 아세틸렌
③ 부탄 ④ 메탄

해설 위험도(H)$=\dfrac{U-L}{L}$(폭발범위에서 구한다)

① 수소(H_2)$=\dfrac{75-4}{4}=17.75$

② 아세틸렌(C_2H_2)$=\dfrac{81-2.5}{2.1}=31.4$

③ 부탄(C_4H_{10})$=\dfrac{8.4-1.8}{1.8}=3.67$

④ 메탄(CH_4)$=\dfrac{15-5}{5}=2$

20 **방폭구조의 종류에 대한 설명으로 틀린 것은?**

① 내압방폭구조는 용기 외부의 폭발에 견디도록 용기를 설계한 구조이다.
② 유입방폭구조는 기름면 위에 존재하는 가연성 가스에 인화될 우려가 없도록 한 구조이다.
③ 본질안전방폭구조는 공적기관에서 점화시험 등의 방법으로 확인한 구조이다.
④ 안전증방폭구조는 구조상 및 온도의 상승에 대하여 특별히 안전도를 증가시킨 구조이다.

ANSWER | 14. ② 15. ① 16. ① 17. ② 18. ③ 19. ② 20. ①

해설 내압방폭구조
용기 내부에서 가연성 가스의 폭발이 발생할 때 그 용기가 폭발압력에 견디고 외부의 가연성 가스에 인화되지 않도록 한 구조이다.

SECTION 02 가스설비

21 공기액화분리장치의 폭발원인으로 가장 거리가 먼 것은?

① 공기 취입구로부터의 사염화탄소의 침입
② 압축기용 윤활유의 분해에 따른 탄화수소의 생성
③ 공기 중에 있는 질소 화합물(산화질소 및 과산화질소 등)의 흡입
④ 액체 공기 중의 오존의 흡입

해설 CCl_4(사염화탄소)
공기액화분리기에서 폭발방지를 위하여 1년에 1회 정도 장치를 세척하는 세정제이다.

22 원통형 용기에서 원주 방향 응력은 축 방향 응력의 얼마인가?

① 0.5 ② 1배
③ 2배 ④ 4배

해설 응력비=2 : 1

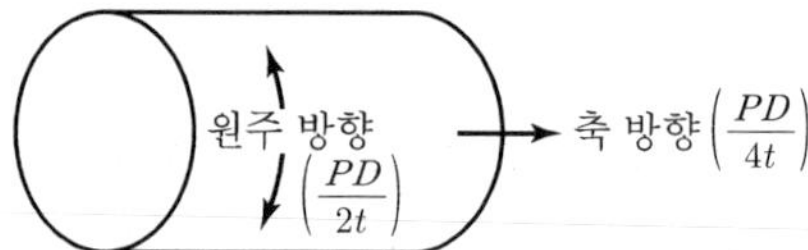

23 포스겐의 제조 시 사용되는 촉매는?

① 활성탄 ② 보크사이트
③ 산화철 ④ 니켈

해설 포스겐 촉매제 : 활성탄
※ 독성 가스 포스겐($COCl_2$)$=Cl_2+CO$

24 대용량의 액화가스저장탱크 주위에는 방류둑을 설치하여야 한다. 방류둑의 주된 설치목적은?

① 테러범 등 불순분자가 저장탱크에 접근하는 것을 방지하기 위하여
② 액상의 가스가 누출될 경우 그 가스를 쉽게 방류하기 위하여
③ 빗물이 저장탱크 주위로 들어오는 것을 방지하기 위하여
④ 액상의 가스가 누출된 경우 그 가스의 유출을 방지하기 위하여

해설 방류둑 설치 목적은 ④항이다. 방류둑 용량은 저장능력 상당용적이다(단, 액화산소는 저장능력 상당용적의 60%).

25 아세틸렌 제조설비에서 정제장치는 주로 어떤 가스를 제거하기 위해 설치하는가?

① PH_3, H_2S, NH_3
② CO_2, SO_2, CO
③ H_2O(수증기), NO, NO_2, NH_3
④ $SiHCl_3$, SiH_2Cl_2, SiH_4

해설 C_2H_2 가스 제조 시 불순물
O_2, N_2, H_2, NH_3, CH_4, CO, PH_3, H_2S, SiH_4 등
※ 청정제로는 에퓨렌, 리카솔, 카타리솔 등이 있다.

26 발열량이 10,000kcal/Sm³, 비중이 1.2인 도시가스의 웨버지수는?

① 8,333 ② 9,129
③ 10,954 ④ 12,000

해설 도시가스 웨버지수$=\frac{H_g}{\sqrt{d}}=\frac{10,000}{\sqrt{1.2}}=9,129$

27 스테인리스강의 조성이 아닌 것은?

① Cr ② Pb
③ Fe ④ Ni

해설 Pb(납) : 연관제조

21.① 22.③ 23.① 24.④ 25.① 26.② 27.② | ANSWER

28 기화장치의 구성이 아닌 것은?

① 검출부 ② 기화부
③ 제어부 ④ 조압부

해설 검출부
압력계, 온도계, 유량계 등의 측정부위

29 산소제조 장치설비에 사용되는 건조제가 아닌 것은?

① NaOH ② SiO_2
③ $NaClO_3$ ④ Al_2O_3

해설 건조제
㉠ NaOH(수산화나트륨 : 가성소다)
㉡ Al_2O_3(활성 알루미나)
㉢ SiO_2(실리카겔)
㉣ 소바이드 및 몰레큘러시브

30 피셔(Fisher)식 정압기에 대한 설명으로 틀린 것은?

① 로딩형 정압기이다.
② 동특성이 양호하다.
③ 정특성이 양호하다.
④ 다른 것에 비하여 크기가 크다.

해설 ④ 피셔식 정압기가 다른 것에 비하여 크기가 작고, 레이놀즈식이 다른 것에 비해 크다.
※ 정압기 안전밸브 : 방출관은 지면에서 5m 이상이어야 한다.

31 제1종 보호시설은 사람을 수용하는 건축물로서 사실상 독립된 부분의 연면적이 얼마 이상인 것에 해당하는가?

① $100m^2$
② $500m^2$
③ $1,000m^2$
④ $2,000m^2$

해설 제1종 보호시설
사람을 수용하는 건축물로서 사실상 독립된 부분의 연면적이 1천 m^2 이상인 것이다(제2종은 $1,000m^2$ 미만인 것).

32 공기냉동기의 표준사이클은?

① 브레이턴 사이클 ② 역브레이턴 사이클
③ 카르노 사이클 ④ 역카르노 사이클

해설 공기냉동기 표준사이클
역브레이턴 사이클
(증발기 → 압축기 → 응축수 → 팽창밸브 → 증발기)

33 3단 압축기로 압축비가 다같이 3일 때 각 단의 이론 토출압력은 각각 몇 MPa · g인가?(단, 흡입압력은 0.1MPa이다.)

① 0.2, 0.8, 2.6
② 0.2, 1.2, 6.4
③ 0.3, 0.9, 2.7
④ 0.3, 1.2, 6.4

해설 ㉠ 제1단 $=0.1\times3=0.3$MPa(0.2MPa · g)
㉡ 제2단 $=0.3\times3=0.9$MPa$(0.9-0.1)=0.8$MPa · g
㉢ 제3단 $=0.9\times3=2.7$MPa$(2.7-0.1)=2.6$MPa · g

34 압축기에서 압축비가 커짐에 따라 나타나는 영향이 아닌 것은?

① 소요동력 감소 ② 토출가스온도 상승
③ 체적효율 감소 ④ 압축일량 증가

해설 압축기의 압축비 $=\dfrac{\text{응축압력}}{\text{증발압력}}=\dfrac{\text{고압}}{\text{저압}}$
(압축비가 크면 소요동력이 증가한다.)

35 배관 내 가스 중의 수분 응축 또는 배관의 부식 등으로 인하여 지하수가 침입하는 등의 장애 발생으로 가스의 공급이 중단되는 것을 방지하기 위해 설치하는 것은?

① 슬리브 ② 리시버탱크
③ 솔레노이드 ④ 후프링

해설 리시버탱크
배관 내 가스 중의 수분이 응축되거나 관의 부식으로 지하수가 침입하여 가스 공급이 중단되는 것을 방지하는 탱크이다.

ANSWER | 28. ① 29. ③ 30. ④ 31. ③ 32. ② 33. ① 34. ① 35. ②

36 최고 사용온도가 100℃, 길이(L)가 10m인 배관을 상온(15℃)에서 설치하였다면 최고온도로 사용 시 팽창으로 늘어나는 길이는 약 몇 mm인가?(단, 선팽창계수 a는 12×10^{-6}m/m℃이다.)

① 5.1　② 10.2
③ 102　④ 204

해설 관의 온도 변화 시 팽창길이(L)
$L=10\text{m}\times(100-15)℃\times(12\times10^{-6})$
$=0.0102\text{m}(10.2\text{mm})$

37 다음은 수소의 성질에 대한 설명이다. 옳은 것으로만 나열된 것은?

Ⓐ 공기와 혼합된 상태에서의 폭발범위는 4.0~65%이다.
Ⓑ 무색, 무취, 무미이므로 누출되었을 경우 색깔이나 냄새로 알 수 없다.
Ⓒ 고온, 고압하에서 강(鋼) 중의 탄소와 반응하여 수소취성을 일으킨다.
Ⓓ 열전달률이 아주 낮고, 열에 대하여 불안정하다.

① Ⓐ, Ⓑ　② Ⓐ, Ⓒ
③ Ⓑ, Ⓒ　④ Ⓑ, Ⓓ

해설 수소(H_2) 가스
㉠ 폭발범위 : 4~75%
㉡ 열전도율이 크고 열에 대하여 안정하다.
㉢ 수소취성 : $Fe_3C+2H_2\rightarrow3Fe+CH_4$

38 일정 압력 이하로 내려가면 가스분출이 정지되는 안전밸브는?

① 가용전식　② 파열식
③ 스프링식　④ 박판식

해설 스프링식 안전밸브
설정압력 초과 시 가스가 분출되고 설정압력에 도달하면 가스의 분출이 정지된다(재사용이 가능하다).

39 피스톤펌프의 특징으로 옳지 않은 것은?

① 고압, 고점도의 소유량에 적당하다.
② 회전수에 따른 토출 압력 변화가 많다.
③ 토출량이 일정하므로 정량토출이 가능하다.
④ 고압에 의하여 물성이 변화할 수가 있다.

해설 피스톤펌프
왕복동식 펌프로, 실린더 내 피스톤의 왕복운동에 의한 펌프이다.
※ 왕복식은 회전수가 변화하여도 토출압력 변화가 적다.

40 수격작용(Water Hammering)의 방지법으로 적합하지 않은 것은?

① 관 내의 유속을 느리게 한다.
② 밸브를 펌프 송출구 가까이 설치한다.
③ 서지탱크(Surge Tank)를 설치하지 않는다.
④ 펌프의 속도가 급격히 변화하는 것을 막는다.

해설 수격작용을 방지하려면 ①, ②, ④ 외에도 서지탱크시설을 설치해야 한다.

SECTION 03 가스안전관리

41 저장능력이 20톤인 암모니아 저장탱크 2기를 지하에 인접하여 매설할 경우 상호 간에 최소 몇 m 이상의 이격거리를 유지하여야 하는가?

① 0.6m　② 0.8m
③ 1m　④ 1.2m

해설
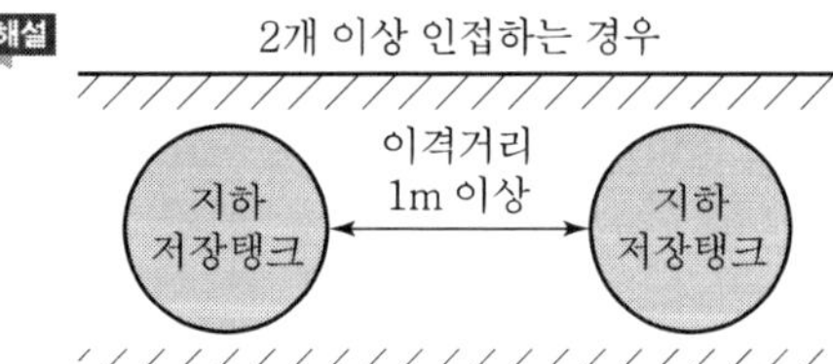

42 **공업용 액화염소를 저장하는 용기의 도색은?**

① 주황색 ② 회색
③ 갈색 ④ 백색

해설 액화염소 용기 도색
갈색(독성 가스 : ㉿ 자 표시)

43 **가스사용시설에 퓨즈콕 설치 시 예방 가능한 사고 유형은?**

① 가스레인지 연결호스 고의절단사고
② 소화안전장치고장 가스누출사고
③ 보일러 팽창탱크과열 파열사고
④ 연소기 전도 화재사고

해설 가스레인지 연결호스 절단사고 등을 예방하기 위하여 퓨즈콕을 설치한다.
※ 콕의 종류 : 퓨즈콕, 상자콕, 주물연소기용 노즐콕, 업무용 대형 연소기용 노즐콕

44 **고압가스 안전관리법에서 정하고 있는 특정고압가스가 아닌 것은?**

① 천연가스
② 액화염소
③ 게르만
④ 염화수소

해설 특정고압가스
①, ②, ③의 가스를 포함하여 총 11개가 있다.
(고압가스 안전관리법 시행령 제16조)
※ 염화수소의 독성 가스 허용농도 : 5ppm

45 **액화석유가스의 특성에 대한 설명으로 옳지 않은 것은?**

① 액체는 물보다 가볍고, 기체는 공기보다 무겁다.
② 액체의 온도에 의한 부피 변화가 작다.
③ 일반적으로 LNG보다 발열량이 크다.
④ 연소 시 다량의 공기가 필요하다.

해설 액화가스는 온도 상승 시 액의 팽창률, 부피의 변화가 크다(항상 40℃ 이하로 유지한다).

46 **고온, 고압 시 가스용기의 탈탄작용을 일으키는 가스는?**

① C_3H_8 ② SO_3
③ H_2 ④ CO

해설 탈탄작용(강철용기의 취화 발생) : 일명 수소취성

$$Fe_3C + 2H_2 \xrightarrow{\text{고온, 고압}} CH_4 + 3Fe$$

※ 수소취성 방지제 : Cr, Ti, V, W, Mo, Nb

47 **독성의 액화가스 저장탱크 주위에 설치하는 방류둑의 저장능력은 몇 톤 이상의 것에 한하는가?**

① 3톤 ② 5톤
③ 10톤 ④ 50톤

해설 방류둑 기준
㉠ 가연성 : 저장능력 500톤 이상
㉡ 독성 : 저장능력 5톤 이상
㉢ 산소 : 저장능력 1천 톤 이상

48 **가스설비가 오조작되거나 정상적인 제조를 할 수 없는 경우 자동적으로 원재료를 차단하는 장치는?**

① 인터록기구
② 원료제어밸브
③ 가스누출기구
④ 내부반응 감시기구

해설 인터록기구
자동적 원재료 차단기구이다(사고 발생 방지용).

49 **액화암모니아 70kg을 충전하여 사용하고자 한다. 충전정수가 1.86일 때 안전관리상 용기의 내용적은?**

① 27L ② 37.6L
③ 75L ④ 131L

해설 $W(\text{질량}) = \dfrac{V}{C}$

$\therefore$ 용적$(V) = W \times C = 70 \times 1.86 = 131\text{L}$

50 고압가스 안전관리법상 가스저장탱크 설치 시 내진 설계를 하여야 하는 저장탱크는?(단, 비가연성 및 비독성인 경우는 제외한다.)

① 저장능력이 5톤 이상 또는 500m^3 이상인 저장탱크
② 저장능력이 3톤 이상 또는 300m^3 이상인 저장탱크
③ 저장능력이 2톤 이상 또는 200m^3 이상인 저장탱크
④ 저장능력이 1톤 이상 또는 100m^3 이상인 저장탱크

해설 가스저장탱크 설치 시 내진설계 기준
가연성, 독성 가스의 경우 저장능력 5톤 이상 또는 500m^3 이상인 저장탱크

51 차량에 혼합 적재할 수 없는 가스끼리 짝지어져 있는 것은?

① 프로판, 부탄 ② 염소, 아세틸렌
③ 프로필렌, 프로판 ④ 시안화수소, 에탄

해설 차량에 혼합 적재가 불가능한 가스
염소, 아세틸렌, 암모니아, 수소

52 압력방폭구조의 표시방법은?

① p ② d
③ ia ④ s

해설 ① p : 압력방폭구조
② d : 내압방폭구조
③ ia : 본질안전방폭구조
④ s : 특수방폭구조

53 저장량 15톤의 액화산소 저장탱크를 지하에 설치할 경우 인근에 위치한 연면적 300m^2인 교회와 몇 m 이상의 거리를 유지하여야 하는가?

① 6m ② 7m
③ 12m ④ 14m

해설 산소저장탱크(지하용) : 15톤(15,000kg)
1만 초과~2만 이하 제1종 보호시설 이격거리 : 14m(제2종은 9m)

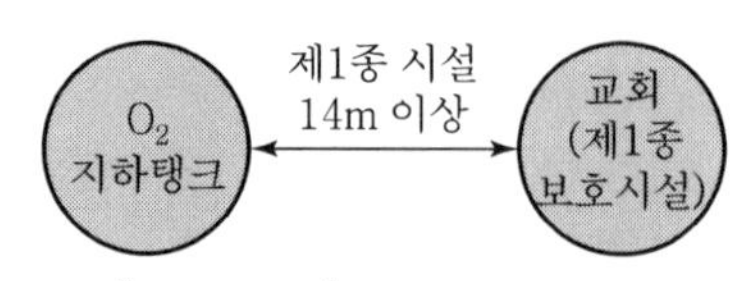

(단, 지하는 $\frac{1}{2}$, $\therefore 14 \times \frac{1}{2} = 7$m 이상)

54 냉동기의 냉매설비에 속하는 압력용기의 재료는 압력용기의 설계압력 및 설계온도 등에 따른 적절한 것이어야 한다. 다음 중 초음파탐상 검사를 실시하지 않아도 되는 재료는?

① 두께가 40mm 이상인 탄소강
② 두께가 38mm 이상인 저합금강
③ 두께가 6mm 이상인 9% 니켈강
④ 두께가 19mm 이상이고 최소인장강도가 568.4N/mm^2 이상인 강

해설

55 아세틸렌용 용접용기 제조 시 내압시험압력이란 최고압력 수치의 몇 배의 압력을 말하는가?

① 1.2 ② 1.5
③ 2 ④ 3

해설 아세틸렌 용접용기 제조 시 내압시험압력은 최고 충전압력의 3배 압력이다.

56 용기보관실을 설치한 후 액화석유가스를 사용하여야 하는 시설기준은?

① 저장능력 1,000kg 초과
② 저장능력 500kg 초과
③ 저장능력 300kg 초과
④ 저장능력 100kg 초과

해설 저장능력 100kg 초과 시 LPG가스 용기보관실을 반드시 설치해야 한다.

50. ① 51. ② 52. ① 53. ② 54. ① 55. ④ 56. ④ I ANSWER

57 고압가스 제조설비에서 기밀시험용으로 사용할 수 없는 것은?

① 질소 ② 공기
③ 탄산가스 ④ 산소

해설 기밀시험에 사용이 불가능한 가스
㉠ 가연성
㉡ 독성
㉢ 산소 등 산화성 가스

58 아세틸렌가스 충전 시 희석제로 적합한 것은?

① N_2 ② C_3H_8
③ SO_2 ④ H_2

해설 아세틸렌가스 분해폭발 방지용 희석제
㉠ 사용 가능 가스 : N_2, C_2H_4, CH_4, CO
㉡ 사용 부적합 가스 : H_2, C_3H_8, CO_2

59 액화석유가스 사업자 등과 시공자 및 액화석유가스 특정사용자의 안전관리 등에 관계되는 업무를 하는 자는 시도지사가 실시하는 교육을 받아야 한다. 교육대상자의 교육내용에 대한 설명으로 틀린 것은?

① 액화석유가스 배달원으로 신규 종사하게 될 경우 특별교육을 1회 받아야 한다.
② 액화석유가스 특정사용시설의 안전관리책임자로 신규 종사하게 될 경우 신규 종사 후 6개월 이내 및 그 이후에는 3년이 되는 해마다 전문교육을 1회 받아야 한다.
③ 액화석유가스를 연료로 사용하는 자동차의 정비작업에 종사하는 자가 한국가스안전공사에서 실시하는 액화석유가스 자동차 정비 등에 관한 전문교육을 받은 경우에는 별도로 특별교육을 받을 필요가 없다.
④ 액화석유가스 충전시설의 충전원으로 신규 종사하게 될 경우 6개월 이내 전문교육을 1회 받아야 한다.

해설 ④ 신규 종사 시 특별교육을 1회만 받으면 된다.

60 정전기로 인한 화재 · 폭발 사고를 예방하기 위해 취해야 할 조치가 아닌 것은?

① 유체의 분출 방지
② 절연체의 도전성 감소
③ 공기의 이온화 장치 설치
④ 유체 이 · 충전 시 유속의 제한

해설 ② 절연체는 도전성이 없다.

SECTION 04 가스계측

61 토마스식 유량계는 어떤 유체의 유량을 측정하는 데 가장 적당한가?

① 용액의 유량 ② 가스의 유량
③ 석유의 유량 ④ 물의 유량

해설 열선식 유량계(기체 측정)
미풍계, 토마스유량계, 서멀유량계

62 크로마토그램에서 머무름시간이 45초인 어떤 용질을 길이 2.5m인 컬럼에서 바닥에서의 너비를 측정하였더니 6초였다. 이론단수는 얼마인가?

① 800 ② 900
③ 1,000 ④ 1,200

해설 이론단수(N)

$$16\times\left(\frac{T_r}{W}\right)^2=16\times\left(\frac{2.5\times10^3/6}{2.5\times10^3/45}\right)^2=900$$

63 제어량의 종류에 따른 분류가 아닌 것은?

① 서보기구 ② 비례제어
③ 자동조정 ④ 프로세스제어

해설 비례동작(자동제어 동작분류)
자동제어의 연속동작으로 P동작이라고도 한다(잔류편차 발생).

64 전기저항식 온도계에 대한 설명으로 틀린 것은?

① 열전대 온도계에 비하여 높은 온도를 측정하는 데 적합하다.
② 저항선의 재료는 온도에 의한 전기저항의 변화(저항, 온도계수)가 커야 한다.
③ 저항 금속재료는 주로 백금, 니켈, 구리가 사용된다.
④ 일반적으로 금속은 온도가 상승하면 전기저항값이 올라가는 원리를 이용한 것이다.

해설 전기저항식 온도계
㉠ −200~400℃의 낮은 온도에 사용된다(열전대는 접촉식에서 가장 고온용 측정).
㉡ 종류 : 백금, 구리, 니켈, 서미스터 등

65 자동제어에 대한 설명으로 틀린 것은?

① 편차의 정(+), 부(−)에 의하여 조작신호가 최대, 최소가 되는 제어를 on−off 동작이라고 한다.
② 1차 제어장치가 제어량을 측정하여 제어명령을 하고 2차 제어장치가 이 명령을 바탕으로 제어량을 조절하는 것을 캐스케이드제어라고 한다.
③ 목푯값이 미리 정해진 시간적 변화를 할 경우의 추치제어를 정치제어라고 한다.
④ 제어량 편차의 과소에 의하여 조작단을 일정한 속도로 정작동, 역작동 방향으로 움직이게 하는 동작을 부동제어라고 한다.

해설 ③ 추치제어에서 정치제어가 아닌 추종제어에 대한 설명이다.

66 가스미터에 다음과 같이 표시되어 있었다. 다음 중 그 의미에 대한 설명으로 가장 옳은 것은?

0.6[L/rev], MAX 1.8[m^3/hr]

① 기준실 10주기 체적이 0.6L, 사용 최대 유량은 시간당 1.8m^3이다.
② 계량실 1주기 체적이 0.6L, 사용 감도 유량은 시간당 1.8m^3이다.
③ 기준실 10주기 체적이 0.6L, 사용 감도 유량은 시간당 1.8m^3이다.
④ 계량실 1주기 체적이 0.6L, 사용 최대 유량은 시간당 1.8m^3이다.

해설 ㉠ 0.6L/rev : 계량실 1주기 체적
㉡ MAX 1.8m^3/h : 시간당 사용 최대 유량값

67 유량의 계측 단위가 아닌 것은?

① kg/h ② kg/s
③ Nm^3/s ④ kg/m^3

해설 ④ kg/m^3 : 밀도의 단위(비중량)

68 가스미터에 공기가 통과 시 유량이 300m^3/h라면 프로판 가스를 통과하면 유량은 약 몇 kg/h로 환산되겠는가?(단, 프로판의 비중은 1.52, 밀도는 1.86kg/m^3)

① 235.9 ② 373.5
③ 452.6 ④ 579.2

해설 공기비중=1, 밀도=1.293kg/m^3(표준 밀도)
(300×1.293=387.9kg/h)
300×1.52×455kg/h
※ 분자량(프로판 : 44, 공기 : 29)

69 가스누출경보차단장치에 대한 설명 중 틀린 것은?

① 원격개폐가 가능하고 누출된 가스를 검지하여 경보를 울리면서 자동으로 가스통로를 차단하는 구조이어야 한다.
② 제어부에서 차단부의 개폐상태를 확인할 수 있는 구조이어야 한다.
③ 차단부가 검지부의 가스검지 등에 의하여 닫힌 후에는 복원조작을 하지 않는 한 열리지 않는 구조이어야 한다.
④ 차단부가 전자밸브인 경우에는 통전의 경우에는 닫히고, 정전의 경우에는 열리는 구조이어야 한다.

해설 가스용 전자밸브(솔레노이드 밸브)
㉠ 통전 : 열림
㉡ 정전 : 닫힘

64. ① 65. ③ 66. ④ 67. ④ 68. ③ 69. ④ | ANSWER

70 **탐사침을 액 중에 넣어 검출되는 물질의 유전율을 이용하는 액면계는?**

① 정전용량형 액면계 ② 초음파식 액면계
③ 방사선식 액면계 ④ 전극식 액면계

해설 정전용량형 액면계
간접식으로 유전율에 의해 유체의 액면을 측정한다.

71 **일반적으로 장치에 사용되고 있는 부르동관 압력계 등으로 측정되는 압력은?**

① 절대압력 ② 게이지압력
③ 진공압력 ④ 대기압

해설 압력계 지시치 : 게이지압력 측정
※ 절대압력
㉠ 게이지압력 + 대기압력
㉡ 대기압력 − 진공압력

72 **측정 범위가 넓어 탄성체 압력계의 교정용으로 주로 사용되는 압력계는?**

① 벨로스식 압력계 ② 다이어프램식 압력계
③ 부르동관식 압력계 ④ 표준 분동식 압력계

해설 표준 분동식 압력계
탄성식 압력계 등 2차 압력계의 교정용으로 사용한다.

73 **습공기의 절대습도와 그 온도와 동일한 포화공기의 절대습도의 비를 의미하는 것은?**

① 비교습도 ② 포화습도
③ 상대습도 ④ 절대습도

해설 비교습도
습공기의 절대습도와 그 온도와 동일한 포화공기의 절대습도의 비이다.

74 **일반적으로 기체 크로마토그래피 분석방법으로 분석하지 않는 가스는?**

① 염소(Cl_2) ② 수소(H_2)
③ 이산화탄소(CO_2) ④ 부탄($n-C_4H_{10}$)

해설 기체 크로마토그래피 가스분석기는 2원자분자인 N_2, O_2, H_2, Cl_2, 단원자분자인 He, Ar 등의 분석이 불가능하다.

75 **가스크로마토그래피에서 사용하는 검출기가 아닌 것은?**

① 원자방출검출기(AED)
② 황화학발광검출기(SCD)
③ 열추적검출기(TTD)
④ 열이온검출기(TID)

해설 가스크로마토그래피 분석기에는 ①, ②, ④ 외 TCD, FID, ECD, FPD, FTD가 있다.

76 **계량에 관한 법률의 목적으로 가장 거리가 먼 것은?**

① 계량의 기준을 정함
② 공정한 상거래 질서유지
③ 산업의 선진화 기여
④ 분쟁의 협의 조정

해설 분쟁의 협의 조정은 계량에 관한 법률과는 관련성이 없다.

77 **실측식 가스미터가 아닌 것은?**

① 터빈식 가스미터 ② 건식 가스미터
③ 습식 가스미터 ④ 막식 가스미터

해설 터빈식 가스미터는 추측식 가스미터이다.

78 **시료 가스를 각각 특정한 흡수액에 흡수시키고 흡수 전후의 가스체적을 측정하여 가스의 성분을 분석하는 방법이 아닌 것은?**

① 오르자트(Orsat)법
② 헴펠(Hempel)법
③ 적정(滴定)법
④ 게겔(Gockel)법

해설 적정법
화학적 가스분석법으로, 옥소법, 중화 적정법, 킬레이트 적정법이 있다.

ANSWER | 70. ① 71. ② 72. ④ 73. ① 74. ① 75. ③ 76. ④ 77. ① 78. ③

79 관이나 수로의 유량을 측정하는 차압식 유량계는 어떠한 원리를 응용한 것인가?

① 토리첼리(Torricelli's) 정리
② 패러데이(Faraday' s) 법칙
③ 베르누이(Bernoulli's) 정리
④ 파스칼(Pascal's) 원리

해설 차압식 유량계
베르누이 방정식을 이용하며, 오리피스, 플로어노즐, 벤투리미터 등이 있다.

80 다음 가스 분석법 중 흡수분석법에 해당되지 않는 것은?

① 헴펠법 ② 게겔법
③ 오르자트법 ④ 우인클러법

해설 흡수분석법
㉠ 헴펠법
㉡ 게겔법
㉢ 오르자트법

2017년 2회 가스산업기사

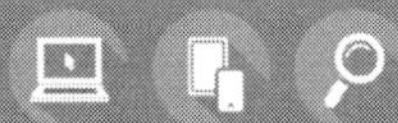

SECTION 01 연소공학

01 압력이 0.1MPa, 체적이 3m^{3}인 273.15K의 공기가 이상적으로 단열 압축되어 그 체적이 1/3로 되었다. 엔탈피의 변화량은 약 몇 kJ인가?(단, 공기의 기체상수는 0.287kJ/kg · K, 비열비는 1.4이다.)

① 480 ② 580
③ 680 ④ 780

해설 단열변화 엔탈피$(dh)=C_P dT$

$\Delta h=C_P(T_2-T_1)=-A_w$(엔탈피 변화=공업일량)

$=m\times\dfrac{KR}{K-1}(T_2-T_1)$

$\dfrac{T_2}{T_1}=\left(\dfrac{V_1}{V_2}\right)^{K-1}$

$T_2=273.15\times\left(\dfrac{1}{(\frac{1}{3})}\right)^{1.4-1}=423.89\text{K}$

정적비열$(C_V)-C_V=R,\ C_P=K\cdot C_V$

정압비열$(C_P)=\dfrac{K\cdot R}{K-1}=\dfrac{1.4\times0.287}{1.4-1}=1.0045$

$C_V=\dfrac{R}{K-1}=\dfrac{0.287}{1.4-1}=0.7175$

질량$(m)=\dfrac{P_1V_1}{RT_1}=\dfrac{0.1\times3\times10^3}{0.287\times273.15}=3.83\text{kg}$

비열비$(K)=\dfrac{C_P}{C_V}=\dfrac{1.0045}{0.7175}=1.4$

∴ 엔탈피 변화

$(\Delta h)=3.83\times\dfrac{1.4\times0.287}{1.4-1}\times(423.89-273.15)$

$=580\text{kJ}$

02 다음 중 연소와 관련된 식으로 옳은 것은?

① 과잉공기비=공기비$(m)-1$
② 과잉공기량=이론공기량$(A_0)+1$
③ 실제공기량=공기비(m)+이론공기량(A_0)
④ 공기비=(이론산소량/실제공기량)−이론공기량

해설 ㉠ 과잉공기율$=(m-1)$

㉡ 공기비$(m)=\dfrac{\text{실제공기량}}{\text{이론공기량}}$

㉢ 과잉공기량=실제공기량−이론공기량

03 다음 중 폭굉(Detonation)의 화염전파속도는?

① 0.1~10m/s
② 10~100m/s
③ 1,000~3,500m/s
④ 5,000~10,000m/s

해설 가연성 가스의 폭굉(Detonation)
화염전파속도는 1,000~3,500m/s이다.

04 다음 중 착화온도가 낮아지는 이유가 되지 않는 것은?

① 반응활성도가 클수록
② 발열량이 클수록
③ 산소농도가 높을수록
④ 분자구조가 단순할수록

해설 분자구조가 복잡하면 착화온도가 낮아진다.

05 단원자 분자의 정적비열(C_V)에 대한 정압비열(C_P)의 비인 비열비(k)값은?

① 1.67 ② 1.44
③ 1.33 ④ 1.02

해설 비열비(k)는 원자 수에 의한 기체분자의 자유도(ν)에 따라서 정해진다.

㉠ 단원자 기체 $\nu=3$, ∴ $k=\dfrac{5}{3}=1.66$

㉡ 2원자 기체 $\nu=5$, ∴ $k=\dfrac{7}{5}=1.4$

㉢ 3원자 기체 $\nu=6$, ∴ $k=\dfrac{8}{6}=1.33$

ANSWER | 1. ② 2. ① 3. ③ 4. ④ 5. ①

06 증기운폭발에 영향을 주는 인자로서 가장 거리가 먼 것은?

① 방출된 물질의 양
② 증발된 물질의 분율
③ 점화원의 위치
④ 혼합비

해설 증기운폭발(UVCE)
액화가스나 가연성액이 들어 있는 용기가 과열로 파괴되어 다량의 가연성 증기가 급격히 방출되어 폭발하는 것이며 그 영향 인자는 ①, ②, ③항이다.

07 시안화수소는 장기간 저장하지 못하도록 규정되어 있다. 가장 큰 이유는?

① 분해폭발하기 때문에
② 산화폭발하기 때문에
③ 분진폭발하기 때문에
④ 중합폭발하기 때문에

해설 시안화수소(HCN)를 소량의 수분과 장기간 저장 시 H_2O와 중합이 촉진되어 중합폭발이 일어난다.

08 다음 중 물리적 폭발에 속하는 것은?

① 가스폭발
② 폭발적 증발
③ 디토네이션
④ 중합폭발

해설 ①, ③, ④항은 화학적 폭발이다.
※ 화학적 폭발 : 산화폭발, 분해폭발, 중합폭발, 촉매폭발 등이다.

09 유동층 연소의 장점에 대한 설명으로 가장 거리가 먼 것은?

① 부하변동에 따른 적응력이 좋다.
② 광범위하게 연료에 적용할 수 있다.
③ 질소산화물의 발생량이 감소된다.
④ 전열면적이 적게 소요된다.

해설
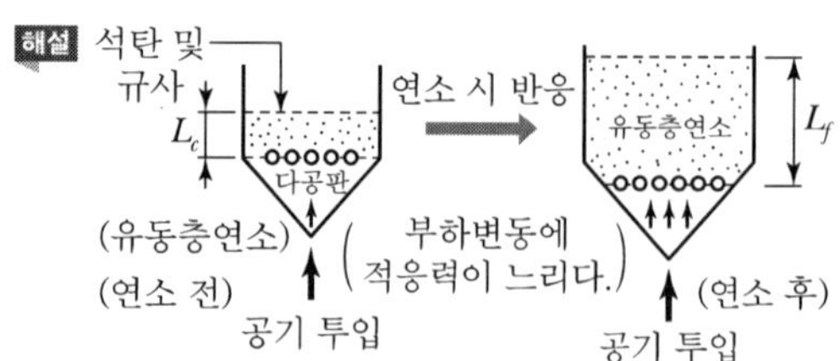

10 0.5atm, 10L인 기체 A와 1.0atm, 5L인 기체 B를 전체부피 15L의 용기에 넣을 경우, 전압은 얼마인가?(단, 온도는 항상 일정하다.)

① 1/3atm ② 2/3atm
③ 1.5atm ④ 1atm

해설
- A=10×0.5=5L
- B=1.0×5=5L
- A+B=5+5=10L

∴ 전압$(P)=\frac{10}{15}=\frac{2}{3}$atm

11 다음 가연성 가스 중 폭발하한값이 가장 낮은 것은?

① 메탄 ② 부탄
③ 수소 ④ 아세틸렌

해설 폭발범위(연소범위)
① 메탄(5~15%)
② 부탄(1.8~8.4%)
③ 수소(4~15%)
④ 아세틸렌(2.5~81%)

12 피크노미터는 무엇을 측정하는 데 사용되는가?

① 비중 ② 비열
③ 발화점 ④ 열량

해설 피크노미터(Pycnometer)
마개를 하여 가는 구멍으로부터 넘치는 분량을 버리고 일정한 온도로 질량을 측정한 후 온도가 같은 비중병의 물의 질량으로 이 측정값을 나누면 비중이 측정된다(비중계).

6. ④ 7. ④ 8. ② 9. ① 10. ② 11. ② 12. ① | ANSWER

13 **피스톤과 실린더로 구성된 어떤 용기 내에 들어 있는 기체의 처음 체적은 $0.1m^3$이다. 200kPa의 일정한 압력으로 체적이 $0.3m^3$으로 변했을 때의 일은 약 몇 kJ인가?**

① 0.4 ② 4
③ 40 ④ 400

해설 일량$({}_1W_2) = P(V_2 - V_1) = 200 \times (0.3 - 0.1) = 40\text{kJ}$

14 **미연소혼합기의 흐름이 화염 부근에서 층류에서 난류로 바뀌었을 때의 현상으로 옳지 않은 것은?**

① 확산연소일 경우는 단위면적당 연소율이 높아진다.
② 적화식 연소는 난류 확산연소로서 연소율이 높다.
③ 화염의 성질이 크게 바뀌며 화염대의 두께가 증대한다.
④ 예혼합연소일 경우 화염전파속도가 가속된다.

해설 적화식 연소
연소에 필요한 공기의 모두를 2차 공기로 취하고 1차 공기는 취하지 않는다. 단순히 가스를 공기 중에 분출하여 연소시키는 순간온수기, 파일럿 버너 등이며(가스가 공기와 완전히 접촉 반응하지 못하여 불꽃이 적색이며 불꽃온도는 비교적 900℃ 정도이다) 매연이 발생하고 연소효율이 낮다.
연소반응이 완만하여 층류연소가 진행된다.

15 **어떤 반응물질이 반응을 시작하기 전에 반드시 흡수하여야 하는 에너지의 양을 무엇이라 하는가?**

① 점화에너지 ② 활성화 에너지
③ 형성엔탈피 ④ 연소에너지

해설 활성화 에너지
어떤 반응물질이 반응을 시작하기 전에 반드시 흡수하여야 하는 에너지의 양이다.

16 **압력 2atm, 온도 27℃에서 공기 2kg의 부피는 약 몇 m^3인가?(단, 공기의 평균분자량은 29이다.)**

① 0.45 ② 0.65
③ 0.75 ④ 0.85

해설 공기 1kmol($22.4m^3 = 29kg$)

$$PV = GRT,\ V = \frac{GRT}{P}$$

$$\therefore\ V = \frac{2 \times \left(\frac{848}{29}\right) \times (27+273)}{2 \times 10^4} = 0.87m^3$$

※ $\overline{R} = 848\text{kg} \cdot \text{m/kmol} \cdot \text{K}$

17 **정상동작 상태에서 주변의 폭발성 가스 또는 증기에 점화하지 않고 점화할 수 있는 고장이 유발되지 않도록 한 방폭구조는?**

① 특수방폭구조 ② 비점화방폭구조
③ 본질안전방폭구조 ④ 몰드방폭구조

해설 비점화방폭구조
주변의 폭발성 가스 또는 증기에 점화하지 않고 점화할 수 있는 고장이 유발되지 않도록 한 방폭구조이다.

18 **고부하 연소 중 내연기관의 동작과 같은 흡입, 연소, 팽창, 배기를 반복하면서 연소를 일으키는 것은?**

① 펄스연소 ② 에멀젼연소
③ 촉매연소 ④ 고농도산소연소

해설 펄스연소
고부하 연소 중 내연기관의 동작과 같은 흡입, 연소, 팽창, 배기를 반복하면서 연소를 일으키는 것이다.

19 **연소에서 사용되는 용어와 그 내용에 대하여 가장 바르게 연결된 것은?**

① 폭발 – 정상연소
② 착화점 – 점화 시 최대에너지
③ 연소범위 – 위험도의 계산기준
④ 자연발화 – 불씨에 의한 최고 연소시작 온도

해설 ① 폭발 : 비정상연소
② 착화점 : 점화 시 최소에너지 및 불씨에 의한 최소연소온도
④ 자연발화 : 불씨 없이 연소가 시작되는 최저온도

※ 가연성 가스의 위험도(H)

$$H = \frac{\text{폭발상한계} - \text{폭발하한계}}{\text{폭발하한계}}$$ (값이 크면 위험하다.)

ANSWER | 13. ③ 14. ② 15. ② 16. ④ 17. ② 18. ① 19. ③

20 버너 출구에서 가연성 기체의 유출속도가 연소속도보다 큰 경우 불꽃이 노즐에 정착되지 않고 꺼져버리는 현상을 무엇이라 하는가?

① Boil Over ② Flash Back
③ Blow Off ④ Back Fire

해설 블로 오프(선화현상)

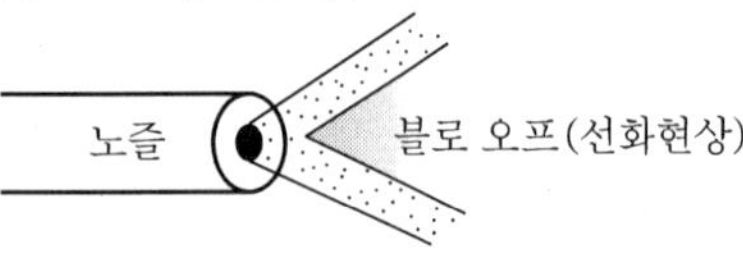

연소속도보다 가스의 분출속도가 빠른 현상이며 반대의 현상은 백파이어(Back Fire), 즉 역화현상이다.

SECTION 02 가스설비

21 용기 충전구에 "V"홈의 의미는?

① 왼나사를 나타낸다.
② 독성 가스를 나타낸다.
③ 가연성 가스를 나타낸다.
④ 위험한 가스를 나타낸다.

해설 용기 충전구에 있는 V홈의 의미
충전구 나사가 왼나사임을 표시(가연성 가스 용기용)한다.

22 LP가스를 이용한 도시가스 공급방식이 아닌 것은?

① 직접 혼입방식
② 공기 혼합방식
③ 변성 혼입방식
④ 생가스 혼합방식

해설 LP가스 강제 기화방식
㉠ 생가스 공급방식(직접 혼입방식)
㉡ 공기 혼합방식
㉢ 변성가스 혼입방식

23 고압가스 설비 설치 시 지반이 단단한 점토질 지반일 때의 허용 지지력도는?

① 0.05MPa ② 0.1MPa
③ 0.2MPa ④ 0.3MPa

해설 단단한 점토질 지반의 지지력도(10t/m^2)

$$= \frac{10 \times 10^3 (kg/t)}{10^4 cm^2/m^2} = 1kg/cm^2 = 0.1MPa$$

24 가스온수기에 반드시 부착하지 않아도 되는 안전장치는?

① 정전안전장치 ② 역풍방지장치
③ 전도안전장치 ④ 소화안전장치

해설 전도안전장치
쓰러지지 못하게 하는 안전장치로, 온수기가 아닌 난방기에 필요하다.

25 폴리에틸렌관(Polyethylene pipe)의 일반적인 성질에 대한 설명으로 틀린 것은?

① 인장강도가 작다.
② 내열성과 보온성이 나쁘다.
③ 염화비닐관에 비해 가볍다.
④ 상온에는 유연성이 풍부하다.

해설 PE 폴리에틸렌관의 특성
①, ③, ④항 외에
㉠ 비중이 염화비닐관의 약 2/3로 가볍다.
㉡ 유연성이 있고 약 90℃에서 연화한다(200℃에서 융해).
㉢ 저온에 강하고 −60℃에도 견딘다.
㉣ 내열성과 보온성이 PVC관보다 우수하다.

26 실린더의 단면적 50cm^2, 피스톤 행정 10cm, 회전수 200rpm, 체적효율 80%인 왕복압축기의 토출량은 약 몇 L/min인가?

① 60 ② 80
③ 100 ④ 120

해설 실린더 가스용량$=50 \times 10 = 500cm^3$

$$\therefore \text{토출량} = \frac{500 \times 200 \times 0.8}{10^6} = 80L/min$$

20. ③ 21. ① 22. ④ 23. ② 24. ③ 25. ② 26. ② | ANSWER

※ $1L=1,000cm^3$,
$1m^3=1,000L(1,000\times1,000=10^6cm^3)$

27 철을 담금질하면 경도는 커지지만 탄성이 약해지기 쉬우므로 이를 적당한 온도로 재가열했다가 공기 중에서 서랭하는 열처리 방법은?

① 담금질(Quenching)
② 뜨임(Tempering)
③ 불림(Normalizing)
④ 풀림(Annealing)

해설 뜨임
철을 담금질한 후 공기 중에서 서랭한다(담금질 강재에 연성이나 인성을 부여하고 내부응력을 제거한다). A_1 온도 이하, 즉 550~700℃ 고온뜨임이며 구상 펄라이트 조직이다.

28 금속의 시험편 또는 제품의 표면에 일정한 하중으로 일정 모양의 경질 입자를 압입하든가 또는 일정한 높이에서 해머를 낙하시키는 등의 방법으로 금속재료를 시험하는 방법은?

① 인장시험 ② 굽힘시험
③ 경도시험 ④ 크리프시험

해설 금속재료 경도시험
㉠ 브리넬경도(H_B) ㉡ 비커스경도(H_V)
㉢ 로크웰경도(H_R) ㉣ Scratch 경도
㉤ 반발경도(H_S) ㉥ 쇼어경도

29 전기방식 방법의 특징에 대한 설명으로 옳은 것은?

① 전위차가 일정하고 방식 전류가 적어 도복장의 저항이 작은 대상에 알맞은 방식은 희생양극법이다.
② 매설배관과 변전소의 부극 또는 레일을 직접 도선으로 연결해야 하는 경우에 사용하는 방식은 선택배류법이다.
③ 외부전원법과 선택배류법을 조합하여 레일의 전위가 높아도 방식전류를 흐르게 할 수가 있는 방식은 강제배류법이다.
④ 전압을 임의적으로 선정할 수 있고 전류의 방출을 많이 할 수 있어 전류구배가 작은 장소에 사용하는 방식은 외부전원법이다.

해설 ① 도복장의 저항이 큰 전기방식
② 매설배관과 전철의 레일을 접속한 것
④ 전류구배가 큰 방식법이다.
※ 강제배류법 : 외부전원법과 선택배류법을 조합한 전기방식법이다.

30 고압가스 용기 및 장치 가공 후 열처리를 실시하는 가장 큰 이유는?

① 재료표면의 경도를 높이기 위하여
② 재료의 표면을 연화하여 가공하기 쉽도록 하기 위하여
③ 가공 중 나타난 잔류응력을 제거하기 위하여
④ 부동태 피막을 형성시켜 내산성을 증가시키기 위하여

해설 용기 가공 후 열처리 목적은 가공 중 나타난 가공경화, 즉 잔류응력을 제거하기 위함이다.

31 원유, 중유, 나프타 등의 분자량이 큰 탄화수소 원료를 고온(800~900℃)으로 분해하여 고열량의 가스를 제조하는 방법은?

① 열분해 프로세스
② 접촉분해 프로세스
③ 수소화분해 프로세스
④ 대체 천연가스 프로세스

해설 열분해 프로세스
800~900℃에서 분해하여 $10,000kcal/Nm^3$ 정도의 고열량 가스를 제조한다(원유, 중유, 나프타 등 분자량이 큰 탄화수소 사용).

32 고압가스용 기화장치 기화통의 용접하는 부분에 사용할 수 없는 재료의 기준은?

① 탄소함유량이 0.05% 이상인 강재 또는 저합금 강재
② 탄소함유량이 0.10% 이상인 강재 또는 저합금 강재
③ 탄소함유량이 0.15% 이상인 강재 또는 저합금 강재
④ 탄소함유량이 0.35% 이상인 강재 또는 저합금 강재

ANSWER | 27. ② 28. ③ 29. ③ 30. ③ 31. ① 32. ④

해설 압력용기 등 또는 압력용기 등의 부분 중 내압부분에는 탄소 함유량이 0.35% 이상인 강재 또는 저합금 강재를 사용할 수 없다.

※ **탄소강** : 탄소(C)를 1.7% 이하 함유하는 강이다.
㉠ 저탄소강 : 0.12~0.2% 강
㉡ 중탄소강 : 0.2~0.45% 강(반연강, 반경강)
㉢ 고탄소강 : 0.45~0.8% 강
㉣ 최경강 : 0.8~1.7% 강

33 내용적 70L의 LPG 용기에 프로판가스를 충전할 수 있는 최대량은 몇 kg인가?

① 50　　② 45
③ 40　　④ 30

해설 프로판가스 분자량 C_3H_8=44kg/kmol
1kmol=22.4m^3, 1mol=22.4L
액화 프로판 액비중=0.509
액화가스 저장량(w)=$0.9 \cdot d \cdot V_2$
=0.9×0.509×70
=약 32kg

34 물을 전양정 20m, 송출량 500L/min로 이송할 경우 원심펌프의 필요동력은 약 몇 kW인가?(단, 펌프의 효율은 60%이다.)

① 1.7　　② 2.7
③ 3.7　　④ 4.7

해설

$$\text{필요동력} = \frac{r \cdot \theta \cdot H}{75 \times 60 \times \eta}(\text{PS}) = \frac{r \cdot \theta \cdot H}{102 \times 60 \times \eta}(\text{kW})$$

$$= \frac{1{,}000 \times \left(\frac{500}{1{,}000}\right) \times 20}{102 \times 60 \times 0.6} = 2.723\text{kW}$$

※ 물 1m^3=1,000kg=1,000L, 1kW=102kg · m/s

35 펌프에서 발생하는 캐비테이션의 방지법 중 옳은 것은?

① 펌프의 위치를 낮게 한다.
② 유효흡입수두를 작게 한다.
③ 펌프의 회전수를 많게 한다.
④ 흡입관의 지름을 작게 한다.

해설 펌프의 설치 위치를 높이면 수면과의 위치수두가 높아지고 압력이 상승하여 설치위치를 낮추면 흡입양정이 짧아져서 캐비테이션(공동현상)의 발생이 많아진다.

※ **공동현상** : 물이 기화하여 펌프의 동력을 증가시키거나 저항을 증가시킨다.

36 저온장치용 금속재료에서 온도가 낮을수록 감소하는 기계적 성질은?

① 인장강도　　② 연신율
③ 항복점　　④ 경도

해설 저온장치용 금속재료의 온도가 낮아질수록 금속의 연신율도 감소한다.

37 LP가스용 조정기 중 2단 감압식 조정기의 특징에 대한 설명으로 틀린 것은?

① 1차용 조정기의 조정압력은 25kPa이다.
② 배관이 길어도 전 공급지역의 압력을 균일하게 유지할 수 있다.
③ 입상배관에 의한 압력손실을 적게 할 수 있다.
④ 배관구경이 작은 것으로 설계할 수 있다.

해설 2단 감압식 조정기

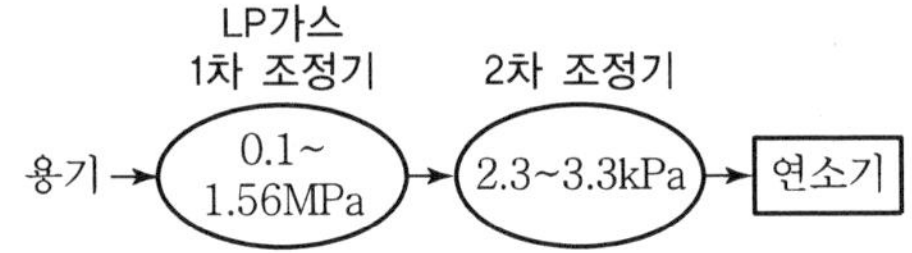

38 펌프에서 발생하는 수격현상의 방지법으로 틀린 것은?

① 서지(Surge)탱크를 관 내에 설치한다.
② 관내의 유속흐름 속도를 가능한 한 느리게 한다.
③ 플라이휠을 설치하여 펌프의 속도가 급변하는 것을 막는다.
④ 밸브는 펌프 주입구에 설치하고 밸브를 적당히 제어한다.

해설 펌프에서의 수격현상 방지를 위해서는 펌프 주입구에 공기실을 설치한다(밸브는 출구에 부착).

33. ④ 34. ② 35. ① 36. ② 37. ① 38. ④ | ANSWER

39 내압시험압력 및 기밀시험압력의 기준이 되는 압력으로서 사용상태에서 해당설비 등의 각부에 작용하는 최고사용압력을 의미하는 것은?

① 설계압력
② 표준압력
③ 상용압력
④ 설정압력

해설 상용압력
사용상태의 해당 설비 최고사용압력을 말한다.

40 레이놀즈(Reynolds)식 정압기의 특징인 것은?

① 로딩형이다.
② 콤팩트하다.
③ 정특성, 동특성이 양호하다.
④ 정특성은 극히 좋으나 안정성이 부족하다.

해설 레이놀즈식 정압기 특성
(1) 언로딩(unloading)형이다.
(2) 타 정압기에 비해 크다.
(3) 정특성이 좋다(안정성이 부족하다).
　㉠ 피셔식(비교적 콤팩트형)
　㉡ 엑셀 플로식(극히 콤팩트하다)

SECTION 03 가스안전관리

41 냉동용 특정설비 제조시설에서 냉동기 냉매설비에 대하여 실시하는 기밀시험 압력의 기준으로 적합한 것은?

① 설계압력 이상의 압력
② 사용압력 이상의 압력
③ 설계압력의 1.5배 이상의 압력
④ 사용압력의 1.5배 이상의 압력

해설 냉동기 냉매설비 기밀시험 기준
설계압력 이상

42 아세틸렌에 대한 다음 설명 중 옳은 것으로만 나열된 것은?

> ㉠ 아세틸렌이 누출되면 낮은 곳으로 체류한다.
> ㉡ 아세틸렌은 폭발범위가 비교적 광범위하고, 아세틸렌 100%에서도 폭발하는 경우가 있다.
> ㉢ 발열화합물이므로 압축하면 분해폭발할 수 있다.

① ㉠　　② ㉡
③ ㉡, ㉢　　④ ㉠, ㉡, ㉢

해설 아세틸렌의 특성
㉠ 폭발범위 : 2.5~81%(100%에서도 가능)
㉡ 누설하면 위로 상승(분자량 : 26, 공기 : 29)
㉢ 흡열화합물반응에서 분해폭발 발생

43 밀폐식 보일러에서 사고원인이 되는 사항에 대한 설명으로 가장 거리가 먼 것은?

① 전용보일러실에 보일러를 설치하지 아니한 경우
② 설치 후 이음부에 대한 가스누출 여부를 확인하지 아니한 경우
③ 배기통이 수평보다 위쪽을 향하도록 설치한 경우
④ 배기통과 건물의 외벽 사이에 기밀이 완전히 유지되지 않는 경우

해설 ①항 내용은 밀폐식 가스보일러의 사고원인으로 다소 거리가 멀다(밀폐식은 전용보일러 실외의 장소에 설치 가능).

44 용기의 보관장소에 대한 설명 중 옳지 않은 것은?

① 산소충전용기 보관실의 지붕은 콘크리트로 견고히 한다.
② 독성 가스용기 보관실에는 가스누출검지 경보장치를 설치한다.
③ 공기보다 무거운 가연성 가스의 용기보관실에는 가스누출검지경보장치를 설치한다.
④ 용기보관장소의 경계표지는 출입구 등 외부로부터 보기 쉬운 곳에 게시한다.

해설 가스의 용기보관장소의 보관실 지붕은 가벼운 재료로 설치한다.

ANSWER | 39. ③ 40. ④ 41. ① 42. ② 43. ① 44. ①

45 다음 가스의 치환방법으로 가장 적당한 것은?

① 아황산가스는 공기로 치환할 필요 없이 작업한다.
② 염소는 제해(제거)하고 허용농도 이하가 될 때까지 불활성 가스로 치환한 후 작업한다.
③ 수소는 불활성 가스로 치환한 즉시 작업한다.
④ 산소는 치환할 필요도 없이 작업한다.

해설 아황산가스(SO_2)는 불연성, 독성 가스이다. 염소독성 가스 누설 시 독성 제해제로 쓰이는 것은 가성소다수용액, 탄산소다수용액, 다량의 물이다(염소는 허용농도 이하까지 치환한 후 작업).

46 산소, 아세틸렌 및 수소를 제조하는 자가 실시하여야 하는 품질검사의 주기는?

① 1일 1회 이상
② 1주 1회 이상
③ 월 1회 이상
④ 연 2회 이상

해설 가스 품질검사(1일 1회 이상) 기준
㉠ 산소 : 99.5% 이상
㉡ 아세틸렌 : 98% 이상
㉢ 수소 : 98.5% 이상

47 내용적이 50L인 용기에 프로판가스를 충전하는 때에는 얼마의 충전량(kg)을 초과할 수 없는가?(단, 충전상수 C는 프로판의 경우 2.35이다.)

① 20 ② 20.4
③ 21.3 ④ 24.4

해설 $W=\frac{V}{C}=\frac{50}{2.35}=21.3\text{kg}$

48 액화석유가스 제조시설 저장탱크의 폭발방지장치로 사용되는 금속은?

① 아연 ② 알루미늄
③ 철 ④ 구리

해설 액화석유가스 제조시설의 폭발방지장치 금속
알루미늄

49 운반책임자를 동승하여 운반해야 되는 경우에 해당되지 않는 것은?

① 압축산소 : 100m^3 이상
② 독성 압축가스 : 100m^3 이상
③ 액화산소 : 6,000kg 이상
④ 독성 액화가스 : 1,000kg 이상

해설 압축가스의 운반책임자 동승기준
㉠ 압축가연성 가스 : 300m^3 이상
㉡ 압축조연성 가스(산소 등) : 600m^3 이상

50 염소의 성질에 대한 설명으로 틀린 것은?

① 화학적으로 활성이 강한 산화제이다.
② 녹황색의 자극적인 냄새가 나는 기체이다.
③ 습기가 있으면 철 등을 부식시키므로 수분과 격리해야 한다.
④ 염소와 수소를 혼합하면 냉암소에서도 폭발하여 염화수소가 된다.

해설 Cl_2(염소) 폭명기－폭발(직사광선에 의해)
$Cl_2+H_2 \xrightarrow{\text{햇빛}} 2HCl$(염화수소)$+44\text{kcal}$

51 다음 각 고압가스를 용기에 충전할 때의 기준으로 틀린 것은?

① 아세틸렌은 수산화나트륨 또는 디메틸포름아미드를 침윤시킨 후 충전한다.
② 아세틸렌을 용기에 충전한 후에는 15℃에서 1.5MPa 이하로 될 때까지 정치하여 둔다.
③ 시안화수소는 아황산가스 등의 안정제를 첨가하여 충전한다.
④ 시안화수소는 충전 후 24시간 정치한다.

해설 아세틸렌 침윤제(용제)
아세톤, 디메틸포름아미드

45. ② 46. ① 47. ③ 48. ② 49. ① 50. ④ 51. ① | ANSWER

52 **이동식 부탄연소기용 용접용기의 검사방법에 해당하지 않는 것은?**

① 고압가압검사 ② 반복사용검사
③ 진동검사 ④ 충수검사

해설 이동식 부탄연소기용 용접용기 검사법
㉠ 고압가압검사
㉡ 반복사용검사
㉢ 진동검사

53 **LP가스용 염화비닐 호스에 대한 설명으로 틀린 것은?**

① 호스의 안지름치수의 허용차는 ±0.7mm로 한다.
② 강선보강층은 직경 0.18mm 이상으로 강선을 상하로 겹치도록 편조하여 제조한다.
③ 바깥층의 재료는 염화비닐을 사용한다.
④ 호스는 안층과 바깥층이 잘 접착되어 있는 것으로 한다.

해설 염화비닐(CH_2) → CHCl
아세틸렌과 염소를 원료로 해서 만드는 화합물(바깥층의 재료는 강선으로 보관한다. 기타 자바라 보강재도 있으며 강도상은 자바라 보강재가 우수하나 가격이 강선보강보다 비싸다)

54 **도시가스 사용시설에 설치하는 가스누출경보기의 기능에 대한 설명으로 틀린 것은?**

① 가스의 누출을 검지하여 그 농도를 지시함과 동시에 경보를 울리는 것으로 한다.
② 미리 설정된 가스농도에서 60초 이내에 경보를 울리는 것으로 한다.
③ 담배연기 등 잡가스에 경보가 울리지 아니하는 것으로 한다.
④ 경보가 울린 후 주위의 가스농도가 기준 이하가 되면 멈추는 구조로 한다.

해설 가스누출경보기의 기능은 ①, ②, ③항이다.
경보농도는 기타 암모니아나 일산화탄소는 1분 이내로 하고, 가연성은 폭발한계의 $\frac{1}{4}$ 이하로 한다.

55 **이동식 부탄연소기의 올바른 사용방법은?**

① 바람의 영향을 줄이기 위해서 텐트 안에서 사용한다.
② 효율을 높이기 위해서 두 대를 나란히 연결하여 사용한다.
③ 사용하는 그릇은 연소기의 삼발이보다 폭이 좁은 것으로 한다.
④ 연소기 운반 중에는 용기를 연소기 내부에 보관한다.

해설 이동식 부탄연소기에서 사용하는 그릇은 연소기의 삼발이보다 폭이 좁은 것으로 한다.

56 **고압가스 용기의 파열사고의 큰 원인 중 하나는 용기 내압(內壓)의 이상상승이다. 이상상승의 원인으로 가장 거리가 먼 것은?**

① 가열
② 일광의 직사
③ 내용물의 중합반응
④ 적정 충전

해설 가스 적정 충전은 가장 이상적이므로 용기의 내압 이상상승 원인이 아니다.

57 **액화석유가스 자동차용 충전시설의 충전호스의 설치기준으로 옳은 것은?**

① 충전호스의 길이는 5m 이내로 한다.
② 충전호스에 과도한 인장력을 가하여도 호스와 충전기는 안전하여야 한다.
③ 충전호스에 부착하는 가스주입기는 더블 터치형으로 한다.
④ 충전기와 가스주입기는 일체형으로 하여 분리되지 않도록 하여야 한다.

해설 충전호스 길이 기준
㉠ 충전 호스용 : 5m 이내
㉡ 사용자 호스 : 3m 이내

ANSWER | 52. ④ 53. ③ 54. ④ 55. ③ 56. ④ 57. ①

58 고압가스 특정제조시설의 특수반응 설비로 볼 수 없는 것은?

① 암모니아 2차 개질로
② 고밀도 폴리에틸렌 분해 중합기
③ 에틸렌 제조시설의 아세틸 렌수첨탑
④ 시클로헥산제조시설의 벤젠수첨반응기

해설 ② 저밀도 폴리에틸렌 분해 중합기가 특수반응 설비이다.

59 독성 가스용기 운반 등의 기준으로 옳지 않은 것은?

① 충전용기를 운반하는 가스운반 전용차량의 적재함에는 리프트를 설치한다.
② 용기의 충격을 완화하기 위하여 완충판 등을 비치한다.
③ 충전용기를 용기 보관장소로 운반할 때에는 가능한 손수레를 사용하거나 용기의 밑부분을 이용하여 운반한다.
④ 충전용기를 차량에 적재할 때에는 운행 중의 동요로 인하여 용기가 충돌하지 않도록 눕혀서 적재한다.

해설 고압가스 충전용기는 밸브의 손상을 방지하기 위해 항상 세워서 적재한다.

60 액화석유가스 설비의 가스안전사고 방지를 위한 기밀시험 시 사용이 부적합한 가스는?

① 공기
② 탄산가스
③ 질소
④ 산소

해설 조연성인 산소나 가연성 가스는 LPG 등 가연성 가스의 기밀시험에는 사용하지 않는다.

SECTION 04 가스계측

61 가스계량기의 검정 유효기간은 몇 년인가?(단, 최대유량 $10m^3/h$ 이하이다.)

① 1년　　② 2년
③ 3년　　④ 5년

해설 가스유량 최대($10m^3/h$ = 10,000L/h) 이하의 가스계량기 검정 유효기간 : 5년

62 헴펠식 분석장치를 이용하여 가스 성분을 정량하고자 할 때 흡수법에 의하지 않고 연소법에 의해 측정하여야 하는 가스는?

① 수소
② 이산화탄소
③ 산소
④ 일산화탄소

해설 화학적 가스 분석계 중 헴펠식이 아닌 연소열법에서 수소(H_2), CO, C_mH_n(중탄화수소) 등의 가스를 분석하며 선택성이 좋은 편이다.

63 공업용 액면계(액위계)로서 갖추어야 할 조건으로 틀린 것은?

① 연속측정이 가능하고, 고온 · 고압에 잘 견디어야 한다.
② 지시기록 또는 원격측정이 가능하고 부식에 약해야 한다.
③ 액면의 상 · 하한계를 간단히 계측할 수 있어야 하며, 적용이 용이해야 한다.
④ 자동제어장치에 적용이 가능하고, 보수가 용이해야 한다.

해설 공업용 액면계는 부식에 강해야 한다.

58. ② 59. ④ 60. ④ 61. ④ 62. ① 63. ② | ANSWER

64 **산소(O_2) 중에 포함되어 있는 질소(N_2) 성분을 가스크로마토그래피로 정량하는 방법으로 옳지 않은 것은?**

① 열전도도검출기(TCD)를 사용한다.
② 캐리어가스로는 헬륨을 쓰는 것이 바람직하다.
③ 산소(O_2)의 피크가 질소(N_2)의 피크보다 먼저 나오도록 컬럼을 선택한다.
④ 산소제거트랩(Oxygen Trap)을 사용하는 것이 좋다.

해설 산소의 피크보다 질소의 피크가 먼저 나오도록 컬럼을 선택한다.
※ 가스크로마토그래피 물리적 가스분석기(흡착식, 분배식)
- 검출기 종류 : FID, TCD, ECD 등
- 흡착력이 강한 가스가 이동속도가 느리다(산소분자량 : 32, 질소분자량 : 28).

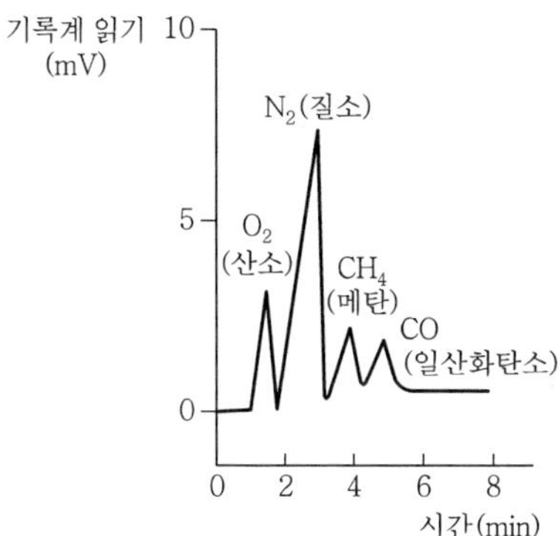

65 **수은을 이용한 U자관식 액면계에서 그림과 같이 높이가 70cm일 때 P_2는 절대압으로 약 얼마인가?**

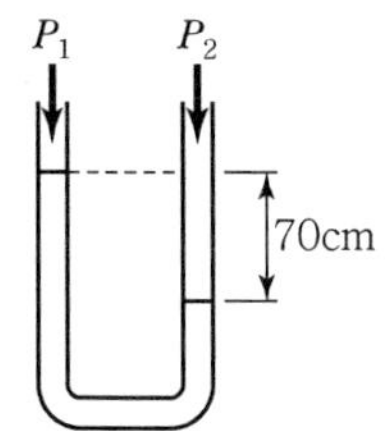

① 1.92kg/cm^2 ② 1.92atm
③ 1.87bar ④ 20.24mH$_2$O

해설 76cmHg = 1.03kg/cm^2 = 1atm
절대압(abs) = 대기압 + 게이지 압력
$\therefore 1 + \left(1.03 \times \frac{70}{76}\right) = 1.92\text{atm}$

66 **오리피스 플레이트 설계 시 일반적으로 반영되지 않아도 되는 것은?**

① 표면 거칠기 ② 에지 각도
③ 베벨 각 ④ 스월

해설 스월(Swirl)
입형 응축기 등에서 윗부분에 설치하여 상부에서 하부로 흐르는 냉각수를 선회시켜 관벽을 따라 흐르게 하거나 연소실 속에서 흡인 때 생기는 소용돌이 현상으로 적당하면 착화나 연소효율이 향상된다.

67 **기체의 열전도율을 이용한 진공계가 아닌 것은?**

① 피라니 진공계
② 열전쌍 진공계
③ 서미스터 진공계
④ 매클라우드 진공계

해설 매클라우드 진공계(McLeod)
진공에 대한 폐관식 압력계이다. 측정하려고 하는 기체를 압축하여 수은주로 읽어 체적변화로부터 원래의 압력을 정한다.

68 **게이지 압력(Gauge Pressure)의 의미를 가장 잘 나타낸 것은?**

① 절대압력 0을 기준으로 하는 압력
② 표준대기압을 기준으로 하는 압력
③ 임의의 압력을 기준으로 하는 압력
④ 측정위치에서의 대기압을 기준으로 하는 압력

해설 게이지 압력(atg)
측정위치에서의 대기압을 기준 0으로 측정하는 압력이다.

69 **아르키메데스의 원리를 이용한 것은?**

① 부르동관식 압력계
② 침종식 압력계
③ 벨로스식 압력계
④ U자관식 압력계

해설 침종식 압력계(단종식, 복종식)
아르키메데스의 원리를 이용한 압력계이다.

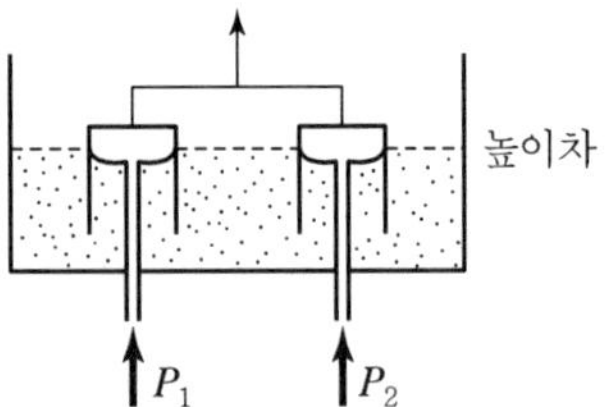

차압에 의한 부력은 배로 증가하고 감도가 높아진다.

70 **H_2와 O_2 등에는 감응이 없고 탄화수소에 대한 감응이 아주 우수한 검출기는?**

① 열이온(TID) 검출기
② 전자포획(ECD) 검출기
③ 열전도도(TCD) 검출기
④ 불꽃이온화(FID) 검출기

해설 불꽃이온화 검출기 가스크로마토그래피(수소이온화 검출기)
가연성 가스인 탄화수소에서는 감도가 최고이지만 H_2, O_2, CO, CO_2, SO_2 가스 등에는 감도가 없다.

71 **다음 가스분석법 중 물리적 가스분석법에 해당하지 않는 것은?**

① 열전도율법
② 오르자트법
③ 적외선흡수법
④ 가스크로마토그래피법

해설 흡수분석법
㉠ 오르자트법
㉡ 헴펠법
㉢ 게겔법

72 **가스누출경보기의 검지방법으로 가장 거리가 먼 것은?**

① 반도체식　　② 접촉연소식
③ 확산분해식　　④ 기체 열전도식

해설 가스누출경보기 검지방법
㉠ 반도체식
㉡ 접촉연소식
㉢ 기체 열전도식(열선형)

73 **측정지연 및 조절지연이 작을 경우 좋은 결과를 얻을 수 있으며 제어량의 편차가 없어질 때까지 동작을 계속하는 제어동작은?**

① 적분동작　　② 비례동작
③ 평균2위치동작　　④ 미분동작

해설 적분동작(I연속동작) : 제어량의 잔류편차 제거
※ 비례동작(P연속동작) : 잔류편차(오프셋) 발생

74 **기체 크로마토그래피(Gas Chromatography)의 일반적인 특성에 해당하지 않는 것은?**

① 연속분석이 가능하다.
② 분리능력과 선택성이 우수하다.
③ 적외선 가스분석계에 비해 응답속도가 느리다.
④ 여러 가지 가스성분이 섞여 있는 시료가스 분석에 적당하다.

해설 기체 크로마토그래피는 컬럼(분리관), 검출기, 기록계 등으로 구성되며 흡착력의 차이에 따라 시료가스의 분석에 널리 사용된다(응답속도가 다소 느리고 분리능력과 선택성은 우수하지만 1회에 한 번씩 가스분석이 된다).

75 **오리피스, 플로노즐, 벤투리 유량계의 공통점은?**

① 직접식
② 열전대 사용
③ 압력강하 측정
④ 초음속 유체만의 유량측정

해설 오리피스 등 차압식 유량계의 공통점은 유량계 전후의 유체 압력강하를 이용하여 유량을 측정한다는 것이다.

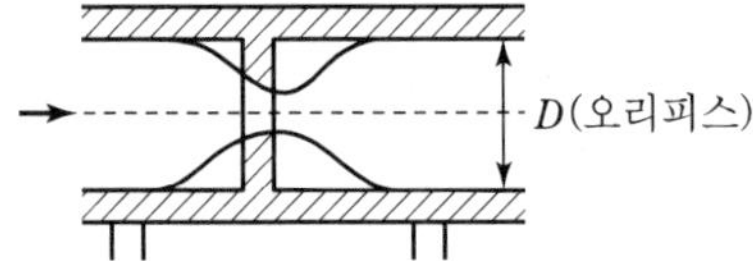

70. ④ 71. ② 72. ③ 73. ① 74. ① 75. ③ | ANSWER

76 **시료가스 채취장치를 구성하는 데 있어 다음 설명 중 틀린 것은?**

① 일반성분의 분석 및 발열량·비중을 측정할 때, 시료가스 중의 수분이 응축될 염려가 있을 때는 도관 가운데에 적당한 응축액 트랩을 설치한다.
② 특수성분을 분석할 때, 시료가스 중의 수분 또는 기름성분이 응축되어 분석 결과에 영향을 미치는 경우는 흡수장치를 보온하든가 또는 적당한 방법으로 가온한다.
③ 시료가스에 타르류, 먼지류를 포함하는 경우는 채취관 또는 도관 가운데에 적당한 여과기를 설치한다.
④ 고온의 장소로부터 시료가스를 채취하는 경우는 도관 가운데에 적당한 냉각기를 설치한다.

해설 특수성분에서 기름성분 응고 시 보온이나 가온하지 않고 냉각한 후 제거한다.

77 **가스미터의 구비조건으로 틀린 것은?**

① 내구성이 클 것
② 소형으로 계량용량이 작을 것
③ 감도가 좋고 압력손실이 적을 것
④ 구조가 간단하고 수리가 용이할 것

해설 가스미터기는 소형이면서 계량용량이 클수록 좋다.

78 **계통적 오차에 대한 설명으로 옳지 않은 것은?**

① 계기오차, 개인오차, 이론오차 등으로 분류된다.
② 참값에 대하여 치우침이 생길 수 있다.
③ 측정조건 변화에 따라 규칙적으로 생긴다.
④ 오차의 원인을 알 수 없어 제거할 수 없다.

해설 우연오차
오차의 원인을 알 수 없어 제거할 수 없다(①, ②, ③항 내용은 계통적 오차).

※ 오차분류
㉠ 과오에 의한 오차
㉡ 우연오차
㉢ 계통적 오차 ┌ 계기오차
├ 환경오차
├ 이론오차
└ 개인오차

79 **산소농도를 측정할 때 기전력을 이용하여 분석하는 계측기기는?**

① 세라믹 O_2계 ② 연소식 O_2계
③ 자기식 O_2계 ④ 밀도식 O_2계

해설 세라믹 산소계
산소가스 분석 시 기전력을 이용하여 분석하는 가스분석계이다(지르코니아를 주원료로 한 세라믹의 온도를 높여주면 산소이온만 통과시킨다).

80 **루트미터(Roots Meter)에 대한 설명 중 틀린 것은?**

① 유량이 일정하거나 변화가 심한 곳, 깨끗하거나 건조하거나에 관계없이 많은 가스 타입을 계량하기에 적합하다.
② 액체 및 아세틸렌, 바이오가스, 침전가스를 계량하는 데에는 다소 부적합하다.
③ 공업용에 사용되고 있는 이 가스미터는 카르만(Karman)식과 스월(Swirl)식의 두 종류가 있다.
④ 측정의 정확도와 예상수명은 가스 흐름 내에 먼지의 과다 퇴적이나 다른 종류의 이물질에 따라 다르다.

해설 루트미터
용적식 유량계이다(실측식인 건식이며 대용량 가스미터기).
※ 스월식, 델타식, 카르만식 : 와류식 유량계

SECTION 01 연소공학

01 1kg의 공기를 20℃, 1kgf/cm²인 상태에서 일정 압력으로 가열 팽창시켜 부피를 처음의 5배로 하려고 한다. 이때 온도는 초기온도와 비교하여 몇 ℃ 차이가 나는가?

① 1,172 ② 1,292
③ 1,465 ④ 1,561

해설 $T_1 = 20 + 273 = 293\text{K}$
$T_2 = 293 \times 5 = 1,465\text{K}$
$1\text{kg} \times \frac{22.4\text{m}^3}{29} = 0.7724\text{m}^3$
∴ 온도차 = (1,465 − 273) − 20 = 1,172℃

02 95℃의 온수를 100kg/h 발생시키는 온수 보일러가 있다. 이 보일러에서 저위발열량이 45MJ/Nm³인 LNG를 1m³/h 소비할 때 열효율은 얼마인가?(단, 급수의 온도는 25℃이고, 물의 비열은 4.184kJ/kg·K이다.)

① 60.07% ② 65.08%
③ 70.09% ④ 75.10%

해설 온수의 현열$(Q) = G \times C_p \times \Delta t$
$= 100 \times 4.184 \times (95 - 25)$
$= 29,288\text{kJ/h}$
공급열 $= 45\text{MJ} \times 10^6 = 45,000,000\text{J/h} = 45,000\text{kJ/h}$
∴ 열효율$(\eta) = \frac{29,288}{45,000} \times 100 = 65.08\%$

03 완전기체에서 정적비열(C_v), 정압비열(C_p)의 관계식을 옳게 나타낸 것은?(단, R은 기체상수이다.)

① $C_p / C_v = R$
② $C_p - C_v = R$
③ $C_v / C_p = R$
④ $C_p + C_v = R$

해설 ㉠ 비열비$(K) = \frac{C_p}{C_v}$
㉡ 기체상수$(R) = C_p - C_v$

04 다음 중 열역학 제2법칙에 대한 설명이 아닌 것은?

① 열은 스스로 저온체에서 고온체로 이동할 수 없다.
② 효율이 100%인 열기관을 제작하는 것은 불가능하다.
③ 자연계에 아무런 변화도 남기지 않고 어느 열원의 열을 계속해서 일로 바꿀 수 없다.
④ 에너지의 한 형태인 열과 일은 본질적으로 서로 같고, 열은 일로, 일은 열로 서로 전환이 가능하며, 이때 열과 일 사이의 변환에는 일정한 비례관계가 성립한다.

해설 ④항의 내용은 열역학 제1법칙(에너지 보존의 법칙)과 관계된다.
㉠ 일의 열상당량$(A) = \frac{1}{427}$(kcal/kg · m)
㉡ 열의 일상당량$(J) = 427$(kg · m/kcal)
$Q = AW,\ W = \frac{1}{A}Q = JQ$
※ 1PS = 75kg · m/s, 1kW = 102kg · m/s

05 프로판 5L를 완전연소시키기 위한 이론공기량은 약 몇 L인가?

① 25 ② 87
③ 91 ④ 119

해설 프로판 연소반응식
$\frac{C_3H_8}{1} + \frac{5O_2}{5} = \frac{3CO_2}{3} + \frac{4H_2O}{4}$
이론공기량(A_0) = 이론산소량 $\times \frac{1}{0.21}$
∴ $A_0 = 5(\text{L}) \times 5(O_2) \times \frac{1}{0.21} = 119(\text{L})$

1. ① 2. ② 3. ② 4. ④ 5. ④ | ANSWER

06 **이상기체를 일정한 부피에서 냉각하면 온도와 압력의 변화는 어떻게 되는가?**

① 온도 저하, 압력 강하
② 온도 상승, 압력 강하
③ 온도 상승, 압력 일정
④ 온도 저하, 압력 상승

해설 이상기체를 일정 부피에서 냉각 시 변화
㉠ 온도 저하(부피 감소)
㉡ 압력 강하

07 **가연성 물질을 공기로 연소시키는 경우에 공기 중의 산소 농도를 높게 하면 연소속도와 발화온도는 어떻게 되는가?**

① 연소속도는 느리게 되고, 발화온도는 높아진다.
② 연소속도는 빠르게 되고, 발화온도는 높아진다.
③ 연소속도는 빠르게 되고, 발화온도는 낮아진다.
④ 연소속도는 느리게 되고, 발화온도는 낮아진다.

해설 가연성 물질+산소농도 증가(반응)
㉠ 연소속도 증가
㉡ 발화온도 저하(착화점이 낮아진다)

08 **프로판과 부탄이 각각 50% 부피로 혼합되어 있을 때 최소산소농도(MOC)의 부피 %는?(단, 프로판과 부탄의 연소하한계는 각각 2.2v%, 1.8v%이다.)**

① 1.9% ② 5.5%
③ 11.4% ④ 15.1%

해설 $C_3H_8+5O_2 \rightarrow 3CO_2+4H_2O$(프로판)
$C_4H_{10}+6.5O_2 \rightarrow 4CO_2+5H_2O$(부탄)
산소량$=(5\times0.5)+(6.5\times0.5)=5.75O_2$

$$\therefore \text{MOC} = \left[\left(5\times0.5\times\frac{2.2}{100}\right)+\left(6.5\times0.5\times\frac{1.8}{100}\right)\right]\times100 = 11.4(\%)$$

$$=\left(\frac{\text{연료몰수}}{\text{연료몰수}+\text{공기몰수}}\right)\times\left(\frac{\text{산소몰수}}{\text{연료몰수}}\right)$$

09 **방폭구조 및 대책에 관한 설명으로 옳지 않은 것은?**

① 방폭대책에는 예방, 국한, 소화, 피난 대책이 있다.
② 가연성 가스의 용기 및 탱크 내부는 제2종 위험장소이다.
③ 분진폭발은 1차 폭발과 2차 폭발로 구분되어 발생한다.
④ 내압방폭구조는 내부폭발에 의한 내용물 손상으로 영향을 미치는 기기에는 부적당하다.

해설 제2종 장소
밀폐된 용기 또는 설비 내에 밀봉된 가연성 가스가 그 용기 또는 설비의 사고로 인해 파손되거나 오조작의 경우에만 누출될 위험이 있는 장소이다.

10 **"압력이 일정할 때 기체의 부피는 온도에 비례하여 변화한다."라는 법칙은?**

① 보일(Boyle)의 법칙
② 샤를(Charles)의 법칙
③ 보일－샤를의 법칙
④ 아보가드로의 법칙

해설 샤를의 법칙
압력이 일정할 때 기체의 부피는 온도에 비례한다.

11 **다음 가스 중 공기와 혼합될 때 폭발성 혼합가스를 형성하지 않는 것은?**

① 아르곤 ② 도시가스
③ 암모니아 ④ 일산화탄소

해설 희가스(불활성 가스)
㉠ He, Ne, Ar(아르곤), Kr, Xe, Rn
㉡ 주기율표 0족에 속하며 비활성이므로 다른 원소와 화합하지 않는다.

12 **액체 연료를 수 μm에서 수백 μm으로 만들어 증발 표면적을 크게 하여 연소시키는 것으로서 공업적으로 주로 사용되는 연소방법은?**

① 액면연소 ② 등심연소
③ 확산연소 ④ 분무연소

해설 분무연소

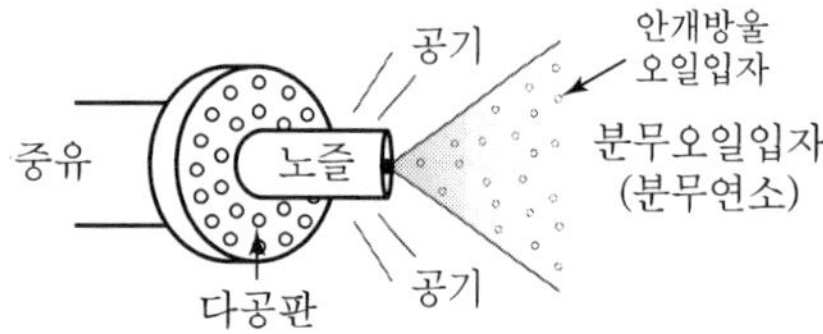

13 **폭굉이 발생하는 경우 파면의 압력은 정상연소에서 발생하는 것보다 일반적으로 얼마나 큰가?**

① 2배　　② 5배
③ 8배　　④ 10배

해설 폭굉(Detonation)
㉠ 화염전파속도 : 1,000~3,500m/s
㉡ 정상연소 시보다 온도가 10~20% 상승
㉢ 정상연소보다 압력은 2배 상승, 밀폐공간에서는 7~8배, 반응 종류에 따라 5~35배까지 상승

14 **메탄 80vol%와 아세틸렌 20vol%로 혼합된 혼합가스의 공기 중 폭발하한계는 약 얼마인가?(단, 메탄과 아세틸렌의 폭발 하한계는 5.0%와 2.5%이다.)**

① 6.2%　　② 5.6%
③ 4.2%　　④ 3.4%

해설 폭발하한계 $= \frac{100}{L} = \frac{100}{\left(\frac{80}{5.0}\right)+\left(\frac{20}{2.5}\right)} = 4.2\%$

15 **연소부하율에 대하여 가장 바르게 설명한 것은?**

① 연소실의 염공면적당 입열량
② 연소실의 단위체적당 열발생률
③ 연소실의 염공면적과 입열량의 비율
④ 연소혼합기의 분출속도와 연소속도의 비율

해설 ㉠ 연소실 열부하율 = kcal/m^{3}h(단위용적)
㉡ 화격자 연소율 = kg/m^{2}h(단위면적)

16 **열분해를 일으키기 쉬운 불안전한 물질에서 발생하기 쉬운 연소로 열분해로 발생한 휘발분이 자기점화온도보다 낮은 온도에서 표면연소가 계속되기 때문에 일어나는 연소는?**

① 분해연소　　② 그을음연소
③ 분무연소　　④ 증발연소

해설 그을음연소
열분해를 일으키기 쉬운 불안전한 물질에서 휘발분이 자기점화온도보다 낮은 온도에서 표면연소가 지속되기 때문에 일어나는 유리탄소 연소이다.

17 **다음 [보기]는 가연성 가스의 연소에 대한 설명이다. 이 중 옳은 것으로만 나열된 것은?**

> ㉠ 가연성 가스가 연소하는 데에는 산소가 필요하다.
> ㉡ 가연성 가스가 이산화탄소와 혼합할 때 잘 연소된다.
> ㉢ 가연성 가스는 혼합하는 공기의 양이 적을 때 완전 연소한다.

① ㉠, ㉡　　② ㉡, ㉢
③ ㉠　　④ ㉢

해설 가연성 가스 연소화학 반응식
메탄(CH_4) + $2O_2 \rightarrow CO_2 + 2H_2O$
㉠ 산소량 = 2(산소하에 연소가 가능하다.)
㉡ 공기량 $= 2 \times \frac{1}{0.21} = 9.52$

18 **자연발화온도(AIT ; Auto-Ignition Temperature)에 영향을 주는 요인 중에서 증기의 농도에 관한 사항이다. 가장 바르게 설명한 것은?**

① 가연성 혼합기체의 AIT는 가연성 가스와 공기의 혼합비가 1 : 1일 때 가장 낮다.
② 가연성 증기에 비하여 산소의 농도가 클수록 AIT는 낮아진다.
③ AIT는 가연성 증기의 농도가 양론농도보다 약간 높을 때 가장 낮다.
④ 가연성 가스와 산소의 혼합비가 1 : 1일 때 AIT는 가장 낮다.

13. ① 14. ③ 15. ② 16. ② 17. ③ 18. ③ | ANSWER

해설 자연발화온도(AIT)영향
자연발화온도에서 가연성 증기의 농도가 양론농도보다 약간 높을 때 가장 낮다.

※ 양론농도
㉠ 화학반응에서 질량 및 에너지에 관하여 연구하는 것
㉡ 양론농도계수(반응물질 − 생성물질)
화학양론농도($C_3H_8 + 5O_2 \rightarrow 3CO_2 + 4H_2O$)
양론농도계수 $= (1+5) - (3+4) = -1$

19 가스를 연료로 사용하는 연소의 장점이 아닌 것은?

① 연소의 조절이 신속, 정확하며 자동제어에 적합하다.
② 온도가 낮은 연소실에서도 안정된 불꽃으로 높은 연소효율이 가능하다.
③ 연소속도가 커서 연료로서 안전성이 높다.
④ 소형 버너를 병용 사용하여 노내 온도분포를 자유로이 조절할 수 있다.

해설 가스기체연료는 연소속도가 크고 폭발범위에 의해 연소가 지속되므로 취급이나 연소 시 안전성이 낮아서 안전장치에 각별히 신경써야 한다.

20 액체 프로판(C_3H_8) 10kg이 들어 있는 용기에 가스미터가 설치되어 있다. 프로판 가스가 전부 소비되었다고 하면 가스미터에서의 계량값은 약 몇 m^3로 나타나 있겠는가?(단, 가스미터에서의 온도와 압력은 각각 T = 15℃와 P_g = 200mmHg이고 대기압은 0.101 MPa이다.)

① 5.3
② 5.7
③ 6.1
④ 6.5

해설 $C_3H_8(1kmol) = 22.4m^3 = 44kg$

$$V_1 = 10kg \times \frac{22.4}{44} = 5.0909Nm^3$$

$$\therefore V_2 = 5.0909 \times \frac{15+273}{273} = 5.3m^3$$

SECTION 02 가스설비

21 연소기의 이상연소 현상 중 불꽃이 염공 속으로 들어가 혼합관 내에서 연소하는 현상을 의미하는 것은?

① 황염 ② 역화
③ 리프팅 ④ 블로 오프

해설 역화
연소기의 이상현상 중 불꽃이 염공 속으로 들어가 혼합관 내에서 연소하며 그 이유는 가스의 분출속도가 연소속도보다 느리기 때문이다.

22 양정[H] 20m, 송수량[Q] 0.25m^3/min, 펌프효율[η] 0.65인 2단 터빈펌프의 축동력은 약 몇 kW인가?

① 1.26 ② 1.37
③ 1.57 ④ 1.72

해설 $$\text{동력(kW)} = \frac{\gamma \cdot Q \cdot H}{60 \times 102 \times \eta} = \frac{1{,}000 \times 0.25 \times 20}{60 \times 102 \times 0.65} = 1.26$$

※ 1분(min) = 60초(s), $0.25m^3$ = 250kg(250L)

23 고압가스 충전 용기의 가스 종류에 따른 색깔이 잘못 짝지어진 것은?

① 아세틸렌 : 황색 ② 액화암모니아 : 백색
③ 액화탄산가스 : 갈색 ④ 액화석유가스 : 회색

해설 ㉠ 액화탄산가스 도색 구분 : CO_2는 기타 가스에 해당하므로 청색에 속한다(공업용).
㉡ 액화탄산가스가 의료용일 경우 용기의 도색은 회색이다.

24 용기의 내압시험 시 항구증가율이 몇 % 이하인 용기를 합격한 것으로 하는가?

① 3 ② 5
③ 7 ④ 10

해설 $$\text{용기항구증가율} = \frac{\text{영구증가량}}{\text{전증가량}} \times 100(\%)$$

(신규 검사 시 항구증가율 10% 이하는 합격이다)

ANSWER | 19. ③ 20. ① 21. ② 22. ① 23. ③ 24. ④

25 **금속재료에서 어느 온도 이상에서 일정 하중이 작용할 때 시간의 경과와 더불어 그 변형이 증가하는 현상을 무엇이라고 하는가?**

① 크리프　② 시효경과
③ 응력부식　④ 저온취성

해설 크리프(Creep) 현상
금속재료에서 어느 온도 이상에서 일정 하중이 작용하면 시간의 경과와 더불어 그 변형이 점차 증가하는 현상이다.

26 **도시가스 배관공사 시 주의사항으로 틀린 것은?**

① 현장마다 그 날의 작업공정을 정하여 기록한다.
② 작업현장에는 소화기를 준비하여 화재에 주의한다.
③ 현장 감독자 및 작업원은 지정된 안전모 및 완장을 착용한다.
④ 가스의 공급을 일시 차단할 경우에는 사용자에게 사전 통보하지 않아도 된다.

해설 가스의 공급을 일시 차단할 경우 도시가스 시공자는 사용자에게 반드시 사전에 공지하여야 한다.

27 **지름 150mm, 행정 100mm, 회전수 800rpm, 체적효율 85%인 4기통 압축기의 피스톤 압출량은 몇 m^3/h인가?**

① 10.2　② 28.8
③ 102　④ 288

해설 단면적 $= \frac{3.14}{4} \times (0.15)^2 = 0.0176625(m^2)$
용량 $= 0.0176625 \times 0.1 = 0.00176625(m^3)$
압축기압축량$(Q) = 0.00176625 \times 800 \times 4 \times 60$
$= 339.12(m^3/h)$
$\therefore 339.12 \times 0.85 = 288(m^3/h)$
※ 100mm = 0.1(m)

28 **가정용 LP가스 용기로 일반적으로 사용되는 것은?**

① 납땜용기　② 용접용기
③ 구리용기　④ 이음새 없는 용기

해설 LP가스는 40℃에서 최고압력이 약 15.6kg/cm^2인 저압이므로 용기는 용접용기(계목용기)로도 제작이 가능하다(고압의 압축가스는 무계목용기 사용).

29 **도시가스 제조설비에서 수소화 분해(수첨분해)법의 특징에 대한 설명으로 옳은 것은?**

① 탄화수소의 원료를 수소기류 중에서 열분해 혹은 접촉분해로 메탄을 주성분으로 하는 고열량의 가스를 제조하는 방법이다.
② 탄화수소의 원료를 산소 또는 공기 중에서 열분해 혹은 접촉분해로 수소 및 일산화탄소를 주성분으로 하는 가스를 제조하는 방법이다.
③ 코크스를 원료로 하여 산소 또는 공기 중에서 열분해 혹은 접촉분해로 메탄을 주성분으로 하는 고열량의 가스를 제조하는 방법이다.
④ 메탄을 원료로 하여 산소 또는 공기 중에서 부분연소로 수소 및 일산화탄소를 주성분으로 하는 저열량의 가스를 제조하는 방법이다.

해설 도시가스 제조 가스화 방식
㉠ 수소화 분해(수첨분해)
㉡ 접촉분해 공정

30 **냉동장치에서 냉매의 일반적인 구비조건으로 옳지 않은 것은?**

① 증발열이 커야 한다.
② 증기의 비체적이 작아야 한다.
③ 임계온도가 낮고, 응고점이 높아야 한다.
④ 증기의 비열은 크고, 액체의 비열은 작아야 한다.

해설 냉매는 임계온도가 높고 응고점이 낮을수록 유리한 냉매이다.

31 **대기 중에 10m 배관을 연결할 때 중간에 상온스프링을 이용하여 연결하려 한다면 중간 연결부에서 얼마의 간격으로 하여야 하는가?(단, 대기 중의 온도는 최저 −20℃, 최고 30℃이고, 배관의 열팽창계수는 7.2×10^{-5}/℃이다.)**

① 18mm　② 24mm
③ 36mm　④ 48mm

25. ① 26. ④ 27. ④ 28. ② 29. ① 30. ③ 31. ① | ANSWER

해설 10m/1m×1,000mm=10,000mm
온도차=(30−(−20))=50℃
상온스프링 연결(L)=배관길이×팽창량×온도차×$\frac{1}{2}$
∴ $(10,000 \times 7.2 \times 10^{-5} \times 50) \times \frac{1}{2} = 18\text{mm}$

32 펌프의 운전 중 공동현상(Cavitation)을 방지하는 방법으로 적합하지 않은 것은?

① 흡입양정을 크게 한다.
② 손실수두를 작게 한다.
③ 펌프의 회전수를 줄인다.
④ 양흡입 펌프 또는 두 대 이상의 펌프를 사용한다.

해설 펌프의 운전 중 공동현상(캐비테이션)의 방지법은 ②, ③, ④항 외 흡입양정을 작게 한다.

33 표면은 견고하게 하여 내마멸성을 높이고, 내부는 강인하게 하여 내충격성을 향상한 이중조직을 가지게 하는 열처리는?

① 불림
② 담금질
③ 표면경화
④ 풀림

해설 표면경화 열처리법
금속의 표면을 견고하게 하고 내마멸성을 높여 내부를 강인하게 함으로써 내충격성을 향상하는 열처리법이다.

34 다음 중 신축 조인트 방법이 아닌 것은?

① 루프(Loop)형
② 슬라이드(Slide)형
③ 슬립−온(Slip−On)형
④ 벨로스(Bellows)형

해설 관의 신축 조인트 방법
㉠ 루프형
㉡ 슬리브형(슬라이드형)
㉢ 벨로스형
㉣ 스위블형

35 왕복 압축기의 특징이 아닌 것은?

① 용적형이다. ② 효율이 낮다.
③ 고압에 적합하다. ④ 맥동현상을 갖는다.

해설 왕복형 압축기는 압축효율이 높으며 그 특징은 ①, ③, ④항 외 용량 조정범위가 넓으며 접촉부가 많으므로 보수 및 점검이 복잡하다.

36 다음 지상형 탱크 중 내진설계 적용대상 시설이 아닌 것은?

① 고법의 적용을 받는 3톤 이상의 암모니아 탱크
② 도법의 적용을 받는 3톤 이상의 저장탱크
③ 고법의 적용을 받는 10톤 이상의 아르곤 탱크
④ 액법의 적용을 받는 3톤 이상의 액화석유가스 저장탱크

해설 암모니아 등 독성 가스는 5톤 이상의 경우에만 내진설계를 적용한다.

37 액화석유가스 지상 저장탱크 주위에는 저장능력이 얼마 이상일 때 방류둑을 설치하여야 하는가?

① 6톤 ② 20톤
③ 100톤 ④ 1,000톤

해설 방류둑 크기 용량(액화가스)
㉠ 가연성 : 500톤 이상
㉡ 독성 : 5톤 이상
㉢ 산소 : 1,000톤 이상
㉣ 액화석유가스 : 1,000톤 이상

38 다음과 같이 작동되는 냉동장치의 성적계수(ε_R)는?

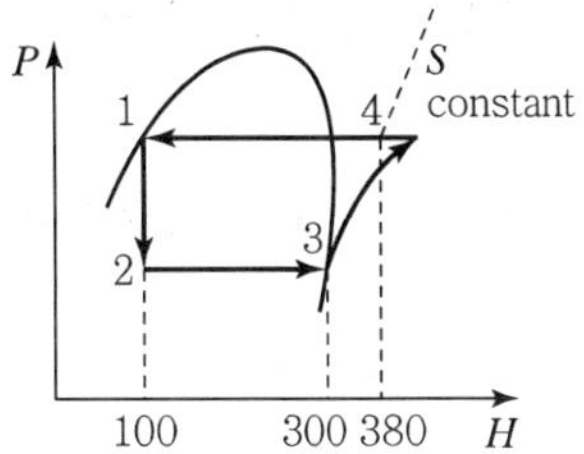

① 0.4 ② 1.4
③ 2.5 ④ 3.0

해설 성적계수$(COP)=\dfrac{\text{증발능력}(3-2)}{\text{압축기일의 열상당량}(4-3)}$

$$=\frac{300-100}{380-300}=2.5$$

39 기계적인 일을 사용하지 않고 고온도의 열을 직접 적용시켜 냉동하는 방법은?

① 증기압축식 냉동기 ② 흡수식 냉동기
③ 증기분사식 냉동기 ④ 역브레이턴 냉동기

해설 흡수식 냉동기

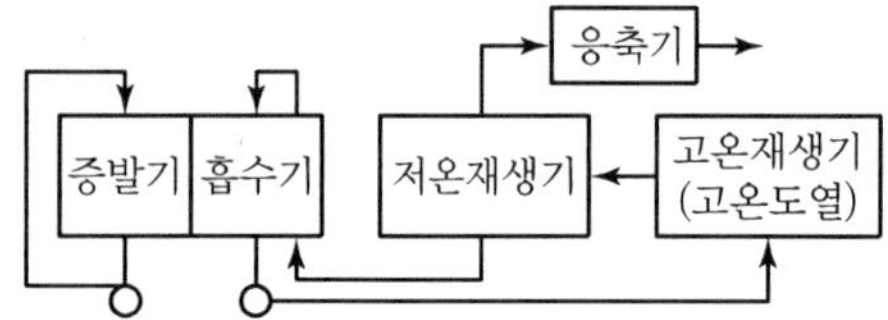

※ 고온도열 : 연소열, 증기열, 중온수열

40 특정고압가스이면서 그 성분이 독성 가스인 것으로 나열된 것은?

① 산소, 수소
② 액화염소, 액화질소
③ 액화암모니아, 액화염소
④ 액화암모니아, 액화석유가스

해설 TWA 기준 독성 가스 허용농도(ppm)
㉠ 액화암모니아 : 25
㉡ 액화염소 : 1

SECTION 03 가스안전관리

41 다음 중 독성 가스의 제독조치로서 가장 부적당한 것은?

① 흡수제에 의한 흡수
② 중화제에 의한 중화
③ 국소배기장치에 의한 포집
④ 제독제 살포에 의한 제독

해설 독성 가스의 제독은 ①, ②, ④항이 기본조치이다.
※ 독성 가스를 중화하면 독성이 제거된다.

42 사람이 사망한 도시가스 사고 발생 시 사업자가 한국가스안전공사에 상보(서면으로 제출하는 상세한 통보)를 할 때 그 기한은 며칠 이내인가?

① 사고 발생 후 5일
② 사고 발생 후 7일
③ 사고 발생 후 14일
④ 사고 발생 후 20일

해설 사망사고 서면 통보기간
사고 발생 후 20일 이내

43 20kg의 LPG가 누출되어 폭발할 경우 TNT 폭발위력으로 환산하면 TNT 약 몇 kg에 해당하는가?(단, LPG의 폭발효율은 3%이고 발열량은 12,000kcal/kg, TNT의 연소열은 1,100kcal/kg이다.)

① 0.6 ② 6.5
③ 16.2 ④ 26.6

해설 ㉠ LPG가스 폭발발생열량$=20\text{kg}\times 12{,}000(\text{kcal/kg})$
$=240{,}000(\text{kcal})$
㉡ 폭발효율에 의한 발생열량$=240{,}000\times 0.03$
$=7{,}200(\text{kcal})$
$\therefore$ TNT 환산$=\dfrac{7{,}200}{1{,}100}=6.5(\text{kg})$

44 고압가스 안전관리법에서 정한 특정설비가 아닌 것은?

① 기화장치
② 안전밸브
③ 용기
④ 압력용기

해설 특정설비는 ①, ②, ④항 외에도 긴급차단장치, 독성 가스 배관용 밸브, 자동차용 가스자동주입기, 역화방지장치, 냉동용 특정설비, 특정고압가스 실린더 캐비닛, LPG 잔류가스 회수장치, 자동차용 압축 천연가스 완속충전설비가 있다.

39. ② 40. ③ 41. ③ 42. ④ 43. ② 44. ③ | ANSWER

45 소비 중에는 물론 이동, 저장 중에도 아세틸렌 용기를 세워두는 이유는?

① 정전기를 방지하기 위해서
② 아세톤의 누출을 막기 위해서
③ 아세틸렌이 공기보다 가볍기 때문에
④ 아세틸렌이 쉽게 나오게 하기 위해서

해설 용기를 세워서 저장하여야 아세톤 누출을 방지할 수 있다.

※ 아세틸렌(C_2H_2) 가스의 분해폭발방지용 용제
㉠ 아세톤[$(CH_3)_2CO$]
㉡ 디메틸포름아미드[$HCON(CH_3)_2$]

46 도시가스 압력조정기의 제품성능에 대한 설명 중 틀린 것은?

① 입구 쪽은 압력조정기에 표시된 최대입구압력의 1.5배 이상의 압력으로 내압시험을 하였을 때 이상이 없어야 한다.
② 출구 쪽은 압력조정기에 표시된 최대출구압력 및 최대폐쇄압력의 1.5배 이상의 압력으로 내압시험을 하였을 때 이상이 없어야 한다.
③ 입구 쪽은 압력조정기에 표시된 최대입구압력 이상의 압력으로 기밀시험하였을 때 누출이 없어야 한다.
④ 출구 쪽은 압력조정기에 표시된 최대출구압력 및 최대폐쇄압력의 1.5배 이상의 압력으로 기밀시험하였을 때 누출이 없어야 한다.

해설 도시가스 압력조정기의 일반적인 시험은 출구 측의 압력을 측정하고 최대출구압력 및 최대폐쇄압력의 1.1배로 하는 것이 통상적이다.

47 고압가스의 운반기준에서 동일 차량에 적재하여 운반할 수 없는 것은?

① 염소와 아세틸렌 ② 질소와 산소
③ 아세틸렌과 산소 ④ 프로판과 부탄

해설 동일 차량에 운반 불가능 가스
㉠ 염소와 수소
㉡ 염소와 아세틸렌
㉢ 염소와 암모니아

48 물분무장치 등은 저장탱크의 외면에서 몇 m 이상 떨어진 위치에서 조작이 가능하여야 하는가?

① 5m ② 10m
③ 15m ④ 20m

해설 물분무장치 이격거리

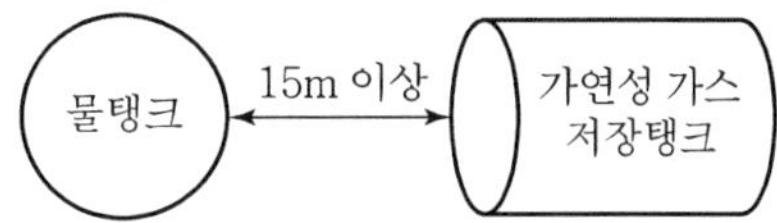

49 고압가스 특정제조시설에서 고압가스 배관을 시가지 외의 도로 노면 밑에 매설하고자 할 때 노면으로부터 배관 외면까지의 매설깊이는?

① 1.0m 이상 ② 1.2m 이상
③ 1.5m 이상 ④ 2.0m 이상

해설

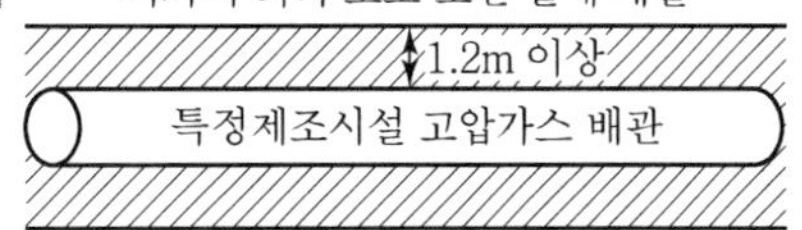

※ 단, 시가지에서는 1.5m 이상이다.

50 국내에서 발생한 대형 도시가스 사고 중 대구 도시가스 폭발사고의 주원인은?

① 내부 부식
② 배관의 응력 부족
③ 부적절한 매설
④ 공사 중 도시가스 배관 손상

해설 대구 도시가스 폭발사고 원인
공사 중 도시가스 배관 손상

51 초저온 용기 제조 시 적합 여부에 대하여 실시하는 설계단계 검사항목이 아닌 것은?

① 외관검사
② 재료검사
③ 마멸검사
④ 내압검사

ANSWER | 45. ② 46. ④ 47. ① 48. ③ 49. ② 50. ④ 51. ③

해설 초저온 용기(영하 50℃ 이하의 액화가스 용기)의 제조 시 설계단계 검사항목

외관검사, 재료검사, 내압검사 등을 실시한다.

※ 초저온 용기 신규검사 : 외관검사, 인장시험, 용접부검사, 내압시험, 기밀시험, 압궤시험, 단열성능시험

52 **우리나라는 1970년부터 시범적으로 동부이촌동의 3,000가구를 대상으로 LPG/AIR 혼합방식의 도시가스를 공급하기 시작하여 사용한 적이 있다. LPG에 AIR를 혼합하는 주된 이유는?**

① 가스의 가격을 올리기 위해서
② 공기로 LPG 가스를 밀어내기 위해서
③ 재액화를 방지하고 발열량을 조정하기 위해서
④ 압축기로 압축하려면 공기를 혼합해야 하므로

해설 (1) LPG 공급방식 : 자연기화방식, 강제기화방식
(2) 공기혼합가스 공급방식(강제기화방식)의 목적
㉠ 재액화 방지
㉡ 발열량 조절
㉢ 연소효율 증대
㉣ 누설 시 체류 및 누설손실 감소

53 **도시가스 사용시설의 압력조정기 점검 시 확인하여야 할 사항이 아닌 것은?**

① 압력조정기의 A/S 기간
② 압력조정기의 정상작동 유무
③ 필터 또는 스트레이너의 청소 및 손상 유무
④ 건축물 내부에 설치된 압력조정기의 경우는 가스 방출구의 실외 안전장소 설치 여부

해설 도시가스 사용시설의 압력조정기 점검 시 압력조정기의 A/S 기간은 제외된다.

54 **가연성 가스 및 독성 가스의 충전용기 보관실의 주위 몇 m 이내에서는 화기를 사용하거나 인화성 물질 또는 발화성 물질을 두지 말아야 하는가?**

① 1 ② 2
③ 3 ④ 5

해설

55 **가연성 가스를 운반하는 경우 반드시 휴대하여야 하는 장비가 아닌 것은?**

① 소화설비
② 방독마스크
③ 가스누출검지기
④ 누출방지공구

해설 독성 가스 운반 시 보호구
방독마스크, 공기호흡기, 보호의, 보호장갑, 보호장화 등

56 **독성 가스 저장탱크를 지상에 설치하는 경우 몇 톤 이상일 때 방류둑을 설치하여야 하는가?**

① 5 ② 10
③ 50 ④ 100

해설 방류둑 설치 규격(저장탱크 기준)
㉠ 독성 가스 : 5톤 이상
㉡ 가연성 가스 : 500톤 이상
㉢ 산소 : 1,000톤 이상

57 **다량의 고압가스를 차량에 적재하여 운반할 경우 운전상의 주의사항으로 옳지 않은 것은?**

① 부득이한 경우를 제외하고는 장시간 정차해서는 아니 된다.
② 차량의 운반책임자와 운전자가 동시에 차량에서 이탈하지 아니하여야 한다.
③ 300km 이상의 거리를 운행하는 경우에는 중간에 충분한 휴식을 취한 후 운행하여야 한다.
④ 가스의 명칭 · 성질 및 이동 중의 재해방지를 위하여 필요한 주의사항을 기재한 서면을 운반책임자 또는 운전자에게 교부하고 운반 중에 휴대를 시켜야 한다.

52. ③ 53. ① 54. ② 55. ② 56. ① 57. ③ | ANSWER

해설 운반책임자는 200km 이상의 운행거리에는 중간에 충분한 휴식을 취한 후 운행하여야 한다.

58 시안화수소를 충전, 저장하는 시설에서 가스 누출에 따른 사고예방을 위하여 누출검사 시 사용하는 시험지(액)는?

① 묽은염산용액 ② 질산구리벤젠지
③ 수산화나트륨용액 ④ 묽은질산용액

해설 ㉠ 시안화수소(HCN) 독성 가스 중화제인 가성소다수용액 250kg 보유
㉡ 가스 누출 시 질산구리벤젠지(초산벤젠지)시험지에서 청색 변화 반응

59 특정설비의 부품을 교체할 수 없는 수리자격자는?

① 용기제조자
② 특정설비제조자
③ 고압가스제조자
④ 검사기관

해설 용기제조자의 수리범위
㉠ 용기몸체 용접
㉡ C_2H_2 가스 다공물질 교체
㉢ 스커트, 프로텍터, 네크링 교체 및 가공
㉣ 용기부속품 교체, 저온 및 초저온용기 단열재 교체 등
※ 특정설비 : 안전밸브, 긴급차단장치, 기화장치, 독성 가스배관용 밸브, 자동차용 가스 자동주입기, 역화방지기, 압력용기, 특정고압가스 실린더캐비닛, 자동차용 압축천연가스 완속충전설비, 액화석유가스용 용기잔류가스 회수장치 등

60 다음 중 불연성 가스가 아닌 것은?

① 아르곤 ② 탄산가스
③ 질소 ④ 일산화탄소

해설 일산화탄소
㉠ 가연성(폭발범위 : 12.5~74%)
㉡ 연소반응 $= CO + \frac{1}{2}(O_2) \rightarrow CO_2$

SECTION 04 가스계측

61 물의 화학반응을 통해 시료의 수분 함량을 측정하며 휘발성 물질 중의 수분을 정량하는 방법은?

① 램프법
② 칼피셔법
③ 메틸렌블루법
④ 다트와이라법

해설 칼피셔법(Karl－Fischer Method)
물의 화학반응을 통해 시료의 수분 함량을 측정하며 휘발성 물질 중의 수분을 정량하는 방법이다.
(시약 : 요오드, 이산화황 및 피리딘 등을 무수메탄올 용액으로 한 것)

62 25℃, 1atm에서 0.21mol%의 O_2와 0.79mol%의 N_2로 된 공기혼합물의 밀도는 약 몇 kg/m³인가?

① 0.118 ② 1.18
③ 0.134 ④ 1.34

해설 산소(O_2) = 1kmol = 32kg
질소(N_2) = 1kmol = 28kg
온도상승 후 공기

$$1\text{kmol}(22.4\text{m}^3) \times \frac{273+25}{273} = 24.46\text{m}^3$$

$$\therefore \text{혼합밀도}(\rho) = \frac{(32\times0.21+28\times0.79)}{24.46} = 1.18\text{kg/m}^3$$

63 압력에 대한 다음 값 중 서로 다른 것은?

① 101,325N/m²
② 1,013.25hPa
③ 76cmHg
④ 10,000mmAq

해설 1atm(76cmHg) = 10.332mAq = 10,332mmAq = 101,325N/m² = 1,013.25hPa
※ 1atm = 1kgf/cm² = 10mAq = 10,000mmAq

64 이동상으로 캐리어가스를 이용, 고정상으로 액체 또는 고체를 이용해서 혼합성분의 시료를 캐리어가스로 공급하여, 고정상을 통과할 때 시료 중의 각 성분을 분리하는 분석법은?

① 자동오르자트법
② 화학발광식 분석법
③ 가스크로마토그래피법
④ 비분산형 적외선 분석법

해설 가스크로마토그래피법 가스분석기
캐리어가스를 이용한다.
㉠ 캐리어가스(전개제) : Ar, He, H_2, N_2 등
㉡ 종류 : FID, TCD, ECD 검출기 사용
㉢ 구성 : 컬럼(분리관), 검출기, 기록계

65 감도(感度)에 대한 설명으로 틀린 것은?

① 감도는 측정량의 변화에 대한 지시량의 변화의 비로 나타낸다.
② 감도가 좋으면 측정시간이 길어진다.
③ 감도가 좋으면 측정범위는 좁아진다.
④ 감도는 측정 결과에 대한 신뢰도의 척도이다.

해설 감도
측정량의 변화에 대해 계측기가 받는 지시량의 변화의 비로 나타낸다(지시량의 변화를 측정량의 변화로 나눈 값).
$\therefore$ 감도$=\dfrac{\text{지시량의 변화}}{\text{측정량의 변화}}$
④항의 내용은 정확도(Accuracy)에 대한 설명이다.

66 400K는 약 몇 °R인가?

① 400
② 620
③ 720
④ 820

해설 $°R = °F + 460 = K \times 1.8$
$K = (°R/1.8)$
$\therefore 400 \times 1.8 = 720°R$

67 되먹임 제어계에서 설정한 목푯값을 되먹임 신호와 같은 종류의 신호로 바꾸는 역할을 하는 것은?

① 조절부 ② 조작부
③ 검출부 ④ 설정부

해설 되먹임 제어(피드백 제어) 설정부
설정한 목푯값을 되먹임 신호와 같은 종류의 신호로 바꾸는 역할을 한다.

68 어느 수용가에 설치한 가스미터의 기차를 측정하기 위하여 지시량을 보니 $100m^3$를 나타내었다. 사용공차를 ±4%로 한다면 이 가스미터에는 최소 얼마의 가스가 통과되었는가?

① $40m^3$ ② $80m^3$
③ $96m^3$ ④ $104m^3$

해설 가스통과량 최소량
$100 \times 0.04 = 4m^3$
$\therefore 100 - 4 = 96m^3$

69 가스계량기의 구비조건이 아닌 것은?

① 감도가 낮아야 한다.
② 수리가 용이하여야 한다.
③ 계량이 정확하여야 한다.
④ 내구성이 우수해야 한다.

해설 가스계량기(가스미터기)는 감도(지시량의 변화/측정량의 변화)가 높아야 한다. 감도가 좋으면 측정시간이 길어지고 측정범위가 좁아진다.

70 가스크로마토그래피 분석계에서 가장 널리 사용되는 고체 지지체 물질은?

① 규조토 ② 활성탄
③ 활성알루미나 ④ 실리카겔

해설 규조토(Diatomite)
가스분석기인 가스크로마토그래피 분석계에서 가장 널리 사용되는 담체, 고체 지지체(서포트) 물질이다.

64. ③ 65. ④ 66. ③ 67. ④ 68. ③ 69. ① 70. ① | ANSWER

71 자동제어계의 일반적인 동작순서로 맞는 것은?

① 비교 → 판단 → 조작 → 검출
② 조작 → 비교 → 검출 → 판단
③ 검출 → 비교 → 판단 → 조작
④ 판단 → 비교 → 검출 → 조작

해설 자동제어계 동작순서
검출 → 비교 → 판단 → 조작

72 가스누출 검지기의 검지(Sensor) 부분에서 일반적으로 사용하지 않는 재질은?

① 백금 ② 리튬
③ 동 ④ 바나듐

해설 가스누출 검지기의 센서부분에서 일반적으로 동(구리)은 사용하지 않는다. 동은 온도검출부에서 많이 사용한다.

73 제어계의 상태를 교란하는 외란의 원인으로 가장 거리가 먼 것은?

① 가스 유출량 ② 탱크 주위의 온도
③ 탱크의 외관 ④ 가스 공급압력

해설 가스 탱크 외관은 제어계의 상태를 교란하는 외란의 원인으로 거리가 멀다(단, 가스 내 유체의 출구 압력이나 온도는 외란의 원인이 된다).

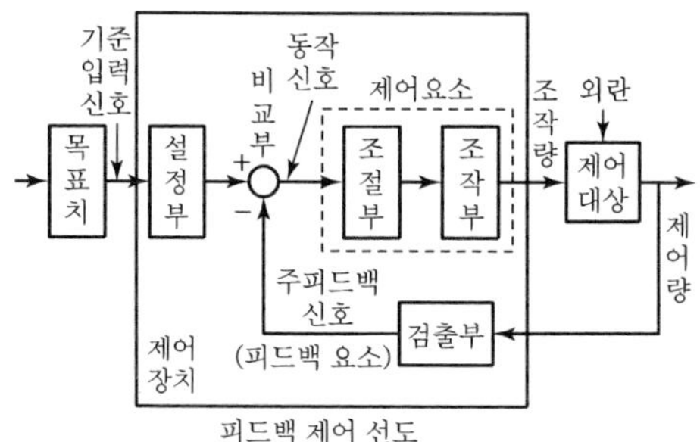

피드백 제어 선도

74 수소의 품질검사에 사용되는 시약은?

① 네슬러시약
② 동 · 암모니아
③ 요오드화칼륨
④ 하이드로설파이트

해설 수소가스 품질검사 시약(순수 98.5% 이상 검사 시 합격)
㉠ 피로갈롤
㉡ 하이드로설파이트시약

75 나프탈렌의 분석에 가장 적당한 분석방법은?

① 중화적정법
② 흡수평량법
③ 요오드적정법
④ 가스크로마토그래피법

해설 나프탈렌 가스분석방법 계측기
가스크로마토그래피법

76 다음 ( ) 안에 들어갈 말로 알맞은 것은?

> "가스미터(최대유량 $10m^3/h$ 이하)의 재검정 유효기간은 ( )년이다. 재검정의 유효기간은 재검정을 완료한 날의 다음 달 1일부터 기산한다."

① 1 ② 2
③ 3 ④ 5

해설 최대유량 $10m^3/h$ 이하의 가스미터 재검정 유효기간은 5년이다.

77 유속이 6m/s인 물속에 피토(Pitot)관을 세울 때 수주의 높이는 약 몇 m인가?

① 0.54 ② 0.92
③ 1.63 ④ 1.83

해설 유속(V)$=\sqrt{2gh}=\sqrt{2\times9.8\times h}=6\text{m}$

수주높이(h)$=\dfrac{V^2}{2g}=\dfrac{6^2}{2\times9.8}=1.83\text{m}$

78 회로의 두 접점 사이의 온도차로 열기전력을 일으키고 그 전위차를 측정하여 온도를 알아내는 온도계는?

① 열전대온도계 ② 저항온도계
③ 광고온도계 ④ 방사온도계

해설 열전대온도계

회로의 두 접점 사이의 온도차로 열기전력(제베크효과)을 이용하여 그 전위차로 온도를 측정한다.

〈열전대온도계의 종류별 특징〉

종류	온도 측정 범위	사용금속		온도계 특성
		(+)극	(-)극	
백금-백금로듐 (P-R=R형)	0~1,600℃	Pt(87%) Rh(13%)	Pt	• 산화성 분위기에 강하다. • 환원성 분위기에 약하다. • 정도가 높고 안정적이며 고온 측정에 유리하다.
크로멜-알루멜 (C-A=K형)	0~1,200℃	(크로멜) Ni(90%) Cr(10%)	(알루멜) Ni(94%) Al(3%) Mn(2%) Si(1%)	• 가격이 싸고 특성이 안정하다. • 기전력이 크고(온도-기전력선이 거의 직선적이다)
철-콘스탄탄 (I-C=J형)	-200~800℃	(철) Fe(100%)	(콘스탄탄) Cu(55%) Ni(45%)	• 환원성 분위기에 강하다. • 산화성 분위기에는 약하다. • 열기전력이 높고 가격이 싸다.
구리-콘스탄탄 (C-C=T형)	-200~350℃	(구리) Cu(100%)	(콘스탄탄)	• 열기전력이 크다. • 저항 및 온도계수가 작아 저온용으로 사용한다.

79 증기압식 온도계에 사용되지 않는 것은?

① 아닐린 ② 알코올

③ 프레온 ④ 에틸에테르

해설 ㉠ 증기압식 온도계 : 프로판, 에틸알코올, 에테르, 아닐린, 질소, 헬륨, 프레온 등 사용

㉡ 액주식 온도계 : 알코올, 수은, 물 등 사용

80 가스분석용 검지관법에서 검지관의 검지한도가 가장 낮은 가스는?

① 염소 ② 수소

③ 프로판 ④ 암모니아

해설 검지한도

㉠ 염소(0~0.004%)

㉡ 수소(0~1.5%)

㉢ 프로판(0~5%)

㉣ 암모니아(0~25.0%)

79. ② 80. ① | ANSWER

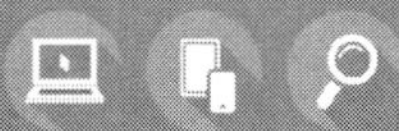

SECTION 01 연소공학

01 메탄의 완전연소 반응식을 옳게 나타낸 것은?

① $CH_4+2O_2 \rightarrow CO_2+2H_2O$
② $CH_4+3O_2 \rightarrow 2CO_2+2H_2O$
③ $CH_4+3O_2 \rightarrow 2CO_2+3H_2O$
④ $CH_4+5O_2 \rightarrow 3CO_2+4H_2O$

해설 메탄(CH_4)의 연소반응식
$CH_4+2O_2 \rightarrow CO_2+2H_2O$
$C+O_2 \rightarrow CO_2$, $H_2+\frac{1}{2}O_2 \rightarrow H_2O$

02 최소발화에너지(MIE)에 영향을 주는 요인 중 MIE의 변화를 가장 작게 하는 것은?

① 가연성 혼합 기체의 압력
② 가연성 물질 중 산소의 농도
③ 공기 중에서 가연성 물질의 농도
④ 양론농도하에서 가연성 기체의 분자량

해설 최소점화(발화)에너지(MIE)
㉠ 폭발성 혼합가스 또는 폭발성 분진을 발화시키는 데 필요한 최소한의 에너지로 착화원의 불꽃이다.
㉡ 최소점화에너지가 작을수록 위험하다.

$E=\frac{1}{2}CV^2$

여기서, E : 방전에너지
C : 방전전극과 병렬연결한 축전기의 전용량
V : 불꽃전압

03 에탄의 공기 중 폭발범위가 3.0~12.4%라고 할 때 에탄의 위험도는?

① 0.76 ② 1.95
③ 3.13 ④ 4.25

해설 에탄(C_2H_6)의 위험도(H)
$H=\frac{U-L}{L}=\frac{12.4-3.0}{3.0}=3.13$

04 액체연료의 연소형태 중 램프등과 같이 연료를 심지로 빨아올려 심지의 표면에서 연소시키는 것은?

① 액면연소
② 증발연소
③ 분무연소
④ 등심연소

해설 등심연소(심지연소)
오일 등 액체연료의 연소형태로서, 램프등과 같이 연료를 심지로 빨아올려 심지의 표면에서 연소시킨다.

05 가스의 특성에 대한 설명 중 가장 옳은 내용은?

① 염소는 공기보다 무거우며 무색이다.
② 질소는 스스로 연소하지 않는 조연성이다.
③ 산화에틸렌은 분해폭발을 일으킬 위험이 있다.
④ 일산화탄소는 공기 중에서 연소하지 않는다.

해설 ① 염소(Cl_2) : 황록색의 기체(공기보다 무겁다)
② 질소(N_2) : 불연성 가스
③ 산화에틸렌(C_2H_4O) : 화학폭발, 중합폭발, 분해폭발 발생 가능성이 있다(분해폭발 원인 : 화염, 전기스파크, 충격, 아세틸드의 분해).
④ $CO+\frac{1}{2}O_2 \rightarrow CO_2$(CO : 가연성 가스)

06 메탄 50v%, 에탄 25v%, 프로판 25v%가 섞여 있는 혼합기체의 공기 중에서의 연소하한계(v%)는 얼마인가?(단, 메탄, 에탄, 프로판의 연소하한계는 각각 5v%, 3v%, 2.1v%이다.)

① 2.3 ② 3.3
③ 4.3 ④ 5.3

해설 연소하한계 $=\frac{100}{L}=\frac{100}{\frac{50}{5}+\frac{25}{3}+\frac{25}{2.1}}$
$=\frac{100}{30.238}=3.30$

ANSWER | 1. ① 2. ④ 3. ③ 4. ④ 5. ③ 6. ②

07 연료가 구비하여야 할 조건으로 틀린 것은?

① 발열량이 클 것
② 구입하기 쉽고 가격이 저렴할 것
③ 연소 시 유해가스 발생이 적을 것
④ 공기 중에서 쉽게 연소되지 않을 것

해설 연료는 공기나 산소 중에서 쉽게 연소가 이루어져야 한다.
메탄(CH_4)$+2O_2 \rightarrow CO_2+2H_2O$

08 다음 연료 중 표면연소를 하는 것은?

① 양초 ② 휘발유
③ LPG ④ 목탄

해설 표면연소 : 숯, 목탄 등(1차 건류된 물질)

09 자연발화를 방지하는 방법으로 옳지 않은 것은?

① 통풍을 잘 시킬 것
② 저장실의 온도를 높일 것
③ 습도가 높은 것을 피할 것
④ 열이 축적되지 않게 연료의 보관방법에 주의할 것

해설 자연발화를 방지하려면 저장실의 온도를 80℃ 이하로 낮추어야 한다.
※ 자연발화 종류 : 분해열, 중합열, 산화열, 발효열, 흡착열 등

10 연소의 3요소가 바르게 나열된 것은?

① 가연물, 점화원, 산소
② 수소, 점화원, 가연물
③ 가연물, 산소, 이산화탄소
④ 가연물, 이산화탄소, 점화원

해설 연소의 3대 구성요소
㉠ 가연물
㉡ 점화원
㉢ 산소

11 연료발열량(H_L) 10,000kcal/Kg, 이론공기량 11 m^3/kg, 과잉공기율 30%, 이론습가스양 11.5m^3/kg, 외기온도 20℃일 때의 이론연소온도는 약 몇 ℃인가?(단, 연소가스의 평균비열은 0.31kcal/m^3℃이다.)

① 1,510 ② 2,180
③ 2,200 ④ 2,530

해설 실제공기량＝이론공기량×공기비

$$\text{공기비}=\frac{100+30}{100}=1.3$$

$$\text{연소온도}(t)=\frac{H_L}{G\times CP}$$

$$\text{연소가스양}(G)=G_0+(m-1)A_0$$
$$=11.5+(1.3-1)\times 11=14.8\text{Nm}^3/\text{Nm}^3$$

$$\therefore\ t=\frac{10{,}000}{14.8\times 0.31}+20=2{,}200℃$$

12 다음 [보기] 중 산소농도가 높을 때 연소의 변화에 대하여 올바르게 설명한 것으로만 나열한 것은?

> Ⓐ 연소속도가 느려진다.
> Ⓑ 화염온도가 높아진다.
> Ⓒ 연료 kg당의 발열량이 높아진다.

① Ⓐ ② Ⓑ
③ Ⓐ, Ⓑ ④ Ⓑ, Ⓒ

해설 산소농도 증가 시 변화
㉠ 완전연소 가능 ㉡ 화염온도 상승 ㉢ 연소속도 증가

13 가스화재 소화대책에 대한 설명으로 가장 거리가 먼 것은?

① LNG에 착화할 때에는 노출된 탱크, 용기 및 장비를 냉각시키면서 누출원을 막아야 한다.
② 소규모 화재 시 고성능 포말소화액을 사용하여 소화할 수 있다.
③ 큰 화재나 폭발로 확대될 위험이 있을 경우에는 누출원을 막지 않고 소화부터 해야 한다.
④ 진화원을 막는 것이 바람직하다고 판단되면 분말소화약제, 탄산가스, 할론소화기를 사용할 수 있다.

7. ④ 8. ④ 9. ② 10. ① 11. ③ 12. ② 13. ③ | ANSWER

해설 가스화재 시 가스의 누출방지를 가장 먼저 조치한 후 소화를 해야 한다.

14 폭발의 정의를 가장 잘 나타낸 것은?

① 화염의 전파속도가 음속보다 큰 강한 파괴작용을 하는 흡열반응
② 화염이 음속 이하의 속도로 미반응물질 속으로 전파되어 가는 발열반응
③ 물질이 산소와 반응하여 열과 빛을 발생시키는 현상
④ 물질을 가열하기 시작하여 발화할 때까지의 시간이 극히 짧은 반응

해설 폭발
화염이 음속 이하의 속도로 미반응물질 속으로 전파되어 가는 발열반응이다(음속 이상의 폭발은 폭굉에 해당한다).

15 프로판(C_3H_8)의 표준 총발열량이 −530,600cal/gmol일 때 표준 진발열량은 약 몇 cal/gmol인가?(단, $H_2O(L) \rightarrow H_2O(g)$, $\Delta H = 10,519$cal/gmol이다.)

① −530,600 ② −488,524
③ −520,081 ④ −430,432

해설 프로판(C_3H_8) + $5O_2 \rightarrow 3CO_2 + 4H_2O$
H_L(진발열량) = 총발열량 − H_2O 기화열
$\therefore H_L = -530,600 - (-10,519 \times 4)$
$= -488,524$(cal/gmol)

16 이상기체를 정적(등적)하에서 가열하면 압력과 온도의 변화는 어떻게 되는가?

① 압력 증가, 온도 상승
② 압력 일정, 온도 일정
③ 압력 일정, 온도 상승
④ 압력 증가, 온도 일정

해설 이상기체 정적(등적)하에서 가열 시 나타나는 현상
㉠ 압력은 증가하고 온도는 상승한다.
㉡ 등적 : 1 → 2 과정은 체적의 변화가 없다.

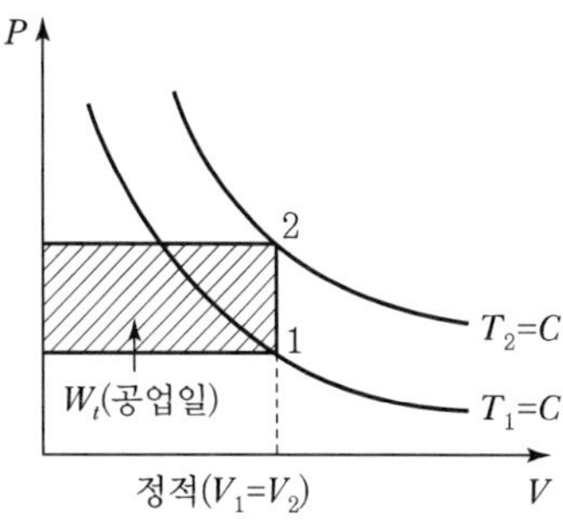

17 가연물질이 연소하는 과정 중 가장 고온일 경우의 불꽃색은?

① 황적색 ② 적색
③ 암적색 ④ 회백색

해설 ㉠ 암적색 : 600℃
㉡ 적색 : 800℃
㉢ 황적색 : 1,000℃
㉣ 오렌지색 : 1,200℃
㉤ 회백색 : 1,500℃

18 연소에 대한 설명 중 옳은 것은?

① 착화온도와 연소온도는 항상 같다.
② 이론연소온도는 실제연소온도보다 높다.
③ 일반적으로 연소온도는 인화점보다 상당히 낮다.
④ 연소온도가 그 인화점보다 낮게 되어도 연소는 계속된다.

해설 이론연소온도는 실제연소온도보다 높다.
이론연소온도(t)

• $t - t_0 = \dfrac{H_L}{C}$

여기서, t_0 : 상온에서 대개 0℃로 한다.
H_L : 저위발열량
C : 연소가스의 열용량(비열)

• $t = \dfrac{H_L}{G_0 \times C_p} + t_a$

여기서, t_a : 기준온도
G_0 : 이론연소가스양

19 폭굉유도거리에 대한 올바른 설명은?

① 최초의 느린 연소가 폭굉으로 발전할 때까지의 거리
② 어느 온도에서 가열, 발화, 폭굉에 이르기까지의 거리
③ 폭굉 등급을 표시할 때의 안전간격을 나타내는 거리
④ 폭굉이 단위시간당 전파되는 거리

해설 폭굉유도거리(DID : Detonation Induction Distance)
최초의 느린 연소가 폭굉으로 발전할 때까지의 거리이다. 정상연소속도가 큰 혼합가스일수록 DID가 짧아진다.

20 어떤 혼합가스가 산소 10mol, 질소 10mol, 메탄 5mol을 포함하고 있다. 이 혼합가스의 비중은 약 얼마인가?(단, 공기의 평균분자량은 29이다.)

① 0.88　② 0.94
③ 1.00　④ 1.07

해설 가스분자량=산소(32), 질소(28), 메탄(16)

$$평균분자량=\frac{(32\times10)+(28\times10)+(16\times5)}{10+10+5}=27.2$$

$$\therefore 비중=\frac{27.2}{29}=0.94$$

SECTION 02 가스설비

21 다단압축기에서 실린더 냉각의 목적으로 옳지 않은 것은?

① 흡입효율을 좋게 하기 위하여
② 밸브 및 밸브스프링에서 열을 제거하여 오손을 줄이기 위하여
③ 흡입 시 가스에 주어진 열을 가급적 높이기 위하여
④ 피스톤링에 탄소산화물이 발생하는 것을 막기 위하여

해설 다단압축기에서 실린더 냉각목적은 ①, ②, ④항 외 흡입가스에 주어진 열을 가급적 제거하기 위함이다.

22 도시가스용 압력조정기에서 스프링은 어떤 재질을 사용하는가?

① 주물　② 강재
③ 알루미늄합금　④ 다이캐스팅

해설 조정기 스프링 재질 : 강재
※ 도시가스용 압력조정기 ──(R)──

23 강의 열처리 중 일반적으로 연화를 목적으로 적당한 온도까지 가열한 다음 그 온도에서 서서히 냉각하는 방법은?

① 담금질　② 뜨임
③ 표면경화　④ 풀림

해설 풀림열처리(소둔, Annealing)
열처리 과정 중 경화된 재료 및 가공경화된 재료를 연화시키거나 가공 중에 발생한 잔류응력을 제거한다.

24 외부의 전원을 이용하여 그 양극을 땅에 접속시키고 땅속에 있는 금속체에 음극을 접속함으로써 매설된 금속체로 전류를 흘려보내 전기부식을 일으키는 전류를 상쇄하는 방법이다. 전식방지방법으로 매우 유효한 수단이며 압출에 의한 전식을 방지할 수 있는 이 방법은?

① 희생양극법　② 외부전원법
③ 선택배류법　④ 강제배류법

해설 전기방식 강제배류법(외부전원법+선택배류법)
㉠ 선택배류법에서 전식의 피해를 방지할 수 없을 때 실시한다.
㉡ 간섭이나 과방식에 대한 배려가 필요하다.
㉢ 선택배류법보다 가격이 높다.
㉣ 대용량의 외부전원법보다는 가격이 싸다.
㉤ 외부전원을 이용하여 양극을 땅에 접속, 땅속의 금속체에 음극을 접속시킨다.

19. ① 20. ② 21. ③ 22. ② 23. ④ 24. ④ | ANSWER

25 **고압장치의 재료로 구리관의 성질과 특징으로 틀린 것은?**

① 알칼리에는 내식성이 강하지만 산성에는 약하다.
② 내면이 매끈하여 유체저항이 적다.
③ 굴곡성이 좋아 가공이 용이하다.
④ 전도 및 전기절연성이 우수하다.

해설 구리의 특징은 ①, ②, ③항 외에 열전도도가 높고 전기전도성이 양호하다.

26 **소비자 1호당 1일 평균가스 소비량 1.6kg/day, 소비호수 10호 자동절체조정기를 사용하는 설비를 설계하려면 용기는 몇 개가 필요한가?(단, 액화석유가스 50kg 용기 표준가스 발생능력은 1.6kg/hr이고, 평균가스 소비율은 60%, 용기는 2계열 집합으로 사용한다)**

① 3개 ② 6개
③ 9개 ④ 12개

해설 가스소비량 $=(1.6\times0.6)\times10=9.6$kg
[10호 소비량 $=1.6$kg $\times60\%$, 2계열]
$\therefore$ 용기 수 $=\dfrac{50\text{kg}}{9.6\text{kg}}=6$개(1계열),
2계열 $=6\times2=12$개

27 **도시가스에 첨가하는 부취제로서 필요한 조건으로 틀린 것은?**

① 물에 녹지 않을 것
② 토양에 대한 투과성이 좋을 것
③ 인체에 해가 없고 독성이 없을 것
④ 공기 혼합비율 1/200의 농도에서 가스냄새가 감지될 수 있을 것

해설 부취제
①, ②, ③항 외에 석탄가스냄새(TH), 양파 썩는 냄새(TBM), 마늘냄새(DMS) 중에서 일상생활의 냄새와 명확히 구분되는 것으로 가스제조량의 $\dfrac{1}{1,000}$ 을 혼입시킨다.

28 **액화석유가스 압력조정기 중 1단 감압식 준저압 조정기의 입구압력은?**

① 0.07~1.56MPa
② 0.1~1.56MPa
③ 0.3~1.56MPa
④ 조정압력 이상~1.56MPa

해설 액화석유가스 압력조정기(1단 감압식 준저압 조정기)

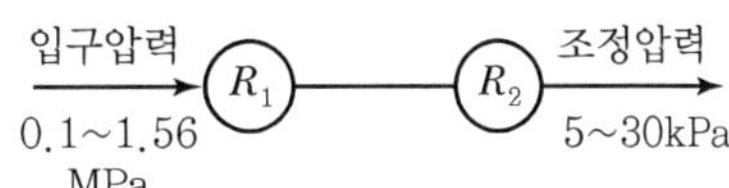

29 **고압가스설비를 운전하는 중 플랜지부에서 가연성 가스가 누출하기 시작할 때 취해야 할 대책으로 가장 거리가 먼 것은?**

① 화기 사용 금지
② 가스 공급 즉시 중지
③ 누출 전, 후단밸브 차단
④ 일상적인 점검 및 정기점검

해설

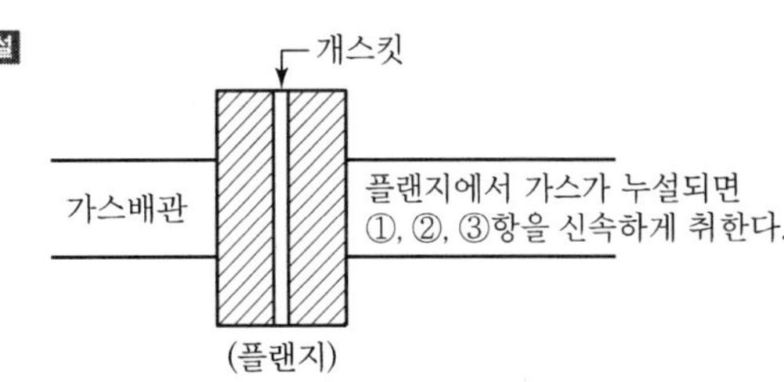

30 **배관의 자유팽창을 미리 계산하여 관의 길이를 약간 짧게 절단하여 강제배관을 함으로써 열팽창을 흡수하는 방법은?**

① 콜드스프링 ② 신축이음
③ U형 밴드 ④ 파열이음

해설 콜드스프링
배관의 자유팽창을 미리 계산하여 설비시공 시 관의 길이를 약간 짧게 절단하고 강제배관을 하여 열팽창을 흡수한다.

ANSWER | 25. ④ 26. ④ 27. ④ 28. ② 29. ④ 30. ①

31 성능계수가 3.2인 냉동기가 10ton을 냉동하기 위해 공급하여야 할 동력은 약 몇 kW인가?

① 10　② 12
③ 14　④ 16

해설 성능계수$=\frac{증발열}{동력소비열}$, 1냉동톤$=3,320$(kcal/h)

동력소비$=\frac{10\times3320}{3.2}=10,375$(kcal/h)

$\therefore \frac{10,375}{860}=12$(kW)

※ 1kW−h=860(kcal)=3,600(kJ/h)

32 터보압축기에 대한 설명이 아닌 것은?

① 유급유식이다.
② 고속회전으로 용량이 크다.
③ 용량 조정이 어렵고 범위가 좁다.
④ 연속적인 토출로 맥동현상이 적다.

해설 터보압축기(비용적식, Centrifugal) : 윤활유를 사용하지 않는 무급유식이므로 토출가스에 기름 혼입이 없다.

33 산소압축기의 내부 윤활제로 주로 사용되는 것은?

① 물　② 유지류
③ 석유류　④ 진한황산

해설 산소압축기 윤활유
㉠ 물
㉡ 10% 이하의 묽은 글리세린수

34 −5℃에서 열을 흡수하여 35℃에 방열하는 역카르노 사이클에 의해 작동하는 냉동기의 성능계수는?

① 0.125　② 0.15
③ 6.7　④ 9

해설 $T_1=-5+273=268$K, $T_2=75+273=308$K

성능계수(COP)$=\frac{T_1}{T_2-T_1}=\frac{268}{308-268}=6.7$

35 가연성 가스 및 독성 가스 용기의 도색 구분이 옳지 않은 것은?

① LPG − 회색
② 액화암모니아 − 백색
③ 수소 − 주황색
④ 액화염소 − 청색

해설 액화염소 용기의 도색은 갈색이다.

36 고압가스 제조장치의 재료에 대한 설명으로 틀린 것은?

① 상온, 건조 상태의 염소가스에서는 탄소강을 사용할 수 있다.
② 암모니아, 아세틸렌의 배관재료에는 구리재를 사용한다.
③ 탄소강에 나타나는 조직의 특성은 탄소(C)의 양에 따라 달라진다.
④ 암모니아 합성탑 내통의 재료에는 18−8 스테인리스강을 사용한다.

해설 ㉠ 아세틸렌(C_2H_2)가스와 구리(Cu) 혼합 폭발
C_2H_2가스와 구리(Cu) → Cu_2C_2(동아세틸라이드) + H_2
㉡ 암모니아(NH_3)가스와 Cu, Zn, Ag, Al, Co 등을 혼합하면 착이온을 만들므로 사용이 불가하다.

37 저온 및 초저온용기의 취급 시 주의사항으로 틀린 것은?

① 용기는 항상 누운 상태를 유지한다.
② 용기를 운반할 때는 별도 제작된 운반용구를 이용한다.
③ 용기를 물기나 기름이 있는 곳에 두지 않는다.
④ 용기 주변에서 인화성 물질이나 화기를 취급하지 않는다.

해설 ① 용기는 항상 세워서 저장한다.
※ 저온용기, 초저온용기
㉠ 저온용기 : 액화가스 충전용기(용기 내의 온도가 상용온도를 초과하지 않도록 하는 용기)
㉡ 초저온용기 : −50℃ 이하의 액화가스 충전용기

31. ② 32. ① 33. ① 34. ③ 35. ④ 36. ② 37. ① | ANSWER

38 **웨버지수에 대한 설명으로 옳은 것은?**

① 정압기의 동특성을 판단하는 중요한 수치이다.
② 배관 관경을 결정할 때 사용되는 수치이다.
③ 가스의 연소성을 판단하는 중요한 수치이다.
④ LPG 용기 설치본수 산정 시 사용되는 수치로 지역별 기화량을 고려한 값이다.

해설 도시가스 웨버지수(WI)

$$WI=\frac{H_g(\text{도시가스 총 발열량}:\text{kcal/m}^3)}{\sqrt{\text{도시가스 비중}}}$$

※ 웨버지수는 가스의 연소성 판단에 매우 중요한 수치이다.

39 **두 개의 다른 금속이 접촉되어 전해질용액 내에 존재할 때 다른 재질의 금속 간 전위차에 의해 용액 내에서 전류가 흐르는데, 이에 의해 양극부가 부식이 되는 현상을 무엇이라 하는가?**

① 공식
② 침식 부식
③ 갈바닉 부식
④ 농담 부식

해설 갈바닉 부식
재질이 다른 금속 간 전위차에 의해 용액 내에서 전류가 흘러 양극부위가 부식되는 현상이다.

40 **고압장치 배관에 발생된 열응력을 제거하기 위한 이음이 아닌 것은?**

① 루프형
② 슬라이드형
③ 벨로스형
④ 플랜지형

해설 플랜지, 유니언 이음
관의 해체나 수리, 관의 교체를 위한 이음

SECTION 03 가스안전관리

41 **염소가스 취급에 대한 설명 중 옳지 않은 것은?**

① 재해제로 소석회 등이 사용된다.
② 염소압축기의 윤활유는 진한황산이 사용된다.
③ 산소와 염소폭명기를 일으키므로 동일 차량에 적재를 금한다.
④ 독성이 강하여 흡입하면 호흡기가 상한다.

해설 염소가스(Cl_2)의 폭명기(염소+수소가스)

$$Cl_2+H_2(\text{수소})\xrightarrow{\text{직사광선}}2HCl+(44)\text{kcal 발생}$$

42 **가연성 가스의 폭발등급 및 이에 대응하는 내압방폭구조 폭발등급의 분류기준이 되는 것은?**

① 폭발범위　② 발화온도
③ 최대안전틈새 범위　④ 최소점화전류비 범위

해설 안전간격

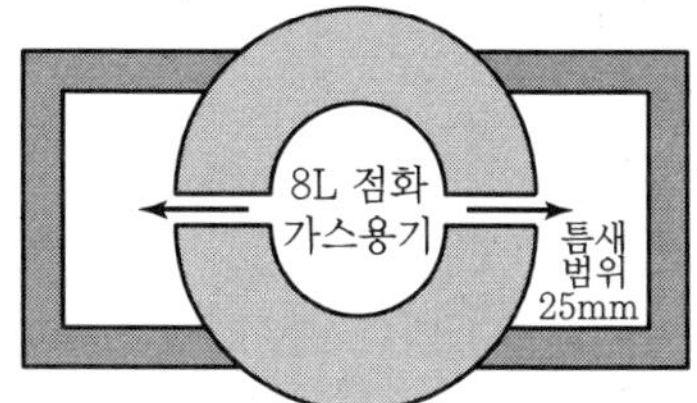

43 **액화석유가스의 안전관리 및 사업법에서 규정한 용어의 정의 중 틀린 것은?**

① "방호벽"이란 높이 1.5미터, 두께 10센티미터의 철근콘크리트 벽을 말한다.
② "충전용기"란 액화석유가스 충전 질량의 2분의 1 이상이 충전되어 있는 상태의 용기를 말한다.
③ "소형저장탱크"란 액화석유가스를 저장하기 위하여 지상 또는 지하에 고정 설치된 탱크로서 그 저장능력이 3톤 미만인 탱크를 말한다.
④ "가스설비"란 저장설비 외의 설비로서 액화석유가스가 통하는 설비(배관은 제외한다)와 그 부속설비를 말한다.

ANSWER | 38. ③ 39. ③ 40. ④ 41. ③ 42. ③ 43. ①

해설 방호벽

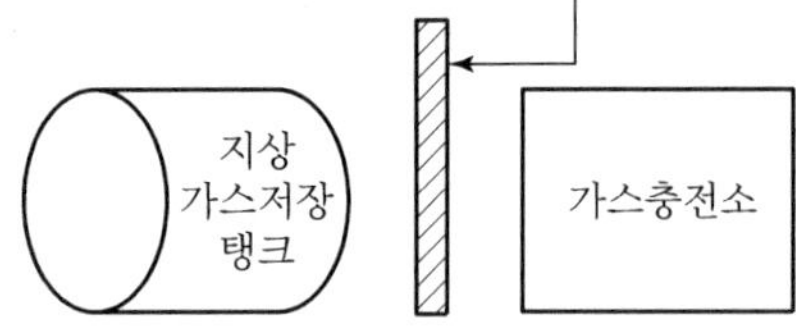

44 동절기의 습도 50% 이하인 경우에는 수소용기 밸브의 개폐를 서서히 하여야 한다. 주된 이유는?

① 밸브 파열　② 분해 폭발
③ 정전기 방지　④ 용기압력 유지

해설 동절기에는 가스저장실이나 취급장소의 습도가 낮고 건조하여 정전기 발생이 심하다.

45 LPG 압력조정기를 제조하고자 하는 자가 반드시 갖추어야 할 검사설비가 아닌 것은?

① 유량측정설비
② 내압시험설비
③ 기밀시험설비
④ 과류차단성능시험설비

해설 허가대상가스용품 압력조정기도 갖추어야 한다(용접 절단기용 액화석유가스 압력조정기 포함).
※ 과류차단성능시험설비 : 가스저장탱크나 용기에 충전시설을 제조하는 데 필요한 검사설비이다.

46 동일 차량에 적재하여 운반할 수 없는 가스는?

① C_2H_4와 HCN
② C_2H_4와 NH_3
③ CH_4와 C_2H_2
④ Cl_2와 C_2H_2

해설 염소 및 아세틸렌, 암모니아, 수소가스는 동일 차량에 적재하여 운반할 수 없다.

47 액화석유가스 자동차 충전소에 설치할 수 있는 건축물 또는 시설은?

① 액화석유가스충전사업자가 운영하고 있는 용기를 재검사하기 위한 시설
② 충전소의 종사자가 이용하기 위한 연면적 $200m^2$ 이하의 식당
③ 충전소를 출입하는 사람을 위한 연면적 $200m^2$ 이하의 매점
④ 공구 등을 보관하기 위한 연면적 $200m^2$ 이하의 창고

해설 액화석유가스 자동차 충전소에 설치할 수 있는 시설
액화석유가스 충전사업자가 운영하고 있는 용기를 재검사하기 위한 시설이다.

48 가스보일러 설치 후 설치 · 시공확인서를 작성하여 사용자에게 교부하여야 한다. 이때 가스보일러 설치 · 시공 확인사항이 아닌 것은?

① 사용교육의 실시 여부
② 최근의 안전점검 결과
③ 배기가스 적정 배기 여부
④ 연통의 접속부 이탈 여부 및 막힘 여부

해설 가스보일러(232.6kW 이하) 설치 후 설치시공확인서는 5년간 보존하여야 하며 설치시공 확인사항은 ①, ③, ④항이다.

49 냉동기에 반드시 표기하지 않아도 되는 기호는?

① RT　② DP
③ TP　④ DT

해설 ① RT(냉동톤)　② DP(설계압력)
③ TP(내압시험)　④ DT(설계온도)

50 액화 염소가스를 운반할 때 운반책임자가 반드시 동승하여야 할 경우로 옳은 것은?

① 100kg 이상 운반할 때
② 1,000kg 이상 운반할 때
③ 1,500kg 이상 운반할 때
④ 2,000kg 이상 운반할 때

44. ③ 45. ④ 46. ④ 47. ① 48. ② 49. ④ 50. ② | ANSWER

해설 염소가스(독성 가스) 운반책임자 동승기준
㉠ 100m³ 이상
㉡ 1,000kg 이상

51 **충전설비 중 액화석유가스의 안전을 확보하기 위하여 필요한 시설 또는 설비에 대하여는 작동상황을 주기적으로 점검, 확인하여야 한다. 충전설비의 경우 점검주기는?**

① 1일 1회 이상 ② 2일 1회 이상
③ 1주일 1회 이상 ④ 1월 1회 이상

해설 가스충전설비 작동상황 점검주기 : 1일 1회 이상

52 **시안화수소는 충전 후 며칠이 경과되기 전에 다른 용기에 옮겨 충전하여야 하는가?**

① 30일 ② 45일
③ 60일 ④ 90일

해설 시안화수소 농도가 98% 미만인 경우 60일이 경과되기 전에 다른 용기에 옮겨 담아 충전한다(수분에 의한 중합폭발 방지를 위하여).

53 **액체염소가 누출된 경우 필요한 조치가 아닌 것은?**

① 물 살포
② 소석회 살포
③ 가성소다 살포
④ 탄산소다수용액 살포

해설 액체 염소(독성 가스) 누출 시 제독제
㉠ 가성소다수용액
㉡ 탄산소다수용액
㉢ 소석회

54 **고압가스용기의 취급 및 보관에 대한 설명으로 틀린 것은?**

① 충전용기와 잔가스용기는 넘어지지 않도록 조치한 후 용기보관장소에 놓는다.
② 용기는 항상 40℃ 이하의 온도를 유지한다.
③ 가연성 가스 용기보관장소에는 방폭형 손전등 외의 등화를 휴대하고 들어가지 아니한다.
④ 용기보관장소 주위 2m 이내에는 화기 등을 두지 아니한다.

해설 ① 충전용기와 잔가스용기는 구분하여 저장한다.

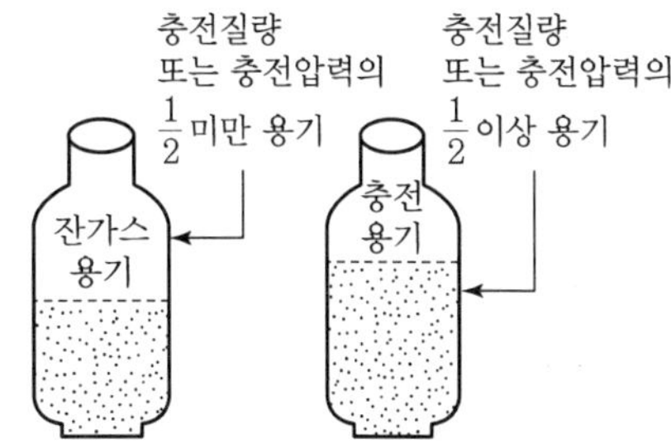

55 **액화석유가스의 일반적인 특징으로 틀린 것은?**

① 증발잠열이 적다.
② 기화하면 체적이 커진다.
③ LP가스는 공기보다 무겁다.
④ 액상의 LP가스는 물보다 가볍다.

해설 액화석유가스의 특징
(1) 액화석유가스(LPG)의 증발잠열은 큰 편이다.
㉠ 프로판(C_3H_8) : 101.8(kcal/kg)
㉡ 부탄(C_4H_{10}) : 92(kcal/kg)
(2) 기화 시 부피가 증가한다(C_3H_8 : 250배, C_4H_{10} : 230배).
(3) 액상의 액비중은 0.5(kg/L)이다.

56 **용기내장형 가스난방기용으로 사용하는 부탄 충전용기에 대한 설명으로 옳지 않은 것은?**

① 용기 몸통부의 재료는 고압가스 용기용 강판 및 강대이다.
② 프로텍터의 재료는 일반구조용 압연강재이다.
③ 스커트의 재료는 고압가스 용기용 강판 및 강대이다.
④ 네크링의 재료는 탄소함유량이 0.48% 이하인 것으로 한다.

해설 네크링 재료(KSD 3752 기계구조용 탄소 강재)는 탄소(C) 함량이 0.28% 이하인 것으로 한다.

ANSWER | 51. ① 52. ③ 53. ① 54. ① 55. ① 56. ④

57 내용적이 50L인 가스용기에 내압시험압력 3.0MPa의 수압을 걸었더니 용기의 내용적이 50.5L로 증가하였고 다시 압력을 제거하여 대기압으로 하였더니 용적이 50.002L가 되었다. 이 용기와 영구증가율을 구하고 합격인지 불합격인지 판정한 것으로 옳은 것은?

① 0.2%, 합격　② 0.2%, 불합격
③ 0.4%, 합격　④ 0.4%, 불합격

해설 내용적증가율 = 50.5L − 50L = 0.5(L)
영구(항구)증가율 = 0.5 − (50.002 − 50) = 0.498(L)
$\therefore$ 항구증가율 = $\frac{50.002-50}{0.498} \times 100 = 0.4(\%)$
(영구증가율이 10% 이내이므로 용기검사 합격)

58 호칭지름 25A 이하이고 상용압력 2.94MPa 이하의 나사식 배관용 볼밸브는 10회/min 이하의 속도로 몇 회 개폐동작 후 기밀시험에서 이상이 없어야 하는가?

① 3,000회　② 6,000회
③ 30,000회　④ 60,000회

해설 25A 이하 나사식 배관용 볼밸브 기밀시험에서 10회/분당 개폐동작 6,000회 이상 하였을 때 누출이 없어야 한다.

59 암모니아 저장탱크에는 가스용량이 저장탱크 내용적의 몇 %를 초과하는 것을 방지하기 위하여 과충전 방지조치를 하여야 하는가?

① 65%　② 80%
③ 90%　④ 95%

해설 액화가스저장탱크 내용적은 가스팽창의 우려 때문에 90% 이상 과충전을 방지한다.

60 다음 물질 중 아세틸렌을 용기에 충전할 때 침윤제로 사용되는 것은?

① 벤젠　② 아세톤
③ 케톤　④ 알데히드

해설 아세틸렌(C_2H_2) 가스 용기 내 다공질 침윤제
㉠ 아세톤
㉡ 디메틸포름아미드

SECTION 04 가스계측

61 전기저항온도계에서 측온저항체의 공칭저항치는 몇 ℃의 온도일 때 저항소자의 저항을 의미하는가?

① −273℃　② 0℃
③ 5℃　④ 21℃

해설 전기저항온도계(구리, 니켈, 백금, 더미스터)
측온저항체, 도선, 지시계가 3대 구성요소이며 0℃의 온도에서 저항소자를 기준으로 한다.

62 적외선 흡수식 가스분석계로 분석하기에 가장 어려운 가스는?

① CO_2　② CO
③ CH_4　④ N_2

해설 ㉠ 질소(N_2)분석 = 100 − (CO_2 + O_2 + CO)(%)
㉡ 질소는 2원자 분자로서 적외선 가스분석계로 분석이 불가하다.

63 기준입력과 주피드백 양의 차로 제어동작을 일으키는 신호는?

① 기준입력 신호　② 조작신호
③ 동작신호　④ 주피드백 신호

해설 동작신호
기준입력과 주피드백 양의 차로 제어동작을 일으키는 신호이다.

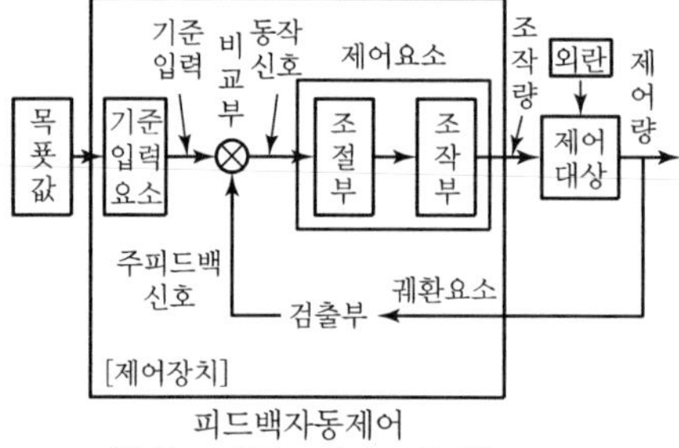

피드백자동제어
(측정 → 비교 → 판단 → 조작)

64 가스미터의 구비조건으로 옳지 않은 것은?

① 감도가 예민할 것
② 기계오차 조정이 쉬울 것
③ 대형이며 계량용량이 클 것
④ 사용가스양을 정확하게 지시할 수 있을 것

해설 가스미터기는 소형이면서 계량용량이 커야 이상적이다.

65 물체에서 방사된 빛의 강도와 비교된 필라멘트의 밝기가 일치되는 점을 비교 측정하여 약 3,000℃ 정도의 고온도까지 측정이 가능한 온도계는?

① 광고온도계　② 수은온도계
③ 베크만온도계　④ 백금저항온도계

해설 비접촉식 온도계
㉠ 광고온도계(700~3000℃)
㉡ 방사온도계(60~3000℃)
㉢ 색온도계(600~3000℃)

66 가스누출 검지경보장치의 기능에 대한 설명으로 틀린 것은?

① 경보농도는 가연성 가스인 경우 폭발하한계의 1/4 이하, 독성 가스인 경우 TLV－TWA 기준농도 이하로 할 것
② 경보를 발신한 후 5분 이내에 자동적으로 경보정지가 되어야 할 것
③ 지시계의 눈금은 독성 가스인 경우 0~TLV－TWA 기준농도 3배 값을 명확하게 지시하는 것일 것
④ 가스검지에서 발신까지의 소요시간은 경보농도의 1.6배 농도에서 보통 30초 이내일 것

해설 (1) 가스누출 자동차단장치 구성
㉠ 검지부
㉡ 차단부
㉢ 제어부
(2) 가스누출 검지경보장치 설치기준은 ①, ③, ④항에 따른다.
※ NH_3, CO 가스 등의 경보시간은 60초 이내이다.

67 상대습도가 '0'이라 함은 어떤 뜻인가?

① 공기 중에 수증기가 존재하지 않는다.
② 공기 중에 수증기가 760mmHg만큼 존재한다.
③ 공기 중에 포화상태의 습증기가 존재한다.
④ 공기 중에 수증기압이 포화증기압보다 높음을 의미한다.

해설 상대습도가 0이면 공기 중 H_2O가 존재하지 않는다.

68 가스크로마토그래피(Gas Chromatography)에서 전개제로 주로 사용되는 가스는?

① He　② CO
③ Rn　④ Kr

해설 전개제 : He, H_2, Ar, N_2 등(캐리어가스)

69 다음 중 전자유량계의 원리는?

① 옴(Ohm)의 법칙
② 베르누이(Bernoulli)의 법칙
③ 아르키메데스(Archimedes)의 원리
④ 패러데이(Faraday)의 전자유도법칙

해설 전자식 유량계
Faraday의 전자유도법칙을 이용한 유량계이다. 자장을 형성시키고 기전력을 측정하여 유량을 측정한다(단, 도전성 액체의 유량에만 측정된다).

70 초음파 유량계에 대한 설명으로 옳지 않은 것은?

① 정확도가 아주 높은 편이다.
② 개방수로에는 적용되지 않는다.
③ 측정체가 유체와 접촉하지 않는다.
④ 고온, 고압, 부식성 유체에도 사용이 가능하다.

해설 초음파 유량계
도플러 효과를 이용하여 유체속도에 따라 초음파의 전파속도 차로부터 유속을 알아내는 싱어라운드법과 위상차를 이용하는 위상차법 및 시간차를 이용하는 시간차법 등이 있다.

ANSWER | 64. ③ 65. ① 66. ② 67. ① 68. ① 69. ④ 70. ②

71 계측계통의 특성을 정특성과 동특성으로 구분할 경우 동특성을 나타내는 표현과 가장 관계가 있는 것은?

① 직선성(Linerity)
② 감도(Sensitivity)
③ 히스테리시스(Hysteresis) 오차
④ 과도응답(Transient Response)

해설 과도응답
계측계통의 특성을 정특성과 동특성으로 구분할 경우 동특성을 나타내는 표현이며 입력신호가 정상상태에서 다른 정상상태로 변화할 때의 응답이다.

72 가스미터 설치 시 입상배관을 금지하는 가장 큰 이유는?

① 균열에 따른 누출방지를 위하여
② 고장 및 오차 발생 방지를 위하여
③ 겨울철 수분 응축에 따른 밸브, 밸브시트 동결방지를 위하여
④ 계량막 밸브와 밸브시트 사이의 누출방지를 위하여

해설

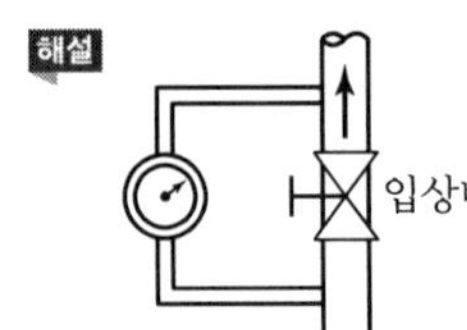

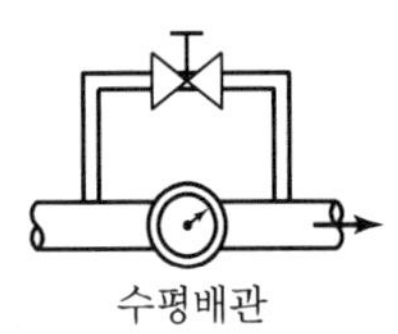

겨울철 수분응축에 조심한다.

73 가스크로마토그래피 캐리어가스의 유량이 70mL/min에서 어떤 성분시료를 주입하였더니 주입점에서 피크까지의 길이가 18cm였다. 지속용량이 450mL라면 기록지의 속도는 약 몇 cm/min인가?

① 0.28 ② 1.28
③ 2.8 ④ 3.8

해설 기록지속도(V)

$$V = \frac{70\text{mL/min} \times 18\text{cm}}{450\text{mL}} = 2.8\text{cm/min}$$

74 방사성 동위원소의 자연붕괴 과정에서 발생하는 베타입자를 이용하여 시료의 양을 측정하는 검출기는?

① ECD ② FID
③ TCD ④ TID

해설 ECD(전자포획 이온화 검출기)
방사성 동위원소의 자연붕괴 과정에서 발생하는 베타입자를 이용하여 시료량을 검출하며 할로겐 및 산소화합물에서 감응이 최고이나 탄화수소 성분 감도가 별로 좋지 않다.

75 막식 가스미터에서 계량막의 파손, 밸브의 탈락, 밸브와 밸브시트 간격에서의 누설이 발생하여 가스는 미터를 통과하나 지침이 작동하지 않는 고장형태는?

① 부동
② 누출
③ 불통
④ 기차불량

해설 막식 가스미터 고장의 종류
㉠ 부동

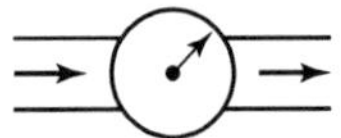

가스 통과(미터지침의 작동 불량)

㉡ 불통

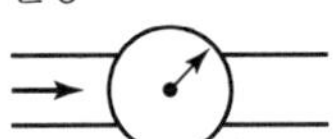

가스의 가스미터기 통과 불량

㉢ 기차불량 : 부품의 마모 등에 의해 사용공차가 4% 이내로 오차 발생

76 계량기의 감도가 좋으면 어떠한 변화가 오는가?

① 측정시간이 짧아진다.
② 측정범위가 좁아진다.
③ 측정범위가 넓어지고, 정도가 좋다.
④ 폭넓게 사용할 수가 있고, 편리하다.

해설 계량기의 감도가 좋을 때의 변화
㉠ 측정시간이 길어진다.
㉡ 측정범위가 좁아진다.

71. ④ 72. ③ 73. ③ 74. ① 75. ① 76. ② | ANSWER

77 온도 25℃, 노점 19℃인 공기의 상대습도를 구하면?(단, 25℃ 및 19℃에서의 포화수증기압은 각각 23.76mmHg 및 16.47mmHg이다.)

① 56%
② 69%
③ 78%
④ 84%

해설 상대습도(ϕ) $= \dfrac{수증기압}{포화수증기압} \times 100$

$\therefore \ \phi = \dfrac{16.47}{23.76} \times 100 = 69(\%)$

78 50mL의 시료가스를 CO_2, O_2, CO 순으로 흡수시켰을 때 이 때 남은 부피가 각각 32.5mL, 24.2mL, 17.8mL이었다면 이들 가스의 조성 중 N_2의 조성은 몇 % 인가?(단, 시료 가스는 CO_2, O_2, CO, N_2로 혼합되어 있다.)

① 24.2% ② 27.2%
③ 34.2% ④ 35.6%

해설 N_2(질소) $= 100 - (CO_2 + O_2 + CO)(\%)$

- $CO_2 = 50 - 32.5 = 17.5$
- $O_2 = 32.5 - 24.2 = 8.3$
- $CO = 24.2 - 17.8 = 6.4$

$\therefore \ N_2 = \dfrac{50 - (17.5 + 8.3 + 6.4)}{50} \times 100 = 35.6(\%)$

79 오리피스유량계의 유량계산식은 다음과 같다. 유량을 계산하기 위하여 설치한 유량계에서 유체를 흐르게 하면서 측정해야 할 값은?(단, C : 오리피스계수, A_2 : 오리피스 단면적, H : 마노미터액주계 눈금, γ_1 : 유체의 비중량이다.)

$$Q = C \times A_2 \left(2gH\left[\frac{\gamma_1 - 1}{\gamma}\right]\right)^{0.5}$$

① C ② A_2
③ H ④ γ_1

해설 오리피스 차압식 유량계

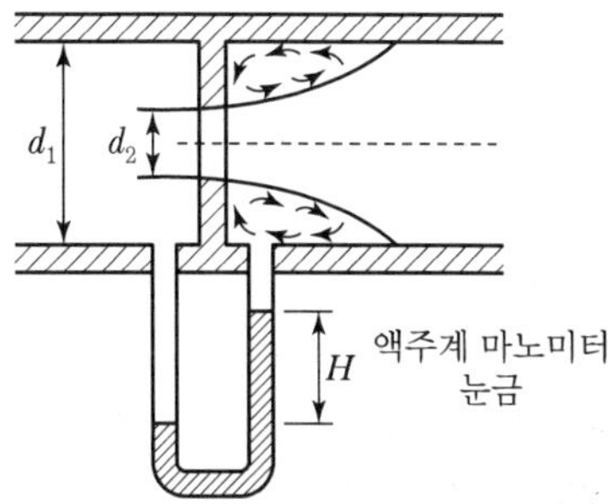

80 목표치가 미리 정해진 시간적 순서에 따라 변할 경우의 추치제어방법의 하나로서 가스크로마토그래피의 오븐 온도제어 등에 사용되는 제어방법은?

① 정격치제어 ② 비율제어
③ 추종제어 ④ 프로그램제어

해설 자동제어방법

(1) 정치제어
(2) 추치제어
  ㉠ 추종제어(목푯값 변화)
  ㉡ 비율제어(목푯값과 다른 양과의 일정한 비율)
  ㉢ 프로그램제어(목푯값 일정)
  ㉣ 캐스케이드제어(1, 2차 2개의 제어계 조합)
(3) 제어량의 성질에 의한 분류
  ㉠ 프로세스제어
  ㉡ 다변수제어
  ㉢ 서보 기구

2018년 2회 가스산업기사

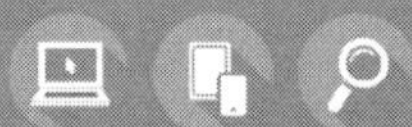

SECTION 01 연소공학

01 방폭구조 중 점화원이 될 우려가 있는 부분을 용기 내에 넣고 신선한 공기 또는 불연성가스 등의 보호기체를 용기의 내부에 넣음으로써 용기 내부에는 압력이 형성되어 외부로부터 폭발성 가스 또는 증기가 침입하지 못하도록 한 구조는?

① 내압방폭구조　② 안전증방폭구조
③ 본질안전방폭구조　④ 압력방폭구조

해설 압력방폭구조

외부 폭발성 가스나
증기침입 방지

가연성 가스

불연성 가스
보호기체 압력 형성

02 화염전파속도에 영향을 미치는 인자와 가장 거리가 먼 것은?

① 혼합기체의 농도
② 혼합기체의 압력
③ 혼합기체의 발열량
④ 가연 혼합기체의 성분 조성

해설 화염의 전파속도와 혼합기체의 발열량은 무관하다(정상연소속도 : 0.1~10m/s).

03 기체연료가 공기 중에서 정상연소할 때 정상연소속도의 값으로 가장 옳은 것은?

① 0.1~10m/s　② 11~20m/s
③ 21~30m/s　④ 31~40m/s

해설 ㉠ 기체연료의 정상연소속도 : 0.1~10m/s 이내
㉡ 폭굉 : 1,000~3,500m/s
㉢ 폭연 : 340m/s 이하

04 발화지연에 대한 설명으로 가장 옳은 것은?

① 저온, 저압일수록 발화지연은 짧아진다.
② 화염의 색이 적색에서 청색으로 변하는 데 걸리는 시간을 말한다.
③ 특정온도에서 가열하기 시작하여 발화 시까지 소요되는 시간을 말한다.
④ 가연성 가스와 산소의 혼합비가 완전산화에 근접할수록 발화지연은 길어진다.

해설 발화지연
특정온도에서 가연물이 가열하기 시작하여 발화시간까지 소요되는 시간이다(고온 고압이나 산소와의 혼합비가 완전산화에 근접하면 짧아진다).

05 다음 중 가스 연소 시 기상 정지반응을 나타내는 기본 반응식은?

① $H+O_2 \rightarrow OH+O$
② $O+H_2 \rightarrow OH+O$
③ $OH+H_2 \rightarrow H_2O+H$
④ $H+O_2+M \rightarrow HO_2+M$

해설 가스 기상 정지반응 : $H_2+O_2+M \rightarrow H_2O_2+M$
※ 정지반응 : 연쇄반응에서 연쇄운반체가 재결합반응 등에 따라 소실, 반응의 진행이 정지하는 현상이다.
㉠ $2H^+ \rightarrow H_2$
㉡ $2Cl \rightarrow Cl_2$
㉢ $H+Cl \rightarrow HCl$
㉣ $Cl+X \rightarrow \frac{1}{2}Cl_2+X$

06 비중(60/60°F)이 0.95인 액체연료의 API도는?

① 15.45　② 16.45
③ 17.45　④ 18.45

해설 액체연료 API 비중계산

$$= \frac{141.5}{(60/60°F)} - 131.5 = \frac{141.5}{0.95} - 131.5 = 17.45$$

1. ④ 2. ③ 3. ① 4. ③ 5. ④ 6. ③ | ANSWER

07 메탄을 공기비 1.1로 완전연소시키고자 할 때 메탄 1Nm³당 공급해야 할 공기량은 약 몇 Nm³인가?

① 2.2 ② 6.3
③ 8.4 ④ 10.5

해설 메탄$(CH_4)+2O_2 \rightarrow CO_2+2H_2O$

A_0(이론공기량)$=$이론산소량$\times\frac{1}{0.21}=2\times\frac{1}{0.21}$
$=9.52(Nm^3/Nm^3)$

실제공기량$(A)=A_0\times$공기비(m)
$=9.52\times1.1=10.5(Nm^3/Nm^3)$

08 연소범위에 대한 설명 중 틀린 것은?

① 수소가스의 연소범위는 약 4~75v%이다.
② 가스의 온도가 높아지면 연소범위는 좁아진다.
③ 아세틸렌은 자체 분해폭발이 가능하므로 연소상한계를 100%로도 볼 수 있다.
④ 연소범위는 가연성 기체의 공기와의 혼합에 있어 점화원에 의해 연소가 일어날 수 있는 범위를 말한다.

해설 가스는 압력이나 온도가 높아지면 일반적으로 연소범위가 증가한다.
※ 아세틸렌가스(C_2H_2) 폭발범위는 2.5~81%이며 자체 분해폭발 시 연소상한계는 100% 가능하다.

09 BLEVE(Boiling Liquid Expanding Vapour Explosion) 현상에 대한 설명으로 옳은 것은?

① 물이 점성이 있는 뜨거운 기름 표면 아래서 끓을 때 연소를 동반하지 않고 Overflow 되는 현상
② 물이 연소유(Oil)의 뜨거운 표면에 들어갈 때 발생되는 Overflow 현상
③ 탱크바닥에 물과 기름의 에멀션이 섞여 있을 때 기름의 비등으로 인하여 급격하게 Overflow 되는 현상
④ 과열상태의 탱크에서 내부의 액화가스가 분출, 일시에 기화되어 착화, 폭발하는 현상

해설 BLEVE(비등액체팽창 증기폭발)
가연성 액화가스 저장탱크 주위에서 화재 등이 발생하여 기상부와 탱크 강판이 국부적으로 가열되어 그 부분의 강도가 약해져서 그로 인한 탱크가 파열되어 이때 내부의 가열된 액화가스가 급속히 유출 팽창함으로써 화구(Fire Ball)를 형성하여 폭발하는 밀폐형 폭발이다.
※ UVCE : 증기운 폭발

10 다음 반응식을 이용하여 메탄(CH_4)의 생성열을 계산하면?

- $C+O_2\rightarrow CO_2$, $\Delta H=-97.2$kcal/mol
- $H_2+\frac{1}{2}O_2\rightarrow H_2O$, $\Delta H=-57.6$kcal/mol
- $CH_4+2O_2\rightarrow CO_2+2H_2O$, $\Delta H=-194.4$kcal/mol

① $\Delta H=-17$kcal/mol
② $\Delta H=-18$kcal/mol
③ $\Delta H=-19$kcal/mol
④ $\Delta H=-20$kcal/mol

해설 반응식 : $CH_4+2O_2\rightarrow CO_2+2H_2O$
$-57.6\times2=-115.2$kcal
∴ 생성열$=\{-97.2+(-115.2)\}-(-194.4)$
$=-18$(kcal/mol)

11 공기 중 폭발한계의 상한값이 가장 높은 가스는?

① 프로판 ② 아세틸렌
③ 암모니아 ④ 수소

해설 폭발범위(연소범위 하한값, 상한값)
① 프로판(C_3H_8) : 2.1~9.4%
② 아세틸렌(C_2H_2) : 2.5~81%
③ 암모니아(NH_3) : 5~15%
④ 수소(H_2) : 4~74%

12 폭발에 관한 가스의 일반적인 성질에 대한 설명 중 틀린 것은?

① 안전간격이 클수록 위험하다.
② 연소속도가 클수록 위험하다.
③ 폭발범위가 넓은 것이 위험하다.
④ 압력이 높아지면 일반적으로 폭발범위가 넓어진다.

해설 ① 안전간격이 작은 가스(수소, 아세틸렌, 이황화탄소, 수성가스 등)가 위험한 가스이다.
※ 폭발 3등급 : 안전간격 틈이 0.4mm 이하에서 화염이 전달 가능한 가스이다.

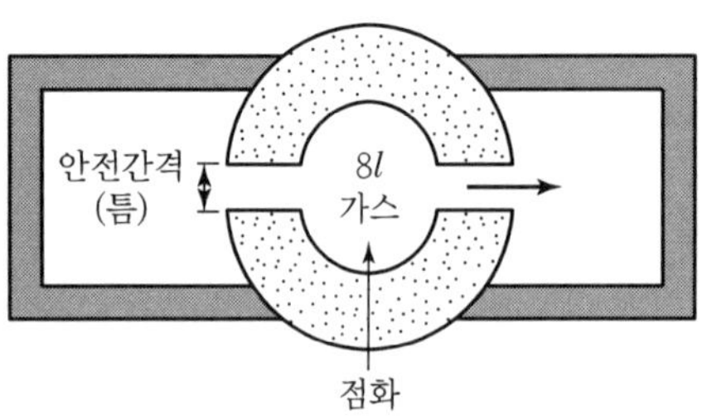

[안전간격 측정범위]

13 **기체혼합물의 각 성분을 표현하는 방법에는 여러 가지가 있다. 혼합가스의 성분비를 표현하는 방법 중 다른 값을 갖는 것은?**

① 몰분율
② 질량분율
③ 압력분율
④ 부피분율

해설 혼합물 기체성분 표현
㉠ 몰분율
㉡ 압력분율
㉢ 부피분율

14 **공기비(m)에 대한 가장 옳은 설명은?**

① 연료 1kg당 실제로 혼합된 공기량과 완전연소에 필요한 공기량의 비를 말한다.
② 연료 1kg당 실제로 혼합된 공기량과 불완전연소에 필요한 공기량의 비를 말한다.
③ 기체 $1m^3$당 실제로 혼합된 공기량과 완전연소에 필요한 공기량의 차를 말한다.
④ 기체 $1m^3$당 실제로 혼합된 공기량과 불완전연소에 필요한 공기량의 차를 말한다.

해설 공기비(과잉공기계수 : m)

$$m = \frac{\text{실제공기량}}{\text{이론공기량}} = m > 1$$

15 **기체연료의 연소에서 일반적으로 나타나는 연소의 형태는?**

① 확산연소 ② 증발연소
③ 분무연소 ④ 액면연소

해설 기체연료 연소방식
㉠ 확산연소
㉡ 예혼합연소

16 **아세톤, 톨루엔, 벤젠이 제4류 위험물로 분류되는 주된 이유는?**

① 공기보다 밀도가 큰 가연성 증기를 발생시키기 때문에
② 물과 접촉하여 많은 열을 방출하여 연소를 촉진시키기 때문에
③ 니트로기를 함유한 폭발성 물질이기 때문에
④ 분해 시 산소를 발생하여 연소를 돕기 때문에

해설 액체연료는 공기보다 밀도가 매우 무거워서 제4류 위험물로 분류된다(밀도 = kg/m^3).
㉠ 아세톤(CH_2COCH_3)
㉡ 벤젠(C_6H_6)
㉢ 톨루엔($C_6H_5CH_3$)

17 **다음 중 조연성 가스에 해당하지 않는 것은?**

① 공기 ② 염소
③ 탄산가스 ④ 산소

해설 탄산가스(CO_2), 질소, H_2O, 아황산가스(SO_2) 등은 불연성 가스이다.

18 **다음 중 연소의 3요소에 해당하는 것은?**

① 가연물, 산소, 점화원
② 가연물, 공기, 질소
③ 불연재, 산소, 열
④ 불연재, 빛, 이산화탄소

해설 연소가연물의 3대 조건
㉠ 가연물 ㉡ 산소 ㉢ 점화원

13. ② 14. ① 15. ① 16. ① 17. ③ 18. ① | ANSWER

19 **표준상태에서 고발열량(총발열량)과 저발열량(진발열량)과의 차이는 얼마인가?(단, 표준상태에서 물의 증발잠열은 540kcal/kg이다.)**

① 540kcal/kg · mol
② 1,970kcal/kg · mol
③ 9,720kcal/kg · mol
④ 15,400kcal/kg · mol

해설 저위발열량=고위발열량−물의 증발잠열
물 1kg · mol=22.4m^3=18kg(H_2O)
∴ 고위, 저위발열량 차이=540×18
=9,720(kcal/kg · mol)

20 **아세틸렌(C_2H_2, 연소범위 : 2.5~81%)의 연소범위에 따른 위험도는?**

① 30.4 ② 31.4
③ 32.4 ④ 33.4

해설 위험도$(H)=\dfrac{U-L}{L}=\dfrac{81-2.5}{2.5}=31.4$
(숫자가 클수록 위험한 가스이다)

SECTION 02 가스설비

21 **용기종류별 부속품의 기호가 틀린 것은?**

① 초저온용기 및 저온용기의 부속품−LT
② 액화석유가스를 충전하는 용기의 부속품−LPG
③ 아세틸렌을 충전하는 용기의 부속품−AG
④ 압축가스를 충전하는 용기의 부속품−LG

해설 압축가스용기 기호 : PG(P : 압력, G : 가스)

22 **펌프에서 공동현상(Cavitation)의 발생에 따라 일어나는 현상이 아닌 것은?**

① 양정효율이 증가한다.
② 진동과 소음이 생긴다.
③ 임펠러의 침식이 생긴다.
④ 토출량이 점차 감소한다.

해설 펌프작동 시 캐비테이션(공동현상)이 발생하면 양정(리프트)효율이 감소한다.

23 **황화수소(H_2S)에 대한 설명으로 틀린 것은?**

① 각종 산화물을 환원시킨다.
② 알칼리와 반응하여 염을 생성한다.
③ 습기를 함유한 공기 중에는 대부분 금속과 작용한다.
④ 발화온도가 약 450℃ 정도로서 높은 편이다.

해설 황화수소(H_2S) 발화온도 : 260℃ 정도
비점 : −61.8℃, 비중 : 1.17, 폭발범위 : 4.3~45%

24 **LPG 이송설비 중 압축기를 이용한 방식의 장점이 아닌 것은?**

① 펌프에 비해 충전시간이 짧다.
② 재액화현상이 일어나지 않는다.
③ 사방밸브를 이용하면 가스의 이송방향을 변경할 수 있다.
④ 압축기를 사용하기 때문에 베이퍼록 현상이 생기지 않는다.

해설 LPG 이송설비
㉠ 압축기 방식(충전시간이 짧고 부탄은 재액화 우려 발생)
㉡ 펌프방식(충전시간이 길고 베이퍼록 현상 우려 발생)
㉢ 차압방식(탱크로리와 저장탱크 압력차 이용)

25 **탱크에 저장된 액화프로판(C_3H_8)을 시간당 50kg씩 기체로 공급하려고 증발기에 전열기를 설치했을 때 필요한 전열기의 용량은 약 몇 kW인가?(단, 프로판의 증발열은 3,740cal/gmol, 온도변화는 무시하고, 1cal는 1.163×10^{-6}kW이다.)**

① 0.2 ② 0.5
③ 2.2 ④ 4.9

해설 1몰=22.4L(프로판 1몰=44g=분자량값)
3,740cal=3.74kcal/44g
$\dfrac{50\text{kg}\times10^3}{44}\times3{,}740\times(1.163\times10^{-6})=4.94\text{kW}$

26 **LPG 공급, 소비설비에서 용기의 크기와 개수를 결정할 때 고려할 사항으로 가장 거리가 먼 것은?**

① 소비자 가구수
② 피크 시의 기온
③ 감압방식의 결정
④ 1가구당 1일의 평균가스 소비량

해설 감압기호(레귤레이터)
가스 입구압 → (R) → 출구압(저압가스)

압력조정기(230~330mmH_2O로 감압시켜 연소기구에 공급되는 가스의 압력을 일정하게 유지시킨다)

27 **저온, 고압 재료로 사용되는 특수강의 구비 조건이 아닌 것은?**

① 크리프 강도가 작을 것
② 접촉 유체에 대한 내식성이 클 것
③ 고압에 대하여 기계적 강도를 가질 것
④ 저온에서 재질의 노화를 일으키지 않을 것

해설 ① 강철은 크리프 강도가 커야 한다.
※ 크리프 강도 : 물체에 외력을 가했을 때 물체가 순간적으로 변하지 않고 비틀림의 증가가 시간적으로 지연될 때의 강도이다.

28 **LPG 배관의 압력손실 요인으로 가장 거리가 먼 것은?**

① 마찰저항에 의한 압력손실
② 배관의 이음류에 의한 압력손실
③ 배관의 수직 하향에 의한 압력손실
④ 배관의 수직 상향에 의한 압력손실

해설 LPG(공기보다 무거운 가스) 배관의 수직 하향관에서는 압력손실이 없으나 상향 배관에서는 압력손실이 크게 된다.

29 **고압가스용 안전밸브에서 밸브 몸체를 밸브시트에 들어올리는 장치를 부착하는 경우에는 안전밸브 설정압력의 얼마 이상일 때 수동으로 조작되고 압력 해지 시 자동으로 폐지되는가?**

① 60% ② 75%
③ 80% ④ 85%

해설 고압가스용 안전밸브에서 밸브 몸체를 밸브시트에 들어올리는 장치 부착 시 안전밸브 설정압력 75% 이상에서 수동조작이 가능하도록 한다.

30 **정압기의 부속설비가 아닌 것은?**

① 수취기 ② 긴급차단장치
③ 불순물 제거설비 ④ 가스누출검지 통보설비

해설 수취기(드레인용)
산소나 천연메탄을 수송하는 배관과 이에 접속하는 압축기 사이에 설치하여 H_2O를 제거시킨다.

31 **구형(Spherical Type) 저장탱크에 대한 설명으로 틀린 것은?**

① 강도가 우수하다.
② 부지면적과 기초공사가 경제적이다.
③ 드레인이 쉽고 유지관리가 용이하다.
④ 동일 용량에 대하여 표면적이 가장 크다.

해설

구형탱크는 동일 용량의 가스나 액화가스 저장 시 표면적이 작다.

32 **매설관의 전기방식법 중 유전양극법에 대한 설명으로 옳은 것은?**

① 타 매설물에의 간섭이 거의 없다.
② 강한 전식에 대해서도 효과가 좋다.
③ 양극만 소모되므로 보충할 필요가 없다.
④ 방식전류의 세기(강도) 조절이 자유롭다.

해설 유전양극법(희생양극법)
애노드는 부식하는 한편 금속은 캐소드로 되어 방식되는 방법으로 전위차가 일정하나 비교적 방식이 간단하여 값이 싸고 타 매설물에 간섭이 거의 없다.
※ 선택배려법과 강제배류법은 간섭 및 과방식에 대한 배려가 필요하다.

26. ③ 27. ① 28. ③ 29. ② 30. ① 31. ④ 32. ① | ANSWER

33 오토클레이브(Autoclave)의 종류 중 교반효율이 떨어지기 때문에 용기벽에 장애판을 설치하거나 용기 내에 다수의 볼을 넣어 내용물의 혼합을 촉진시켜 교반효과를 올리는 형식은?

① 교반형 ② 정치형
③ 진탕형 ④ 회전형

해설 회전형 오토클레이브는 다수의 볼을 이용하지만 타 방식에 비해 교반효과가 좋지 않다.
※ 오토클레이브 종류 : 교반형, 진탕형, 회전형, 가스교반형

34 배관의 관경을 50cm에서 25cm로 변화시키면 일반적으로 압력손실은 몇 배가 되는가?

① 2배 ② 4배
③ 16배 ④ 32배

해설 배관 내 압력손실은 관내경의 5승에 반비례한다.
내경이 $\frac{1}{2}$이면 압력손실은 32배이다. $\left(\frac{1}{0.5}\right)^5 = 32$배

35 부탄의 C/H 중량비는 얼마인가?

① 3 ② 4
③ 4.5 ④ 4.8

해설 부탄 1몰=22.4L=58g(C_4H_{10})
∴ 중량비$=\frac{12\times4(48)}{1\times10(10)}=4.8$배

36 도시가스 제조에서 사이클링식 접촉분해(수증기 개질)법에 사용하는 원료에 대한 설명으로 옳은 것은?

① 메탄만 사용할 수 있다.
② 프로판만 사용할 수 있다.
③ 석탄 또는 코크스만 사용할 수 있다.
④ 천연가스에서 원유에 이르는 넓은 범위의 원료를 사용할 수 있다.

해설 도시가스 접촉분배(수증기 개질) 공정에서 사이클링식 접촉분해 공정에서 사용하는 원료는 천연가스에서 원유에 이르는 넓은 범위의 원료 사용이 가능한 도시가스 제조법이다.

37 다음 중 암모니아의 공업적 제조방식은?

① 수은법 ② 고압합성법
③ 수성가스법 ④ 앤드류소법

해설 암모니아 공업적 해법
㉠ 합성법(하버-보슈법) : 고압법, 중압법, 저압법
㉡ 질소법(석회질소법)
㉢ 석탄건류법

38 케이싱 내에 모인 임펠러가 회전하면서 기체가 원심력 작용에 의해 임펠러의 중심부에서 흡입되어 외부로 토출하는 구조의 압축기는?

① 회전식 압축기 ② 축류식 압축기
③ 왕복식 압축기 ④ 원심식 압축기

해설 원심식 압축기
임펠러의 원심력 작용에 의한 비용적식 압축기이다.

39 아세틸렌 용기의 다공물질의 용적이 30L, 침윤 잔용적이 6L일 때 다공도는 몇 %이며 관련법상 합격 여부의 판단으로 옳은 것은?

① 20%로서 합격이다. ② 20%로서 불합격이다.
③ 80%로서 합격이다. ④ 80%로서 불합격이다.

해설 C_2H_2가스 다공도 : 75% 이상~92% 미만
30L−6L=24L
∴ 다공도$=\frac{24}{30}\times100=80\%$(75% 이상이면 합격)

40 저압배관의 관경 결정 공식이 다음 [보기]와 같을 때 ( )에 알맞은 것은?(단, H : 압력손실, Q : 유량, L : 배관길이, D : 배관관경, S : 가스비중, K : 상수)

$H=(\text{Ⓐ})\times S\times(\text{Ⓑ})/K^2\times(\text{Ⓒ})$

① Ⓐ : Q^2, Ⓑ : L, Ⓒ : D^5
② Ⓐ : L, Ⓑ : D^5, Ⓒ : Q^2
③ Ⓐ : D^5, Ⓑ : L, Ⓒ : Q^2
④ Ⓐ : L, Ⓑ : Q^5, Ⓒ : D^2

ANSWER | 33. ④ 34. ④ 35. ④ 36. ④ 37. ② 38. ④ 39. ③ 40. ①

해설 저압배관 관경 결정

$Q = K\sqrt{\dfrac{D^5 \cdot H}{S \cdot L}}$ (m³/h)

$D^5 = \dfrac{Q_2 \cdot S \cdot L}{K^2 \cdot H}$ (cm),

$\therefore$ H(압력손실) $= \dfrac{Q^2 \cdot S \cdot L}{K^2 \cdot D^5}$ (mmH_2O)

SECTION 03 가스안전관리

41 에어졸의 충전기준에 적합한 용기의 내용적은 몇 L 이하여야 하는가?

① 1 ② 2
③ 3 ④ 5

해설 에어졸
용기내용적은 1L 미만일 것이며 내용적이 100cm³ 이상 초과이면 용기재료는 강이나 경금속이어야 한다.

42 최고사용압력이 고압이고 내용적이 5m³인 일반 도시가스 배관의 자기압력기록계를 이용한 기밀시험 시 기밀유지시간은?

① 24분 이상 ② 240분 이상
③ 48분 이상 ④ 480분 이상

해설 자기압력기록계 기밀시험(내용적 1m³ 이상~10m³ 미만) 시 도시가스의 경우 480분 이상 유지시간이 필요하다.
※ 1m³ 미만 : 48분

43 산화에틸렌의 제독제로 적당한 것은?

① 물 ② 가성소다수용액
③ 탄산소다수용액 ④ 소석회

해설 산화에틸렌 가스(C_2H_4O), 암모니아(NH_3), 염화메탄(CH_3Cl) 등의 독성 가스 제독제 : 물(H_2O)

44 고압가스안전관리법에 적용받는 고압가스 중 가연성 가스가 아닌 것은?

① 황화수소
② 염화메탄
③ 공기 중에서 연소하는 가스로서 폭발한계의 하한이 10% 이하인 가스
④ 공기 중에서 연소하는 가스로서 폭발한계의 상한과 하한의 차가 20% 미만인 가스

해설 가연성 가스 중 (폭발한계 상한－폭발한계 하한)이 20% 이상이면 가연성 가스이다.

45 고압가스를 운반하는 차량의 안전경계표지 중 삼각기의 바탕과 글자색은?

① 백색 바탕－적색 글씨
② 적색 바탕－황색 글씨
③ 황색 바탕－적색 글씨
④ 백색 바탕－청색 글씨

해설 바탕은 적색 삼각기(글씨는 황색)

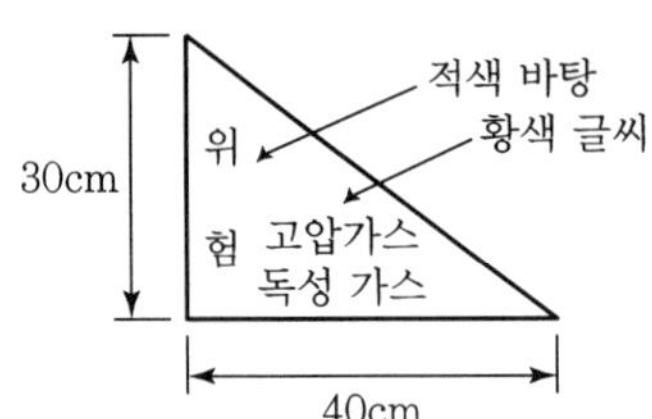

46 수소의 특성에 대한 설명으로 옳은 것은?

① 가스 중 비중이 큰 편이다.
② 냄새는 있으나 색깔은 없다.
③ 기체 중에서 확산속도가 가장 빠르다.
④ 산소, 염소와 폭발반응을 하지 않는다.

해설 수소(H_2)의 특성
㉠ 비중 $= \dfrac{\text{분자량}}{29} = \left(\dfrac{2}{29} = 0.069\right)$
㉡ 무색이며 무취이다.
㉢ 염소폭명기$(Cl_2 + H_2 \rightarrow 2HCl + 44kcal)$
㉣ 수소폭명기$(O_2 + 2H_2 \rightarrow 2H_2O + 136.6kcal)$
㉤ 수소는 산소보다 확산속도가 4배

41. ① 42. ④ 43. ① 44. ④ 45. ② 46. ③ | ANSWER

※ 가스의 확산속도비(수소－산소)

$$\frac{U_0}{U_H} = \sqrt{\frac{M_H}{M_0}} = \sqrt{\frac{2}{32}} = \sqrt{\frac{1}{16}} = 4:1$$

47 가연성 및 독성 가스의 용기 도색 후 그 표기방법으로 틀린 것은?

① 가연성 가스는 빨간색 테두리에 검은색 불꽃모양이다.
② 독성 가스는 빨간색 테두리에 검은색 해골모양이다.
③ 내용적 2L 미만의 용기는 그 제조자가 정한 바에 의한다.
④ 액화석유가스 용기 중 프로판가스를 충전하는 용기는 프로판가스임을 표시하여야 한다.

해설 표시사항
- 가연성 가스 ㉷
- 독성 가스 ㉯
- 프로판가스(가연성 표시＝㉷)

48 차량에 고정된 탱크에 의하여 가연성 가스를 운반할 때 비치하여야 할 소화기의 종류와 최소 수량은?(단, 소화기의 능력단위는 고려하지 않는다.)

① 분말소화기 1개
② 분말소화기 2개
③ 포말소화기 1개
④ 포말소화기 2개

해설 차량에 고정된 탱크에 가연성 가스 운반의 경우 소화기는 분말소화기 2개 이상이 비치된다.

49 유해물질의 사고 예방대책으로 가장 거리가 먼 것은?

① 작업의 일원화
② 안전보호구 착용
③ 작업시설의 정돈과 청소
④ 유해물질과 발화원 제거

해설 작업의 일원화는 생산성 및 경제활동에 관계된다.

50 고압가스 특정제조시설의 저장탱크 설치방법 중 위해방지를 위하여 고압가스 저장탱크를 지하에 매설할 경우 저장탱크 주위에 무엇으로 채워야 하는가?

① 흙 ② 콘크리트
③ 모래 ④ 자갈

해설

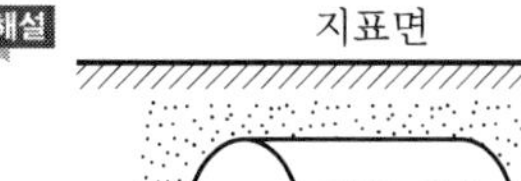

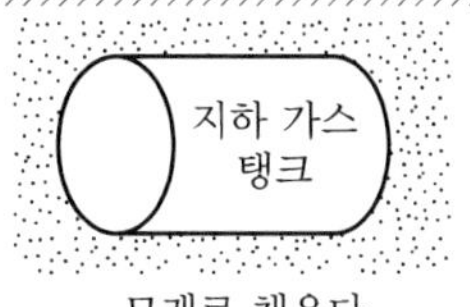

51 고압가스의 처리시설 및 저장시설기준으로 독성가스와 1종 보호시설의 이격거리를 바르게 연결한 것은?

① 1만 이하－13m 이상
② 1만 초과 2만 이하－17m 이상
③ 2만 초과 3만 이하－20m 이상
④ 3만 초과 4만 이하－27m 이상

해설 독성 가스의 경우 보호시설 안 거리(m)

처리능력	제1종	제2종
3만 초과 ～ 4만 이하	27	18

52 초저온용기의 정의로 옳은 것은?

① 섭씨 －30℃ 이하의 액화가스를 충전하기 위한 용기
② 섭씨 －50℃ 이하의 액화가스를 충전하기 위한 용기
③ 섭씨 －70℃ 이하의 액화가스를 충전하기 위한 용기
④ 섭씨 －90℃ 이하의 액화가스를 충전하기 위한 용기

해설 초저온용기는 섭씨 －50℃ 이하의 액화가스 충전용기를 말한다.

ANSWER | 47. ④ 48. ② 49. ① 50. ③ 51. ④ 52. ②

53 **용기의 파열사고의 원인으로서 가장 거리가 먼 것은?**

① 염소용기는 용기의 부식에 의하여 파열사고가 발생할 수 있다.
② 수소용기는 산소와 혼합충전으로 격심한 가스폭발에 의하여 파열사고가 발생할 수 있다.
③ 고압 아세틸렌가스는 분해폭발에 의하여 파열사고가 발생할 수 있다.
④ 용기 내 수증기 발생에 의해 파열사고가 발생할 수 있다.

해설 수증기 발생은 보일러 동 내부 사항이거나 압력용기에서 발생한다(가스용 고압가스 용기나 탱크와는 별개의 문제이다).

54 **고압가스용 이음매 없는 용기의 재검사는 그 용기를 계속 사용할 수 있는지 확인하기 위하여 실시한다. 재검사 항목이 아닌 것은?**

① 외관검사 ② 침입검사
③ 음향검사 ④ 내압검사

해설 침입검사
초저온용기의 신규검사 항목 중 단열성능검사에서 침입열량 계산 시 시행한다(1,000L 미만 : 0.0005kcal/h℃, 1,000L 이상 : 0.002kcal/h · ℃ 이하를 합격으로 한다).

55 **의료용 산소가스용기를 표시하는 색깔은?**

① 갈색 ② 백색
③ 청색 ④ 자색

해설 ㉠ 의료용 산소용기 : 백색
㉡ 공업용 산소용기 : 녹색

56 **차량에 고정된 탱크로 고압가스를 운반할 때의 기준으로 틀린 것은?**

① 차량의 앞뒤 보기 쉬운 곳에 붉은 글씨로 "위험고압가스"라는 경계표지를 한다.
② 액화가스를 충전하는 탱크는 그 내부에 방파판을 설치한다.
③ 산소탱크의 내용적은 1만 8천 L를 초과하지 아니하여야 한다.
④ 염소탱크의 내용적은 1만 5천 L를 초과하지 아니하여야 한다.

해설 ㉠ 염소(독성 가스) 운반기준 : 1만 2천 L를 초과하지 않는다.
㉡ 가연성 가스 · 산소탱크 운반기준 : 1만 8천 L를 초과하지 않는다.

57 **액화석유가스에 주입하는 부취제(냄새나는 물질)의 측정방법으로 볼 수 없는 것은?**

① 무취실법 ② 주사기법
③ 시험가스 주입법 ④ 오더(Odor) 미터법

해설 액화석유가스의 냄새측정방법(1000분의 1의 상태에서 감지할 수 있는 냄새 측정)
①, ②, ④항 외 냄새주머니법 등을 활용한다.

58 **시안화수소(HCN)에 첨가되는 안정제로 사용되는 중합방지제가 아닌 것은?**

① $NaOH$ ② SO_2
③ H_2SO_4 ④ $CaCl_2$

해설 시안화수소 안정제 : ②, ③, ④항 외에도 인산, 오산화인, 동망 등을 사용한다.
㉠ SO_2 : 아황산가스
㉡ H_2SO_4 : 진한황산
㉢ $CaCl_2$: 염화칼슘
※ 가성소다(NaOH) : 염소, 포스겐, 황화수소, 시안화수소, 아황산가스 등 독성 가스용 제독제로 사용한다.

59 **내용적이 50리터인 이음매 없는 용기 재검사 시 용기에 깊이가 0.5mm를 초과하는 점부식이 있을 경우 용기의 합격 여부는?**

① 등급분류 결과 3급으로서 합격이다.
② 등급분류 결과 3급으로서 불합격이다.
③ 등급분류 결과 4급으로서 불합격이다.
④ 용접부 비파괴시험을 실시하여 합격 여부를 결정한다.

해설 이음매 없는 용기, 용기재검사(내용적 50L) 기준
0.5mm 초과 점부식 : 4급등급(불합격)

53. ④ 54. ② 55. ② 56. ④ 57. ③ 58. ① 59. ③ | ANSWER

60 다음 중 가장 무거운 기체는?

① 산소 ② 수소
③ 암모니아 ④ 메탄

해설 가스분자량
① 산소(32) ② 수소(2)
③ 암모니아(17) ④ 메탄(16)
※ 분자량이 크면 무거운 기체이다.

SECTION 04 가스계측

61 아르키메데스 부력의 원리를 이용한 액면계는?

① 기포식 액면계 ② 차압식 액면계
③ 정전용량식 액면계 ④ 편위식 액면계

해설 편위식 간접식 액면계
아르키메데스의 부력원리를 이용한 액면계이다(플로트가 회전각에 의해 변화하여 액위를 지시한다).

62 건습구 습도계에 대한 설명으로 틀린 것은?

① 통풍형 건습구 습도계는 연료탱크 속에 부착하여 사용한다.
② 2개의 수은 유리온도계를 사용한 것이다.
③ 자연 통풍에 의한 간이 건습구 습도계도 있다.
④ 정확한 습도를 구하려면 3~5m/s 정도의 통풍이 필요하다.

해설 건습구 습도계 특성
㉠ 건습구 습도계는 3~5m/s의 통풍이 필요하다.
㉡ 습도계 내부에는 물(H_2O)이 필요하다.
㉢ 구조가 간단하고 휴대가 편리하며 가격이 싸나 상대습도가 바로 나타나지는 않는다.
㉣ 2개의 수은온도계를 이용하여 습도나 온도를 측정한다.

63 가스크로마토그래피와 관련이 없는 것은?

① 컬럼 ② 고정상
③ 운반기체 ④ 슬릿

해설 가스크로마토그래피 구성(기기용 가스분석계)
항온조, 유량계, 검출기, 기록계 등이 필요하며 기타 컬럼, 고정상, 운반기체, 즉 캐리어가스, 분리관(컬럼) 등이 필요하다.

64 도시가스 제조소에 설치된 가스누출검지 경보장치는 미리 설정된 가스농도에서 자동적으로 경보를 울리는 것으로 하여야 한다. 이때 미리 설정된 가스농도란?

① 폭발하한계값
② 폭발상한계값
③ 폭발하한계의 1/4 이하 값
④ 폭발하한계의 1/2 이하 값

해설 가스누출검지 경보장치의 경보에서 설정된 가스농도
가연성 가스 폭발하한계의 $\frac{1}{4}$ 이하 값

65 연속동작 중 비례동작(P동작)의 특징에 대한 설명으로 옳은 것은?

① 잔류편차가 생긴다.
② 사이클링을 제거할 수 없다.
③ 외란이 큰 제어계에 적당하다.
④ 부하 변화가 적은 프로세스에는 부적당하다.

해설 비례동작(P) = 동작신호 $Z(t)$와 조작량 $y(t)$의 관계
$\therefore y(t) = KZ(t)$
K = 정수(비례감도)이며 잔류편차(Offset)가 크게 나타난다[잔류편차 제거는 적분동작(I동작)이 한다].

66 압력의 종류와 관계를 표시한 것으로 옳은 것은?

① 전압 = 동압 − 정압
② 전압 = 게이지압 + 동압
③ 절대압 = 대기압 + 진공압
④ 절대압 = 대기압 + 게이지압

해설 압력의 종류와 관계
㉠ 전압 = 동압 + 정압
㉡ 게이지압 = 절대압 − 대기압
㉢ 절대압 = 게이지압 + 대기압(대기압 − 진공압)

ANSWER | 60. ① 61. ④ 62. ① 63. ④ 64. ③ 65. ① 66. ④

67 **가스분석에서 흡수분석법에 해당하는 것은?**

① 적정법 ② 중량법
③ 흡광광도법 ④ 헴펠법

해설 흡수분석법 종류
㉠ Hampel법 ㉡ Orsat법 ㉢ Gockel법

68 **가스설비에 사용되는 계측기기의 구비조건으로 틀린 것은?**

① 견고하고 신뢰성이 높을 것
② 주위 온도, 습도에 민감하게 반응할 것
③ 원거리 지시 및 기록이 가능하고 연속 측정이 용이할 것
④ 설치방법이 간단하고 조작이 용이하며 보수가 쉬울 것

해설 가스설비 계측기 구비조건
정확성을 기하기 위하여 주위, 온도, 습도 등에 둔하게 반응할 것

69 **차압식 유량계 중 벤투리식(Venturi Type)에서 교축기구 전후의 관계에 대한 설명으로 옳지 않은 것은?**

① 유량은 유량계수에 비례한다.
② 유량은 차압의 평방근에 비례한다.
③ 유량은 관지름의 제곱에 비례한다.
④ 유량은 조리개 비의 제곱에 비례한다.

해설 차압식 유량계 유량
㉠ 유량은 유량계수에 비례한다.
㉡ 유량은 차압의 평방근에 비례한다.
㉢ 유량은 관지름의 제곱에 비례한다.
㉣ 유량은 조리개 단면적 · 조리개 지름의 제곱에 비례한다.

70 **HCN 가스의 검지반응에 사용하는 시험지와 반응색이 옳게 짝지어진 것은?**

① KI 전분지 – 청색
② 질산구리벤젠지 – 청색
③ 염화파라듐지 – 적색
④ 염화제일구리착염지 – 적색

해설 ㉠ 염소(Cl_2) : 시험지(KI 전분지 : 누설 시 청색)
㉡ 시안화수소(HCN) : 시험지(질산구리벤젠지 : 누설 시 청색)
㉢ 일산화탄소(CO) : 시험지(염화파라듐지 : 누설 시 흑색)
㉣ 아세틸렌(C_2H_2) : 시험지(염화제일구리착염지 : 누설 시 적색)

71 **2가지 다른 도체의 양끝을 접합하고 두 접점을 다른 온도로 유지할 경우 회로에 생기는 기전력에 의해 열전류가 흐르는 현상을 무엇이라고 하는가?**

① 제백효과
② 존슨효과
③ 스테판 – 볼츠만 법칙
④ 스케링 삼승근 법칙

해설 열전대 온도계
기전력에 의한 제백효과를 이용한 온도계이다(백금 – 백금로듐, 크로멜 – 알루멜, 철 – 콘스탄탄, 구리 – 콘스탄탄).

72 **고속회전이 가능하므로 소형으로 대유량의 계량이 가능하나 유지관리로서 스트레이너가 필요한 가스미터는?**

① 막식 가스미터 ② 베인미터
③ 루트미터 ④ 습식 미터

해설 루트미터 가스미터기(실측식 건식 가스미터기)
㉠ 대용량 가스 측정이 가능하다.
㉡ 설치 스페이스가 작다.
㉢ 스트레이너 설치 및 설치 후 유지관리가 필요하다.
㉣ 소유량 측정 시에서는 부동의 우려가 있다.

73 **신호의 전송방법 중 유압전송방법의 특징에 대한 설명으로 틀린 것은?**

① 전송거리가 최고 300m이다.
② 조작력이 크고 전송지연이 적다.
③ 파일럿밸브식과 분사관식이 있다.
④ 내식성, 방폭이 필요한 설비에 적당하다.

해설 전기식 신호전송법
방폭이 요구되는 지점은 방폭시설이 필요하다.

67. ④ 68. ② 69. ④ 70. ② 71. ① 72. ③ 73. ④ | ANSWER

74 파이프나 조절밸브로 구성된 계는 어떤 공정에 속하는가?

① 유동공정 ② 1차계 액위공정
③ 데드타임공정 ④ 적분계 액위공정

해설 파이프, 조절밸브로 구성된 계는 유동공정(흐름공정)이다.

75 시험대상인 가스미터의 유량이 $350m^3/h$이고 기준 가스미터의 지시량이 $330m^3/h$일 때 기준 가스미터의 기차는 약 몇 %인가?

① 4.4% ② 5.7%
③ 6.1% ④ 7.5%

해설 $350-330=20m^3/h$ 오차

$\therefore$ 계측기기 오차(기차)$=\dfrac{20}{350}\times 100=5.7(\%)$

76 다음 중 유량의 단위가 아닌 것은?

① m^3/s ② ft^3/h
③ m^2/min ④ L/s

해설 ㉠ m^2 : 면적, min : 60초
㉡ 유량(Q)=단면적(m^2)×유속(m/s)
①, ②, ④항은 유량의 단위

77 습식 가스미터의 계량 원리를 가장 바르게 나타낸 것은?

① 가스의 압력 차이를 측정
② 원통의 회전수를 측정
③ 가스의 농도를 측정
④ 가스의 냉각에 따른 효과를 이용

해설 습식 가스미터기
㉠ 계량이 정확하다.
㉡ 사용 중 기차의 변동이 거의 없다.
㉢ 사용 중 수위 조정의 관리가 필요하다.
㉣ 설치 시 스페이스가 크다.
㉤ 원통의 회전수 측정으로 가스가 계량된다.

78 시정수(Time Constant)가 10초인 1차 지연형 계측기의 스텝응답에서 전체 변화의 95%까지 변화시키는 데 걸리는 시간은?

① 13초 ② 20초
③ 26초 ④ 30초

해설 1차 지연형 계측기의 스텝응답 표시식

$y_T-y_0=(x_0-y_0)(1-e^{\frac{-t}{T}})$에서 $\dfrac{y_T-y_0}{x_0-y_0}=0.95$,

$t=nT$라 하면

$1-e^{-n}=0.95$ 즉 $e^{-n}=0.05$

따라서 양변에 대수를 취하면

$-n=\log_e 0.05=2.303\log 0.05$

$=2.303\times 2.6990=2.303\times(1-1.3010)$

$=-3.00$

$\therefore n=3.00$배이므로

10초×3.00배=30초

※ $\dfrac{L(\text{낭비시간})}{T(\text{시정수})}$가 커지면 제어하기 어렵다.

시정수 : 1차 지연요소에서 출력이 최대 출력의 63.2%에 도달할 때까지의 시간

79 화학공장 내에서 누출된 유독가스를 현장에서 신속히 검지할 수 있는 방식으로 가장 거리가 먼 것은?

① 열선형 ② 간섭계형
③ 분광광도법 ④ 검지관법

해설 분광광도법
가스 분자의 진동 중 진동에 의하여 적외선의 흡수가 일어나는 것을 이용하여 가스를 분석한다(단, H_2, O_2, Cl_2, N_2 등의 2원자 가스는 적외선을 흡수하지 않아 측정 불가).
※ 가스검지법 : 검지관법, 시험지법, 가연성 가스 검출기(안전등형, 간섭계형, 열선형, 반도체식)

80 압력계 교정 또는 검정용 표준기로 사용되는 압력계는?

① 기준 분동식 ② 표준 침종식
③ 기준 박막식 ④ 표준 부르동관식

해설 기준 분동식 압력계
㉠ 압력계의 눈금 교정 및 연구실용 표준기이다(일명 자유 피스톤식과 비슷한 압력계이다).
㉡ 경유, 스핀들유, 피마자유, 모빌유 등이 사용된다.

ANSWER | 74. ① 75. ② 76. ③ 77. ② 78. ④ 79. ③ 80. ①

2018년 3회 가스산업기사

SECTION 01 연소공학

01 어떤 기체가 열량 80kJ을 흡수하여 외부에 대하여 20 kJ의 일을 하였다면 내부에너지 변화는 몇 kJ인가?

① 20 ② 60
③ 80 ④ 100

해설

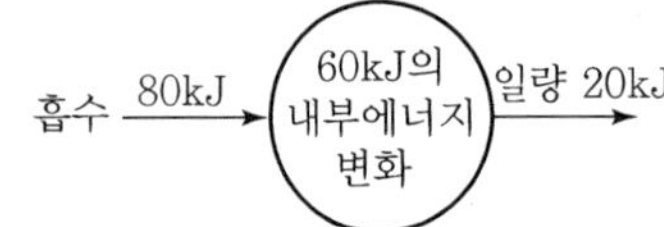

02 가스화재 시 밸브 및 콕을 잠그는 소화방법은?

① 질식소화 ② 냉각소화
③ 억제소화 ④ 제거소화

해설 제거소화 : 가스밸브, 가스 콕을 잠그는 소화

03 어떤 연료의 저위발열량은 9,000kcal/kg이다. 이 연료 1kg을 연소시킨 결과 발생한 연소열은 6,500 kcal/kg이었다. 이 경우의 연소효율은 약 몇 %인가?

① 38% ② 62%
③ 72% ④ 138%

해설 $연소효율 = \frac{연소열}{공급열} \times 100 = \frac{6,500}{9,000} \times 100 = 72(\%)$

04 연소에 대하여 가장 적절하게 설명한 것은?

① 연소는 산화반응으로 속도가 느리고, 산화열이 발생한다.
② 물질의 열전도율이 클수록 가연성이 되기 쉽다.
③ 활성화 에너지가 큰 것은 일반적으로 발열량이 크므로 가연성이 되기 쉽다.
④ 가연성 물질이 공기 중의 산소 및 그 외의 산소원의 산소와 작용하여 열과 빛을 수반하는 산화작용이다.

해설 연소
가연성 물질이 공기 중의 산소 및 그 외의 산소원의 조연성인 O_2와 작용하여 착화 후에 열과 빛을 동시에 수반하는 작용이다.

05 파열의 원인이 될 수 있는 용기두께 축소의 원인으로 가장 거리가 먼 것은?

① 과열 ② 부식
③ 침식 ④ 화학적 침해

해설 용기 과열은 가스 및 용기두께 팽창의 원인이 된다.

06 1kg의 공기가 100℃에서 열량 25kcal를 얻어 등온팽창할 때 엔트로피의 변화량은 약 몇 kcal/K인가?

① 0.038 ② 0.043
③ 0.058 ④ 0.067

해설 $엔트로피\ 변화량(\Delta S) = \frac{\delta Q}{T} = \frac{25}{273+100}$
$= 0.067(kcal/K)$

07 목재, 종이와 같은 고체 가연성 물질의 주된 연소형태는?

① 표면연소 ② 자기연소
③ 분해연소 ④ 확산연소

해설 ① 표면연소 : 숯, 목탄, 코크스
② 자기연소(자체 산소공급 연소) : 셀룰로이드류, 질산에스테르류, 히드라진(제5류 위험물)
③ 분해연소 : 고체연료의 연소형태
④ 확산연소 : 기체연료

08 탄소(C) 1g을 완전연소시켰을 때 발생되는 연소가스 CO_2는 약 몇 g 발생하는가?

① 2.7g ② 3.7g
③ 4.7g ④ 8.9g

1. ② 2. ④ 3. ③ 4. ④ 5. ① 6. ④ 7. ③ 8. ② | ANSWER

해설 $\frac{C}{12g} + \frac{O_2}{32g} \rightarrow \frac{CO_2}{44g}$, 12 : 44 = 1 : x

$\therefore x = \frac{44}{12} = 3.7g(CO_2)$

09 일반 기체상수의 단위를 바르게 나타낸 것은?

① kg · m/kg · K ② kcal/kmol
③ kg · m/kmol · K ④ kcal/kg · ℃

해설 가스 기체상수(R)= $\frac{848}{분자량}$ = (kg · m/kmol · k)

일반 기체상수($\overline{R}$)

$\overline{R} = \frac{1.0332kgf/cm^2 \times 22.4m^3}{1kmol \times 273K} = 848kg \cdot m/kmol \cdot K$

$\overline{R} = \frac{101.325kN/cm^2 \times 22.4m^3}{1kmol \times 273K} = 8.314kJ/kmol \cdot K$

10 실제 기체가 완전 기체의 특성식을 만족하는 경우는?

① 고온, 저압 ② 고온, 고압
③ 저온, 고압 ④ 저온, 저압

해설 실제 기체가 고온, 저압이 되면 이상기체 성질과 비슷해진다.

11 LPG에 대한 설명 중 틀린 것은?

① 포화탄화수소화합물이다.
② 휘발유 등 유기용매에 용해된다.
③ 액체 비중은 물보다 무겁고 기체 상태에서는 공기보다 가볍다.
④ 상온에서는 기체이나 가압하면 액화된다.

해설 ㉠ LPG(액화석유가스) 액비중(프로판 0.51, 부탄 0.58)
㉡ LPG(가스비중) 기체비중(프로판 1.53, 부탄 2)
※ 물의 비중=1, 공기비중=1

12 이상기체에 대한 설명이 틀린 것은?

① 실제로는 존재하지 않는다.
② 체적이 커서 무시할 수 없다.
③ 보일의 법칙에 따르는 가스를 말한다.
④ 분자 상호 간에 인력이 작용하지 않는다.

해설 이상기체
기체의 분자력과 크기도 무시되며 분자 간의 충돌은 완전탄성체이다(분자 간의 크기나 용적이 없다).

13 상온, 상압하에서 메탄-공기의 가연성 혼합기체를 완전연소시킬 때 메탄 1kg을 완전연소시키기 위해서는 공기 약 몇 kg이 필요한가?

① 4 ② 17
③ 19 ④ 64

해설 메탄 연소반응식($CH_4 + 2O_2 \rightarrow CO_2 + 2H_2O$)
메탄 분자량 16(16kg=22.4Nm^3), 산소분자량 32

중량당공기량=이론산소량 $\times \frac{1}{0.232}$

$= \frac{(2 \times 32)}{16} \times \frac{1}{0.232} = 17(kg)$

※ 공기중 산소는 중량당 23.2% 함유

14 다음 중 중합폭발을 일으키는 물질은?

① 히드라진
② 과산화물
③ 부타디엔
④ 아세틸렌

해설 부타디엔(C_4H_6) 가스
상온에서 공기 중 산소와 반응하여 중합성의 과산화물을 생성한다(폭발범위는 2~12%, 분자량 54, 독성허용농도 TLV-TEV 1,000ppm). 올레핀계, 즉 불포화탄화수소 물질이다.

15 다음 반응식을 이용하여 메탄(CH_4)의 생성열을 구하면?

• $C + O_2 \rightarrow CO_2$, $\Delta H = -97.2kcal/mol$
• $H_2 + \frac{1}{2}O_2 \rightarrow H_2O$, $\Delta H = -57.6kcal/mol$
• $CH_4 + 2O_2 \rightarrow CO_2 + 2H_2O$, $\Delta H = -194.4kcal/mol$

① $\Delta H = -20kcal/mol$
② $\Delta H = -18kcal/mol$
③ $\Delta H = 18kcal/mol$
④ $\Delta H = 20kcal/mol$

ANSWER | 9. ③ 10. ① 11. ③ 12. ② 13. ② 14. ③ 15. ②

해설 반응열

화학반응에 수반되어 발생이나 흡수되는 에너지의 양이나 생성열과 분해열이 있다.

- CO_2의 생성열 : −97.2(kcal/mol)
- H_2O의 생성열 : −57.6(kcal/mol)

$-194.4=-97.2-2\times57.6+Q$

$\therefore\ Q=97.2+2\times57.6-194.4=18,$

$\Delta H=-18$(kcal/mol)

※ 생성열 : 화합물 1몰이 2성분 원소의 단체로부터 생성될 때 발생 또는 흡수되는 에너지이다.

16 다음은 폭굉의 정의에 관한 설명이다. ( )에 알맞은 용어는?

> 폭굉이란 가스의 화염(연소)( )가(이) ( )보다 큰 것으로 파면선단의 압력파에 의해 파괴작용을 일으키는 것을 말한다.

① 전파속도 – 음속

② 폭발파 – 충격파

③ 전파온도 – 충격파

④ 전파속도 – 화염온도

해설 폭굉

화염의 전파속도가 음속(340m/s)보다 크며 1,000~3,500 m/s의 강력한 화염의 전파속도가 발생한다(파면선단의 압력파에 의해 파괴작용 발생).

17 화재나 폭발의 위험이 있는 장소를 위험장소라 한다. 다음 중 제1종 위험장소에 해당하는 것은?

① 상용 상태에서 가연성 가스의 농도가 연속해서 폭발하한계 이상으로 되는 장소

② 상용 상태에서 가연성 가스가 체류해 위험해질 우려가 있는 장소

③ 가연성 가스가 밀폐된 용기 또는 설비의 사고로 인해 파손되거나 오조작의 경우에만 누출될 위험이 있는 장소

④ 환기장치에 이상이나 사고가 발생한 경우에 가연성 가스가 체류하여 위험하게 될 우려가 있는 장소

해설 ①항 : 제0종 장소　　②항 : 제1종 장소

③항 : 제2종 장소　　④항 : 제2종 장소

18 연소가스의 폭발 및 안전에 대한 다음 내용은 무엇에 관한 설명인가?

> 두 면의 평행판 거리를 좁혀가며 화염이 전파하지 않게 될 때의 면간거리

① 안전간격　　② 한계직경

③ 소염거리　　④ 화염일주

해설

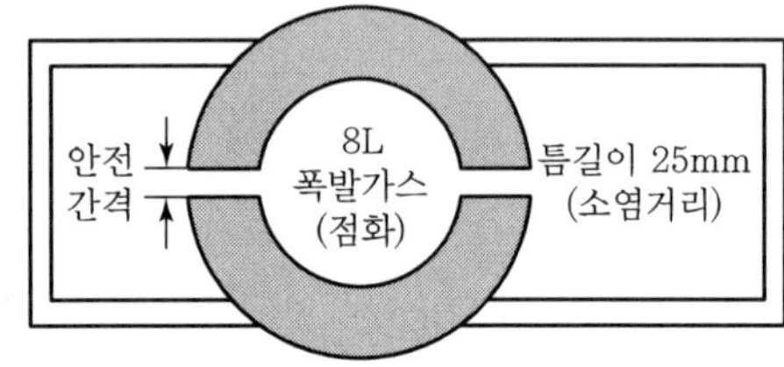

안전간격등급

㉠ 폭발 1등급 : 0.6mm 초과

㉡ 폭발 2등급 : 0.4mm 초과 0.6mm 이하

㉢ 폭발 3등급 : 0.4mm 미만(가장 위험한 가스이다)

19 다음 중 가연성 가스만으로 나열된 것은?

Ⓐ 수소	Ⓑ 이산화탄소
Ⓒ 질소	Ⓓ 일산화탄소
Ⓔ LNG	Ⓕ 수증기
Ⓖ 산소	Ⓗ 메탄

① Ⓐ, Ⓑ, Ⓔ, Ⓗ　　② Ⓐ, Ⓓ, Ⓔ, Ⓗ

③ Ⓐ, Ⓓ, Ⓕ, Ⓗ　　④ Ⓑ, Ⓓ, Ⓔ, Ⓗ

해설 가연성 가스(폭발범위 하한계, 상한계가 있는 가스)

- 수소 : 4~75%
- CO : 12.5~74%
- LNG : 5~15%
- 메탄 : 5~15%
- CO_2 : 불연성
- O_2 : 조연성

20 폭발하한계가 가장 낮은 가스는?

① 부탄　　② 프로판

③ 에탄　　④ 메탄

해설 가연성 가스 폭발범위(하한계~상한계)
① 부탄(1.8~8.4%)
② 프로판(2.1~9.5%)
③ 에탄(3~12.5%)
④ 메탄(5~15%)

SECTION 02 가스설비

21 카르노 사이클 기관이 27℃와 －33℃ 사이에서 작동될 때 이 냉동기의 열효율은?

① 0.2 ② 0.25
③ 4 ④ 5

해설 $T_1 = 27 + 273 = 300(\text{K})$, $T_2 = -33 + 273 = 240(\text{K})$
∴ 냉동기 효율$(\eta) = 1 - \frac{240}{300} = 0.2(20\%)$

22 다음은 용접용기의 동판두께를 계산하는 식이다. 이 식에서 S는 무엇을 나타내는가?

$$t = \frac{PD}{2S\eta - 1.2P} + C$$

① 여유두께 ② 동판의 내경
③ 최고충전압력 ④ 재료의 허용응력

해설

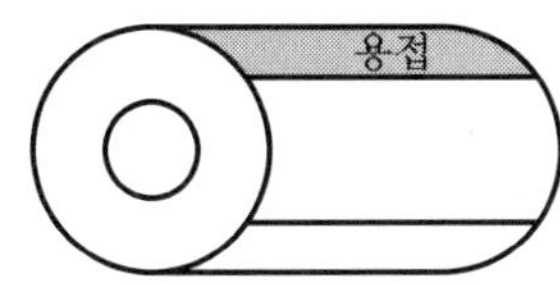

여기서, P : 하중, η : 용접효율
S : 허용응력, C : 부식여유치

23 강을 열처리하는 주된 목적은?

① 표면에 광택을 내기 위하여
② 사용시간을 연장하기 위하여
③ 기계적 성질을 향상시키기 위하여
④ 표면에 녹이 생기지 않게 하기 위하여

해설 강의 열처리 목적은 기계적 성질 개선이다.
※ 열처리
㉠ 뜨임(템퍼링)
㉡ 풀림(어닐링)
㉢ 불림(노멀라이징)
㉣ 담금질(칭)

24 고압가스 냉동기의 발생기는 흡수식 냉동설비에 사용하는 발생기에 관계되는 설계온도가 몇 ℃를 넘는 열교환기를 말하는가?

① 80℃ ② 100℃
③ 150℃ ④ 200℃

해설 발생기 : 설계온도가 200℃를 넘는 열교환기

25 물을 양정 20m, 유량 2m³/min으로 수송하고자 한다. 축동력 12.7PS를 필요로 하는 원심펌프의 효율은 약 몇 %인가?

① 65% ② 70%
③ 75% ④ 80%

해설 축동력$(\text{PS}) = \frac{\gamma QH}{75 \times 60 \times \eta} = 12.7 = \frac{1{,}000 \times 2 \times 20}{75 \times 60 \times \eta}$
∴ $\eta = \frac{1{,}000 \times 2 \times 20}{75 \times 60 \times 12.5} = 0.7(70\%)$
※ 4℃의 물의 비중량$(1{,}000\text{kgf/m}^3)$

26 공기액화장치에 들어가는 공기 중 아세틸렌가스가 혼입되면 안 되는 가장 큰 이유는?

① 산소의 순도가 저하된다.
② 액체 산소 속에서 폭발을 일으킨다.
③ 질소와 산소의 분리작용에 방해가 된다.
④ 파이프 내에서 동결되어 막히기 때문이다.

해설 $C_2H_2 + O_2(2.5) \rightarrow 2CO_2 + H_2O$(가스폭발 발생)

27 다음 중 신축이음이 아닌 것은?

① 벨로스형 이음 ② 슬리브형 이음
③ 루프형 이음 ④ 턱걸이형 이음

ANSWER | 21. ① 22. ④ 23. ③ 24. ④ 25. ② 26. ② 27. ④

해설

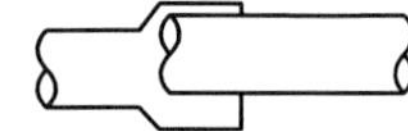

턱걸이이음(-⊂-)

28 **냉간가공의 영역 중 약 210~360℃에서 기계적 성질인 인장강도는 높아지나 연신이 갑자기 감소하여 취성을 일으키는 현상을 의미하는 것은?**

① 저온메짐 ② 뜨임메짐
③ 청열메짐 ④ 적열메짐

해설 강의 냉간가공 청열메짐
210℃~360℃ 사이에서 온도가 상승되면 인장강도가 상승하고, 연신율이 하강한다(취성 발생).

29 **원심펌프는 송출구경을 흡입구경보다 작게 설계한다. 이에 대한 설명으로 틀린 것은?**

① 흡입구경보다 와류실을 크게 설계한다.
② 회전차에서 빠른 속도로 송출된 액체를 갑자기 넓은 와류실에 넣게 되면 속도가 떨어지기 때문이다.
③ 에너지 손실이 커져서 펌프효율이 저하되기 때문이다.
④ 대형 펌프 또는 고양정의 펌프에 적용된다.

해설

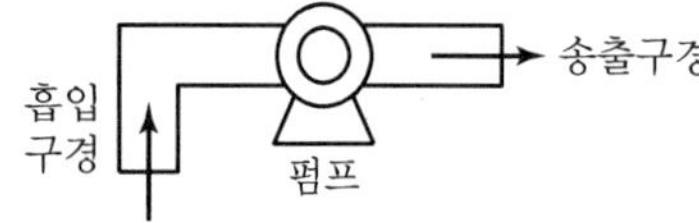

※ 원심식 터보형 펌프는 흡입관보다 토출관 지름이 작다(유속이 증가한다).

30 **용접장치에서 토치에 대한 설명으로 틀린 것은?**

① 아세틸렌 토치의 사용압력은 0.1MPa 이상에서 사용한다.
② 가변압식 토치를 프랑스식이라 한다.
③ 불변압식 토치는 니들밸브가 없는 것으로 독일식이라 한다.
④ 팁의 크기는 용접할 수 있는 판두께에 따라 선정한다.

해설 가스용접용 토치(Torch)
㉠ 저압식 : 0.07kg/cm^2용(아세틸렌가스 : 0.02MPa 미만용)
㉡ 가변압식(A형 : 독일식, B형 : 프랑스식)
㉢ 중압식
㉣ 불변압식

31 **고압가스 용기의 안전밸브 중 밸브 부근의 온도가 일정 온도를 넘으면 퓨즈메탈이 녹아 가스를 전부 방출하는 방식은?**

① 가용전식 ② 스프링식
③ 파열판식 ④ 수동식

해설

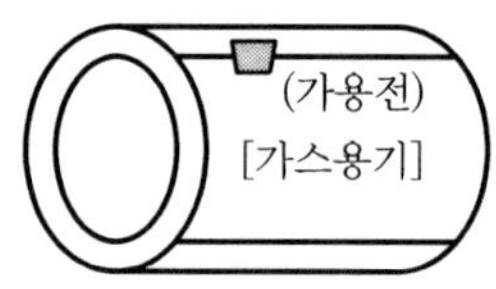

가용전(용전)
용기 내의 온도가 일정 온도 이상 상승 시 퓨즈메탈이 용해하여 가스를 외부로 방출한 후 용기파열을 방지한다(합금성분 : Bi, Cd, Sn, Pb 등).
※ 용융온도 : 62~68℃

32 **정압기의 이상감압에 대처할 수 있는 방법이 아닌 것은?**

① 필터 설치
② 정압기 2계열 설치
③ 저압배관의 loop화
④ 2차 측 압력감시장치 설치

해설 필터는 가스 내의 불순물을 제거한다(가스미터기, 정압기 등의 전단에 설치).

33 **도시가스의 저압공급방식에 대한 설명으로 틀린 것은?**

① 수요량의 변동과 거리에 무관하게 공급압력이 일정하다.
② 압송비용이 저렴하거나 불필요하다.
③ 일반수용가를 대상으로 하는 방식이다.
④ 공급계통이 간단하므로 유지관리가 쉽다.

28. ③ 29. ① 30. ① 31. ① 32. ① 33. ① | ANSWER

해설 ①항은 무수식 가스홀더의 특징이다.
※ 도시가스 저압공급 : 0.1MPa 미만의 압력공급

34 액화암모니아 용기의 도색 색깔로 옳은 것은?

① 밝은 회색
② 황색
③ 주황색
④ 백색

해설 공업용 용기 도색
㉠ LPG : 밝은 회색
㉡ 수소 : 주황색
㉢ 도시가스 : 황색
㉣ 액화 암모니아 : 백색

35 가스시설의 전기방식에 대한 설명으로 틀린 것은?

① 전기방식이란 강재배관 외면에 전류를 유입시켜 양극반응을 저지함으로써 배관의 전기적 부식을 방지하는 것을 말한다.
② 방식전류가 흐르는 상태에서 토양 중에 있는 방식전위는 포화황산동 기준전극으로 −0.85V 이하로 한다.
③ "희생양극법"이란 매설배관의 전위가 주위의 타 금속 구조물의 전위보다 높은 장소에서 매설배관과 주위의 타 금속구조물을 전기적으로 접속시켜 매설배관에 유입된 누출전류를 전기회로적으로 복귀시키는 방법을 말한다.
④ "외부전원법"이란 외부직류 전원장치의 양극은 매설배관이 설치되어 있는 토양에 접속하고, 음극은 매설배관에 접속시켜 부식을 방지하는 방법을 말한다.

해설 희생양극법(유전양극 전기방식)
㉠ 양극금속과 배관 사이의 고유 전위차에 의해 방식전류를 얻는 방법이다.
㉡ 지하매설배관은 Mg(마그네슘)과 연결하여 접속하여 방식한다.
㉢ 비교적 방식이 간단하여 가격이 싸다(도복장의 저항이 큰 대상에 적합하다).

36 특수강에 내식성, 내열성 및 자경성을 부여하기 위하여 주로 첨가하는 원소는?

① 니켈 ② 크롬
③ 몰리브덴 ④ 망간

해설 ① 니켈(Ni) : 인성 부여, 저온에서 충격치 저하
③ 몰리브덴(Mo) : 뜨임취성 방지, 고온에서 인장강도, 경도 증가
④ 망간(Mn) : 적열취성 방지, 강의 점성증대, 고온가공 용이, 담금질 효과를 높이나 연성은 감소, 강도 · 경도 · 강인성 증가

37 직경 5m 및 7m인 두 구형 가연성 고압가스 저장탱크가 유지해야 할 간격은?(단, 저장탱크에 물분무장치는 설치되어 있지 않음)

① 1m 이상 ② 2m 이상
③ 3m 이상 ④ 4m 이상

해설 탱크 간 유지 거리=탱크 합산 지름$\times\frac{1}{4}$

$\therefore (5+7)\times\frac{1}{4}=3\text{m}$ 이상

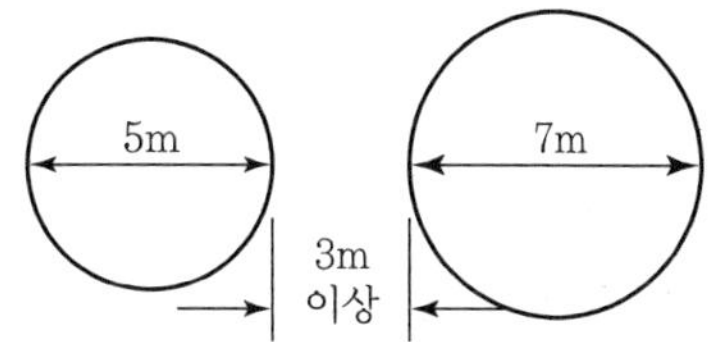

38 그림은 가정용 LP가스 소비시설이다. R_1에 사용하는 조정기의 종류는?

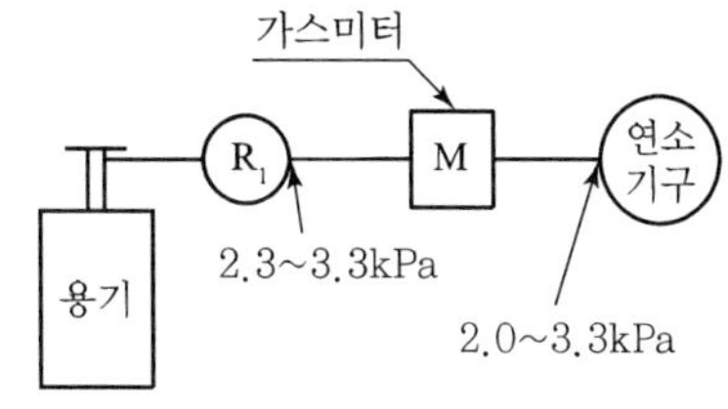

① 1단 감압식 저압조정기
② 1단 감압식 준저압조정기
③ 2단 감압식 1차용 조정기
④ 2단 감압식 2차용 조정기

해설 • R_1 : 1단(단단) 감압식 저압조정기 기호
• M : 가스미터기 기호

39 부식에 대한 설명으로 옳지 않은 것은?

① 혐기성 세균이 번식하는 토양 중의 부식속도는 매우 빠르다.
② 전식 부식은 주로 전철에 기인하는 미주전류에 의한 부식이다.
③ 콘크리트와 흙이 접촉된 배관은 토양 중에서 부식을 일으킨다.
④ 배관이 점토나 모래에 매설된 경우 점토보다 모래 중의 관이 더 부식되는 경향이 있다.

해설 배관의 부식은 배수가 잘 되는 모래보다 점토에서 부식이 심하다.

40 공기액화 분리장치의 폭발원인과 대책에 대한 설명으로 옳지 않은 것은?

① 장치 내에 여과기를 설치하여 폭발을 방지한다.
② 압축기의 윤활유에는 안전한 물을 사용한다.
③ 공기취입구에서 아세틸렌의 침입으로 폭발이 발생한다.
④ 질화화합물의 혼입으로 폭발이 발생한다.

해설 ㉠ 공기압축기 윤활유 : 양질의 광유(디젤엔진유)
㉡ 산소압축기 윤활유 : 물 또는 10% 이하 묽은 글리세린수

SECTION 03 가스안전관리

41 소형 저장탱크의 가스방출구의 위치를 지면에서 5m 이상 또는 소형 저장탱크 정상부로부터 2m 이상 중 높은 위치에 설치하지 않아도 되는 경우는?

① 가스방출구의 위치를 건축물 개구부로부터 수평거리 0.5m 이상 유지하는 경우
② 가스방출구의 위치를 연소기의 개구부 및 환기용 공기흡입구로터 각각 1m 이상 유지하는 경우
③ 가스방출구의 위치를 건축물 개구부로부터 수평거리 1m 이상 유지하는 경우
④ 가스방출구의 위치를 건축물 연소기의 개구부 및 환기용 공기흡입구로부터 각각 1.2m 이상 유지하는 경우

해설

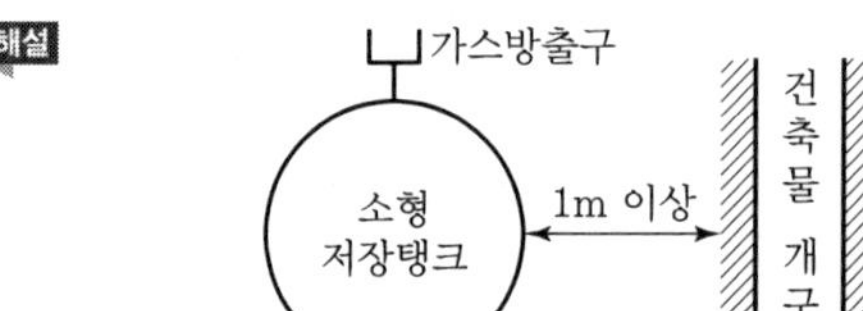

※ 소형저장 탱크 중 이 경우에는 가스방출구의 위치기준을 생략할 수 있다.

42 다음은 고압가스를 제조하는 경우 품질검사에 대한 내용이다. ( ) 안에 들어갈 사항을 알맞게 나열한 것은?

> 산소, 아세틸렌 및 수소를 제조하는 자는 일정한 순도 이상의 품질유지를 위하여 (Ⓐ) 이상 적절한 방법으로 품질검사를 하여 그 순도가 산소의 경우에는 (Ⓑ)%, 아세틸렌의 경우에는 (Ⓒ)%, 수소의 경우에는 (Ⓓ)% 이상이어야 하고 그 검사결과를 기록할 것

① Ⓐ 1일 1회 Ⓑ 99.5 Ⓒ 98 Ⓓ 98.5
② Ⓐ 1일 1회 Ⓑ 99 Ⓒ 98.5 Ⓓ 98
③ Ⓐ 1주 1회 Ⓑ 99.5 Ⓒ 98 Ⓓ 98.5
④ Ⓐ 1주 1회 Ⓑ 99 Ⓒ 98.5 Ⓓ 98

해설 Ⓐ : 1일 1회 이상(품질검사 횟수)
Ⓑ : 99.5% 이상(O_2)
Ⓒ : 98% 이상(C_2H_2)
Ⓓ : 98.5% 이상(H_2)

39. ④ 40. ② 41. ③ 42. ① | ANSWER

43 **아세틸렌의 품질검사에 사용하는 시약으로 알맞은 것은?**

① 발연황산 시약
② 구리, 암모니아 시약
③ 피로갈롤 시약
④ 하이드로 설파이드 시약

해설 품질시약
㉠ 산소 : 동 · 암모니아 시약
㉡ 아세틸렌 : 발연황산 시약
㉢ 수소 : 피로갈롤 시약, 하이드로 설파이드 시약

44 **저장탱크에 의한 액화석유가스 사용시설에서 배관이음부와 절연조치를 한 전선과의 이격거리는?**

① 10cm 이상　② 20cm 이상
③ 30cm 이상　④ 60cm 이상

해설 LPG가스 배관이음부 이격거리(전기설비)
㉠ 계량기, 개폐기 : 60cm 이상
㉡ 굴뚝, 점멸기, 접속기 : 30cm 이상
㉢ 절연조치 미필 전선 : 15cm 이상
(절연조치 전선 : 10cm 이상)

45 **고압가스 사용상 주의할 점으로 옳지 않은 것은?**

① 저장탱크의 내부압력이 외부압력보다 낮아짐에 따라 그 저장탱크가 파괴되는 것을 방지하기 위하여 긴급차단 장치를 설치한다.
② 가연성 가스를 압축하는 압축기와 오토클레이브 사이의 배관에 역화방지 장치를 설치해 두어야 한다.
③ 밸브, 배관, 압력게이지 등의 부착부로부터 누출(Leakage) 여부를 비눗물, 검지기 및 검지액 등으로 점검한 후 작업을 시작해야 한다.
④ 각각의 독성에 적합한 방독마스크, 가급적이면 송기식 마스크, 공기호흡기 및 보안경 등을 준비해 두어야 한다.

해설 ①항 안전장치 : 부압방지장치 설치

46 **이동식 부탄연소기 및 접합용기(부탄캔) 폭발사고의 예방대책이 아닌 것은?**

① 이동식 부탄연소기보다 큰 과대 불판을 사용하지 않는다.
② 접합용기(부탄캔) 내 가스를 다 사용한 후에는 용기에 구멍을 내어 내부의 가스를 완전히 제거한 후 버린다.
③ 이동식 부탄연소기를 사용하여 음식물을 조리한 경우에는 조리 완료 후 이동식 부탁연소기의 용기 체결 홀더 밖으로 접합용기(부탄캔)를 분리한다.
④ 접합용기(부탄캔)는 스틸이므로 가스를 다 사용한 후에는 그대로 재활용 쓰레기통에 버린다.

해설 접합용기(부탄캔) 내 가스를 다 사용한 후에는 바닥에 노즐을 눌러 남은 가스를 배출하고 부탄캔에 구멍을 뚫어 분리수거한다.
※ 재료는 스틸보다는 알루미늄을 많이 사용한다.

47 **독성 가스의 처리설비로서 1일 처리능력이 15,000 m^3인 저장시설과 21m 이상 이격하지 않아도 되는 보호시설은?**

① 학교
② 도서관
③ 수용능력이 15인 이상인 아동복지시설
④ 수용능력이 300인 이상인 교회

해설 ③항에서는 기준이 300명 이상 수용시설이(독성 가스의 경우 1만 초과~2만 이하에서는) 1종 보호시설이므로 이격거리가 21m(2종의 보호시설은 14m 이상)이나, 15인 이상은 300인 미만인 아동복지시설이므로 21m 이상에서 제외된다.

48 **고압호스 제조시설설비가 아닌 것은?**

① 공작기계
② 절단설비
③ 동력용조립설비
④ 용접설비

해설 용접설비는 고압용기 제조시설설비이다.

49 **차량에 고정된 탱크로 고압가스를 운반하는 차량의 운반기준으로 적합하지 않은 것은?**

① 액화가스를 충전하는 탱크에는 그 내부에 방파판을 설치한다.

② 액화가스 중 가연성 가스, 독성 가스 또는 산소가 충전된 탱크에는 손상되지 아니하는 재료로 된 액면계를 사용한다.

③ 후부취출식 외의 저장탱크는 저장탱크 후면과 차량 위 범퍼와의 수평거리가 20cm 이상 유지하여야 한다.

④ 2개 이상의 탱크를 동일한 차량에 고정하여 운반하는 경우에는 탱크마다 탱크의 주밸브를 설치한다.

해설

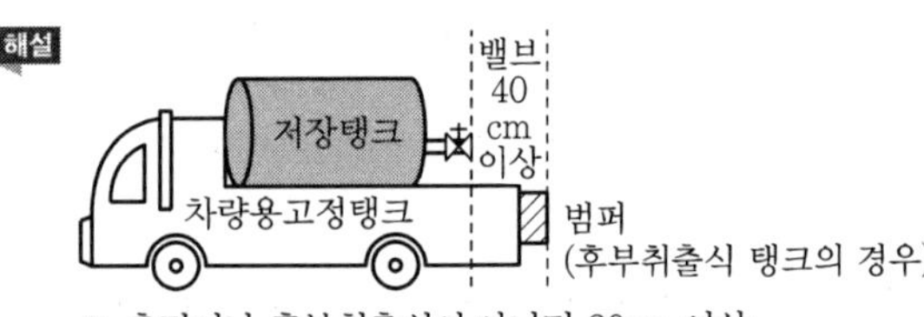

※ 측면이나 후부취출식이 아니면 30cm 이상

50 **공기의 조성 중 질소, 산소, 아르곤, 탄산가스 이외의 비활성기체에서 함유량이 가장 많은 것은?**

① 헬륨 ② 크립톤
③ 제논 ④ 네온

해설 희가스 성분
㉠ 아르곤(0.93%) ㉡ 네온(0.0018%)
㉢ 헬륨(0.0005%) ㉣ 크립톤(0.0001%)
㉤ 제논(0.000009%) ㉥ 라돈(0%)

51 **가스레인지를 점화시키기 위하여 점화동작을 하였으나 점화가 이루어지지 않았다. 다음 중 조치방법으로 가장 거리가 먼 내용은?**

① 가스용기 밸브 및 중간 밸브가 완전히 열렸는지 확인한다.

② 버너캡 및 버너바디를 바르게 조립한다.

③ 창문을 열어 환기한 다음 다시 점화동작을 한다.

④ 점화플러그 주위를 깨끗이 닦아준다.

해설 가스의 누설이 염려스러운 가스용기 사용 시에만 창문을 열어 환기한다.

52 **고압가스 충전용기의 운반기준 중 운반책임자가 동승하지 않아도 되는 경우는?**

① 가연성 압축가스 400m^3를 차량에 적재하여 운반하는 경우

② 독성 압축가스 90m^3를 차량에 적재하여 운반하는 경우

③ 조연성 액화가스 6,500kg을 차량에 적재하여 운반하는 경우

④ 독성 액화가스 1,200kg을 차량에 적재하여 운반하는 경우

해설 독성 가스 충전용기 운반차량 동승자 기준
㉠ 압축가스 : 100m^3 이상
㉡ 액화가스 : 1,000kg 이상

53 **특정고압가스 사용시설기준 및 기술상 기준으로 옳은 것은?**

① 산소의 저장설비 주위 20m 이내에는 화기취급을 하지 말 것

② 사용시설은 당해 설비의 작동상황을 연 1회 이상 점검할 것

③ 액화가스의 저장능력이 300kg 이상인 고압가스 설비에는 안전밸브를 설치할 것

④ 액화가스 저장량이 10kg 이상인 용기보관실의 벽은 방호벽으로 할 것

해설 ①항 : 5m 이상
②항 : 1일 1회 이상
④항 : 300kg 이상
※ 특정고압가스 : 포스핀, 셀렌화수소, 게르만, 디실란, 오불화 비소, 오불화인, 삼불화인, 삼불화질소, 삼불화붕소, 사불화유황, 사불화규소

49. ③ 50. ④ 51. ③ 52. ② 53. ③ | ANSWER

54 **특정고압가스 사용시설의 기준에 대한 설명 중 옳은 것은?**

① 산소 저장설비 주위 8m 이내에는 화기를 취급하지 않는다.
② 고압가스설비는 상용압력 2.5배 이상의 내압시험에 합격한 것을 사용한다.
③ 독성 가스 감압설비와 당해 가스반응 설비 간의 배관에는 역류방지장치를 설치한다.
④ 액화가스 저장량이 100kg 이상인 용기보관실에는 방호벽을 설치한다.

해설 ①항 : 5m 이내
②항 : 1.5배 이상
④항 : 300kg 이상

55 **다음 액화가스 저장탱크 중 방류둑을 설치하여야 하는 것은?**

① 저장능력이 5톤인 염소 저장탱크
② 저장능력이 8백톤인 산소 저장탱크
③ 저장능력이 5백톤인 수소 저장탱크
④ 저장능력이 9백톤인 프로판 저장탱크

해설 가스일반제조 방류둑 기준
㉠ 가연성 가스(1,000톤 이상 저장)
㉡ 독성 가스(5톤 이상)
㉢ 산소(1,000톤 이상)
㉣ 프로판(1,000톤 이상 저장)

56 **고압가스 저장설비에 설치하는 긴급차단장치에 대한 설명으로 틀린 것은?**

① 저장설비의 내부에 설치하여도 된다.
② 조작 버튼(Button)은 저장설비에서 가장 가까운 곳에 설치한다.
③ 동력원(動力源)은 액압, 기압, 전기 또는 스프링으로 한다.
④ 간단하고 확실하며 신속히 차단되는 구조로 한다.

해설 긴급차단장치는 저장설비 5m 이상 떨어진 위치에서 조작이 가능한 버튼이 필요하다.

57 **1일 처리능력이 60,000m^3인 가연성 가스 저온저장탱크와 제2종 보호시설과의 안전거리의 기준은?**

① 20.0m ② 21.2m
③ 22.0m ④ 30.0m

해설 가연성 가스 저온저장탱크와 보호시설의 안전거리
5만 초과~99만 m^3 이하인 경우
㉠ 제1종$=\frac{3}{25}\sqrt{X+10,000\text{m}}$
㉡ 제2종$=\frac{2}{25}\sqrt{X+10,000\text{m}}$
$\therefore \frac{2}{25}\sqrt{60,000+10,000}=21.2\text{m}$

58 **독성 가스 누출을 대비하기 위하여 충전설비에 재해설비를 한다. 재해설비를 하지 않아도 되는 독성 가스는?**

① 아황산가스
② 암모니아
③ 염소
④ 사염화탄소

해설 독성 가스 중 재해설비가 필요한 가스
염소, 포스겐, 황화수소, 시안화수소, 아황산가스, 암모니아, 산화에틸렌, 염화메탄

59 **공기액화 분리장치의 폭발 원인이 아닌 것은?**

① 이산화탄소와 수분 제거
② 액체공기 중 오존의 혼입
③ 공기취입구에서 아세틸렌 혼입
④ 윤활유 분해에 따른 탄화수소 생성

해설 탄산가스 흡수탑에서 공기 중에 포함된 이산화탄소(CO_2)를 가성소다(NaOH) 용액으로 흡수하여 고체탄산 드라이아이스가 되는 것을 방지한다.
$2NaOH+CO_2 \rightarrow Na_2CO_3+H_2O$
※ CO_2 1g당 가성소다(NaOH) 1.8g 소비

ANSWER | 54. ③ 55. ① 56. ② 57. ② 58. ④ 59. ①

60 **액화석유가스 판매사업소 용기보관실의 안전사항으로 틀린 것은?**

① 용기는 3단 이상 쌓지 말 것
② 용기보관실 주위의 2m 이내에는 인화성 및 가연성 물질을 두지 말 것
③ 용기보관실 내에서 사용하는 손전등은 방폭형일 것
④ 용기보관실에는 계량기 등 작업에 필요한 물건 이외에 두지 말 것

해설 LPG 용기는 2단 이상으로 쌓지 아니할 것(다만, 30L 미만의 용접용기는 2단으로 쌓을 수 있다)

SECTION 04 가스계측

61 **표준전구의 필라멘트 휘도와 복사에너지의 휘도를 비교하여 온도를 측정하는 온도계는?**

① 광고온도계 ② 복사온도계
③ 색온도계 ④ 더미스터(Thermister)

해설 광고온도계
표준전구의 필라멘트 휘도와 복사에너지의 휘도를 비교하여 700℃~3,000℃까지 온도를 측정하는 비접촉식 온도계이다(특정파장은 보통 적색의 0.65μ의 복사에너지의 빛을 이용).

62 **일산화탄소 검지 시 흑색반응을 나타내는 시험지는?**

① KI 전분지 ② 연당지
③ 하리슨 시약 ④ 염화파라듐지

해설 ① KI 전분지 : 염소
② 연당지 : 황화수소
③ 하리슨 시약 : 포스겐
④ 염화파라듐지 : 일산화탄소(CO)

63 **가스분석법 중 흡수분석법에 해당하지 않는 것은?**

① 헴펠법 ② 산화구리법
③ 오르자트법 ④ 게겔법

해설 산화구리법(산화동법)
분별 연소법이며 CH_4가스 분석법이다.

64 **정밀도(Precision Degree)에 대한 설명 중 옳은 것은?**

① 산포가 큰 측정은 정밀도가 높다.
② 산포가 적은 측정은 정밀도가 높다.
③ 오차가 큰 측정은 정밀도가 높다.
④ 오차가 적은 측정은 정밀도가 높다.

해설 우연오차(산포), 즉 산포가 크면 정밀도가 낮고, 산포가 적으면 정밀도가 높다.

65 **가연성 가스검출기의 종류가 아닌 것은?**

① 안전등형 ② 간섭계형
③ 광조사형 ④ 열선형

해설 가연성 가스검출기는 ①, ②, ④항을 이용한다.

66 **액면계의 구비조건으로 틀린 것은?**

① 내식성이 있을 것
② 고온, 고압에 견딜 것
③ 구조가 복잡하더라도 조작은 용이할 것
④ 지시, 기록 또는 원격 측정이 가능할 것

해설 액면을 측정하는 액면계는 구조가 간단하여야 한다.

67 **어느 가정에 설치된 가스미터의 기차를 검사하기 위해 계량기의 지시량을 보니 $100m^3$이었다. 다시 기준기로 측정하였더니 $95m^3$이었다면 기차는 약 몇 %인가?**

① 0.05 ② 0.95
③ 5 ④ 95

해설 $100-95=5m^3$(기차)
$\therefore \frac{5}{100}\times 100 = 5(\%)$

60. ① 61. ① 62. ④ 63. ② 64. ② 65. ③ 66. ③ 67. ③ | ANSWER

68 Roots 가스미터에 대한 설명으로 옳지 않은 것은?
① 설치 공간이 적다.
② 대유량 가스 측정에 적합하다.
③ 중압가스의 계량이 가능하다.
④ 스트레이너의 설치가 필요 없다.

해설 루트식 가스미터(대량수용가용 : 100~5,000m³/h)는 여과기의 설치 및 설치 후의 청소 등 유지관리가 필요하다.

69 국제단위계(SI 단위) 중 압력단위에 해당되는 것은?
① Pa ② bar
③ atm ④ kgf/cm^2

해설 SI 단위의 압력 : Pa(1atm=76cmHg=101,325Pa)

70 가스분석계 중 화학반응을 이용한 측정방법은?
① 연소열법 ② 열전도율법
③ 적외선흡수법 ④ 가시광선 분광광도법

해설 화학반응 연소열법(연소분석법)
㉠ 폭발법 ㉡ 분별 연소법 ㉢ 완만 연소법

71 오리피스 유량계의 측정원리로 옳은 것은?
① 패닝의 법칙
② 베르누이의 원리
③ 아르키메데스의 원리
④ 하겐-푸아죄유의 원리

해설 오리피스 차압식 유량계 : 베르누이의 원리를 이용한 유량계
베르누이(Bernoulli) 전수두(H)

$$= Z_1 + \frac{P_1}{\gamma} + \frac{V_1^2}{2g} = Z_2 + \frac{P_2}{\gamma} + \frac{V_2^2}{2g}$$

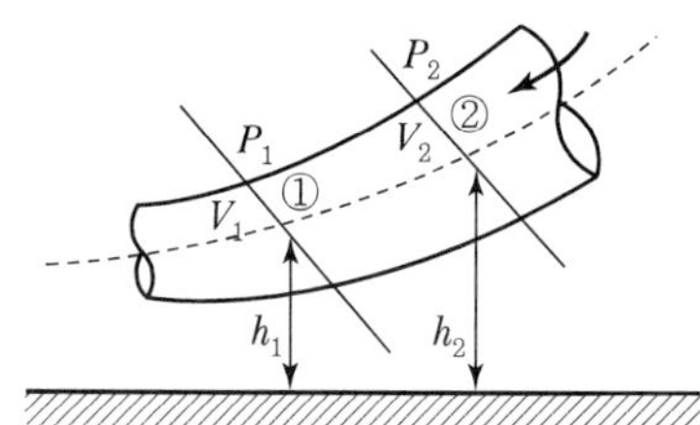

[Bernoulli 방정식]

72 다음 [그림]과 같이 시차 액주계의 높이 H가 60mm일 때 유속(V)은 약 몇 m/s인가?(단, 비중 γ와 γ'는 1과 13.6이고, 속도계수는 1, 중력가속도는 $9.8m/s^2$이다.)

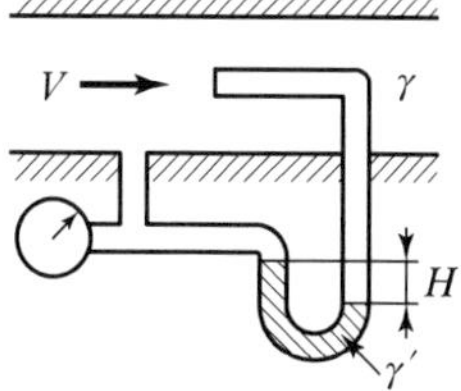

① 1.1 ② 2.4
③ 3.8 ④ 5.0

해설 유속(V)= $\sqrt{2gh} = C\sqrt{2g\frac{s_0 - s}{s}h}$
H=60mmH₂O=0.06m

$$\therefore V = 1 \times \sqrt{2 \times 9.8\left(\frac{13.6-1}{1}\right) \times 0.06} = 3.8(m/s)$$

73 일반적인 계측기의 구조에 해당하지 않는 것은?
① 검출부 ② 보상부
③ 전달부 ④ 수신부

해설 보상부는 열전대 온도계나 방사온도계 등 특별한 계측기에서만 이용된다.

74 건습구 습도계에서 습도를 정확히 하려면 얼마 정도의 통풍속도가 가장 적당한가?
① 3~5m/sec
② 5~10m/sec
③ 10~15m/sec
④ 30~50m/sec

해설 건습구 습도계(2개의 수은온도계 이용)
㉠ 습도, 온도, 상대습도, 노점 측정
㉡ 이상적인 통풍속도(3~5m/s)
※ 수증기압(e) =포화수증기압$-\frac{1}{2}$(건구온도−습구온도)$\times\frac{기체압력}{755}$(mmHg)

75 **차압식 유량계의 교축기구로 사용되지 않는 것은?**

① 오리피스　　② 피스톤
③ 플로 노즐　　④ 벤투리

해설 피스톤
압력계(분동식, 피스톤식)로 사용이 가능하다.

76 **Dial Gauge는 다음 중 어느 측정방법에 속하는가?**

① 비교측정　　② 절대측정
③ 간접측정　　④ 직접측정

해설 다이얼 게이지(치환법)
지시량과 미리 알고 있는 다른 양으로부터 측정량을 나타내는 치환법에 사용된다. 따라서 비교측정이다.

77 **다음 중 막식 가스미터는?**

① 클로버식　　② 루트식
③ 오리피스식　　④ 터빈식

해설

78 **다음 [그림]은 불꽃이온화 검출기(FID)의 구조를 나타낸 것이다. ㉠~㉣의 명칭으로 부적당한 것은?**

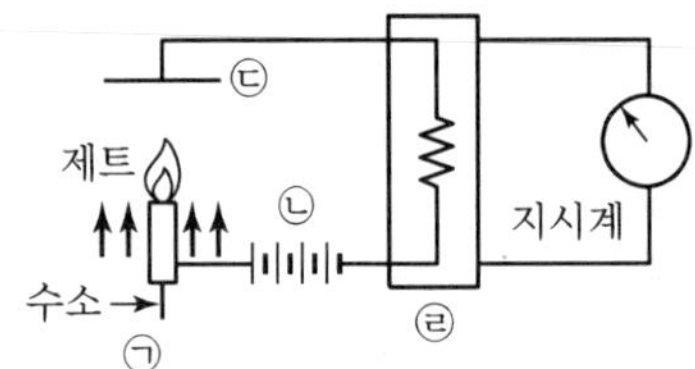

① ㉠ 시료가스　　② ㉡ 직류전압
③ ㉢ 전극　　④ ㉣ 가열부

해설 불꽃이온화 검출기
㉠ 수소염이온화 검출기이며 탄화수소의 감도는 최고이나 H_2, O_2, CO_2, SO_2 등의 검지는 불가능하다.
㉡ 검지감도는 검지계 중 가장 높고 약 1ppm의 가스농도도 검지가 가능하다.
※ ㉣의 명칭 : 분리관

79 **공정제어에서 비례미분(PD) 제어동작을 사용하는 주된 목적은?**

① 안정도　　② 이득
③ 속응성　　④ 정상특성

해설 비례동작(P)에 미분동작(D)을 결합하면 속응성이 높아진다.
㉠ PD동작$(Y) = K_p\left(e + T_D\frac{de}{dt}\right)$, 미분시간$(T_D) = \frac{K_D}{K_P}$
　여기서, Y : 조작량
　　　　e : 동작신호
㉡ 비례동작(P) : $Y = K_p \cdot \varepsilon$ (K_p : 비례정수)
㉢ 미분동작(D) : $Y = K_p\frac{d\varepsilon}{dt}$ (ε : 편차)
　제어의 안정성을 높이나 Off Set에 대한 직접적인 효과는 없다. 단독사용보다 P동작과 결합하여 사용한다.

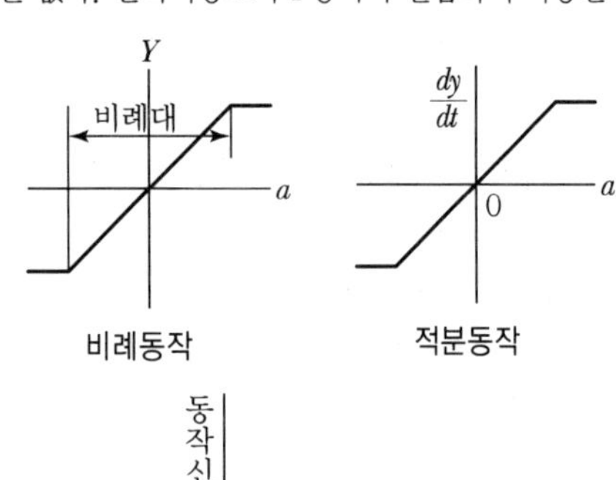

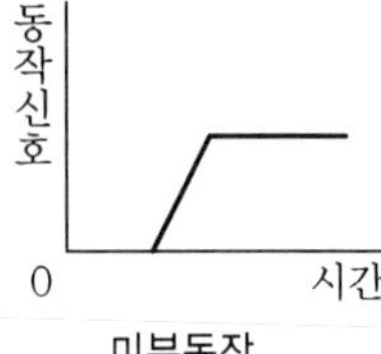

[제어동작]

80 다음 보기에서 설명하는 액주식 압력계의 종류는?

- 통풍계로도 사용한다.
- 정도가 0.01~0.05mmH_2O로서 아주 좋다.
- 미세압 측정이 가능하다.
- 측정범위는 약 10~50mmH_2O 정도이다.

① U자관 압력계　　② 단관식 압력계
③ 경사관식 압력계　　④ 링밸런스 압력계

해설 경사관식 1차 액주식 압력계

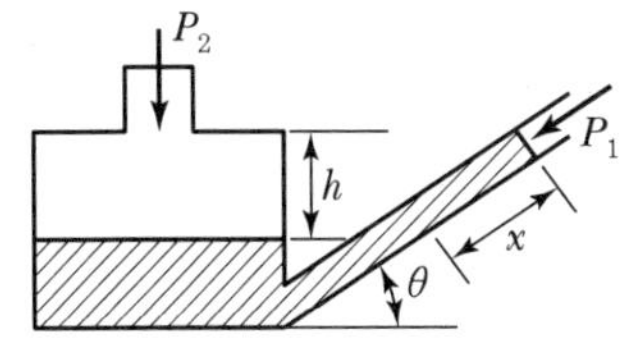

㉠ $P_2 = P_1 + \gamma x \sin\theta$

- $x = \dfrac{h}{\sin\theta}$(m)
- P_2 = mmH_2O
- P_1(대기압) = mmH_2O
- θ = 관의 경사각
- γ = 액체비중량(kg/m^3)
- $P_1 - P_2 = \gamma \cdot x \sin\theta$
- $h = x \cdot \sin\theta$

㉡ 측정범위 : 10~50mmH_2O
㉢ 측정 정도 : 0.01~0.05mmH_2O(정밀측정 가능)
㉣ 유입액 : 물, 알코올 등
㉤ 경사관의 지름 : 2~3mm
㉥ 통풍계로 사용이 가능하다.

ANSWER | 80. ③

2019년 1회 가스산업기사

SECTION 01 연소공학

01 (CO_2)max는 어느 때의 값인가?

① 실제공기량으로 연소시켰을 때
② 이론공기량으로 연소시켰을 때
③ 과잉공기량으로 연소시켰을 때
④ 부족공기량으로 연소시켰을 때

해설 CO_2max(탄산가스 확대 배출량)의 값이 가장 클 경우는 이론공기량으로 연소시켰을 때이다.
$C+O_2 \rightarrow CO_2$

02 배관 내 혼합가스의 한 점에서 착화되었을 때 연소파가 일정거리를 진행한 후 급격히 화염전파속도가 증가되어 1,000~3,500m/s에 도달하는 경우가 있다. 이와 같은 현상을 무엇이라 하는가?

① 폭발(Explosion) ② 폭굉(Detonation)
③ 충격(Shock) ④ 연소(Combustion)

해설 폭굉파(디토네이션) 발생 시 화염의 전파속도가 1,000~3,500m/s이다.

03 폭굉을 일으킬 수 있는 기체가 파이프 내에 있을 때 폭굉 방지 및 방호에 대한 설명으로 틀린 것은?

① 파이프 라인에 오리피스 같은 장애물이 없도록 한다.
② 공정 라인에서 회전이 가능하면 가급적 완만한 회전을 이루도록 한다.
③ 파이프의 지름대 길이의 비는 가급적 작게 한다.
④ 파이프 라인에 장애물이 있는 곳은 관경을 축소한다.

해설 폭굉을 방지하려면 파이프 라인에 장애물이 있는 곳은 관경을 확대하여 가스흐름을 용이하게 해야 한다.

04 동일 체적의 에탄, 에틸렌, 아세틸렌을 완전연소시킬 때 필요한 공기량의 비는?

① 3.5 : 3.0 : 2.5 ② 7.0 : 6.0 : 6.0
③ 4.0 : 3.0 : 5.0 ④ 6.0 : 6.5 : 5.0

해설 연소반응식
㉠ 에탄 : $C_2H_6+3.5O_2 \rightarrow 2CO_2+3H_2O$
㉡ 에틸렌 : $C_2H_4+3O_2 \rightarrow 2CO_2+2H_2O$
㉢ 아세틸렌 : $C_2H_2+2.5O_2 \rightarrow 2CO_2+H_2O$
※ 이론공기량(A_0)=이론산소량$(O_0)\times\frac{1}{0.21}$

05 이상기체에 대한 설명 중 틀린 것은?

① 이상기체는 분자 상호 간의 인력을 무시한다.
② 이상기체에 가까운 실제 기체로는 H_2, He 등이 있다.
③ 이상기체는 분자 자신이 차지하는 부피를 무시한다.
④ 저온, 고압일수록 이상기체에 가까워진다.

해설 실제 기체는 고온, 저압에서 이상기체에 가까워진다.

06 가연물의 연소형태를 나타낸 것 중 틀린것은?

① 금속분-표면연소 ② 파라핀-증발연소
③ 목재-분해연소 ④ 유황-확산연소

해설 유황(S)$+O_2 \rightarrow SO_2$(가연성분의 산화반응)
※ 기체연료 : 확산연소, 예혼합연소

07 층류연소속도에 대한 설명으로 옳은 것은?

① 미연소 혼합기의 비열이 클수록 층류연소속도는 크게 된다.
② 미연소 혼합기의 비중이 클수록 층류연소속도는 크게 된다.
③ 미연소 혼합기의 분자량이 클수록 층류연소속도는 크게 된다.
④ 미연소 혼합기의 열전도율이 클수록 층류연소속도는 크게 된다.

1. ② 2. ② 3. ④ 4. ① 5. ④ 6. ④ 7. ④ | ANSWER

해설 미연소 혼합기의 열전도율이 작을수록 층류연소속도가 크게 된다(열손실이 감소되기 때문이다).

08 수소가스의 공기 중 폭발범위로 가장 가까운 것은?

① 2.5~81% ② 3~80%
③ 4.0~75% ④ 12.5~74%

해설 폭발범위
㉠ 아세틸렌 : 2.5~81%
㉡ 산화에틸렌 : 3~80%
㉢ 수소 : 4~75%
㉣ CO : 12.5~74%

09 기체연료 중 수소가 산소와 화합하여 물이 생성되는 경우에 있어 H_2 : O_2 : H_2O의 비례관계는?

① 2 : 1 : 2 ② 1 : 1 : 2
③ 1 : 2 : 1 ④ 2 : 2 : 3

해설 $2H_2 + O_2 \rightarrow 2H_2O$
2 : 1 : 2

10 액체연료가 공기 중에서 연소하는 현상은 다음 중 어느 것에 해당하는가?

① 증발연소 ② 확산연소
③ 분해연소 ④ 표면연소

해설 액체연료의 연소현상
중질유는 분해연소, 경질유 액체는 대부분 증발연소를 한다.

11 기상폭발에 대한 설명으로 틀린 것은?

① 반응이 기상으로 일어난다.
② 폭발상태는 압력에너지의 축적상태에 따라 달라진다.
③ 반응에 의해 발생하는 열에너지는 반응기 내 압력상승의 요인이 된다.
④ 가연성 혼합기를 형성하면 혼합기의 양에 관계없이 압력파가 생겨 압력상승을 기인한다.

해설 기상폭발(Gas Explosion)의 종류
혼합가스폭발, 가스분해폭발, 분진폭발 등(혼합기의 양에 따라서 압력파, 압력상승 기인)
※ 기상폭발 발화원 : 열선, 화염, 충격파

12 임계상태를 가장 올바르게 표현한 것은?

① 고체, 액체, 기체가 평형으로 존재하는 상태
② 순수한 물질이 평형에서 기체–액체로 존재할 수 있는 최고온도 및 압력상태
③ 액체상과 기체상이 공존할 수 있는 최소한의 한계상태
④ 기체를 일정한 온도에서 압축하면 밀도가 아주 작아져 액화가 되기 시작하는 상태

해설 임계상태
순수한 액체상과 기체상 물질이 평형에서 존재할 수 있는 최고온도 및 압력상태이다.

13 에틸렌(Ethylene) $1m^3$를 완전연소시키는 데 필요한 산소의 양은 약 몇 m^3인가?

① 2.5 ② 3
③ 3.5 ④ 4

해설 에틸렌(C_2H_4) 연소식
$C_2H_4 + 3O_2 \rightarrow 2CO_2 + \rightarrow 2H_2O$
$1m^3$ $3m^3$ $2m^3$ $2m^3$

14 폭발에 관련된 가스의 성질에 대한 설명으로 틀린 것은?

① 폭발범위가 넓은 것은 위험하다.
② 압력이 높게 되면 일반적으로 폭발범위가 좁아진다.
③ 가스의 비중이 큰 것은 낮은 곳에 체류할 염려가 있다.
④ 연소속도가 빠를수록 위험하다.

해설 CO 가스 외에 거의 대부분의 가스는 압력이 높게 되면 폭발범위가 크게 되어 위험해진다.

ANSWER | 8. ③ 9. ① 10. ① 11. ④ 12. ② 13. ② 14. ②

15 다음 중 연소속도에 영향을 미치지 않는 것은?

① 관의 단면적 ② 내염 표면적
③ 염의 높이 ④ 관의 염경

해설 염(불꽃, 화염)의 높이는 연소속도와는 관련성이 없다.

16 가스의 성질을 바르게 설명한 것은?

① 산소는 가연성이다.
② 일산화탄소는 불연성이다.
③ 수소는 불연성이다.
④ 산화에틸렌은 가연성이다.

해설 ㉠ 산소 : 조연성 가스
㉡ CO : 가연성 가스
㉢ H_2 : 가연성 가스
㉣ 산화에틸렌 : 가연성 가스

17 휘발유의 한 성분인 옥탄의 완전연소반응식으로 옳은 것은?

① $C_8H_{18}+O_2 \rightarrow CO_2+H_2O$
② $C_8H_{18}+25O_2 \rightarrow CO_2+18H_2O$
③ $2C_8H_{18}+25O_2 \rightarrow 16CO_2+18H_2O$
④ $2C_8H_{18}+O_2 \rightarrow 16CO_2+H_2O$

해설 옥탄($2C_8H_{18}$) 연소식
㉠ $C+O_2 \rightarrow CO_2$
㉡ $H_2+1/2(O_2) \rightarrow H_2O$
$\therefore 2C_8H_{18}+25O_2 \rightarrow 16CO_2+18H_2O$

18 다음 탄화수소연료 중 착화온도가 가장 높은 것은?

① 메탄 ② 가솔린
③ 프로판 ④ 석탄

해설 착화온도가 높으면 안정한 가스이다.
㉠ 메탄 : 450℃ 초과(550℃)
㉡ 가솔린 : 200℃ 초과~300℃ 이하
㉢ 프로판 : 450℃ 초과(500℃)
㉣ 석탄 : 300℃ 내외

19 메탄 80v%, 프로판 5v%, 에탄 15v%인 혼합가스의 공기 중 폭발하한계는 약 얼마인가?

① 2.1% ② 3.3%
③ 4.3% ④ 5.1%

해설 폭발하한계$=\frac{100}{L}=\frac{V_1}{L_1}+\frac{V_2}{L_2}+\frac{V_3}{L_3}$

$$=\frac{100}{\frac{80}{5}+\frac{5}{2.1}+\frac{15}{3}}=\frac{100}{23.38}=4.3(\%)$$

※ 가스연소 범위 하한치(메탄 5%, 아세틸렌 2.1%, 에탄 3%)

20 착화온도가 낮아지는 조건이 아닌 것은?

① 발열량이 높을수록
② 압력이 작을수록
③ 반응활성도가 클수록
④ 분자구조가 복잡할수록

해설 가스는 압력이 높을수록 착화온도가 낮아진다.

SECTION 02 가스설비

21 전기방식을 실시하고 있는 도시가스 매몰배관에 대하여 전위측정을 위한 기준 전극으로 사용되고 있으며, 방식전위 기준으로 상한값 −0.85V 이하를 사용하는 것은?

① 수소 기준전극 ② 포화 황산동 기준전극
③ 염화은 기준전극 ④ 칼로멜 기준전극

해설 전기방식전류 방식전위
포화 황산동 기준전극으로 −0.85V 이하이어야 한다(단, 황산염 환원 박테리아가 번식하는 토양에서는 −0.95V 이하일 것).

22 냉간가공과 열간가공을 구분하는 기준이 되는 온도는?

① 끓는 온도 ② 상용 온도
③ 재결정 온도 ④ 섭씨 0도

15. ③ 16. ④ 17. ③ 18. ① 19. ③ 20. ② 21. ② 22. ③ | ANSWER

해설 금속의 재결정 온도
냉간가공과 열간가공을 구분하는 기준온도이다.

23 냉동기의 성적(성능)계수를 ε_R로 하고 열펌프의 성적계수를 ε_H로 할때 ε_R과 ε_H 사이에는 어떠한 관계가 있는가?

① $\varepsilon_R < \varepsilon_H$
② $\varepsilon_R = \varepsilon_H$
③ $\varepsilon_R > \varepsilon_H$
④ $\varepsilon_R > \varepsilon_H$ 또는 $\varepsilon_R < \varepsilon_H$

해설 열펌프(히트펌프)의 성능계수(COP)
COP = 냉동기 성적계수 + 1 = $\varepsilon_R < \varepsilon_H$

24 다층진공 단열법에 대한 설명으로 틀린 것은?

① 고진공 단열법과 같은 두께의 단열재를 사용해도 단열효과가 더 우수하다.
② 최고의 단열성능을 얻기 위해서는 높은 진공도가 필요하다.
③ 단열층이 어느 정도의 압력에 잘 견딘다.
④ 저온부일수록 온도분포가 완만하여 불리하다.

해설 다층진공 단열법은 저온부일수록 온도분포가 완만하여 단열법이 우수하다.
※ 단열법
㉠ 고진공법
㉡ 분말진공법
㉢ 다층진공법

25 1단 감압식 저압조정기의 최대 폐쇄압력 성능은?

① 3.5kPa 이하
② 5.5kPa 이하
③ 95kPa 이하
④ 조정압력의 1.25배 이하

해설 1단 감압식 저압조정기 최대 폐쇄압력
3.5kPa(350mm H_2O) 이하

26 LPG 용기의 내압시험 압력은 얼마 이상이어야 하는가?(단, 최고충전압력은 1.56MPa이다.)

① 1.56MPa
② 2.08MPa
③ 2.34MPa
④ 2.60MPa

해설 LPG 용기 내압시험(TP) = 최고충전압력(FP) × $\frac{5}{3}$배

$\therefore 1.56 \times \frac{5}{3} = 2.60(\text{MPa})$

27 LPG 충전소 내의 가스사용시설 수리에 대한 설명으로 옳은 것은?

① 화기를 사용하는 경우에는 설비 내부의 가연성 가스가 폭발하한계의 1/4 이하인 것을 확인하고 수리한다.
② 충격에 의한 불꽃에 가스가 인화할 염려는 없다고 본다.
③ 내압이 완전히 빠져 있으면 화기를 사용해도 좋다.
④ 볼트를 조일 때는 한쪽만 잘 조이면 된다.

해설 LPG 충전소 내에서 화기를 사용하는 경우 설비 내부의 가연성 가스 존재 시 폭발하한계의 $\frac{1}{4}$ 이하에서 수리한다.

28 소형저장탱크에 대한 설명으로 틀린 것은?

① 옥외에 지상설치식으로 설치한다.
② 소형저장탱크를 기초에 고정하는 방식은 화재 등의 경우에도 쉽게 분리되지 않는 것으로 한다.
③ 건축물이나 사람이 동행하는 구조물의 하부에 설치하지 아니한다.
④ 동일 장소에 설치하는 소형저장탱크의 수는 6기 이하로 한다.

해설 소형저장탱크(3,000kg 미만)를 기초에 고정하는 방식은 화재 등의 긴급한 상황에서 쉽게 분리가 가능하도록 설치한다.

ANSWER | 23. ① 24. ④ 25. ① 26. ④ 27. ① 28. ②

29 **냉동설비에 사용되는 냉매가스의 구비조건으로 틀린 것은?**

① 안전성이 있어야 한다.
② 증기의 비체적이 커야 한다.
③ 증발열이 커야 한다.
④ 응고점이 낮아야 한다.

해설 냉매는 비체적이 작아야 냉매관의 지름을 작게 할 수 있다(비체적 : m^3/kg).

30 **용기 내압시험 시 뷰렛의 용적은 300mL이고 전증가량은 200mL, 항구증가량은 15mL일 때 이 용기의 항구증가율은?**

① 5% ② 6%
③ 7.5% ④ 8.5%

해설 $\text{항구증가율} = \frac{\text{항구증가량}}{\text{전증가량}} \times 100$

$$= \frac{15}{200} \times 100 = 7.5(\%)$$

31 **내진 설계 시 지반의 분류는 몇 종류로 하고 있는가?**

① 6 ② 5
③ 4 ④ 3

해설 지반의 종류
㉠ S_1 : 암반지반
㉡ S_2 : 얕고 단단한 지반
㉢ S_3 : 얕고 연약한 지반
㉣ S_4 : 깊고 단단한 지반
㉤ S_5 : 깊고 연약한 지반
㉥ S_6 : 부지 고유의 특성평가 및 지반응답해석이 요구되는 지반

32 **LPG 저장탱크에 가스를 충전하려면 가스의 용량이 상용온도에서 저장탱크 내용적의 얼마를 초과하지 아니하여야 하는가?**

① 95% ② 90%
③ 85% ④ 80%

해설 LPG 액화가스 충전량(상용온도)
(온도 상승, 가스 팽창량 대비)

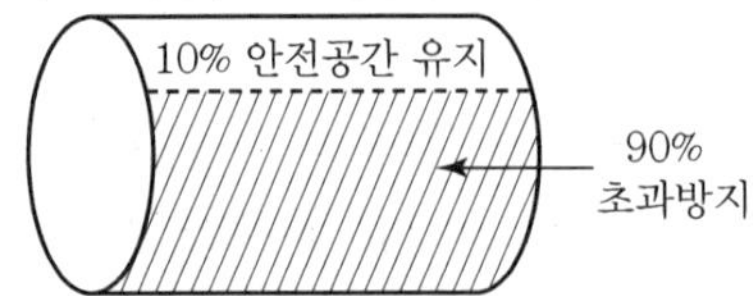

33 **고압산소용기로 가장 적합한 것은?**

① 주강용기 ② 이중용접용기
③ 이음매 없는 용기 ④ 접합용기

해설 고압용기는 튼튼해야 하므로 이음매 없는 무계목용기로 제작한다.

34 **산소 또는 불활성 가스 초저온 저장탱크의 경우에 한정하여 사용이 가능한 액면계는?**

① 평형반사식 액면계
② 슬립튜브식 액면계
③ 환형유리제 액면계
④ 플로트식 액면계

해설 산소, 초저온 저장탱크, 불활성 가스에 한정하여 사용이 가능한 액면계는 환형유리제 액면계가 사용된다.

35 **고압가스 일반제조시설에서 고압가스설비의 내압시험압력은 상용압력의 몇 배 이상으로 하는가?**

① 1 ② 1.1
③ 1.5 ④ 1.8

해설 고압가스 일반제조시설 내압시험 : 상용압력×1.5배

36 **유체가 흐르는 관의 지름이 입구 0.5m, 출구 0.2m이고, 입구유속이 5m/s라면 출구유속은 약 몇 m/s인가?**

① 21 ② 31
③ 41 ④ 51

29. ② 30. ③ 31. ① 32. ② 33. ③ 34. ③ 35. ③ 36. ② | ANSWER

해설
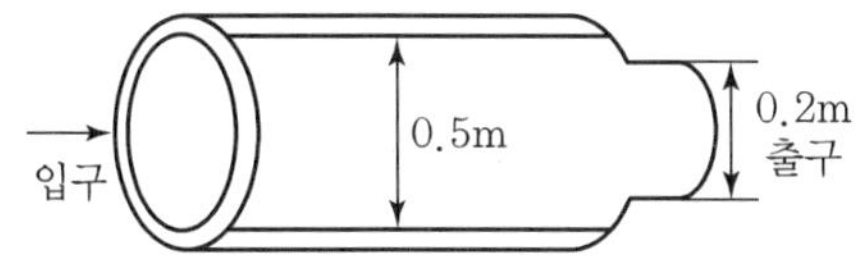

$$유속(m/s) = \frac{유량(m^3/s)}{단면적(m^2)}$$

$$출구유속(V_1) = \frac{A_1}{A_2} \times V$$

$$= \frac{3.14 \times (0.5)^2}{\frac{3.14}{4} \times (0.2)^2} \times 5 = 31.25(m/s)$$

37 압축기 실린더 내부 윤활유에 대한 설명으로 틀린 것은?

① 공기 압축기에는 광유(鑛油)를 사용한다.
② 산소 압축기에는 기계유를 사용한다.
③ 염소 압축기에는 진한황산을 사용한다.
④ 아세틸렌 압축기에는 양질의 광유(鑛油)를 사용한다.

해설 산소 압축기의 윤활유
㉠ 물
㉡ 10% 이하의 묽은 글리세린수

38 저온장치에서 CO_2와 수분이 존재할 때 그 영향에 대한 설명으로 옳은 것은?

① CO_2는 저온에서 탄소와 산소로 분리된다.
② CO_2는 저장장치에서 촉매 역할을 한다.
③ CO_2는 가스로서 별로 영향을 주지 않는다.
④ CO_2는 드라이아이스가 되고 수분은 얼음이 되어 배관 밸브를 막아 흐름을 저해한다.

해설 저온장치(공기액화 분리장치)에서 CO_2는 드라이아이스가 되고 수분은 얼음이 되어 배관 밸브를 막아 흐름을 저해한다.
※ 수분건조제 : 입상가성소다, 실리카겔, 활성알루미나, 소바이드, 몰레큘러시브 등

39 알루미늄(Al)의 방식법이 아닌 것은?

① 수산법 ② 황산법
③ 크롬산법 ④ 메타인산법

해설 메타인산
무색투명한 유리상 고체로서 보일러 청정제, 인쇄 제판, 무두질 등의 방면제로 사용한다.

40 탄소강에 대한 설명으로 틀린 것은?

① 용도가 다양하다.
② 가공 변형이 쉽다.
③ 기계적 성질이 우수하다.
④ C의 양이 적은 것은 스프링, 공구강 등의 재료로 사용된다.

해설 탄소(C)강에서 C의 양이 많으면 경도가 높아지고 C가 0.77%에 도달하면 강도가 최대가 된다. 탄소가 많아지면 연신율이 감소한다. 그러나 스프링, 공구강 등을 제작할 수는 있다.

SECTION 03 가스안전관리

41 액화 프로판을 내용적이 4,700L인 차량에 고정된 탱크를 이용하여 운행 시 기준으로 적합한 것은?(단, 폭발방지장치가 설치되지 않았다.)

① 최대 저장량이 2,000kg이므로 운반책임자 동승이 필요 없다.
② 최대 저장량이 2,000kg이므로 운반책임자 동승이 필요하다.
③ 최대 저장량이 5,000kg이므로 200km 이상 운행 시 운반책임자 동승이 필요하다.
④ 최대 저장량이 5,000kg이므로 운행거리에 관계없이 운반책임자 동승이 필요 없다.

해설 액체 프로판 1L=0.509(kg)
4,700×0.509=2,393(kg)
액화가스 중 가연성 가스의 경우 3,000kg 이상만 운반동승자가 필요하다.

42 가연성 액화가스 저장탱크에서 가스누출에 의해 화재가 발생했다. 다음 중 그 대책으로 가장 거리가 먼 것은?

① 즉각 송입펌프를 정지시킨다.
② 소정의 방법으로 경보를 울린다.
③ 즉각 저조 내부의 액을 모두 플로 다운(Flow Down) 시킨다.
④ 살수장치를 작동시켜 저장탱크를 냉각한다.

해설 가연성 가스(액화가스)의 경우 누출로 저장탱크(저조) 내부에 화재발생 시 가스액을 외부로 내보내면 화재를 오히려 활성화시키는 요인이 되므로 삼가야 한다.
방지법은 ①, ②, ④항 외 관계 당국에 신속하게 신고한다.

43 고압가스 저장시설에서 가스누출 사고가 발생하여 공기와 혼합하여 가연성, 독성 가스로 되었다면 누출된 가스는?

① 질소　② 수소
③ 암모니아　④ 아황산가스

해설 암모니아 가연성 독성 가스의 폭발범위
15~28%, 독성허용농도 25ppm(TWA 기준)

44 가스사용시설에 상자콕 설치 시 예방 가능한 사고유형으로 가장 옳은 것은?

① 연소기 과열 화재사고
② 연소기 폐가스중독 질식사고
③ 연소기 호스이탈 가스누출사고
④ 연소기 소화안전장치고장 가스폭발사고

해설 상자콕
㉠ 커플러 안전기구 및 과류차단 안전기구가 부착된 것으로 배관과 커플러를 연결하는 기기이다.
㉡ 상자콕 설치 시 연소기 호스이탈 가스 누출사고 피해를 예방할 수 있다.

45 LP가스 용기를 제조하여 분체도료(폴리에스테르계) 도장을 하려 한다. 최소 도장두께와 도장횟수는?

① 25μm, 1회 이상　② 25μm, 2회 이상
③ 60μm, 1회 이상　④ 60μm, 2회 이상

해설 LP가스 폴리에스테르계 도장 시 최소 도료도장두께는 60μm 이상, 도장횟수 1회 이상이 필요하다(건조방법 : 당해 도료 제조업소에서 지정한 조건).

46 도시가스사업법상 배관구분 시 사용되지 않는 것은?

① 본관　② 사용자 공급관
③ 가정관　④ 공급관

해설 도시가스 배관구분 : 본관, 공급관, 사용자 공급관

47 포스핀(PH_3)의 저장과 취급 시 주의사항에 대한 설명으로 가장 거리가 먼 것은?

① 환기가 양호한 곳에서 취급하고 용기는 40℃ 이하를 유지한다.
② 수분과의 접촉을 금지하고 정전기 발생 방지시설을 갖춘다.
③ 가연성이 매우 강하여 모든 발화원으로부터 격리한다.
④ 방독면을 비치하여 누출 시 착용한다.

해설 포스핀(PH_3, 인화수소)
㉠ 특정고압가스이며 반도체 및 플라스틱 산업, 난연제 생산 및 저장곡물의 살충제로 사용한다.
㉡ 무색기체이며 유독하고 특유한 냄새가 나므로 포스핀 저장 시 제독제인 염화제2철, 과망간산칼륨을 함유한 흡착제를 사용한다. 폭발성이므로 주의한다.

48 고압가스 특정설비 제조자의 수리범위에 해당되지 않는 것은?

① 단열재 교체
② 특정설비의 부품 교체
③ 특정설비의 부속품 교체 및 가공
④ 아세틸렌 용기 내의 다공질물 교체

해설 C_2H_2 가스는 수리범위가 용기의 제조등록을 한 자에 해당된다(특정설비 제조자 수리범위와는 무관함).

42. ③ 43. ③ 44. ③ 45. ③ 46. ③ 47. ④ 48. ④ | ANSWER

49 저장능력 18,000m^3인 산소저장시설은 전시장, 그 밖에 이와 유사한 시설로서 수용능력이 300인 이상인 건축물에 대하여 몇 m의 안전거리를 두어야 하는가?

① 12m ② 14m
③ 16m ④ 18m

해설 수용능력 300인 이상 건축물은 제1종 보호시설에 해당한다(1만 초과~2만 이하는 14m 이상, 제2종이면 9m 이상).

50 고압가스 용기의 파열사고 주원인은 용기의 내압력 부족에 기인한다. 내압력 부족의 원인으로 가장 거리가 먼 것은?

① 용기내벽의 부식 ② 강재의 피로
③ 적정 충전 ④ 용접 불량

해설 용기의 적정 충전 시에는 파열사고가 발생하지 않는다.

51 고압가스 용기(공업용)의 외면에 도색하는 가스 종류별 색상이 바르게 짝지어진 것은?

① 수소 – 갈색
② 액화염소 – 황색
③ 아세틸렌 – 밝은 회색
④ 액화암모니아 – 백색

해설 공업용 용기 도색
① 수소 : 주황색
② 액화염소 : 갈색
③ 아세틸렌 : 황색

52 산소, 수소 및 아세틸렌의 품질검사에서 순도는 각각 얼마 이상이어야 하는가?

① 산소 : 99.5%, 수소 : 98.0%, 아세틸렌 : 98.5%
② 산소 : 99.5%, 수소 : 98.5%, 아세틸렌 : 98.0%
③ 산소 : 98.0%, 수소 : 99.5%, 아세틸렌 : 98.5%
④ 산소 : 98.5%, 수소 : 99.5%, 아세틸렌 : 98.0%

해설 가스품질검사(1일 1회 이상)
㉠ 산소(동암모니아시약) : 99.5% 이상
㉡ 수소(피로갈롤용액) : 98.5% 이상
㉢ 아세틸렌(발열황산시약) : 98% 이상

53 액화석유가스의 안전관리 및 사업법에 의한 액화석유가스의 주성분에 해당되지 않는 것은?

① 액화된 프로판 ② 액화된 부탄
③ 기화된 프로판 ④ 기화된 메탄

해설 메탄(LNG의 주성분) : 현재 도시가스의 주성분이다.

54 액화석유가스 집단공급사업 허가대상인 것은?

① 70개소 미만의 수요자에게 공급하는 경우
② 전체 수용가구수가 100세대 미만인 공동주택의 단지 내인 경우
③ 시장 또는 군수가 집단공급사업에 의한 공급이 곤란하다고 인정하는 공공주택단지에 공급하는 경우
④ 고용주가 종업원의 후생을 위하여 사원주택 · 기숙사 등에 직접 공급하는 경우

해설 집단공급사업 허가조건
㉠ 70개소 이상의 수요자로서 공동주택단지의 경우에는 전체 가구수가 70가구 이상인 경우
㉡ 70개소 미만의 수요자로서 산업통상자원부령으로 정하는 수요자

55 다음 [보기]에서 고압가스 제조설비의 사용 개시 전 점검사항을 모두 나열한 것은?

> ㉠ 가스설비에 있는 내용물의 상황
> ㉡ 전기, 물 등 유틸리티 시설의 준비상황
> ㉢ 비상전력 등의 준비사항
> ㉣ 회전기계의 윤활유 보급상황

① ㉠, ㉢ ② ㉡, ㉢
③ ㉠, ㉡, ㉢ ④ ㉠, ㉡, ㉢, ㉣

해설 고압가스 제조설비의 사용 전(개시 전) 점검사항은 ㉠, ㉡, ㉢, ㉣ 모두 포함한다.

56 시안화수소를 저장하는 때에는 1일 1회 이상 다음 중 무엇으로 가스의 누출검사를 실시하는가?

① 질산구리벤젠지 ② 묽은질산은용액
③ 묽은황산용액 ④ 염화파라듐지

ANSWER | 49. ② 50. ③ 51. ④ 52. ② 53. ④ 54. ② 55. ④ 56. ①

해설 시안화수소(HCN)

㉠ 폭발범위 : 6~41%
㉡ 독성범위 : 10ppm(TWA기준)
㉢ 가스누출지 : 질산구리벤젠지(초산벤젠지)

57 고압가스 특정제조시설에서 고압가스 설비의 수리 등을 할 때의 가스치환에 대한 설명으로 옳은 것은?

① 가연성 가스의 경우 가스의 농도가 폭발하한계의 1/2에 도달할 때까지 치환한다.
② 가스 치환 시 농도의 확인은 관능법에 따른다.
③ 불활성 가스의 경우 산소의 농도가 16% 이하에 도달할 때까지 공기로 치환한다.
④ 독성 가스의 경우 독성 가스의 농도가 TLV－TWA 기준농도 이하로 될 때까지 치환을 계속한다.

해설 가스의 치환

㉠ 불활성 가스 : 산소 농도 18~21%까지 치환
㉡ 독성 가스 : 기준농도가 TLV－TWA 허용농도 이하가 될 때까지 치환

58 일반도시가스사업제조소의 가스홀더 및 가스발생기는 그 외면으로부터 사업장의 경계까지 최고사용압력이 중압인 경우 몇 m 이상의 안전거리를 유지하여야 하는가?

① 5m ② 10m
③ 20m ④ 30m

해설

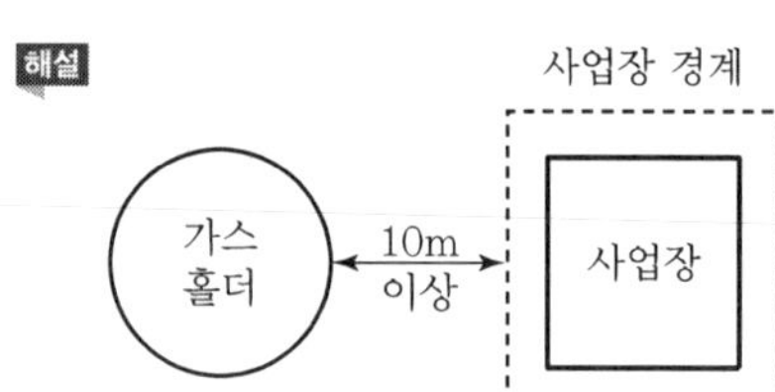

도시가스
- 고압 : 1MPa 이상
- 중압 : 0.1MPa 이상~1MPa 미만
- 저압 : 0.1MPa 미만

59 저장탱크에 부착된 배관에 유체가 흐르고 있을 때 유체의 온도 또는 주위의 온도가 비정상적으로 높아진 경우 또는 호스커플링 등의 접속이 빠져 유체가 누출될 때 신속하게 작동하는 밸브는?

① 온도조절밸브 ② 긴급차단밸브
③ 감압밸브 ④ 전자밸브

해설 긴급차단밸브

저장탱크가스 배관에 유체의 온도, 주위 온도가 상승하여 비정상적 상태에서 호스커플링 접속이 빠져 액화가스 유출 시 신속히 차단하는 안전장치이다.

60 냉매설비에는 안전을 확보하기 위하여 액면계를 설치하여야 한다. 가연성 또는 독성 가스를 냉매로 사용하는 수액기에 사용할 수 없는 액면계는?

① 환형유리관 액면계 ② 정전용량식 액면계
③ 편위식 액면계 ④ 회전튜브식 액면계

해설 환형액면계

산소, 불활성 가스, 초저온 탱크의 액면계로 사용한다.

SECTION 04 가스계측

61 액위(Level)측정 계측기기의 종류 중 액체용 탱크에 사용되는 사이트글라스(Sight Glass)의 단점에 해당하지 않는 것은?

① 측정범위가 넓은 곳에서 사용이 곤란하다.
② 동결방지를 위한 보호가 필요하다.
③ 파손되기 쉬우므로 보호대책이 필요하다.
④ 내부 설치 시 요동(Turbulence) 방지를 위해 Stilling Chamber 설치가 필요하다.

해설 사이트글라스는 액화가스 저장탱크 방파방지판이다(요동방지).

※ Stilling은 정지시킨다는 의미이며, Chamber는 유체의 공간을 뜻한다.

57. ④ 58. ② 59. ② 60. ① 61. ④ | ANSWER

62 **열전도형 진공계 중 필라멘트의 열전대로 측정하는 열전대 진공계의 측정범위는?**

① 10^{-5}~10^{-3}torr
② 10^{-3}~0.1torr
③ 10^{-3}~1torr
④ 10~100torr

해설 열전도형 진공계
㉠ 열전도형에는 피라니, 서미스터, 열전대가 있다.
㉡ 열전도형 진공계 중 필라멘트의 열전대로 진공을 측정하는 진공측정범위는 10^{-3}~1(torr)이다.
㉢ 열전도형 피라니 진공계의 측정범위는 10~10^{-5} torr 이다.

63 **제어동작에 따른 분류 중 연속되는 동작은?**

① On−Off 동작
② 다위치동작
③ 단속도동작
④ 비례동작

해설 ㉠ 연속동작 : 비례동작, 적분동작, 미분동작, PID 동작
㉡ 불연속동작 : On−Off 동작, 다위치동작, 단속도동작

64 **다음 [보기]에서 설명하는 열전대온도계는?**

- 열전대 중 내열성이 가장 우수하다.
- 측정온도범위가 0~1,600℃ 정도이다.
- 환원성 분위기에 약하고 금속 증기 등에 침식하기 쉽다.

① 백금−백금 · 로듐 열전대
② 크로멜−알루멜 열전대
③ 철−콘스탄탄 열전대
④ 동−콘스탄탄 열전대

해설 열전대온도계의 측정온도범위
① 백금−백금로듐 열전대 : 0~1,600℃
② 크로멜−알루멜 열전대 : 0~1,200℃
③ 철−콘스탄탄 열전대 : −200~800℃
④ 구리−콘스탄탄 열전대 : −200~350℃

65 **가스 사용시설의 가스누출 시 검지법으로 틀린 것은?**

① 아세틸렌 가스누출 검지에 염화제1구리착염지를 사용한다.
② 황화수소 가스누출 검지에 초산납시험지를 사용한다.
③ 일산화탄소 가스누출 검지에 염화파라듐지를 사용한다.
④ 염소 가스누출 검지에 묽은황산을 사용한다.

해설 염소 가스누출 검지
KI전분지 사용(요오드화칼륨시험지로 누설검사)

66 **차압식 유량계로 유량을 측정하였더니 교축기구 전후의 차압이 20.25Pa일 때 유량이 25m³/h이었다. 차압이 10.50Pa일 때의 유량은 약 몇 m³/h인가?**

① 13 ② 18
③ 23 ④ 28

해설 $Q=\sqrt{\dfrac{\Delta P_2}{\Delta P_1}}=25\times\sqrt{\dfrac{10.50}{20.25}}=18(\text{m}^3/\text{h})$

67 **오르자트 분석법은 어떤 시약이 CO를 흡수하는 방법을 이용하는 것이다. 이때 사용하는 흡수액은?**

① 수산화나트륨 25% 용액
② 암모니아성 염화제1구리용액
③ 30% KOH 용액
④ 알칼리성 피로갈롤용액

해설 CO(일산화탄소) 흡수용액
암모니아성 염화제1구리용액으로 성분을 분석한다.

68 **계량이 정확하고 사용 기차의 변동이 크지 않아 발열량 측정 및 실험실의 기준 가스미터로 사용되는 것은?**

① 막식 가스미터 ② 건식 가스미터
③ Roots 미터 ④ 습식 가스미터

해설 습식 가스미터(용적식)는 기차의 변동이 크지 않아서 발열량 측정 및 실험실의 기준 가스미터기로 사용한다.

ANSWER | 62. ③ 63. ④ 64. ① 65. ④ 66. ② 67. ② 68. ④

69 가스는 분자량에 따라 다른 비중값을 갖는다. 이 특성을 이용하는 가스분석기기는?

① 자기식 O_2 분석기기
② 밀도식 CO_2 분석기기
③ 적외선식 가스분석기기
④ 광화학 발광식 NOx 분석기기

해설 밀도(kg/m^3) 계산

㉠ 공기의 밀도$=\frac{29}{22.4}=1.293$

㉡ CO_2밀도$=\frac{44}{22.4}=1.964$

※ 밀도$=\frac{\text{분자량}}{22.4}$

70 화학공장에서 누출된 유독가스를 신속하게 현장에서 검지 정량하는 방법은?

① 전위적정법 ② 흡광광도법
③ 검지관법 ④ 적정법

해설 검지관법
내경 2~4mm 정도의 유리관을 사용하며 유독가스 검지법이다.

71 다음 중 기본단위가 아닌 것은?

① 킬로그램(kg) ② 센티미터(cm)
③ 켈빈(K) ④ 암페어(A)

해설 기본단위
kg, K, A, mol, cd, m, s의 7가지가 있다.

72 다음 중 정도가 가장 높은 가스미터는?

① 습식 가스미터 ② 벤투리미터
③ 오리피스미터 ④ 루트미터

해설 습식 가스미터(실측식)
기준 실험용이며 계량이 정확하고 사용 중 오차의 변동이 거의 없다.

73 도시가스로 사용하는 NG의 누출을 검지하기 위하여 검지기는 어느 위치에 설치하여야 하는가?

① 검지기 하단은 천장면의 아래쪽 0.3m 이내
② 검지기 하단은 천장면의 아래쪽 3m 이내
③ 검지기 상단은 바닥면의 위쪽으로 0.3m 이내
④ 검지기 상단은 바닥면의 위쪽으로 3m 이내

해설

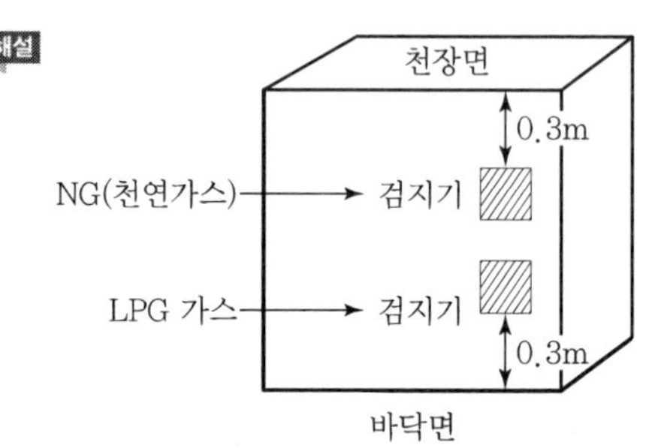

74 제어기기의 대표적인 것을 들면 검출기, 증폭기, 조작기기, 변화기로 구분되는데 서보전동기(Servo Motor)는 어디에 속하는가?

① 검출기
② 증폭기
③ 변환기
④ 조작기기

해설 서보전동기는 제어기기의 조작기기이다.

75 다음 온도계 중 가장 고온을 측정할 수 있는 것은?

① 저항 온도계
② 서미스터 온도계
③ 바이메탈 온도계
④ 광고온계

해설 온도계의 측정범위
① 저항 온도계 : −200~500℃
② 서미스터 저항온도계 : −100~300℃
③ 바이메탈 온도계 : −50~500℃
④ 광고온계 : 700~3,000℃(비접촉식)

69. ② 70. ③ 71. ② 72. ① 73. ① 74. ④ 75. ④ | ANSWER

76 온도 49℃, 압력 1atm의 습한 공기 205kg이 10kg의 수증기를 함유하고 있을 때 이 공기의 절대습도는?(단, 49℃에서 물의 증기압은 88mmHg이다.)

① 0.025kg H_2O/kg dryair
② 0.048kg H_2O/kg dryair
③ 0.051kg H_2O/kg dryair
④ 0.25kg H_2O/kg dryair

해설 ㉠ 절대습도(X)$=\dfrac{\text{수증기 중량}}{\text{건공기 중량}}$

$\therefore X=\dfrac{10}{205-10}=0.051(\text{kg } H_2O/\text{kg dryair})$

㉡ 상대습도(ϕ)$=\dfrac{\text{수증기분압}}{\text{포화증기압}}$

77 시안화수소(HCN)가스 누출 시 검지지와 변색상태로 옳은 것은?

① 염화파라듐지 – 흑색
② 염화제1구리착염지 – 적색
③ 연당지 – 흑색
④ 초산(질산)구리벤젠지 – 청색

해설 ㉠ CO가스 : 염화파라듐지(흑색)
㉡ C_2H_2가스 : 염화제1구리착염지(적색)
㉢ H_2S가스 : 연당지(초산납시험지)(흑색)

78 피드백(Feed Back) 제어에 대한 설명으로 틀린 것은?

① 다른 제어계보다 판단 · 기억의 논리기능이 뛰어나다.
② 입력과 출력을 비교하는 장치는 반드시 필요하다.
③ 다른 제어계보다 정확도가 증가된다.
④ 제어대상 특성이 다소 변하더라도 이것에 의한 영향을 제어할 수 있다.

해설 피드백 제어는 ②, ③, ④ 외에도 감대폭의 증가, 발진을 일으키고 불안정한 상태로 되어가는 경향성, 비선형성과 왜형에 대한 효과의 감소, 계의 특성변화에 대한 입력 대 출력비의 감도 감소 등의 특징이 있다.

79 최대 유량이 $10m^3/h$인 막식 가스미터기를 설치하여 도시가스를 사용하는 시설이 있다. 가스레인지 $2.5m^3/h$를 1일 8시간 사용하고 가스보일러 $6m^3/h$를 1일 6시간 사용했을 경우 월 가스사용량은 약 몇 m^3인가?

① 1,570　② 1,680
③ 1,736　④ 1,950

해설 가스 사용량
㉠ $2.5\times8=20(m^3)$
㉡ $6\times6=36(m^3)$
$\therefore$ 월 사용량$=(20\times36)\times31=1,736(m^3)$

80 면적유량계의 특징에 대한 설명으로 틀린 것은?

① 압력손실이 아주 크다.
② 정밀 측정용으로는 부적당하다.
③ 슬러지 유체의 측정이 가능하다.
④ 균등 유량 눈금으로 측정치를 얻을 수 있다.

해설 면적식 로터미터 유량계
순간유량측정계는 측정유체의 압력손실이 작고 고점도, 소유량 측정이 가능하다(단, 진동에 약하다).

2019년 2회 가스산업기사

SECTION 01 연소공학

01 가연성 물질의 인화 특성에 대한 설명으로 틀린 것은?

① 비점이 낮을수록 인화위험이 커진다.
② 최소점화에너지가 높을수록 인화위험이 커진다.
③ 증기압을 높게 하면 인화위험이 커진다.
④ 연소범위가 넓을수록 인화위험이 커진다.

해설 최소점화에너지가 높을수록 가연물질의 인화위험이 감소한다.
※ 점화에너지 : 단위는 줄(J)이며, C_2H_2가스는 공기 중 0.02J, 산소 중 0.0003J이다.

02 프로판 1kg을 완전연소시키면 약 몇 kg의 CO_2가 생성되는가?

① 2kg ② 3kg
③ 4kg ④ 5kg

해설 $C_3H_8 + 5O_2 \rightarrow 3CO_2 + 4H_2O$
$44kg + 5 \times 32kg \rightarrow 3 \times 44kg + 4 \times 18$
$\therefore 3 \times 44 \times \frac{1}{44} = 3(kg/kg)$
(분자량 : $C_3H_8 = 44$, $O_2 = 32$, $CO_2 = 44$, $H_2O = 18$)

03 분진폭발은 가연성 분진이 공기 중에 분산되어 있다가 점화원이 존재할 때 발생한다. 분진폭발이 전파되는 조건과 다른 것은?

① 분진은 가연성이어야 한다.
② 분진은 적당한 공기를 수송할 수 있어야 한다.
③ 분진의 농도는 폭발범위를 벗어나 있어야 한다.
④ 분진은 화염을 전파할 수 있는 크기로 분포해야 한다.

해설 분진의 폭발이 전파되는 조건은 ①, ②, ④항 외 농도가 폭발범위 내에 있어야 한다.
※ 분진의 종류 : Mg, Al, Fe분, 소맥분, 전분, 합성수지류, 황, 코코아, 리그닌, 고무분말, 석탄분 등

04 오토사이클에서 압축비(ε)가 10일 때 열효율은 약 몇 %인가?(단, 비열비[k]는 1.4이다.)

① 58.2 ② 59.2
③ 60.2 ④ 61.2

해설 오토사이클(η_0) : 가솔린 내연기관
$$\eta_0 = 1 - \left(\frac{1}{\varepsilon}\right)^{k-1} = 1 - \left(\frac{1}{10}\right)^{1.4-1} = 0.602(60.2\%)$$

05 가연성 고체의 연소에서 나타나는 연소현상으로 고체가 열분해되면서 가연성 가스를 내며 연소열로 연소가 촉진되는 연소는?

① 분해연소 ② 자기연소
③ 표면연소 ④ 증발연소

해설 ㉠ 분해연소 : 고체연료 열분해 과정
㉡ 표면연소 : 숯, 코크스 등 건류연료
㉢ 증발연소, 심지연소 : 액체연료
㉣ 확산연소, 예혼합연소 : 가스연료

06 완전가스의 성질에 대한 설명으로 틀린 것은?

① 비열비는 온도에 의존한다.
② 아보가드로의 법칙에 따른다.
③ 보일-샤를의 법칙을 만족한다.
④ 기체의 분자력과 크기는 무시된다.

해설 기체비열비(k)$= \frac{C_p(\text{정압비열})}{C_v(\text{정적비열})}$ => 1(항상 1보다 크다)

07 용기의 내부에서 가스폭발이 발생하였을 때 용기가 폭발압력을 견디고 외부의 가연성 가스에 인화되지 않도록 한 구조는?

① 특수(特殊)방폭구조
② 유입(油入)방폭구조
③ 내압(耐壓)방폭구조
④ 안전증(安全增)방폭구조

1.② 2.② 3.③ 4.③ 5.① 6.① 7.③ | ANSWER

해설 내압방폭구조
용기의 내부에서 가스폭발이 발생하였을 때 용기가 폭발압력을 견디고 외부의 가연성 가스에 인화되지 않도록 하는 방폭구조이다.

08 혼합기체의 온도를 고온으로 상승시켜 자연착화를 일으키고, 혼합기체의 전부분이 극히 단시간 내에 연소하는 것으로서 압력상승의 급격한 현상을 무엇이라 하는가?

① 전파연소
② 폭발
③ 확산연소
④ 예혼합연소

해설 폭발
단시간 내에 연소하여 압력이 급격히 상승하는 현상이다(압력상승 : 0.7~0.8MPa).

09 가스 용기의 물리적 폭발의 원인으로 가장 거리가 먼 것은?

① 누출된 가스의 점화
② 부식으로 인한 용기의 두께 감소
③ 과열로 인한 용기의 강도 감소
④ 압력조정 및 압력방출장치의 고장

해설 누출된 가스가 공기와의 산화반응에 의해 점화가 되는 것은 화학적인 가스폭발, 즉 산화폭발이다(보일러 증기압 폭발 등은 물리적 폭발).
※ 물리적 폭발 : 증기폭발, 고체상전이폭발, 금속선폭발, 압력폭발

10 CO_{2max}[%]는 어느 때의 값인가?

① 실제공기량으로 연소시켰을 때
② 이론공기량으로 연소시켰을 때
③ 과잉공기량으로 연소시켰을 때
④ 부족공기량으로 연소시켰을 때

해설 탄산가스 최대량 CO_{2max}(%)는 이론공기량으로 연소과정에서 발생된다.

11 다음 혼합가스 중 폭굉이 발생되기 가장 쉬운 것은?

① 수소－공기　② 수소－산소
③ 아세틸렌－공기　④ 아세틸렌－산소

해설 C_2H_2 가스는 폭발범위하한치가 2.5%이므로 조연성 가스인 산소와 화합 시 폭굉(디토네이션)이 발생하기 용이한 조건이다.

폭굉조건
㉠ $C_2H_2+(O_2)$ 3.5~92%
㉡ $H_2+(O_2)$ 15~90%
㉢ $NH_3+(O_2)$ 25.4~75%
㉣ $C_3H_8+(O_2)$ 2.5~42.5%

12 프로판가스 1kg을 완전연소시킬 때 필요한 이론공기량은 약 몇 Nm^3/kg인가?(단, 공기 중 산소는 21v%이다.)

① 10.1　② 11.2
③ 12.1　④ 13.2

해설 이론공기량 $=$ 이론산소량 $\times \dfrac{100(\text{공기})}{21(\text{산소})}$

$\underline{C_3H_8} + \underline{5O_2} \rightarrow 3CO_2 + 4H_2O$
44kg　$5\times22.4m^3$

$\therefore$ 이론공기량 $= \dfrac{5\times22.4}{44}\times\dfrac{100}{21} = 12.1(Nm^3/Nm^3)$

13 자연발화를 방지하기 위해 필요한 사항이 아닌 것은?

① 습도를 높여준다.
② 통풍을 잘 시킨다.
③ 저장실 온도를 낮춘다.
④ 열이 쌓이지 않도록 주의한다.

해설 습도를 높여주면 정전기 발생이 감소한다.

14 불완전연소의 원인으로 가장 거리가 먼 것은?

① 불꽃의 온도가 높을 때
② 필요량의 공기가 부족할 때
③ 배기가스의 배출이 불량할 때
④ 공기와의 접촉 혼합이 불충분할 때

ANSWER | 8. ② 9. ① 10. ② 11. ④ 12. ③ 13. ① 14. ①

해설 불꽃(화염)의 온도가 높아지면 노내 온도상승으로 완전연소가 가능하다.

- $C+\frac{1}{2}O_2 \rightarrow CO$(불완전연소)
- $C+O_2 \rightarrow CO_2$(완전연소)

15 연소 및 폭발 등에 대한 설명 중 틀린 것은?

① 점화원의 에너지가 약할수록 폭굉유도거리는 길어진다.
② 가스의 폭발범위는 측정조건을 바꾸면 변화한다.
③ 혼합가스의 폭발한계는 르샤틀리에 식으로 계산한다.
④ 가스연료의 최소점화에너지는 가스농도에 관계없이 결정되는 값이다.

해설 ㉠ 연소 및 폭발에서 가스의 농도에 따라 최소점화에너지값이 달라진다.
㉡ 최소점화에너지 전기불꽃(E)

$E=\frac{1}{2}CV^2=\frac{1}{2}QV$

16 고체연료의 성질에 대한 설명 중 옳지 않은 것은?

① 수분이 많으면 통풍불량의 원인이 된다.
② 휘발분이 많으면 점화가 쉽고, 발열량이 높아진다.
③ 착화온도는 산소량이 증가할수록 낮아진다.
④ 회분이 많으면 연소를 나쁘게 하여 열효율이 저하된다.

해설 고체(석탄, 장작 등)연료는 휘발분이 많으면 점화가 용이하고 발열량이 감소한다. 또한 성분 중 고정탄소가 많으면 점화가 어려우며 발열량은 증가한다.

17 물질의 화재 위험성에 대한 설명으로 틀린 것은?

① 인화점이 낮을수록 위험하다.
② 발화점이 높을수록 위험하다.
③ 연소범위가 넓을수록 위험하다.
④ 착화에너지가 낮을수록 위험하다.

해설 연료가 발화점이 높으면 안정된 연료이다.
㉠ 메탄 : 450℃ 초과
㉡ 부탄 : 300~450℃
㉢ 이황화탄소 : 100~135℃

18 열역학 제1법칙을 바르게 설명한 것은?

① 열평형에 관한 법칙이다.
② 제2종 영구기관의 존재 가능성을 부인하는 법칙이다.
③ 열은 다른 물체에 아무런 변화도 주지 않고, 저온 물체에서 고온 물체로 이동하지 않는다.
④ 에너지 보존법칙 중 열과 일의 관계를 설명한 것이다.

해설 열역학 제1법칙
㉠ 에너지보존의 법칙
㉡ 일의 열당량$\left(\frac{1}{427}\text{kcal/kg}\cdot\text{m}\right)$
㉢ 열의 일당량(427kg · m/kcal)

19 다음 반응에서 평형을 오른쪽으로 이동시켜 생성물을 더 많이 얻으려면 어떻게 해야 하는가?

$CO + H_2O \rightleftharpoons H_2 + CO_2 + Q\text{kcal}$

① 온도를 높인다. ② 압력을 높인다.
③ 온도를 낮춘다. ④ 압력을 낮춘다.

해설 도시가스제조 CO가스의 변성반응
㉠ 반응온도 : 발열반응이므로 저온이 유리하다. 보통 400℃ 전후에서 촉매를 사용한다.
㉡ 반응압력 : 반응 전후에 기체 몰수의 변화가 없으므로 평형에 영향이 없다.
㉢ 수증기 분압이 상승하면 CO 변성이 촉진된다.

20 탄소 2kg을 완전연소시켰을 때 발생된 연소가스(CO_2)의 양은 얼마인가?

① 3.66kg ② 7.33kg
③ 8.89kg ④ 12.34kg

해설 $\underline{C} + \underline{O_2} \rightarrow \underline{CO_2}$
12kg 32kg 44kg

$\therefore CO_2=44\times\frac{2}{12}=7.33\text{kg}$

(분자량 : C=12, O_2=32, CO_2=44)

15. ④ 16. ② 17. ② 18. ④ 19. ③ 20. ② | ANSWER

SECTION 02 가스설비

21 **도시가스 제조공정 중 촉매 존재하에 약 400~800℃의 온도에서 수증기와 탄화수소를 반응시켜 CH_4, H_2, CO, CO_2 등으로 변화시키는 프로세스는?**

① 열분해 프로세스 ② 부분연소 프로세스
③ 접촉분해 프로세스 ④ 수소화분해 프로세스

해설 접촉분해 프로세스 : 도시가스 제조공정이며 촉매하에 400~800℃의 온도에서 H_2O와 탄화수소를 반응시켜 CH_4(메탄), H_2, CO, CO_2 등으로 변화시킨다.

22 **직류전철 등에 의한 누출전류의 영향을 받는 배관에 적합한 전기방식법은?**

① 희생양극법 ② 교호법
③ 배류법 ④ 외부전원법

해설 선택배류법, 강제배류법의 방식 : 직류전철 등에 의한 누출전류의 영향을 받는 배관에 적합한 전기방식법이다.

23 **전양정이 54m, 유량이 1.2m³/min인 펌프로 물을 이송하는 경우, 이 펌프의 축동력은 약 몇 PS인가? (단, 펌프의 효율은 80%, 물의 밀도는 1g/cm³이다.)**

① 13 ② 18
③ 23 ④ 28

해설 $\text{축동력(PS)} = \frac{\gamma \cdot Q \cdot H}{75 \times 60 \times \eta}$

$\therefore \frac{1,000 \times 1.2 \times 54}{75 \times 60 \times 0.8} = 18\text{(PS)}$

※ 물의 비중량(1,000kg/m³), 1분(60초)

24 **LNG 수입기지에서 LNG를 NG로 전환하기 위하여 가열원을 해수로 기화시키는 방법은?**

① 냉열기화
② 중앙매체식기화기
③ Open Rack Vaporizer
④ Submerged Conversion Vaporizer

해설 기화장치 오픈랙
합금제의 핀튜브 내부에 LNG를, 외부에는 바닷물을 스프레이하여 기화시키는 구조의 LNG 기화기이다.

25 **Vapor-Rock 현상의 원인과 방지방법에 대한 설명으로 틀린 것은?**

① 흡입관 지름을 작게 하거나 펌프의 설치위치를 높게 하여 방지할 수 있다.
② 흡입관로를 청소하여 방지할 수 있다.
③ 흡입관로의 막힘, 스케일 부착 등에 의해 저항이 증대했을 때 원인이 된다.
④ 액 자체 또는 흡입배관 외부의 온도가 상승될 때 원인이 될 수 있다.

해설 베이퍼록현상
펌프작동 등에서 순간의 압력저하로 액이 기화하는 현상이다. 방지법은 흡입관 지름을 크게 하거나 펌프설치 위치를 낮게 한다.

26 **저압가스 배관에서 관의 내경이 1/2로 되면 압력손실은 몇 배가 되는가?(단, 다른 모든 조건은 동일한 것으로 본다.)**

① 4 ② 16
③ 32 ④ 64

해설 배관 내의 압력손실은 관내경의 5승에 반비례한다(내경이 $\frac{1}{2}$이면 압력손실은 32배).

$\therefore \text{압력증가}(H) = \frac{1}{\left(\frac{1}{2}\right)^5} = 32\text{배 증가}$

27 **사용압력이 60kg/cm², 관의 허용응력이 20kg/mm²일 때의 스케줄 번호는 얼마인가?**

① 15 ② 20
③ 30 ④ 60

해설 $\text{스케줄 번호(sch)} = 10 \times \frac{P}{S} = 10 \times \frac{60}{20} = 30$

ANSWER | 21. ③ 22. ③ 23. ② 24. ③ 25. ① 26. ③ 27. ③

28 도시가스 배관 등의 용접 및 비파괴검사 중 용접부의 육안검사에 대한 설명으로 틀린 것은?

① 보강덧붙임은 그 높이가 모재 표면보다 낮지 않도록 하고, 3mm 이상으로 할 것
② 외면의 언더컷은 그 단면이 V자형으로 되지 않도록 하며, 1개의 언더컷 길이 및 깊이는 각각 30mm 이하 및 0.5mm 이하일 것
③ 용접부 및 그 부근에는 균열, 아크 스트라이크, 위해하다고 인정되는 지그의 흔적, 오버랩 및 피트 등의 결함이 없을 것
④ 비드 형상이 일정하며, 슬러그, 스패터 등이 부착되어 있지 않을 것

해설 육안외관검사의 용접부검사
보강덧붙임(Reinforcement of Weld)은 그 높이가 모재 표면보다 낮지 않도록 하고 3mm 이하를 원칙으로 한다(단, 알루미늄 재료는 제외한다).

29 기화장치의 성능에 대한 설명으로 틀린 것은?

① 온수가열방식은 그 온수의 온도가 80℃ 이하이어야 한다.
② 증기가열방식은 그 온수의 온도가 120℃ 이하이어야 한다.
③ 기화통 내부는 밀폐구조로 하며 분해할 수 없는 구조로 한다.
④ 액유출방지장치로서의 전자식 밸브는 액화가스 인입부의 필터 또는 스트레이너 후단에 설치한다.

해설 ㉠ 기화장치부속구조 : 밸브류, 계기류, 안전장치, 연결관, 캐비닛 등이 있다.
㉡ 기화통 내부는 분해가 가능한 구조로 하여야 한다.
㉢ 가스기화기 종류 : 다관식, 코일식, 캐비닛식

30 동일한 펌프로 회전수를 변경시킬 경우 양정을 변화시켜 상사조건이 되려면 회전수와 유량은 어떤 관계가 있는가?

① 유량에 비례한다.
② 유량에 반비례한다.
③ 유량의 2승에 비례한다.
④ 유량의 2승에 반비례한다.

해설 펌프의 상사법칙
㉠ 유량 : 회전수 변화에 비례
㉡ 양정 : 회전수 변화에 2승 비례
㉢ 동력 : 회전수 변화에 3승 비례

31 도시가스 정압기 출구 측의 압력이 설정압력보다 비정상적으로 상승하거나 낮아지는 경우에 이상 유무를 상황실에서 알 수 있도록 알려 주는 설비는?

① 압력기록장치
② 이상압력통보설비
③ 가스 누출 경보장치
④ 출입문 개폐통보장치

해설 정압기 이상압력통보설비
도시가스 정압기에서 출구 측의 압력이 설정압력보다 비정상적으로 상승할 경우 그 유무를 상황실에 알려주는 설비이다.

32 가연성 가스를 충전하는 차량에 고정된 탱크 및 용기에 부착되어 있는 안전밸브의 작동압력으로 옳은 것은?

① 상용압력의 1.5배 이하
② 상용압력의 10분의 8 이하
③ 내압시험 압력의 1.5배 이하
④ 내압시험 압력의 10분의 8 이하

해설 안전밸브 작동압력
내압시험의 $\frac{8}{10}$ 이하에서 작동해야 한다.

33 자연기화와 비교한 강제기화기 사용 시 특징에 대한 설명으로 틀린 것은?

① 기화량을 가감할 수 있다.
② 공급가스의 조성이 일정하다.
③ 설비장소가 커지고 설비비는 많이 든다.
④ LPG 종류에 관계없이 한랭 시에도 충분히 기화된다.

해설 강제기화기는 자연기화방식보다 설비장소가 작아진다.

28. ① 29. ③ 30. ③ 31. ② 32. ④ 33. ③ | ANSWER

34 재료의 성질 및 특성에 대한 설명으로 옳은 것은?

① 비례한도 내에서 응력과 변형은 반비례한다.
② 안전율은 파괴강도와 허용응력에 각각 비례한다.
③ 인장시험에서 하중을 제거시킬 때 변형이 원상태로 되돌아가는 최대 응력값을 탄성한도라 한다.
④ 탄성한도 내에서 가로와 세로 변형률의 비는 재료에 관계없이 일정한 값이 된다.

해설 ㉠ 탄성계수 : 완전탄성영역에서 응력과 변형률의 비이다.
㉡ 탄성한도 : 물체에 작용하고 있는 응력이 일정한도 이상이 되면 응력을 제거하더라도 변형이 없어지지 않고 영구변형으로 남으면서 영구변형이 발생하지 않는 응력의 한도이다.
㉢ 안전율 : 인장강도/허용응력
㉣ 비례한도 : 물체에 하중을 가하면 변형하여 응력과 변형을 일으킨다. 이때 응력이 어떤 값에 도달할 때까지는 정비례하는데, 이 정비례가 유지되는 한도이다.

35 펌프에서 일어나는 현상 중, 송출압력과 송출유량 사이에 주기적인 변동이 일어나는 현상은?

① 서징현상 ② 공동현상
③ 수격현상 ④ 진동현상

해설 서징현상
펌프에서 작동 중 송출압력과 송출유량 사이에 주기적으로 한숨을 쉬는 것 같은 변동이 일어나는 현상이다. 일종의 맥동현상을 말한다.

36 냉동기에 대한 옳은 설명으로만 모두 나열된 것은?

Ⓐ CFC 냉매는 염소, 불소, 탄소만으로 화합된 냉매이다.
Ⓑ 물은 비체적이 커서 증기 압축식 냉동기에 적당하다.
Ⓒ 흡수식 냉동기는 서로 잘 용해하는 두 가지 물질을 사용한다.
Ⓓ 냉동기의 냉동효과는 냉매가 흡수한 열량을 뜻한다.

① Ⓐ, Ⓑ ② Ⓑ, Ⓒ
③ Ⓐ, Ⓓ ④ Ⓐ, Ⓒ, Ⓓ

해설 ㉠ 물은 비압축성이므로 압축이 불가능하다.
㉡ 물의 비체적 : 0.001(m^3/kg)
㉢ 물의 비중량 : 1,000(kg/m^3)
※ 물을 냉매로 사용하려면 흡수식 냉동기에 사용한다.

37 정류(Rectification)에 대한 설명으로 틀린 것은?

① 비점이 비슷한 혼합물의 분리에 효과적이다.
② 상층의 온도는 하층의 온도보다 높다.
③ 환류비를 크게 하면 제품의 순도는 좋아진다.
④ 포종탑에서는 액량이 거의 일정하므로 접촉효과가 우수하다.

해설 정류
증류작업에서 순도를 더욱 높이기 위한 작업으로 정류된 일부분을 환류시키는 조작을 말하며 이 탑이 정류탑이다. 정류에서 상층의 온도가 하층의 온도보다 낮다.

38 고압가스 설비에 설치하는 압력계의 최고 눈금은?

① 상용압력의 2배 이상, 3배 이하
② 상용압력의 1.5배 이상, 2배 이하
③ 내압시험 압력의 1배 이상, 2배 이하
④ 내압시험 압력의 1.5배 이상, 2배 이하

해설 고압가스 설비 압력계 눈금은 상용압력의 1.5배 이상, 2배 이하이어야 한다.

39 천연가스의 비점은 약 몇 ℃인가?

① −84 ② −162
③ −183 ④ −192

해설 천연가스(NG)의 주성분은 메탄(CH_4)이며 비점은 약 −162℃이다.

40 가스용기재료의 구비조건으로 가장 거리가 먼 것은?

① 내식성을 가질 것
② 무게가 무거울 것
③ 충분한 강도를 가질 것
④ 가공 중 결함이 생기지 않을 것

해설 가스용기의 재료는 무게가 가벼울수록 이상적이다. 구비조건은 ①, ③, ④항의 내용이다(계목용기, 무계목용기).

ANSWER | 34. ④ 35. ① 36. ④ 37. ② 38. ② 39. ② 40. ②

SECTION 03 가스안전관리

41 **고압가스 용기의 보관에 대한 설명으로 틀린 것은?**

① 독성 가스, 가연성 가스 및 산소용기는 구분한다.
② 충전용기 보관은 직사광선 및 온도와 관계없다.
③ 잔가스 용기와 충전용기는 구분한다.
④ 가연성 가스 용기보관장소에는 방폭형 휴대용 손전등 외의 등화를 휴대하지 않는다.

해설 고압가스 충전용기는 항상 40℃ 이하로 유지하여야 하므로 직사광선은 피하는 것이 좋다.

42 **고압가스 분출 시 정전기가 가장 발생하기 쉬운 경우는?**

① 가스의 온도가 높을 경우
② 가스의 분자량이 적을 경우
③ 가스 속에 액체 미립자가 섞여 있을 경우
④ 가스가 충분히 건조되어 있을 경우

해설 가스 속에 액체 미립자가 섞여 있는 경우 그 진동이나 충격에 의해 정전기가 발생하여 용기내부 가스폭발이 발생할 수 있다.

43 **냉동기를 제조하고자 하는 자가 갖추어야 할 제조설비가 아닌 것은?**

① 프레스설비　② 조립설비
③ 용접설비　④ 도막측정기

해설 도막측정기는 고압가스 용기의 제조자가 갖추어야 할 설비이다.

44 **일반도시가스사업제조소의 도로 밑 도시가스배관 직상단에는 배관의 위치, 흐름방향을 표시한 라인마크(Line Mark)를 설치(표시)하여야 한다. 직선배관인 경우 라인마크의 최소 설치간격은?**

① 25m　② 50m
③ 100m　④ 150m

해설

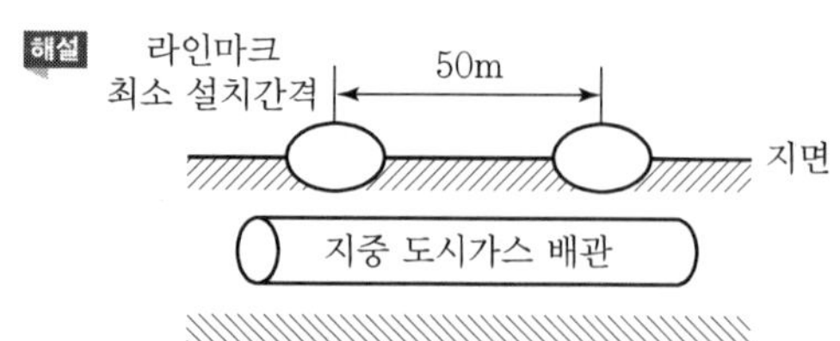

45 **액화석유가스 저장탱크에는 자동차에 고정된 탱크에서 가스를 이입할 수 있도록 로딩암을 건축물 내부에 설치할 경우 환기구를 설치하여야 한다. 환기구 면적의 합계는 바닥면적의 얼마 이상을 기준으로 하는가?**

① 1%　② 3%
③ 6%　④ 10%

해설 건축물 내부에 로딩암 설치의 경우 액화석유가스 저장탱크실의 총 환기구 면적은 바닥면적의 6% 이상을 요한다.
※ 바닥면적 $1m^2$당 $300cm^2$ 환기구 설치

46 **가연성 가스를 충전하는 차량에 고정된 탱크에 설치하는 것으로, 내압시험 압력의 10분의 8 이하의 압력에서 작동하는 것은?**

① 역류방지밸브
② 안전밸브
③ 스톱밸브
④ 긴급차단장치

해설 가연성 가스 충전차량에 고정된 탱크의 안전밸브 분출압력은 탱크 내압시험 압력의 $\frac{8}{10}$ 이하에서 작동하도록 조정한다.

47 **차량에 고정된 탱크의 운반기준에서 가연성 가스 및 산소탱크의 내용적은 얼마를 초과할 수 없는가?**

① 18,000L　② 12,000L
③ 10,000L　④ 8,000L

해설 차량탱크 내용적
㉠ 가연성, 산소 : 18,000(L) 이하
㉡ 독성 : 12,000(L) 이하(단, 암모니아는 제외한다)

41. ② 42. ③ 43. ④ 44. ② 45. ③ 46. ② 47. ① | ANSWER

48 공기액화분리장치의 액화산소 5L 중에 메탄 360mg, 에틸렌 196mg이 섞여 있다면 탄화수소 중 탄소의 질량(mg)은 얼마인가?

① 438 ② 458
③ 469 ④ 500

해설 탄소합계량
메탄분자량(16), 에틸렌분자량(C_2H_4 : 28), 탄소원자량=12, 수소원자량=1
㉠ CH_4 $360\times\frac{12}{16}=270g$
㉡ C_2H_4 C_2H_4 $196\times\frac{24}{28}=168g$
∴ 총 탄소질량=270+168=438(g)

49 산소 용기를 이동하기 전에 취해야 할 사항으로 가장 거리가 먼 것은?

① 안전밸브를 떼어 낸다.
② 밸브를 잠근다.
③ 조정기를 떼어 낸다.
④ 캡을 확실히 부착한다.

해설 안전밸브는 수리 시나 교체주기 외는 항상 용기에 부착되어 있어야 한다.

50 고압가스 용기 파열사고의 주요 원인으로 가장 거리가 먼 것은?

① 용기의 내압력(耐壓力) 부족
② 용기밸브의 용기에서의 이탈
③ 용기내압(內壓)의 이상상승
④ 용기 내에서의 폭발성 혼합가스의 발화

해설 고압가스 용기에서 용기밸브가 이탈하면 파열사고가 아닌 가스의 누출원인이 된다.

51 내용적이 25,000L인 액화산소 저장탱크의 저장능력은 얼마인가?(단, 비중은 1.04이다.)

① 26,000kg ② 23,400kg
③ 22,780kg ④ 21,930kg

해설 액화가스 저장능력(W)
$W=0.9dV_2$
$=0.9\times1.04\times25,000=23,400(kg)$

52 다음 중 독성 가스와 그 제독제가 옳지 않게 짝지어진 것은?

① 아황산가스 : 물 ② 포스겐 : 소석회
③ 황화수소 : 물 ④ 염소 : 가성소다수용액

해설 황화수소(H_2S) 제독제 : 가성소다수용액, 탄산소다수용액

53 용기에 의한 액화석유가스 사용시설에서 과압안전장치 설치대상은 자동절체기가 설치된 가스설비의 경우 저장능력의 몇 kg 이상인가?

① 100kg ② 200kg
③ 400kg ④ 500kg

해설 액화석유가스(LPG) 사용시설에서 자동절체기가 설치된 경우 가스설비 저장능력이 500kg 이상이면 과압안전장치가 필요하다.

54 용접부의 용착상태의 양부를 검사할 때 가장 적당한 시험은?

① 인장시험 ② 경도시험
③ 충격시험 ④ 피로시험

해설 용접부의 용착상태 양부를 검사하는 데는 인장시험이 가장 적당하다.

55 수소의 성질에 관한 설명으로 틀린 것은?

① 모든 가스 중에 가장 가볍다.
② 열전달률이 아주 작다.
③ 폭발범위가 아주 넓다.
④ 고온, 고압에서 강제 중의 탄소와 반응한다.

해설 수소(H_2)가스는 열전달률이 크고 열에 대하여 매우 안정한 가스이다.

ANSWER | 48. ① 49. ① 50. ② 51. ② 52. ③ 53. ④ 54. ① 55. ②

56 일정 기준 이상의 고압가스를 적재 운반 시에는 운반책임자가 동승한다. 다음 중 운반책임자의 동승기준으로 틀린 것은?

① 가연성 압축가스 : 300m^3 이상
② 조연성 압축가스 : 600m^3 이상
③ 가연성 액화가스 : 4,000kg 이상
④ 조연성 액화가스 : 6,000kg 이상

해설 가연성 액화가스의 경우 가스운반 시 3,000kg 이상일 때 운반책임자 동승이 필요하다.

57 다음 중 특정고압가스에 해당하는 것만으로 나열된 것은?

① 수소, 아세틸렌, 염화수소, 천연가스, 포스겐
② 수소, 산소, 액화석유가스, 포스핀, 압축 디보레인
③ 수소, 염화수소, 천연가스, 포스겐, 포스핀
④ 수소, 산소, 아세틸렌, 천연가스, 포스핀

해설 특정고압가스 종류
압축모노실란, 압축디보레인, 액화알진, 포스핀, 셀렌화수소, 게르만, 디실란, 오불화비소, 오불화인, 삼불화인, 삼불화질소, 삼불화붕소, 사불화유황, 사불화규소, 액화염소, 암모니아, 천연가스, 수소, 산소, 아세틸렌 등

58 아세틸렌가스를 2.5MPa의 압력으로 압축할 때 첨가하는 희석제가 아닌 것은?

① 질소　② 메탄
③ 일산화탄소　④ 산소

해설 C_2H_2 가스 희석제 : N_2, CH_4, CO 등

59 LP가스 사용시설의 배관 내용적이 10L인 저압배관에 압력계로 기밀시험을 할 때 기밀시험 압력 유지시간은 얼마인가?

① 5분 이상
② 10분 이상
③ 24분 이상
④ 48분 이상

해설 LPG 기밀시험 압력 유지시간(압력계 또는 자기압력기록계)
(0.3MPa 이하의 경우)
㉠ 10(L) 이하 : 5분
㉡ 10(L) 초과~50(L) 이하 : 10분
㉢ 50(L) 초과~1(m^3) 미만 : 24분
㉣ 1(m^3) 이상~10(m^3) 미만 : 240분
㉤ 10(m^3) 이상~300(m^3) 미만 : 24× V분.
다만, 1,440분을 초과할 시에는 1,440분으로 한다.

60 액화염소 2,000kg을 차량에 적재하여 운반할 때 휴대하여야 할 소석회는 몇 kg 이상을 기준으로 하는가?

① 10　② 20
③ 30　④ 40

해설 제독제 소석회 적재기준
㉠ 액화가스질량 1,000kg 미만의 경우 : 20(kg) 이상
㉡ 액화가스질량 1,000kg 이상의 경우 : 40(kg) 이상

SECTION 04 가스계측

61 바이메탈 온도계에 사용되는 변환 방식은?

① 기계적 변환　② 광학적 변환
③ 유도적 변환　④ 전기적 변환

해설 접촉식 바이메탈 선팽창계수 온도계
㉠ 기계적 변환온도계
㉡ 측정범위 : −50~500℃

62 계량, 계측기의 교정이라 함은 무엇을 뜻하는가?

① 계량, 계측기의 지시값과 표준기의 지시값과의 차이를 구하여 주는 것
② 계량, 계측기의 지시값을 평균하여 참값과의 차이가 없도록 가산하여 주는 것
③ 계량, 계측기의 지시값과 참값과의 차를 구하여 주는 것
④ 계량, 계측기의 지시값을 참값과 일치하도록 수정하는 것

56. ③ 57. ④ 58. ④ 59. ① 60. ④ 61. ① 62. ④ | ANSWER

해설 계량 계측기의 교정 : 계량, 계측기의 지시값을 참값과 일치하도록 수정하는 것

63 주로 기체연료의 발열량을 측정하는 열량계는?

① Richter 열량계 ② Scheel 열량계
③ Junker 열량계 ④ Thomson 열량계

해설 융커스식 유수형 발열량계, 시그마 발열량계
기체연료의 발열량 측정계

64 염소(Cl_2)가스 누출 시 검지하는 가장 적당한 시험지는?

① 연당지
② KI-전분지
③ 초산벤젠지
④ 염화제일구리착염지

해설 염소가스 시험지 : 요오드칼륨 시험지(KI 전분지) 선택
(누설 시 시험지가 청색으로 변색)

65 전기식 제어방식의 장점으로 틀린 것은?

① 배선작업이 용이하다.
② 신호전달 지연이 없다.
③ 신호의 복잡한 취급이 쉽다.
④ 조작속도가 빠른 비례조작부를 만들기 쉽다.

해설 전기식 신호조절기 : 조작속도가 빠른 비례조작부를 만들기가 곤란한 단점이 있으나 전송에 시간지연은 없고 복잡한 신호에 용이하다.

66 오리피스로 유량을 측정하는 경우 압력차가 4배로 증가하면 유량은 몇 배로 변하는가?

① 2배 증가 ② 4배 증가
③ 8배 증가 ④ 16배 증가

해설 차압식(오리피스) 유량계 : 유량은 관지름의 제곱에 비례하고 또한 차압의 제곱근에 비례한다.
∴ 유량증가 $= \sqrt{4} = 2$배

67 내경 50mm의 배경에서 평균유속 1.5m/s의 속도로 흐를 때의 유량(m^3/h)은 얼마인가?

① 10.6 ② 11.2
③ 12.1 ④ 16.2

해설 유량(Q) = 단면적 × 유속(m^3/s)
$\therefore \frac{3.14}{4} \times (0.05)^2 \times 1.5 \times 3,600 = 10.6(m^3/h)$
※ 50mm = 0.05m, 1시간 = 3,600sec

68 습증기의 열량을 측정하는 기구가 아닌 것은?

① 조리개 열량계 ② 분리 열량계
③ 과열 열량계 ④ 봄베 열량계

해설 봄베식 : 고체연료의 발열량계(단열식, 비단열식이 있다)

69 가스크로마토그래피에 사용되는 운반기체의 조건으로 가장 거리가 먼 것은?

① 순도가 높아야 한다.
② 비활성이어야 한다.
③ 독성이 없어야 한다.
④ 기체 확산을 최대로 할 수 있어야 한다.

해설 운반가스(캐리어가스)
㉠ 기체 확산을 최소로 할 수 있어야 하고 시료와 반응하지 않는 불활성 기체이어야 한다(He, H_2, Ar, N_2 등).
㉡ 사용하는 검출기에 적합하여야 한다.

70 막식 가스미터 고장의 종류 중 부동(不動)의 의미를 가장 바르게 설명한 것은?

① 가스가 크랭크축이 녹슬거나 밸브와 밸브시트가 타르(tar)접착 등으로 통과하지 않는다.
② 가스의 누출로 통과하나 정상적으로 미터가 작동하지 않아 부정확한 양만 측정된다.
③ 가스가 미터는 통과하나 계량막의 파손, 밸브의 탈락 등으로 계량기지침이 작동하지 않는 것이다.
④ 날개나 조절기에 고장이 생겨 회전장치에 고장이 생긴 것이다.

ANSWER | 63. ③ 64. ② 65. ④ 66. ① 67. ① 68. ④ 69. ④ 70. ③

해설 부동

회전자가 회전하므로 가스가 통과하나, 지침이 작동하지 않는다.

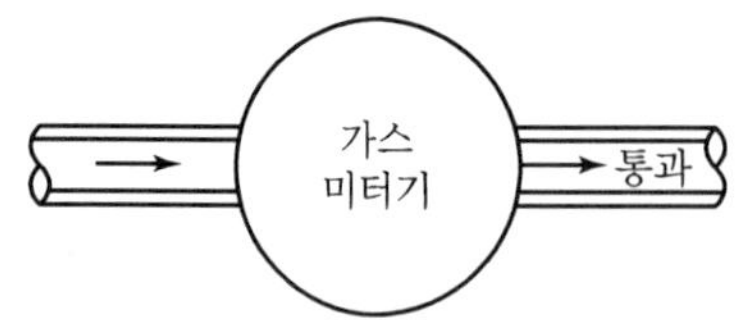

71 오르자트 가스분석기에서 CO 가스의 흡수액은?

① 30% KOH 용액
② 염화제1구리 용액
③ 피로갈롤 용액
④ 수산화나트륨 25% 용액

해설 ①항의 가스 : CO_2
②항의 가스 : CO
③항의 가스 : O_2

72 1kΩ 저항에 100V의 전압이 사용되었을 때 소모된 전력은 몇 W인가?

① 5 ② 10
③ 20 ④ 50

해설 전력$(P)=\frac{\text{저항}}{\text{전압}}=\frac{1\times10^3}{100}=10(\text{W})$
※ $1\text{k}\Omega=10^3\Omega$

73 공업용 계측기의 일반적인 주요 구성으로 가장 거리가 먼 것은?

① 전달부
② 검출부
③ 구동부
④ 지시부

해설 계측기기에서 구동부는 주요 구성요소가 아니며 구동부는 유량계 등에서 제어장치에 사용된다.

74 다음 [그림]과 같은 자동제어 방식은?

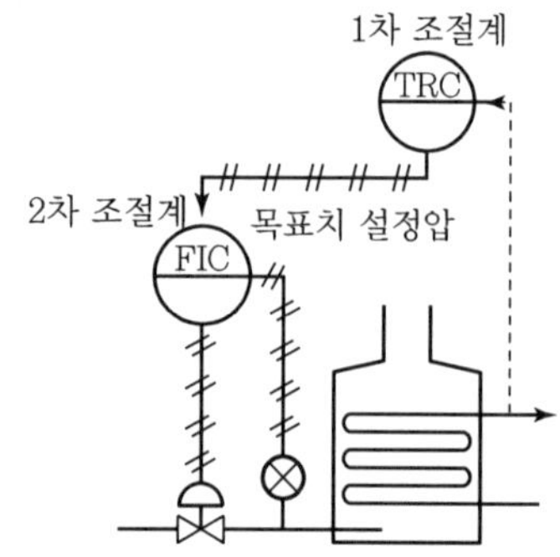

① 피드백제어 ② 시퀀스제어
③ 캐스케이드제어 ④ 프로그램제어

해설 캐스케이드제어 : 1차, 2차 조절계가 필요한 자동제어이다.

※ 목표치에 따른 제어분류
㉠ 정치제어
㉡ 추치제어
㉢ 캐스케이드제어

75 가스의 자기성(磁氣性)을 이용하여 검출하는 분석기기는?

① 가스크로마토그래피
② SO_2계
③ O_2계
④ CO_2계

해설 자기식 O_2계 : 자장을 가진 측정실 내에서 시료가스 중의 산소에 자기풍을 일으키고 이것을 검출하여 구하는 방식으로 자화율이 큰 (O_2)분석계를 사용한다.

76 가스미터의 종류 중 정도(정확도)가 우수하여 실험실용 등 기준기로 사용되는 것은?

① 막식 가스미터
② 습식 가스미터
③ Roots 가스미터
④ Orifice 가스미터

해설 습식 가스미터기 : 정도가 우수하여 실험이나 기준기로 사용하는 가스미터기이다.

71. ② 72. ② 73. ③ 74. ③ 75. ③ 76. ② | ANSWER

77 **후크의 법칙에 의해 작용하는 힘과 변형이 비례한다는 원리를 적용한 압력계는?**

① 액주식 압력계
② 점성 압력계
③ 부르동관식 압력계
④ 링밸런스 압력계

해설 탄성식 부르동관 압력계 : 후크의 법칙에 의해 작용하는 힘과 변형이 비례한다는 원리를 적용한 탄성식 압력계이다.

78 **루트 가스미터에서 일반적으로 일어나는 고장의 형태가 아닌 것은?**

① 부동
② 불통
③ 감도
④ 기차불량

해설 감도
㉠ 계측기기가 측정량의 변화에 민감한 정도를 말하며 측정량의 변화에 대한 지시량의 변화(지시량의 변화/측정량의 변화)의 비로 나타낸다.
㉡ 감도가 좋으면 측정시간이 길어지고 측정범위가 좁아진다.

79 **수분흡수제로 사용하기에 가장 부적당한 것은?**

① 염화칼륨
② 오산화인
③ 황산
④ 실리카겔

해설 염화칼륨(KCl) : 칼륨과 염소의 이온결합으로 이루어진 화합물로, 비료, 염료, 사료첨가제, 황산가리 제조용이다.
※ 염화칼슘 : 수분흡수제로 사용한다.

80 **다음 중 계통오차가 아닌 것은?**

① 계기오차
② 환경오차
③ 과오오차
④ 이론오차

해설 계통적 오차(편위에 의한 오차)
(1) 원인을 알 수 있고 보정에 의해 오차의 제거가 가능하다.
(2) 계통적 오차 분류
㉠ 계기오차
㉡ 환경오차
㉢ 개인 판단오차
㉣ 이론적 방법오차

※ 오차
- 과오에 의한 오차(측정 부주의)
- 우연오차
- 계통적 오차

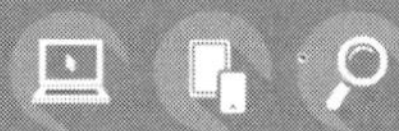

SECTION 01 연소공학

01 수소 25v%, 메탄 50v%, 에탄 25v%인 혼합가스가 공기와 혼합된 경우 폭발하한계(v%)는 약 얼마인가?(단, 폭발하한계는 수소 4v%, 메탄 5v%, 에탄 3v%이다.)

① 3.1 ② 3.6
③ 4.1 ④ 4.6

해설 혼합가스 폭발하한계

$$=\frac{100}{L}=\frac{V_1}{L_1}+\frac{V_2}{L_2}+\frac{V_3}{L_3}$$

$$=\frac{100}{\left(\frac{25}{4}\right)+\left(\frac{50}{5}\right)+\left(\frac{25}{3}\right)}=4.1(\%)$$

02 C_mH_n 1Sm³을 완전연소시켰을 때 생기는 H_2O의 양은?

① $\frac{n}{2}\text{Sm}^3$ ② $n\text{Sm}^3$
③ $2n\text{Sm}^3$ ④ $4n\text{Sm}^3$

해설 $C_mH_n+\left(m+\frac{n}{4}\right)O_2 \rightarrow mCO_2+\frac{n}{2}H_2O+Q$

※ C_mH_n : 탄화수소

03 실제가스가 이상기체 상태방정식을 만족하기 위한 조건으로 옳은 것은?

① 압력이 낮고, 온도가 높을 때
② 압력이 높고, 온도가 낮을 때
③ 압력과 온도가 낮을 때
④ 압력과 온도가 높을 때

해설 실제기체는 압력이 낮고 온도가 높으면 이상기체에 근접한다.

04 0℃, 1atm에서 2L의 산소와 0℃, 2atm에서 3L의 질소를 혼합하여 1L로 하면 압력은 약 몇 atm이 되는가?

① 1 ② 2
③ 6 ④ 8

해설

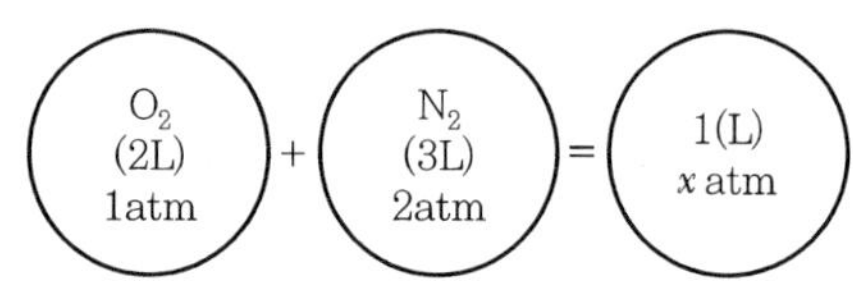

혼합가스 용적$(x)=(1\times2)+(2\times3)=8(\text{L})$

∴ 압력(atm)$=\frac{8}{1}=8(\text{atm})$

05 가연성 가스의 위험성에 대한 설명으로 틀린 것은?

① 폭발범위가 넓을수록 위험하다.
② 폭발범위 밖에서는 위험성이 감소한다.
③ 일반적으로 온도나 압력이 증가할수록 위험성이 증가한다.
④ 폭발범위가 좁고 하한계가 낮은 것은 위험성이 매우 적다.

해설 폭발범위가 크고 폭발범위 하한계가 낮은 가연성 가스는 매우 위험하다.

06 메탄을 이론공기로 연소시켰을 때 생성물 중 질소의 분압은 약 몇 kPa인가?(단, 메탄과 공기는 100kPa, 25℃에서 공급되고 생성물의 압력은 100kPa이다.)

① 36 ② 71
③ 81 ④ 92

해설 표준상태에서 압력$=100\times\frac{273+0}{273+25}=91(\text{atm})$

공기 중 질소값은 79(%)

∴ 질소분압$=91\times0.79 \fallingdotseq 71(\text{kPa})$

1. ③ 2. ① 3. ① 4. ④ 5. ④ 6. ② | ANSWER

07 **아세틸렌 가스의 위험도(H)는 약 얼마인가?**

① 21 ② 23
③ 31 ④ 33

해설 위험도(H)$=\dfrac{U-L}{L}$

C_2H_2 폭발범위 : 2.5~81(%)

$\therefore H=\dfrac{81-2.5}{2.5}=31.4$(위험도가 큰 가스일수록 더 위험하다)

08 **물질의 상변화는 일으키지 않고 온도만 상승시키는 데 필요한 열을 무엇이라고 하는가?**

① 잠열 ② 현열
③ 증발열 ④ 융해열

해설 현열

물질의 상변화는 없고 물질의 온도만 변화시키는 데 필요한 열이다.

※ 잠열(증발열), 융해열, 승화열 : 물질의 온도는 변화가 없고 상변화만 일어날 때 필요한 열이다.

09 **불꽃 중 탄소가 많이 생겨서 황색으로 빛나는 불꽃을 무엇이라 하는가?**

① 휘염 ② 층류염
③ 환원염 ④ 확산염

해설 휘염

불꽃 중 탄소가 많이 생겨서 황색으로 빛나는 불꽃염이다.

10 **전 폐쇄구조인 용기 내부에서 폭발성 가스의 폭발이 일어났을 때, 용기가 압력을 견디고 외부의 폭발성 가스에 인화할 우려가 없도록 한 방폭구조는?**

① 안전증방폭구조 ② 내압방폭구조
③ 특수방폭구조 ④ 유입방폭구조

해설 내압방폭구조

전 폐쇄구조인 용기 내부에서 폭발성 가스의 폭발이 일어났을 때 용기가 압력을 견디고 외부의 폭발성 가스에 인화할 우려가 없도록 한 방폭구조이다.

11 **공기 중에서 압력을 증가시켰더니 폭발범위가 좁아지다가 고압 이후부터 폭발범위가 넓어지기 시작했다. 이는 어떤 가스인가?**

① 수소 ② 일산화탄소
③ 메탄 ④ 에틸렌

해설 수소가스

공기 중 압력을 증가시키면 폭발범위가 좁아지다가 10(atm) 이상의 고압에서부터는 반대로 폭발범위가 증가하는 가스이다.

12 **일정온도에서 발화할 때까지의 시간을 발화지연이라 한다. 발화지연이 짧아지는 요인으로 가장 거리가 먼 것은?**

① 가열온도가 높을수록
② 압력이 높을수록
③ 혼합비가 완전산화에 가까울수록
④ 용기의 크기가 작을수록

해설 가스용기의 크기가 작을수록 발화온도 시간이 짧아진다(발화지연 단축).

13 **다음 중 공기비를 옳게 표시한 것은?**

① $\dfrac{\text{실제공기량}}{\text{이론공기량}}$ ② $\dfrac{\text{이론공기량}}{\text{실제공기량}}$

③ $\dfrac{\text{사용공기량}}{1-\text{이론공기량}}$ ④ $\dfrac{\text{이론공기량}}{1-\text{사용공기량}}$

해설 ㉠ 공기비(과잉공기계수)$=\dfrac{\text{실제공기량}}{\text{이론공기량}}$

㉡ 이론공기량$=\dfrac{\text{실제공기량}}{\text{공기비}}$

㉢ 실제공기량=공기비×이론공기량

14 **B, C급 분말소화기의 용도가 아닌 것은?**

① 유류화재 ② 가스화재
③ 전기화재 ④ 일반화재

해설 ㉠ 일반화재 : A급 화재
㉡ 오일화재(유류화재) : B급 화재
㉢ 전기화재 : C급 화재

15 **기체동력 사이클 중 가장 이상적인 이론 사이클로, 열역학 제2법칙과 엔트로피의 기초가 되는 사이클은?**

① 카르노 사이클(Carnot Cycle)
② 사바테 사이클(Sabathe Cycle)
③ 오토 사이클(Otto Cycle)
④ 브레이턴 사이클(Brayton Cycle)

해설 카르노 사이클
이상적인 사이클로, 열역학 제2법칙과 엔트로피의 기초가 되는 사이클이다.

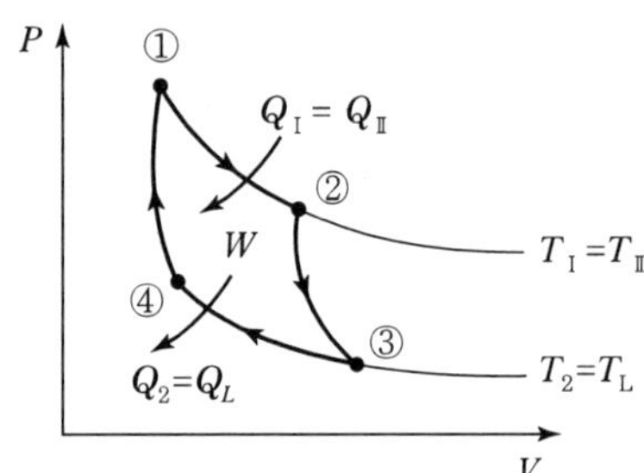

㉠ ①→②(등온팽창)
㉡ ②→③(단열팽창)
㉢ ③→④(등온압축)
㉣ ④→①(단열압축)

16 **가스의 연소속도에 영향을 미치는 인자에 대한 설명으로 틀린 것은?**

① 연소속도는 주변 온도가 상승함에 따라 증가한다.
② 연소속도는 이론혼합기 근처에서 최대이다.
③ 압력이 증가하면 연소속도는 급격히 증가한다.
④ 산소농도가 높아지면 연소범위가 넓어진다.

해설 ㉠ 고온, 고압의 가스일수록 폭발범위가 증가한다.
㉡ CO 가스는 고압일수록 폭발범위가 감소한다.
㉢ H_2 가스는 압력 10atm까지는 폭발범위가 감소한다.

17 **난류확산화염에서 유속 또는 유량이 증대할 경우 시간이 지남에 따라 화염의 높이는 어떻게 되는가?**

① 높아진다.
② 낮아진다.
③ 거의 변화가 없다.
④ 어느 정도 낮아지다가 높아진다.

해설 난류확산화염
화염의 유속이나 유량이 증대할 경우 시간이 지남에 따라 화염의 높이는 거의 변화가 없다.

18 **층류 연소속도 측정법 중 단위화염 면적당 단위시간에 소비되는 미연소 혼합기체의 체적을 연소속도로 정의하여 결정하며, 오차가 크지만 연소속도가 큰 혼합기체에 편리하게 이용되는 측정방법은?**

① Slot 버너법　② Bunsen 버너법
③ 평면 화염 버너법　④ Soap Bubble법

해설 분젠버너법
층류 연속속도 측정법 중 단위화염 면적당 단위시간에 소비되는 미연소 혼합기체의 체적을 연소속도로 정의하여 결정하며, 오차가 크지만 연소속도가 큰 혼합기체에서 편리하다.

19 **최소점화에너지에 대한 설명으로 옳은 것은?**

① 유속이 증가할수록 작아진다.
② 혼합기 온도가 상승함에 따라 작아진다.
③ 유속 20m/s까지는 점화에너지가 증가하지 않는다.
④ 점화에너지의 상승은 혼합기 온도 및 유속과는 무관하다.

해설 최소점화에너지는 혼합기의 온도가 상승할수록 작아진다.
전기불꽃 에너지(방전에너지)$(E) = \frac{1}{2}CV^2 = \frac{1}{2}QV$
여기서, C : 전기용량, V : 방전전압, Q : 전기량

20 **분젠버너에서 공기의 흡입구를 닫았을 때의 연소나 가스라이터의 연소 등 주변에 볼 수 있는 전형적인 기체연료의 연소형태로서 화염이 전파하는 특징을 갖는 연소는?**

① 분무연소　② 확산연소
③ 분해연소　④ 예비혼합연소

해설 분젠버너의 확산연소 : 공기흡입구 차단 시 연소나 가스라이터의 연소 등 주변에서 볼 수 있는 전형적인 기체연료의 연소형태이다.
※ 기체연료의 연소형태
㉠ 예비혼합연소
㉡ 확산연소

15. ① 16. ③ 17. ③ 18. ② 19. ② 20. ② | ANSWER

SECTION 02 가스설비

21 펌프의 토출량이 6m³/min이고, 송출구의 안지름이 20cm일 때 유속은 약 몇 m/s인가?

① 1.5 ② 2.7
③ 3.2 ④ 4.5

해설 $유속(V) = \frac{유량(m^3/s)}{단면적(m^2)}$, min(60초)

$$\therefore V = \frac{6}{60 \times \left\{\frac{3.14}{4} \times (0.2)^2\right\}} = 3.2(m/s)$$

22 탄소강에서 탄소 함유량의 증가와 더불어 증가하는 성질은?

① 비열 ② 열팽창률
③ 탄성계수 ④ 열전도율

해설 탄소강은 탄소(C) 함유량이 많아질수록 비열(W/m℃)이 증가한다.

23 탱크로리로부터 저장탱크로 LPG 이송 시 잔가스 회수가 가능한 이송방법은?

① 압축기 이용법
② 액송펌프 이용법
③ 차압에 의한 방법
④ 압축가스 용기 이용법

해설 압축기 이송방법의 특성
㉠ 잔가스 회수가 가능하다.
㉡ 충전시간이 펌프에 의한 이송보다 짧다.
㉢ 베이퍼록 현상이 없다.
㉣ 조작이 간단하다.
㉤ 부탄가스의 경우 재액화 우려가 있다.

24 메탄가스에 대한 설명으로 옳은 것은?

① 담청색의 기체로서 무색의 화염을 낸다.
② 고온에서 수증기와 작용하면 일산화탄소와 수소를 생성한다.
③ 공기 중에 30%의 메탄가스가 혼합된 경우 점화하면 폭발한다.
④ 올레핀계 탄화수소로서 가장 간단한 형의 화합물이다.

해설 ㉠ $CH_4 + 2O_2 \rightarrow CO_2 + 2H_2O$(연소반응식)
㉡ $CH_4 + H_2O \xrightarrow[고온]{Ni} CO + 3H_2 - 49.3(kcal)$
㉢ 메탄가스 폭발범위 : 5~15%

25 조정압력이 3.3kPa 이하이고 노즐 지름이 3.2mm 이하인 일반용 LP가스 압력조정기의 안전장치 분출용량은 몇 L/h 이상이어야 하는가?

① 100 ② 140
③ 200 ④ 240

해설 LP가스 안전장치 분출량$(Q) = 0.009D^2\sqrt{\frac{P}{d}}$

$$= 0.009 \times (3.2)^2 \times \sqrt{\frac{3.3}{1.51}}$$
$$\fallingdotseq 0.14m^3/h = 140(L/h)$$

26 시간당 50,000kcal를 흡수하는 냉동기의 용량은 약 몇 냉동톤인가?

① 3.8 ② 7.5
③ 15 ④ 30

해설 증기압축식 냉동기 1RT : 3,320(kcal/h)

$$\therefore RT = \frac{50,000}{3,320} = 15(RT)$$

27 메탄염소화에 의해 염화메틸(CH_3Cl)을 제조할 때 반응온도는 얼마 정도로 하는가?

① 100℃ ② 200℃
③ 300℃ ④ 400℃

해설 반응온도 : 400℃
$CH_3Cl + H_2O \rightarrow HCl + CH_3OH$
$CH_3OH + HCl \rightarrow CH_3Cl + H_2O$

ANSWER | 21. ③ 22. ① 23. ① 24. ② 25. ② 26. ③ 27. ④

28 **동관용 공구 중 동관 끝을 나팔형으로 만들어 압축이음 시 사용하는 공구는?**

① 익스펜더 ② 플레어링 툴
③ 사이징 툴 ④ 리머

해설 플레어링 툴
동관 20A 이하에서 동관의 끝을 나팔형태로 만들어 이음하는 압축이음공구이다.

29 **원심펌프의 회전수가 1,200rpm일 때 양정 15m, 송출유량 2.4m^3/min, 축동력 10PS이다. 이 펌프를 2,000rpm으로 운전할 때의 양정(H)은 약 몇 m가 되겠는가?(단, 펌프의 효율은 변하지 않는다.)**

① 41.67 ② 33.75
③ 27.78 ④ 22.72

해설 펌프양정은 회전수 증가의 자승에 비례한다.

$$\therefore \text{양정}(H) = 15 \times \left(\frac{2,000}{1,200}\right)^2 = 41.67(\text{m})$$

30 **금속의 열처리에서 풀림(Annealing)의 주된 목적은?**

① 강도 증가
② 인성 증가
③ 조직의 미세화
④ 강을 연하게 하여 기계 가공성을 향상

해설 풀림 열처리(Annealing)
소둔이라 하며 가공경화된 재료를 열화시키거나 가공 중에 발생한 잔류응력을 제거한다.

31 **기밀성 유지가 양호하고 유량조절이 용이하지만 압력손실이 비교적 크고 고압의 대구경 밸브로는 적합하지 않은 특징을 가지는 밸브는?**

① 플러그밸브 ② 글로브밸브
③ 볼밸브 ④ 게이트밸브

해설 글로브밸브(옥형 밸브)
유량조절이 용이하나 압력손실이 크다.

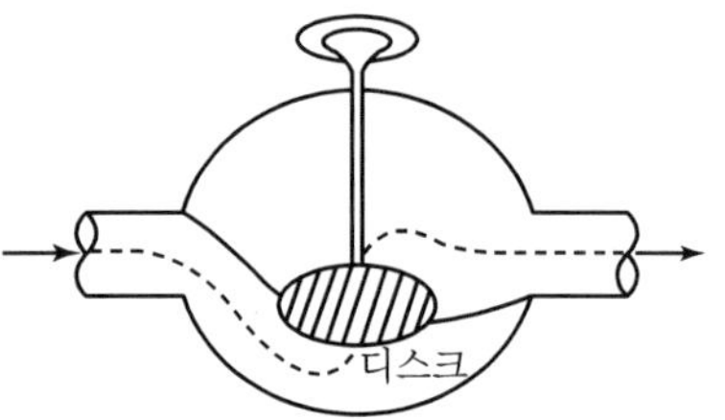

32 **가스배관의 구경을 산출하는 데 필요한 것으로만 짝지어진 것은?**

㉠ 가스유량	㉡ 배관길이
㉢ 압력손실	㉣ 배관재질
㉤ 가스의 비중	

① ㉠, ㉡, ㉢, ㉣
② ㉠, ㉢, ㉣, ㉤
③ ㉠, ㉡, ㉢, ㉤
④ ㉠, ㉡, ㉣, ㉤

해설 가스배관구경 산출식

$$D^5 = \frac{Q^2 \cdot S \cdot L}{K^2(P_1^2 - P_2^2)}$$

여기서, Q : 가스유량(m^3/h)
D : 관의 지름(cm)
L : 관의 길이
S : 가스비중
P : 가스압력

33 **LPG 소비설비에서 용기의 개수를 결정할 때 고려사항으로 가장 거리가 먼 것은?**

① 감압방식
② 1가구당 1일 평균가스 소비량
③ 소비자 가구수
④ 사용가스의 종류

해설 용기의 개수 결정 시 고려사항
㉠ 1가구당 1일 평균가스 소비량
㉡ 소비자 가구수
㉢ 사용가스의 종류

28. ② 29. ① 30. ④ 31. ② 32. ③ 33. ① | ANSWER

34 **밀폐식 가스연소기의 일종으로 시공성은 물론 미관상도 좋고, 배기가스 중독사고의 우려도 적은 연소기 유형은?**

① 자연배기(CF)식 ② 강제배기(FE)식
③ 자연급배기(BF)식 ④ 강제급배기(FF)식

해설 밀폐형 FF식 가스보일러

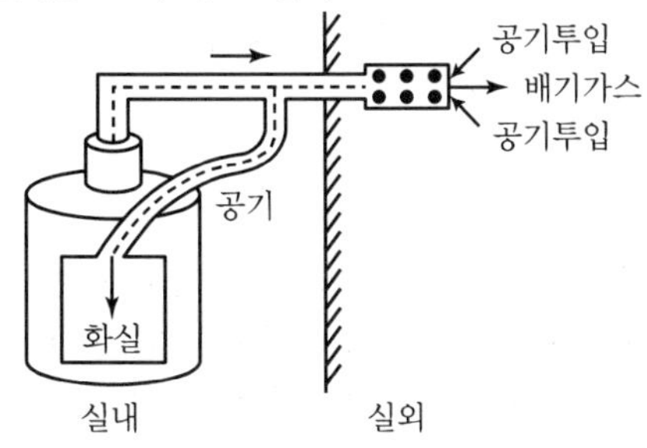

35 **가스 충전구의 나사방향이 왼나사이어야 하는 것은?**

① 암모니아 ② 브롬화메틸
③ 산소 ④ 아세틸렌

해설 아세틸렌가스 : 가연성 가스(왼나사)
※ 가스 충전구(왼나사 : 가연성 가스 표시)
㉠ A형 : 충전구가 수나사
㉡ B형 : 충전구가 암나사
㉢ C형 : 충전구에 나사가 없는 것

36 **펌프의 공동현상(Cavitation) 방지방법으로 틀린 것은?**

① 흡입양정을 짧게 한다.
② 양흡입펌프를 사용한다.
③ 흡입비교회전도를 크게 한다.
④ 회전차를 물속에 완전히 잠기게 한다.

해설 펌프가 1단일 때 비교회전도(N_s)

$$N_s = \frac{N\sqrt{Q}}{H^{3/4}}$$

펌프흡입용 회전수를 일정하게 하면 고양정, 소유량인 펌프 회전차는 비속도의 값이 작아지고 출구경에 대하여 폭이 좁다.
※ 펌프비교회전도 : 토출량이 $1m^3/min$, 양정 1m가 발생하도록 설계한 경우의 판상 임펠러의 분당 회전수를 말한다.

37 **공기액화장치 중 수소, 헬륨을 냉매로 하며 2개의 피스톤이 한 실린더에 설치되어 팽창기와 압축기의 역할을 동시에 하는 형식은?**

① 캐스케이드식 ② 캐피자식
③ 클라우드식 ④ 필립스식

해설 필립스식 공기액화 저온장치
수소-헬륨을 냉매로 하며 2개의 피스톤이 한 실린더에 설치되어 팽창기와 압축기의 역할을 하는 공기액화 분리장치이다.

38 **가스액화 분리장치의 구성이 아닌 것은?**

① 한랭 발생장치
② 불순물 제거장치
③ 정류(분축, 흡수)장치
④ 내부연소식 반응장치

해설 가스액화 분리장치 구성 3요소
한랭 발생장치, 불순물 제거장치, 정류장치

39 **강제 급배기식 가스온수보일러에서 보일러의 최대 가스소비량과 각 버너의 가스소비량은 표시치의 얼마 이내인 것으로 하여야 하는가?**

① ±5% ② ±8%
③ ±10% ④ ±15%

해설 강제 급배기식(FF) 가스보일러(온수)에서 최대 가스소비량과 각 버너의 가스소비량은 표시치의 10% 이내이어야 한다.

40 **공기액화 분리장치의 폭발원인이 될 수 없는 것은?**

① 공기 취입구에서 아르곤 혼입
② 공기 취입구에서 아세틸렌 혼입
③ 공기 중 질소화합물(NO, NO_2) 혼입
④ 압축기용 윤활유의 분해에 의한 탄화수소의 생성

해설 아르곤(Ar) 가스는 불활성 가스이므로 화합이 불가하여 폭발이 일어나지 않고 오히려 방지된다.

ANSWER | 34. ④ 35. ④ 36. ③ 37. ④ 38. ④ 39. ③ 40. ①

SECTION 03 가스안전관리

41 **다음의 액화가스를 이음매 없는 용기에 충전할 경우 그 용기에 대하여 음향검사를 실시하고 음향이 불량한 용기는 내부조명검사를 하지 않아도 되는 것은?**

① 액화프로판
② 액화암모니아
③ 액화탄산가스
④ 액화염소

해설 액화프로판가스는 기화압력이 낮아서 이음매 있는 용기(계목용기)에 충전하므로 이음매 없는 용기에 충전할 경우 내부조명검사를 하지 않아도 된다.
※ 프로판가스의 기화 시 압력(kgf/cm^2)
㉠ −30℃ : 0.6
㉡ 0℃ : 3.9
㉢ 30℃ : 9.9
㉣ 40℃ : 13.2

42 **고압가스 냉동제조시설에서 해당 냉동설비의 냉동능력에 대응하는 환기구의 면적을 확보하지 못하는 때에는 그 부족한 환기구 면적에 대하여 냉동능력 1ton당 얼마 이상의 강제환기장치를 설치해야 하는가?**

① $0.05m^3$/분　② $1m^3$/분
③ $2m^3$/분　④ $3m^3$/분

해설 기계통풍은 냉동설비의 냉동능력당 환기구 면적을 확보하지 못하면 냉동능력 1ton당 강제환기는 $2m^3$/분을 기준으로 한다.
※ 통풍구는 냉동능력 1톤당 $0.05m^2$ 이상

43 **산소와 혼합가스를 형성할 경우 화염온도가 가장 높은 가연성 가스는?**

① 메탄　② 수소
③ 아세틸렌　④ 프로판

해설 화염온도
① CH_4 : 2,066℃　② H_2 : 2,210℃
③ C_2H_2 : 2,632℃　④ C_3H_8 : 2,116℃

44 **신규검사 후 경과연수가 20년 이상된 액화석유가스용 100L 용접용기의 재검사 주기는?**

① 1년마다
② 2년마다
③ 3년마다
④ 5년마다

해설 500L 미만의 액화가스(LPG) 재검사기간
㉠ 20년 미만 : 5년마다
㉡ 20년 이상 : 2년마다

45 **용기에 의한 액화석유가스 사용시설에서 호칭지름이 20mm인 가스배관을 노출하여 설치할 경우 배관이 움직이지 않도록 고정장치를 몇 m마다 설치하여야 하는가?**

① 1m　② 2m
③ 3m　④ 4m

해설 가스배관 고정장치 거리

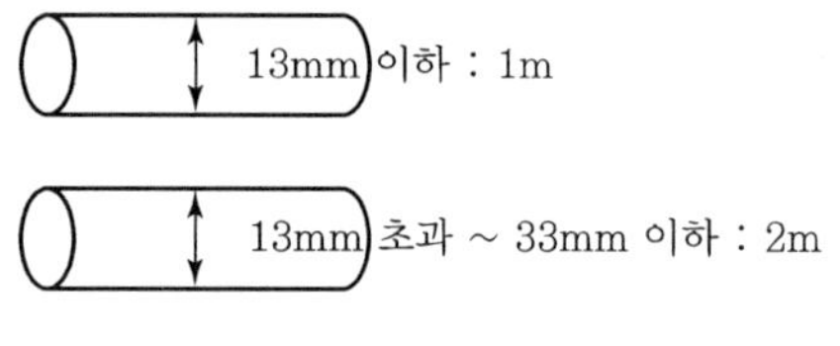

46 **기업활동 전반을 시스템으로 보고 시스템운영규정을 작성 시행하여 사업장에서의 사고예방을 위하여 모든 형태의 활동 및 노력을 효과적으로 수행하기 위한 체계적이고 종합적인 안전관리체계를 의미하는 것은?**

① MMS　② SMS
③ CRM　④ SSS

해설 SMS
기업활동 전반 시스템에서 사업장의 사고예방을 위하여 효과적으로 수행하기 위한 체계적이고 종합적인 안전관리체계이다.

41. ① 42. ③ 43. ③ 44. ② 45. ② 46. ② | ANSWER

47 **도시가스용 압력조정기란 도시가스 정압기 이외에 설치되는 압력조정기로서 입구 쪽 호칭지름과 최대 표시유량을 각각 바르게 나타낸 것은?**

① 50A 이하, 300Nm^3/h 이하
② 80A 이하, 300Nm^3/h 이하
③ 80A 이하, 500Nm^3/h 이하
④ 100A 이하, 500Nm^3/h 이하

해설 정압기 이외의 도시가스용 압력조정기
도시가스 정압기 이외에 설치되는 압력조정기로서 그 기준은 입구 쪽 호칭 50A 이하, 최대표시유량 300Nm^{3}이다.

48 **일반도시가스설에서 배관 매설 시 사용하는 보호포의 기준으로 틀린 것은?**

① 일반형 보호포와 내압력형 보호포로 구분한다.
② 잘 끊어지지 않는 재질로 직조한 것으로 두께는 0.2mm 이상으로 한다.
③ 최고 사용압력이 중압 이상인 배관의 경우에는 보호판의 상부로부터 30cm 이상 떨어진 곳에 보호포를 설치한다.
④ 보호포는 호칭지름에 10cm를 더한 폭으로 설치한다.

해설 보호포
㉠ 보호포 종류 : 일반형, 탐지형
㉡ 보호포 재질 : 폴리에틸렌수지, 폴리프로필렌수지
㉢ 보호포 색상 : 저압관(황색), 중압 이상(적색)
㉣ 보호포 폭 : 15cm 이상(배관 폭에 10cm를 더한 폭)
㉤ 위치 : 저압관의 경우 배관 정상부에서 60cm 이상, 중압 이상의 관은 보호판 상부로부터 30cm 이상, 공동주택부지에서는 배관 정상부에서 40cm 이상

49 **용기의 각인 기호에 대해 잘못 나타낸 것은?**

① V : 내용적
② W : 용기의 질량
③ TP : 기밀시험압력
④ FP : 최고충전압력

해설 TP
용기내압시험압력(MPa)

50 **공업용 용기의 도색 및 문자표시의 색상으로 틀린 것은?**

① 수소 – 주황색으로 용기도색, 백색으로 문자표기
② 아세틸렌 – 황색으로 용기도색, 흑색으로 문자표기
③ 액화암모니아 – 백색으로 용기도색, 흑색으로 문자표기
④ 액화염소 – 회색으로 용기도색, 백색으로 문자표기

해설 액화염소 용기의 도색, 문자표시
㉠ 용기 : 갈색
㉡ 문자 : 백색

51 **차량에 고정된 탱크의 내용적에 대한 설명으로 틀린 것은?**

① 액화천연가스 탱크의 내용적은 1만 8천 L를 초과할 수 없다.
② 산소 탱크의 내용적은 1만 8천 L를 초과할 수 없다.
③ 염소 탱크의 내용적은 1만 2천 L를 초과할 수 없다.
④ 암모니아 탱크의 내용적은 1만 2천 L를 초과할 수 없다.

해설 차량에 고정된 탱크의 내용적 운반기준
㉠ 가연성 가스(LPG 제외) : 1만 8천(L)
㉡ 산소 : 1만 8천(L)
㉢ 독성 가스(암모니아 가스 제외) : 1만 2천(L)

52 **액화석유가스의 안전관리 및 사업법상 허가대상이 아닌 콕은?**

① 퓨즈콕
② 상자콕
③ 주물연소기용 노즐콕
④ 호스콕

해설 액화석유가스의 안전관리 및 사업법상 허가대상품목
퓨즈콕, 상자콕, 주물연소기용 노즐콕

ANSWER | 47. ① 48. ① 49. ③ 50. ④ 51. ④ 52. ④

53 가스안전성 평가기법 중 정성적 안전성 평가기법은?

① 체크리스트 기법
② 결함수분석 기법
③ 원인결과분석 기법
④ 작업자실수분석 기법

해설 ㉠ 결함수분석 기법 : 정량적 안전성 평가기법
㉡ 체크리스트 기법 : 정성적 안전성 평가기법

54 다음 중 가연성 가스가 아닌 것은?

① 아세트알데히드 ② 일산화탄소
③ 산화에틸렌 ④ 염소

해설 염소(Cl_2)의 2가지 특성
㉠ 독성 가스(TLV－TWA 기준 1ppm)
㉡ 조연성 가스

55 용기에 의한 액화석유가스 사용시설에서 저장능력이 100kg을 초과하는 경우에 설치하는 용기보관실의 설치기준에 대한 설명으로 틀린 것은?

① 용기는 용기보관실 안에 설치한다.
② 단층구조로 설치한다.
③ 용기보관실의 지붕은 무거운 방염재료로 설치한다.
④ 보기 쉬운 곳에 경계표지를 설치한다.

해설 용기보관실의 지붕재 재료는 가벼운 불연성 재료를 사용한다(가스폭발 시를 대비하여).

56 안전관리규정의 실시기록은 몇 년간 보존하여야 하는가?

① 1년 ② 2년
③ 3년 ④ 5년

해설 안전관리규정 실시기록 보존기간은 5년이다.

57 다음 중 특정고압가스가 아닌 것은?

① 수소 ② 질소
③ 산소 ④ 아세틸렌

해설 질소(N_2)
㉠ 일반 가스 ㉡ 불연성 가스

58 사람이 사망하거나 부상, 중독 가스사고가 발생하였을 때 사고의 통보내용에 포함되는 사항이 아닌 것은?

① 통보자의 인적사항 ② 사고발생 일시 및 장소
③ 피해자 보상방안 ④ 사고내용 및 피해현황

해설 사망사고, 부상, 가스중독 시 사고의 통보내용
㉠ 통보자의 인적사항
㉡ 사고발생 일시 및 장소
㉢ 사고내용 및 피해현황

59 고압가스 일반제조시설의 설치기준에 대한 설명으로 틀린 것은?

① 아세틸렌의 충전용 교체밸브는 충전하는 장소에서 격리하여 설치한다.
② 공기액화분리기로 처리하는 원료공기의 흡입구는 공기가 맑은 곳에 설치한다.
③ 공기액화분리기의 액화공기탱크와 액화산소증발기 사이에는 석유류, 유지류 그 밖의 탄화수소를 여과, 분리하기 위한 여과기를 설치한다.
④ 에어졸 제조시설에는 정압충전을 위한 레벨장치를 설치하고 공업용 제조시설에는 불꽃길이 시험장치를 설치한다.

해설 에어졸 제조 시는 용량내용적의 90% 이하로 충전하고 온수탱크에서 46~50℃ 미만에서 누출시험을 실시한다.
※ 공기액화분리기에는 여과기보다는 C_2H_2 흡착기, 열교환기, 건조기, 수분리기, CO_2 흡수탑이 필요하다. 다만, 원료공기만은 여과기에서 분진을 제거한다.

60 저장탱크에 의한 액화석유가스 저장소에서 지상에 설치하는 저장탱크, 그 받침대, 저장탱크에 부속된 펌프 등이 설치된 가스설비실에는 그 외면으로부터 몇 m 이상 떨어진 위치에서 조작할 수 있는 냉각장치를 설치하여야 하는가?

① 2m ② 5m
③ 8m ④ 10m

53. ① 54. ④ 55. ③ 56. ④ 57. ② 58. ③ 59. ④ 60. ② | ANSWER

해설

SECTION 04 가스계측

61 가스누출검지기 중 가스와 공기의 열전도도가 다른 것을 측정원리로 하는 검지기는?

① 반도체식 검지기
② 접촉연소식 검지기
③ 서머스테드식 검지기
④ 불꽃이온화식 검지기

해설 열선형 가스검출기 서머스테드식 : 온도변화 조정기로, 공기와의 열전도도 차가 클수록 감도가 좋다.

62 렌즈 또는 반사경을 이용하여 방사열을 수열판으로 모아 고온 물체의 온도를 측정할 때 주로 사용하는 온도계는?

① 열전온도계 ② 저항온도계
③ 열팽창 온도계 ④ 복사온도계

해설 복사온도계
㉠ 렌즈나 반사경을 이용하여 방사열을 수열판으로 모아서 고온물체의 온도를 측정할 때 사용하는 비접촉식 온도계이다.
㉡ 측정범위 : 50~3,000℃

63 계량기 형식 승인 번호의 표시방법에서 계량기의 종류별 기호 중 가스미터의 표시 기호는?

① G ② M
③ L ④ H

해설 건식(막식형) 가스미터기
㉠ 독립내기식(T형, H형) ㉡ 클로버식(B형)

64 화씨[℉]와 섭씨[℃]의 온도눈금 수치가 일치하는 경우의 절대온도[K]는?

① 201 ② 233
③ 313 ④ 345

해설 섭씨 −40℃일 때

$°F = \frac{9}{5} \times ℃ + 32 = \frac{9}{5} \times -40 + 32 = -40(°F)$

$\therefore T = 273 - 40 = 233(K)$

65 가스계량기의 1주기 체적의 단위는?

① L/min ② L/hr
③ L/rev ④ cm^3/g

해설 가스계량기 1주기 체적 단위 : L/rev

66 오리피스로 유량을 측정하는 경우 압력차가 2배로 변했다면 유량은 몇 배로 변하겠는가?

① 1배 ② $\sqrt{2}$ 배
③ 2배 ④ 4배

해설 오리피스 차압식 유량계
유량은 차압의 평방근에 비례한다.
$\therefore$ 유량$(G) = A\sqrt{2gh}$

67 기체크로마토그래피의 측정 원리로서 가장 옳은 설명은?

① 흡착제를 충전한 관 속에 혼합시료를 넣고, 용제를 유동시키면 흡수력 차이에 따라 성분의 분리가 일어난다.
② 관 속을 지나가는 혼합기체 시료가 운반기체에 따라 분리가 일어난다.
③ 혼합기체의 성분이 운반기체에 녹는 용해도 차이에 따라 성분의 분리가 일어난다.
④ 혼합기체의 성분은 관 내에 자기장의 세기에 따라 분리가 일어난다.

해설 기체크로마토그래피 기기분석법
㉠ 흡착제를 충전한 관 속에 혼합시료를 넣고 용제를 유동시키면 흡수력 차이에 따라 성분이 분석된다.
㉡ 캐리어가스(수소, 질소, 헬륨, 아르곤)를 이용한다.
㉢ 종류 : TCD, FID, ECD, TCD 등

68 압력계와 진공계 두 가지 기능을 갖춘 압력 게이지를 무엇이라고 하는가?

① 전자압력계
② 초음파압력계
③ 부르동관(Bourdon Tube)압력계
④ 컴파운드게이지(Compound Gauge)

해설 컴파운드게이지
압력계와 진공압력계 2가지 기능을 갖춘 압력계이다.

69 전기세탁기, 자동판매기, 승강기, 교통신호기 등에 기본적으로 응용되는 제어는?

① 피드백 제어 ② 시퀀스 제어
③ 정치제어 ④ 프로세스 제어

해설 시퀀스 정성적 제어 응용기
전기세탁기, 신호등, 승강기, 커피자판기 등

70 다음 중 기기분석법이 아닌 것은?

① Chromatography ② Iodometry
③ Colorimetry ④ Polarography

해설 Iodometry(아이오딘 적정)
산화환원적정이며 정량적 화학분석법으로 약한 산화제인 아이오딘의 표준용액을 이용한다.

71 루트미터에 대한 설명으로 가장 옳은 것은?

① 설치면적이 작다.
② 실험실용으로 적합하다.
③ 사용 중에 수위조정 등의 유지관리가 필요하다.
④ 습식 가스미터에 비해 유량이 정확하다.

해설 루트미터(실측식 회전자형 가스미터) : 건식 가스미터기로 소형이면서 대용량(100~5,000m^3/h)에 사용이 가능하다. 여과기나 설치 후에 유지관리가 필요하다.

72 가스 누출 시 사용하는 시험지의 변색현상이 옳게 연결된 것은?

① H_2S : 전분지 → 청색
② CO : 염화파라듐지 → 적색
③ HCN : 하리슨씨 시약 → 황색
④ C_2H_2 : 염화제일동 착염지 → 적색

해설 가스 누출 시 시험지 변색
㉠ H_2S : 연당지 → 흑색
㉡ CO : 염화파라듐지 → 흑색
㉢ HCN : 초산벤젠지 → 청색

73 목표치에 따른 자동제어의 종류 중 목푯값이 미리 정해진 시간적 변화를 행할 경우 목푯값에 따라서 변동하도록 한 제어는?

① 프로그램 제어 ② 캐스케이드 제어
③ 추종제어 ④ 프로세스 제어

해설 프로그램 제어
목표치에 따른 자동제어의 종류 중 목푯값이 미리 정해진 시간적 변화를 행할 경우 목푯값에 따라서 변동하도록 한 제어이다.

74 도로에 매설된 도시가스가 누출되는 것을 감지하여 분석한 후 가스누출 유무를 알려주는 가스검출기는?

① FID ② TCD
③ FTD ④ FPD

해설 FID(수소이온화검출기)
탄화수소는 가연성 가스에서 감도가 최고이고, H_2, O_2, CO, CO_2, SO_2 등에서는 감도가 없어서 감지가 불가하다.

75 다음 중 유체에너지를 이용하는 유량계는?

① 터빈유량계 ② 전자기유량계
③ 초음파유량계 ④ 열유량계

68. ④ 69. ② 70. ② 71. ① 72. ④ 73. ① 74. ① 75. ① | ANSWER

해설 터빈식 유량계

날개에 부딪치는 유체의 운동량으로 회전체를 회전시켜 운동량과 회전량의 변화량으로 가스흐름을 측정하는 유체에너지 이용식이다.

※ 용적식 유량계

케이스와 회전자 사이의 공간으로 일정량의 유체를 연속적으로 유입시키고 유출되는 양을 회전자가 회전하는 회전수에 비례하여 적산유량을 계산한다. 가스미터기, 가정용 수도미터, 임펠러형 터빈미터, 프로펠러형 터빈미터기 등이 있다

76 오르자트 가스분석계에서 알칼리성 피로갈롤을 흡수액으로 하는 가스는?

① CO ② H_2S

③ CO_2 ④ O_2

해설 O_2

알칼리성 피로갈롤 용액으로 흡수분석한다.

77 고압으로 밀폐된 탱크에 가장 적합한 액면계는?

① 기포식 ② 차압식

③ 부자식 ④ 편위식

해설 차압식 액면계

탱크 내의 일정한 액면의 위치를 유지하고 있는 기준기의 정압과 탱크 내의 유체의 부압과의 차를 차압계에 의해서 유체의 액면을 측정한다(고압 밀폐탱크의 측정에 가장 적합하다).

78 출력이 일정한 값에 도달한 이후의 제어계의 특성을 무엇이라고 하는가?

① 스텝응답

② 과도특성

③ 정상특성

④ 주파수응답

해설 정상특성

자동제어에서 출력이 일정한 값에 도달한 이후의 제어계의 특성이다.

79 공업용 액면계가 갖추어야 할 조건으로 옳지 않은 것은?

① 자동제어장치에 적용 가능하고, 보수가 용이해야 한다.

② 지시, 기록 또는 원격측정이 가능해야 한다.

③ 연속측정이 가능하고 고온, 고압에 견디어야 한다.

④ 액위의 변화속도가 느리고 액면의 상, 하한계의 적용이 어려워야 한다.

해설 공업용 액면계는 액위의 변화 속도가 빠르고 액면의 상 · 하한계의 한계치를 간단히 할 수 있는 액면계이어야 한다(요구 정도를 만족하게 얻을 수 있어야 한다).

80 감도에 대한 설명으로 옳지 않은 것은?

① 지시량 변화/측정량 변화로 나타낸다.

② 측정량의 변화에 민감한 정도를 나타낸다.

③ 감도가 좋으면 측정시간은 짧아지고 측정범위는 좁아진다.

④ 감도의 표시는 지시계의 감도와 눈금너비로 표시한다.

해설 감도

㉠ 감도 $= \dfrac{\text{지시량의 변화}}{\text{측정량의 변화}}$

㉡ 감도가 좋으면 측정시간이 길어지고 측정범위가 좁아진다.

㉢ 감도의 표시는 지시계의 감도와 눈금너비 또는 눈금량으로 표시된다.

ANSWER | 76. ④ 77. ② 78. ③ 79. ④ 80. ③

SECTION 01 연소공학

01 등심연소 시 화염의 길이에 대하여 옳게 설명한 것은?

① 공기온도가 높을수록 길어진다.
② 공기온도가 낮을수록 길어진다.
③ 공기유속이 높을수록 길어진다.
④ 공기유속 및 공기온도가 낮을수록 길어진다.

해설 등심연소
㉠ 연료를 심지로 뽑아 올려 대류나 복사열에 발생한 증기가 연소하는 것이다.
㉡ 공급되는 공기의 유속이 낮거나 공급공기의 온도가 높으면 화염의 높이나 길이가 길어진다.

02 메탄올 96g과 아세톤 116g을 함께 진공상태의 용기에 넣고 기화시켜 25℃의 혼합기체를 만들었다. 이 때 전압력은 약 몇 mmHg인가?(단, 25℃에서 순수한 메탄올과 아세톤의 증기압 및 분자량은 각각 96.5mmHg, 56mmHg 및 32, 58이다.)

① 76.3 ② 80.3
③ 152.5 ④ 170.5

해설 메탄올(96/32) = 3몰, 아세톤(116/58) = 2몰, 3 + 2 = 5몰

$$\therefore \text{전압력}(P) = P_1 + P_2 = \frac{(96.5\times3)+(56\times2)}{5} = 80.3\text{mmHg}$$

03 완전연소의 구비조건으로 틀린 것은?

① 연소에 충분한 시간을 부여한다.
② 연료를 인화점 이하로 냉각하여 공급한다.
③ 적정량의 공기를 공급하여 연료와 잘 혼합한다.
④ 연소실 내의 온도를 연소조건에 맞게 유지한다.

해설 완전연소의 조건은 연료를 인화점 이상으로 가열하여 공급하고 기타 ①, ③, ④항에 따른다.

04 위험성 평가기법 중 공정에 존재하는 위험요소들과 공정의 효율을 떨어뜨릴 수 있는 운전상의 문제점을 찾아내어 그 원인을 제거하는 정성적인 안전성 평가기법은?

① What－if ② HEA
③ HAZOP ④ FMECA

해설 ① What－if : 사고예상 질문분석법(정성적 안전성 평가기법)
② HEA : 작업자 실수기법(안전성 평가기법)
③ HAZOP : 위험과 운전분석기법(정성적 안전성 평가기법)
④ FMECA : 이상위험도 분석기법

05 중유의 저위발열량이 10,000kcal/kg의 연료 1kg을 연소시킨 결과 연소열은 5,500kcal/kg이었다. 연소효율은 얼마인가?

① 45% ② 55%
③ 65% ④ 75%

해설 $\text{연소효율}(\eta) = \frac{\text{연소열}}{\text{발열량}}\times100 = \frac{5,500}{10,000}\times100 = 55\%$

06 연소반응이 일어나기 위한 필요충분조건으로 볼 수 없는 것은?

① 점화원 ② 시간
③ 공기 ④ 가연물

해설 ㉠ 연소의 3대조건 : 가연물, 점화원, 산소공급원
㉡ 연소반응의 조건에서 충분한 시간은 완전연소의 구비조건이다.

07 기체연료－공기혼합기체의 최대연소속도(대기압, 25℃)가 가장 빠른 가스는?

① 수소 ② 메탄
③ 일산화탄소 ④ 아세틸렌

1. ① 2. ② 3. ② 4. ③ 5. ② 6. ② 7. ① | ANSWER

해설 기체의 확산속도 및 산소와의 혼합이 좋으면 연소속도가 빨라진다(기체의 확산속도는 분자량의 제곱근에 비례하므로 분자량이 작은 기체는 확산속도가 반대로 커진다).

㉠ 확산속도비 $= \frac{U_o}{U_H} = \frac{M_o}{M_H} = \sqrt{\frac{분자량(가스)}{분자량(산소)}}$

㉡ 분자량(수소 : 2, 메탄 : 16, 일산화탄소 : 28, 아세틸렌 : 26)

08 일반적인 연소에 대한 설명으로 옳은 것은?

① 온도의 상승에 따라 폭발범위는 넓어진다.
② 압력 상승에 따라 폭발범위는 좁아진다.
③ 가연성 가스에서 공기 또는 산소의 농도 증가에 따라 폭발범위는 좁아진다.
④ 공기 중에서보다 산소 중에서 폭발범위는 좁아진다.

해설 ㉠ 온도나 압력이 증가하면 폭발범위 증가
㉡ 산소의 농도가 증가하면 폭발범위 증가

09 이상기체에 대한 설명으로 틀린 것은?

① 이상기체 상태 방정식을 따르는 기체이다.
② 보일-샤를의 법칙을 따르는 기체이다.
③ 아보가드로 법칙을 따르는 기체이다.
④ 반데르발스 법칙을 따르는 기체이다.

해설 실제기체의 상태식(반데르발스식)

$\left(P+\frac{a}{V^2}\right)(V-b)=RT$(1몰당)

$\left(P+\frac{n^2a}{V^2}\right)(V-nb)=nRT$($n$몰당)

10 이산화탄소로 가연물을 덮는 방법은 소화의 3대 효과 중 다음 어느 것에 해당하는가?

① 제거효과 ② 질식효과
③ 냉각효과 ④ 촉매효과

해설 질식효과
CO_2 등으로 가연물을 차단하는 효과이다.

11 표면연소란 다음 중 어느 것을 말하는가?

① 오일표면에서 연소하는 상태
② 고체연료가 화염을 길게 내면서 연소하는 상태
③ 화염의 외부표면에 산소가 접촉하여 연소하는 현상
④ 적열된 코크스 또는 숯의 표면 또는 내부에 산소가 접촉하여 연소하는 상태

해설 표면연소란 숯, 목판, 코크스 등 한 번 건류된 물질이 표면에서 내부로 연소가 진행되는 것으로 그 특징은 ④항과 같다.

12 화재와 폭발을 구별하기 위한 주된 차이는?

① 에너지 방출속도
② 점화원
③ 인화점
④ 연소한계

해설 화재와 폭발을 구별하는 주된 차이 : 에너지 방출속도

13 시안화수소의 위험도(H)는 약 얼마인가?

① 5.8 ② 8.8
③ 11.8 ④ 14.8

해설 위험도(H) $= \frac{U-L}{L} = \frac{41-6}{6} = 5.8$

※ 가연성 가스 HCN(시안화수소) 폭발범위 : 6~41%

14 폭굉유도거리(DID)에 대한 설명으로 옳은 것은?

① 관경이 클수록 짧다.
② 압력이 낮을수록 짧다.
③ 점화원의 에너지가 약할수록 짧다.
④ 정상연소 속도가 빠른 혼합가스일수록 짧다.

해설 폭굉유도거리가 짧아지는 조건
④항 및 관 속에 방해물이 있을 때, 관경이 작을수록, 점화원의 에너지가 강할수록, 압력이 높을수록 등이다.

※ 폭굉(DID)
최초의 완만한 연소에서 격렬한 폭발로 발전할 때까지의 거리 또는 시간을 말하며 폭굉유도거리가 짧을수록 위험한 가스이다.

ANSWER | 8. ① 9. ④ 10. ② 11. ④ 12. ① 13. ① 14. ④

15 **최소점화에너지(MIE)에 대한 설명으로 틀린 것은?**

① MIE는 압력의 증가에 따라 감소한다.
② MIE는 온도의 증가에 따라 증가한다.
③ 질소농도의 증가는 MIE를 증가시킨다.
④ 일반적으로 분진의 MIE는 가연성 가스보다 큰 에너지 준위를 가진다.

해설 최소점화에너지(MIE)

$E=\frac{1}{2}CV^2$

여기서, E : 방전에너지
C : 축전기용량
V : 불꽃전압

㉠ 최소점화에너지가 작을수록 위험성은 크다.
㉡ MIE는 온도의 증가에 따라 감소한다.
㉢ 연소속도가 크거나 열전도율이 작거나 산소농도가 높을수록 MIE는 감소한다.

16 **프로판 1Sm³를 완전연소시키는 데 필요한 이론공기량은 몇 Sm³인가?**

① 5.0
② 10.5
③ 21.0
④ 23.8

해설 프로판(C_3H_8)의 연소반응식

$C_3H_8+5O_2 \rightarrow 3CO_2+4H_2O$

이론공기량(A_0)=이론산소량$\times \frac{1}{0.21}$

$\therefore A_0=5\times\frac{1}{0.21}=23.8\text{Sm}^3/\text{Sm}^3$

17 **증기운폭발에 영향을 주는 인자로서 가장 거리가 먼 것은?**

① 혼합비 ② 점화원의 위치
③ 방출된 물질의 양 ④ 증발된 물질의 분율

해설 증기운폭발(Vapor Cloud Explosion)

인화성 액체, 가연성 가스의 누출로 대기 중 구름형태로 모여 점화원에 의해 순간적으로 모든 가스가 동시에 폭발을 일으키는 것이며 폭발에 영향을 주는 인자는 ②, ③, ④항이다.

18 **다음 기체연료 중 CH_4 및 H_2를 주성분으로 하는 가스는?**

① 고로가스
② 발생로가스
③ 수성가스
④ 석탄가스

해설 석탄가스는 석탄을 코크스화하는 과정에서 발생하는 기체로서 주성분은 메탄, 수소, 가스 등이며, 발열량은 5,500 ~7,500kcal/m³ 정도이다.

19 **메탄 85v%, 에탄 10v%, 프로판 4v%, 부탄 1v%의 조성을 갖는 혼합가스의 공기 중 폭발하한계는 약 얼마인가?**

① 4.4%
② 5.4%
③ 6.2%
④ 7.2%

해설 가연성 가스 폭발하한계(르-샤틀리에 공식)

$\frac{100}{L}=\frac{V_1}{L_1}+\frac{V_2}{L_2}+\frac{V_3}{L_3}+\frac{V_4}{L_4}$

$\frac{100}{\left(\frac{85}{5}\right)+\left(\frac{10}{3}\right)+\left(\frac{4}{2.1}\right)+\left(\frac{1}{1.8}\right)}=\frac{100}{22.8}=4.4$

※ 가스의 폭발범위

㉠ 메탄(CH_4) : 5~15%
㉡ 에탄(C_2H_6) : 3~12.5%
㉢ 프로판(C_3H_8) : 2.1~9.5%
㉣ 부탄(C_4H_{10}) : 1.8~8.4%

20 **LPG를 연료로 사용할 때의 장점으로 옳지 않은 것은?**

① 발열량이 크다.
② 조성이 일정하다.
③ 특별한 가압장치가 필요하다.
④ 용기, 조정기와 같은 공급설비가 필요하다.

해설 LPG 중 프로판, 부탄의 비점은 −42.1℃, −0.5℃이므로 액화하기 용이하여 특별한 가압장치가 불필요하다.

15. ② 16. ④ 17. ① 18. ④ 19. ① 20. ③ | ANSWER

SECTION 02 가스설비

21 **아세틸렌가스를 2.5MPa의 압력으로 압축할 때 주로 사용되는 희석제는?**

① 질소
② 산소
③ 이산화탄소
④ 암모니아

해설 C_2H_2가스의 저장 시 희석제
에틸렌, 메탄, 일산화탄소, 질소 등이 있다. 그 이유는 2.5 MPa 이상 압축 시 분해폭발을 방지하기 때문이다.
※ 분해폭발 : $2C+H_2 \rightarrow C_2H_2-54.2\text{kcal}$

22 **2개의 단열과정과 2개의 등압과정으로 이루어진 가스터빈의 이상 사이클은?**

① 에릭슨 사이클
② 브레이턴 사이클
③ 스털링 사이클
④ 아트킨슨 사이클

해설 브레이턴 가스터빈 사이클(정압연소 사이클)

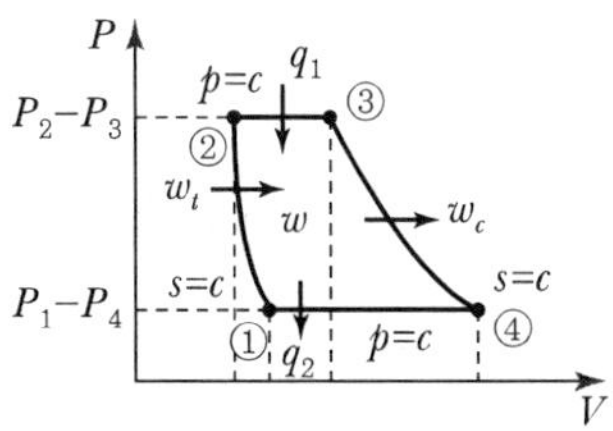

㉠ ①→②(가역단열압축)
㉡ ②→③(가역정압가열)
㉢ ③→④(가역단열팽창)
㉣ ④→①(가역정압배기)

23 **전기방식에 대한 설명으로 틀린 것은?**

① 전해질 중 물, 토양, 콘크리트 등에 노출된 금속에 대하여 전류를 이용하여 부식을 제어하는 방식이다.
② 전기방식은 부식 자체를 제거할 수 있는 것이 아니고 음극에서 일어나는 부식을 양극에서 일어나도록 하는 것이다.
③ 방식전류는 양극에서 양극반응에 의하여 전해질로 이온이 누출되어 금속표면으로 이동하게 되고 음극 표면에서는 음극반응에 의하여 전류가 유입되게 된다.
④ 금속에서 부식을 방지하기 위해서는 방식전류가 부식전류 이하가 되어야 한다.

해설 전기방식
㉠ 종류 : 유전양극법, 외부전원법, 선택배류법, 강제배류법
㉡ 특징 : ②, ③, ④항 외에도 금속에서 부식을 방지하기 위해서는 방식전류가 부식전류 이상이 되어야 한다.

24 **암모니아 압축기 실린더에 일반적으로 워터재킷을 사용하는 이유가 아닌 것은?**

① 윤활유의 탄화를 방지한다.
② 압축소요일량을 크게 한다.
③ 압축효율의 향상을 도모한다.
④ 밸브 스프링의 수명을 연장시킨다.

해설 왕복동식 암모니아 압축기 실린더에 일반적으로 워터재킷(냉각수 흐름으로 과열 방지)을 사용하는 이유는 압축소요일량을 적게 하기 위함이다.

25 **일반도시가스사업자의 정압기에서 시공감리 기준 중 기능검사에 대한 설명으로 틀린 것은?**

① 2차 압력을 측정하여 작동압력을 확인한다.
② 주정압기의 압력변화에 따라 예비정압기가 정상 작동되는지 확인한다.
③ 가스차단장치의 개폐상태를 확인한다.
④ 지하에 설치된 정압기실 내부에 100Lux 이상의 조명도가 확보되는지 확인한다.

해설 지하 정압기실 내부 밝기
150Lux 이상의 조명도가 필요하다.

26 **금속재료에 대한 풀림의 목적으로 옳지 않은 것은?**

① 인성을 향상시킨다.
② 내부응력을 제거한다.
③ 조직을 조대화하여 높은 경도를 얻는다.
④ 일반적으로 강의 경도가 낮아져 연화된다.

ANSWER | 21. ① 22. ② 23. ④ 24. ② 25. ④ 26. ③

해설 금속의 열처리

㉠ 담금질 : 소입(Quenching)은 강의 경도, 강도 증가
㉡ 뜨임 : 소려(Tempering)는 경도 감소, 인성 증가
㉢ 풀림 : 소둔(Annealing)은 가공경화된 재료를 연화시킨다.
㉣ 불림 : 소준(Normalizing)은 강의 조직 표준화, 내부 응력을 제거한다.

27 **LPG를 탱크로리에서 저장탱크로 이송 시 작업을 중단해야 하는 경우로서 가장 거리가 먼 것은?**

① 누출이 생긴 경우
② 과충전이 된 경우
③ 작업 중 주위에 화재 발생 시
④ 압축기 이용 시 베이퍼록 발생 시

해설 압축기 사용 LPG 탱크로리에서 저장탱크로 이송 시 부탄의 경우 재액화 우려가 있고, 압축기 이송이 아닌 펌프이송 시 베이퍼록(기화) 발생이 염려된다.

28 **발열량 10,500kcal/m³인 가스를 출력 12,000kcal/h인 연소기에서 연소효율 80%로 연소시켰다. 이 연소기의 용량은?**

① $0.70m^3/h$　② $0.91m^3/h$
③ $1.14m^3/h$　④ $1.43m^3/h$

해설 $$연소기용량 = \frac{가스출력}{발열량 \times 연소효율} = \frac{12,000}{10,500 \times 0.8} = 1.43m^3/h$$

29 **액화프로판 400kg을 내용적 50L의 용기에 충전 시 필요한 용기의 개수는?**

① 13개　② 15개
③ 17개　④ 19개

해설 프로판(C_3H_8) 1kmol = 44kg($22.4m^3$)
액화프로판 : 0.509kg/L, 액화부탄 : 0.582kg/L
용기 1개당 충전량 = $0.9dV$

$$\therefore \frac{400}{0.9 \times 0.509 \times 50} \fallingdotseq 19개$$

30 **조정압력이 3.3kPa 이하인 액화석유가스 조정기의 안전장치 작동정지압력은?**

① 7kPa　② 5.04~8.4kPa
③ 5.6~8.4kPa　④ 8.4~10kPa

해설 안전장치 압력

㉠ 작동표준압력 : 7kPa
㉡ 작동개시압력 : 5.6~8.4kPa
㉢ 작동정지압력 : 5.04~8.4kPa

31 **도시가스 저압배관의 설계 시 반드시 고려하지 않아도 되는 사항은?**

① 허용압력손실　② 가스소비량
③ 연소기의 종류　④ 관의 길이

해설 가스 저압배관설계 가스유량(Q)

$$Q = K\sqrt{\frac{D^5 \cdot h}{S \cdot L}},\ D^5 = \frac{Q_2 \cdot S \cdot L}{K^2 \cdot h}$$

여기서, K : 0.707
D : 관지름(cm)
h : 허용압력손실(mmH_2O)
S : 가스기체비중
L : 관의 길이(m)

32 **유수식 가스홀더의 특징에 대한 설명으로 틀린 것은?**

① 제조설비가 저압인 경우에 사용한다.
② 구형 홀더에 비해 유효가동량이 많다.
③ 가스가 건조하면 물탱크의 수분을 흡수한다.
④ 부지면적과 기초공사비가 적게 소요된다.

해설 저압용 가스홀더(유수식)
구형 가스홀더에 비해 유효가동량이 많고 많은 물을 필요로 하기 때문에 기초비가 많이 들고, 한랭지에서는 물의 동결방지가 필요하다.

33 **정압기(Governor)의 기본구성 중 2차 압력을 감지하고 변동사항을 알려주는 역할을 하는 것은?**

① 스프링　② 메인밸브
③ 다이어프램　④ 웨이트

27. ④ 28. ④ 29. ④ 30. ② 31. ③ 32. ④ 33. ③ | ANSWER

해설 정압기(Governor)
레이놀즈식, 피셔식, 엑셀플로식이 있다. 정압기의 기본구조는 다이어프램, 스프링, 메인밸브가 있고 파일럿 다이어프램에서 2차 압력의 작은 변화를 증폭해서 메인정압기를 작동시키므로 오프셋은 적어진다.

34 LP가스를 이용한 도시가스 공급방식이 아닌 것은?

① 직접 혼입방식
② 공기 혼합방식
③ 변성 혼입방식
④ 생가스 혼합방식

해설 LP가스 도시가스 공급방식
직접 혼입방식, 공기혼합방식, 변성가스 공급방식
※ LP가스 강제기화식 : 생가스 공급방식, 공기혼합 공급방식, 변성가스 공급방식

35 Loading형으로 정특성, 동특성이 양호하며 비교적 콤팩트한 형식의 정압기는?

① KRF식 정압기
② Fisher식 정압기
③ Reynolds식 정압기
④ Axial－flow식 정압기

해설 피셔식 정압기
㉠ 로딩형이다.
㉡ 정특성, 동특성이 양호하다.
㉢ 비교적 콤팩트하다.

36 염소가스 압축기에 주로 사용되는 윤활제는?

① 진한황산
② 양질의 광유
③ 식물성유
④ 묽은 글리세린

해설 압축기용 윤활제
㉠ 진한황산(염소압축기)
㉡ 양질의 광유(수소압축기)
㉢ 식물성유(LPG압축기)
㉣ 묽은 글리세린(산소압축기)

37 캐비테이션 현상의 발생 방지책에 대한 설명으로 가장 거리가 먼 것은?

① 펌프의 회전수를 높인다.
② 흡입관경을 크게 한다.
③ 펌프의 위치를 낮춘다.
④ 양흡입펌프를 사용한다.

해설 캐비테이션(공동현상)은 펌프운전 시 발생하며 펌프의 회전수를 낮추면 완화된다.

38 가스용 폴리에틸렌 관의 장점이 아닌 것은?

① 부식에 강하다.
② 일광, 열에 강하다.
③ 내한성이 우수하다.
④ 균일한 단위제품을 얻기 쉽다.

해설 가스용 폴리에틸렌 관(PE관 : XL관)은 일광이나 열에 약하다(최고사용 0.4MPa 이하에 사용한다).

39 어떤 냉동기에서 0℃의 물로 0℃의 얼음 2톤을 만드는 데 50kW · h의 일이 소요되었다. 이 냉동기의 성능계수는?(단, 물의 응고열은 80kcal/kg이다.)

① 3.7 ② 4.7
③ 5.7 ④ 6.7

해설 1kW · h＝860kcal, 50×860＝43,000kcal
2톤＝2,000kg, 응고열＝2000×80＝160,000kcal

$$\therefore \text{냉동기 성능계수} = \frac{\text{소요열량}}{\text{압축기 일의 열당량}} = \frac{160,000}{43,000} = 3.7$$

40 터보형 펌프에 속하지 않는 것은?

① 사류펌프 ② 축류펌프
③ 플런저펌프 ④ 센트리퓨걸펌프

해설 왕복동 펌프
㉠ 워싱턴펌프
㉡ 웨어펌프
㉢ 플런저펌프

ANSWER | 34. ④ 35. ② 36. ① 37. ① 38. ② 39. ① 40. ③

SECTION 03 가스안전관리

41 액화석유가스 자동차에 고정된 용기충전의 시설에 설치되는 안전밸브 중 압축기의 최종단에 설치된 안전밸브의 작동조정의 최소주기는?

① 6월에 1회 이상 ② 1년에 1회 이상
③ 2년에 1회 이상 ④ 3년에 1회 이상

해설 압축기 최종단에 설치된 안전밸브 작동조정 최소주기
1년에 1회 이상(기타는 2년에 1회 이상)

42 특정설비에 대한 표시 중 기화장치에 각인 또는 표시해야 할 사항이 아닌 것은?

① 내압시험압력
② 가열방식 및 형식
③ 설비별 기호 및 번호
④ 사용하는 가스의 명칭

해설 특정설비
㉠ 종류: 안전밸브, 긴급차단장치, 기화장치, 독성 가스 배관용 밸브, 자동차용 가스자동주입기, 역화방지기, 압력용기, 특정고압가스용 실린더 캐비닛, 자동차용 압축천연가스 완속충전설비, 액화석유가스용 용기 잔류가스 회수장치
㉡ 기화기 각인 표시사항 : 내압시험압력, 가열방식 및 형식, 사용하는 가스의 명칭 등

43 고압가스 특정제조시설에서 안전구역 안의 고압가스설비는 그 외면으로부터 다른 안전구역 안에 있는 고압가스설비의 외면까지 몇 m 이상의 거리를 유지하여야 하는가?

① 10m ② 20m
③ 30m ④ 50m

해설 고압가스 특정제조시설

안전구역 안의 고압가스설비	← 30m 이격거리 →	다른 안전구역 안의 고압가스설비

44 고압가스 운반차량의 운행 중 조치사항으로 틀린 것은?

① 400km 이상 거리를 운행할 경우 중간에 휴식을 취한다.
② 독성 가스를 운반 중 도난당하거나 분실한 때에는 즉시 그 내용을 경찰서에 신고한다.
③ 독성 가스를 운반하는 때는 그 고압가스의 명칭, 성질 및 이동 중의 재해방지를 위하여 필요한 주의사항을 기재한 서류를 운전자 또는 운반책임자에게 교부한다.
④ 고압가스를 적재하여 운반하는 차량은 차량의 고장, 교통사정, 운전자 또는 운반책임자가 휴식할 경우 운반책임자와 운전자가 동시에 이탈하지 아니한다.

해설 고압가스 운반차량의 운행 중 중간에 휴식이 필요한 운행거리는 200km 이상이다.

45 고압가스 안전성 평가기준에서 정한 위험성 평가기법 중 정성적 평가기법에 해당되는 것은?

① Check List 기법
② HEA 기법
③ FTA 기법
④ CCA 기법

해설 위험성 평가기법
㉠ 정성적 안전성 평가기법 : Check List, HAZOP
㉡ 정량적 안전성 평가기법 : FTA, CCA, HEA

46 일반적인 독성 가스의 제독제로 사용되지 않는 것은?

① 소석회
② 탄산소다 수용액
③ 물
④ 암모니아 수용액

해설 독성 가스 제독제의 종류
㉠ 염소 제독제 : 소석회, 탄산소다 수용액
㉡ 황화수소 제독제 : 탄산소다, 가성소다 수용액
㉢ 암모니아 제독제 : 물

41. ② 42. ③ 43. ③ 44. ① 45. ① 46. ④ | ANSWER

47 **암모니아 저장탱크에는 가스의 용량이 저장탱크 내 용적의 몇 %를 초과하는 것을 방지하기 위한 과충전 방지조치를 강구하여야 하는가?**

① 85% ② 90%
③ 95% ④ 98%

해설 NH_3가스 가스저장용량

48 **고압가스용 이음매 없는 용기제조 시 탄소함유량은 몇 % 이하를 사용하여야 하는가?**

① 0.04 ② 0.05
③ 0.33 ④ 0.55

해설 이음매 없는 용기제조 시 화학성분기준
㉠ 탄소 : 0.55% 이하(용접용기 : 0.33% 이하)
㉡ 인 : 0.04% 이하(용접용기 : 0.04% 이하)
㉢ 황 : 0.05% 이하(용접용기 : 0.05% 이하)

49 **가스를 충전하는 경우에 밸브 및 배관이 얼었을 때의 응급조치방법으로 부적절한 것은?**

① 열습포를 사용한다.
② 미지근한 물로 녹인다.
③ 석유 버너 불로 녹인다.
④ 40℃ 이하의 물로 녹인다.

해설 가스를 충전하는 경우 밸브나 배관이 얼었을 때 조치방법은 ①, ②, ④항에 따른다.

50 **고압가스 일반제조의 시설기준에 대한 설명으로 옳은 것은?**

① 산소 초저온 저장탱크에는 환형유리관 액면계를 설치할 수 없다.
② 고압가스설비에 장치하는 압력계는 상용압력의 1.1배 이상 2배 이하의 최고눈금이 있어야 한다.
③ 공기보다 가벼운 가연성 가스의 가스설비실에는 1방향 이상의 개구부 또는 자연환기설비를 설치하여야 한다.
④ 저장능력이 1000톤 이상인 가연성 액화가스의 지상저장탱크의 주위에는 방류둑을 설치하여야 한다.

해설 고압가스 일반제조의 시설기준
㉠ 가연성 가스 저장탱크 방류둑기준 : 1000톤 이상이면 설치한다.
㉡ 압력계의 최소눈금 : 상용압력의 1.5배 이상~2배 이하
㉢ 가스설비개구부, 자연환기설비 : 공기보다 무거운 가스의 설비는 ③항에 따른다.
㉣ 산소나 초저온 저장탱크의 액면계 : 환형액면계 설치가 가능하다.

51 **포스겐가스($COCl_2$)를 취급할 때의 주의사항으로 옳지 않은 것은?**

① 취급 시 방독마스크를 착용할 것
② 공기보다 가벼우므로 환기시설은 보관장소의 위쪽에 설치할 것
③ 사용 후 폐가스를 방출할 때에는 중화시킨 후 옥외로 방출시킬 것
④ 취급장소는 환기가 잘 되는 곳일 것

해설 ㉠ 포스겐($COCl_2$)의 분자량 : 99
㉡ 포스겐의 비중 : $\frac{99}{29}=3.42$, 공기보다 무겁다.
∴ 환기시설은 보관장소 하부에 설치한다.
㉢ 독성허용농도 : 포스겐은 염화카보닐로서 TLV, TWA 기준 0.01ppm인 맹독성 가스이다.

52 **초저온 용기의 재료로 적합한 것은?**

① 오스테나이트계 스테인리스강 또는 알루미늄 합금
② 고탄소강 또는 Cr강
③ 마텐자이트계 스테인리스강 또는 고탄소강
④ 알루미늄합금 또는 Ni－Cr강

해설 ㉠ 초저온 용기의 금속재료 : 오스테나이트계 스테인리스강, 알루미늄 합금 등
㉡ 초저온 용기 : －50℃ 이하의 액화가스 충전용기(단열재 피복 요함)

ANSWER | 47. ② 48. ④ 49. ③ 50. ④ 51. ② 52. ①

53 지름이 각각 8m인 LPG 지상저장탱크 사이에 물분무장치를 하지 않은 경우 탱크 사이에 유지해야 되는 간격은?

① 1m ② 2m
③ 4m ④ 8m

해설 저장탱크 이격거리 = 탱크지름 × $\frac{1}{4}$m

8m + 8m = 16m

∴ $16 \times \frac{1}{4} = 4$m 이상

54 고압가스 일반제조시설에서 저장탱크 및 처리설비를 실내에 설치하는 경우의 기준으로 틀린 것은?

① 저장탱크실과 처리설비실은 각각 구분하여 설치하고 강제환기시설을 갖춘다.
② 저장탱크실의 천장, 벽 및 바닥의 두께는 20cm 이상으로 한다.
③ 저장탱크를 2개 이상 설치하는 경우에는 저장탱크실을 각각 구분하여 설치한다.
④ 저장탱크에 설치한 안전밸브는 지상 5m 이상의 높이에 방출구가 있는 가스방출관을 설치한다.

해설

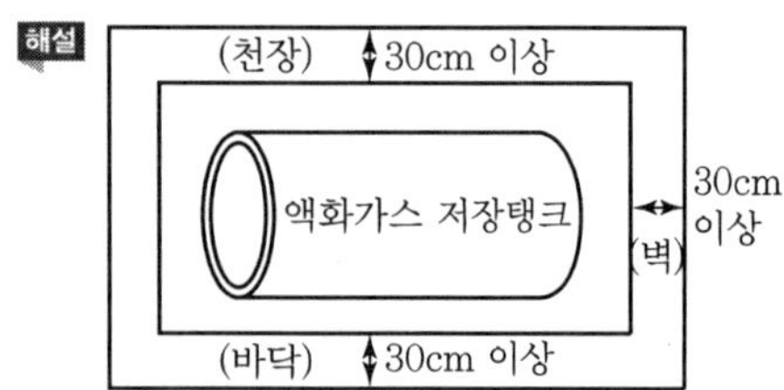

방수처리가 필요한 철근콘크리트로 만든다.

55 액화가스 저장탱크의 저장능력을 산출하는 식은? [단, Q : 저장능력(m^3), W : 저장능력(kg), V : 내용적(L), P : 35℃에서 최고충전압력(MPa), d : 상용온도 내에서 액화가스 비중(kg/L), C : 가스의 종류에 따른 정수이다.]

① $W = \frac{V}{C}$ ② $W = 0.9dV$
③ $Q = (10P+1)V$ ④ $Q = (P+2)V$

해설 ㉠ 액화가스 저장탱크 저장능력(W)
$W = 0.9dV$(10% 안전공간이 필요하다)
㉡ 액화가스 저장용기(W) = $\frac{V}{C}$
㉢ 압축가스 저장용기(Q) = $(P+1)V$
(압축가스는 기체상태로 저장한다)

56 폭발 및 인화성 위험물 취급 시 주의하여야 할 사항으로 틀린 것은?

① 습기가 없고 양지바른 곳에 둔다.
② 취급자 외에는 취급하지 않는다.
③ 부근에서 화기를 사용하지 않는다.
④ 용기는 난폭하게 취급하거나 충격을 주어서는 아니 된다.

해설 가연성 가스의 폭발 및 인화성 물질 취급 시 주의사항
습기가 없는 음지에 둔다. 양지바른 곳에서 일광으로 가스온도가 40℃ 이상이 되면 팽창하여 위험성이 따른다(다만, 너무 건조하면 정전기가 발생한다).

57 폭발예방 대책을 수립하기 위하여 우선적으로 검토하여야 할 사항으로 가장 거리가 먼 것은?

① 요인분석
② 위험성 평가
③ 피해예측
④ 피해보상

해설 폭발 시 피해보상은 우선대책이 아닌 차후대책에 해당한다.

58 아세틸렌용 용접용기 제조 시 내압시험압력이란 최고충전압력 수치의 몇 배의 압력을 말하는가?

① 1.2 ② 1.8
③ 2 ④ 3

해설 내압시험압력
㉠ C_2H_2 가스 : 최고충전압력의 3배(MPa)
㉡ C_2H_2 가스 외의 가스 : 최고충전압력의 5/3배
※ 액화가스용기의 경우에는 가스종류별로 다르다.

53. ③ 54. ② 55. ② 56. ① 57. ④ 58. ④ | ANSWER

59 질소 충전용기에서 질소가스의 누출 여부를 확인하는 방법으로 가장 쉽고 안전한 방법은?

① 기름 사용　② 소리 감지
③ 비눗물 사용　④ 전기스파크 이용

해설 가스충전용기 누출 여부를 확인하는 가장 간단하고 안전한 방법은 비눗물 사용법이다.

60 2단 감압식 1차용 액화석유가스조정기를 제조할 때 최대 폐쇄압력은 얼마 이하로 해야 하는가?(단, 입구압력이 0.1MPa~1.56MPa이다.)

① 3.5kPa　② 83kPa
③ 95kPa　④ 조정압력의 2.5배 이하

해설 액화석유가스 2단 감압식
㉠ 1차 조정기 최대 폐쇄압력 : 95kPa 이하
㉡ 2차 조정기 최대 폐쇄압력 : 3.5kPa 이하

SECTION 04 가스계측

61 되먹임제어에 대한 설명으로 옳은 것은?

① 열린 회로제어이다.
② 비교부가 필요 없다.
③ 되먹임이란 출력신호를 입력신호로 다시 되돌려 보내는 것을 말한다.
④ 되먹임제어시스템은 선형 제어시스템에 속한다.

해설

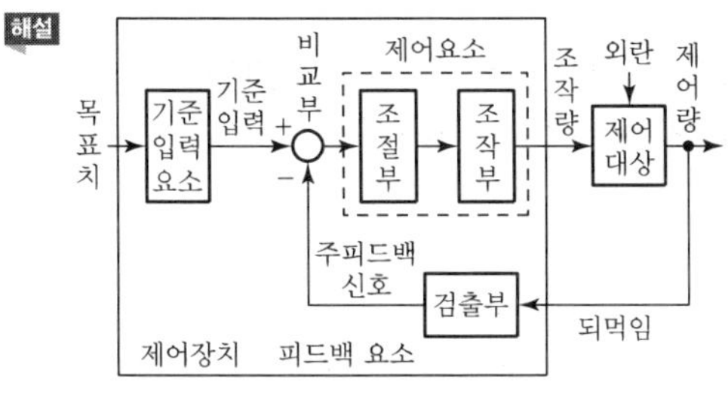

[폐회로피드(되먹임제어)제어]

62 He 가스 중 불순물로서 N_2 : 2%, CO : 5%, CH_4 : 1%, H_2 : 5%가 들어 있는 가스를 가스크로마토그래피로 분석하고자 한다. 다음 중 가장 적당한 검출기는?

① 열전도검출기(TCD)
② 불꽃이온화검출기(FID)
③ 불꽃광도검출기(FPD)
④ 환원성 가스검출기(RGD)

해설 검출기의 종류
㉠ FID : 수소이온화 검출기
㉡ ECD : 전자포획이온화 검출기
㉢ TCD : 열전도도형 검출기
㉣ RGD : 환원성 가스 검출기
※ 가스크로마토그래피 캐리어(전개제)가스 : Ar, He, H_2, N_2

63 다음 가스 분석법 중 흡수분석법에 해당되지 않는 것은?

① 헴펠법　② 게겔법
③ 오르자트법　④ 우인클러법

해설 흡수분석법(흡수액 : CO_2, O_2, CO, NaCl)
㉠ 헴펠법
㉡ 오르자트법
㉢ 게겔법

64 Block 선도의 등가변환에 해당하는 것만으로 짝지어진 것은?

① 전달요소 결합, 가합점 치환, 직렬 결합, 피드백 치환
② 전달요소 치환, 인출점 치환, 병렬 결합, 피드백 결합
③ 인출점 치환, 가합점 결합, 직렬 결합, 병렬 결합
④ 전달요소 이동, 가합점 결합, 직렬 결합, 피드백 결합

해설 블록선도의 등가변환
㉠ 인출점 치환

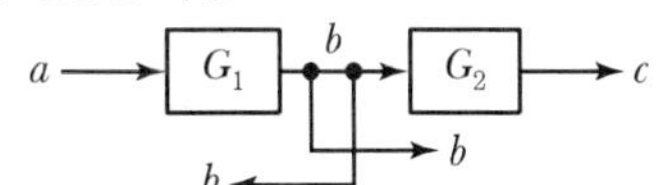

ⓛ 병렬 결합

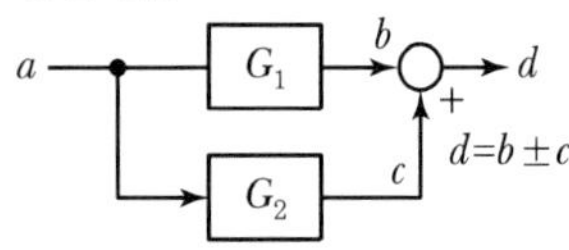

ⓒ 피드백 결합

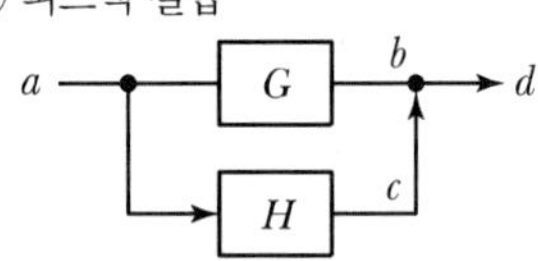

ⓔ 전달요소 치환

a → G → c

65 **가스센서에 이용되는 물리적 현상으로 가장 옳은 것은?**

① 압전효과 ② 조셉슨효과
③ 흡착효과 ④ 광전효과

해설 가스센서 물리적 현상 : 흡착효과

66 **접촉식 온도계의 종류와 특징을 연결한 것 중 틀린 것은?**

① 유리 온도계 – 액체의 온도에 따른 팽창을 이용한 온도계
② 바이메탈 온도계 – 바이메탈이 온도에 따라 굽히는 정도가 다른 점을 이용한 온도계
③ 열전대 온도계 – 온도 차이에 의한 금속의 열상승 속도의 차이를 이용한 온도계
④ 저항 온도계 – 온도 변화에 따른 금속의 전기저항 변화를 이용한 온도계

해설 열전대 온도계
두 가지의 서로 다른 금속선을 결합시켜 양접점에서 온도를 서로 다르게 하면 열기전력이 생기는데, 이것을 이용하는 온도계로서 제벡(Seebeck)효과라고 한다.

67 **여과기(Strainer)의 설치가 필요한 가스미터는?**

① 터빈 가스미터 ② 루트 가스미터
③ 막식 가스미터 ④ 습식 가스미터

해설

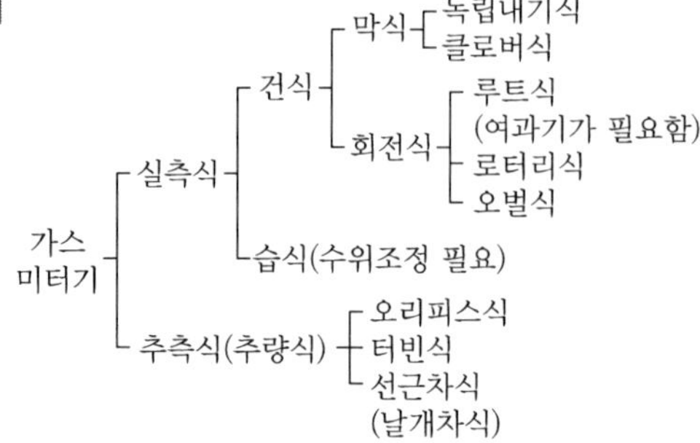

68 **초음파 유량계에 대한 설명으로 틀린 것은?**

① 압력손실이 거의 없다.
② 압력은 유량에 비례한다.
③ 대구경 관로의 측정이 가능하다.
④ 액체 중 고형물이나 기포가 많이 포함되어 있어도 정도가 좋다.

해설 액체 중에 고형물이나 기포가 많으면 측정값의 오차가 커진다(초음파 유량계는 도플러 효과를 이용하는 유량계이다).

69 **외란의 영향으로 인하여 제어량이 목표치인 50L/min에서 53L/min으로 변하였다면 이때 제어편차는 얼마인가?**

① +3L/min ② −3L/min
③ +6.0% ④ −6.0%

해설 제어량 50L/min, 변화 후 53L/min
오버양 = 53 − 50 = 3L/min
∴ 3L/min 감소가 필요하다(−3L/min).

70 **가스미터의 원격계측(검침)시스템에서 원격계측방법으로 가장 거리가 먼 것은?**

① 제트식 ② 기계식
③ 펄스식 ④ 전자식

해설 가스미터기의 원격계측시스템에서 원격계측방법 종류
㉠ 기계식
㉡ 펄스식
㉢ 전자식

65. ③ 66. ③ 67. ② 68. ④ 69. ② 70. ① | ANSWER

71 **전극식 액면계의 특징에 대한 설명으로 틀린 것은?**

① 프로브 형성 및 부착위치와 길이에 따라 정전용량이 변화한다.
② 고유저항이 큰 액체에는 사용이 불가능하다.
③ 액체의 고유저항 차이에 따라 동작점의 차이가 발생하기 쉽다.
④ 내식성이 강한 전극봉이 필요하다.

해설 전극식 액면계
전도성 액체 내부에 전극을 설치하고 낮은 전압을 이용하여 급수나 배수의 액면을 측정한다.
①항의 내용은 정전용량식 액면계의 특징이다.

72 **가스보일러에서 가스를 연소시킬 때 불완전연소로 발생하는 가스에 중독될 경우 생명을 잃을 수도 있다. 이때 이 가스를 검지하기 위하여 사용하는 시험지는?**

① 연당지 ② 염화파라듐지
③ 하리슨씨 시약 ④ 질산구리벤젠지

해설 가스검지기
① 연당지 : 황화수소
② 염화파라듐지 : CO 불완전연소 가스
③ 하리슨 시약 : 포스겐
④ 질산구리벤젠지 : 시안화수소

73 **헴펠(Hempel)법에 의한 분석순서가 바른 것은?**

① $CO_2 \rightarrow C_mH_n \rightarrow O_2 \rightarrow CO$
② $CO \rightarrow C_mH_n \rightarrow O_2 \rightarrow CO_2$
③ $CO_2 \rightarrow O_2 \rightarrow C_mH_n \rightarrow CO$
④ $CO \rightarrow O_2 \rightarrow C_mH_n \rightarrow CO_2$

해설 흡수분석법(헴펠법) 측정순서
㉠ CO_2 : KOH 30% 용액
㉡ C_mH_n : 발연황산
㉢ O_2 : 알칼리성 피로갈롤 용액
㉣ CO : 암모니아성 염화제1동 용액

74 **실측식 가스미터가 아닌 것은?**

① 터빈식 ② 건식
③ 습식 ④ 막식

해설 추측식 가스미터 : 오리피스, 터빈식, 선근차식

75 **아르키메데스의 원리를 이용하는 압력계는?**

① 부르동관 압력계 ② 링밸런스식 압력계
③ 침종식 압력계 ④ 벨로스식 압력계

해설 침종식(복종식) 압력계

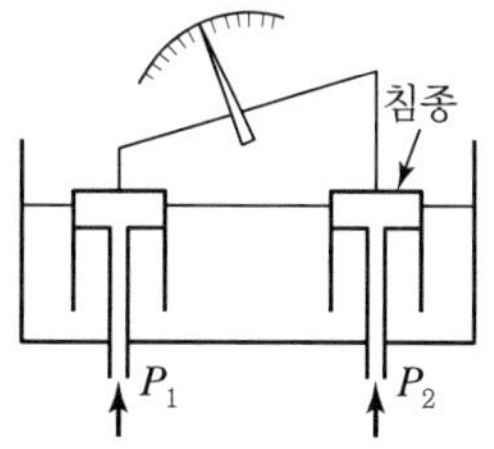

76 **습식 가스미터의 특징에 대한 설명으로 옳지 않은 것은?**

① 계량이 정확하다.
② 설치공간이 작다.
③ 사용 중에 기차의 변동이 거의 없다.
④ 사용 중에 수위조정 등의 관리가 필요하다.

해설 기준 또는 실험용인 습식(실측식) 가스미터기는 설치 스페이스가 크고 사용 중에 수위조정 등의 관리가 필요하다. 또한 0.2~3000m^3/h에서 사용한다.

77 **전기저항식 습도계의 특징에 대한 설명 중 틀린 것은?**

① 저온도의 측정이 가능하고, 응답이 빠르다.
② 고습도에 장기간 방치하면 감습막이 유동한다.
③ 연속기록, 원격측정, 자동제어에 주로 이용된다.
④ 온도계수가 비교적 작다.

해설 전기저항식 습도계의 특징
응답이 빠르고 온도계수가 크며, ①, ②, ③항의 특징 및 경년변화가 있는 결점이 있다.

78 **반도체 스트레인 게이지의 특징이 아닌 것은?**

① 높은 저항 ② 높은 안정성
③ 큰 게이지상수 ④ 낮은 피로수명

ANSWER | 71. ① 72. ② 73. ① 74. ① 75. ③ 76. ② 77. ④ 78. ④

 반도체 스트레인 게이지

㉠ 전기저항 스트레인 게이지의 일종으로 충격측정, 진동측정용의 변환기로 사용한다.

㉡ 높은 저항, 높은 안정성, 큰 게이지상수, 높은 피로수명이 특징이다.

79 평균유속이 3m/s인 파이프를 25L/s의 유량이 흐르도록 하려면 이 파이프의 지름을 약 몇 mm로 해야 하는가?

① 88mm　② 93mm

③ 98mm　④ 103mm

해설 유량(Q)=단면적(A)×유속(m/s)

단면적$=\left(\dfrac{25\times10^{-3}}{3}\right)=0.00833\text{m}^2$

지름$(d)=\sqrt{\dfrac{4Q}{\pi V}}=\sqrt{\dfrac{4\times25\times10^{-3}}{\pi\times3}}=0.103\text{m}$

$=103\text{mm}$

80 계측에 사용되는 열전대 중 다음 [보기]의 특징을 가지는 온도계는?

- 열기전력이 크고 저항 및 온도계수가 작다.
- 수분에 의한 부식에 강하므로 저온측정에 적합하다.
- 비교적 저온의 실험용으로 주로 사용한다.

① R형　② T형

③ J형　④ K형

해설

형	열전대	측정범위(℃)
R	백금-백금로듐	0~1,600
K	크로멜-알루멜	-20~1,200
J	철-콘스탄탄	-20~800
T	구리-콘스탄탄	-200~350(저온 측정)

2020년 3회 가스산업기사

SECTION 01 연소공학

01 연소열에 대한 설명으로 틀린 것은?

① 어떤 물질이 완전연소할 때 발생하는 열량이다.
② 연료의 화학적 성분은 연소열에 영향을 미친다.
③ 이 값이 클수록 연료로서 효과적이다.
④ 발열반응과 함께 흡열반응도 포함한다.

해설 연소열
어떤 물질이 완전연소할 때 발생하는 열량을 말하며 기타 ②, ③항을 의미한다. 즉, 물질 1몰이 완전히 연소할 때의 반응열이다.
$C(s)+O_2(g) \rightarrow CO_2(g)+94kcal$
C(탄소)의 연소열 : 94kcal/mol
$2CO(g)+O_2(g) \rightarrow 2CO_2(g)+136kcal$
CO의 연소열 : $\frac{136}{2}=68kcal/mol$
※ 반응열(발열반응, 흡열반응) : 화학반응에서 물질 1몰이 반응할 때 방출·흡수되는 열량이다.

02 연소가스양 $10m^3/kg$, 비열 $0.325kcal/m^3 \cdot ℃$인 어떤 연료의 저위발열량이 6,700kcal/kg이었다면 이론연소온도는 약 몇 ℃인가?

① 1,962℃ ② 2,062℃
③ 2,162℃ ④ 2,262℃

해설 이론연소온도$(T)=\frac{\text{발열량}}{\text{연소가스양}\times\text{가스비열}}$
$=\frac{6,700}{10\times0.325}=2,062(℃)$

03 황(S) 1kg이 이산화황(SO_2)으로 완전연소할 경우 이론산소량(kg/kg)과 이론공기량(kg/kg)은 각각 얼마인가?

① 1, 4.31 ② 1, 8.62
③ 2, 4.31 ④ 2, 8.62

해설 황(S)의 연소반응식
$S+O_2 \rightarrow SO_2(32kg+32kg \rightarrow 64kg)$
이론산소량$(O_0)=\frac{32}{32}=1(kg/kg)$
이론공기량$(A_0)=$이론산소량$\times\frac{1}{0.232}$
$=1\times\frac{1}{0.232}=4.31(kg/kg)$
※ 공기 중 산소는 질량당 23.2% 함유

04 메탄 60v%, 에탄 20v%, 프로판 15v%, 부탄 5v%인 혼합가스의 공기 중 폭발하한계(v%)는 약 얼마인가? (단, 각 성분의 폭발하한계는 메탄 5.0v%, 에탄 3.0v%, 프로판 2.1v%, 부탄 1.8v%로 한다.)

① 2.5 ② 3.0
③ 3.5 ④ 4.0

해설 가연성 가스 폭발하한계$\left(\frac{100}{L_1}\right)$
$=\frac{100}{\frac{V_1}{L_1}+\frac{V_2}{L_2}+\frac{V_3}{L_3}+\frac{V_4}{L_4}}=\frac{100}{\frac{60}{5.0}+\frac{20}{3.0}+\frac{15}{2.1}+\frac{5}{1.8}}$
$=\frac{100}{28.59}=3.5(\%)$

05 기체연료의 확산연소에 대한 설명으로 틀린 것은?

① 확산연소는 폭발의 경우에 주로 발생하는 형태이며 예혼합연소에 비해 반응대가 좋다.
② 연료가스와 공기를 별개로 공급하여 연소하는 방법이다.
③ 연소형태는 연소기기의 위치에 따라 달라지는 비균일 연소이다.
④ 일반적으로 확산과정은 화학반응이나 화염의 전파과정보다 늦기 때문에 확산에 의한 혼합속도가 연소속도를 지배한다.

해설 기체연료의 확산연소방식은 예혼합연소방식에 비하여 반응대가 좋지 않아서 불완전연소 발생이 우려된다.

ANSWER | 1. ④ 2. ② 3. ① 4. ③ 5. ①

06 프로판 가스의 분자량은 얼마인가?

① 17　　② 44
③ 58　　④ 64

해설 프로판 가스의 분자량
탄소의 원자량은 12, 수소의 원자량은 1이다.
∴ C_3H_8 분자량 : $(12\times3)+(1\times8)=44$

07 0℃, 1기압에서 C_3H_8 5kg의 체적은 약 몇 m^3인가? (단, 이상기체로 가정하고, C의 원자량은 12, H의 원자량은 1이다.)

① 0.6　　② 1.5
③ 2.5　　④ 3.6

해설 프로판(C_3H_8) $44kg=22.4Nm^3=1kmol$
∴ 체적$=22.4\times\frac{5}{44}=2.545kg$

08 다음 보기의 성질을 가지고 있는 가스는?

• 무색, 무취, 가연성기체 • 폭발범위 : 공기 중 4~75vol%

① 메탄　　② 암모니아
③ 에틸렌　　④ 수소

해설 수소가스(H_2)
㉠ 폭발범위가 4~75%인 가연성 가스이다.
㉡ 무색무취의 가스로서 비중은 $\frac{2}{29}=0.07$이다.

09 공기비가 적을 경우 나타나는 현상과 가장 거리가 먼 것은?

① 매연발생이 심해진다.
② 폭발사고 위험성이 커진다.
③ 연소실 내의 연소온도가 저하된다.
④ 미연소로 인한 열손실이 증가한다.

해설 과잉공기량 투입이 지나치면 연소실 내의 연소온도가 하강하고 배기가스양이 많아지며 질소산화물 발생이 심하고 열손실이 증가한다.
※ 공기비가 너무 적으면 불완전연소가 발생한다.

10 1atm, 27℃의 밀폐된 용기에 프로판과 산소가 1 : 5 부피비로 혼합되어 있다. 프로판이 완전연소하여 화염의 온도가 1,000℃가 되었다면 용기 내에 발생하는 압력은 약 몇 atm인가?

① 1.95atm　　② 2.95atm
③ 3.95atm　　④ 4.95atm

해설 $T_1=27+273=300K$
$T_2=1,000+273=1,273K$
연소반응($C_3H_8+5O_2 \rightarrow 3CO_2+4H_2O$
연소물($C_3H_8+5O_2 \rightarrow 6$)
생성물($3CO_2+4H_2O=7$)
∴ $P_2=P_1\times\frac{n_2T_2}{n_1T_1}=1\times\frac{7\times(1,273)}{6\times(300)}=4.95atm$

11 기체상수 R을 계산한 결과 1.987이었다. 이때 사용되는 단위는?

① cal/mol · K
② erg/kmol · K
③ Joule/mol · K
④ L · atm/mol · K

해설 일반기체상수(일반 $\overline{R}$)
$=0.08205L\cdot atm/gmol\cdot K$
$=848kg\cdot m/kmol\cdot K$
$=62.36m^3\cdot mmHg/kmol\cdot K$
$=1.987kcal/kmol\cdot K$
$=8.314\times10^7erg/gmol\cdot K$
$=8.314kJ/kmol\cdot K$

12 분진폭발과 가장 관련이 있는 물질은?

① 소백분
② 에테르
③ 탄산가스
④ 암모니아

해설 분진폭발
소백분, 알루미늄미분말, 마그네슘분말 등의 폭발이다(가연성 고체의 미분이다).

6. ② 7. ③ 8. ④ 9. ③ 10. ④ 11. ① 12. ① | ANSWER

13 폭굉이란 가스 중의 음속보다 화염 전파속도가 큰 경우를 말하는데 마하수 약 얼마를 말하는가?

① 1~2 ② 3~12
③ 12~21 ④ 21~30

해설 마하수(M) $= \dfrac{\text{속도}(V)}{\text{음속}(C)}$

(폭굉이 일어나는 마하수는 3~12 정도)
※ 폭굉 : 폭발유속이 1,000~3,500m/s

14 다음 중 자기연소를 하는 물질로만 나열된 것은?

① 경유, 프로판 ② 질화면, 셀룰로이드
③ 황산, 나프탈렌 ④ 석탄, 플라스틱(FRP)

해설 자기연소
제5류 위험물인 셀룰로이드, 질산에스테르류, 히드라진 등 가연성 고체 내에 산소를 함유한 물질이다.

15 가연물의 위험성에 대한 설명으로 틀린 것은?

① 비등점이 낮으면 인화의 위험성이 높아진다.
② 파라핀 등 가연성 고체는 화재 시 가연성 액체가 되어 화재를 확대한다.
③ 물과 혼합되기 쉬운 가연성 액체는 물과 혼합되면 증기압이 높아져 인화점이 낮아진다.
④ 전기전도도가 낮은 인화성 액체는 유동이나 여과 시 정전기를 발생시키기 쉽다.

해설 가연성 물질은 수분함량이 적어 건조도가 높아야 한다(압력이 증가하면 비점이 상승하므로 증기발생이 어렵다).

16 정전기를 제어하는 방법으로서 전하의 생성을 방지하는 방법이 아닌 것은?

① 접속과 접지(Bonding and Grounding)
② 도전성 재료 사용
③ 침액파이프(Dip Pipes) 설치
④ 첨가물에 의한 전도도 억제

해설 ④항에서는 접촉전위차가 작은 재료를 선택한다.

17 어떤 반응물질이 반응을 시작하기 전에 반드시 흡수하여야 하는 에너지의 양을 무엇이라 하는가?

① 점화에너지 ② 활성화에너지
③ 형성엔탈피 ④ 연소에너지

해설 활성화에너지
어떤 반응물질이 반응을 시작하기 전에 반드시 흡수하여야 하는 에너지의 양이다.

18 연료의 발열량 계산에서 유효수소를 옳게 나타낸 것은?

① $\left(H+\dfrac{O}{8}\right)$ ② $\left(H-\dfrac{O}{8}\right)$
③ $\left(H+\dfrac{O}{16}\right)$ ④ $\left(H-\dfrac{O}{16}\right)$

해설 $H_2+\dfrac{1}{2}O_2 \rightarrow H_2O$

$2\text{kg}+\dfrac{32}{2}\text{kg} \rightarrow 18\text{kg}$

$1\text{kg}+\ 8\text{kg} \rightarrow 9\text{kg}$

수소성분 중 주위에 산소가 있으면 수소 1kg : 산소 8kg으로 반응하여 H_2O이 생성되므로 실제 연소가 가능한 수소성분만을 연소가 가능한 유효수소$\left(H-\dfrac{O}{8}\right)$라고 한다.

19 표준상태에서 기체 $1m^3$는 약 몇 몰인가?

① 1 ② 2
③ 22.4 ④ 44.6

해설 $1m^3 = 1{,}000L$
$1mol = 22.4L$
$\therefore \dfrac{1{,}000}{22.4} = 44.6mol$

20 다음 중 열전달계수의 단위는?

① kcal/h ② kcal/m^2 · h · ℃
③ kcal/m · h · ℃ ④ kcal/℃

해설 ㉠ 열전달계수, 열전달률 단위 : kcal/m^2h℃(kJ/m^2K)
㉡ 열전도율 단위 : kcal/mh℃

SECTION 02 가스설비

21 조정기 감압방식 중 2단 감압방식의 장점이 아닌 것은?

① 공급압력이 안정하다.
② 장치와 조작이 간단하다.
③ 배관의 지름이 가늘어도 된다.
④ 각 연소기구에 알맞은 압력으로 공급이 가능하다.

해설 2단 감압방식
설비가 복잡하고 검사방법이 복잡하다.

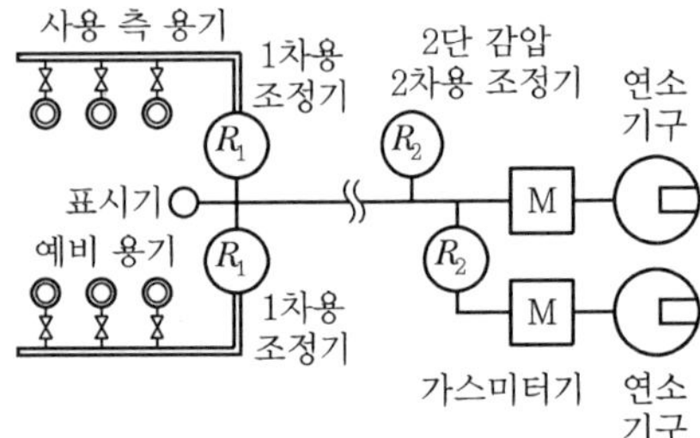

22 지하 도시가스 매설배관에 Mg과 같은 금속을 배관과 전기적으로 연결하여 방식하는 방법은?

① 희생양극법 ② 외부전원법
③ 선택배류법 ④ 강제배류법

해설 전기방식(희생양극법)
매설가스배관에 마그네슘(Mg)과 같은 금속을 배관과 전기적으로 연결하여 방식하는 방법이다.

23 고압가스설비 내에서 이상사태가 발생한 경우 긴급이송설비에 의하여 이송되는 가스를 안전하게 연소시킬 수 있는 안전장치는?

① 벤트스택 ② 플레어스택
③ 인터록기구 ④ 긴급차단장치

해설 플레어스택
가스설비에서 이상사태 발생의 경우 긴급이송설비에 이송되는 가스를 안전하게 연소시키는 장치이다.
※ 벤트스택 : 가스방출설비

24 도시가스시설에서 전기방식효과를 유지하기 위하여 빗물이나 이물질의 접촉으로 인한 절연의 효과가 상쇄되지 아니하도록 절연이음매 등을 사용하여 절연한다. 절연조치를 하는 장소에 해당되지 않는 것은?

① 교량횡단 배관의 양단
② 배관과 철근콘크리트 구조물 사이
③ 배관과 배관지지물 사이
④ 타 시설물과 30cm 이상 이격되어 있는 배관

해설 전기방식효과 유지 절연조치 장소는 ①, ②, ③항 외에 타 시설물과 접근 교차지점이 해당된다(다만, 타 시설물과 30cm 이상 이격 설치된 경우에는 제외한다).

25 원심펌프를 병렬로 연결하는 것은 무엇을 증가시키기 위한 것인가?

① 양정 ② 동력
③ 유량 ④ 효율

해설
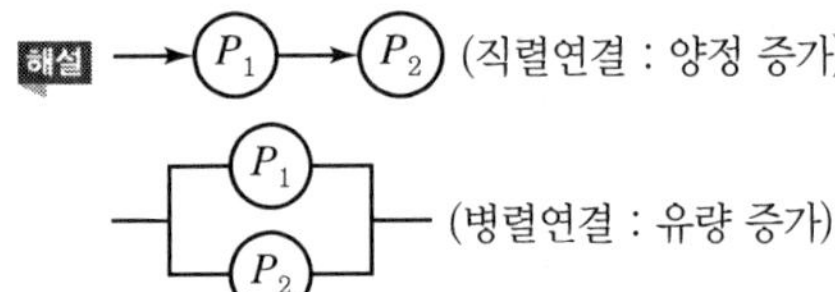

26 저온장치에서 저온을 얻을 수 있는 방법이 아닌 것은?

① 단열교축팽창 ② 등엔트로피팽창
③ 단열압축 ④ 기체의 액화

해설 기체를 단열압축하면 온도가 상승하고 용적은 감소한다.

27 두께 3mm, 내경 20mm, 강관에 내압이 2kgf/cm^{2}일 때, 원주방향으로 강관에 작용하는 응력은 약 몇 kgf/cm^{2}인가?

① 3.33 ② 6.67
③ 9.33 ④ 12.67

해설 원주방향 응력$(\sigma_A)=\dfrac{PD}{2t}=\dfrac{2\times20}{2\times3}=6.67\text{kgf/cm}^2$

※ 축방향 응력$(\sigma_B)=\dfrac{PD}{4t}$

21. ② 22. ① 23. ② 24. ④ 25. ③ 26. ③ 27. ② | ANSWER

28 용적형 압축기에 속하지 않는 것은?

① 왕복 압축기
② 회전 압축기
③ 나사 압축기
④ 원심 압축기

해설 터보형(비용적식) 압축기
㉠ 원심식
㉡ 축류식
㉢ 혼류식

29 비교회전도 175, 회전수 3,000rpm, 양정 210m인 3단 원심펌프의 유량은 약 몇 m^3/min인가?

① 1 ② 2
③ 3 ④ 4

해설 비교회전도$(N_s) = \dfrac{N\sqrt{Q}}{\left(\dfrac{H}{n}\right)^{\frac{3}{4}}}$, $175 = \dfrac{3{,}000\sqrt{Q}}{\left(\dfrac{210}{3}\right)^{\frac{3}{4}}}$

∴ 유량$(Q) = 2\text{m}^3/\text{min}$

30 고압고무호스의 제품성능 항목이 아닌 것은?

① 내열성능
② 내압성능
③ 호스부성능
④ 내이탈성능

해설 고압고무호스의 제품성능 항목
㉠ 내압성능
㉡ 호스부성능
㉢ 내이탈성능

31 이중각식 구형 저장탱크에 대한 설명으로 틀린 것은?

① 상온 또는 −30℃ 전후까지의 저온의 범위에 적합하다.
② 내구에는 저온 강재, 외구에는 보통 강판을 사용한다.
③ 액체산소, 액체질소, 액화메탄 등의 저장에 사용된다.
④ 단열성이 아주 우수하다.

해설 이중각식 구형 탱크

9% Ni 강 혹은 Al 합금
내부탱크
LNG
−162℃
탄소강
외부탱크
방류둑

※ ①항은 단각식 구형 저장탱크에 대한 설명이다.

32 저온(T_2)으로부터 고온(T_1)으로 열을 보내는 냉동기의 성능계수 산정식은?

① $\dfrac{T_2}{T_1}$

② $\dfrac{T_2}{T_1 - T_2}$

③ $\dfrac{T_1}{T_1 - T_2}$

④ $\dfrac{T_1 - T_2}{T_1}$

해설 역카르노사이클(냉동사이클) 성능계수(COP)

$$COP = \frac{q_2}{A_w} = \frac{T_2}{T_1 - T_2} = \frac{q_2}{q_1 - q_2}$$
$$= \frac{\text{냉동효과}}{\text{압축기 유효일의 열당량}}$$

33 액화석유가스를 소규모 소비하는 시설에서 용기수량을 결정하는 조건으로 가장 거리가 먼 것은?

① 용기의 가스 발생능력
② 조정기의 용량
③ 용기의 종류
④ 최대 가스 소비량

해설 LPG 용기수량 결정조건
㉠ 용기의 가스 발생능력
㉡ 용기의 종류
㉢ 최대 가스 소비량

ANSWER | 28. ④ 29. ② 30. ① 31. ① 32. ② 33. ②

34 LPG 용기 충전설비의 저장설비실에 설치하는 자연 환기설비에서 외기에 면하여 설치된 환기구의 통풍 가능면적의 합계는 어떻게 하여야 하는가?

① 바닥면적 $1m^2$마다 $100cm^2$의 비율로 계산한 면적 이상
② 바닥면적 $1m^2$마다 $300cm^2$의 비율로 계산한 면적 이상
③ 바닥면적 $1m^2$마다 $500cm^2$의 비율로 계산한 면적 이상
④ 바닥면적 $1m^2$마다 $600cm^2$의 비율로 계산한 면적 이상

해설 LPG 용기 충전시설의 자연환기(통풍가능면적)

바닥면적 $1m^2$당 $300cm^2$ 비율

35 정압기를 사용압력별로 분류한 것이 아닌 것은?

① 단독사용자용 정압기
② 중압 정압기
③ 지역 정압기
④ 지구 정압기

해설 도시가스 정압기
㉠ 단독사용자용
㉡ 지역용
㉢ 지구용

36 액화 사이클 중 비점이 점차 낮은 냉매를 사용하여 저비점의 기체를 액화하는 사이클은?

① 린데 공기액화사이클
② 가역가스 액화사이클
③ 캐스케이드 액화사이클
④ 필립스 공기액화사이클

해설 캐스케이드 사이클
비점이 점차 낮은 냉매를 사용하며, 저비점의 기체 액화사이클이다.

※ 가스액화사이클
㉠ 린데의 공기액화사이클
㉡ 클라우드의 공기액화사이클
㉢ 캐피자의 공기액화사이클
㉣ 필립스의 공기액화사이클
㉤ 캐스케이드 액화사이클(다원액화사이클)

37 추의 무게가 5kg이며, 실린더의 지름이 4cm일 때 작용하는 게이지 압력은 약 몇 kg/cm^2인가?

① 0.3 ② 0.4
③ 0.5 ④ 0.6

해설 게이지 압력(atg) $= \dfrac{\text{추의 무게}}{\text{실린더 단면적}}$

$$= \frac{5}{\frac{3.14}{4}\times(4)^2} = 0.4\text{kgf/cm}^2$$

38 시안화수소를 용기에 충전하는 경우 품질검사 시 합격 최저 순도는?

① 98% ② 98.5%
③ 99% ④ 99.5%

해설 가스의 품질검사 순도
㉠ 산소 : 99.5% 이상
㉡ 수소 : 98.5% 이상
㉢ 아세틸렌 : 98% 이상

39 용적형(왕복식) 펌프에 해당하지 않는 것은?

① 플런저펌프 ② 다이어프램펌프
③ 피스톤펌프 ④ 제트펌프

해설 특수펌프
㉠ 제트펌프(디퓨저 사용) ㉡ 기포펌프 ㉢ 수격펌프

40 조정기의 주된 설치 목적은?

① 가스의 유속 조절 ② 가스의 발열량 조절
③ 가스의 유량 조절 ④ 가스의 압력 조절

해설 가스조정기 기능
가스의 공급압력 조절

34. ② 35. ② 36. ③ 37. ② 38. ① 39. ④ 40. ④ | ANSWER

SECTION 03 가스안전관리

41 고압가스 저장탱크를 지하에 묻는 경우 지면으로부터 저장탱크의 정상부까지의 깊이는 최소 얼마 이상으로 하여야 하는가?

① 20cm　② 40cm
③ 60cm　④ 1m

해설

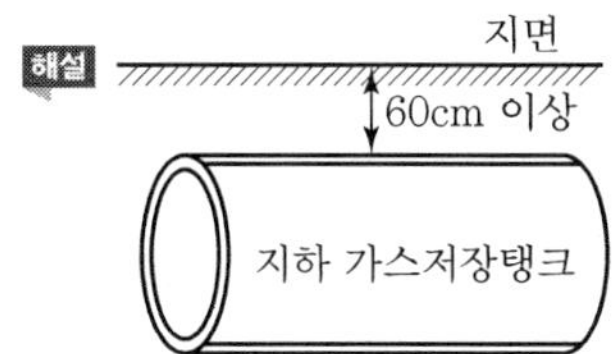

42 동일 차량에 적재하여 운반이 가능한 것은?

① 염소와 수소
② 염소와 아세틸렌
③ 염소와 암모니아
④ 암모니아와 LPG

해설 동일 차량에 적재운반이 불가능한 가스 종류
㉠ 염소, 수소
㉡ 염소, 아세틸렌
㉢ 염소, 암모니아

43 고압가스 제조 시 압축하면 안 되는 경우는?

① 가연성 가스(아세틸렌, 에틸렌 및 수소를 제외) 중 산소용량이 전용량의 2%일 때
② 산소 중의 가연성 가스(아세틸렌, 에틸렌 및 수소를 제외)의 용량이 전용량의 2%일 때
③ 아세틸렌, 에틸렌 또는 수소 중의 산소용량이 전용량의 3%일 때
④ 산소 중 아세틸렌, 에틸렌 및 수소의 용량 합계가 전용량의 1%일 때

해설 ③항에서는 산소용량이 2% 이상이면 압축금지
- ①항 : 4% 이상에서 압축금지
- ②항 : 4% 이상에서 압축금지
- ④항 : 2% 이상에서 압축금지

44 액화석유가스의 특성에 대한 설명으로 옳지 않은 것은?

① 액체는 물보다 가볍고, 기체는 공기보다 무겁다.
② 액체의 온도에 의한 부피변화가 작다.
③ LNG보다 발열량이 크다.
④ 연소 시 다량의 공기가 필요하다.

해설 액화가스는 용기나 탱크에서 온도가 상승하면 부피가 팽창하므로 탱크나 용기 상부에 안전공간을 확보하여야 한다.

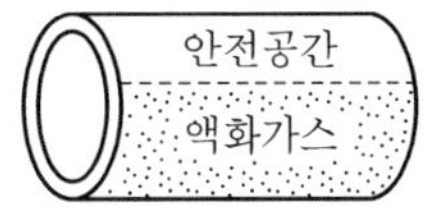

45 자기압력기록계로 최고사용압력이 중압인 도시가스 배관에 기밀시험을 하고자 한다. 배관의 용적이 $15m^3$일 때 기밀유지시간은 몇 분 이상이어야 하는가?

① 24분
② 36분
③ 240분
④ 360분

해설 자기유지압력기록계 중압도시가스 기밀시험시간
저압이나 중압의 경우 용적이 10~$300m^3$ 미만의 경우
$24 \times V$
∴ 24분 × $15m^3$ = 360분

46 차량에 고정된 탱크 운행 시 반드시 휴대하지 않아도 되는 서류는?

① 고압가스 이동계획서
② 탱크 내압시험 성적서
③ 차량등록증
④ 탱크용량 환산표

해설 안전운행 서류철 사항
①, ③, ④항 외에도 운전면허증, 탱크테이블(용량환산표), 차량운행일지, 고압가스 관련 자격증 등이 필요하다.

ANSWER | 41. ③ 42. ④ 43. ③ 44. ② 45. ④ 46. ②

47 **이동식 부탄연소기와 관련되 사고가 액화석유가스 사고의 약 10% 수준으로 발생하고 있다. 이를 예방하기 위한 방법으로 가장 부적당한 것은?**

① 연소기에 접합용기를 정확히 장착한 후 사용한다.
② 과대한 조리기구를 사용하지 않는다.
③ 잔가스 사용을 위해 용기를 가열하지 않는다.
④ 사용한 접합용기는 파손되지 않도록 조치한 후 버린다.

해설 이동식 부탄연소기는 사고예방을 위하여 사용한 접합용기를 파손한 후에 버린다.

48 **액화석유가스사용시설의 시설기준에 대한 안전사항으로 다음 ( ) 안에 들어갈 수치가 모두 바르게 나열된 것은?**

- 가스계량기와 전기계량기와의 거리는 (㉠) 이상, 전기점멸기와의 거리는 (㉡) 이상, 절연조치를 하지 아니한 전선과의 거리는 (㉢) 이상의 거리를 유지할 것
- 주택에 설치된 저장설비는 그 설비 안의 것을 제외한 화기취급장소와 (㉣) 이상의 거리를 유지하거나 누출된 가스가 유동되는 것을 방지하기 위한 시설을 설치할 것

① ㉠ 60cm, ㉡ 30cm, ㉢ 15cm, ㉣ 8m
② ㉠ 30cm, ㉡ 20cm, ㉢ 15cm, ㉣ 8m
③ ㉠ 60cm, ㉡ 30cm, ㉢ 15cm, ㉣ 2m
④ ㉠ 30cm, ㉡ 20cm, ㉢ 15cm, ㉣ 2m

해설

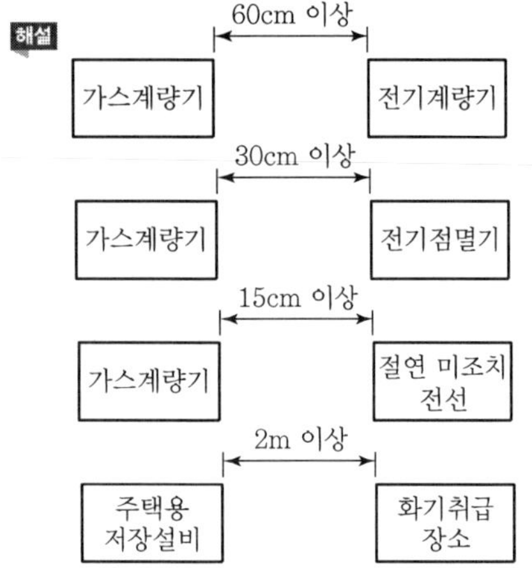

49 **독성 가스 용기 운반 등의 기준으로 옳은 것은?**

① 밸브가 돌출한 운반용기는 이동식 프로텍터 또는 보호구를 설치한다.
② 충전용기를 차에 실을 때에는 넘어짐 등으로 인한 충격을 고려할 필요가 없다.
③ 기준 이상의 고압가스를 차량에 적재하여 운반할 경우 운반책임자가 동승하여야 한다.
④ 시 · 도지사가 지정한 장소에서 이륜차에 적재할 수 있는 충전용기는 충전량이 50kg 이하이고 적재 수는 2개 이하이다.

해설 독성 가스 운반 시 기준량(1,000kg) 이상이면 차량에 적재하여 운반하는 경우 운반책임자가 동승하여야 한다.
④항 20kg 이하에서만 가능하다.

50 **독성 가스이면서 조연성 가스인 것은?**

① 암모니아
② 시안화수소
③ 황화수소
④ 염소

해설 독성 및 조연성 가스
염소, 오존, 불소, 산화질소, 아산화질소

51 **다음 각 용기의 기밀시험 압력으로 옳은 것은?**

① 초저온가스용 용기는 최고 충전압력의 1.1배의 압력
② 초저온가스용 용기는 최고 충전압력의 1.5배의 압력
③ 아세틸렌용 용접용기는 최고 충전압력의 1.1배의 압력
④ 아세틸렌용 용접용기는 최고 충전압력의 1.6배의 압력

해설 용기의 기밀시험 압력
㉠ 초저온용기 : 최고 충전압력의 1.1배
㉡ 아세틸렌용 용기 : 최고 충전압력의 1.8배
㉢ 압축가스, 액화가스 : 최고 충전압력

47. ④ 48. ③ 49. ③ 50. ④ 51. ① | ANSWER

52 **LPG용 가스레인지를 사용하는 도중 불꽃이 치솟는 사고가 발생하였을 때 가장 직접적인 사고원인은?**

① 압력조정기 불량
② T관으로 가스 누출
③ 연소기의 연소 불량
④ 가스누출자동차단기 미작동

해설 LPG 가스레인지 사용 도중 불꽃이 치솟는 사고가 발생하는 경우의 가장 직접적인 원인은 압력조정기 불량이다.

53 **고압가스용 이음매 없는 용기에서 내용적 50L인 용기에 4MPa의 수압을 걸었더니 내용적이 50.8L가 되었고 압력을 제거하여 대기압으로 하였더니 내용적이 50.02L가 되었다면 이 용기의 영구증가율은 몇 %이며, 이 용기는 사용이 가능한지를 판단하면?**

① 1.6%, 가능
② 1.6%, 불능
③ 2.5%, 가능
④ 2.5%, 불능

해설 수압시험 용기팽창량 $= 50.8 - 50 = 0.8$L
수압의 압력제거 후 영구팽창량
$= 50.02 - 50 = 0.02$L

$\therefore$ 영구증가율 $= \dfrac{0.02}{0.8} \times 100 = 2.5\%$

(영구증가율이 10% 이내이므로 사용 가능하다)

54 **산소와 함께 사용하는 액화석유가스 사용시설에서 압력조정기와 토치 사이에 설치하는 안전장치는?**

① 역화방지기
② 안전밸브
③ 파열판
④ 조정기

해설

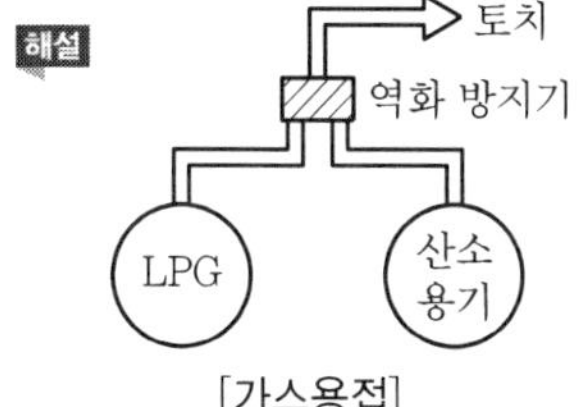

[가스용접]

55 **아세틸렌을 2.5MPa의 압력으로 압축할 때 첨가하는 희석제가 아닌 것은?**

① 질소 ② 에틸렌
③ 메탄 ④ 황화수소

해설 C_2H_2 가스 희석제
①, ②, ③ 가스 외 CO 가스, 프로판, 이산화탄소 등
황화수소는 독성 가스이며 가연성 가스이다.

56 **LPG 충전기의 충전호스의 길이는 몇 m 이내로 하여야 하는가?**

① 2m ② 3m
③ 5m ④ 8m

해설 LPG 가스 충전기의 충전호스 길이는 5m 이내로 한다.

57 **염소 누출에 대비하여 보유하여야 하는 제독제가 아닌 것은?**

① 가성소다 수용액 ② 탄산소다 수용액
③ 암모니아 수용액 ④ 소석회

해설 독성이면서 가연성 가스인 암모니아 제독제는 다량의 물이다.

58 **가스설비가 오조작되거나 정상적인 제조를 할 수 없는 경우 자동적으로 원재료를 차단하는 장치는?**

① 인터록기구 ② 원료제어밸브
③ 가스누출기구 ④ 내부반응 감시기구

해설 인터록기구
가스설비가 오조작되거나 정상적인 제조가 불가능한 경우 자동적으로 원재료를 차단하는 안전장치이다.

59 **도시가스사업법에서 정한 가스사용시설에 해당되지 않는 것은?**

① 내관
② 본관
③ 연소기
④ 공동주택 외벽에 설치된 가스계량기

ANSWER | 52. ① 53. ③ 54. ① 55. ④ 56. ③ 57. ③ 58. ① 59. ②

해설 본관은 도시가스사업법에서 사용시설이 아닌 공급시설에 해당된다.

60 **도시가스 사용시설에서 입상관은 환기가 양호한 장소에 설치하며 입상관의 밸브는 바닥으로부터 몇 m 이내에 설치하는가?**

① 1m 이상~1.3m 이내
② 1.3m 이상~1.5m 이내
③ 1.5m 이상~1.8m 이내
④ 1.6m 이상~2m 이내

해설 입상관의 밸브 설치 높이
바닥으로부터 1.6m 이상~2m 이내에 설치한다.

SECTION 04 가스계측

61 **다음 중 기본단위가 아닌 것은?**

① 길이 ② 광도
③ 물질량 ④ 압력

해설 기본단위

기본량	길이	질량	시간	온도	전류	광도	물질량
기본단위	m	kg	s	K	A	cd	mol

※ 압력 : 유도단위

62 **기체크로마토그래피를 이용하여 가스를 검출할 때 반드시 필요하지 않은 것은?**

① Column ② Gas Sampler
③ Carrier Gas ④ UV Detector

해설 기체크로마토그래피 가스검출기
㉠ 컬럼(분리관)
㉡ 캐리어가스(수소, 헬륨, 아르곤, 질소)
㉢ 가스샘플
㉣ 검출기, 기록계

63 **적분동작이 좋은 결과를 얻기 위한 조건이 아닌 것은?**

① 불감시간이 적을 때
② 전달지연이 적을 때
③ 측정지연이 적을 때
④ 제어대상의 속응도(速應度)가 적을 때

해설 자동제어 연속동작에서 적분동작이 좋은 결과를 얻기 위한 조건
불감시간이 적을 때, 전달지연이 적을 때, 측정지연이 적을 때, 제어대상의 속응도가 클 때 등이다.

64 **보상도선의 색깔이 갈색이며 매우 낮은 온도를 측정하기에 적당한 열전대 온도계는?**

① PR 열전대 ② IC 열전대
③ CC 열전대 ④ CA 열전대

해설 CC 열전대(구리-콘스탄탄)
㉠ 저항 및 온도계수가 작아 저온용에 적합하다.
㉡ 보상도선의 색깔이 갈색이며 매우 낮은 온도를 측정한다.

65 **측정기의 감도에 대한 일반적인 설명으로 옳은 것은?**

① 감도가 좋으면 측정시간이 짧아진다.
② 감도가 좋으면 측정범위가 넓어진다.
③ 감도가 좋으면 아주 작은 양의 변화를 측정할 수 있다.
④ 측정량의 변화를 지시량의 변화로 나누어 준 값이다.

해설 계측 측정기 감도가 좋으면 아주 작은 양의 변화를 측정할 수 있다.

66 **가스누출 확인 시험지와 검지가스가 옳게 연결된 것은?**

① KI 전분지－CO
② 연당지－할로겐가스
③ 염화파라듐지－HCN
④ 리트머스시험지－알칼리성 가스

60. ④ 61. ④ 62. ④ 63. ④ 64. ③ 65. ③ 66. ④ | ANSWER

해설 가스누출 확인 시험지
① KI 전분지 – 염소
② 연당지 – 황화수소
③ 염화파라듐지 – 일산화탄소
④ 리트머스시험지 – 염기성 알칼리성 가스

67 시료 가스를 각각 특정한 흡수액에 흡수시켜 흡수 전후의 가스체적을 측정하여 가스의 성분을 분석하는 방법이 아닌 것은?

① 적정(滴定)법
② 게겔(Gockel)법
③ 헴펠(Hempel)법
④ 오르자트(Orsat)법

해설 적정법
화학분석법으로, 일종의 정량을 구하는 방법이며 요오드적정법, 중화적정법, 킬레이트 적정법 등이 있다.

68 가연성 가스 누출검지기에는 반도체 재료가 널리 사용되고 있다. 이 반도체 재료로 가장 적당한 것은?

① 산화니켈(NiO)
② 산화주석(SnO_2)
③ 이산화망간(MnO_2)
④ 산화알루미늄(Al_2O_3)

해설 가연성 가스 누출검지기 반도체 재료 : 산화주석, 산화아연 등
※ 가연성 가스 누출검지기의 종류
㉠ 간섭계형
㉡ 안전등형
㉢ 열선형(연소식, 열전도식)

69 접촉식 온도계 중 알코올 온도계의 특징에 대한 설명으로 옳은 것은?

① 열전도율이 좋다.
② 열팽창계수가 작다.
③ 저온측정에 적합하다.
④ 액주의 복원시간이 짧다.

해설 알코올 온도계(액주식 저온 측정 온도계)의 특징
㉠ 열전도율이 나쁘다.
㉡ 측정범위는 −100℃~100℃ 정도이다.
㉢ 액주의 복원시간이 길다.
㉣ 열팽창계수가 크다.
㉤ 표면장력이 작아 모세관 현상이 크다.

70 계량이 정확하고 사용 중 기차의 변동이 거의 없는 특징의 가스미터는?

① 벤투리미터　② 오리피스미터
③ 습식 가스미터　④ 로터리 피스톤식 미터

해설 습식 가스미터
계량이 정확하고 사용 중 기차의 변동이 거의 없는 가스미터이며 연구실 실험용이다.

71 전기저항식 습도계의 특징에 대한 설명으로 틀린 것은?

① 자동제어에 이용된다.
② 연속기록 및 원격측정이 용이하다.
③ 습도에 의한 전기저항의 변화가 적다.
④ 저온도의 측정이 가능하고, 응답이 빠르다.

해설 전기저항식 습도계의 특징
①, ②, ④항 외
㉠ 기체의 습도에 전기저항이 변화하는 것을 이용하여 상대습도를 측정한다.
㉡ 구조나 측정회로가 간단하여 저습도 측정에 적합하다.

72 FID 검출기를 사용하는 기체크로마토그래피는 검출기의 온도가 100℃ 이상에서 작동되어야 한다. 주된 이유로 옳은 것은?

① 가스소비량을 적게 하기 위하여
② 가스의 폭발을 방지하기 위하여
③ 100℃ 이하에서는 점화가 불가능하기 때문에
④ 연소 시 발생하는 수분의 응축을 방지하기 위하여

해설 FID(전자포획이온화 검출기)의 온도가 100℃ 이상에서 작동되는 이유는 연소 시 발생하는 응축을 방지하기 위함이다.

ANSWER | 67. ① 68. ② 69. ③ 70. ③ 71. ③ 72. ④

73 가스시험지법 중 염화제일구리 착염지로 검지하는 가스 및 반응색으로 옳은 것은?

① 아세틸렌 – 적색
② 아세틸렌 – 흑색
③ 할로겐화물 – 적색
④ 할로겐화물 – 청색

해설 아세틸렌 가스누출 시험지
염화제1구리 착염지(적 갈색)
※ 할로겐족원소 : 염소, 불소, 브롬, 요오드

74 탄성식 압력계에 속하지 않는 것은?

① 박막식 압력계
② U자관형 압력계
③ 부르동관식 압력계
④ 벨로스식 압력계

해설 U자관형 압력계 : 액주식 압력계
㉠ $P_1 - P_2 = \gamma h$
㉡ 측정압력 : 10~2,000mmH_2O

75 도시가스 사용압력이 2.0kPa인 배관에 설치된 막식 가스미터의 기밀시험 압력은?

① 2.0kPa 이상　② 4.4kPa 이상
③ 6.4kPa 이상　④ 8.4kPa 이상

해설 막식 가스미터기 기밀시험압력은 8.4kPa 이상~10kPa 미만 정도로서 작동압력은 1bar, 계측범위는 0.016~160 m^3/h이다.

76 가스계량기의 검정유효기간은 몇 년인가?(단, 최대 유량은 10m^3/h 이하이다.)

① 1년　② 2년
③ 3년　④ 5년

해설 가스계량기 검정유효기간
㉠ 최대 유량 10m^3/h 이하 : 5년
㉡ LPG용 : 3년
㉢ 기준용 : 2년

77 습한 공기 200kg 중에 수증기가 25kg 포함되어 있을 때의 절대습도는?

① 0.106
② 0.125
③ 0.143
④ 0.171

해설 건조공기 = 200 − 25 = 175kg
절대습도$(X) = \left(\dfrac{\text{수증기 중량}}{\text{마른 공기 중량}}\right) = \dfrac{25}{175} = 0.143$

78 계측기의 원리에 대한 설명으로 가장 거리가 먼 것은?

① 기전력의 차이로 온도를 측정한다.
② 액주높이로부터 압력을 측정한다.
③ 초음파속도 변화로 유량을 측정한다.
④ 정전용량을 이용하여 유속을 측정한다.

해설 정전용량식(간접식)
유체의 액면계이며 원통형의 전극을 비전도성인 액체 속에 넣어서 두 원통 사이의 정전용량을 이용하여 액위를 측정한다.

79 전기저항식 온도계에 대한 설명으로 틀린 것은?

① 열전대 온도계에 비하여 높은 온도를 측정하는 데 적합하다.
② 저항선의 재료는 온도에 의한 전기저항의 변화(저항 온도계수)가 커야 한다.
③ 저항 금속재료는 주로 백금, 니켈, 구리가 사용된다.
④ 일반적으로 금속은 온도가 상승하면 전기저항값이 올라가는 원리를 이용한 것이다.

해설 전기저항식 온도계
특성은 ②, ③, ④항이며 그 종류는 백금, 니켈, 구리, 서미스터가 있다. 열전대 온도계보다는 낮은 온도측정(−200℃~500℃)이 가능하다. 자동제어나 자동기록이 가능한 온도계(접촉식 온도계)이다.

73. ① 74. ② 75. ④ 76. ④ 77. ③ 78. ④ 79. ① | ANSWER

80 평균유속이 5m/s인 배관 내에 물의 질량유속이 15kg/s가 되기 위해서는 관의 지름을 약 몇 mm로 해야 하는가?

① 42 ② 52
③ 62 ④ 72

해설
- 물의 비중량 $=1,000\text{kgf/m}^3$, $1(\text{kgf/L})$
  $15\text{kg/s}=0.015\text{m}^3/\text{s}$
- 관의 면적$(A)=\dfrac{\pi}{4}d^2(\text{m}^2)$
- 유량(m^3/s)=단면적×유속
  $0.015=A\times5,\ A=\dfrac{0.015}{5}=0.003\text{m}^2$(단면적)

∴ 관의 지름$(d)=\sqrt{\dfrac{4Q}{\pi V}}=\sqrt{\dfrac{4\times0.015}{3.14\times5}}$
$=0.062\text{m}\,(62\text{mm})$

가스산업기사는 2020년 4회 시험부터 CBT(Computer-Based Test)로 전면 시행됩니다.

가스산업기사 필기 과년도 문제풀이 7개년

INDUSTRIAL ENGINEER GAS

PART

02

CBT 실전모의고사

01 회 실전점검!
CBT 실전모의고사

수험번호 :
수험자명 :

제한 시간 : 2시간
남은 시간 :

글자 크기 100% 150% 200% 화면 배치

전체 문제 수 :
안 푼 문제 수 :

답안 표기란

1과목 연소공학

01 메탄 70%, 에탄 20%, 프로판 8%, 부탄 1%로 구성되는 혼합가스의 공기 중 폭발하한계는 약 몇 v%인가?(단, 메탄, 에탄, 프로판, 부탄의 폭발하한계치는 각각 5.0, 3.0, 2.1, 1.9이다.)

① 3.5 ② 4
③ 4.5 ④ 5

02 다음 연소에 대한 설명 중 옳은 것은?

① 착화온도와 연소온도는 항상 같다.
② 이론연소온도는 실제연소온도보다 높다.
③ 일반적으로 연소온도는 인화점보다 상당히 높다.
④ 연소온도가 그 인화점보다 낮게 되어도 연소는 계속된다.

03 시안화수소를 장기간 저장하지 못하는 주된 이유는?

① 산화폭발 ② 분해폭발
③ 중합폭발 ④ 분진폭발

04 이상기체에 대한 설명으로 틀린 것은?

① 아보가드로의 법칙에 따른다.
② 압력과 부피의 곱은 온도에 비례한다.
③ 온도에 대비하여 일정한 비열을 가진다.
④ 기체분자 간의 인력은 일정하게 존재하는 것으로 간주한다.

05 기체연료의 연소에서 일반적으로 나타나는 연소의 형태는?

① 확산연소 ② 증발연소
③ 분무연소 ④ 액면연소

1	①	②	③	④
2	①	②	③	④
3	①	②	③	④
4	①	②	③	④
5	①	②	③	④
6	①	②	③	④
7	①	②	③	④
8	①	②	③	④
9	①	②	③	④
10	①	②	③	④
11	①	②	③	④
12	①	②	③	④
13	①	②	③	④
14	①	②	③	④
15	①	②	③	④
16	①	②	③	④
17	①	②	③	④
18	①	②	③	④
19	①	②	③	④
20	①	②	③	④
21	①	②	③	④
22	①	②	③	④
23	①	②	③	④
24	①	②	③	④
25	①	②	③	④
26	①	②	③	④
27	①	②	③	④
28	①	②	③	④
29	①	②	③	④
30	①	②	③	④

계산기 다음 ▶ 안 푼 문제 답안 제출

01 회 실전점검! CBT 실전모의고사

수험번호 :
수험자명 :

제한 시간 : 2시간
남은 시간 :

글자 크기 100% 150% 200% 화면 배치

전체 문제 수 :
안 푼 문제 수 :

답안 표기란

06 0℃, 1atm에서 2L의 산소와 0℃, 2atm에서 3L의 질소를 혼합하여 1L로 하면 압력은 몇 atm이 되는가?

① 1 ② 2
③ 6 ④ 8

07 가스연료의 연소에 있어서 확산염을 사용할 경우 예혼합염을 사용하는 것에 비해 얻을 수 있는 장점이 아닌 것은?

① 역화의 위험이 없다.
② 가스양의 조절범위가 크다.
③ 가스의 고온 예열이 가능하다.
④ 개방 대기 중에서도 완전연소가 가능하다.

08 $(CO_2)max$ %는 공기비(m)가 어떤 때를 말하는가?

① 0 ② 1
③ 2 ④ ∞

09 폭발과 관련한 가스의 성질에 대한 설명으로 틀린 것은?

① 연소속도가 큰 것일수록 위험하다.
② 인화온도가 낮을수록 위험성은 커진다.
③ 안전간격이 큰 것일수록 위험성이 있다.
④ 가스의 비중이 크면 낮은 곳으로 모여 있게 된다.

10 오토사이클에서 압축비(ε)가 10일 때 열효율은 약 몇 %인가?(단, 비열비[k]는 1.4이다.)

① 58.2 ② 60.2
③ 62.2 ④ 64.2

번호	①	②	③	④
1	①	②	③	④
2	①	②	③	④
3	①	②	③	④
4	①	②	③	④
5	①	②	③	④
6	①	②	③	④
7	①	②	③	④
8	①	②	③	④
9	①	②	③	④
10	①	②	③	④
11	①	②	③	④
12	①	②	③	④
13	①	②	③	④
14	①	②	③	④
15	①	②	③	④
16	①	②	③	④
17	①	②	③	④
18	①	②	③	④
19	①	②	③	④
20	①	②	③	④
21	①	②	③	④
22	①	②	③	④
23	①	②	③	④
24	①	②	③	④
25	①	②	③	④
26	①	②	③	④
27	①	②	③	④
28	①	②	③	④
29	①	②	③	④
30	①	②	③	④

계산기 다음 ▶ 안 푼 문제 답안 제출

11 폭발에 대한 용어 중 DID에 대하여 가장 잘 나타낸 것은?

① 어느 온도에서 가열하기 시작하여 발화에 이를 때까지의 시간을 말한다.
② 폭발등급 표시 시 안전간격을 나타낼 때의 거리를 말한다.
③ 최초의 완만한 연소가 격렬한 폭굉으로 발전할 때까지의 거리를 말한다.
④ 폭굉이 전파되는 속도를 의미한다.

12 폭발범위(폭발한계)에 대한 설명으로 옳은 것은?

① 폭발범위 내에서만 폭발한다.
② 폭발상한계에서만 폭발한다.
③ 폭발상한계 이상에서만 폭발한다.
④ 폭발하한계 이하에서만 폭발한다.

13 아세틸렌가스의 위험도(H)는 약 얼마인가?

① 21
② 23
③ 31
④ 33

14 완전연소의 필요조건에 관한 설명으로 틀린 것은?

① 연소실의 온도는 높게 유지하는 것이 좋다.
② 연소실 용적은 장소에 따라서 작게 하는 것이 좋다.
③ 연료의 공급량에 따라서 적당한 공기를 사용하는 것이 좋다.
④ 연료는 되도록이면 인화점 이상 예열하여 공급하는 것이 좋다.

15 가연성 가스의 연소에 대한 설명으로 옳은 것은?

① 폭굉속도는 보통 연소속도의 10배 정도이다.
② 폭발범위는 온도가 높아지면 일반적으로 넓어진다.
③ 혼합가스의 폭굉속도는 1,000m/s 이하이다.
④ 가연성 가스와 공기의 혼합가스에 질소를 첨가하면 폭발범위의 상한치는 크게 된다.

번호				
1	①	②	③	④
2	①	②	③	④
3	①	②	③	④
4	①	②	③	④
5	①	②	③	④
6	①	②	③	④
7	①	②	③	④
8	①	②	③	④
9	①	②	③	④
10	①	②	③	④
11	①	②	③	④
12	①	②	③	④
13	①	②	③	④
14	①	②	③	④
15	①	②	③	④
16	①	②	③	④
17	①	②	③	④
18	①	②	③	④
19	①	②	③	④
20	①	②	③	④
21	①	②	③	④
22	①	②	③	④
23	①	②	③	④
24	①	②	③	④
25	①	②	③	④
26	①	②	③	④
27	①	②	③	④
28	①	②	③	④
29	①	②	③	④
30	①	②	③	④

16 메탄의 완전연소 반응식을 옳게 나타낸 것은?

① $CH_4+2O_2 \rightarrow CO_2+2H_2O$
② $CH_4+3O_2 \rightarrow 2CO_2+2H_2O$
③ $CH_4+3O_2 \rightarrow 2CO_2+3H_2O$
④ $CH_4+5O_2 \rightarrow 3CO_2+4H_2O$

17 아세톤, 톨루엔, 벤젠이 제4류 위험물로 분류되는 주된 이유는?

① 분해 시 산소를 발생시켜 연소를 돕기 때문에
② 니트로기를 함유한 폭발성 물질이기 때문에
③ 공기보다 밀도가 큰 가연성 증기를 발생시키기 때문에
④ 물과 접촉하여 많은 열을 방출하여 연소를 촉진시키기 때문에

18 고위발열량과 저위발열량의 차이는 연료의 어떤 성분 때문에 발생하는가?

① 유황과 질소
② 질소와 산소
③ 탄소와 수분
④ 수소와 수분

19 0℃, 1기압에서 C_3H_8 5kg의 체적은 약 몇 m^3인가?(단, 이상기체로 가정하고, C의 원자량은 12, H의 원자량은 1이다.)

① 0.63
② 1.54
③ 2.55
④ 3.67

20 일산화탄소와 수소의 부피비가 3 : 7인 혼합가스의 온도 100℃, 50atm에서의 밀도는 약 몇 g/L인가?(단, 이상기체로 가정한다.)

① 16
② 18
③ 21
④ 23

번호				
1	①	②	③	④
2	①	②	③	④
3	①	②	③	④
4	①	②	③	④
5	①	②	③	④
6	①	②	③	④
7	①	②	③	④
8	①	②	③	④
9	①	②	③	④
10	①	②	③	④
11	①	②	③	④
12	①	②	③	④
13	①	②	③	④
14	①	②	③	④
15	①	②	③	④
16	①	②	③	④
17	①	②	③	④
18	①	②	③	④
19	①	②	③	④
20	①	②	③	④
21	①	②	③	④
22	①	②	③	④
23	①	②	③	④
24	①	②	③	④
25	①	②	③	④
26	①	②	③	④
27	①	②	③	④
28	①	②	③	④
29	①	②	③	④
30	①	②	③	④

01 회 실전점검! CBT 실전모의고사

수험번호 :
수험자명 :

제한 시간 : 2시간
남은 시간 :

글자 크기 100% 150% 200% 화면 배치

전체 문제 수 :
안 푼 문제 수 :

답안 표기란

2과목 가스설비

21 압축기에서 발생할 수 있는 과열의 원인이 아닌 것은?

① 증발기의 부하가 감소했을 경우
② 가스양이 부족할 때
③ 윤활유가 부족할 때
④ 압축비가 증대할 때

22 펌프에서 발생하는 수격작용 방지방법으로 틀린 것은?

① 펌프에 플라이휠을 설치한다.
② 조압수조를 설치한다.
③ 관 내 유속을 빠르게 한다.
④ 밸브를 송출구에 설치하고, 적당히 제어한다.

23 외경과 내경의 비가 1.2 미만인 경우 배관두께 계산식은?(단, t는 배관의 두께 수치[mm], P는 상용압력의 수치[MPa], D는 내경에서 부식여유에 해당하는 부분을 뺀 부분의 수치[mm], f는 재료의 인장강도규격 최소치[N/mm^2], C는 관 내면의 부식여유의 수치[mm], s는 안전율을 나타낸다.)

① $t = PD/(2f/s - P) + C$
② $t = PD/(2f/s + P) + C$
③ $t = Ps/(2D/f - P) + C$
④ $t = Ps/(2D/f + P) + C$

24 양정(H) 20m, 송수량(Q) 0.25m^3/min, 펌프효율(η) 0.65인 2단 터빈펌프의 축동력은 약 몇 kW인가?

① 1.26
② 1.37
③ 1.57
④ 1.72

계산기 다음 ▶ 안 푼 문제 답안 제출

01 회 실전점검! CBT 실전모의고사

수험번호 :
수험자명 :

제한 시간 : 2시간
남은 시간 :

글자 크기 100% 150% 200% 화면 배치

전체 문제 수 :
안 푼 문제 수 :

답안 표기란

25 지하 도시가스 매설배관에 Mg과 같은 금속을 배관과 전기적으로 연결하여 방식하는 방법은?

① 희생양극법　② 외부전원법
③ 선택배류법　④ 강제배류법

26 상온, 상압에서 수소용기의 파열원인으로 가장 거리가 먼 것은?

① 과충전　② 용기의 균열
③ 용기의 취급 불량　④ 수소취성

27 LP가스의 연소방식 중 분젠식 연소방식에 대한 설명으로 틀린 것은?

① 일반가스기구에 주로 적용되는 방식이다.
② 연소에 필요한 공기를 모두 1차 공기에서 취하는 방식이다.
③ 염의 길이가 짧다.
④ 염의 온도는 1,300℃ 정도이다.

28 LPG와 공기를 일정한 혼합비율로 조절해 주면서 가스를 공급하는 Mixing System 중 벤투리식이 아닌 것은?

① 원료 가스압력 제어방식　② 전자밸브 개폐방식
③ 공기흡입 조절방식　④ 열량 제어방식

29 다음 중 마크로셀 부식이 아닌 것은?

① 토양의 용존염류에 의한 부식　② 콘크리트/토양 부식
③ 토양의 통기 차에 의한 부식　④ 이종금속의 접촉 부식

30 카플러 안전기구와 과류차단 안전기구가 부착된 콕은?

① 호스콕　② 퓨즈콕
③ 상자콕　④ 주물연소기용 노즐콕

번호				
1	①	②	③	④
2	①	②	③	④
3	①	②	③	④
4	①	②	③	④
5	①	②	③	④
6	①	②	③	④
7	①	②	③	④
8	①	②	③	④
9	①	②	③	④
10	①	②	③	④
11	①	②	③	④
12	①	②	③	④
13	①	②	③	④
14	①	②	③	④
15	①	②	③	④
16	①	②	③	④
17	①	②	③	④
18	①	②	③	④
19	①	②	③	④
20	①	②	③	④
21	①	②	③	④
22	①	②	③	④
23	①	②	③	④
24	①	②	③	④
25	①	②	③	④
26	①	②	③	④
27	①	②	③	④
28	①	②	③	④
29	①	②	③	④
30	①	②	③	④

계산기　다음 ▶　안 푼 문제　답안 제출

31 최고 사용온도가 100℃, 길이(L)가 10m인 배관을 상온(15℃)에 설치하였다면 최고 온도로 사용 시 팽창으로 늘어나는 길이는 약 몇 mm인가?(단, 선팽창계수 α는 12×10^{-6}m/m℃이다.)

① 5.1mm ② 10.2mm
③ 102mm ④ 204mm

32 황화수소(H_2S)에 대한 설명으로 틀린 것은?

① 알칼리와 반응하여 염을 생성한다.
② 발화온도가 약 450℃ 정도로서 높은 편이다.
③ 습기를 함유한 공기 중에는 대부분 금속과 작용한다.
④ 각종 산화물을 환원시킨다.

33 부취제인 EM(Ethyl Mercaptan)의 냄새는?

① 하수구 냄새 ② 마늘 냄새
③ 석탄가스 냄새 ④ 양파 썩는 냄새

34 이음매 없는 용기제조 시 재료시험 항목이 아닌 것은?

① 인장시험 ② 충격시험
③ 압궤시험 ④ 기밀시험

35 다음 중 재료에 대한 비파괴검사방법이 아닌 것은?

① 타진법 ② 초음파탐상시험법
③ 인장시험법 ④ 방사선투과시험법

번호				
31	①	②	③	④
32	①	②	③	④
33	①	②	③	④
34	①	②	③	④
35	①	②	③	④
36	①	②	③	④
37	①	②	③	④
38	①	②	③	④
39	①	②	③	④
40	①	②	③	④
41	①	②	③	④
42	①	②	③	④
43	①	②	③	④
44	①	②	③	④
45	①	②	③	④
46	①	②	③	④
47	①	②	③	④
48	①	②	③	④
49	①	②	③	④
50	①	②	③	④
51	①	②	③	④
52	①	②	③	④
53	①	②	③	④
54	①	②	③	④
55	①	②	③	④
56	①	②	③	④
57	①	②	③	④
58	①	②	③	④
59	①	②	③	④
60	①	②	③	④

36 도시가스에서 액화가스가 기화되고 다른 물질과 혼합되지 아니한 경우에 중압의 범위는?

① 0.1MPa 미만 ② 0.1MPa 이상 1MPa 미만
③ 1MPa 이상 ④ 10MPa 이상

37 −5℃에서 열을 흡수하여 35℃에 방열하는 역카르노 사이클에 의해 작동하는 냉동기의 성능계수는?

① 0.125 ② 0.15
③ 6.7 ④ 9

38 프로판의 비중을 1.5라 하면 입상 50m 지점에서의 배관의 수직방향에 의한 압력손실은 약 몇 mmH_2O인가?

① 12.9 ② 19.4
③ 32.3 ④ 75.2

39 가스 액화분리장치 구성기기 중 터보 팽창기의 특징에 대한 설명으로 틀린 것은?

① 처리가스에 윤활유가 혼입되지 않는다.
② 회전수는 10,000~20,000rpm 정도이다.
③ 처리가스양은 10,000m^3/h 정도이다.
④ 팽창비는 약 2 정도이다.

40 원유, 중유, 나프타 등의 분자량이 큰 탄화수소 원료를 고온(800~900℃)으로 분해하여 고열량의 가스를 제조하는 방법은?

① 열분해 프로세스 ② 접촉분해 프로세스
③ 수소화분해 프로세스 ④ 대체 천연가스 프로세스

번호				
31	①	②	③	④
32	①	②	③	④
33	①	②	③	④
34	①	②	③	④
35	①	②	③	④
36	①	②	③	④
37	①	②	③	④
38	①	②	③	④
39	①	②	③	④
40	①	②	③	④
41	①	②	③	④
42	①	②	③	④
43	①	②	③	④
44	①	②	③	④
45	①	②	③	④
46	①	②	③	④
47	①	②	③	④
48	①	②	③	④
49	①	②	③	④
50	①	②	③	④
51	①	②	③	④
52	①	②	③	④
53	①	②	③	④
54	①	②	③	④
55	①	②	③	④
56	①	②	③	④
57	①	②	③	④
58	①	②	③	④
59	①	②	③	④
60	①	②	③	④

01 회 실전점검! CBT 실전모의고사

수험번호 :
수험자명 :

제한 시간 : 2시간
남은 시간 :

글자 크기 100% 150% 200% 화면 배치

전체 문제 수 :
안 푼 문제 수 :

답안 표기란

3과목 가스안전관리

41 탱크로리로부터 저장탱크에 LPG를 주입(注入)할 경우 다음 중 이송작업기준을 준수하며 작업을 하여야 하는 자는?

① 충전원
② 안전관리자
③ 운반책임자
④ 운반자동차운전자

42 고압가스 안전성 평가기준에서 정성적 위험성 평가분석방법이 아닌 것은?

① 체크리스트(Checklist) 기법
② 위험과 운전분석(HAZOP) 기법
③ 사고예상질문분석(What-If) 기법
④ 원인결과분석(CCA)기법

43 고압가스 일반제조시설 중 저장탱크에 가스를 얼마 이상 저장하는 것에는 가스방출장치를 설치해야 하는가?

① $3m^3$
② $5m^3$
③ $10m^3$
④ $15m^3$

44 가연성 가스를 압축하는 압축기와 충전용 주관 사이에는 무엇을 설치하는가?

① 역류 방지밸브
② 역화 방지장치
③ 유분리기
④ 액분리기

45 다음 중 용기의 각인표시 기호로 틀린 것은?

① 내용적 : V
② 내압시험압력 : TP
③ 최고충전압력 : HP
④ 동판두께 : t

번호				
31	①	②	③	④
32	①	②	③	④
33	①	②	③	④
34	①	②	③	④
35	①	②	③	④
36	①	②	③	④
37	①	②	③	④
38	①	②	③	④
39	①	②	③	④
40	①	②	③	④
41	①	②	③	④
42	①	②	③	④
43	①	②	③	④
44	①	②	③	④
45	①	②	③	④
46	①	②	③	④
47	①	②	③	④
48	①	②	③	④
49	①	②	③	④
50	①	②	③	④
51	①	②	③	④
52	①	②	③	④
53	①	②	③	④
54	①	②	③	④
55	①	②	③	④
56	①	②	③	④
57	①	②	③	④
58	①	②	③	④
59	①	②	③	④
60	①	②	③	④

계산기 다음 ▶ 안 푼 문제 답안 제출

46 지름이 10m인 구형 가스홀더의 최고사용압력이 5.0MPa일 때 압축가스 저장능력은 몇 m^3인가?

① 2,940 ② 3,140
③ 24,704 ④ 26,704

47 액화가스의 고압가스설비 등에 부착되어 있는 스프링식 안전밸브는 상용의 온도에서 그 고압가스설비 등 내의 액화가스의 상용의 체적이 그 고압가스설비 등 내의 내용적의 몇 %까지 팽창하게 되는 온도에 대응하는 그 고압가스설비 등 내의 압력에서 작동하는 것으로 하여야 하는가?

① 90% ② 92%
③ 95% ④ 98%

48 고압가스 냉동제조시설의 냉동능력 합산기준으로 틀린 것은?

① 냉매가스가 배관에 의하여 공통으로 되어 있는 냉동설비
② 냉매계통을 달리하는 2개 이상의 설비가 1개의 규격품으로 인정되는 설비 내에 조립되어 있는 것
③ 4원(元) 이상의 냉동방식에 의한 냉동설비
④ 모터 등 압축기의 동력설비를 공통으로 하고 있는 냉동설비

49 중형 가스온수보일러는 보일러의 전가스소비량이 총발열량 기준으로 얼마인 것을 말하는가?

① 70kW 초과 232.6kW 이하인 것 ② 80kW 초과 332.6kW 이하인 것
③ 90kW 초과 432.6kW 이하인 것 ④ 100kW 초과 532.6kW 이하인 것

50 질소충전용기에서 질소의 누출 여부를 확인하는 방법으로 가장 쉽고 안전한 방법은?

① 비눗물을 사용 ② 기름을 사용
③ 전기스파크를 사용 ④ 소리를 감지

31	①	②	③	④
32	①	②	③	④
33	①	②	③	④
34	①	②	③	④
35	①	②	③	④
36	①	②	③	④
37	①	②	③	④
38	①	②	③	④
39	①	②	③	④
40	①	②	③	④
41	①	②	③	④
42	①	②	③	④
43	①	②	③	④
44	①	②	③	④
45	①	②	③	④
46	①	②	③	④
47	①	②	③	④
48	①	②	③	④
49	①	②	③	④
50	①	②	③	④
51	①	②	③	④
52	①	②	③	④
53	①	②	③	④
54	①	②	③	④
55	①	②	③	④
56	①	②	③	④
57	①	②	③	④
58	①	②	③	④
59	①	②	③	④
60	①	②	③	④

01 회 실전점검!
CBT 실전모의고사

수험번호 :
수험자명 :

제한 시간 : 2시간
남은 시간 :

글자 크기 100% 150% 200% 화면 배치 전체 문제 수 : 안 푼 문제 수 :

51 산소의 품질검사에 사용하는 시약으로 맞는 것은?

① 동 · 암모니아 시약 ② 발연황산 시약
③ 브롬 시약 ④ 피로갈롤 시약

52 저장탱크에 액화가스를 충전할 때 저장탱크 내용적의 최대 몇 %까지 채워야 하는가?

① 85% ② 90%
③ 95% ④ 98%

53 다음 중 액화석유가스의 안전관리 및 사업법상 검사대상이 아닌 콕은?

① 퓨즈콕 ② 상자콕
③ 주물연소기용 노즐콕 ④ 호스콕

54 아세틸렌가스를 온도에 관계없이 2.5MPa의 압력으로 압축할 때에 첨가해야 할 희석제로서 옳지 않은 것은?

① 에틸렌 ② 메탄
③ 이소부탄 ④ 일산화탄소

55 LPG 지상저장탱크 주위에 방류둑을 설치해야 하는 저장탱크의 크기는?

① 500톤 이상 ② 1,000톤 이상
③ 1,500톤 이상 ④ 2,000톤 이상

답안 표기란

번호				
31	①	②	③	④
32	①	②	③	④
33	①	②	③	④
34	①	②	③	④
35	①	②	③	④
36	①	②	③	④
37	①	②	③	④
38	①	②	③	④
39	①	②	③	④
40	①	②	③	④
41	①	②	③	④
42	①	②	③	④
43	①	②	③	④
44	①	②	③	④
45	①	②	③	④
46	①	②	③	④
47	①	②	③	④
48	①	②	③	④
49	①	②	③	④
50	①	②	③	④
51	①	②	③	④
52	①	②	③	④
53	①	②	③	④
54	①	②	③	④
55	①	②	③	④
56	①	②	③	④
57	①	②	③	④
58	①	②	③	④
59	①	②	③	④
60	①	②	③	④

계산기 다음 ▶ 안 푼 문제 답안 제출

56 **고압가스 일반제조시설에서 저장탱크 및 처리설비를 실내에 설치하는 경우에 대한 설명으로 틀린 것은?**

① 저장탱크실 및 처리설비실은 천장 · 벽 및 바닥의 두께가 30cm 이상인 철근콘크리트로 만든 실로서 방수처리가 된 것으로 한다.
② 저장탱크 및 처리설비실은 각각 구분하여 설치하고 자연통풍시설을 갖춘다.
③ 저장탱크의 정상부와 저장탱크실 천장의 거리는 60cm 이상으로 한다.
④ 저장탱크에 설치한 안전밸브는 지상 5m 이상의 높이에 방출구가 있는 가스방출관을 설치한다.

57 **액화석유가스의 성분 중 프로판의 성질에 대한 설명으로 틀린 것은?**

① 착화온도는 약 450~550℃ 정도이다.
② 끓는점은 약 −42.1℃ 정도이다.
③ 임계온도는 약 96.8% 정도이다.
④ 증기압은 21℃에서 28.4kPa 정도이다.

58 **저장탱크에 의한 액화석유가스 사용시설에서 배관이음부와 절연조치를 한 전선의 이격거리는?**

① 10cm 이상 ② 20cm 이상
③ 30cm 이상 ④ 60cm 이상

59 **아세틸렌용 용접용기 제조 시 내압시험압력이란 최고 압력수치의 몇 배의 압력을 말하는가?**

① 1.2 ② 1.5
③ 2 ④ 3

60 **아세틸렌가스를 용기에 충전하는 장소 및 충전용기 보관장소에는 화재 등에 의한 파열을 방지하기 위하여 무엇을 설치해야 하는가?**

① 방화설비 ② 살수장치
③ 냉각수펌프 ④ 경보장치

번호				
31	①	②	③	④
32	①	②	③	④
33	①	②	③	④
34	①	②	③	④
35	①	②	③	④
36	①	②	③	④
37	①	②	③	④
38	①	②	③	④
39	①	②	③	④
40	①	②	③	④
41	①	②	③	④
42	①	②	③	④
43	①	②	③	④
44	①	②	③	④
45	①	②	③	④
46	①	②	③	④
47	①	②	③	④
48	①	②	③	④
49	①	②	③	④
50	①	②	③	④
51	①	②	③	④
52	①	②	③	④
53	①	②	③	④
54	①	②	③	④
55	①	②	③	④
56	①	②	③	④
57	①	②	③	④
58	①	②	③	④
59	①	②	③	④
60	①	②	③	④

4과목 가스계측기기

61 물리적 가스분석계에 해당하지 않는 것은?

① 가스의 화학반응을 이용하는 것
② 가스의 열전도율을 이용하는 것
③ 가스의 자기적 성질을 이용하는 것
④ 가스의 광학적 성질을 이용하는 것

62 대칭 이원자 분자 및 Ar 등의 단원자 분자를 제외한 거의 대부분의 가스를 분석할 수 있으며 선택성이 우수하고 연속분석이 가능한 가스분석방법은?

① 적외선법
② 반응열법
③ 용액전도율법
④ 열전도율법

63 검지관식 가스검지기에 대한 설명으로 틀린 것은?

① 검지기는 검지관과 가스채취기 등으로 구성된다.
② 검지관은 내경 2~4mm의 구리관을 사용한다.
③ 검지관 내부에 시료가스가 송입되면 검지제와의 반응으로 변색한다.
④ 검지관은 한번 사용하면 다시 사용할 수 없다.

64 가스분석방법 중 연소분석법이 아닌 것은?

① 폭발법　② 완만연소법
③ 분별연소법　④ 증발연소법

번호				
61	①	②	③	④
62	①	②	③	④
63	①	②	③	④
64	①	②	③	④
65	①	②	③	④
66	①	②	③	④
67	①	②	③	④
68	①	②	③	④
69	①	②	③	④
70	①	②	③	④
71	①	②	③	④
72	①	②	③	④
73	①	②	③	④
74	①	②	③	④
75	①	②	③	④
76	①	②	③	④
77	①	②	③	④
78	①	②	③	④
79	①	②	③	④
80	①	②	③	④

61	①	②	③	④
62	①	②	③	④
63	①	②	③	④
64	①	②	③	④
65	①	②	③	④
66	①	②	③	④
67	①	②	③	④
68	①	②	③	④
69	①	②	③	④
70	①	②	③	④
71	①	②	③	④
72	①	②	③	④
73	①	②	③	④
74	①	②	③	④
75	①	②	③	④
76	①	②	③	④
77	①	②	③	④
78	①	②	③	④
79	①	②	③	④
80	①	②	③	④

65 가스미터를 검정하기 위하여 표준(기준)미터를 갖추고 가스미터시험에 적합한 유량범위를 가지고 있어야 한다. 다음 중 옳은 규격은?

① 시험미터를 최소유량부터 최대유량까지 3포인트 유량시험이 가능할 것
② 시험미터를 최소유량부터 최대유량까지 5포인트 유량시험이 가능할 것
③ 시험미터를 최소유량부터 최대유량까지 7포인트 유량시험이 가능할 것
④ 시험미터를 최소유량부터 최대유량까지 10포인트 유량시험이 가능할 것

66 압력의 단위를 차원(Dimension)으로 바르게 나타낸 것은?

① MLT
② ML^2T^2
③ M/LT^2
④ M/L^2T^2

67 Dial Gauge는 다음 중 어느 측정방법에 속하는가?

① 비교측정
② 절대측정
③ 변위측정
④ 직접측정

68 비접촉식 온도계의 특징으로 옳지 않은 것은?

① 내열성 문제로 고온측정이 불가능하다.
② 움직이는 물체의 온도측정이 가능하다.
③ 물체의 표면온도만 측정 가능하다.
④ 방사율의 보정이 필요하다.

69 일반적으로 사용되는 진공계 중 정밀도가 가장 좋은 것은?

① 격막식 탄성 진공계
② 열음극 전리 진공계
③ 맥로드 진공계
④ 피라니 진공계

70 가스압력조정기(Regulator)의 역할에 대한 설명으로 가장 옳은 것은?

① 용기 내로의 역화를 방지한다.
② 가스를 정제하고 유량을 조절한다.
③ 용기 내의 압력이 급상승할 경우 정상화한다.
④ 공급되는 가스의 압력을 연소기구에 적당한 압력까지 감압시킨다.

71 생성열을 나타내는 표준 온도로 사용되는 온도는?

① 0℃ ② 4℃
③ 25℃ ④ 35℃

72 계측에 사용되는 열전대 중 다음 [보기]의 특징을 가지는 온도계는?

- 열기전력이 크고 저항 및 온도계수가 작다.
- 수분에 의한 부식에 강하므로 저온측정에 적합하다.
- 비교적 저온의 실험용으로 주로 사용한다.

① R형 ② T형
③ J형 ④ K형

73 다음 중 시퀀셜제어(Sequential Control)에 해당되지 않는 것은?

① 교통신호등의 신호제어 ② 승강기의 작동제어
③ 자동판매기의 작동제어 ④ 피드백에 의한 유량제어

74 어떤 가스의 유량을 시험용 가스미터로 측정하였더니 $50m^3/h$이었다. 같은 가스를 기준 가스미터로 측정하였을 때의 유량이 $52m^3/h$이었다면 이 시험용 가스미터의 기차는?

① +2.0% ② −2.0%
③ +4.0% ④ −4.0%

75 **출력이 목표치와 비교되어 제어편차를 수정하는 과정이 없는 제어는?**

① 폐회로(Closed Loop)제어
② 개회로(Open Loop)제어
③ 프로그램(Program)제어
④ 피드백(Feedback)제어

76 **다음 중 가스크로마토그래피의 구성요소가 아닌 것은?**

① 분리관(컬럼)
② 검출기
③ 유속조절기
④ 단색화 장치

77 **가스크로마토그래피 캐리어가스의 유량이 70mL/min에서 어떤 성분시료를 주입하였더니 주입점에서 피크까지의 길이가 18cm였다. 지속용량이 450mL라면 기록지의 속도는 약 몇 cm/min인가?**

① 0.28
② 1.28
③ 2.8
④ 3.8

78 **헴펠법 가스분석법에서 CO_2의 흡수제는?**

① 발연황산
② 피로갈롤 알칼리 용액
③ NH_4Cl
④ KOH

79 **다음 중 비례제어(P동작)에 대한 설명으로 가장 옳은 것은?**

① 비례대의 폭을 좁히는 등 오프셋은 극히 작게 된다.
② 조작량은 제어편차의 변화속도에 비례한 제어동작이다.
③ 제어편차와 지속시간에 비례하는 속도로 조작량을 변화시킨 제어조작이다.
④ 비례대의 폭을 넓히는 등 제어동작이 작동할 때는 비례동작이 강하게 되며, 피드백제어로 되먹임된다.

01 회 실전점검! CBT 실전모의고사

수험번호 :
수험자명 :

제한 시간 : 2시간
남은 시간 :

글자 크기 100% 150% 200% 화면 배치 전체 문제 수 : 안 푼 문제 수 :

80 막식 가스미터에서 다음 [보기]와 같은 원인은 어떤 고장인가?

- 계량막이 신축하여 계량실 부피가 변화
- 막에서의 누설, 밸브와 밸브시트 사이에서의 누설
- 패킹부에서의 누설

① 부동 ② 불통
③ 기차 불량 ④ 감도 불량

답안 표기란

61	①	②	③	④
62	①	②	③	④
63	①	②	③	④
64	①	②	③	④
65	①	②	③	④
66	①	②	③	④
67	①	②	③	④
68	①	②	③	④
69	①	②	③	④
70	①	②	③	④
71	①	②	③	④
72	①	②	③	④
73	①	②	③	④
74	①	②	③	④
75	①	②	③	④
76	①	②	③	④
77	①	②	③	④
78	①	②	③	④
79	①	②	③	④
80	①	②	③	④

계산기 다음 ▶ 안 푼 문제 답안 제출

CBT 정답 및 해설

01	02	03	04	05	06	07	08	09	10
②	②	③	④	①	④	④	②	③	②
11	12	13	14	15	16	17	18	19	20
③	①	③	②	②	①	③	④	③	①
21	22	23	24	25	26	27	28	29	30
①	③	①	①	①	④	②	④	①	③
31	32	33	34	35	36	37	38	39	40
②	②	②	④	③	②	③	③	④	①
41	42	43	44	45	46	47	48	49	50
②	④	②	①	③	④	④	③	①	①
51	52	53	54	55	56	57	58	59	60
①	②	④	③	②	②	④	①	④	②
61	62	63	64	65	66	67	68	69	70
①	①	②	④	③	③	①	①	②	④
71	72	73	74	75	76	77	78	79	80
③	②	④	④	②	④	③	④	②	③

01 정답 | ②

풀이 | $\frac{100}{L}=\frac{70}{5}+\frac{20}{3.0}+\frac{8}{2.1}+\frac{1}{1.9}=25$

$\therefore \frac{100}{25}=4$

02 정답 | ②

풀이 | 연소란 이론연소온도가 실제연소온도보다 높다.

03 정답 | ③

풀이 | 오래된 시안화수소(HCN)는 60일이 경과하면 중합하여 자체 열로 중합폭발을 일으킨다.

04 정답 | ④

풀이 | 이상기체는 완전탄성체이므로 분자 간의 인력이 없다.

05 정답 | ①

풀이 | (1) 기체연료
㉠ 확산연소
㉡ 예혼합연소
(2) 액체연료
㉠ 증발연소
㉡ 분무연소
㉢ 액면연소(심지연소)

06 정답 | ④

풀이 | 2L×1atm=2L
3L×2atm=6L

$\therefore P=\frac{2+6}{1}=8\text{atm}$

07 정답 | ④

풀이 | 기체연료의 확산연소는 대기 중 완전연소가 불가능하다.

08 정답 | ②

풀이 | 탄산가스 최대량은 공기비가 1일 때이다.

09 정답 | ③

풀이 | 안전간격이 작은(0.4mm 이하) 수소, 수성가스, 이황화탄소, 아세틸렌가스 등은 위험하다.

10 정답 | ②

풀이 | 효율$(\eta_o)=1-\left(\frac{1}{\varepsilon}\right)^{k-1}$

$=1-\left(\frac{1}{10}\right)^{1.4-1}=0.60189$

$\therefore$ 60.189%

11 정답 | ③

풀이 | 폭굉유도거리(DID) : 최초의 완만한 연소가 격렬한 폭굉으로 발전할 때까지의 거리이다.

12 정답 | ①

풀이 | 폭발범위(하한치, 상한치)
㉠ 폭발범위 내에서만 가스가 폭발한다.
㉡ 아세틸렌 : 2.5~81%, 메탄 : 5~15%

13 정답 | ③

풀이 | 아세틸렌가스의 위험도(H)

$H=\frac{u-L}{L}=\frac{81-2.5}{2.5}=31$

※ 아세틸렌가스 폭발범위 : 2.5~81%

14 정답 | ②

풀이 | 완전연소가 가능하려면 연소실 용적은 가급적 크게 만들어야 한다.

15 정답 | ②

풀이 | 가연성 가스의 연소특성
㉠ 고온 · 고압에서 폭발범위가 넓어진다.
㉡ CO가스는 고압일수록 폭발범위가 좁아진다.

③ H_2가스는 10atm까지는 좁아지다가 그 이상부터는 폭발범위가 넓어진다.

16 정답 | ①

풀이 | (메탄)$CH_4 + 2O_2 \rightarrow CO_2 + 2H_2O$

17 정답 | ③

풀이 | 아세톤, 톨루엔, 벤젠(제4류 위험물) 등은 공기보다 밀도가 큰 가연성 증기를 발생시킨다.

18 정답 | ④

풀이 | (고위)$H_h = H_l + 9(H+W)$

고위=저위+9(수소+수분)

19 정답 | ③

풀이 | $C_3H_8 + 5O_2 \rightarrow 3CO_2 + 4H_2O$

$44kg + 5 \times 22.4m^3 + 3 \times 22.4 + 4 \times 22.4$

$44kg = 22.4Nm^3$

$\therefore\ V = 22.4 \times \frac{5}{44} = 2.545m^3$

20 정답 | ①

풀이 | 273+100=373K, CO=22.4L(28g),

H_2=22.4L(2g)

$\left(\frac{28}{22.4} \times 0.3 \times 50 \times \frac{273}{373}\right) + \left(\frac{2}{22.4} \times 0.7 \times 50 \times \frac{273}{373}\right)$

$= 13.723 + 2.287 = 16g/L$

21 정답 | ①

풀이 | 증발기 부하(일거리)가 감소하면 압축기 과열이 방지된다.

22 정답 | ③

풀이 | 관 내 유속을 감소시키면 수격작용이 방지된다.

23 정답 | ①

풀이 | 배관의 두께 계산식$(t) = \left(\frac{PD}{\frac{2f}{s} - P}\right) + C$

24 정답 | ①

풀이 | 펌프 축동력(kW)$= \frac{\gamma \cdot Q \cdot H}{102 \times 60 \times \eta}$

$= \frac{1,000 \times 0.25 \times 20}{102 \times 60 \times 0.65} = 1.26kW$

25 정답 | ①

풀이 | 희생양극법

지하매설배관에 마그네슘(Mg)과 같은 금속을 배관과 전기적으로 연결하는 방식이다(부식방지법).

26 정답 | ④

풀이 | 수소취성(170℃, 250atm)

$Fe_3C + 2H_2 \xrightarrow{\text{고온, 고압}} CH_4 + 3Fe$(강도 약화)

27 정답 | ②

풀이 | 분젠식 연소방식

㉠ 1차 공기 : 60%

㉡ 2차 공기 : 40%

(일반가스기구, 온수기, 가스레인지용)

28 정답 | ④

풀이 | 벤투리식

㉠ 원료 가스압력 제어방식

㉡ 전자밸브 개폐방식

㉢ 공기흡입 조절방식

29 정답 | ①

풀이 | 마크로셀 부식

㉠ 콘크리트/토양부식

㉡ 토양의 통기 차에 의한 방식

㉢ 이종금속의 접촉부식

30 정답 | ③

풀이 | 상자콕

카플러 안전기구와 과류차단 안전기구가 부착된 콕이다.

31 정답 | ②

풀이 | 팽창길이(L)$= L \times \alpha \times \Delta t$

$= 10 \times (12 \times 10^{-6}) \times (100 - 15) = 0.0102m$

$= 10.2mm$

32 정답 | ②

풀이 | 황화수소(폭발범위 : 4.3~45%)가스의 발화온도는 260℃이며 독성허용농도는 10ppm이다.

33 정답 | ②

풀이 | 부취제(EM, 에틸메르캅탄)의 냄새 : 마늘 냄새

34 정답 | ④
풀이 | 이음매 없는 용기의 제조 시 재료시험
㉠ 인장시험
㉡ 충격시험
㉢ 압궤시험
※ 기밀시험 : 이음매 없는 용기, 용접용기, 초저온용기, 납붙임 또는 접합용기의 시험

35 정답 | ③
풀이 | ㉠ 굴곡시험, 인장시험 : 파괴검사법
㉡ 비파괴검사 : 타진법, 초음파탐상시험법, 방사선투과법

36 정답 | ②
풀이 | 도시가스
㉠ 저압가스 : 0.1MPa 미만
㉡ 중압가스 : 0.1~1MPa 미만
㉢ 고압가스 : 1MPa 이상

37 정답 | ③
풀이 | 273−5=268, 273+35=308K

$$\text{역카르노 성적계수(COP)} = \frac{T_2}{T_1 - T_2} = \frac{268}{308-268} = 6.7$$

38 정답 | ③
풀이 | 가스압력손실(H)

$$H = 1.293(S-h)h = 1.293(1.5-1)\times 50 = 32.3\text{mmH}_2\text{O}$$

39 정답 | ④
풀이 | 팽창비는 약 5 정도이다.
㉠ 기체의 액화방법 : 자유팽창법(줄−톰슨효과), 팽창기법(터빈형, 왕복동, 터보형 사용)
㉡ 저압식 공기액화분리기는 축랭기에서 5atm, 상온의 공기가 냉각기를 통과한다.

40 정답 | ①
풀이 | 도시가스 제조(열분해 프로세스)
원유, 중유, 나프타 등의 분자량이 큰 탄화수소 원료를 800~900℃로 분해하여 고열량의 가스를 제조한다.

41 정답 | ②
풀이 | 안전관리자 : 탱크로리에서 저장탱크로 LPG 주입 시 이송작업기준을 준수하며 작업을 하여야 하는 자이다.

42 정답 | ④
풀이 | 정량적 안전성 평가방법
원인결과분석(CCA) 기법, 사건수분석(ETA) 기법

43 정답 | ②
풀이 | 고압가스 저장탱크에 5m^3(5,000L) 이상 저장 시 가스방출장치를 설치한다.

44 정답 | ①
풀이 | 가연성 가스 압축기

압축기 충전용 주관

45 정답 | ③
풀이 | 용기의 최고충전압력 : FP

46 정답 | ④
풀이 | 구형 저장탱크 용적(V) $= \frac{4}{3}\pi r^3 = \frac{\pi}{6}D^3$

$$= \frac{3.14}{6}\times(10)^3\times(5\times 10) = 26,166\text{m}^3$$

※ $5.0\text{MPa} = 50\text{kg/cm}^2$

47 정답 | ④
풀이 | 스프링식 안전밸브 작동 : 상용의 온도에서 고압가스설비 등 내의 액화가스 상용체적이 그 고압가스설비 등 내의 내용적 98%까지 팽창하면 그 온도에 대응하는 압력에서 작동하여야 한다.

48 정답 | ③
풀이 | 고압가스 냉동제조시설의 냉동능력 합산기준에는 ①, ②, ④항 외에 2원(元) 이상의 냉동방식에 의한 냉동설비가 있다.

49 정답 | ①
풀이 | 중형 가스온수보일러
70kW(60,200kcal/h) 초과~232.6kW(200,000 kcal/h) 이하의 온수보일러이다.
※ 232.6kW 초과는 에너지이용 합리화법에 따른 검사대상 기기에 속한다.

50 정답 | ①
풀이 | 질소충전용기에서 질소의 누출 여부를 가장 쉽고 안전하게 검사하는 방법 : 비눗물 사용 검사방법

51 정답 | ①
풀이 | 가스의 품질검사
㉠ 산소 : 동, 암모니아 시약(순도 99.5% 이상이면 합격)
㉡ 아세틸렌 : 발연황산 시약(순도 98% 이상이면 합격)
㉢ 수소 : 피로갈롤 또는 하이드로설파이트 시약(순도 98.5% 이상이면 합격)

52 정답 | ②
풀이 | 액화가스 저장탱크 저장량 : 내용적의 90%까지만 저장한다(10% 안전공간 확보).

53 정답 | ④
풀이 | 호스콕은 액화석유가스 안전관리 및 사업법상 검사에서 제외된다.

54 정답 | ③
풀이 | 아세틸렌가스 압축 시 희석제 : ①, ②, ④항 외에도 N_2, H_2, C_3H_8, CO_2 등을 사용한다.

55 정답 | ②
풀이 | LPG 등 가연성 가스 저장탱크 주위의 방류둑 기준
㉠ 독성 가스 : 5톤 이상 탱크
㉡ 산소 : 1천 톤 이상 탱크
㉢ 가연성 가스 : 5백 톤 이상 탱크
㉣ LPG : 1천 톤 이상 탱크

56 정답 | ②
풀이 | ② 자연통풍시설이 아닌 강제통풍시설을 갖추어야 한다.

57 정답 | ④
풀이 | (1) 압력 : ㉠ 프로판 20℃, 7.4kg/cm^2(725kPa)
㉡ 부탄 20℃, 1.4kg/cm^2(137kPa)
(2) 액비중 : ㉠ 프로판 : 0.509kg/L
㉡ 부탄 : 0.582kg/L

58 정답 | ①
풀이 | 가스계량기와의 이격거리
㉠ 전기계량기 및 전기개폐기 : 60cm 이상
㉡ 굴뚝, 전기점멸기, 전기접속기 : 30cm 이상
㉢ 절연조치를 하지 아니한 전선 : 15cm 이상
※ 절연조치를 한 전선 : 10cm 이상

59 정답 | ④
풀이 | 아세틸렌(C_2H_2) 가스의 용접용기 제조 시 내압시험 압력은 최고 충전압력수치의 3배를 말한다.

60 정답 | ②
풀이 | 아세틸렌가스를 용기에 충전하는 장소 및 충전용기 보관장소에 화재나 파열을 방지하기 위해 살수장치를 설치한다.

61 정답 | ①
풀이 | ①항은 화학적 가스분석계에 해당한다.
※ 화학적 가스분석계
㉠ 오르자트법
㉡ 연소식
㉢ 자동화학식 CO_2계

62 정답 | ①
풀이 | 적외선 물리적 가스분석계
㉠ CO_2, CH_4, CO 등의 가스분석용이다.
㉡ H_2, O_2, N_2 등 2원자 분자가스 분석은 제외한다.

63 정답 | ②
풀이 | 검지관법
내경 2~4mm인 유리관에 발색시약을 흡착시킨 검지제를 충전하여 관의 양단을 액봉한 것을 사용하는 가스 검지법이다.

64 정답 | ④
풀이 | 연소분석법
㉠ 폭발법
㉡ 분별연소법
㉢ 완만연소법

65 정답 | ③
풀이 | 가스미터 검정 시 표준가스미터기는 최소유량부터 최대유량까지 7포인트 유량시험이 가능할 것

66 정답 | ③
풀이 | 압력단위 차원
㉠ 절대단위계($ML^{-1}T^{-2}$)
㉡ 공학단위계(FL^{-2})

67 **정답 |** ①

풀이 | 치환법

지시량과 미리 알고 있는 양으로부터 측정량을 나타내는 방법이며, 다이얼게이지로 두께를 측정하는 비교측정이다.

68 **정답 |** ①

풀이 | 비접촉식 온도계(광고고온계, 광전관식, 방사식)는 고온측정(3,000℃)이 가능하다.

69 **정답 |** ②

풀이 | ㉠ 맥로드 : 10^{-4} Torr까지 3% 정도

㉡ 피라니 : $10 \sim 10^{-5}$Torr

㉢ 열음극 : 10^{-11}mmHg

70 **정답 |** ④

풀이 | 가스압력조정기

공급되는 가스의 압력을 연소기구에 적당한 압력까지 감압시킨다.

71 **정답 |** ③

풀이 | 생성열

물질 1몰이 홑원소물질로부터 생성될 때 반응열이다.

$C + O_2 \rightarrow CO_2 + 94kcal$, CO_2 생성열 : 94kcal/몰

$N_2 + O_2 \rightarrow 2NO - 42kcal$, NO의 생성열 : −21kcal/몰

표준온도 : 25℃

72 **정답 |** ②

풀이 | ㉠ R타입 : 600~1,500℃(고온에서 정도가 좋다)

㉡ E타입 : −200~700℃(중 · 저온용)

㉢ T타입 : −200~300℃(저온에서 기전력의 안정성이 좋다)

㉣ J타입 : 0~600℃(H_2, CO 등에 사용 가능하나, 산화분위기에서는 사용 불가하다)

㉤ K타입 : 0~1,000℃(기전력의 직선성이 좋아 가장 많이 사용한다)

73 **정답 |** ④

풀이 | 자동제어의 종류

㉠ 시퀀셜제어(정성적)

㉡ 피드백제어(정량적)

74 **정답 |** ④

풀이 | $50 - 52 = 2m^3$(−오차)

$\therefore \frac{-2}{50} \times 100 = -4\%$

75 **정답 |** ②

풀이 | 개회로제어는 출력과 입력의 비교가 없는 제어이다(시퀀스제어 일종).

※ 폐회로 : 피드백제어

76 **정답 |** ④

풀이 | 가스크로마토그래피의 물리적 가스분석계 구성요소

㉠ 분리관

㉡ 검출기

㉢ 유속조절기

77 **정답 |** ③

풀이 | $\frac{450}{70} = 6.43mL/min$

$\therefore$ 기록지 속도 $= \frac{18}{6.43} = 2.8cm/min$

78 **정답 |** ④

풀이 | 흡수제

㉠ 발열황산 : 중탄화수소

㉡ 피로갈롤용액 : 산소

㉢ 암모니아성 염화제1동용액 : CO가스

㉣ 수산화칼륨용액(KOH) : CO_2

79 **정답 |** ②

풀이 | 비례동작

조작량은 제어편차의 변화속도에 비례한 제어동작이다.

80 **정답 |** ③

풀이 | 막식 가스미터의 기차 불량 원인

㉠ 계량막이 신축하여 계량실 부피 변화

㉡ 막에서 누설, 밸브와 밸브시트 사이에서 누설

㉢ 패킹부에서의 누설

02회 실전점검! CBT 실전모의고사

수험번호 :
수험자명 :

제한 시간 : 2시간
남은 시간 :

글자 크기 100% 150% 200% 화면 배치

전체 문제 수 :
안 푼 문제 수 :

답안 표기란

1	①	②	③	④
2	①	②	③	④
3	①	②	③	④
4	①	②	③	④
5	①	②	③	④
6	①	②	③	④
7	①	②	③	④
8	①	②	③	④
9	①	②	③	④
10	①	②	③	④
11	①	②	③	④
12	①	②	③	④
13	①	②	③	④
14	①	②	③	④
15	①	②	③	④
16	①	②	③	④
17	①	②	③	④
18	①	②	③	④
19	①	②	③	④
20	①	②	③	④
21	①	②	③	④
22	①	②	③	④
23	①	②	③	④
24	①	②	③	④
25	①	②	③	④
26	①	②	③	④
27	①	②	③	④
28	①	②	③	④
29	①	②	③	④
30	①	②	③	④

1과목 연소공학

01 **완전가스의 성질에 대한 설명으로 틀린 것은?**

① 보일－샤를의 법칙을 만족한다.
② 아보가드로의 법칙에 따른다.
③ 비열비는 온도에 의존한다.
④ 기체의 분자력과 크기는 무시된다.

02 **물의 비열 1, 수증기의 비열 0.45, 100℃에서의 증발잠열이 539kcal/kg일 때 110℃ 수증기의 엔탈피는?(단, 기준 상태는 0℃, 1atm의 물이며 비열의 단위는 kcal/kg · ℃이다.)**

① 539kcal/kg　② 639kcal/kg
③ 643.5kcal/kg　④ 653.5kcal/kg

03 **메탄 60v%, 에탄 20v%, 프로판 15v%, 부탄 5v%인 혼합가스의 공기 중 폭발하한계(v%)는 약 얼마인가?(단, 각 성분의 폭발하한계는 메탄 5.0v%, 에탄 3.0v%, 프로판 2.1v%, 부탄 1.8v%로 한다.)**

① 2.5　② 3.0
③ 3.5　④ 4.0

04 **압력 1atm, 온도 20℃에서 공기 1kg의 부피는 약 몇 m^3인가?(단, 공기의 평균분자량은 29이다.)**

① 0.42　② 0.62
③ 0.75　④ 0.83

계산기　다음 ▶　안 푼 문제　답안 제출

05 다음 중 폭굉(Detonation)의 화염전파속도는?

① 0.1~10m/s ② 10~100m/s
③ 1,000~3,500m/s ④ 5,000~10,000m/s

06 CO_{2max}[%]는 어느 때의 값을 말하는가?

① 실제공기량으로 연소시켰을 때
② 이론공기량으로 연소시켰을 때
③ 과잉공기량으로 연소시켰을 때
④ 부족공기량으로 연소시켰을 때

07 다음 연료 중 착화온도가 가장 낮은 것은?

① 벙커C유 ② 목재
③ 무연탄 ④ 탄소

08 95℃의 온수를 100kg/h 발생시키는 온수 보일러가 있다. 이 보일러에서 저위발열량이 45MJ/Nm^3인 LNG를 1m^3/h 소비할 때 열효율은 얼마인가?(단, 급수의 온도는 25℃이고, 물의 비열은 4.184kJ/kg · K이다.)

① 60.07% ② 65.06%
③ 70.09% ④ 75.10%

09 층류 연소속도 측정법 중 단위화염 면적당 단위시간에 소비되는 미연소 혼합기체의 체적을 연소속도로 정의하여 결정하며, 오차가 크지만 연소속도가 큰 혼합기체에 편리하게 이용되는 측정방법은?

① Slot 버너법 ② Bunsen 버너법
③ 평면 화염 버너법 ④ Soap Bubble법

10 다음 연료 중 고위발열량과 저위발열량이 같은 것은?

① 일산화탄소 ② 메탄
③ 프로판 ④ 석유

11 다음 연소반응식 중 불완전연소에 해당하는 것은?

① $S+O_2 \rightarrow SO_2$ ② $2H_2+O_2 \rightarrow 2H_2O$
③ $CH_4+\frac{5}{2}O_2 \rightarrow CO+2H_2O+O_2$ ④ $C+O_2 \rightarrow CO_2$

12 증기운폭발(UVCE)의 특징에 대한 설명으로 옳은 것은?

① 증기운의 크기가 커지면 점화확률도 커진다.
② 증기운의 재해는 화재보다 폭발이 보통이다.
③ 폭발효율은 BLEVE보다 크다.
④ 증기와 공기와의 난류혼합은 폭발의 충격을 감소시킨다.

13 저발열량이 46MJ/kg인 연료 1kg을 완전연소시켰을 때 연소가스의 평균 정압비열이 1.3kJ/kg · K이고, 연소가스양은 22kg이 되었다. 연소 전의 온도가 25℃이었을 때 단열 화염온도는 약 몇 ℃인가?

① 1,341 ② 1,608
③ 1,633 ④ 1,728

14 상온, 상압하에서 프로판 공기와 혼합하는 경우 폭발범위는 약 몇 %인가?

① 1.9~8.5 ② 2.2~9.5
③ 5.3~14 ④ 4.0~75

답안 표기란				
1	①	②	③	④
2	①	②	③	④
3	①	②	③	④
4	①	②	③	④
5	①	②	③	④
6	①	②	③	④
7	①	②	③	④
8	①	②	③	④
9	①	②	③	④
10	①	②	③	④
11	①	②	③	④
12	①	②	③	④
13	①	②	③	④
14	①	②	③	④
15	①	②	③	④
16	①	②	③	④
17	①	②	③	④
18	①	②	③	④
19	①	②	③	④
20	①	②	③	④
21	①	②	③	④
22	①	②	③	④
23	①	②	③	④
24	①	②	③	④
25	①	②	③	④
26	①	②	③	④
27	①	②	③	④
28	①	②	③	④
29	①	②	③	④
30	①	②	③	④

15 다음 중 이상연소현상인 리프팅(Lifting)의 원인이 아닌 것은?

① 버너 내의 압력이 높아져 가스가 과다 유출할 경우
② 가스압이 이상 저하한다든지 노즐과 콕 등이 막혀 가스양이 극히 적게 될 경우
③ 공기조절장치(Damper)를 너무 많이 열었을 경우
④ 버너가 낡고 염공이 막혀 염공의 유효면적이 적어져 버너 내압이 높게 되어 분출 속도가 빠르게 되는 경우

16 불완전연소에 의한 매연, 먼지 등을 제거하는 집진장치 중 건식 집진장치가 아닌 것은?

① 백필터
② 사이클론
③ 멀티클론
④ 사이클론 스크러버

17 점화원이 될 우려가 있는 부분을 용기 안에 넣고 불활성 가스를 용기 안에 채워 넣어 폭발성 가스가 침입하는 것을 방지하는 방폭구조는?

① 압력방폭구조
② 안전증방폭구조
③ 유입방폭구조
④ 본질방폭구조

18 가스의 반응속도에 대한 설명으로 틀린 것은?

① 반응속도상수는 온도와 관계가 없다.
② 반응속도상수는 아레니우스법칙으로 표시할 수 있다.
③ 반응은 원자나 분자의 충돌에 의해 이루어진다.
④ 반응속도에 영향을 미치는 요인에는 온도, 압력, 농도 등이 있다.

19 **다음 중 열역학 제2법칙에 대한 설명이 아닌 것은?**

① 열은 스스로 저온체에서 고온체로 이동할 수 없다.
② 효율이 100%인 열기관을 제작하는 것은 불가능하다.
③ 자연계에 아무런 변화도 남기지 않고 어느 열원의 열을 계속해서 일로 바꿀 수 없다.
④ 에너지의 한 형태인 열과 일은 본질적으로 서로 같고, 열은 일로, 일은 열로 서로 전환이 가능하며, 이때 열과 일 사이의 변환에는 일정한 비례관계가 성립한다.

20 **다음 가연물과 일반적인 연소형태를 짝지어 놓은 것 중 틀린 것은?**

① 니트로글리세린 – 확산연소
② 코크스 – 표면연소
③ 등유 – 증발연소
④ 목재 – 분해연소

2과목 가스설비

21 원심펌프의 양수원리에 대한 설명으로 옳은 것은?

① 회전차의 원심력을 이용한다.
② 익형 날개차의 양력과 원심력을 이용한다.
③ 익형 날개차의 양력을 이용한다.
④ 회전차의 케이싱과 회전차 사이의 마찰력을 이용한다.

22 고압가스 제조설비의 가연성 가스 저장탱크에 설치하는 안전밸브의 가스방출관의 설치위치는?

① 지면으로부터 3m 이상 또는 저장탱크의 정상부로부터 3m의 높이 중 높은 위치
② 지면으로부터 3m 이상 또는 저장탱크의 정상부로부터 2m 높은 위치
③ 지상으로부터 5m 이상 또는 저장탱크의 정상부로부터 2m의 높이 중 높은 위치
④ 지상에서 5m 이하의 높이에 설치하고 저장탱크의 주위에 마른 모래를 채울 것

23 증기압축 냉동사이클에서 냉매가 순환되는 경로를 옳게 나타낸 것은?

① 압축기 → 증발기 → 팽창밸브 → 응축기
② 증발기 → 압축기 → 응축기 → 팽창밸브
③ 증발기 → 응축기 → 팽창밸브 → 압축기
④ 압축기 → 응축기 → 증발기 → 팽창밸브

24 전기방식방법 중 희생양극법의 특징에 대한 설명으로 틀린 것은?

① 시공이 간단하다.
② 단거리 배관에 경제적이다.
③ 과방식의 우려가 없다.
④ 방식효과 범위가 넓다.

1	①	②	③	④
2	①	②	③	④
3	①	②	③	④
4	①	②	③	④
5	①	②	③	④
6	①	②	③	④
7	①	②	③	④
8	①	②	③	④
9	①	②	③	④
10	①	②	③	④
11	①	②	③	④
12	①	②	③	④
13	①	②	③	④
14	①	②	③	④
15	①	②	③	④
16	①	②	③	④
17	①	②	③	④
18	①	②	③	④
19	①	②	③	④
20	①	②	③	④
21	①	②	③	④
22	①	②	③	④
23	①	②	③	④
24	①	②	③	④
25	①	②	③	④
26	①	②	③	④
27	①	②	③	④
28	①	②	③	④
29	①	②	③	④
30	①	②	③	④

02회 실전점검! CBT 실전모의고사

수험번호 :
수험자명 :

제한 시간 : 2시간
남은 시간 :

글자 크기 100% 150% 200% 화면 배치

전체 문제 수 :
안 푼 문제 수 :

답안 표기란

25 강의 열처리방법 중 오스테나이트 조직을 마텐자이트 조직으로 바꿀 목적으로 0℃ 이하로 처리하는 방법은?

① 담금질　② 불림
③ 심랭처리　④ 염욕처리

26 다음 중 특정고압가스이면서 그 성분이 독성 가스인 것으로 나열된 것은?

① 액화암모니아, 액화염소　② 액화염소, 액화질소
③ 액화암모니아, 액화석유가스　④ 산소, 수소

27 외경(D)이 216.3mm, 구경두께 5.8mm인 200A의 배관용 탄소강관이 내압 9.9kgf/cm^{2}를 받았을 경우에 관에 생기는 원주방향응력은 약 몇 kgf/cm^{2}인가?

① 88　② 175
③ 263　④ 351

28 암모니아 압축기 실린더에 일반적으로 워터재킷을 사용하는 이유가 아닌 것은?

① 압축효율의 향상을 도모한다.　② 윤활유의 탄화를 방지한다.
③ 밸브 스프링의 수명을 연장시킨다.　④ 압축소요일량을 크게 한다.

29 실린더의 지름이 10cm, 행정거리가 20cm, 회전수가 1000rpm인 왕복압축기의 토출량은 약 몇 m^3/h인가?(단, 압축기의 체적효율은 70%이다.)

① 46　② 56
③ 66　④ 76

30 용기 동판의 최대두께와 최소두께의 차이는 평균두께의 몇 % 이하로 하는가?

① 10　② 15
③ 20　④ 30

번호				
1	①	②	③	④
2	①	②	③	④
3	①	②	③	④
4	①	②	③	④
5	①	②	③	④
6	①	②	③	④
7	①	②	③	④
8	①	②	③	④
9	①	②	③	④
10	①	②	③	④
11	①	②	③	④
12	①	②	③	④
13	①	②	③	④
14	①	②	③	④
15	①	②	③	④
16	①	②	③	④
17	①	②	③	④
18	①	②	③	④
19	①	②	③	④
20	①	②	③	④
21	①	②	③	④
22	①	②	③	④
23	①	②	③	④
24	①	②	③	④
25	①	②	③	④
26	①	②	③	④
27	①	②	③	④
28	①	②	③	④
29	①	②	③	④
30	①	②	③	④

계산기　다음 ▶　안 푼 문제　답안 제출

02회 실전점검! CBT 실전모의고사

수험번호 :
수험자명 :

제한 시간 : 2시간
남은 시간 :

글자 크기 100% 150% 200% | 화면 배치 | 전체 문제 수 : 안 푼 문제 수 :

답안 표기란

31 토양 중의 배관의 방식전위는 포화황산동 기준전극을 기준으로 하여 얼마 이하이어야 하는가?(단, 황산염환원박테리아가 번식하지 않는 토양이다.)

① −0.85V
② −0.95V
③ −1.05V
④ −1.15V

32 다음 중 신축조인트 방법이 아닌 것은?

① 슬립−온(Slip−On)형
② 루프(Loop)형
③ 슬라이드(Slide)형
④ 벨로스(Bellows)형

33 내용적이 500L, 압력이 12MPa이고 용기 본수가 120개일 때 압축가스의 저장능력은 몇 m^3인가?

① 3,260
② 5,230
③ 7,260
④ 7,580

34 일산화탄소에 의한 카르보닐을 생성하지 않는 금속은?

① 코발트(Co)
② 철(Fe)
③ 크롬(Cr)
④ 니켈(Ni)

35 배관을 통한 도시가스의 공급에 있어서 압력을 변경하여야 할 지점마다 설치되는 설비는?

① 압송기(壓送器)
② 정압기(Governor)
③ 가스전(栓)
④ 홀더(Holder)

31	①	②	③	④
32	①	②	③	④
33	①	②	③	④
34	①	②	③	④
35	①	②	③	④
36	①	②	③	④
37	①	②	③	④
38	①	②	③	④
39	①	②	③	④
40	①	②	③	④
41	①	②	③	④
42	①	②	③	④
43	①	②	③	④
44	①	②	③	④
45	①	②	③	④
46	①	②	③	④
47	①	②	③	④
48	①	②	③	④
49	①	②	③	④
50	①	②	③	④
51	①	②	③	④
52	①	②	③	④
53	①	②	③	④
54	①	②	③	④
55	①	②	③	④
56	①	②	③	④
57	①	②	③	④
58	①	②	③	④
59	①	②	③	④
60	①	②	③	④

계산기 | 다음 ▶ | 안 푼 문제 | 답안 제출

36 다음 [보기]는 수소의 성질에 대한 설명이다. 옳은 것만으로 나열된 것은?

> ㉠ 공기와 혼합된 상태에서의 폭발범위는 4.0~65%이다.
> ㉡ 무색, 무취, 무미이므로 누출되었을 경우 색깔이나 냄새로 알 수 없다.
> ㉢ 고온, 고압하에서 강(鋼) 중의 탄소와 반응하여 수소취성을 일으킨다.
> ㉣ 열전달률이 아주 낮고, 열에 대하여 불안정하다.

① ㉠, ㉡
② ㉠, ㉢
③ ㉡, ㉢
④ ㉡, ㉣

37 터보식 펌프 중 사류펌프의 비교회전도(m^3/min · m · rpm) 범위를 가장 옳게 나타낸 것은?

① 50~100
② 100~600
③ 500~1,200
④ 120~2,000

38 캐비테이션 현상의 발생 방지책에 대한 설명으로 가장 거리가 먼 것은?

① 펌프의 회전수를 높인다.
② 흡입관경을 크게 한다.
③ 펌프의 위치를 낮춘다.
④ 양흡입펌프를 사용한다.

39 지름 20mm, 표점거리 150mm의 연강재 시험편을 인장시험한 결과 표점거리 180mm가 되었다. 이때 연신율은 몇 %인가?

① 10
② 15
③ 20
④ 25

40 캐스케이드 액화사이클에 사용되는 냉매가 아닌 것은?

① 암모니아(NH_3)
② 에틸렌(C_2H_4)
③ 메탄(CH_4)
④ 액화질소($L-N_2$)

3과목 가스안전관리

41 자기압력기록계로 최고사용압력이 중압인 도시가스배관에 기밀시험을 하고자 한다. 배관 용적이 $15m^3$일 때 기밀유지시간은 몇 분 이상이어야 하는가?

① 24분 ② 36분
③ 240분 ④ 360분

42 압축산소를 충전하는 내용이 50리터인 이음매 없는 용기의 검사 시 실시하는 검사 항목이 아닌 것은?

① 음향검사
② 외부 및 내부 외관검사
③ 영구팽창 측정시험
④ 단열성능시험

43 내용적이 50L인 용기에 프로판 가스를 충전하는 때에는 얼마의 충전량(kg)을 초과할 수 없는가?(단, 충전상수 C는 프로판의 경우 2.35이다.)

① 20 ② 20.4
③ 21.3 ④ 24.4

44 용기의 각인에 대한 설명으로 옳은 것은?

① V는 가스 중량으로 단위는 kg이다.
② W는 밸브, 부속품을 제외한 용기의 질량이고, 단위는 kg이다.
③ TP는 용기의 최고충전압력이고, 단위는 MPa이다.
④ FP는 용기의 내압시험압력이고, 단위는 MPa이다.

45 다음 각 가스 관련 용어에 대한 설명으로 틀린 것은?

① 가연성 가스란 공기 중에서 연소하는 가스로서 폭발한계의 하한이 10퍼센트 이하인 것과 폭발한계의 상한과 하한의 차가 20퍼센트 이상인 것을 말한다.
② 독성 가스란 공기 중에 일정량 이상 존재하는 경우 인체에 유해한 독성을 가진 가스로서 LC_{50} 허용농도가 100만분의 5,000 이하인 것을 말한다.
③ 액화가스란 가압냉각 등의 방법에 의하여 액체 상태가 되어 있는 것으로서 대기압에서의 끓는점이 40도 이상 또는 상용온도 이상인 것을 말한다.
④ 압축가스란 일정한 압력에 의하여 압축되어 있는 가스를 말한다.

46 내용적이 30,000L인 액화산소 저장탱크의 저장능력은 몇 kg인가?(단, 비중은 1.14이다.)

① 27,520　② 30,780
③ 31,780　④ 31,920

47 액화석유가스 사업자 등과 시공자 및 액화석유가스 특정사용자의 안전관리에 관계되는 업무를 하는 자는 시·도지사가 실시하는 교육을 받아야 한다. 다음 교육대상자의 교육내용에 대한 설명으로 틀린 것은?

① 액화석유가스 배달원으로 신규 종사하게 될 경우 특별교육을 1회 받아야 한다.
② 액화석유가스 특정사용시설의 안전관리책임자로 신규 종사하게 될 경우 산업통상자원부장관이 별도로 지정한 내용이 없는 경우 6개월 이내 전문교육을 1회 받아야 한다.
③ 액화석유가스를 연료로 사용하는 자동차의 정비작업에 종사하는 자가 한국가스안전공사에 실시하는 액화석유가스 자동차정비 등에 관한 전문교육을 받은 경우에는 별도로 특별교육을 받을 필요가 없다.
④ 액화석유가스 충전시설의 충전원으로 신규 종사하게 될 경우 6개월 이내에 전문교육을 1회 받아야 한다.

번호				
31	①	②	③	④
32	①	②	③	④
33	①	②	③	④
34	①	②	③	④
35	①	②	③	④
36	①	②	③	④
37	①	②	③	④
38	①	②	③	④
39	①	②	③	④
40	①	②	③	④
41	①	②	③	④
42	①	②	③	④
43	①	②	③	④
44	①	②	③	④
45	①	②	③	④
46	①	②	③	④
47	①	②	③	④
48	①	②	③	④
49	①	②	③	④
50	①	②	③	④
51	①	②	③	④
52	①	②	③	④
53	①	②	③	④
54	①	②	③	④
55	①	②	③	④
56	①	②	③	④
57	①	②	③	④
58	①	②	③	④
59	①	②	③	④
60	①	②	③	④

02회 실전점검! CBT 실전모의고사

수험번호 :
수험자명 :

제한 시간 : 2시간
남은 시간 :

글자 크기 100% 150% 200% 화면 배치

전체 문제 수 :
안 푼 문제 수 :

답안 표기란

48 액화석유가스 수송배관의 온도는 항상 몇 ℃ 이하를 유지하여야 하는가?

① 30 ② 35
③ 40 ④ 50

49 다음 중 독성이면서 가연성인 가스는?

① 일산화탄소, 황화수소, 시안화수소
② 일산화탄소, 황화수소, 아황산가스
③ 일산화탄소, 염화수소, 시안화수소
④ 일산화탄소, 염화수소, 아황산가스

50 다음 중 역류방지밸브의 설치장소가 아닌 것은?

① C_2H_2 고압건조기와 충전용 교체밸브 사이
② 가연성 가스압축기와 충전용 주관 사이
③ C_2H_2를 압축하는 압축기의 유분리기와 고압건조기 사이
④ NH_3, CH_3OH 합성탑 또는 정제탑과 압축기 사이

51 고압가스 특정제조시설에서 설비 사이의 거리 기준에 대하여 옳게 설명한 것은?

① 안전구역 안의 고압가스 설비는 그 외면으로부터 다른 안전구역 안에 있는 고압가스 설비의 외면까지 20m 이상의 거리를 유지한다.
② 제조설비의 외면으로부터 그 제조소의 경계까지 20m 이상의 거리를 유지한다.
③ 가연성 가스 저장탱크는 그 외면으로부터 처리능력이 20만 m^3 이상인 압축기까지 20m 이상을 유지한다.
④ 하나의 안전관리체계로 운영되는 2개 이상의 제조소가 한 사업장에 공존하는 경우에는 20m 이상의 안전거리를 유지한다.

번호				
31	①	②	③	④
32	①	②	③	④
33	①	②	③	④
34	①	②	③	④
35	①	②	③	④
36	①	②	③	④
37	①	②	③	④
38	①	②	③	④
39	①	②	③	④
40	①	②	③	④
41	①	②	③	④
42	①	②	③	④
43	①	②	③	④
44	①	②	③	④
45	①	②	③	④
46	①	②	③	④
47	①	②	③	④
48	①	②	③	④
49	①	②	③	④
50	①	②	③	④
51	①	②	③	④
52	①	②	③	④
53	①	②	③	④
54	①	②	③	④
55	①	②	③	④
56	①	②	③	④
57	①	②	③	④
58	①	②	③	④
59	①	②	③	④
60	①	②	③	④

계산기 다음 ▶ 안 푼 문제 답안 제출

52 물질의 위험 정도를 나타내는 지표로 공기 중에서 액체를 가열하는 경우 액체표면에서 증기가 발생하여 그 증기에 착화원을 접근하면 연소가 되는 최저의 온도를 무엇이라 하는가?

① 최소점화에너지 ② 발화점
③ 착화점 ④ 인화점

53 액화석유가스 자동차 용기 충전시설의 기준으로 옳지 않은 것은?

① 충전호스에 부착하는 가스주입기는 투터치형으로 한다.
② 충전기 충전호스의 길이는 5m 이내로 한다.
③ 충전호스에 과도한 인장력이 가해졌을 때 충전기와 가스주입기가 분리될 수 있는 안전장치를 설치한다.
④ 충전기 주위에는 정전기 방지를 위하여 충전 이외의 필요 없는 장비는 시설을 금한다.

54 다음 가스의 공기 중 연소범위로 틀린 것은?

① 수소 : 4～75%
② 아세틸렌 : 2.5～81%
③ 암모니아 : 15～28%
④ 에틸렌 : 2.1～42%

55 액화석유가스용 강제용기 검사설비 중 내압시험설비의 가압능력은?

① 0.5MPa 이상
② 1MPa 이상
③ 2MPa 이상
④ 3MPa 이상

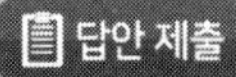

56 액화프로판을 내용적이 4,700L인 차량에 고정된 탱크를 이용하여 운행 시의 기준으로 적합한 것은?(단, 폭발방지장치가 설치되지 않았다.)

① 최대 저장량이 2,000kg이므로 운반책임자의 동승이 필요 없다.
② 최대 저장량이 2,000kg이므로 운반책임자의 동승이 필요하다.
③ 최대 저장량이 5,000kg이므로 200km 이상 운행 시 운반책임자의 동승이 필요하다.
④ 최대 저장량이 5,000kg이므로 운행거리에 관계없이 운반책임자의 동승이 필요 없다.

57 일정 기준 이상의 고압가스를 적재 운반 시에는 운반책임자가 동승한다. 다음 중 운반책임자의 동승기준으로 틀린 것은?

① 가연성 압축가스 : $300m^3$ 이상
② 조연성 압축가스 : $600m^3$ 이상
③ 가연성 액화가스 : 4,000kg 이상
④ 조연성 액화가스 : 6,000kg 이상

58 다음 [보기]에서 설명하는 비파괴검사방법은?

표면의 미세한 균열, 작은 구멍, 슬러그 등을 검출할 수 있으며, 철 및 비철 재료에 모두 적용되며 전원이 없는 곳에서도 이용할 수 있다.

① 음향검사
② 침투탐상검사
③ 자분탐상검사
④ 초음파검사

59 고압가스 일반제조시설에서 액화가스 배관에 반드시 설치하여야 하는 장치는?

① 압력계, 안전밸브
② 스톱밸브
③ 드레인 세퍼레이터
④ 온도계, 압력계

60 LPG 압력조정기를 제조하고자 하는 자가 반드시 갖추어야 할 검사설비가 아닌 것은?

① 유량측정설비
② 과류차단성능 시험설비
③ 내압시험설비
④ 기밀시험설비

답안 표기란

번호				
31	①	②	③	④
32	①	②	③	④
33	①	②	③	④
34	①	②	③	④
35	①	②	③	④
36	①	②	③	④
37	①	②	③	④
38	①	②	③	④
39	①	②	③	④
40	①	②	③	④
41	①	②	③	④
42	①	②	③	④
43	①	②	③	④
44	①	②	③	④
45	①	②	③	④
46	①	②	③	④
47	①	②	③	④
48	①	②	③	④
49	①	②	③	④
50	①	②	③	④
51	①	②	③	④
52	①	②	③	④
53	①	②	③	④
54	①	②	③	④
55	①	②	③	④
56	①	②	③	④
57	①	②	③	④
58	①	②	③	④
59	①	②	③	④
60	①	②	③	④

계산기 다음 ▶ 안 푼 문제 답안 제출

4과목 가스계측기기

61 플로트(Float)형 액위(Level) 측정 계측기기의 종류에 속하지 않는 것은?

① 도르래식 ② 차동변압식
③ 전기저항식 ④ 다이어프램식

62 파이프나 조절밸브로 구성된 계는 어떤 공정에 속하는가?

① 유동공정 ② 1차계 액위공정
③ 데드타임공정 ④ 적분계 액위공정

63 아황산가스의 흡수제 및 중화제로 사용되지 않는 것은?

① 가성소다 ② 탄산소다
③ 물 ④ 염산

64 가스미터에 0.3L/rev의 표시가 의미하는 것은?

① 사용최대유량이 0.3L이다.
② 계량실의 1주기 체적이 0.3L이다.
③ 사용최소유량이 0.3L이다.
④ 계량실의 흐름속도가 0.3L이다.

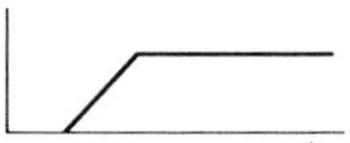

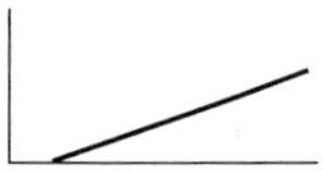

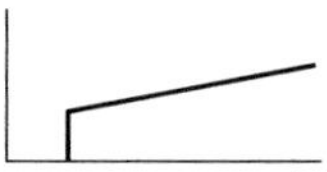

65 다음의 제어동작 중 비례적분동작을 나타낸 것은?

① (graph, t)
② (graph, t)
③ (graph, t)
④ (graph, t)

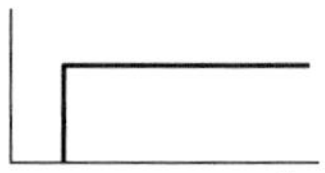

66 부르동관 압력계의 호칭크기를 결정하는 기준은?

① 눈금판의 바깥지름(mm)
② 눈금판의 안지름(mm)
③ 지침의 길이(mm)
④ 바깥틀의 지름(mm)

67 벤투리 유량계의 특성에 대한 설명으로 틀린 것은?

① 내구성이 좋다.
② 압력손실이 적다.
③ 침전물의 생성 우려가 적다.
④ 좁은 장소에 설치할 수 있다.

68 다음 중 기본단위가 아닌 것은?

① 길이
② 광도
③ 물질량
④ 밀도

69 막식 가스미터에서 계량막이 신축하여 계량식 부피가 변화하거나 막에서의 누출, 밸브시트 사이에서의 누출 등이 원인이 되어 발생하는 고장의 형태는?

① 감도 불량
② 기차 불량
③ 부동
④ 불통

70 온도 25℃, 기압 760mmHg인 대기 속의 풍속을 피토관으로 측정하였더니 전압(全壓)이 대기압보다 40mmH_2O 높았다. 이때 풍속은 약 몇 m/s 인가?(단, 피스톤 속도계수(C)는 0.9, 공기의 기체상수(R)은 29.27kgf · m/kg · K이다.)

① 17.2
② 23.2
③ 32.2
④ 37.4

71 다음 중 비중이 가장 큰 가스는?

① CH_4
② O_2
③ C_2H_2
④ CO

번호				
61	①	②	③	④
62	①	②	③	④
63	①	②	③	④
64	①	②	③	④
65	①	②	③	④
66	①	②	③	④
67	①	②	③	④
68	①	②	③	④
69	①	②	③	④
70	①	②	③	④
71	①	②	③	④
72	①	②	③	④
73	①	②	③	④
74	①	②	③	④
75	①	②	③	④
76	①	②	③	④
77	①	②	③	④
78	①	②	③	④
79	①	②	③	④
80	①	②	③	④

72 계통적 오차(Systematic Error)에 해당되지 않는 것은?

① 계기오차 ② 환경오차
③ 이론오차 ④ 우연오차

73 Block 선도의 등가변환에 해당하는 것만으로 짝지어진 것은?

① 전달요소 결합, 가합점 치환, 직렬 결합, 피드백 치환
② 전달요소 치환, 인출점 치환, 병렬 결합, 피드백 결합
③ 인출점 치환, 가합점 결합, 직렬 결합, 병렬 결합
④ 전달요소 이동, 가합점 결합, 직렬 결합, 피드백 결합

74 비례적분미분 제어동작에서 큰 시정수가 있는 프로세스제어 등에서 나타나는 오버슈트(Over Shoot)를 감소시키는 역할을 하는 동작은?

① 적분동작 ② 미분동작
③ 비례동작 ④ 뱅뱅동작

75 열전대에 대한 설명 중 틀린 것은?

① R열전대의 조성은 백금과 로듐이며 내열성이 강하다.
② K열전대는 온도와 기전력의 관계가 거의 선형적이며 공업용으로 널리 사용된다.
③ J열전대는 철과 콘스탄탄으로 구성되며 산에 강하다.
④ T열전대는 저온 계측에 주로 사용된다.

76 신호의 전송방법 중 유압전송방법의 특징에 대한 설명으로 틀린 것은?

① 조작력이 크고 전송지연이 적다.
② 전송거리가 최고 300m이다.
③ 파일럿 밸브식과 분사관식이 있다.
④ 내식성, 방폭이 필요한 설비에 적당하다.

번호				
61	①	②	③	④
62	①	②	③	④
63	①	②	③	④
64	①	②	③	④
65	①	②	③	④
66	①	②	③	④
67	①	②	③	④
68	①	②	③	④
69	①	②	③	④
70	①	②	③	④
71	①	②	③	④
72	①	②	③	④
73	①	②	③	④
74	①	②	③	④
75	①	②	③	④
76	①	②	③	④
77	①	②	③	④
78	①	②	③	④
79	①	②	③	④
80	①	②	③	④

계산기 다음 ▶ 안 푼 문제 답안 제출

77 초산납을 물에 용해하여 만든 가스시험지는?

① 리트머스지
② 연당지
③ KI－전분지
④ 초산벤젠지

78 다음 중 가스분석방법이 아닌 것은?

① 흡수분석법
② 연소분석법
③ 용량분석법
④ 기기분석법

79 다음 중 추량식 가스미터는?

① 막식
② 오리피스식
③ 루트식
④ 습식

80 다음 중 분리분석법은?

① 광흡수분석법
② 전기분석법
③ Polarography
④ Chromatography

61	①	②	③	④
62	①	②	③	④
63	①	②	③	④
64	①	②	③	④
65	①	②	③	④
66	①	②	③	④
67	①	②	③	④
68	①	②	③	④
69	①	②	③	④
70	①	②	③	④
71	①	②	③	④
72	①	②	③	④
73	①	②	③	④
74	①	②	③	④
75	①	②	③	④
76	①	②	③	④
77	①	②	③	④
78	①	②	③	④
79	①	②	③	④
80	①	②	③	④

01	02	03	04	05	06	07	08	09	10
③	③	③	④	③	②	②	②	②	①
11	12	13	14	15	16	17	18	19	20
③	①	③	②	②	④	①	①	④	①
21	22	23	24	25	26	27	28	29	30
①	③	②	④	③	①	②	④	③	③
31	32	33	34	35	36	37	38	39	40
①	①	③	③	②	③	③	①	③	④
41	42	43	44	45	46	47	48	49	50
④	④	③	②	③	②	④	③	①	①
51	52	53	54	55	56	57	58	59	60
②	④	①	④	④	①	③	②	④	②
61	62	63	64	65	66	67	68	69	70
④	①	④	②	④	①	④	④	②	②
71	72	73	74	75	76	77	78	79	80
②	④	②	②	③	④	②	③	②	④

01 정답 | ③

풀이 | 기체비열비$(k) = \dfrac{\text{정압비열}}{\text{정적비열}}$

(비열비 k는 항상 1보다 크다)

02 정답 | ③

풀이 | 엔탈피 = 포화수 엔탈피 + 물의 증발잠열

수증기 현열 = (110 − 100) × 0.45 = 4.5kcal/kg

물의 현열 = 1 × 100 = 100kcal/kg

∴ (100 + 4.5) + (539) = 643.5kcal/kg

03 정답 | ③

풀이 | $\dfrac{100}{L} = \dfrac{V_1}{L_1} + \dfrac{V_2}{L_2} + \dfrac{V_3}{L_3} + \dfrac{V_4}{L_4}$ (폭발하한계)

$\therefore \dfrac{100}{\dfrac{60}{5} + \dfrac{20}{3.0} + \dfrac{15}{2.1} + \dfrac{5}{1.8}} = 3.5$

04 정답 | ④

풀이 | STP(0℃ 1atm 표준상태)

공기 분자량 및 부피(29, 22.4Nm^3)

$V_2(\text{부피}) = V_1 \times \dfrac{T_2}{T_1} = \dfrac{22.4}{29} \times \dfrac{(273+20)}{273}$

$= 0.83\text{m}^3/\text{kg}$

05 정답 | ③

풀이 | 폭굉(DID)의 화염전파속도 : 1,000~3,500m/sec

06 정답 | ②

풀이 | 탄산가스 최대량(CO_{2max})은 이론공기량으로 연소시켰을 때 최대(%)가 발생된다.

07 정답 | ②

풀이 | 착화온도(℃)

① 벙커C유 : 380℃ 이상

② 목재 : 240~270℃

③ 무연탄 : 400~450℃

④ 탄소 : 300~450℃

08 정답 | ②

풀이 | 온수현열 = 100 × 4.184 × (95 − 25) = 29,288kJ/h

발열량 45MJ/Nm^3 = 45,000,000J/Nm^3

= 45,000kJ/Nm^3

∴ 열효율$(\eta) = \dfrac{29,288}{45,000} \times 100 = 65.08\%$

09 정답 | ②

풀이 | 분젠버너법

연소속도가 큰 혼합기체의 층류 연소속도 측정법이다.

10 정답 | ①

풀이 | $CO + \dfrac{1}{2}O_2 \rightarrow CO_2$

수소, 수분의 성분이 없으면 발열량 차이가 없다.

11 정답 | ③

풀이 | CH_4(메탄)의 완전연소반응식

$CH_4 + 2O_2 \rightarrow CO_2 + 2H_2O$

12 정답 | ①

풀이 | 증기운 폭발 : 비등액체팽창 증기폭발(BLEVE)보다 폭발효율이 작다. 다만, 증기운의 크기가 커지면 점화확률도 커진다(증기와 공기와의 난류혼합은 폭발의 충격이 커진다).

13 정답 | ③

풀이 | $T = \dfrac{HL}{G \times C_p} + t_0 = \dfrac{46 \times 1,000}{22 \times 1.3} + 25 = 1,633℃$

※ 46MJ/kg = 46 × 1,000 = 46,000kJ/kg

14 정답 | ②

풀이 | 프로판가스(C_3H_8) 폭발범위 : 2.2~9.5%

$C_3H_8 + 5O_2 \rightarrow 3CO_2 + 4H_2O$(연소반응식)

15 정답 | ②
풀이 | 리프팅현상(선화현상) : 가스노즐 염공으로부터 가스의 유출속도가 연소속도보다 크게 될 때 화염이 염공을 떠나 공간에서 연소하는 현상이다. 그 원인은 가스의 공급압력이 지나치게 높은 경우이다.

16 정답 | ④
풀이 | 습식 집진장치 : 유수식, 회전식, 가압수식(사이클론 스크러버, 벤투리 스크러버, 제트 스크러버, 충전탑)

17 정답 | ①
풀이 | 압력방폭구조 : 불활성 가스를 용기에 채워 넣는다.

18 정답 | ①
풀이 | 가스의 경우 온도가 높으면 반응속도가 빨라진다.

19 정답 | ④
풀이 | ④ 열역학 제1법칙에 대한 설명이다.

20 정답 | ①
풀이 | 니트로글리세린 : 자기연소

21 정답 | ①
풀이 | 원심식 펌프 : 회전차의 원심력을 이용하며, 터빈펌프, 볼류트펌프가 있다.

22 정답 | ③
풀이 | 저장탱크 안전밸브의 가스방출관 위치
지상으로부터 5m 이상 또는 저장탱크의 정상부로부터 2m의 높이 중 높은 위치이다.

23 정답 | ②
풀이 | 냉매사이클 경로
증발기 → 압축기 → 응축기 → 팽창밸브

24 정답 | ④
풀이 | 희생양극법(유전양극법)은 방식효과 범위가 좁다.

25 정답 | ③
풀이 | 심랭처리(서브제로처리) : 강의 조직을 바꿀 목적으로 0℃ 이하로 처리하는 방법이다.

26 정답 | ①
풀이 | 특정고압가스 : 수소, 산소, 액화암모니아, 아세틸렌, 액화염소, 천연가스, 압축모노실란, 압축디보레인, 액화알진

27 정답 | ②
풀이 | 원주방향응력$(\sigma_2) = \frac{PD}{2t} = \frac{(216.3-5.8)\times 9.9}{2\times 5.8}$
$= 179\text{kgf/cm}^2$
또는 $(\sigma_2) = \frac{PD}{200t} = \frac{9.9\times(216.3-5.8)}{200\times 5.8}\times 100$
$= 179\text{kg/cm}^2$

28 정답 | ④
풀이 | 워터재킷(냉각수 흐름통)의 사용목적은 ①, ②, ③항을 이용하기 위함이다.

29 정답 | ③
풀이 | 단면적$(A) = \frac{\pi}{4}D^2 = \frac{3.14}{4}\times(0.1)^2 = 0.00785\text{m}^2$
용적$(V) = A\times L = 0.00785\times 0.2 = 0.00157\text{m}^3$
토출량$= (0.00157\times 1,000\text{rpm})\times 60$분
$= 94.2\text{m}^3/\text{h}$, 체적효율이 70%이므로
$94.2\times 0.7 = 65.94\text{m}^3/\text{h}$

30 정답 | ③
풀이 | 고압가스 용기 동판의 최대두께와 최소두께의 차이는 평균두께의 20% 이하로 한다.

31 정답 | ①
풀이 | 방식전위
포화황산동기준 전극 : −5V 이상∼−0.85V 이하
(단, 황산염환원 박테리아가 번식하는 토양에서는 −0.95V 이하)

32 정답 | ①
풀이 | 신축조인트 방법
㉠ 루프형
㉡ 슬라이드형
㉢ 벨로스형
㉣ 스위블형

33 정답 | ③
풀이 | $12\text{MPa} = 120\text{kg/cm}^2$, $120+1 = 121\text{abs}$
저장능력(V) = 내용적 × 압력 × 본수
$= 500\times 121\times 120 = 7,260,000\text{L}$
$= 7,260\text{m}^3$

34 정답 | ③
풀이 | 일산화탄소와 카르보닐을 생성하는 금속
㉠ 코발트 ㉡ 철 ㉢ 니켈

35 정답 | ②
풀이 | 정압기
(1) 기능
가스의 압력을 조절 · 변경한다.
(2) 종류
㉠ Fisher식
㉡ Axial-flow식
㉢ Reynolds식

36 정답 | ③
풀이 | 수소의 성질은 ㉡, ㉢에 해당된다.
※ 수소취성(170℃, 250atm)
$Fe_3C + 2H_2 \rightarrow CH_4 + 3Fe$

37 정답 | ③
풀이 | 사류펌프 비교회전도는 500~1,200 정도이다.
비교회전도$(N_s) = \frac{N \cdot \sqrt{Q}}{H^{3/4}}$ (단단의 경우 계산식)

38 정답 | ①
풀이 | 펌프의 회전수를 낮추면 캐비테이션(공동현상)이 방지된다.

39 정답 | ③
풀이 | $L = 180 - 150 = 30\text{mm}$
$\therefore$ 연신율 $= \frac{30}{150} \times 100 = 20\%$

40 정답 | ④
풀이 | 캐스케이드 액화사이클(다원 액화사이클) 냉매
㉠ 암모니아 → 에틸렌 → 메탄 → (액체질소 생산)
㉡ 비점이 점차 낮은 냉매 사용

41 정답 | ④
풀이 | 기밀시험유지시간
(저압, 중압)유지시간 = 24 × V(용적)
24 × 15 = 360분

42 정답 | ④
풀이 | 50L는 용기가 너무 작아서 단열성능시험에서 제외된다.

43 정답 | ③
풀이 | G(충전량) $= \frac{V}{C} = \frac{50}{2.35} = 21.276\text{kg} = 21.3\text{kg}$

44 정답 | ②
풀이 | ① V는 내용적, 단위는 L이다.
③ TP는 내압시험압력, 단위는 MPa이다.
④ FP는 최고충전압력, 단위는 MPa이다.

45 정답 | ③
풀이 | 액화가스
액체상태로서 대기압하에서 비점이 40℃ 이하 또는 상용온도 이하인 가스이다.

46 정답 | ②
풀이 | W(저장능력) $= 0.9dV = 0.9 \times 1.14 \times 30{,}000$
$= 30{,}780\text{kg}$

47 정답 | ④
풀이 | ④ 충전원이 아닌 안전관리자에게만 해당된다.

48 정답 | ③
풀이 | 배관은 그 온도를 항상 40℃ 이하로 유지한다.

49 정답 | ①
풀이 | 독성, 가연성 가스
일산화탄소, 황화수소, 시안화수소

50 정답 | ①
풀이 | ①항은 역화 방지장치 설치장소이며, 역류 방지밸브 설치장소는 ②, ③, ④ 외에 감압설비와 당해 가스의 반응설비 간의 배관이 해당된다.

51 정답 | ②
풀이 | ① : 30m 이상 ③ : 30m 이상 ④ : 30m 이상

52 정답 | ④
풀이 | 인화점 : 가연성 증기에 점화원을 접근 시 연소되는 최저의 온도를 말한다.

53 정답 | ①
풀이 | 충전시설에서 충전호스에 부착하는 가스주입기는 원터치형으로 한다.

54 정답 | ④
풀이 | 에틸렌의 연소범위는 3.1~36.8%이다.

55 정답 | ④
풀이 | LPG 강철제용기 검사설비 내압시험 : 3MPa 이상

56 정답 | ①
풀이 | 운반책임자 동승기준

가스의 종류		기준
액화가스	독성 가스	1,000kg 이상
	가연성 가스	3,000kg 이상
	조연성 가스	6,000kg 이상
압축가스	독성 가스	$100m^3$ 이상
	가연성 가스	$300m^3$ 이상
	조연성 가스	$600m^3$ 이상

가연성$(G)=0.9dV=0.9\times0.5\times4,700=2,115$kg
※ 액화프로판 비중$(d)=0.5$kg/L
3,000kg 이하이므로 동승자가 불필요하다.

57 정답 | ③
풀이 | 문제 56번 해설 참조

58 정답 | ②

59 정답 | ④
풀이 | 고압가스 일반제조시설에서 액화가스의 배관에는 온도계와 압력계를 설치하여야 한다.

60 정답 | ②
풀이 | 과류차단성능 시험설비
충전소, 충전용기 제조사 장비

61 정답 | ④
풀이 | 플로트형(부자형 액면계) 액위 측정기 종류
㉠ 도르래식
㉡ 차동변압식
㉢ 전기저항식

62 정답 | ①
풀이 | 파이프, 조절밸브로 구성된 계의 공정 : 유동공정

63 정답 | ④
풀이 | 염산의 흡수제
$4HCl+MnO_2 \rightarrow MnCl_2+2H_2O+Cl_2$(염소 제조)

64 정답 | ②
풀이 | 가스미터기 표시 0.3L/rev
계량실의 1주기 가스사용량이 0.3L이다.

65 정답 | ④
풀이 | ① 비례동작(P)
④ 비례적분동작(PI)

66 정답 | ①
풀이 |

부르동관
압력계 호칭크기: 외경기준 (mm)

67 정답 | ④
풀이 | 벤투리 차압식 유량계
설치장소를 크게 확보하여야 한다.

68 정답 | ④
풀이 | 밀도
유도단위(차원 : $FL^{-4}T^2$), g/cm^3(CGS 단위계)

69 정답 | ②
풀이 | 기차 불량
막식 가스미터에서 계량막이 신축하여 계량실, 부피가 변화하거나 막에서 누출 밸브시트 사이에서 누출이 되는 고장형태이다.

70 정답 | ②
풀이 | 대기압(atm) = 1,033.2mmH_2O
전압 = 1,033.2 + 40 = 1,073.2mmH_2O
$V=K\sqrt{2gh}$, 40mmH_2O = 0.04m
물의 밀도 1,000kg/m^3
공기밀도 1.293kg/m^3
$\therefore V=0.9\sqrt{2\times9.8\left(\frac{1,000-1.293}{1.293}\right)\times0.04}=23\text{m/s}$

71 정답 | ②
풀이 | 공기의 분자량 = 29, 비중 = (가스분자량/29)
가스비중
① 메탄$(CH_4)\left(\frac{16}{29}=0.53\right)$
② 산소$(O_2)\left(\frac{32}{29}=1.10\right)$

③ 아세틸렌(C_2H_2)$\left(\frac{26}{29}=0.896\right)$

④ 일산화탄소(CO)$\left(\frac{28}{29}=0.965\right)$

72 정답 | ④

풀이 | 오차

㉠ 계통적 오차(계기, 환경, 개인)

㉡ 우연오차

73 정답 | ②

풀이 | 블록선도의 등가변환 : 전달요소 치환, 인출점 치환, 병렬 결합, 피드백 결합

※ 블록선도(Block Diagram) : 전달요소, 가합점, 인출점

74 정답 | ②

풀이 | 미분동작(D동작)

큰 시정수가 있는 프로세스제어에서 나타나는 오버슈트를 감소시킨다.

75 정답 | ③

풀이 | 철-콘스탄탄(J) 열전대

환원성 분위기에 강하고 산화성에는 약하며 가격이 싸고 열기전력이 가장 크다.

76 정답 | ④

풀이 | 유압전송방법

내식성, 방폭이 불필요한 곳에 사용하는 전송방법이다.

77 정답 | ②

풀이 | 초산납으로 만든 시험지는 연당지이고 황화수소를 검지하며 가스 누설 시 검은색으로 변한다.

78 정답 | ③

풀이 | 가스분석법

㉠ 흡수분석법 ㉡ 연소분석법

㉢ 화학분석법 ㉣ 기기분석법

79 정답 | ②

풀이 | 추량식 가스미터기

㉠ 오리피스식

㉡ 터빈식

㉢ 선근차식

80 정답 | ④

풀이 | 가스크로마토그래피법(Gas Chromatography)

물리적 가스 분석법이자 분리분석법이다. 단, 캐리어 가스가 필요하다.

03회 실전점검!
CBT 실전모의고사

수험번호 :
수험자명 :

제한 시간 : 2시간
남은 시간 :

글자 크기 100% 150% 200% 화면 배치

전체 문제 수 :
안 푼 문제 수 :

답안 표기란

번호	①	②	③	④
1	①	②	③	④
2	①	②	③	④
3	①	②	③	④
4	①	②	③	④
5	①	②	③	④
6	①	②	③	④
7	①	②	③	④
8	①	②	③	④
9	①	②	③	④
10	①	②	③	④
11	①	②	③	④
12	①	②	③	④
13	①	②	③	④
14	①	②	③	④
15	①	②	③	④
16	①	②	③	④
17	①	②	③	④
18	①	②	③	④
19	①	②	③	④
20	①	②	③	④
21	①	②	③	④
22	①	②	③	④
23	①	②	③	④
24	①	②	③	④
25	①	②	③	④
26	①	②	③	④
27	①	②	③	④
28	①	②	③	④
29	①	②	③	④
30	①	②	③	④

1과목 연소공학

01 다음 중 실제 공기량(A)을 나타낸 식은?(단, m은 공기비, A_0는 이론 공기량이다.)

① $A=m+A_0$ ② $A=m \cdot A_0$
③ $A=A_0-m$ ④ $A=m/A_0$

02 주된 소화효과가 질식효과에 의한 소화기가 아닌 것은?

① 분말소화기 ② 포말소화기
③ 산, 알칼리소화기 ④ CO_2 소화기

03 표준상태에서 질소가스의 밀도는 몇 g/L인가?

① 0.97 ② 1.00
③ 1.07 ④ 1.25

04 다음 중 연소의 3요소에 해당되지 않는 것은?

① 산소 ② 정전기 불꽃
③ 질소 ④ 수소

05 부탄가스 $1m^3$를 완전연소시키는 데 필요한 이론공기량은 약 몇 m^3인가?

① 20 ② 31
③ 40 ④ 51

06 메탄을 공기비 1.1로 완전연소시키고자 할 때 메탄 $1Nm^3$당 공급해야 할 공기량은 약 몇 Nm^3인가?

① 2.2 ② 6.3
③ 8.4 ④ 10.5

계산기 다음 ▶ 안 푼 문제 답안 제출

07 다음 반응식을 이용하여 메탄(CH_4)의 생성열을 구하면?

(1) $C+O_2 \rightarrow CO_2$, $\Delta H=-97.2$kcal/mol
(2) $H_2+1/2O_2 \rightarrow H_2O$, $\Delta H=-57.6$kcal/mol
(3) $CH_4+2O_2 \rightarrow CO_2+2H_2O$, $\Delta H=-194.4$kcal/mol

① $\Delta H=-20$kcal/mol
② $\Delta H=-18$kcal/mol
③ $\Delta H=18$kcal/mol
④ $\Delta H=20$kcal/mol

08 가연물에 대한 설명으로 옳은 것은?

① 0족 원소들은 모두 가연물이다.
② 가연물은 산화반응 시 흡열반응을 일으킨다.
③ 질소와 산소가 반응하여 질소산화물을 만들므로 질소는 가연물이다.
④ 가연물은 산화반응 시 발열반응이 일어나므로 열을 축적하는 물질이다.

09 다음 중 착화온도가 가장 높은 것은?

① 메탄
② 가솔린
③ 프로판
④ 아세틸렌

10 기체 연료 중 천연가스에 대한 설명으로 옳은 것은?

① 주성분은 메탄가스로 탄화수소의 혼합가스이다.
② 상온, 상압에서 LPG보다 액화하기 쉽다.
③ 발열량이 수성가스에 비하여 작다.
④ 누출 시 폭발위험성이 적다.

11 다음 중 층류연소속도의 측정법으로 널리 이용되는 방법이 아닌 것은?

① 슬롯 버너법
② 비누거품법
③ 평면화염 버너법
④ 단일화염핵법

1	①	②	③	④
2	①	②	③	④
3	①	②	③	④
4	①	②	③	④
5	①	②	③	④
6	①	②	③	④
7	①	②	③	④
8	①	②	③	④
9	①	②	③	④
10	①	②	③	④
11	①	②	③	④
12	①	②	③	④
13	①	②	③	④
14	①	②	③	④
15	①	②	③	④
16	①	②	③	④
17	①	②	③	④
18	①	②	③	④
19	①	②	③	④
20	①	②	③	④
21	①	②	③	④
22	①	②	③	④
23	①	②	③	④
24	①	②	③	④
25	①	②	③	④
26	①	②	③	④
27	①	②	③	④
28	①	②	③	④
29	①	②	③	④
30	①	②	③	④

03 회 실전점검! CBT 실전모의고사

수험번호 :
수험자명 :

제한 시간 : 2시간
남은 시간 :

글자 크기  100%  150% 200%

화면 배치 

전체 문제 수 :
안 푼 문제 수 :

답안 표기란

12 다음 폭발원인에 따른 종류 중 물리적 폭발은?

① 산화폭발
② 분해폭발
③ 촉매폭발
④ 압력폭발

13 다음 이상기체에 대한 설명 중 틀린 것은?

① 이상기체는 분자 상호 간의 인력을 무시한다.
② 이상기체에 가까운 실제기체로는 H_2, He 등이 있다.
③ 이상기체는 분자 자신이 차지하는 부피를 무시한다.
④ 저온, 고압일수록 이상기체에 가까워진다.

14 메탄 50v%, 에탄 25v%, 프로판 25v%가 섞여 있는 혼합기체의 공기 중에서의 연소하한계(v%)는 얼마인가?(단, 메탄, 에탄, 프로판의 연소하한계는 각각 5v%, 3v%, 2.1v%이다.)

① 2.3
② 3.3
③ 4.3
④ 5.3

15 완전연소의 구비조건 중 틀린 것은?

① 연소에 충분한 시간을 부여한다.
② 연료를 인화점 이하로 냉각하여 공급한다.
③ 적정량의 공기를 공급하여 연료와 잘 혼합한다.
④ 연소실 내의 온도를 연소조건에 맞게 유지한다.

16 연소에서 유효수소를 옳게 나타낸 것은?

① $H-\frac{C}{8}$
② $O-\frac{C}{8}$
③ $O-\frac{H}{8}$
④ $H-\frac{O}{8}$

계산기 | 다음 ▶ | 안 푼 문제 | 답안 제출

17 **가스의 폭발범위에 대한 설명으로 옳은 것은?**

① 가스의 온도가 높아지면 폭발범위는 좁아진다.
② 폭발상한과 폭발하한의 차이가 작을수록 위험도는 커진다.
③ 압력이 1atm보다 낮아질 때 폭발범위는 큰 변화가 생긴다.
④ 고온, 고압 상태의 경우에 가스압이 높아지면 폭발범위는 넓어진다.

18 **분진폭발의 위험성을 방지하기 위한 방법으로 잘못된 것은?**

① 분진의 산란이나 퇴적을 방지하기 위하여 정기적으로 분진을 제거한다.
② 분진의 취급방법을 건식법으로 한다.
③ 분진이 일어나는 근처에 습식의 스크러버 장치를 설치한다.
④ 환기장치는 공정별로 단독집진기를 사용한다.

19 **LPG에 대한 설명 중 틀린 것은?**

① 포화탄화수소화합물이다.
② 휘발유 등 유기용매에 용해된다.
③ 상온에서는 기체이나 가압하면 액화된다.
④ 액체비중은 물보다 무겁고, 기체상태에서는 공기보다 가볍다.

20 **파라핀계 탄화수소에서 탄소의 수가 증가함에 따른 변화에 대한 설명으로 틀린 것은?**

① 발열량($kcal/m^3$)은 커진다.
② 발화온도는 낮아진다.
③ 연소속도는 느려진다.
④ 폭발하한계는 높아진다.

1	①	②	③	④
2	①	②	③	④
3	①	②	③	④
4	①	②	③	④
5	①	②	③	④
6	①	②	③	④
7	①	②	③	④
8	①	②	③	④
9	①	②	③	④
10	①	②	③	④
11	①	②	③	④
12	①	②	③	④
13	①	②	③	④
14	①	②	③	④
15	①	②	③	④
16	①	②	③	④
17	①	②	③	④
18	①	②	③	④
19	①	②	③	④
20	①	②	③	④
21	①	②	③	④
22	①	②	③	④
23	①	②	③	④
24	①	②	③	④
25	①	②	③	④
26	①	②	③	④
27	①	②	③	④
28	①	②	③	④
29	①	②	③	④
30	①	②	③	④

03회 실전점검! CBT 실전모의고사

수험번호 :
수험자명 :

제한 시간 : 2시간
남은 시간 :

글자 크기 100% 150% 200% 화면 배치

전체 문제 수 :
안 푼 문제 수 :

답안 표기란

2과목 가스설비

21 다음 각 펌프의 특징에 대한 설명으로 틀린 것은?

① 터빈펌프는 고양정, 저점도의 액체에 적당하다.
② 볼류트펌프는 저양정 시동 시 물이 필요하다.
③ 회전식 펌프는 연속회전하므로 토출액의 맥동이 적다.
④ 축류펌프는 캐비테이션을 일으키지 않는다.

22 정압기의 부속품 중 2차 압력의 변화와 가장 밀접한 관계가 있는 것은?

① 조정핸들
② 다이어프램
③ 압력게이지
④ 밸브

23 원심펌프의 회전수가 1,200rpm일 때 양정 15m, 송출유량 2.4m^3/min, 축동력 10PS이다. 이 펌프를 2,000rpm으로 운전할 때의 양정(H)은 약 몇 m가 되겠는가?(단, 펌프의 효율은 변하지 않는다.)

① 41.67
② 33.75
③ 27.78
④ 22.72

24 저온장치에 관한 설명으로 옳은 것은?

① 냉동기의 성적계수는 냉동효과와 압축기에 의해 가해진 일과의 비이다.
② 1냉동톤이란 0℃의 순수한 물 1톤을 24시간에 0℃의 얼음으로 만드는 데 흡수하는 열량으로서 3,600kcal/h이다.
③ 공기의 액화에 있어서 압력을 크게 하면 액화율은 나쁘게 된다.
④ 냉매로서는 증발잠열이 크고 임계온도가 높고 비체적이 큰 것이 좋다.

1	①	②	③	④
2	①	②	③	④
3	①	②	③	④
4	①	②	③	④
5	①	②	③	④
6	①	②	③	④
7	①	②	③	④
8	①	②	③	④
9	①	②	③	④
10	①	②	③	④
11	①	②	③	④
12	①	②	③	④
13	①	②	③	④
14	①	②	③	④
15	①	②	③	④
16	①	②	③	④
17	①	②	③	④
18	①	②	③	④
19	①	②	③	④
20	①	②	③	④
21	①	②	③	④
22	①	②	③	④
23	①	②	③	④
24	①	②	③	④
25	①	②	③	④
26	①	②	③	④
27	①	②	③	④
28	①	②	③	④
29	①	②	③	④
30	①	②	③	④

계산기 다음 ▶ 안 푼 문제 답안 제출

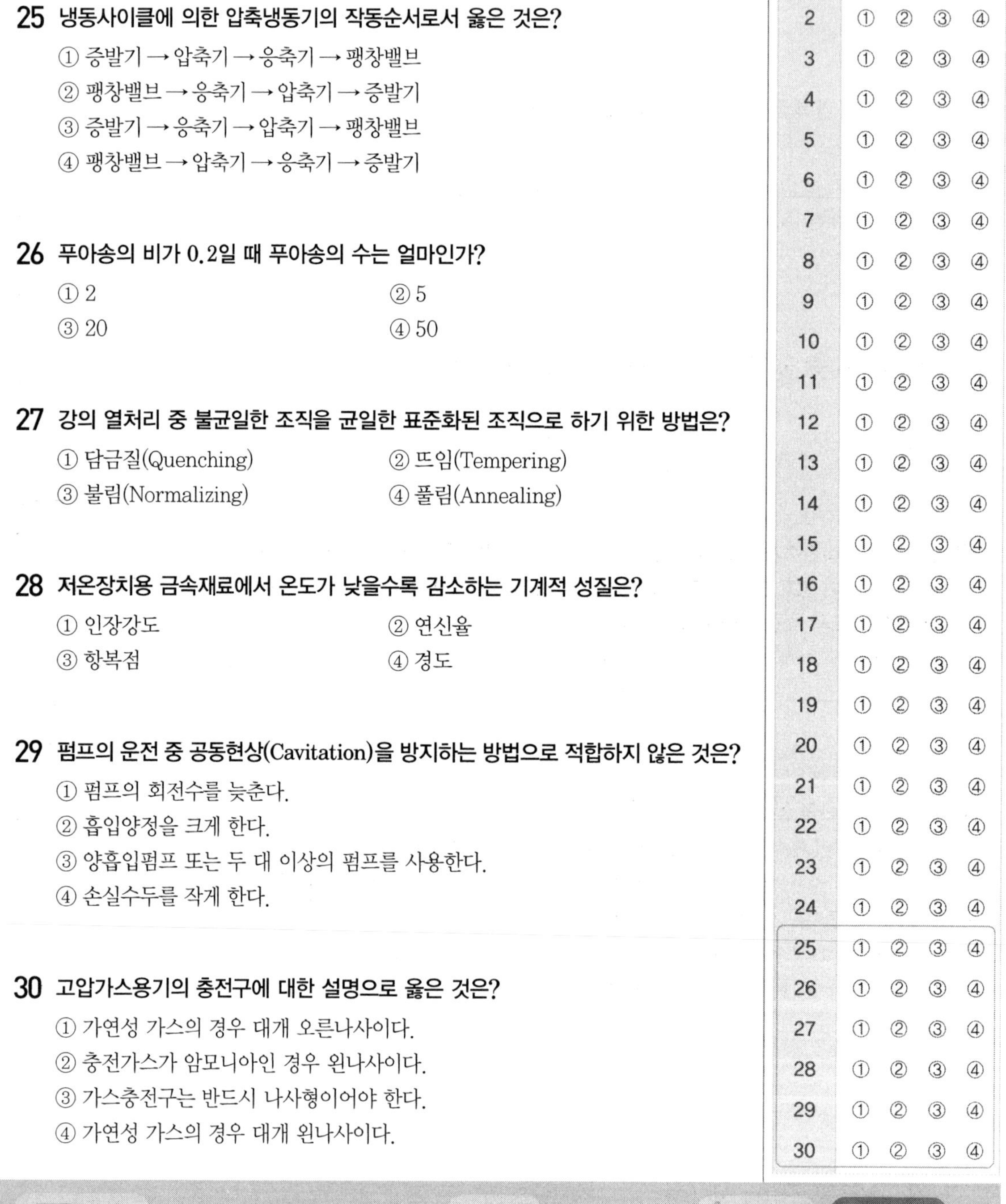

03회 실전점검! CBT 실전모의고사

수험번호 :
수험자명 :

제한 시간 : 2시간
남은 시간 :

글자 크기 100% 150% 200% 화면 배치

전체 문제 수 :
안 푼 문제 수 :

답안 표기란

25 **냉동사이클에 의한 압축냉동기의 작동순서로서 옳은 것은?**

① 증발기 → 압축기 → 응축기 → 팽창밸브
② 팽창밸브 → 응축기 → 압축기 → 증발기
③ 증발기 → 응축기 → 압축기 → 팽창밸브
④ 팽창밸브 → 압축기 → 응축기 → 증발기

26 **푸아송의 비가 0.2일 때 푸아송의 수는 얼마인가?**

① 2　② 5
③ 20　④ 50

27 **강의 열처리 중 불균일한 조직을 균일한 표준화된 조직으로 하기 위한 방법은?**

① 담금질(Quenching)　② 뜨임(Tempering)
③ 불림(Normalizing)　④ 풀림(Annealing)

28 **저온장치용 금속재료에서 온도가 낮을수록 감소하는 기계적 성질은?**

① 인장강도　② 연신율
③ 항복점　④ 경도

29 **펌프의 운전 중 공동현상(Cavitation)을 방지하는 방법으로 적합하지 않은 것은?**

① 펌프의 회전수를 늦춘다.
② 흡입양정을 크게 한다.
③ 양흡입펌프 또는 두 대 이상의 펌프를 사용한다.
④ 손실수두를 작게 한다.

30 **고압가스용기의 충전구에 대한 설명으로 옳은 것은?**

① 가연성 가스의 경우 대개 오른나사이다.
② 충전가스가 암모니아인 경우 왼나사이다.
③ 가스충전구는 반드시 나사형이어야 한다.
④ 가연성 가스의 경우 대개 왼나사이다.

계산기　다음 ▶　안 푼 문제　답안 제출

03회 실전점검! CBT 실전모의고사

수험번호 :
수험자명 :

제한 시간 : 2시간
남은 시간 :

글자 크기 100% 150% 200% 화면 배치

전체 문제 수 :
안 푼 문제 수 :

답안 표기란

31 발열량 10,500kcal/m³인 가스출력 12,000kcal/h인 연소기에서 연소효율 80%로 연소시켰다. 이 연소기의 용량은?

① 0.70m³/h ② 0.91m³/h
③ 1.14m³/h ④ 1.43m³/h

32 역화 방지장치의 구조가 아닌 것은?

① 소염소자 ② 역류 방지장치
③ 헛불 방지장치 ④ 방출장치

33 가스용품의 수집검사 대상에 해당되지 않는 것은?

① 불특정 다수인이 많이 사용하는 제품
② 가스사고 발생 가능성이 높은 제품
③ 동일 제품으로 생산실적이 많은 제품
④ 전년도 수집검사결과 문제가 없었던 제품

34 증기압축 냉동기에서 냉매의 엔탈피가 일정하게 유지되는 부분은?

① 팽창밸브 ② 압축기
③ 응축기 ④ 증발기

35 내압시험압력 및 기밀시험압력의 기준이 되는 압력으로서 사용 상태에서 해당 설비 등의 각부에 작용하는 최고 사용압력을 의미하는 것은?

① 설계압력 ② 표준압력
③ 상용압력 ④ 설정압력

31	①	②	③	④
32	①	②	③	④
33	①	②	③	④
34	①	②	③	④
35	①	②	③	④
36	①	②	③	④
37	①	②	③	④
38	①	②	③	④
39	①	②	③	④
40	①	②	③	④
41	①	②	③	④
42	①	②	③	④
43	①	②	③	④
44	①	②	③	④
45	①	②	③	④
46	①	②	③	④
47	①	②	③	④
48	①	②	③	④
49	①	②	③	④
50	①	②	③	④
51	①	②	③	④
52	①	②	③	④
53	①	②	③	④
54	①	②	③	④
55	①	②	③	④
56	①	②	③	④
57	①	②	③	④
58	①	②	③	④
59	①	②	③	④
60	①	②	③	④

계산기 다음 ▶ 안 푼 문제 답안 제출

03회 실전점검! CBT 실전모의고사

수험번호 :
수험자명 :

제한 시간 : 2시간
남은 시간 :

글자 크기 100% 150% 200% 화면 배치

전체 문제 수 :
안 푼 문제 수 :

답안 표기란

31	①	②	③	④
32	①	②	③	④
33	①	②	③	④
34	①	②	③	④
35	①	②	③	④
36	①	②	③	④
37	①	②	③	④
38	①	②	③	④
39	①	②	③	④
40	①	②	③	④
41	①	②	③	④
42	①	②	③	④
43	①	②	③	④
44	①	②	③	④
45	①	②	③	④
46	①	②	③	④
47	①	②	③	④
48	①	②	③	④
49	①	②	③	④
50	①	②	③	④
51	①	②	③	④
52	①	②	③	④
53	①	②	③	④
54	①	②	③	④
55	①	②	③	④
56	①	②	③	④
57	①	②	③	④
58	①	②	③	④
59	①	②	③	④
60	①	②	③	④

36 LP가스 수입기지 플랜트를 기능적으로 구별한 설비시스템에서 "고압저장설비"에 해당하는 것은?

> 수입가스설비 → 수입설비 → (㉠) → (㉡) → (㉢) → (㉣)
> ↓
> (2차 기지 소비플랜트)

① ㉠　② ㉡
③ ㉢　④ ㉣

37 아세틸렌가스를 온도에 불구하고 2.5MPa의 압력으로 압축할 때 주로 사용되는 희석제는?

① 질소　② 산소
③ 이산화탄소　④ 암모니아

38 원심펌프는 송출구경을 흡입구경보다 작게 설계한다. 이에 대한 설명으로 틀린 것은?

① 회전차에서 빠른 속도로 송출된 액체를 갑자기 넓은 와류실에 넣게 되면 속도가 떨어지기 때문이다.
② 에너지 손실이 커져서 펌프효율이 저하되기 때문이다.
③ 대형펌프 또는 고양정의 펌프에 적용된다.
④ 흡입구경보다 와류실을 크게 설계한다.

39 전기방식시설의 시공방법에서 외부전원법인 경우 전위측정용 터미널 설치간격은?

① 300m 이내　② 500m 이내
③ 700m 이내　④ 900m 이내

40 흡수식 냉동기의 구성요소가 아닌 것은?

① 압축기　② 응축기
③ 증발기　④ 흡수기

계산기　다음 ▶　안 푼 문제　답안 제출

03회 실전점검! CBT 실전모의고사

수험번호 :
수험자명 :

제한 시간 : 2시간
남은 시간 :

글자 크기 100% 150% 200% 화면 배치

전체 문제 수 :
안 푼 문제 수 :

답안 표기란

31	①	②	③	④
32	①	②	③	④
33	①	②	③	④
34	①	②	③	④
35	①	②	③	④
36	①	②	③	④
37	①	②	③	④
38	①	②	③	④
39	①	②	③	④
40	①	②	③	④
41	①	②	③	④
42	①	②	③	④
43	①	②	③	④
44	①	②	③	④
45	①	②	③	④
46	①	②	③	④
47	①	②	③	④
48	①	②	③	④
49	①	②	③	④
50	①	②	③	④
51	①	②	③	④
52	①	②	③	④
53	①	②	③	④
54	①	②	③	④
55	①	②	③	④
56	①	②	③	④
57	①	②	③	④
58	①	②	③	④
59	①	②	③	④
60	①	②	③	④

3과목 가스안전관리

41 **고압가스제조자 또는 고압가스판매자가 실시하는 용기의 안전점검 및 유지관리기준으로 틀린 것은?**

① 용기는 도색 및 표시가 되어 있는지의 여부를 확인할 것
② 용기 캡이 씌워져 있거나 프로텍터가 부착되어 있는지의 여부를 확인할 것
③ 용기의 재검사기간의 도래 여부를 확인할 것
④ 유통 중 열영향을 받았는지 여부를 점검하고, 열영향을 받은 용기는 재도색할 것

42 **도시가스 사용시설에서 연소기 설치기준에 대한 설명으로 틀린 것은?**

① 개방형 연소기를 설치한 실에는 급기구 또는 배기통을 설치한다.
② 가스온풍기와 배기통의 접합은 나사식이나 플랜지식 또는 밴드식 등으로 한다.
③ 배기통의 재료는 스테인리스 강판이나 내열, 내식성 재료를 사용한다.
④ 밀폐형 연소기는 급기통 · 배기통과 벽과의 사이에 배기가스가 실내에 들어올 수 없도록 밀폐하여 설치한다.

43 **연소기에서 역화(Flash Back)가 발생하는 경우를 바르게 설명한 것은?**

① 가스의 분출속도보다 연소속도가 느린 경우
② 부식에 의해 염공이 커진 경우
③ 가스압력의 이상 상승 시
④ 가스양이 과도할 경우

계산기 다음 ▶ 안 푼 문제 답안 제출

44 내용적 1,500L, 내압시험 압력 50MPa인 차량에 고정된 탱크의 안전유지 기준에 대한 설명으로 틀린 것은?

① 고압가스를 충전하거나 그로부터 가스를 이입받을 때에는 차량정지목을 설치하여야 하나 주변 상황에 따라 이를 생략할 수 있다.
② 차량에 고정된 탱크에는 안전밸브가 부착되어야 하며, 안전밸브는 40MPa 이하의 압력에서 작동되어야 한다.
③ 차량에 고정된 탱크에 부착되는 밸브, 부속배관 및 긴급차단장치는 50MPa 이상의 압력으로 내압시험을 실시하고 이에 합격된 제품이어야 한다.
④ 긴급차단장치는 원격조작에 의하여 작동되고 차량에 고정된 탱크 외면의 온도가 100℃일 때에 자동으로 작동되어야 한다.

45 매몰 용접형 볼밸브에 대한 설명으로 옳은 것은?

① 가스 유로를 볼로 개폐하는 구조인 것으로 한다.
② 개폐용 핸들 휠은 열림방향이 시계바늘방향이다.
③ 볼밸브의 퍼지관의 구조는 소켓에 고정시켜 소켓 용접한 것으로 한다.
④ 294.2N의 힘으로 90° 회전시켰을 때 1/2이 개폐되는 구조로 한다.

46 액화가스를 충전하는 탱크의 내부에 액면요동을 방지하기 위하여 설치하는 장치는?

① 방호벽　② 방파판
③ 방해판　④ 방지판

47 압력 0.3MPa 온도 100℃에서 압력용기 속에 수증기로 포화된 공기가 밀봉되어 있다. 이 기체 100L 중에 포함된 산소는 몇 mol인가?(단, 이상기체의 법칙이 성립하며, 공기 중 산소는 21v%로 한다.)

① 1.37　② 2.37
③ 3.57　④ 6.54

31	①	②	③	④
32	①	②	③	④
33	①	②	③	④
34	①	②	③	④
35	①	②	③	④
36	①	②	③	④
37	①	②	③	④
38	①	②	③	④
39	①	②	③	④
40	①	②	③	④
41	①	②	③	④
42	①	②	③	④
43	①	②	③	④
44	①	②	③	④
45	①	②	③	④
46	①	②	③	④
47	①	②	③	④
48	①	②	③	④
49	①	②	③	④
50	①	②	③	④
51	①	②	③	④
52	①	②	③	④
53	①	②	③	④
54	①	②	③	④
55	①	②	③	④
56	①	②	③	④
57	①	②	③	④
58	①	②	③	④
59	①	②	③	④
60	①	②	③	④

03 회 실전점검! CBT 실전모의고사

수험번호 :
수험자명 :

제한 시간 : 2시간
남은 시간 :

글자 크기 100% 150% 200% 화면 배치 전체 문제 수 : 안 푼 문제 수 :

답안 표기란

48 용기내장형 가스 난방기용으로 사용하는 부탄 충전용기에 대한 설명으로 옳지 않은 것은?

① 용기 몸통부의 재료는 고압가스 용기용 강판 및 강대이다.
② 프로텍터의 재료는 KS D 3503 SS400의 규격에 적합하여야 한다.
③ 스커트의 재료는 KS D 3533 SG295 이상의 강도 및 성질을 가져야 한다.
④ 네크링의 재료는 탄소함유량이 0.48% 이하인 것으로 한다.

49 다음 중 동일 차량에 적재하여 운반할 수 없는 가스는?

① Cl_2와 C_2H_2
② C_2H_4와 HCN
③ C_2H_4와 NH_3
④ CH_4와 C_2H_2

50 다음 중 독성 가스의 제독제로 사용되지 않는 것은?

① 가성소다 수용액
② 탄산소다 수용액
③ 물
④ 암모니아수

51 자동차 용기 충전시설에서 충전용 호스의 끝에 반드시 설치하여야 하는 것은?

① 긴급차단장치
② 가스누출경보기
③ 정전기 제거장치
④ 인터록 장치

52 고압가스 일반제조시설에서 운전 중의 1일 1회 이상 점검항목이 아닌 것은?

① 가스설비로부터의 누출
② 안전밸브 작동
③ 온도, 압력, 유량 등 조업조건의 변동 상황
④ 탑류, 저장탱크류, 배관 등의 진동 및 이상음

31	①	②	③	④
32	①	②	③	④
33	①	②	③	④
34	①	②	③	④
35	①	②	③	④
36	①	②	③	④
37	①	②	③	④
38	①	②	③	④
39	①	②	③	④
40	①	②	③	④
41	①	②	③	④
42	①	②	③	④
43	①	②	③	④
44	①	②	③	④
45	①	②	③	④
46	①	②	③	④
47	①	②	③	④
48	①	②	③	④
49	①	②	③	④
50	①	②	③	④
51	①	②	③	④
52	①	②	③	④
53	①	②	③	④
54	①	②	③	④
55	①	②	③	④
56	①	②	③	④
57	①	②	③	④
58	①	②	③	④
59	①	②	③	④
60	①	②	③	④

계산기 다음 ▶ 안 푼 문제 답안 제출

03회 실전점검! CBT 실전모의고사

수험번호 :
수험자명 :

제한 시간 : 2시간
남은 시간 :

글자 크기 100% 150% 200% 화면 배치 전체 문제 수 : 안 푼 문제 수 :

답안 표기란

53 타 공사로 인하여 노출된 도시가스배관을 점검하기 위한 점검통로의 설치기준에 대한 설명으로 틀린 것은?

① 점검통로의 폭은 80cm 이상으로 한다.
② 가드레일은 90cm 이상의 높이로 설치한다.
③ 배관 양 끝단 및 곡관은 항상 관찰이 가능하도록 점검통로를 설치한다.
④ 점검통로는 가스배관에서 가능한 한 멀리 설치하는 것을 원칙으로 한다.

54 다음 중 고압가스 충전용기 운반 시 운반책임자의 동승이 필요한 경우는?(단, 독성가스는 허용농도가 100만분의 200을 초과한 경우이다.)

① 독성 압축가스 100m^3 이상
② 가연성 압축가스 100m^3 이상
③ 가연성 액화가스 1,000kg 이상
④ 독성 액화가스 500kg 이상

55 가스도매사업의 가스공급시설의 설치기준에 따르면 액화가스저장탱크의 저장능력이 얼마 이상일 때 방류둑을 설치하여야 하는가?

① 100톤
② 300톤
③ 500톤
④ 1,000톤

56 가스의 폭발상한계에 영향을 주는 요인으로 가장 거리가 먼 것은?

① 온도
② 가스의 농도
③ 산소의 농도
④ 부피

57 아스틸렌가스 또는 압력이 9.8MPa 이상인 압축가스를 용기에 충전하는 시설에서 방호벽을 설치하지 않아도 되는 경우는?

① 압축기와 그 충전장소 사이
② 충전장소와 긴급차단장치 조작장소 사이
③ 압축기와 그 가스충전용기 보관장소 사이
④ 충전장소와 그 충전용 주관밸브 조작밸브 사이

31	①	②	③	④
32	①	②	③	④
33	①	②	③	④
34	①	②	③	④
35	①	②	③	④
36	①	②	③	④
37	①	②	③	④
38	①	②	③	④
39	①	②	③	④
40	①	②	③	④
41	①	②	③	④
42	①	②	③	④
43	①	②	③	④
44	①	②	③	④
45	①	②	③	④
46	①	②	③	④
47	①	②	③	④
48	①	②	③	④
49	①	②	③	④
50	①	②	③	④
51	①	②	③	④
52	①	②	③	④
53	①	②	③	④
54	①	②	③	④
55	①	②	③	④
56	①	②	③	④
57	①	②	③	④
58	①	②	③	④
59	①	②	③	④
60	①	②	③	④

계산기 다음 ▶ 안 푼 문제 답안 제출

03회 실전점검!
CBT 실전모의고사

수험번호 :
수험자명 :

제한 시간 : 2시간
남은 시간 :

글자 크기 100% 150% 200% 화면 배치

전체 문제 수 :
안 푼 문제 수 :

답안 표기란

31	①	②	③	④
32	①	②	③	④
33	①	②	③	④
34	①	②	③	④
35	①	②	③	④
36	①	②	③	④
37	①	②	③	④
38	①	②	③	④
39	①	②	③	④
40	①	②	③	④
41	①	②	③	④
42	①	②	③	④
43	①	②	③	④
44	①	②	③	④
45	①	②	③	④
46	①	②	③	④
47	①	②	③	④
48	①	②	③	④
49	①	②	③	④
50	①	②	③	④
51	①	②	③	④
52	①	②	③	④
53	①	②	③	④
54	①	②	③	④
55	①	②	③	④
56	①	②	③	④
57	①	②	③	④
58	①	②	③	④
59	①	②	③	④
60	①	②	③	④

58 다음 중 밀폐식 보일러에서 사고원인이 되는 사항에 대한 설명으로 가장 거리가 먼 내용은?

① 전용 보일러실에 보일러를 설치하지 않은 경우
② 설치 후 이음부에 대한 가스누출 여부를 확인하지 않은 경우
③ 배기통이 수평보다 위쪽을 향하도록 설치한 경우
④ 배기통과 건물의 외벽 사이에 기밀이 완전히 유지되지 않은 경우

59 고압가스 일반제조시설에서 가연성 가스 제조시설의 고압가스설비 외면으로부터 산소제조시설의 고압가스설비까지의 거리는 몇 m 이상으로 하여야 하는가?

① 5m ② 8m
③ 10m ④ 20m

60 염소의 성질에 대한 설명으로 틀린 것은?

① 화학적으로 활성이 강한 산화제이다.
② 녹황색의 자극적인 냄새가 나는 기체이다.
③ 습기가 있으면 철 등을 부식시키므로 수분과 격리시켜야 한다.
④ 염소와 수소를 혼합하면 냉암소에서도 폭발하여 염화수소가 된다.

계산기 다음 ▶ 안 푼 문제 답안 제출

03회 실전점검! CBT 실전모의고사

수험번호 :
수험자명 :

제한 시간 : 2시간
남은 시간 :

글자 크기 100% 150% 200% 화면 배치

전체 문제 수 :
안 푼 문제 수 :

답안 표기란

61	①	②	③	④
62	①	②	③	④
63	①	②	③	④
64	①	②	③	④
65	①	②	③	④
66	①	②	③	④
67	①	②	③	④
68	①	②	③	④
69	①	②	③	④
70	①	②	③	④
71	①	②	③	④
72	①	②	③	④
73	①	②	③	④
74	①	②	③	④
75	①	②	③	④
76	①	②	③	④
77	①	②	③	④
78	①	②	③	④
79	①	②	③	④
80	①	②	③	④

4과목 가스계측기기

61 유기화합물의 분리에 가장 적합한 기체크로마토그래피의 검출기는?

① FID　　② FPD
③ ECD　　④ TCD

62 다음은 가연성 가스 검지법 중 접촉연소법 검지회로이다. 보상소자는 어느 부분인가?

① A　　② B
③ C　　④ D

63 다음 중 바이메탈 온도계에 사용되는 변환방식은?

① 기계적 변환　　② 광학적 변환
③ 유도적 변환　　④ 전기적 변환

64 다음 중 계통오차가 아닌 것은?

① 계기오차　　② 환경오차
③ 과오오차　　④ 이론오차

계산기　다음 ▶　안 푼 문제　답안 제출

65 **기체크로마토그래피에 대한 설명으로 틀린 것은?**

① 액체크로마토그래피보다 분석속도가 빠르다.
② 컬럼에 사용되는 액체 정지상은 휘발성이 높아야 한다.
③ 운반기체로서 화학적으로 비활성인 헬륨을 주로 사용한다.
④ 다른 분석기기에 비하여 감도가 뛰어나다.

66 **분별연소법을 사용하여 가스를 분석할 경우 분별적으로 완전연소시키는 가스는?**

① 수소, 탄화수소
② 이산화탄소, 탄화수소
③ 일산화탄소, 탄화수소
④ 수소, 일산화탄소

67 **다음 가스 중 검지관에 의한 측정농도의 범위 및 검지한도로서 틀린 것은?**

① C_2H_2 : 0~0.3%, 10ppm
② H_2 : 0~1.5%, 250ppm
③ CO : 0~0.1%, 1ppm
④ C_3H_8 : 0~0.1%, 10ppm

68 **10호의 가스미터로 1일 4시간씩 20일간 가스미터가 작동하였다면 이때 총 최대 가스사용량은 얼마인가?(단, 압력차수주는 30[mmH_2O]이다.)**

① 400L
② 800L
③ $400m^3$
④ $800m^3$

69 **차압식 유량계에서 압력차가 처음보다 2배 커지고 관의 지름이 1/2로 되었다면, 나중 유량(Q_2)과 처음 유량(Q_1)과의 관계로 옳은 것은?(단, 나머지 조건은 모두 동일하다.)**

① $Q_2 = 0.25Q_1$
② $Q_2 = 0.35Q_1$
③ $Q_2 = 0.71Q_1$
④ $Q_2 = 1.41Q_1$

61	①	②	③	④
62	①	②	③	④
63	①	②	③	④
64	①	②	③	④
65	①	②	③	④
66	①	②	③	④
67	①	②	③	④
68	①	②	③	④
69	①	②	③	④
70	①	②	③	④
71	①	②	③	④
72	①	②	③	④
73	①	②	③	④
74	①	②	③	④
75	①	②	③	④
76	①	②	③	④
77	①	②	③	④
78	①	②	③	④
79	①	②	③	④
80	①	②	③	④

70 다음 중 추량식 가스미터로 분류되는 것은?

① 습식형 ② 루트형
③ 막식형 ④ 터빈형

71 막식 가스미터 고장의 종류 중 부동(不動)의 의미를 가장 바르게 설명한 것은?

① 가스가 크랭크축이 녹슬거나 밸브와 밸브시트가 타르(tar) 접착 등으로 통과하지 않는다.
② 가스의 누출로 통과하나 정상적으로 미터가 작동하지 않아 부정확한 양만 측정된다.
③ 가스가 미터는 통과하나 계량막의 파손, 밸브의 탈락 등으로 미터지침이 작동하지 않는 것이다.
④ 날개나 조절기에 고장이 생겨 회전장치에 고장이 생긴 것이다.

72 진동이 일어나는 장치의 진동을 억제하는 데 가장 효과적인 제어동작은?

① 뱅뱅동작 ② 미분동작
③ 비례동작 ④ 적분동작

73 다음 중 오리피스, 플로노즐, 벤투리미터 유량계의 공통적인 특징에 해당하는 것은?

① 압력강하 측정 ② 직접 계량
③ 초음속 유체만 유량 계측 ④ 직관부 필요 없음

74 초음파 레벨측정기의 특징으로 옳지 않은 것은?

① 측정대상에 직접 접촉하지 않고 레벨을 측정할 수 있다.
② 부식성 액체나 유속이 큰 수로의 레벨도 측정할 수 있다.
③ 측정범위가 넓다.
④ 고온, 고압의 환경에서도 사용이 편리하다.

번호				
61	①	②	③	④
62	①	②	③	④
63	①	②	③	④
64	①	②	③	④
65	①	②	③	④
66	①	②	③	④
67	①	②	③	④
68	①	②	③	④
69	①	②	③	④
70	①	②	③	④
71	①	②	③	④
72	①	②	③	④
73	①	②	③	④
74	①	②	③	④
75	①	②	③	④
76	①	②	③	④
77	①	②	③	④
78	①	②	③	④
79	①	②	③	④
80	①	②	③	④

75 아르키메데스 부력의 원리를 이용한 액면계는?

① 기포식 액면계 ② 차압식 액면계
③ 정전용량식 액면계 ④ 편위식 액면계

76 MAX 2.0[m^3/h], 0.6[L/rev]라 표시되어 있는 가스미터가 1시간당 40회전하였다면 가스유량은?

① 12[L/hr] ② 24[L/hr]
③ 48[L/hr] ④ 80[L/hr]

77 진공에 대한 폐관식 압력계로서 표준진공계로 사용되는 것은?

① 맥라우드 진공계 ② 피라니 진공계
③ 서미스터 진공계 ④ 전리 진공계

78 오리피스관이나 노즐과 같은 조임기구에 의한 가스의 유량 측정에 대한 설명으로 틀린 것은?

① 측정하는 압력은 동압의 차이다.
② 유체의 점도 및 밀도를 알고 있어야 한다.
③ 하류측과 상류측의 절대압력의 비가 0.75 이상이어야 한다.
④ 조임기구의 재료의 열팽창계수를 알아야 한다.

79 2차 압력계이며, 탄성을 이용하는 대표적인 압력계는?

① 부르동관 압력계 ② 자유피스톤형 압력계
③ 마크레오드식 압력계 ④ 피스톤식 압력계

80 전기저항 온도계의 온도검출용 측온저항체의 재료로 비례성이 좋으나, 고온에서 산화되며, 사용 온도범위가 0~120℃ 정도인 것은?

① 백금 ② 니켈
③ 구리 ④ 서미스터(Themistor)

61	①	②	③	④
62	①	②	③	④
63	①	②	③	④
64	①	②	③	④
65	①	②	③	④
66	①	②	③	④
67	①	②	③	④
68	①	②	③	④
69	①	②	③	④
70	①	②	③	④
71	①	②	③	④
72	①	②	③	④
73	①	②	③	④
74	①	②	③	④
75	①	②	③	④
76	①	②	③	④
77	①	②	③	④
78	①	②	③	④
79	①	②	③	④
80	①	②	③	④

01	02	03	04	05	06	07	08	09	10
②	③	④	③	②	④	②	④	①	①
11	12	13	14	15	16	17	18	19	20
④	④	④	②	②	④	④	②	④	④
21	22	23	24	25	26	27	28	29	30
④	②	①	①	①	②	③	②	②	④
31	32	33	34	35	36	37	38	39	40
④	③	④	①	③	③	①	④	②	①
41	42	43	44	45	46	47	48	49	50
④	①	②	④	①	②	①	④	①	④
51	52	53	54	55	56	57	58	59	60
③	②	④	①	③	④	②	①	③	④
61	62	63	64	65	66	67	68	69	70
①	③	①	③	②	④	④	④	②	④
71	72	73	74	75	76	77	78	79	80
③	②	①	④	④	②	①	①	①	③

01 정답 | ②

풀이 | 실제공기량(A)＝이론공기량×공기비

공기비(m)＝(실제공기량/이론공기량)

이론공기량(A_0)＝(실제공기량/공기비)

02 정답 | ③

풀이 | 산, 알칼리소화기

A급 화재용(일반가연물 화재용) 소화기로서 냉각소화 효과를 이용한다.

03 정답 | ④

풀이 | 밀도(ρ)＝$\frac{질량}{체적}$, 질소분자량(28＝22.4L)

$\therefore \rho = \frac{28}{22.4} = 1.25\text{g/L}$

04 정답 | ③

풀이 | 연소의 3요소

㉠ 산소(공기) ㉡ 가연물(연료) ㉢ 점화원(불꽃)

05 정답 | ②

풀이 | 부탄가스(C_4H_{10})

$C_4H_{10} + 6.5O_2 \rightarrow 4CO_2 + 5H_2O$

이론공기량(A_0)＝이론산소량×$\frac{1}{0.21}$

$A_0 = 6.5 \times \frac{1}{0.21} = 31.2\text{Sm}^3/\text{Sm}^3$

06 정답 | ④

풀이 | 실제공기량(A)＝공기비×이론공기량

CH_4(메탄)$+ 2O_2 \rightarrow CO_2 + 2H_2O$

이론공기량(A_0)＝$2 \times \frac{1}{0.21}$

$\therefore$ 실제공기량(A)＝$\left(2 \times \frac{1}{0.21}\right) \times 1.1 = 10.5\text{Nm}^3$

07 정답 | ②

풀이 | $CH_4 + 2O_2 \rightarrow CO_2 + 2H_2O + Q$, -194.4kcal/mol

$= 1 \times 97.2 - 57.6 \times 2 + Q$

$Q = (1 \times 97.2 + 2 \times 57.6) - 194.4 = 18$

$\therefore \Delta H = -18$kcal/mol(생성열)

08 정답 | ④

풀이 | 가연물(연료)은 산화반응 시 발열반응이 일어나므로 열을 축적하는 물질이다.

09 정답 | ①

풀이 | 착화온도

① 메탄 : 450℃ 초과~550℃ 이하

② 가솔린 : 200~300℃ 이하

③ 프로판 : 450℃ 초과

④ 아세틸렌 : 300~450℃ 이하

10 정답 | ①

풀이 | 천연가스(NG)

㉠ 주성분 : 메탄(CH_4)

㉡ 비점 : －162℃(LPG보다 액화가 어렵다)

㉢ 발열량이 수성가스보다 높다.

㉣ 누출 시 폭발위험이 크다(5~15%).

11 정답 | ④

풀이 | 층류연소속도 측정법

㉠ 슬롯 버너법

㉡ 비누거품법

㉢ 평면화염 버너법

12 정답 | ④

풀이 | 압력폭발 : 물리적 폭발

13 정답 | ④

풀이 | 기체가 고온, 저압일수록 이상기체에 가까워진다.

14 정답 | ②

풀이 | $\frac{100}{L}=\frac{V_1}{L_1}+\frac{V_2}{L_2}+\frac{V_3}{L_3}$

$\therefore \frac{100}{\frac{50}{5}+\frac{25}{3}+\frac{25}{2.1}}=\frac{100}{10+8.33+11.9}$

$=\frac{100}{30.23}=3.3\%$

15 정답 | ②

풀이 | 연료를 인화점 이상으로 가열하여 공급하면 완전연소가 순조로워진다.

16 정답 | ④

풀이 | $H_2+\frac{1}{2}O_2 \rightarrow H_2O$

연료성분 중 산소가 포함되면 수소성분은 1 : 8로 화합하여 H_2O가 된다.

$H_2+0.5O_2 \rightarrow H_2O$

$2kg+16kg \rightarrow 18kg$

$1kg+8kg \rightarrow 9kg$

$\therefore$ 유효수소$=\left(H-\frac{O}{8}\right)$이다.

17 정답 | ④

풀이 | ① 가스는 온도가 높아지면 폭발범위가 넓어진다.
② 폭발상한과 하한의 차이가 클수록 위험도가 커진다.
③ 압력이 1atm보다 낮아지면 폭발범위의 변화가 별로 없다.

18 정답 | ②

풀이 | 분진폭발 : 마그네슘, 알루미늄 분말 등이 정전기에 의해서 폭발하는 현상이다.

19 정답 | ④

풀이 | LPG(액화석유가스 Liquefied Petroleum Gas)
㉠ 액비중 : 0.5kg/L
㉡ 기체비중 : $\frac{분자량}{29}=\frac{44\sim58}{29}=1.52\sim2$
(공기보다 무겁다)

20 정답 | ④

풀이 | 파라핀계 탄화수소(C_nH_{2n+2})
㉠ 주성분 : 메탄, 에탄, 프로판, 부탄 등(화학적으로 안정되어 주로 연료로 사용)
㉡ 탄소가 증가하면 폭발하한계는 낮아진다.
※ 올레핀계 탄화수소(C_nH_{2n}) 주성분 : 에틸렌, 프로필렌, 부틸렌

21 정답 | ④

풀이 | 캐비테이션(공동현상)
물이 관 속을 유동하고 있을 때 흐르는 물속 어느 부분의 정압이 그때 물의 증발온도에 해당하는 증기압보다 낮아지면서 부분적으로 증기가 발생하는 현상으로, 축류펌프에서도 공동현상 발생이 가능하다.

22 정답 | ②

풀이 | 다이어프램에서 압력변화로 2차 압력이 조정된다.

23 정답 | ①

풀이 | $\frac{H_2}{H_1}=\left(\frac{N_2}{N_1}\right)^2$, $\frac{H_2}{15}=\left(\frac{2,000}{1,200}\right)^2$

양정$(H_2)=15\times\left(\frac{2,000}{1,200}\right)^2=41.667m$

24 정답 | ①

풀이 | 냉동기 성적계수(COP)
$\frac{Q}{W}=\frac{Q_{저}}{Q_{고}-Q_{저}}=\frac{T_{저}}{T_{고}-T_{저}}$
㉠ 1냉동톤(RT) : 3,320kcal/h
㉡ 냉매는 비체적이 작아야 한다.
㉢ 압력을 높게 하면 액화율이 증가한다.

25 정답 | ①

풀이 | 냉동사이클 작동순서
증발기 → 압축기 → 응축기 → 팽창밸브

26 정답 | ②

풀이 | 푸아송비$(u)=\frac{횡변형률}{종변형률}$

푸아송수$=\frac{1}{u(푸아송비)}$

$=\frac{1}{0.2}=5$

27 정답 | ③

풀이 | 열처리
① 담금질(소입, Quenching)
담금질은 재료를 적당한 온도로 가열하여 이 온도에서 물, 기름 속에 급히 침지하고 냉각, 경화시키는 것이며 강의 경우에는 A_3 또는 A_{cm} 변태점보다

30~60℃ 정도 높은 온도로 가열한다.

② 뜨임(소려, Tempering)
담금질 또는 냉각가공된 재료의 내부응력을 제거하며 재료에 연성이나 인장강도를 주기 위해 담금질 온도보다 낮은 적당한 온도로 재가열한 후 냉각하는 조작을 말한다. 보통강은 가열 후 서서히 냉각하나 크롬강, 크롬-니켈강 등은 서서히 냉각하면 취약하게 되므로 이들 강은 급랭한다.

③ 불림(소준, Normalizing)
불림은 결정조직이 거친 것을 미세화하며 조직을 균일하게 하고, 조직의 변형을 제거하기 위하여 균일하게 가열한 후 공기 중에서 냉각하는 조작이다.

④ 풀림(소둔, Annealing)
금속을 기계가공하거나 주조, 단조, 용접 등을 하게 되면 가공경화나 내부응력이 생기므로 이러한 가공 중의 내부응력을 제거 또는 가공경화된 재료를 연화하거나 열처리로 경화된 조직을 연화하여 결정조직을 결정하고 상온가공을 용이하게 할 목적으로 뜨임보다는 약간 높은 온도로 가열하여 노 중에서 서서히 냉각한다.

28 정답 | ②
풀이 | 연신율
금속재료가 온도에 따라 늘어나는 정도를 나타낸 것이다.

29 정답 | ②
풀이 | 공동현상 방지법은 ①, ③, ④항 외 흡입양정을 작게 하는 방법이 있다.

30 정답 | ④
풀이 | 가연성 가스의 고압가스용기의 충전구 나사는 왼나사로 한다(단, 암모니아, 브롬화메탄 가스의 경우는 오른나사 허용).

31 정답 | ④
풀이 | 가스용량 $= \dfrac{12,000}{10,500 \times 0.8}$
$= 1.4285\text{m}^{3/\text{h}}$
$= 1.43\text{m}^3/\text{h}$

32 정답 | ③
풀이 | 헛불 방지장치
일종의 공연소 방지장치로, 보일러, 순간온수기 등의 연소기 내부에 목적물이 없을 경우 자동으로 연료(가스)를 차단하는 안전장치이다.

33 정답 | ④
풀이 | ④항의 경우 수집검사 대상에서 제외된다.

34 정답 | ①
풀이 | 팽창밸브에서 부피 변화에 의한 온도강하가 이루어지므로 엔탈피 변화는 거의 없다.

35 정답 | ③
풀이 | 가스설비의 상용압력은 최고 사용압력과 같다.

36 정답 | ③
풀이 | 수입설비
수입 LP가스-수입설비 기화기-압송기-홀더-정압기-수입기지-㉠ 저온저장설비-㉡ 이송설비-㉢ 고압저장설비-㉣ 출하설비(소비플랜트)

37 정답 | ①
풀이 | 아시틸렌가스의 분해폭발을 방지하기 위한 희석제로 질소, 에틸렌, 메탄, 일산화탄소가 사용된다.

38 정답 | ④
풀이 | 흡입구경과 송출구경은 입·출량을 결정하는 것으로 외류실의 크기는 거의 관계가 없다.

39 정답 | ②
풀이 | 전기방식시설의 유지관리를 위하여 전위측정용 터미널을 설치하되 희생양극법, 배류법은 배관길이 300m 이내의 간격으로, 외부전원법은 배관길이 500m 이내의 간격으로 설치한다.

40 정답 | ①
풀이 | 흡수식 냉동기에는 압축기가 필요하지 않다.

41 정답 | ④
풀이 | 유통 중 열영향을 받은 용기로 판명되면 재도색이 아닌 재검사를 받아야 한다.

42 정답 | ①
풀이 | 개방형 연소기는 급기구나 배기통이 필요 없고 수시로 환기한다.

43 정답 | ②
풀이 | 연소기의 역화원인
부식에 의해 염공이 커진 경우 발생한다.

44 정답 | ④
풀이 | 긴급차단장치는 배관 외면의 온도가 110℃일 때에 자동적으로 작동할 수 있어야 한다.

45 정답 | ①
풀이 | ② : 시계바늘 반대방향
③ : 퍼지관의 구조는 소켓에 분리하여 용접한다.
④ : 완전개폐가 되어야 한다.

46 정답 | ②
풀이 | 방파판 : 액면요동 방지기

47 정답 | ①
풀이 | 0.3MPa=3kg/cm^2, 373K

$$V_2 = V_1 \times \frac{T_2}{T_1} \times \frac{P_1}{P_2}$$

산소량=100×0.21=21L

표준상태 산소량$=21 \times \frac{273}{373} \times \frac{3+1.033}{1+1.033} = 30.5L$

$\therefore \frac{30.5}{22.4} = 1.37mol$

48 정답 | ④
풀이 | 네크링의 재료는 탄소함유량이 0.28% 이하인 것으로 한다.

49 정답 | ①
풀이 | 동일차량 적재 금지가스
염소 : 수소(H_2), 아세틸렌(C_2H_2), 암모니아(NH_3)

50 정답 | ④
풀이 | ① : 포스겐가스용
② : 염소용
③ : 암모니아, 산화에틸렌, 염화메탄용

51 정답 | ③
풀이 | 자동차 용기 충전시설에서 충전용 호스의 끝에는 반드시 정전기 제거장치를 설치한다.

52 정답 | ②
풀이 | 안전밸브 작동시험
㉠ 압축기 최종단용 : 1년에 1회 이상
㉡ 기타용 : 2년에 1회 이상

53 정답 | ④
풀이 | 타 공사 중 노출도시가스관 점검통로는 가스배관에서 가능한 한 가까이 설치한다.

54 정답 | ①
풀이 | 운반책임자 조건
① 독성 압축가스 : 100m^3 이상
② 가연성 압축가스 : 300m^3 이상
③ 가연성 액화가스 : 3,000kg 이상
④ 독성 액화가스 : 1,000kg 이상

55 정답 | ③
풀이 | 방류둑 조건
㉠ 산소 : 1천 톤 이상
㉡ 독성 가스 : 5톤 이상
㉢ 가스도매사업 : 500톤 이상

56 정답 | ④
풀이 | 가스폭발범위 상한계 영향 인자
㉠ 온도 ㉡ 가스농도 ㉢ 산소농도

57 정답 | ②
풀이 | 방호벽 설치기준에 해당되는 내용(9.8MPa 이상 압축가스 용기충전시설용)은 ①, ③, ④항의 경우에 해당된다.

58 정답 | ①
풀이 | ②, ③, ④의 경우 밀폐식 보일러 사고의 직접적 원인이 된다.

59 정답 | ③
풀이 | 고압가스 일반제조시설기준
가연성 가스 제조시설의 고압가스설비는 그 외면으로부터 다른 가연성 가스 제조시설의 고압가스설비와 5m 이상, 산소제조시설의 고압가스설비와 10m 이상의 거리를 유지할 것

60 정답 | ④
풀이 | 염소폭명기
염소(Cl_2)+수소(H_2) $\xrightarrow{\text{직사광선}}$ 2HCl(염화수소)+44kcal(냉암소에서는 해당되지 않는다)

61 정답 | ①
풀이 | FID(수소이온화 검출기) : 탄화수소에서 감도가 최고이다(H_2, O_2, CO, CO_2, SO_2 등은 감도가 없음).

62 **정답 | ③**
풀이 | C : 보상소자

63 **정답 | ①**
풀이 | 바이메탈 온도계 변환방식 : 기계적 변환

64 **정답 | ③**
풀이 | 계통적 오차
㉠ 고유오차(계기오차)
㉡ 이론오차(환경오차)
㉢ 개인오차(습관오차)

65 **정답 | ②**
풀이 | 컬럼(분리관)에 사용되는 액체 정지상은 휘발성이 적어야 한다.

66 **정답 | ④**
풀이 | 분별연소법 : 탄화수소와 H_2가스가 혼합되어 있는 시료에 사용하는 분석법으로, 수소, 일산화탄소를 완전연소시킨다.

67 **정답 | ④**
풀이 | 프로판(C_3H_8)가스의 측정농도범위 및 검지한도
0~5.0%(100ppm)

68 **정답 | ④**
풀이 | $V=10\times4\times20=800\text{m}^3$

69 **정답 | ②**
풀이 | $Q=AV=\frac{\pi}{4}d^2\cdot V,\ V\propto\sqrt{\Delta P}$

$$Q\propto\frac{\pi}{4}d^2\sqrt{\Delta P}$$

$$\frac{Q_3}{Q_2}=\frac{d_1^2\sqrt{\Delta P_1}}{(d_1/2)^2\sqrt{2\Delta P_1}}=\frac{4}{\sqrt{2}}=2.828$$

$$\therefore\ Q_2=\frac{1}{2.828}=0.3535\,Q_1$$

70 **정답 | ④**
풀이 | 추량식 가스미터
㉠ 델타형 ㉡ 터빈형 ㉢ 벤투리형 등

71 **정답 | ③**
풀이 | 부동
가스가 미터는 통과하나 미터지침이 작동하지 않는 것이다.

72 **정답 | ②**
풀이 | 미분동작
편차의 변화속도에 비례하는 동작이며 진동이 일어나는 장치의 진동을 억제하는 데 효과가 가장 크다.

73 **정답 | ①**
풀이 | 차압식 유량계(오리피스, 플로노즐, 벤투리미터)

$$Q=\frac{\pi d^2}{4}\cdot\frac{C_d}{\sqrt{1-m^2}}\cdot\sqrt{2g\frac{\gamma_s-\gamma}{\gamma}R}\,(\text{m}^3/\text{s})$$

(압력강하 측정으로 유량 측정)

74 **정답 | ④**
풀이 | 초음파 레벨측정기
㉠ 초음파식 유면계는(액면계) 현재 석유탱크의 유면을 측정하는 데 사용된다.
㉡ 초음파 펄스(Pulse)를 이용하여 액면을 측정한다.

75 **정답 | ④**
풀이 | 편위식 액면계
아르키메데스의 부력원리를 이용한 간접식 액면계이다.

76 **정답 | ②**
풀이 | $V=0.6\times40=24\text{L/hr}$

77 **정답 | ①**
풀이 | 맥라우드 진공계의 특징
㉠ 10^{-4}Torr까지 3% 정도로 측정 가능하다.
㉡ 표준진공계로도 사용한다.
㉢ 점멸성 가스일 경우 오차가 커진다.

78 **정답 | ①**
풀이 | 차압식 유량계(오리피스, 노즐, 벤투리)는 입구측과 출구측의 압력차를 이용하여 압력을 측정한다.
(동압=전압-정압)

79 **정답 | ①**
풀이 | 탄성식 2차 압력계
㉠ 부르동관
㉡ 다이어프램식
㉢ 벨로스식

80 **정답 | ③**
풀이 | 구리 저항 온도계 : 비례성은 좋으나 고온에서 산화되며 사용온도 범위가 0~120℃ 정도이다.

04회 실전점검! CBT 실전모의고사

수험번호 :
수험자명 :

제한 시간 : 2시간
남은 시간 :

글자 크기 100% 150% 200% 화면 배치 전체 문제 수 : 안 푼 문제 수 :

답안 표기란

1과목 연소공학

01 다음 각 화재의 분류가 잘못된 것은?

① A급 – 일반화재
② B급 – 유류화재
③ C급 – 전기화재
④ D급 – 가스화재

02 고체연료의 성질에 대한 설명 중 옳지 않은 것은?

① 수분이 많으면 통풍불량의 원인이 된다.
② 휘발분이 많으면 점화가 쉽고, 발열량이 높아진다.
③ 회분이 많으면 연소를 나쁘게 하여 열효율이 저하된다.
④ 착화온도는 산소량이 증가할수록 낮아진다.

03 압력이 0.1MPa, 체적이 $3m^3$인 273.15K의 공기가 이상적으로 단열압축되어 그 체적이 1/3이 되었다. 엔탈피의 변화량은 약 몇 kJ인가?(단, 공기의 기체상수는 0.287kJ/kg · K, 비열비는 1.4이다.)

① 480
② 580
③ 680
④ 780

04 아세틸렌을 일정 압력 이상으로 압축하면 위험하다. 이때의 폭발 형태는?

① 산화폭발
② 중합폭발
③ 분해폭발
④ 분진폭발

05 증기 속에 수분이 많을 때 일어나는 현상은?

① 건조도가 증가된다.
② 증기엔탈피가 증가된다.
③ 증기배관에 수격작용이 방지된다.
④ 증기배관 및 장치부식이 발생된다.

계산기 다음 ▶ 안 푼 문제 답안 제출

06 설치장소의 위험도에 대한 방폭구조의 선정에 관한 설명 중 틀린 것은?

① 0종 장소에서는 원칙적으로 내압방폭구조를 사용한다.
② 2종 장소에서 사용하는 전선관용 부속품은 KS에서 정하는 일반품으로서 나사 접속의 것을 사용할 수 있다.
③ 두 종류 이상의 가스가 같은 위험장소에 존재하는 경우에는 그중 위험등급이 높은 것을 기준으로 하여 방폭전기기기의 등급을 선정하여야 한다.
④ 유입방폭구조는 1종 장소에서는 사용을 피하는 것이 좋다.

07 어떤 가역 열기관이 300℃에서 500kcal 열을 흡수하여 일을 하고 100℃에서 열을 방출한다고 할 때 열기관이 한 최대 일(Work)은 약 얼마인가?

① 175kcal
② 188kcal
③ 218kcal
④ 232kcal

08 부탄 10kg을 완전연소시키는 데 필요한 이론산소량은 약 몇 kg인가?

① 29.8
② 31.2
③ 33.8
④ 35.9

09 가연성 가스의 위험성에 대한 설명으로 틀린 것은?

① 폭발범위가 넓을수록 위험하다.
② 폭발범위 밖에서는 위험성이 감소한다.
③ 온도나 압력이 증가할수록 위험성이 증가한다.
④ 폭발범위가 좁고 하한계가 낮은 것은 위험성이 매우 적다.

10 다음 중 연료의 가연 성분 원소가 아닌 것은?

① 유황
② 질소
③ 수소
④ 탄소

번호				
1	①	②	③	④
2	①	②	③	④
3	①	②	③	④
4	①	②	③	④
5	①	②	③	④
6	①	②	③	④
7	①	②	③	④
8	①	②	③	④
9	①	②	③	④
10	①	②	③	④
11	①	②	③	④
12	①	②	③	④
13	①	②	③	④
14	①	②	③	④
15	①	②	③	④
16	①	②	③	④
17	①	②	③	④
18	①	②	③	④
19	①	②	③	④
20	①	②	③	④
21	①	②	③	④
22	①	②	③	④
23	①	②	③	④
24	①	②	③	④
25	①	②	③	④
26	①	②	③	④
27	①	②	③	④
28	①	②	③	④
29	①	②	③	④
30	①	②	③	④

04회 실전점검! CBT 실전모의고사

수험번호 :
수험자명 :

제한 시간 : 2시간
남은 시간 :

글자 크기 100% 150% 200% 화면 배치

전체 문제 수 :
안 푼 문제 수 :

답안 표기란

11 가스의 연소속도에 영향을 미치는 인자에 대한 설명 중 틀린 것은?

① 연소속도는 주변 온도가 상승함에 따라 증가한다.
② 연소속도는 이론혼합기 근처에서 최대이다.
③ 압력이 증가하면 연소속도는 급격히 증가한다.
④ 산소농도가 높아지면 연소범위가 넓어진다.

12 이상기체가 담겨 있는 용기를 가열하면 이 용기 내부의 압력과 온도의 변화는 어떻게 되는가?(단, 부피 변화는 없다고 가정한다.)

① 압력증가, 온도상승　② 압력증가, 온도일정
③ 압력일정, 온도상승　④ 압력일정, 온도일정

13 어떤 혼합가스가 산소 10mol, 질소 10mol, 메탄 5mol을 포함하고 있다. 이 혼합가스의 비중은 약 얼마인가?(단, 공기의 평균분자량은 29이다.)

① 0.88　② 0.94
③ 1.00　④ 1.07

14 실제기체가 이상기체에 가까워지기 위한 조건으로 옳은 것은?

① 고온, 저압상태
② 저온, 저압상태
③ 고온, 고압상태
④ 분자량이 크거나 비체적이 클 때

15 다음 중 폭발방지를 위한 안전장치가 아닌 것은?

① 안전밸브　② 가스누출경보장치
③ 방호벽　④ 긴급차단장치

1	①	②	③	④
2	①	②	③	④
3	①	②	③	④
4	①	②	③	④
5	①	②	③	④
6	①	②	③	④
7	①	②	③	④
8	①	②	③	④
9	①	②	③	④
10	①	②	③	④
11	①	②	③	④
12	①	②	③	④
13	①	②	③	④
14	①	②	③	④
15	①	②	③	④
16	①	②	③	④
17	①	②	③	④
18	①	②	③	④
19	①	②	③	④
20	①	②	③	④
21	①	②	③	④
22	①	②	③	④
23	①	②	③	④
24	①	②	③	④
25	①	②	③	④
26	①	②	③	④
27	①	②	③	④
28	①	②	③	④
29	①	②	③	④
30	①	②	③	④

계산기　다음 ▶　안 푼 문제　답안 제출

16 가연물과 그 연소형태를 짝지어 놓은 것 중 옳은 것은?

① 알루미늄 박－분해연소　② 목재－표면연소
③ 경유－증발연소　④ 휘발유－확산연소

17 기체연료 중 공기와 혼합기체를 만들었을 때 연소속도가 가장 빠른 것은?

① 수소　② 메탄
③ 프로판　④ 톨루엔

18 인화성 물질이나 가연성 가스가 폭발성 분위기를 생성할 우려가 있는 장소 중 가장 위험한 장소 등급은?

① 1종 장소　② 2종 장소
③ 3종 장소　④ 0종 장소

19 이산화탄소로 가연물을 덮는 방법은 소화의 3대 효과 중 다음 어느 것에 해당하는가?

① 제거효과　② 질식효과
③ 냉각효과　④ 촉매효과

20 화염전파에 대한 설명으로 틀린 것은?

① 연료와 공기가 혼합된 혼합기체 안에서 화염이 전파하여 가는 현상을 말한다.
② 가연가스와 미연가스의 경계를 화염면이라 한다.
③ 연소파는 화염면 전후에 압력파가 있으며, 전파속도는 음속을 넘는다.
④ 디토네이션파(Detonation Wave)와 연소파(Combustion Wave)로 크게 나눌 수 있다.

번호				
1	①	②	③	④
2	①	②	③	④
3	①	②	③	④
4	①	②	③	④
5	①	②	③	④
6	①	②	③	④
7	①	②	③	④
8	①	②	③	④
9	①	②	③	④
10	①	②	③	④
11	①	②	③	④
12	①	②	③	④
13	①	②	③	④
14	①	②	③	④
15	①	②	③	④
16	①	②	③	④
17	①	②	③	④
18	①	②	③	④
19	①	②	③	④
20	①	②	③	④
21	①	②	③	④
22	①	②	③	④
23	①	②	③	④
24	①	②	③	④
25	①	②	③	④
26	①	②	③	④
27	①	②	③	④
28	①	②	③	④
29	①	②	③	④
30	①	②	③	④

04회 실전점검! CBT 실전모의고사

수험번호 :
수험자명 :

제한 시간 : 2시간
남은 시간 :

글자 크기 100% 150% 200% 화면 배치 전체 문제 수 : 안 푼 문제 수 :

답안 표기란

1	①	②	③	④
2	①	②	③	④
3	①	②	③	④
4	①	②	③	④
5	①	②	③	④
6	①	②	③	④
7	①	②	③	④
8	①	②	③	④
9	①	②	③	④
10	①	②	③	④
11	①	②	③	④
12	①	②	③	④
13	①	②	③	④
14	①	②	③	④
15	①	②	③	④
16	①	②	③	④
17	①	②	③	④
18	①	②	③	④
19	①	②	③	④
20	①	②	③	④
21	①	②	③	④
22	①	②	③	④
23	①	②	③	④
24	①	②	③	④
25	①	②	③	④
26	①	②	③	④
27	①	②	③	④
28	①	②	③	④
29	①	②	③	④
30	①	②	③	④

2과목 가스설비

21 시간당 66,400kcal를 흡수하는 냉동기의 용량은 몇 냉동톤인가?

① 20 ② 24
③ 28 ④ 32

22 다음 제조법 중 가장 높은 압력을 사용하는 것은?

① 암모니아 합성 ② 폴리에틸렌 합성
③ 메탄올 합성 ④ 오일 가스화

23 연소기의 분류 중 연소 시 1차 공기의 혼합비율과 혼합방법에 의한 분류가 아닌 것은?

① 개방식 ② 분젠식
③ 적화식 ④ 전 1차 공기식

24 도시가스 배관공사 시 주의사항으로 틀린 것은?

① 현장마다 그날의 작업공정을 정하여 기록한다.
② 작업현장에는 소화기를 준비하여 화재에 주의한다.
③ 현장 감독자 및 작업원은 지정된 안전모 및 완장을 착용한다.
④ 가스의 공급을 일시 차단할 경우에는 사용자에게 사전 통보하지 않아도 된다.

25 전기방식시설의 유지관리를 위해 전위측정용 터미널을 설치하였다. 다음 중 적당한 것은?

① 희생양극법 – 배관길이 300m 이내의 간격
② 외부전원법 – 배관길이 400m 이내의 간격
③ 선택적 배류법 – 배관길이 400m 이내의 간격
④ 강제배류법 – 배관길이 500m 이내의 간격

계산기 다음 ▶ 안 푼 문제 답안 제출

04회 실전점검! CBT 실전모의고사

수험번호 :
수험자명 :

제한 시간 : 2시간
남은 시간 :

글자 크기 100% 150% 200% 화면 배치 전체 문제 수 : 안 푼 문제 수 :

답안 표기란

26 다음은 카르노 냉동사이클을 표시한 것이다. 열을 방출하며 등온압축을 하는 과정은?

T, S, 1, 2, 3, 4

① 1－2의 과정 ② 2－3의 과정
③ 3－4의 과정 ④ 4－1의 과정

27 유량 조절이 정확하고 용이하며 기밀도가 커서 기체의 배관에 주로 사용되는 밸브는?

① 글로브밸브 ② 체크밸브
③ 게이트밸브 ④ 안전밸브

28 20층인 아파트에서 1층의 가스압력이 1.8kPa일 때, 20층에서의 압력은 약 몇 kPa인가?(단, 20층까지의 고저차는 60m, 가스의 비중은 0.65, 공기의 비중량은 1.3kg/m^3이다.)

① 1 ② 2
③ 3 ④ 4

29 도시가스 수요가 증가함으로써 가스압력이 부족하게 될 때 사용하는 가스공급시설은?

① 가스 홀더 ② 압송기
③ 정압기 ④ 가스계량기

30 다음 중 가스용기 재료의 구비조건으로 거리가 먼 것은?

① 충분한 강도를 가질 것 ② 무게가 무거울 것
③ 가공 중 결함이 생기지 않을 것 ④ 내식성을 가질 것

계산기 다음 ▶ 안 푼 문제 답안 제출

31 50kg의 프로판(비중 : 1.53)이 용기에 충전되어 있다. 이 프로판가스는 최소 몇 L의 부피가 되겠는가?(단, 프로판 정수는 2.35이다.)

① 213.6 ② 200.8
③ 193.4 ④ 117.5

32 액화석유가스용 압력조정기 중 1단 감압식 준저압조정기 조정압력은?

① 2.3~3.3kPa
② 5~30kPa 이내에서 제조자가 설정한 기준압력의 ±20%
③ 57~83kPa
④ 0.032~0.083MPa

33 왕복동식 압축기에서 압축기의 흡입온도 상승의 원인이 아닌 것은?

① 흡입밸브 불량에 의한 역류
② 전단 냉각기의 능력 저하
③ 전단의 쿨러 과랭
④ 관로에 수열이 있을 경우

34 지표면의 비저항보다 깊은 곳의 비저항이 낮은 경우 적용하는 양극설치방법은?

① 희생양극법 ② 천매전극법
③ 선택배류법 ④ 심매전극법

35 도시가스 제조 원료가 가지는 특성으로 가장 거리가 먼 것은?

① 파라핀계 탄화수소가 적다. ② C/H 비가 작다.
③ 유황분이 적다. ④ 비점이 낮다.

36 자동절체식 조정기를 사용할 때의 이점을 가장 잘 설명한 것은?

① 가스 소비 시 압력변동이 크다.
② 수동절체방식보다 가스 발생량이 많다.
③ 용기 교환시기가 짧고 계획배달이 가능하다.
④ 수동절체방식보다 용기 설치 본수가 많다.

37 도시가스 배관을 설치하고 나서 그 지역에 대규모로 주택이 들어서거나 주택 및 인구가 증가되면 피크 시 가스공급압력이 저하되게 되는데 이를 방지하기 위하여 인근 배관과 상호 연결을 하여 압력 저하를 방지하는 공급방식은?

① 압력보충 배관설계 ② 송출압보충 배관설계
③ 저압보충망 배관설계 ④ 환상망 배관설계

38 스프링 안전밸브에 대한 설명으로 틀린 것은?

① 설정압력 이상이 되면 서서히 개방(Open)된다.
② 저장탱크 또는 용기에서 주로 사용된다.
③ 고압가스의 양을 결정하여 이 양을 충분히 분출할 수 있는 구경이어야 한다.
④ 한번 작동하면 밸브 전체를 교환하여야 한다.

39 금속의 내부응력을 제거하고 가공경화된 재료를 연화하여 결정조직을 결정하며 상온가공을 용이하게 할 목적으로 하는 열처리는?

① 담금질 ② 불림
③ 뜨임 ④ 풀림

40 용접부 내부결함검사에 가장 적합한 방법으로서 검사결과의 기록이 가능한 검사방법은?

① 자분검사 ② 침투검사
③ 방사선투과검사 ④ 누설검사

31	①	②	③	④
32	①	②	③	④
33	①	②	③	④
34	①	②	③	④
35	①	②	③	④
36	①	②	③	④
37	①	②	③	④
38	①	②	③	④
39	①	②	③	④
40	①	②	③	④
41	①	②	③	④
42	①	②	③	④
43	①	②	③	④
44	①	②	③	④
45	①	②	③	④
46	①	②	③	④
47	①	②	③	④
48	①	②	③	④
49	①	②	③	④
50	①	②	③	④
51	①	②	③	④
52	①	②	③	④
53	①	②	③	④
54	①	②	③	④
55	①	②	③	④
56	①	②	③	④
57	①	②	③	④
58	①	②	③	④
59	①	②	③	④
60	①	②	③	④

04회 실전점검! CBT 실전모의고사

수험번호 :
수험자명 :

제한 시간 : 2시간
남은 시간 :

글자 크기 100% 150% 200% | 화면 배치 | 전체 문제 수 : 안 푼 문제 수 :

답안 표기란

3과목 가스안전관리

41 고압가스 저장설비의 내부수리를 위하여 미리 취하여야 할 조치의 순서가 올바른 것은?

㉠ 작업계획을 수립한다.	㉡ 산소농도를 측정한다.
㉢ 공기로 치환한다.	㉣ 불연성 가스로 치환한다.

① ㉠-㉡-㉢-㉣
② ㉠-㉢-㉡-㉣
③ ㉠-㉣-㉡-㉢
④ ㉠-㉣-㉢-㉡

42 고압가스안전관리법상 가스저장탱크 설치 시 내진설계를 하여야 하는 저장탱크는?(단, 비가연성 및 비독성인 경우는 제외한다.)

① 저장능력이 5톤 이상 또는 500m^3 이상인 저장탱크
② 저장능력이 3톤 이상 또는 300m^3 이상인 저장탱크
③ 저장능력이 2톤 이상 또는 200m^3 이상인 저장탱크
④ 저장능력이 1톤 이상 또는 100m^3 이상인 저장탱크

43 다음 액화가스 저장탱크 중 방류둑을 설치하여야 하는 것은?

① 저장능력이 5톤인 염소 저장탱크
② 저장능력이 8백 톤인 산소 저장탱크
③ 저장능력이 5백 톤인 수소 저장탱크
④ 저장능력이 9백 톤인 프로판 저장탱크

44 고압가스 저장시설에서 가스누출 사고가 발생하여 공기와 혼합하여 가연성 · 독성 가스로 되었다면 누출된 가스는?

① 질소
② 수소
③ 암모니아
④ 이산화황

번호				
31	①	②	③	④
32	①	②	③	④
33	①	②	③	④
34	①	②	③	④
35	①	②	③	④
36	①	②	③	④
37	①	②	③	④
38	①	②	③	④
39	①	②	③	④
40	①	②	③	④
41	①	②	③	④
42	①	②	③	④
43	①	②	③	④
44	①	②	③	④
45	①	②	③	④
46	①	②	③	④
47	①	②	③	④
48	①	②	③	④
49	①	②	③	④
50	①	②	③	④
51	①	②	③	④
52	①	②	③	④
53	①	②	③	④
54	①	②	③	④
55	①	②	③	④
56	①	②	③	④
57	①	②	③	④
58	①	②	③	④
59	①	②	③	④
60	①	②	③	④

계산기 | 다음 ▶ | 안 푼 문제 | 답안 제출

45 **액화석유가스용 용기 잔류가스 회수장치의 성능 등 기밀성능의 기준은?**

① 1.50MPa 이상의 공기 등 불활성 기체로 5분간 유지하였을 때 누출 등 이상이 없어야 한다.
② 1.56MPa 이상의 공기 등 불활성 기체로 10분간 유지하였을 때 누출 등 이상이 없어야 한다.
③ 1.86MPa 이상의 공기 등 불활성 기체로 5분간 유지하였을 때 누출 등 이상이 없어야 한다.
④ 1.86MPa 이상의 공기 등 불활성 기체로 10분간 유지하였을 때 누출 등 이상이 없어야 한다.

46 **독성 가스의 식별조치에 대한 설명 중 틀린 것은? [단, 예 : 독성 가스 (ㅇㅇ)제조시설, 독성 가스 (ㅇㅇ)저장소]**

① (ㅇㅇ)에는 가스명칭을 노란색으로 기재한다.
② 문자의 크기는 가로, 세로 10cm 이상으로 하고 30m 이상의 거리에서 식별 가능하도록 한다.
③ 경계표지와는 별도로 게시한다.
④ 식별표지에는 다른 법령에 따른 지시사항 등을 명기할 수 있다.

47 **일반용기의 도색 표시가 잘못 연결된 것은?**

① 액화염소 : 갈색
② 아세틸렌 : 황색
③ 수소 : 자색
④ 액화암모니아 : 백색

48 **고압가스 안전성 평가기준에서 정한 위험성 평가기법 중 정성적 평가에 해당되는 것은?**

① Check List 기법
② HEA 기법
③ FTA 기법
④ CCA 기법

31	①	②	③	④
32	①	②	③	④
33	①	②	③	④
34	①	②	③	④
35	①	②	③	④
36	①	②	③	④
37	①	②	③	④
38	①	②	③	④
39	①	②	③	④
40	①	②	③	④
41	①	②	③	④
42	①	②	③	④
43	①	②	③	④
44	①	②	③	④
45	①	②	③	④
46	①	②	③	④
47	①	②	③	④
48	①	②	③	④
49	①	②	③	④
50	①	②	③	④
51	①	②	③	④
52	①	②	③	④
53	①	②	③	④
54	①	②	③	④
55	①	②	③	④
56	①	②	③	④
57	①	②	③	④
58	①	②	③	④
59	①	②	③	④
60	①	②	③	④

31	①	②	③	④
32	①	②	③	④
33	①	②	③	④
34	①	②	③	④
35	①	②	③	④
36	①	②	③	④
37	①	②	③	④
38	①	②	③	④
39	①	②	③	④
40	①	②	③	④
41	①	②	③	④
42	①	②	③	④
43	①	②	③	④
44	①	②	③	④
45	①	②	③	④
46	①	②	③	④
47	①	②	③	④
48	①	②	③	④
49	①	②	③	④
50	①	②	③	④
51	①	②	③	④
52	①	②	③	④
53	①	②	③	④
54	①	②	③	④
55	①	②	③	④
56	①	②	③	④
57	①	②	③	④
58	①	②	③	④
59	①	②	③	④
60	①	②	③	④

49 다음 [보기]의 폭발범위에 대한 설명 중 옳은 것만으로 나열된 것은?

> ㉠ 일반적으로 온도가 높으면 폭발범위는 넓어진다.
> ㉡ 가연성 가스의 공기혼합가스에 질소를 혼합하면 폭발범위는 넓어진다.
> ㉢ 일산화탄소와 공기혼합가스의 폭발범위는 압력이 증가하면 넓어진다.

① ㉠ ② ㉢
③ ㉡, ㉢ ④ ㉠, ㉡, ㉢

50 냉동기를 제조하고자 하는 자가 갖추어야 할 제조설비가 아닌 것은?

① 프레스설비 ② 조립설비
③ 용접설비 ④ 도막측정기

51 액화석유가스의 안전관리 및 사업법에 의한 액화석유가스의 주성분에 해당되지 않는 것은?

① 액화된 프로판 ② 액화된 부탄
③ 기화된 프로판 ④ 기화된 메탄

52 가연성 가스의 저장능력이 $15,000m^3$일 때 제1종 보호시설과의 안전거리 기준은?

① 17m ② 21m
③ 24m ④ 27m

53 특정설비에는 설계온도를 표기하여야 한다. 이때 사용되는 설계온도의 기호는?

① HT ② DT
③ DP ④ TP

54 **고압가스 제조자가 가스용기 수리를 할 수 있는 범위가 아닌 것은?**

① 용기 부속품의 부품 교체 및 가공
② 특정설비의 부품 교체
③ 냉동기의 부품 교체
④ 용기밸브의 적합한 규격 부품으로 교체

55 **가연성 가스용 충전용기 보관실에 통화용으로 휴대할 수 있는 것은?**

① 가스라이터
② 방폭형 휴대용 손전등
③ 촛불
④ 카바이드등

56 **고압가스 특정제조시설 내의 특정가스 사용시설에 대한 내압시험 실시기준으로 옳은 것은?**

① 상용압력의 1.25배 이상의 압력으로 유지시간은 5~20분으로 한다.
② 상용압력의 1.25배 이상의 압력으로 유지시간은 60분으로 한다.
③ 상용압력의 1.5배 이상의 압력으로 유지시간은 5~20분으로 한다.
④ 상용압력의 1.5배 이상의 압력으로 유지시간은 60분으로 한다.

57 **도시가스 품질검사의 방법 및 절차에 대한 설명으로 틀린 것은?**

① 검사방법은 한국산업표준에서 정한 시험방법에 따른다.
② 품질검사기관으로부터 불합격 판정을 통보받은 자는 보관 중인 도시가스에 대하여 폐기조치를 한다.
③ 일반도시가스사업자가 도시가스제조사업소에서 제조한 도시가스에 대해서 월 1회 이상 품질검사를 실시한다.
④ 도시가스충전사업자가 도시가스충전사업소의 도시가스에 대해서 분기별 1회 이상 품질검사를 실시한다.

31	①	②	③	④
32	①	②	③	④
33	①	②	③	④
34	①	②	③	④
35	①	②	③	④
36	①	②	③	④
37	①	②	③	④
38	①	②	③	④
39	①	②	③	④
40	①	②	③	④
41	①	②	③	④
42	①	②	③	④
43	①	②	③	④
44	①	②	③	④
45	①	②	③	④
46	①	②	③	④
47	①	②	③	④
48	①	②	③	④
49	①	②	③	④
50	①	②	③	④
51	①	②	③	④
52	①	②	③	④
53	①	②	③	④
54	①	②	③	④
55	①	②	③	④
56	①	②	③	④
57	①	②	③	④
58	①	②	③	④
59	①	②	③	④
60	①	②	③	④

58 **도시가스사용시설에 설치하는 중간밸브에 대한 설명으로 틀린 것은?**

① 가스사용시설에는 연소기 기기에 대하여 퓨즈콕 등을 설치한다.
② 2개 이상의 실로 분기되는 경우에는 각 실의 주배관마다 배관용 밸브를 설치한다.
③ 중간밸브 및 퓨즈콕 등은 당해 가스사용시설의 사용압력 및 유량이 적합한 것으로 한다.
④ 배관이 분기되는 경우에는 각각의 배관에 대하여 배관용 밸브를 설치한다.

59 **고압가스의 분출 또는 누출의 원인이 아닌 것은?**

① 과잉 충전
② 안전밸브의 작동
③ 용기에서 용기밸브의 이탈
④ 용기에 부속된 압력계의 파열

60 **가스냉난방기에 설치하는 안전장치가 아닌 것은?**

① 가스압력스위치
② 공기압력스위치
③ 고온재생기 과열 방지장치
④ 급수조절장치

31	①	②	③	④
32	①	②	③	④
33	①	②	③	④
34	①	②	③	④
35	①	②	③	④
36	①	②	③	④
37	①	②	③	④
38	①	②	③	④
39	①	②	③	④
40	①	②	③	④
41	①	②	③	④
42	①	②	③	④
43	①	②	③	④
44	①	②	③	④
45	①	②	③	④
46	①	②	③	④
47	①	②	③	④
48	①	②	③	④
49	①	②	③	④
50	①	②	③	④
51	①	②	③	④
52	①	②	③	④
53	①	②	③	④
54	①	②	③	④
55	①	②	③	④
56	①	②	③	④
57	①	②	③	④
58	①	②	③	④
59	①	②	③	④
60	①	②	③	④

04회 실전점검! CBT 실전모의고사

수험번호 :
수험자명 :

제한 시간 : 2시간
남은 시간 :

글자 크기 100% 150% 200% 화면 배치 전체 문제 수 : 안 푼 문제 수 :

답안 표기란

61	①	②	③	④
62	①	②	③	④
63	①	②	③	④
64	①	②	③	④
65	①	②	③	④
66	①	②	③	④
67	①	②	③	④
68	①	②	③	④
69	①	②	③	④
70	①	②	③	④
71	①	②	③	④
72	①	②	③	④
73	①	②	③	④
74	①	②	③	④
75	①	②	③	④
76	①	②	③	④
77	①	②	③	④
78	①	②	③	④
79	①	②	③	④
80	①	②	③	④

4과목 가스계측기기

61 시안화수소(HCN) 가스의 검지반응에 사용하는 시험지와 반응색이 옳게 짝지어진 것은?

① KI 전분지 – 청색
② 초산벤젠지 – 청색
③ 염화파라듐지 – 적색
④ 염화제일구리 착염지 – 적색

62 다음 가스 분석법 중 흡수분석법에 해당되지 않는 것은?

① 헴펠법
② 게겔법
③ 오르자트법
④ 윈클러법

63 어느 수용가에 설치한 가스미터의 기차를 측정하기 위하여 지시량을 보니 $100m^3$를 나타내었다. 사용공차를 ±4%로 한다면 이 가스미터에는 최소 얼마의 가스가 통과되었는가?

① $40m^3$
② $80m^3$
③ $96m^3$
④ $104m^3$

64 일반적으로 장치에 사용되고 있는 부르동관 압력계 등으로 측정되는 압력은?

① 절대압력
② 게이지압력
③ 진공압력
④ 대기압

65 사용온도 범위가 넓고, 가격이 비교적 저렴하며, 내구성이 좋으므로 공업용으로 가장 널리 사용되는 온도계는?

① 유리온도계
② 열전대온도계
③ 바이메탈온도계
④ 반도체 저항온도계

계산기 다음 ▶ 안 푼 문제 답안 제출

66 추종제어에 대한 설명으로 옳은 것은?

① 목표치가 시간에 따라 변화하지만 변화의 모양이 미리 정해져 있다.
② 목표치가 시간에 따라 변화하지만 변화의 모양은 예측할 수 없다.
③ 목표치가 시간에 따라 변하지 않지만 변화의 모양이 일정하다.
④ 목표치가 시간에 따라 변하지 않지만 변화의 모양이 불규칙하다.

67 다음 중 막식 가스미터는?

① 클로버식
② 루트식
③ 오리피스식
④ 터빈식

68 오르자트 가스분석기에서 가스의 흡수순서로 옳은 것은?

① $CO \rightarrow CO_2 \rightarrow O_2$
② $CO_2 \rightarrow CO \rightarrow O_2$
③ $O_2 \rightarrow CO_2 \rightarrow CO$
④ $CO_2 \rightarrow O_2 \rightarrow CO$

69 산화철, 산화주석 등은 350℃ 전후에서 가연성 가스를 통과시키면 표면에 가연성 가스가 흡착되어 전기전도도가 상승하는데, 이 성질을 이용하여 가스 누출을 검지하는 방법은?

① 반도체식
② 접촉연소식
③ 기체열전도도식
④ 적외선흡수식

70 다음 중 SI 단위의 보조단위는 어느 것인가?

① 밀도
② 면적
③ 속도
④ 평면각

61	①	②	③	④
62	①	②	③	④
63	①	②	③	④
64	①	②	③	④
65	①	②	③	④
66	①	②	③	④
67	①	②	③	④
68	①	②	③	④
69	①	②	③	④
70	①	②	③	④
71	①	②	③	④
72	①	②	③	④
73	①	②	③	④
74	①	②	③	④
75	①	②	③	④
76	①	②	③	④
77	①	②	③	④
78	①	②	③	④
79	①	②	③	④
80	①	②	③	④

71 가스크로마토그래피에서 이상적인 검출기의 구비조건으로 가장 거리가 먼 내용은?

① 적당한 감도를 가져야 한다.
② 모든 용질에 대한 감응도가 비슷하거나 선택적인 감응을 보여야 한다.
③ 일정 질량 범위에 걸쳐 직선적인 감응도를 보여야 한다.
④ 유속을 조절하여 감응시간을 빠르게 할 수 있어야 한다.

72 흡수법에 사용되는 각 성분가스와 그 흡수액을 짝지은 것 중 틀린 것은?

① 이산화탄소－수산화칼륨 수용액
② 산소－수산화칼륨＋피로갈롤 수용액
③ 일산화탄소－염화칼륨 수용액
④ 중탄화수소－발연황산

73 상대습도가 0이라 함은 어떤 뜻인가?

① 공기 중에 수증기가 존재하지 않는다.
② 공기 중에 수증기가 760mmHg만큼 존재한다.
③ 공기 중에 포화상태의 습증기가 존재한다.
④ 공기 중의 수증기압이 포화증기압보다 높음을 의미한다.

74 액면계의 구비조건으로 틀린 것은?

① 내식성이 있을 것
② 고온·고압에 견딜 것
③ 구조가 복잡하더라도 조작은 용이할 것
④ 지시, 기록 또는 원격 측정이 가능할 것

75 다음 중 유체의 밀도 측정에 이용되는 기구는?

① 피크노미터(Pycno Meter)
② 벤투리미터(Venturi Meter)
③ 오리피스미터(Orifice Meter)
④ 피토관(Pitot Tube)

번호				
61	①	②	③	④
62	①	②	③	④
63	①	②	③	④
64	①	②	③	④
65	①	②	③	④
66	①	②	③	④
67	①	②	③	④
68	①	②	③	④
69	①	②	③	④
70	①	②	③	④
71	①	②	③	④
72	①	②	③	④
73	①	②	③	④
74	①	②	③	④
75	①	②	③	④
76	①	②	③	④
77	①	②	③	④
78	①	②	③	④
79	①	②	③	④
80	①	②	③	④

04 회 실전점검! CBT 실전모의고사

수험번호 :
수험자명 :

제한 시간 : 2시간
남은 시간 :

글자 크기 100% 150% 200% 화면 배치

전체 문제 수 :
안 푼 문제 수 :

답안 표기란

61	①	②	③	④
62	①	②	③	④
63	①	②	③	④
64	①	②	③	④
65	①	②	③	④
66	①	②	③	④
67	①	②	③	④
68	①	②	③	④
69	①	②	③	④
70	①	②	③	④
71	①	②	③	④
72	①	②	③	④
73	①	②	③	④
74	①	②	③	④
75	①	②	③	④
76	①	②	③	④
77	①	②	③	④
78	①	②	③	④
79	①	②	③	④
80	①	②	③	④

76 기체크로마토그래피(Gas Chromatography)에 대한 설명으로 틀린 것은?

① 기체 – 액체크로마토그래피(GLC)가 대표적인 기기이다.
② 최근에는 열린 관 컬럼(Column)을 주로 사용한다.
③ 시료를 이동하기 위하여 흔히 사용되는 기체는 헬륨가스이다.
④ 시료의 주입은 반드시 기체이어야 한다.

77 진동이 발생하는 장치의 진동을 억제하는 데 가장 효과적인 제어동작은?

① D동작
② P동작
③ I동작
④ 뱅뱅동작

78 계량, 계측기의 교정이라 함은 무엇을 뜻하는가?

① 계량, 계측기의 지시값과 표준기의 지시값의 차이를 구하여 주는 것
② 계량, 계측기의 지시값을 평균하여 참값과의 차이가 없도록 가산하여 주는 것
③ 계량, 계측기의 지시값과 참값의 차를 구하여 주는 것
④ 계량, 계측기의 지시값을 참값과 일치하도록 수정하는 것

79 가스미터의 종류 중 정도(정확도)가 우수하여 실험실용 등 기준기로 사용되는 것은?

① 막식 가스미터
② 습식 가스미터
③ Roots 가스미터
④ Orifice 가스미터

80 열전도형 진공계의 종류가 아닌 것은?

① 전리 진공계
② 피라니 진공계
③ 서미스터 진공계
④ 열전대 진공계

계산기 다음 ▶ 안 푼 문제 답안 제출

CBT 정답 및 해설

01	02	03	04	05	06	07	08	09	10
④	②	②	③	④	①	①	④	④	②
11	12	13	14	15	16	17	18	19	20
③	①	②	①	③	③	①	④	②	③
21	22	23	24	25	26	27	28	29	30
①	②	①	④	①	③	①	②	②	②
31	32	33	34	35	36	37	38	39	40
④	②	③	④	①	②	④	④	④	③
41	42	43	44	45	46	47	48	49	50
④	①	①	③	④	①	③	①	①	④
51	52	53	54	55	56	57	58	59	60
④	②	②	①	②	③	②	④	①	④
61	62	63	64	65	66	67	68	69	70
②	④	③	②	②	②	①	④	①	전항 정답
71	72	73	74	75	76	77	78	79	80
④	③	①	③	①	④	①	④	②	①

01 정답 | ④

풀이 | 가스화재 : B급 또는 E급 화재

02 정답 | ②

풀이 | 고체연료는 휘발분이 많으면 점화가 쉽고 발열량이 저하된다.

03 정답 | ②

풀이 | 단열변화

$$T_2 = T_1 \times \left(\frac{V_1}{V_2}\right)^{k-1} = 273.15 \times \left(\frac{3}{1}\right)^{1.4-1} = 424\text{K}$$

$$P_2 = P_1 \times \left(\frac{V_1}{V_2}\right)^{k} = 100kPa \times \left(\frac{3}{1}\right)^{1.4} = 466\text{kPa}$$

$$\therefore \Delta h = h_2 - h_2 = C_P(T_2 - T_1)$$

$$= \frac{K}{K-1}(P_2V_2 - P_1V_1)$$

$$= \frac{1.4}{1.4-1} \times ((466 \times 1) - (100 \times 3))$$

$= 580\text{kJ}$(엔탈피 변화량)

※ 0.1MP = 100kPa

04 정답 | ③

풀이 | ㉠ 압축분해폭발 : $2C + H_2 \rightarrow C_2H_2 - 54.2\text{kcal}$

㉡ 산화폭발 : $C_2H_2 + 2.5O_2 \rightarrow 2CO_2 + H_2O$

㉢ 화합폭발 : $C_2H_2 + 2Cu \rightarrow Cu_2C_2 + H_2$

05 정답 | ④

풀이 | 증기 속에 수분(H_2O)이 많으면 증기배관 및 장치부식이 발생한다.

06 정답 | ①

풀이 | 0종 장소

원칙적으로 본질안전방폭구조로 한다.

07 정답 | ①

풀이 | 300 + 273 = 573K, 100 + 273 = 373K

$$500 \times \frac{373}{573} = 325\text{kcal}$$

∴ 최대일 = 500 − 325 = 175kcal

08 정답 | ④

풀이 | 부탄 $\underline{C_4H_{10}}$ + $\underline{6.5O_2} \rightarrow 4CO_2 + 5H_2O$

58kg　6.5×32kg

10kg　x

$$x = (6.5 \times 32) \times \frac{10}{58} = 35.9\text{kg}$$

※ 부탄분자량 : 58kg(22.4m^3)

09 정답 | ④

풀이 | 가연성 가스의 위험성

㉠ 폭발범위가 좁으면 위험성이 적다.

㉡ 폭발범위 하한계가 낮으면 위험성이 크다.

10 정답 | ②

풀이 | 연료의 가연 성분

㉠ 유황(S)

㉡ 수소(H_2)

㉢ 탄소(C)

11 정답 | ③

풀이 | 가스의 압력이 증가하면 폭발범위가 커진다.

(단, CO가스는 압력이 증가하면 연소범위가 좁아진다)

12 정답 | ①

풀이 | 이상기체가 용기에서 가열을 받으면 압력이 증가하고 온도가 상승한다.

13 정답 | ②

풀이 | 분자량(산소 32, 질소 28, 메탄 16)

10 + 10 + 5 = 25몰

$$\frac{(32\times10)+(28\times10)+(16\times5)}{25}=27.2$$

$$\therefore \text{비중}=\frac{\text{가스분자량}}{29}=\frac{27.2}{29}=0.94$$

14 정답 | ①

풀이 | 실제기체가 이상기체에 가까워지려면 고온, 저압상태이어야 한다.

15 정답 | ③

풀이 | 방호벽

화기확산 방지장치

16 정답 | ③

풀이 | ① 알루미늄박(금속보온재) : 금속화재

② 목재 : 분해연소

④ 휘발유 : 증발연소

17 정답 | ①

풀이 | 분자량이 적으면 연소속도가 빠르다.

① 수소 : 2　② 메탄 : 16

③ 프로판 : 44　④ 톨루엔 : 92

18 정답 | ④

풀이 | 0종 장소

상용의 상태에서 가연성 가스의 농도가 연속해서 폭발하한계 이상으로 되는 장소이다.

19 정답 | ②

풀이 | CO_2 소화기 : 질식효과

20 정답 | ③

풀이 | ③ 전파속도는 폭굉(Detonation)에서 1,000~3,500 m/s 정도로, 음속을 넘는다(연소파 : 10 m/s 이하).

※ 화염전파속도 : 폭굉 > 폭연 > 폭발 > 연소

21 정답 | ①

풀이 | 증기압축식 냉동기 1RT = 3,320kcal/h

$$\therefore \frac{66,400}{3,320}=20\text{RT}$$

22 정답 | ②

풀이 | ㉠ 암모니아 합성 : 200~1,000atm

㉡ 메탄올 합성 : 150~300atm

㉢ 폴리에틸렌 합성 : 공업제법상 중합반응 시 고압, 중압, 저압법에 의한 에틸렌 중합체이다.

23 정답 | ①

풀이 | 전 1차 공기량

㉠ 분젠식 : 40~70%

㉡ 세미분젠식 : 30~40%

㉢ 적화식 : 0%

㉣ 전 1차 공기식 : 160%

24 정답 | ④

풀이 | 도시가스의 가스공급을 일시 차단하는 경우 사용자에게 사전에 통보하여야 한다.

25 정답 | ①

풀이 | 전위측정용 터미널 설치

㉠ 희생양극법, 배류법 : 배관길이 300m 이내의 간격

㉡ 외부전원법 : 배관길이 500m 이내의 간격

26 정답 | ③

풀이 | 카르노 사이클

㉠ 3-4 : 등온압축

㉡ 2-3 : 단열압축

㉢ 1-2 : 등온팽창

㉣ 4-1 : 단열팽창

27 정답 | ①

풀이 | 글로브밸브

㉠ 유량 조절이 가능하다.

㉡ 기밀도가 크다.

㉢ 기체의 배관에 사용된다.

28 정답 | ②

풀이 | $H=1.3(S-1)h=1.3\times(1-0.65)\times60$

$=27.3\text{mmH}_2\text{O}$

$1\text{atm}=10.332\text{mH}_2\text{O}=10,332\text{mmH}_2\text{O}$

$=102\text{kPa}$

$$\therefore \text{압력}(P)=1.8+\left(102\times\frac{27.3}{10,332}\right)=2\text{kPa}$$

29 정답 | ②

풀이 | 압송기

도시가스 수요가 증가하여 가스공급압력이 부족할 때 사용된다.

30 정답 | ②

풀이 | 가스용기는 강도가 크고 가벼워야 운반이 용이하다.

31 정답 | ④

풀이 | $W=\frac{V}{C}$, $V=W\times C$, $50=\frac{V}{2.35}$

∴ 부피$(V)=50\times2.35=117.5$L

32 정답 | ②

풀이 | LPG : 1단 감압식 준저압 조정기

㉠ 입구압력 : 0.1~1.56MPa

㉡ 조정압력 : 5~30kPa

33 정답 | ③

풀이 | 왕복동식 압축기에서 전단의 쿨러가 과랭되면 흡입온도가 감소한다.

34 정답 | ④

풀이 | 심매전극법 : 지표면의 비저항보다 깊은 곳(심저)의 비저항이 낮은 경우에 설치하는 양극설치방법이다.

35 정답 | ①

풀이 | 도시가스 원료인 나프타에서 파라핀계가 80% 이하 사용된다.

※ 나프타 : 파라핀계, 올레핀계, 나프텐계, 방향족계

36 정답 | ②

풀이 | 자동절체식 압력조정기

㉠ 압력변동이 적다.

㉡ 용기 교환주기가 길다.

㉢ 용기 설치 본수가 적다.

㉣ 수동절체방식보다 가스 발생량이 많다.

37 정답 | ④

풀이 | 환상망 배관설계

피크 시 가스공급압력이 저하될 때 인근 배관과 상호연결을 하여 압력저하를 방지하는 공급방식이다.

38 정답 | ④

풀이 | 스프링식 안전밸브는 여러 번 반복하여 작동하여도 장기간 사용이 가능하다.

※ 1회용 안전장치 : 가용 마개, 파열판 등

39 정답 | ④

풀이 | (1) 풀림(소둔 : 어닐링)

㉠ 금속의 내부응력을 제거한다.

㉡ 가공경화된 재료를 연화한다.

㉢ 상온가공을 용이하게 한다.

(2) 불림(소준, 노멀라이징)

(3) 뜨임(소려, 템퍼링)

(4) 담금질(소입, 칭)

40 정답 | ③

풀이 | 방사선투과검사 : 용접부 내부결함검사에 가장 적합한 방법으로 검사결과의 기록이 가능하다.

41 정답 | ④

풀이 | 고압가스 저장설비의 내부수리 조치순서

작업계획을 수립한다. → 불연성 가스로 치환한다. → 공기로 치환한다. → 산소농도를 측정한다.

42 정답 | ①

풀이 | 가스저장탱크 설치 시 내진설계 기준(비가연성 및 비독성의 경우는 제외)

㉠ 5톤 이상 저장능력(비가연성, 비독성은 10톤 이상)

㉡ 500m^3 이상(비가연성, 비독성은 1,000m^3 이상)

㉢ 5m^3 이상 가스 저장 시에는 가스방출장치가 필요하다.

43 정답 | ①

풀이 | 방류둑을 설치해야 하는 액화가스 저장탱크

㉠ 저장능력이 5톤 이상인 염소 등 독성 가스 저장탱크

㉡ 저장능력이 1천 톤 이상인 가연성 가스 저장탱크

㉢ 저장능력이 1천 톤 이상인 산소 저장탱크

44 정답 | ③

풀이 | ① 질소 : 불연성

② 수소 : 가연성

③ 암모니아 : 가연성, 독성

④ 이산화황 : 독성

45 정답 | ④

풀이 | 액화석유가스용 용기 잔류가스 회수장치 성능 등 기밀 성능 기준 : 1.86MPa 이상의 공기 등 불활성 기체로 10분간 유지한 경우 누출 등 이상이 없어야 한다.

46 정답 | ①

풀이 |

독성가스 (○○)제조시설
독성가스 (○○)저장소

(○○)의 가스명칭을 적색으로 기재한다.

47 정답 | ③

풀이 | 수소가스 도색 표시 : 주황색

48 정답 | ①

풀이 | ① 체크리스트(Check list) : 정성적 평가
② 작업자실수 분석(HEA) : 정량적 평가
③ 결함수 분석(FTA) : 정량적 평가
④ 원인결과 분석(CCA) : 정량적 평가

49 정답 | ①

풀이 | 폭발범위
㉠ 일반적으로 온도가 높으면 폭발범위가 넓어진다.
㉡ 가연성 가스에 불연성 질소가스가 혼입되면 폭발범위가 좁아진다.
㉢ CO가스는 고압일수록 폭발범위가 좁아진다.

50 정답 | ④

풀이 | 도막측정기 : 자율검사를 위한 검사장비 보유에 관한 검사시설에 속한다(제조설비에는 해당되지 않는다).

51 정답 | ④

풀이 | 기화된 메탄은 액화석유가스(LPG)의 주성분이 아닌 액화천연가스(LNG)의 주성분이다.
※ 메탄(CH_4)의 분자량은 16(1몰의 질량 16g)이다.

52 정답 | ②

풀이 | 가연성 가스의 저장능력이 1만 m^3 초과 2만 m^3 이하일 때 제1종 보호시설과 안전거리 기준
㉠ 제1종 : 21m
㉡ 제2종 : 14m

53 정답 | ②

풀이 | 특정설비에 표기하는 설계온도 기호 : DT

54 정답 | ①

풀이 | 고압가스 제조자의 가스용기 수리범위는 ②, ③, ④항이며, ①항 용기 부속품의 부품교체는 용기제조자의 수리범위이다.

55 정답 | ②

풀이 | 가연성 가스용 충전용기 보관실에 통화용으로 휴대가 가능한 것 : 방폭형 휴대용 손전등

56 정답 | ③

풀이 | 고압가스 특정제조시설 내의 특정가스 사용시설에 대한 내압시험 실시기준 : 상용압력의 1.5배 이상, 유지시간 5~20분으로 한다.

57 정답 | ②

풀이 | 도시가스 품질검사의 방법 및 절차에 대하여 품질검사기관으로부터 불합격 판정을 통보받은 자는 보관 중인 도시가스의 품질을 조정하여 재검사를 받는다.

58 정답 | ④

풀이 | 도시가스 사용시설에 설치하는 중간밸브에서 배관이 분기되는 경우에는 그 분기점 부근, 그 밖에 배관 유지에 필요한 가스차단 장치를 설치할 것

59 정답 | ①

풀이 | 과잉 충전은 고압가스의 분출 또는 누설의 직접적인 원인이 아니다.

60 정답 | ④

풀이 | 가스냉난방기 안전장치
㉠ 가스압력스위치
㉡ 공기압력스위치
㉢ 고온재생기 과열 방지장치

61 정답 | ②

풀이 | ① KI 전분지(염소 : 청색)
② 초산벤젠지(시안화수소 : 청색)
③ 염화파라듐지(CO : 흑색)
④ 염화제일구리 착염지(아세틸렌 : 적색)

62 정답 | ④

풀이 | 흡수분석법
㉠ 헴펠법
㉡ 게겔법
㉢ 오르자트법

63 정답 | ③

풀이 | $100 \times 0.04 = 4m^3$
㉠ 최소치 $= 100 - 4 = 96m^3$
㉡ 최대치 $= 100 + 4 = 104m^3$

64 정답 | ②

풀이 | ㉠ 압력계에서 나타나는 압력 : 게이지압력(atg)
㉡ 절대압력 = 게이지 압력 + $1.033kg/cm^2$(abs)
㉢ 진공압력 = 대기압 − 진공압
㉣ 대기압력 = 공기압력

65 정답 | ②

풀이 | 열전대온도계

㉠ 사용온도 범위가 넓다(−200∼1,600℃).

㉡ 가격이 비교적 저렴하다.

㉢ 내구성이 좋다.

㉣ 공업용으로 가장 널리 사용된다.

66 정답 | ②

풀이 | 추종제어

목표치가 시간에 따라 변화하지만 변화의 모양은 예측할 수 없다.

67 정답 | ①

풀이 | (1) 막식 가스미터(실측식)

㉠ 막식(독립내기식, 클로버식)

㉡ 회전식(루트식, 오벌식)

㉢ 습식

(2) 추측식 : 오리피스식, 터빈식, 선근차식

68 정답 | ④

풀이 | 오르사트 가스분석기(흡수분석법) 흡수순서

① CO_2 : KOH 30% 용액

② O_2 : 알칼리성 피로갈롤 용액

③ CO : 암모니아성 염화제1동 용액

69 정답 | ①

풀이 | 반도체식 가스 누출검지법

산화철, 산화주석 등은 350℃ 전후에서 가연성 가스를 통과시키면 표면에 가연성 가스가 흡착되어 전기전도도가 상승하여 가스 누출이 검지된다.

70 정답 | 전항 정답

풀이 | SI 보조단위 : ①, ②, ③, ④

71 정답 | ④

풀이 | 가스크로마토그래피법

응답속도가 늦고 동일한 가스의 연속측정이 불가능하다(N_2, H_2, He, Ar 등 캐리어가스가 필요하다). 기타 특성은 ①, ②, ③항과 같다.

72 정답 | ③

풀이 | 일산화탄소(CO)의 흡수용액

암모니아성 염화제1동용액

73 정답 | ①

풀이 | ㉠ 상대습도 계산

$$\frac{\text{어느 온도에서 수증기분압}}{\text{어느 온도에서 포화증기의 수증기분압}} \times 100(\%)$$

㉡ 상대습도 0 : 공기 중 수증기(H_2O)가 존재하지 않는다.

74 정답 | ③

풀이 | 액면계는 구조가 간단하고 조작이 용이해야 한다.

75 정답 | ①

풀이 | ㉠ 피크노미터 : 유체의 밀도(kg/m^3) 측정기구

㉡ 오리피스미터, 벤투리미터 : 차압식 유량계

㉢ 피토관 : 유속식 유량계(속도 측정)

76 정답 | ④

풀이 | ① 가스크로마토그래피 중 페이퍼 크로마토그래피 및 컬럼 크로마토그래피는 시료가 용액이다.

② 가스크로마토그래피 검출기 : 열전도도 검출기(TCD), 불꽃이온화검출기(FID), 전자포획형 검출기(ECD), 불꽃광도검출기(FPD), 불꽃열이온화 검출기(FTD) 등이 있다.

77 정답 | ①

풀이 | ㉠ D동작 : 진동 억제 효과

㉡ P동작 : 비례동작

㉢ I동작 : 잔류편차 제거

78 정답 | ④

풀이 | 교정

계량, 계측기의 지시값을 참값과 일치하도록 수정하는 것이다.

79 정답 | ②

풀이 | 습식 가스미터

정도가 우수하여 실험실용 기준기로 사용하는 가스미터이다.

㉠ 사용 중 기차의 변동이 거의 없다.

㉡ 사용 중 수위조정 등의 관리가 필요하다.

㉢ 설치 스페이스가 크다.

80 정답 | ①

풀이 | ㉠ 액주를 이용한 진공계 : 매클라우드 수은 진공계

㉡ 방전전리 현상을 이용한 진공계 : 전리 진공계

05회 실전점검! CBT 실전모의고사

수험번호 :
수험자명 :

제한 시간 : 2시간
남은 시간 :

글자 크기 100% 150% 200% 화면 배치 전체 문제 수 : 안 푼 문제 수 :

답안 표기란

1	①	②	③	④
2	①	②	③	④
3	①	②	③	④
4	①	②	③	④
5	①	②	③	④
6	①	②	③	④
7	①	②	③	④
8	①	②	③	④
9	①	②	③	④
10	①	②	③	④
11	①	②	③	④
12	①	②	③	④
13	①	②	③	④
14	①	②	③	④
15	①	②	③	④
16	①	②	③	④
17	①	②	③	④
18	①	②	③	④
19	①	②	③	④
20	①	②	③	④
21	①	②	③	④
22	①	②	③	④
23	①	②	③	④
24	①	②	③	④
25	①	②	③	④
26	①	②	③	④
27	①	②	③	④
28	①	②	③	④
29	①	②	③	④
30	①	②	③	④

1과목 연소공학

01 등심연소 시 화염의 길이에 대하여 옳게 설명한 것은?

① 공기온도가 높을수록 길어진다.
② 공기온도가 낮을수록 길어진다.
③ 공기유속이 높을수록 길어진다.
④ 공기유속 및 공기온도가 낮을수록 길어진다.

02 연료와 공기를 인접한 2개의 분출구에서 각각 분출시켜 양자의 계면에서 연소를 일으키는 형태는?

① 분무연소 ② 확산연소
③ 액면연소 ④ 예혼합연소

03 연소속도 지배인자로만 바르게 나열한 것은?

① 산소와의 혼합비, 산소농도, 반응계 온도
② 웨버지수, 기체상수, 밀도계수
③ 착화에너지, 기체상수, 밀도계수
④ 발열반응, 웨버지수, 기체상수

04 폭굉을 일으킬 수 있는 기체가 파이프 내에 있을 때 폭굉 방지 및 방호에 대한 설명으로 옳지 않은 것은?

① 파이프의 지름대 길이의 비는 가급적 작도록 한다.
② 파이프 라인에 오리피스 같은 장애물이 없도록 한다.
③ 파이프 라인에 장애물이 있는 곳은 가급적이면 축소한다.
④ 공정 라인에서 회전이 가능하면 가급적 완만한 회전을 이루도록 한다.

계산기 다음 ▶ 안 푼 문제 답안 제출

05 폭발한계(폭발범위)에 영향을 주는 요인으로 가장 거리가 먼 것은?

① 온도 ② 압력
③ 산소량 ④ 발화지연시간

06 산소가 20℃, $5m^3$의 탱크 속에 들어 있다. 이 탱크의 압력이 $10kgf/cm^2$이라면 산소의 질량은 약 몇 kg인가?(단, 기체상수 R은 848kg · m/kmol · K이다.)

① 0.65 ② 1.6
③ 55 ④ 65

07 고체연료의 탄화도가 높은 경우 발생하는 현상이 아닌 것은?

① 휘발분이 감소한다. ② 수분이 감소한다.
③ 연소속도가 빨라진다. ④ 착화온도가 높아진다.

08 1kg의 공기를 20℃, $1kfg/cm^2$인 상태에서 일정 압력으로 가열팽창시켜 부피를 처음의 5배로 하려고 한다. 이때 필요한 온도 상승은 약 몇 ℃인가?

① 1,172 ② 1,292
③ 1,465 ④ 1,561

09 화염의 색에 따른 불꽃의 온도가 낮은 것에서 높은 것의 순서로 바르게 나타낸 것은?

① 암적색 → 황적색 → 적색 → 백적색 → 휘백색
② 암적색 → 적색 → 백적색 → 황적색 → 휘백색
③ 암적색 → 백적색 → 적색 → 황적색 → 휘백색
④ 암적색 → 적색 → 황적색 → 백적색 → 휘백색

1	①	②	③	④
2	①	②	③	④
3	①	②	③	④
4	①	②	③	④
5	①	②	③	④
6	①	②	③	④
7	①	②	③	④
8	①	②	③	④
9	①	②	③	④
10	①	②	③	④
11	①	②	③	④
12	①	②	③	④
13	①	②	③	④
14	①	②	③	④
15	①	②	③	④
16	①	②	③	④
17	①	②	③	④
18	①	②	③	④
19	①	②	③	④
20	①	②	③	④
21	①	②	③	④
22	①	②	③	④
23	①	②	③	④
24	①	②	③	④
25	①	②	③	④
26	①	②	③	④
27	①	②	③	④
28	①	②	③	④
29	①	②	③	④
30	①	②	③	④

10 용기 내부에서 폭발성 혼합가스의 폭발이 일어날 경우에 용기가 폭발압력에 견디고 외부의 폭발성 분위기에 불꽃이 전파되는 것을 방지하도록 한 방폭구조는?

① 압력방폭구조 ② 내압방폭구조
③ 유입방폭구조 ④ 안전증방폭구조

11 가연성 가스의 폭발범위에 대한 설명으로 옳은 것은?

① 폭굉에 의한 폭풍이 전달되는 범위를 말한다.
② 폭굉에 의하여 피해를 받는 범위를 말한다.
③ 공기 중에서 가연성 가스가 연소할 수 있는 가연성 가스의 농도범위를 말한다.
④ 가연성 가스와 공기의 혼합기체가 연소하는 데 있어서 혼합기체의 필요한 압력범위를 말한다.

12 다음 가스 중 비중이 가장 큰 것은?

① 메탄 ② 프로판
③ 염소 ④ 이산화탄소

13 다음 가스가 같은 조건에서 같은 질량이 연소할 때 발열량(kcal/kg)이 가장 높은 것은?

① 수소 ② 메탄
③ 프로판 ④ 아세틸렌

14 다음 중 시강특성에 해당하지 않는 것은?

① 부피 ② 온도
③ 압력 ④ 몰분율

번호				
1	①	②	③	④
2	①	②	③	④
3	①	②	③	④
4	①	②	③	④
5	①	②	③	④
6	①	②	③	④
7	①	②	③	④
8	①	②	③	④
9	①	②	③	④
10	①	②	③	④
11	①	②	③	④
12	①	②	③	④
13	①	②	③	④
14	①	②	③	④
15	①	②	③	④
16	①	②	③	④
17	①	②	③	④
18	①	②	③	④
19	①	②	③	④
20	①	②	③	④
21	①	②	③	④
22	①	②	③	④
23	①	②	③	④
24	①	②	③	④
25	①	②	③	④
26	①	②	③	④
27	①	②	③	④
28	①	②	③	④
29	①	②	③	④
30	①	②	③	④

05회 실전점검! CBT 실전모의고사

수험번호 :
수험자명 :

제한 시간 : 2시간
남은 시간 :

글자 크기 100% 150% 200% 화면 배치

전체 문제 수 :
안 푼 문제 수 :

답안 표기란

15 가연성 물질의 인화 특성에 대한 설명으로 틀린 것은?

① 증기압을 높게 하면 인화위험이 커진다.
② 연소범위가 넓을수록 인화위험이 커진다.
③ 비점이 낮을수록 인화위험이 커진다.
④ 최소점화에너지가 높을수록 인화위험이 커진다.

16 공업적으로 액체연료 연소에 가장 효율적인 연소방법은?

① 액적연소 ② 표면연소
③ 분해연소 ④ 분무연소

17 다음 반응 중 화학폭발의 원인과 관련이 가장 먼 것은?

① 압력폭발 ② 중합폭발
③ 분해폭발 ④ 산화폭발

18 76mmHg, 23℃에서 수증기 100m^3의 질량은 얼마인가?(단, 수증기는 이상기체 거동을 한다고 가정한다.)

① 0.74kg ② 7.4kg
③ 74kg ④ 740kg

19 상용의 상태에서 가연성 가스가 체류해 위험하게 될 우려가 있는 장소를 무엇이라 하는가?

① 0종 장소 ② 1종 장소
③ 2종 장소 ④ 3종 장소

20 다음 중 폭굉유도거리(DID)가 짧아지는 요인은?

① 압력이 낮을수록
② 관의 직경이 작을수록
③ 점화원의 에너지가 작을수록
④ 정상 연소속도가 느린 혼합가스일수록

1	①	②	③	④
2	①	②	③	④
3	①	②	③	④
4	①	②	③	④
5	①	②	③	④
6	①	②	③	④
7	①	②	③	④
8	①	②	③	④
9	①	②	③	④
10	①	②	③	④
11	①	②	③	④
12	①	②	③	④
13	①	②	③	④
14	①	②	③	④
15	①	②	③	④
16	①	②	③	④
17	①	②	③	④
18	①	②	③	④
19	①	②	③	④
20	①	②	③	④
21	①	②	③	④
22	①	②	③	④
23	①	②	③	④
24	①	②	③	④
25	①	②	③	④
26	①	②	③	④
27	①	②	③	④
28	①	②	③	④
29	①	②	③	④
30	①	②	③	④

계산기 다음 ▶ 안 푼 문제 답안 제출

05회 실전점검! CBT 실전모의고사

수험번호 :
수험자명 :

제한 시간 : 2시간
남은 시간 :

글자 크기 100% 150% 200% 화면 배치 전체 문제 수 : 안 푼 문제 수 :

답안 표기란

1	①	②	③	④
2	①	②	③	④
3	①	②	③	④
4	①	②	③	④
5	①	②	③	④
6	①	②	③	④
7	①	②	③	④
8	①	②	③	④
9	①	②	③	④
10	①	②	③	④
11	①	②	③	④
12	①	②	③	④
13	①	②	③	④
14	①	②	③	④
15	①	②	③	④
16	①	②	③	④
17	①	②	③	④
18	①	②	③	④
19	①	②	③	④
20	①	②	③	④
21	①	②	③	④
22	①	②	③	④
23	①	②	③	④
24	①	②	③	④
25	①	②	③	④
26	①	②	③	④
27	①	②	③	④
28	①	②	③	④
29	①	②	③	④
30	①	②	③	④

2과목 가스설비

21 왕복동식 압축기의 특징에 대한 설명으로 틀린 것은?

① 압축효율이 높다.
② 용량조절이 쉽다.
③ 설치면적이 크다.
④ 저압용으로 적합하다.

22 단면적이 300mm^{2}인 봉을 매달고 600kg의 추를 그 자유단에 달았더니 이 봉에 생긴 응력은 재료의 허용인장응력에 도달하였다. 이 봉의 인장강도가 400kg/cm^{2}이라면 안전율은 얼마인가?

① 1
② 2
③ 3
④ 4

23 보일러, 난방기, 가스레인지 등에 사용되는 과열방지장치의 검지부방식에 해당되지 않는 것은?

① 바이메탈식
② 액체팽창식
③ 퓨즈메탈식
④ 전극식

24 기화기에 의해 기화된 LPG에 공기를 혼합하는 목적으로 가장 거리가 먼 것은?

① 발열량 조절
② 재액화 방지
③ 압력 조절
④ 연소효율 증대

25 정압기의 유량특성에서 메인밸브의 열림(스트로크리프트)과 유량의 관계를 말하는 유량특성에 해당되지 않는 것은?

① 직선형
② 2차형
③ 3차형
④ 평방근형

계산기 다음 ▶ 안 푼 문제 답안 제출

26 볼탱크에 저장된 액화프로판(C_3H_8)을 시간당 50kg씩 기체로 공급하려고 증발기에 전열기를 설치했을 때 필요한 전열기의 용량은 몇 kW인가?(단, 프로판의 증발열은 3,740cal/gmol, 온도 변화는 무시하고, 1cal는 1.163×10^{-6}kW이다.)

① 0.217 ② 2.17
③ 0.494 ④ 4.94

27 압축기에서 압축비가 커지면 발생하는 현상으로 틀린 것은?

① 소요동력이 증가한다. ② 실린더 내의 온도가 상승한다.
③ 토출가스의 양이 증가한다. ④ 체적효율이 저하한다.

28 나사펌프의 특징에 대한 설명으로 틀린 것은?

① 고점도액의 이송에 적합하다.
② 고압에 적합하다.
③ 흡입양정이 크고 소음이 적다.
④ 구조가 간단하고 청소, 분해가 용이하다.

29 갈바니 부식에 대한 설명으로 틀린 것은?

① 이종금속 접촉부식이라고도 한다.
② 전위가 낮은 금속표면에서 방식이 된다.
③ 전위가 낮은 금속표면에서 양극반응이 진행된다.
④ 두 종류의 금속이 접촉에 의해서 일어나는 부식이다.

30 압력조정기의 다이어프램에 사용하는 고무의 재료는 전체 배합성분 중 NBR의 성분의 함량이 몇 % 이상이어야 하는가?

① 50% ② 85%
③ 90% ④ 99%

1	①	②	③	④
2	①	②	③	④
3	①	②	③	④
4	①	②	③	④
5	①	②	③	④
6	①	②	③	④
7	①	②	③	④
8	①	②	③	④
9	①	②	③	④
10	①	②	③	④
11	①	②	③	④
12	①	②	③	④
13	①	②	③	④
14	①	②	③	④
15	①	②	③	④
16	①	②	③	④
17	①	②	③	④
18	①	②	③	④
19	①	②	③	④
20	①	②	③	④
21	①	②	③	④
22	①	②	③	④
23	①	②	③	④
24	①	②	③	④
25	①	②	③	④
26	①	②	③	④
27	①	②	③	④
28	①	②	③	④
29	①	②	③	④
30	①	②	③	④

계산기 다음 ▶ 안 푼 문제 답안 제출

31 **다음 중 터보형 펌프에 속하지 않는 것은?**

① 센트리퓨걸펌프 ② 사류펌프
③ 축류펌프 ④ 플런저펌프

32 **배관의 규격기호와 그 용도 및 사용조건에 대한 설명으로 틀린 것은?**

① SPPS는 350℃ 이하의 온도에서, 압력 9.8N/mm^2 이하에 사용한다.
② SPPH는 350℃ 이하의 온도에서, 압력 9.8N/mm^2 이하에 사용한다.
③ SPLT는 빙점 이하의 특히 낮은 온도의 배관에 사용한다.
④ SPPW는 정수두 100m 이하의 급수배관에 사용한다.

33 **다음 중 신축이음의 종류가 아닌 것은?**

① 루프형 ② 슬리브형
③ 스위블형 ④ 플랜지형

34 **탄소강에 각종 원소를 첨가하면 특수한 성질을 가진다. 다음 중 각 원소의 영향을 바르게 연결한 것은?**

① Ni－내마멸성 및 내식성 증가
② Cr－인성 및 저온충격저항 증가
③ Mo－고온에서 인장강도 및 경도 증가
④ Cu－전자기성 및 경화능력 증가

35 **도시가스 배관에 대한 설명으로 옳지 않은 것은?**

① 폭 8m 이상의 도로에는 1.2m 이상 매설한다.
② 배관 접합은 원칙적으로 용접에 의한다.
③ 지하매설 배관재료는 주철관으로 한다.
④ 지상배관의 표면 색상은 황색으로 한다.

번호				
31	①	②	③	④
32	①	②	③	④
33	①	②	③	④
34	①	②	③	④
35	①	②	③	④
36	①	②	③	④
37	①	②	③	④
38	①	②	③	④
39	①	②	③	④
40	①	②	③	④
41	①	②	③	④
42	①	②	③	④
43	①	②	③	④
44	①	②	③	④
45	①	②	③	④
46	①	②	③	④
47	①	②	③	④
48	①	②	③	④
49	①	②	③	④
50	①	②	③	④
51	①	②	③	④
52	①	②	③	④
53	①	②	③	④
54	①	②	③	④
55	①	②	③	④
56	①	②	③	④
57	①	②	③	④
58	①	②	③	④
59	①	②	③	④
60	①	②	③	④

36 레이놀즈(Reynolds)식 정압기의 특징인 것은?

① 로딩형이다.
② 콤팩트하다.
③ 정특성, 동특성이 양호하다.
④ 정특성은 극히 좋으나 안정성이 부족하다.

37 국내에서 주로 사용되는 저장탱크에서 초저온의 LNG와 직접 접촉하는 내부 바닥 및 벽체에 주로 사용되는 재료는?

① 멤브레인　② 합금주철
③ 탄소강　④ 알루미늄

38 20℃, 120atm의 산소 100kg이 들어 있는 용기의 내용적은 약 몇 m^3인가?(단, 산소의 가스정수는 26.5로 한다.)

① 0.34　② 0.52
③ 0.63　④ 0.77

39 직경이 각각 4m와 8m인 2개의 액화석유가스 저장탱크가 인접해 있을 경우 두 저장 탱크 간에 유지하여야 할 거리는 몇 m 이상인가?

① 1m　② 2m
③ 3m　④ 4m

40 공기액화 분리장치에서 탄산가스를 제거하기 위한 물질은?

① 실리카겔　② 염화칼슘
③ 활성알루미나　④ 수산화나트륨

번호				
31	①	②	③	④
32	①	②	③	④
33	①	②	③	④
34	①	②	③	④
35	①	②	③	④
36	①	②	③	④
37	①	②	③	④
38	①	②	③	④
39	①	②	③	④
40	①	②	③	④
41	①	②	③	④
42	①	②	③	④
43	①	②	③	④
44	①	②	③	④
45	①	②	③	④
46	①	②	③	④
47	①	②	③	④
48	①	②	③	④
49	①	②	③	④
50	①	②	③	④
51	①	②	③	④
52	①	②	③	④
53	①	②	③	④
54	①	②	③	④
55	①	②	③	④
56	①	②	③	④
57	①	②	③	④
58	①	②	③	④
59	①	②	③	④
60	①	②	③	④

05회 실전점검! CBT 실전모의고사

수험번호 :
수험자명 :

제한 시간 : 2시간
남은 시간 :

글자 크기 100% 150% 200% 화면 배치 전체 문제 수 : 안 푼 문제 수 :

3과목 가스안전관리

41 가연성 가스 저온저장탱크가 압력에 의해 파괴되는 것을 방지하기 위한 부압파괴방지설비가 아닌 것은?

① 진공안전밸브
② 다른 저장탱크 또는 시설로부터의 가스도입배관
③ 압력과 연동하는 긴급차단장치를 설치한 냉동제어설비
④ 압력과 연동하는 역류방지장치를 설치한 송기설비

42 액화석유가스의 저장설비와 화기취급장소 사이에는 몇 m 이상의 우회거리를 유지하여야 하는가?

① 3m ② 5m
③ 8m ④ 10m

43 압축가스 $10m^3$가 충전된 용기를 차량에 적재하여 운반할 때 비치하여야 할 소화설비의 기준으로 옳은 것은?

① 분말소화제 B−2 이상
② 분말소화제 B−3 이상
③ 분말소화제 BC용
④ 분말소화제 ABC

44 프로판가스의 폭굉범위(vol%)값에 가장 가까운 것은?

① 2.2~9.5 ② 2.7~36
③ 3.2~37 ④ 4.0~75

답안 표기란

번호				
31	①	②	③	④
32	①	②	③	④
33	①	②	③	④
34	①	②	③	④
35	①	②	③	④
36	①	②	③	④
37	①	②	③	④
38	①	②	③	④
39	①	②	③	④
40	①	②	③	④
41	①	②	③	④
42	①	②	③	④
43	①	②	③	④
44	①	②	③	④
45	①	②	③	④
46	①	②	③	④
47	①	②	③	④
48	①	②	③	④
49	①	②	③	④
50	①	②	③	④
51	①	②	③	④
52	①	②	③	④
53	①	②	③	④
54	①	②	③	④
55	①	②	③	④
56	①	②	③	④
57	①	②	③	④
58	①	②	③	④
59	①	②	③	④
60	①	②	③	④

계산기 다음 ▶ 안 푼 문제 답안 제출

45 **도시가스배관을 지하에 설치 시 되메움 재료는 3단계로 구분하여 포설한다. 이때 "침상재료"라 함은?**

① 배관침하를 방지하기 위해 배관하부에 포설하는 재료
② 배관에 작용하는 하중을 분산시켜 주고 도로의 침하를 방지하기 위해 포설하는 재료
③ 배관기초에서부터 노면까지 포설하는 배관주위 모든 재료
④ 배관에 작용하는 하중을 수직방향 및 횡방향에서 지지하고 하중을 기초 아래로 분산하기 위한 재료

46 **다음 중 LPG 용기 밸브 안전장치로서 가장 널리 사용되고 있는 형식은?**

① 파열판식
② 스프링식
③ 중추식
④ 완전수동식

47 **고압가스 충전용기의 운반기준 중 틀린 것은?**

① 운반 중의 충전용기는 항상 40℃ 이하로 유지하여야 한다.
② 독성 가스 탱크의 내용적은 1만 2천 L를 초과하지 않아야 한다.
③ 염소와 아세틸렌은 동일 차량에 적재하여 운반할 수 있다.
④ 가연성 가스와 산소를 동일 차량에 적재하여 운반할 때는 그 충전용기의 밸브가 서로 마주보지 아니하도록 적재한다.

48 **염소가스 취급에 대한 설명 중 옳지 않은 것은?**

① 독성이 강하여 흡입하면 호흡기가 상한다.
② 재해제로는 소석회 등이 사용된다.
③ 염소압축기의 윤활유는 진한황산이 사용된다.
④ 산소와는 염소폭명기를 일으키므로 동일 차량에 적재를 금한다.

49 고압가스용기(공업용)의 외면에 도색하는 가스 종류별 색상이 바르게 짝지어진 것은?

① 액화석유가스 – 회색
② 수소 – 백색
③ 액화염소 – 황
④ 아세틸렌 – 회색

50 수소의 확산속도는 동일 조건에서 산소의 확산속도에 비하여 몇 배 빠른가?

① 2배
② 4배
③ 8배
④ 16배

51 이동식 부탄연소기와 관련된 사고가 액화석유가스 사고의 약 10% 수준으로 발생하고 있다. 이를 예방하기 위한 방법으로 잘못된 것은?

① 연소기에 접합용기를 정확히 장착한 후 사용한다.
② 과대한 조리기구를 사용하지 않는다.
③ 잔가스 사용을 위해 용기를 가열하지 않는다.
④ 사용한 접합용기는 파손되지 않도록 조치한 후 버린다.

52 차량에 고정된 탱크 운행 시 반드시 휴대하지 않아도 되는 서류는?

① 고압가스 이동계획서
② 탱크 내압시험 성적서
③ 차량등록증
④ 탱크용량 환산표

53 각 저장탱크의 저장능력이 20톤인 암모니아 저장탱크 2기를 지하에 인접하여 매설할 경우 상호 간에 몇 m 이상의 이격거리를 유지하여야 하는가?

① 0.3m
② 0.6m
③ 1m
④ 1.2m

번호				
31	①	②	③	④
32	①	②	③	④
33	①	②	③	④
34	①	②	③	④
35	①	②	③	④
36	①	②	③	④
37	①	②	③	④
38	①	②	③	④
39	①	②	③	④
40	①	②	③	④
41	①	②	③	④
42	①	②	③	④
43	①	②	③	④
44	①	②	③	④
45	①	②	③	④
46	①	②	③	④
47	①	②	③	④
48	①	②	③	④
49	①	②	③	④
50	①	②	③	④
51	①	②	③	④
52	①	②	③	④
53	①	②	③	④
54	①	②	③	④
55	①	②	③	④
56	①	②	③	④
57	①	②	③	④
58	①	②	③	④
59	①	②	③	④
60	①	②	③	④

54 독성인 액화가스 저장탱크 주위에는 합산 저장능력이 몇 톤 이상일 경우 방류둑을 설치하여야 하는가?

① 2 ② 3
③ 5 ④ 10

55 내용적이 10,000L인 액화산소 저장탱크의 저장능력은?(단, 액화산소의 비중은 1.04이다.)

① 6,225kg ② 9,360kg
③ 9,615kg ④ 10,400kg

56 액화석유가스 저장탱크에 가스를 충전할 때 액체부피가 내용적의 90%를 넘지 않도록 규제하는 가장 큰 이유는?

① 액체팽창으로 인한 압력상승을 방지하기 위하여
② 온도상승으로 인한 탱크의 취약방지를 위하여
③ 등적팽창으로 인한 온도상승 방지를 위하여
④ 탱크 내부의 부압(Negative Pressure)발생 방지를 위하여

57 용기 내부에서 가연성 가스의 폭발이 발생할 경우 그 용기가 폭발압력에 견디고 접합면, 개구부 등을 통하여 외부의 가연성 가스에 인화되지 아니하도록 한 구조는?

① 내압방폭구조 ② 유입방폭구조
③ 압력방폭구조 ④ 특수방폭구조

58 다음 독성 가스 중 허용농도가 가장 낮은 가스는?

① 암모니아 ② 염소
③ 산화에틸렌 ④ 포스겐

31	①	②	③	④
32	①	②	③	④
33	①	②	③	④
34	①	②	③	④
35	①	②	③	④
36	①	②	③	④
37	①	②	③	④
38	①	②	③	④
39	①	②	③	④
40	①	②	③	④
41	①	②	③	④
42	①	②	③	④
43	①	②	③	④
44	①	②	③	④
45	①	②	③	④
46	①	②	③	④
47	①	②	③	④
48	①	②	③	④
49	①	②	③	④
50	①	②	③	④
51	①	②	③	④
52	①	②	③	④
53	①	②	③	④
54	①	②	③	④
55	①	②	③	④
56	①	②	③	④
57	①	②	③	④
58	①	②	③	④
59	①	②	③	④
60	①	②	③	④

수험번호 :
수험자명 :

제한 시간 : 2시간
남은 시간 :

글자 크기 100% 150% 200% 화면 배치 전체 문제 수 : 안 푼 문제 수 :

59 다음의 액화가스를 이음매 없는 용기에 충전할 경우 그 용기에 대하여 음향검사를 실시하고 음향이 불량한 용기는 내부조명검사를 하지 않아도 되는 것은?

① 액화프로판 ② 액화암모니아
③ 액화탄산가스 ④ 액화염소

60 메탄 70%, 에탄 20%, 프로판 10%로 구성된 혼합가스의 공기 중 폭발하한계(v%) 값은?(단, 각 성분의 폭발하한계는 메탄 5.0, 에탄 3.0, 프로판 2.1이다.)

① 3.5 ② 3.9
③ 4.5 ④ 4.9

답안 표기란

31	①	②	③	④
32	①	②	③	④
33	①	②	③	④
34	①	②	③	④
35	①	②	③	④
36	①	②	③	④
37	①	②	③	④
38	①	②	③	④
39	①	②	③	④
40	①	②	③	④
41	①	②	③	④
42	①	②	③	④
43	①	②	③	④
44	①	②	③	④
45	①	②	③	④
46	①	②	③	④
47	①	②	③	④
48	①	②	③	④
49	①	②	③	④
50	①	②	③	④
51	①	②	③	④
52	①	②	③	④
53	①	②	③	④
54	①	②	③	④
55	①	②	③	④
56	①	②	③	④
57	①	②	③	④
58	①	②	③	④
59	①	②	③	④
60	①	②	③	④

계산기 다음 ▶ 안 푼 문제 답안 제출

05회 실전점검! CBT 실전모의고사

수험번호 :
수험자명 :

제한 시간 : 2시간
남은 시간 :

글자 크기  100%  150% 200%

화면 배치 

전체 문제 수 :
안 푼 문제 수 :

4과목 가스계측기기

61 차압식 유량계로 가압을 취출하는 방법 중 다음 그림과 같은 구조인 것은?

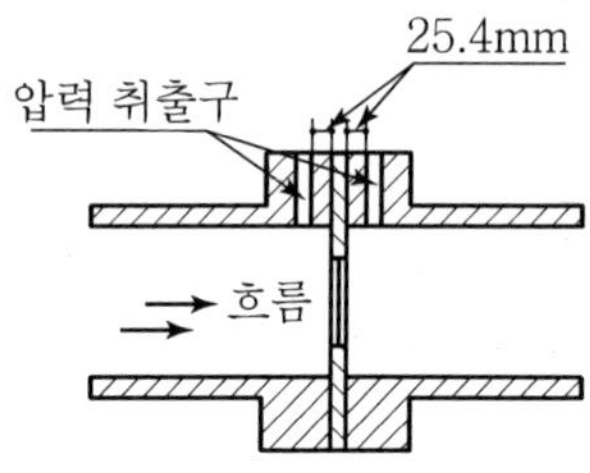

① 코너탭 ② 축류탭
③ $D \cdot \frac{D}{2}$ 탭 ④ 플랜지탭

62 목표치가 미리 정해진 시간적 순서에 따라 변할 경우의 추치제어방법의 하나로서 가스크로마토그래피의 온도제어 등에 사용되는 제어방법은?

① 정격치제어 ② 비율제어
③ 수동제어 ④ 프로그램제어

63 액면상에 부자(浮子)의 변위가 여러 가지 기구에 의해 지침이 변동되는 것을 이용하여 액면을 측정하는 방식은?

① 플로트식 액면계 ② 차압식 액면계
③ 정전용량식 액면계 ④ 퍼지식 액면계

64 가스 누출 시 사용하는 시험지의 변색현상이 옳게 연결된 것은?

① C_2H_2 : 염화제1동 착염지 → 적색
② H_2S : 전분지 → 청색
③ CO : 염화파라듐지 → 적색
④ HCN : 하리슨씨 시약 → 황색

답안 표기란

번호				
61	①	②	③	④
62	①	②	③	④
63	①	②	③	④
64	①	②	③	④
65	①	②	③	④
66	①	②	③	④
67	①	②	③	④
68	①	②	③	④
69	①	②	③	④
70	①	②	③	④
71	①	②	③	④
72	①	②	③	④
73	①	②	③	④
74	①	②	③	④
75	①	②	③	④
76	①	②	③	④
77	①	②	③	④
78	①	②	③	④
79	①	②	③	④
80	①	②	③	④

계산기 다음 ▶ 안 푼 문제 답안 제출

65 분별연소법 중 파라듐관 연소분석법에서 촉매로 사용되지 않는 것은?

① 구리 ② 파라듐흑연
③ 백금 ④ 실리카겔

66 가스분석법 중 흡수분석법에 속하는 것은?

① 폭발법 ② 적정법
③ 흡광광도법 ④ 게겔법

67 감도에 대한 설명으로 옳지 않은 것은?

① 측정량의 변화에 민감한 정도를 나타낸다.
② 지시량 변화, 측정량 변화로 나타낸다.
③ 감도의 표시는 지시계의 감도와 눈금너비로 표시한다.
④ 감도가 좋으면 측정시간은 짧아지고 측정범위는 좁아진다.

68 가스미터의 종류 중 실측식에 해당되지 않는 것은?

① 터빈식 ② 건식
③ 습식 ④ 회전자식

69 액주식 압력계에 사용되는 액주의 구비조건으로 옳지 않은 것은?

① 점도가 낮을 것 ② 혼합성분일 것
③ 밀도변화가 적을 것 ④ 모세관현상이 적을 것

70 건습구 습도계의 특징에 대한 설명으로 틀린 것은?

① 구조가 간단하다. ② 통풍상태에 따라 오차가 발생한다.
③ 원격측정, 자동기록이 가능하다. ④ 물이 필요 없다.

71 황화합물과 인화합물에 대하여 선택성이 높은 검출기는?

① 불꽃이온 검출기(FTD) ② 열전도도 검출기(TCD)
③ 전자포획 검출기(ECD) ④ 염광광도 검출기(FPD)

72 와류유량계(Vortex Flow Meter)에 대한 설명으로 옳지 않은 것은?

① 액체, 가스, 증기 모두 측정 가능한 범용형 유량계이지만, 증기 유량계측에 주로 사용되고 있다.
② 계장 Cost까지 포함해서 Total Cost가 타 유량계와 비교해서 높다.
③ Orifice 유량계 등과 비교 시 높은 점도를 가지고 있다.
④ 압력손실이 적다.

73 막식 가스미터에서 미터지침의 시도(示度)에 변화가 나타나지 않는 과정으로서 계량막 밸브와 밸브 시트의 틈 사이 패킹부 등의 누출로 인하여 발생하는 고장은?

① 불통 ② 부동
③ 기차 불량 ④ 감도 불량

74 니켈 저항 측온체의 측정온도 범위는?

① −200～500℃ ② −100～300℃
③ 0～120℃ ④ −50～150℃

75 헴펠(Hempel)법에 의한 가스분석 시 성분 분석의 순서는?

① 일산화탄소 → 이산화탄소 → 탄화수소 → 산소
② 일산화탄소 → 산소 → 이산화탄소 → 탄화수소
③ 이산화탄소 → 탄화수소 → 산소 → 일산화탄소
④ 이산화탄소 → 산소 → 일산화탄소 → 탄화수소

번호				
61	①	②	③	④
62	①	②	③	④
63	①	②	③	④
64	①	②	③	④
65	①	②	③	④
66	①	②	③	④
67	①	②	③	④
68	①	②	③	④
69	①	②	③	④
70	①	②	③	④
71	①	②	③	④
72	①	②	③	④
73	①	②	③	④
74	①	②	③	④
75	①	②	③	④
76	①	②	③	④
77	①	②	③	④
78	①	②	③	④
79	①	②	③	④
80	①	②	③	④

05회 실전점검! CBT 실전모의고사

수험번호 :
수험자명 :

제한 시간 : 2시간
남은 시간 :

글자 크기 100% 150% 200% 화면 배치 전체 문제 수 : 안 푼 문제 수 :

76 기체 크로마토그래피(Gas Chromatography)의 특징에 해당하지 않는 것은?

① 연속분석이 가능하다.
② 여러 가지 가스 성분이 섞여 있는 시료가스 분석에 적당하다.
③ 분리능력과 선택성이 우수하다.
④ 적외선 가스분석계에 비해 응답속도가 느리다.

77 다음 단위 중 유량의 단위가 아닌 것은?

① m^3/s
② ft^3/h
③ L/s
④ m^2/min

78 용적식(容積式) 유량계에 해당하는 것은?

① 오리피스식
② 루트식
③ 벤투리식
④ 피토관식

79 다음 중 계측기기의 측정방법이 아닌 것은?

① 편위법
② 영위법
③ 대칭법
④ 보상법

80 기준 가스미터의 지시량이 $380m^3/h$이고 시험대상인 가스미터의 유량이 $400m^3/h$이라면 이 가스미터의 오차율은 얼마인가?

① 4.0%
② 4.2%
③ 5.0%
④ 5.2%

답안 표기란

번호	①	②	③	④
61	①	②	③	④
62	①	②	③	④
63	①	②	③	④
64	①	②	③	④
65	①	②	③	④
66	①	②	③	④
67	①	②	③	④
68	①	②	③	④
69	①	②	③	④
70	①	②	③	④
71	①	②	③	④
72	①	②	③	④
73	①	②	③	④
74	①	②	③	④
75	①	②	③	④
76	①	②	③	④
77	①	②	③	④
78	①	②	③	④
79	①	②	③	④
80	①	②	③	④

계산기 다음 ▶ 안 푼 문제 답안 제출

CBT 정답 및 해설

01	02	03	04	05	06	07	08	09	10
①	②	①	③	④	④	③	①	④	②
11	12	13	14	15	16	17	18	19	20
③	③	①	①	④	④	①	②	②	②
21	22	23	24	25	26	27	28	29	30
④	②	④	③	③	④	③	③	②	①
31	32	33	34	35	36	37	38	39	40
④	②	④	③	③	④	①	③	③	④
41	42	43	44	45	46	47	48	49	50
④	③	②	③	④	②	③	④	①	②
51	52	53	54	55	56	57	58	59	60
④	②	③	③	②	①	①	④	①	②
61	62	63	64	65	66	67	68	69	70
④	④	①	①	①	④	④	①	②	④
71	72	73	74	75	76	77	78	79	80
④	②	④	④	③	①	④	②	③	③

01 정답 | ①

풀이 | 등심연소에서 공기의 온도가 높으면 화염의 길이가 길어진다.

02 정답 | ②

풀이 | 기체연료 확산연소

연료와 공기의 분출구가 별개로 되어 있어서 양자의 계면에서 연소가 진행된다.

03 정답 | ①

풀이 | 연소속도 지배인자

㉠ 산소와의 혼합비
㉡ 산소농도
㉢ 반응계 온도

04 정답 | ③

풀이 | 파이프 라인에 장애물을 제거하면 폭굉(디토네이션)이 방지된다.

05 정답 | ④

풀이 | 폭발한계에 영향을 주는 인자

㉠ 온도
㉡ 압력
㉢ 산소요구량
㉣ 용기의 크기와 형태

06 정답 | ④

풀이 | 산소분자량(32),

$$\text{가스상수}=\frac{848}{32}=26.5\ \text{kg}\cdot\text{m/kg}$$

$$PV=GRT,\ G=\frac{PV}{RT}$$

$$\text{질량}(W)=\frac{(10\times10^4)\times5}{26.5\times(20+273)}=65\text{kg}$$

07 정답 | ③

풀이 | 고체연료에서 탄화도가 높으면 연소속도가 완만해진다.

08 정답 | ①

풀이 | $T_2=T_1\times\frac{V_2}{V_1}=(273+20)\times\frac{5}{1}=1,465\text{K}$

$1,465-273=1,192℃$

$\therefore\ 1,192-20=1,172℃$(온도상승)

09 정답 | ④

풀이 | ㉠ 암적색 : 600℃
㉡ 적색 : 800℃
㉢ 황적색 : 900℃ 정도
㉣ 백적색 : 900~1,000℃ 정도
㉤ 휘백색 : 2,000℃ 정도

10 정답 | ②

풀이 | 내압방폭구조

용기 내부 폭발성가스가 외부의 폭발성 분위기에 불꽃이 전파되는 것을 방지한다.

11 정답 | ③

풀이 | 가연성 가스 폭발범위

공기 중에서 가연성 가스가 연소하는 데 필요한 가스의 농도범위이다.

12 정답 | ③

풀이 | 분자량이 공기의 분자량(29)보다 크면 비중이 크다.

① 메탄 : 16
② 프로판 : 44
③ 염소 : 71
④ 이산화탄소 : 44

13 정답 | ①
풀이 | 중량당 가스발열량(kcal/kg)
① 수소 : 34,000
② 메탄 : 13,280
③ 프로판 : 11,940
④ 아세틸렌 : 13,650

14 정답 | ①
풀이 | 종량성 상태량
체적(부피), 내부에너지, 엔트로피

15 정답 | ④
풀이 | 최소점화에너지가 낮을수록 인화위험이 작아진다.

16 정답 | ④
풀이 | 액체연료 연소방법
① 심지연소(등심연소)
② 기화연소(경질유)
③ 분무연소(중질유연소로서 공업적으로 효율이 높다.)

17 정답 | ①
풀이 | 압력폭발
물리적 폭발

18 정답 | ②
풀이 | 수증기(H_2O 1kmol = 22.4m^3 = 18kg)

$$W = 100 \times \frac{273}{273+23} \times \frac{76}{760} = 9.22m^3$$

$$\therefore 9.22 \times \frac{18}{22.4} = 7.4kg$$

19 정답 | ②
풀이 | ㉠ 1종 장소 : 상용의 상태에서 가연성 가스가 체류하여 위험하게 될 우려가 있는 장소이다.
㉡ 0종 장소 : 상용의 상태에서 가연성 가스의 농도가 연속해서 폭발한계 이상으로 되는 장소이다.

20 정답 | ②
풀이 | 폭굉유도거리(DID)가 짧아지는 요인
㉠ 관속의 방해물이 존재하거나 관의 지름이 작을수록
㉡ 압력이 높고 점화원의 에너지가 강할수록
㉢정상 연소속도가 큰 혼합가스일수록

21 정답 | ④
풀이 | 왕복동식 압축기 : 고압용으로 사용된다.

22 정답 | ②
풀이 | $300mm^2 = 3cm^2$

$$\text{인장응력} = \frac{\text{인장하중}}{\text{단면적}},\ \text{안전율} = \frac{\text{인장강도}}{\text{허용응력}},$$

$$\text{허용응력} = \frac{600}{3} = 200kg/cm^2$$

$$\therefore \text{안전율} = \frac{400}{200} = 2$$

23 정답 | ④
풀이 | 과열방지장치 검지부방식
㉠ 바이메탈식
㉡ 퓨즈메탈식
㉢ 액체팽창식

24 정답 | ③
풀이 | LPG+공기혼합의 목적
㉠ 발열량 조절
㉡ 재액화 방지
㉢ 연소효율 증대

25 정답 | ③
풀이 | 정압기의 유량특성
주 메인밸브의 열림과 유량의 관계로서 직선형, 2차형, 평방근형이 있다.

26 정답 | ④
풀이 | $1cal = 1.163 \times 10^{-6}kW = 0.000001163kW$
$50 \times 1,000 = 50,000g$
프로판의 분자량 44g = 1몰(22.4L)

$$\therefore \frac{50,000}{44} \times 3,740 \times 0.000001163 = 4.94kW$$

27 정답 | ③
풀이 | 압축기의 압축비가 커지면 토출가스의 양이 감소하는 애로가 생긴다.

28 정답 | ③
풀이 | 스크루 나사펌프는 회전력을 이용하여 유체를 축방향으로 흐르게 하는 송출펌프이며 소음이 큰 편이다.

29 정답 | ②
풀이 | 갈바니부식(Galvanic Corrosion)
전해질 용액 속에 이종금속이 접촉하여 그들 사이에 전위차가 있을 때 발생하는 부식이다.

30 정답 | ①

풀이 | 다이어프램(Diaphragm)

㉠ 탄성이 있는 박막의 격판이다(천연고무, 합성고무, 금속판 등으로 만든다).

㉡ 고무의 재료는 압력조정기 다이어프램에서 합성고무(NBR) 성분함량이 50% 이상이어야 한다.

31 정답 | ④

풀이 | 왕복식 펌프 : 플런저펌프, 워싱턴펌프, 웨어펌프

32 정답 | ②

풀이 | SPPH

10MPa 이상(100kgf/cm^2 이상) 고압배관용 탄소강관이다(980N/cm^2 이상).

33 정답 | ④

풀이 | 신축이음 : 루프형(곡관형), 슬리브형, 스위블형

34 정답 | ③

풀이 | ㉠ Ni(니켈) : 인성 및 저온에서 충격치 증가

㉡ Cr(크롬) : 내식성, 내열성, 내마모성, 담금질성 증가

㉢ Cu(구리) : 대기 중에서 내산화성 증가

35 정답 | ③

풀이 | 주철관은 주로 수도배관용으로 사용된다.

36 정답 | ④

풀이 | 레이놀즈식 정압기(언로드형)는 크기가 크며 정특성이 좋다(안정성은 부족).

37 정답 | ①

풀이 | 저장탱크

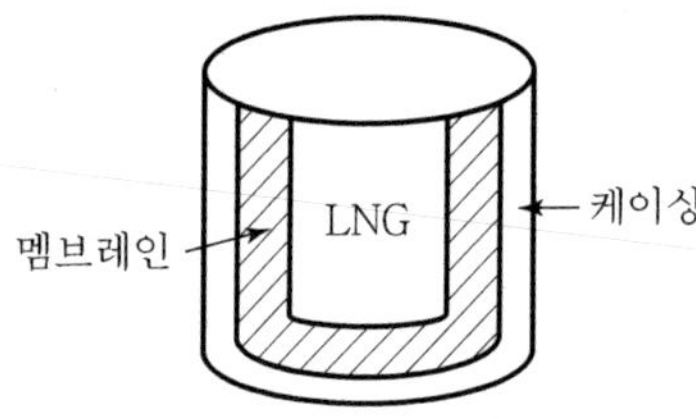

38 정답 | ③

풀이 | $PV=GRT,\ V=\dfrac{GRT}{P}$

$$\therefore\ V=\frac{100\times26.5\times(20+273)}{1.033\times120\times10^4}=0.63\text{m}^3$$

39 정답 | ③

풀이 | 이격거리 = 저장탱크 직경 $\times\dfrac{1}{4}$ 이상

$$\therefore\ L=(4+8)\times\frac{1}{4}=3\text{m 이상}$$

40 정답 | ④

풀이 | CO_2 : 저온장치에서 고체탄산(드라이 아이스 발생)

탄산가스 제거 = 2NaOH(수산화나트륨) + CO_2 → $Na_2CO_3+H_2O$

CO_2 분자량 44, CO_2 1g 제거 시 NaOH(가성소다) 1.8g 필요

※ NaOH(분자량 40), 2NaOH(80)

$\dfrac{80}{44}=1.8181\text{g/g}$

41 정답 | ④

풀이 | ④ 역류방지장치가 아닌 긴급차단장치를 설치한 송액설비이어야 한다.

42 정답 | ③

풀이 | 가연성 가스의 화기취급 우회거리 : 8m 이상

43 정답 | ②

풀이 | ㉠ 압축가스 100m^3 또는 액화가스 1,000kg 이상 소화설비(분말소화제 BC용, B−10 이상 또는 ABC용, B−12 이상)

㉡ 압축가스 15m^3 이하 또는 액화가스 150kg 이하 소화설비(분말소화제 능력 B−3 이상 1개 이상)

44 정답 | ③

풀이 | C_3H_8 가스 폭굉범위

㉠ 산소 중 : 2.5%~42.5%

㉡ 공기 중 : 3.2~37%

45 정답 | ④

풀이 | 도시가스배관 되메움 침상재료

배관에 작용하는 하중을 수직방향 및 횡방향에서 지지하고 하중을 기초 아래로 분산하기 위한 재료이다.

46 정답 | ②

풀이 | LPG 용기 안전밸브 : 스프링식 사용

47 정답 | ③

풀이 | 염소와 아세틸렌, 암모니아, 수소 가스는 동일 차량에 적재하여 운반하지 않는다.

48 정답 | ④

풀이 | 염소가스

㉠ 염소는 허용농도 1ppm의 독성 가스이다.

㉡ 연소제해제 : 가성소다수용액, 탄산소다수용액, 소석회 등

㉢ 염소폭명기 : $Cl_2 + H_2 \xrightarrow{\text{직사광선}} 2HCl + 44kcal$

49 정답 | ①

풀이 | ① 액화석유가스(LPG) : 회색

② 수소 : 주황색

③ 액화염소 : 갈색

④ 아세틸렌 : 황색

50 정답 | ②

풀이 | 기체의 확산속도(그레이엄의 법칙)

$$\frac{u_1}{u_2} = \sqrt{\frac{M_2}{M_1}} = \sqrt{\frac{d_2}{d_1}}$$

수소분자량 : 2, 산소분자량 : 32

$$\therefore \sqrt{\frac{2}{32}} = \sqrt{\frac{1}{16}} = \frac{1}{4} = 4 : 1$$

51 정답 | ④

풀이 | 이동식 부탄연소기는 사용한 후 반드시 파손하여 폐기처분한다.

52 정답 | ②

풀이 | ①, ③, ④항 외에 운전면허증, 차량운행일지, 고압가스 관련 자격증, 차량등록증 등을 휴대해야 하다.

53 정답 | ③

풀이 | 지하저장탱크는 인접한 경우 상호 간에 1m 이상의 이격거리가 필요하다.

54 정답 | ③

풀이 | 방류둑 기준

㉠ 산소 : 1천 톤 이상

㉡ 독성 가스 : 5톤 이상

55 정답 | ②

풀이 | 액화가스 저장능력(W)

$= 0.9dV_2 = 0.9 \times 1.04 \times 10{,}000 = 9{,}360kg$

56 정답 | ①

풀이 | 액화석유가스는 충전 후 온도가 상승하면 액의 팽창으로 압력이 상승하므로 90%를 넘지 않게 저장한다.

57 정답 | ①

풀이 | 내압방폭구조

개구부 등을 통하여 외부의 가연성 가스에 인화되지 않도록한 구조이다.

58 정답 | ④

풀이 | 독성 가스

(1) 독성 가스 종류

아크릴로니트릴, 아크릴알데히드, 아황산가스, 암모니아, 일산화탄소, 이황화탄소, 불소, 염소, 브롬화메탄, 염화메탄, 염화프렌, 산화에틸렌, 시안화수소, 황화수소, 모노메틸아민, 디메틸아민, 트리메틸아민, 벤젠, 포스겐, 요오드화수소, 브롬화수소, 염화수소, 불화수소, 겨자가스, 알진, 모노실란, 디실란, 디보레인, 세렌화수소, 포스핀, 모노게르만

(2) 독성 가스 허용농도

해당 가스를 성숙한 흰쥐 집단에게 대기 중에서 1시간 동안 계속하여 노출시킨 경우 14일 이내에 그 흰쥐의 2분의 1 이상이 죽게 되는 가스의 농도(허용농도 100만분의 5,000 이하)를 말한다.

㉠ LC_{50}에 의한 독성 가스 허용농도(단위 : ppm)

LC_{50} : Lethal Concentration 50, 50%의 치사농도

① 알진 : 20
② 포스겐 : 5
③ 불소 : 185
④ 인화수소 : 20
⑤ 염소 : 293
⑥ 불화수소 : 966
⑦ 염화수소 : 3,124
⑧ 아황산가스 : 2,520
⑨ 시안화수소 : 140
⑩ 황화수소 : 444
⑪ 브롬화메틸 : 850
⑫ 아크릴로니트릴 : 666
⑬ 일산화탄소 : 3,760
⑭ 산화에틸렌 : 2,900
⑮ 암모니아 : 7,338
⑯ 염화메탄 : 8,300
⑰ 실란 : 19,000
⑱ 삼불화질소 : 6,700

㉡ TLV−TWA 규정 독성 가스 허용농도(단위 : ppm)

① 알진(A_5H_3) : 0.05
② 니켈카르보닐 : 0.05
③ 디보레인(B_2H_6) : 0.1

④ 포스겐($COCl_2$) : 0.1
⑤ 브롬(Br_2) : 0.1
⑥ 불소(F_2) : 0.1
⑦ 오존(O_3) : 0.1
⑧ 인화수소(PH_3) : 0.3
⑨ 모노실란 : 0.5
⑩ 염소(Cl_2) : 1
⑪ 불화수소(HF) : 3
⑫ 염화수소(HCl) : 5
⑬ 아황산가스(SO_2) : 2
⑭ 브롬알데히드 : 5
⑮ 염화비닐(C_2H_3Cl) : 5
⑯ 시안화수소(HCN) : 10
⑰ 황화수소(H_2S) : 10
⑱ 메틸아민(CH_3NH_2) : 10
⑲ 디메틸아민(CH_3)2NH : 10
⑳ 에틸아민 : 10
㉑ 벤젠(C_6H_6) : 10
㉒ 트리메틸아민(CH_3)3N : 10
㉓ 브롬화메틸(CH_3Br) : 20
㉔ 이황화탄소(CS_2) : 20
㉕ 아클릴로니트릴(CH2CHCN) : 20
㉖ 암모니아(NH_3) : 25
㉗ 산화질소(NO) : 25
㉘ 일산화탄소(CO) : 50
㉙ 산화에틸렌(C_2H_4O) : 50
㉚ 염화메탄(CH_3Cl) : 50
㉛ 아세트알데히드 : 200
㉜ 이산화탄소(CO_2) : 5,000

59 정답 | ①
풀이 | 액화프로판(C_3H_8)가스는 액화가스이므로 이음매 있는 용접용기에 저장하나 이음매 없는 용기에 충전할 경우 음향검사 시 음향이 불량한 용기의 경우 내부조명검사는 생략된다.

60 정답 | ②
풀이 |
$$\frac{100}{L}=\frac{100}{\frac{V_1}{L_1}+\frac{V_2}{L_2}+\frac{V_3}{L_3}}$$
$$=\frac{100}{\frac{70}{5.0}+\frac{20}{3.0}+\frac{10}{2.1}}=3.9\%$$

61 정답 | ④
풀이 | 차압식 유량계에서 나타난 탭 : 플랜지탭

62 정답 | ④
풀이 | 프로그램제어
목표치가 미리 정해진 시간적 순서에 따라 변할 경우의 추치제어방법이다.

63 정답 | ①
풀이 | 플로트식 액면계
액면상에 부자의 변위가 여러 가지 기구에 의해 지침이 변동되는 것을 이용한 액면계이다.

64 정답 | ①
풀이 | 시험지 변색 상태
① C_2H_2 : 염화제1동 착염지(누출 시 적색)
② H_2S : 초산납 시험지(연당지 : 누출 시 흑색)
③ CO : 염화파라듐지(누출 시 흑색)
④ HCN : 초산벤젠지(질산구리벤젠지 : 누출 시 청색)

65 정답 | ①
풀이 | 연소분석법
㉠ 폭발법
㉡ 분별연소법(촉매 : 파라듐흑연, 백금, 실리카겔)
㉢ 완만연소법

66 정답 | ④
풀이 | 흡수분석법
㉠ 헴펠법
㉡ 오르자트법
㉢ 게겔법

67 정답 | ④
풀이 | 계측기기의 감도가 좋으면 측정시간이 길어지고 측정범위가 좁아진다.

68 정답 | ①
풀이 | 가스미터 추측식
㉠ 오리피스식
㉡ 터빈식
㉢ 선근차식

69 정답 | ②
풀이 | 액주식 압력계 액주는 혼합성분이 아닌 단일성분일 것(물, Hg 등 사용)

70 정답 | ④

풀이 | 건습구 습도계(건구와 습구 온도계로 혼합)

기체의 온도를 지시하는 건구 온도계와 감온부를 얇은 포로 싸서 항상 물에 젖어 있는 습구 온도계의 시차로부터 그때의 상대습도를 습도계표에 따라 구한다.

71 정답 | ④

풀이 | 염광광도형 검출기(FPD)

인 또는 유황화합물을 선택적으로 검출할 수 있고 기체의 흐름속도에 민감하게 반응하는 가스크로마토그래피 기기분석법이다.

※ 캐리어가스(전개제) : 수소, 헬륨, 아르곤, 질소

72 정답 | ②

풀이 | 와류유량계(Vortex Flow Meter)

유동장 내부에 강체가 존재하면 유체의 점성에 의해 유동은 경계층이 형성되고 경계층이 발달함에 따라 유동의 박리(Separation)가 발생하여 측정관 내부에 설치된 강체의 하류 쪽에 카르만(Karman)와류가 형성된다. 주파수를 측정하여 유량신호를 얻는다.

73 정답 | ④

풀이 | 막식 가스미터(다이어프램식)의 감도 불량

가스미터에 감도 유량을 흘렸을 때 미터지침의 시도에 변화가 나타나지 않는 고장이다(계량막 밸브와 밸브시트 사이, 패킹부 등에서 누설의 원인이 된다).

74 정답 | ④

풀이 | 니켈 저항 측온체의 측정온도 : $-50\sim150$℃

(저항식 온도계 저항체 : 백금, 니켈, 구리, 서미스터)

75 정답 | ③

풀이 | 헴펠법 흡수분석에서 가스의 분석순서

이산화탄소 → 탄화수소 → 산소 → 일산화탄소

76 정답 | ①

풀이 | 기체 크로마토그래피의 기기분석법으로 동일 가스의 연속측정은 불가능하다.

77 정답 | ④

풀이 | 유량의 단위 : m^3/s, ft^3/h, L/s

78 정답 | ②

풀이 | 용적식 유량계

㉠ 루트식

㉡ 오벌기어식

㉢ 로터리 피스톤식

㉣ 습식 가스미터기

㉤ 회전원판식

79 정답 | ③

풀이 | 계측기기 측정방법

㉠ 영위법

㉡ 편위법

㉢ 치환법

㉣ 보상법

80 정답 | ③

풀이 |

가스미터
유량지침
$400m^3/h$

오차 $= 400 - 380 = 20m^3$

$\therefore$ 오차율 $= \frac{20}{400} \times 100 = 5\%$

06회 실전점검!

CBT 실전모의고사

수험번호 :

수험자명 :

제한 시간 : 2시간
남은 시간 :

글자 크기  100%  150% 200% 화면 배치 

전체 문제 수 :
안 푼 문제 수 :

답안 표기란

1	①	②	③	④
2	①	②	③	④
3	①	②	③	④
4	①	②	③	④
5	①	②	③	④
6	①	②	③	④
7	①	②	③	④
8	①	②	③	④
9	①	②	③	④
10	①	②	③	④
11	①	②	③	④
12	①	②	③	④
13	①	②	③	④
14	①	②	③	④
15	①	②	③	④
16	①	②	③	④
17	①	②	③	④
18	①	②	③	④
19	①	②	③	④
20	①	②	③	④
21	①	②	③	④
22	①	②	③	④
23	①	②	③	④
24	①	②	③	④
25	①	②	③	④
26	①	②	③	④
27	①	②	③	④
28	①	②	③	④
29	①	②	③	④
30	①	②	③	④

1과목 연소공학

01 증발연소 시 발생하는 화염을 무엇이라 하는가?

① 산화화염
② 표면화염
③ 확산화염
④ 환원화염

02 고열원 T_1, 저열원 T_2인 카르노사이클의 열효율을 옳게 나타낸 것은?

① $\eta_c = \dfrac{T_1 - T_2}{T_1}$
② $\eta_c = \dfrac{T_1 - T_2}{T_2}$
③ $\eta_c = \dfrac{T_2 - T_1}{T_1}$
④ $\eta_c = \dfrac{T_2 - T_1}{T_2}$

03 공기 중에서 폭발하한계값이 가장 낮은 가스는?

① 수소
② 메탄
③ 부탄
④ 일산화탄소

04 탄화수소계 연료에서 연소 시 검댕이가 많이 발생하는 순서를 바르게 나타낸 것은?

① 파라핀계 > 올레핀계 > 벤젠계 > 나프탈렌계
② 나프탈렌계 > 벤젠계 > 올레핀계 > 파라핀계
③ 벤젠계 > 나프탈렌계 > 파라핀계 > 올레핀계
④ 올레핀계 > 파라핀계 > 나프탈렌계 > 벤젠계

05 다음 중 연소가스와 폭발등급이 바르게 짝지어진 것은?

① 수소 − 1등급
② 메탄 − 1등급
③ 에틸렌 − 1등급
④ 아세틸렌 − 1등급

계산기 다음 ▶ 안 푼 문제 답안 제출

06회 실전점검! CBT 실전모의고사

수험번호 :
수험자명 :

제한 시간 : 2시간
남은 시간 :

글자 크기 100% 150% 200% 화면 배치 전체 문제 수 : 안 푼 문제 수 :

답안 표기란

06 상온, 상압하에서 메탄-공기의 가연성 혼합기체를 완전연소시킬 때 메탄 1kg을 완전연소시키기 위해서는 공기 몇 kg이 필요한가?

① 4 ② 17.3
③ 19.04 ④ 64

07 다음 중 중합폭발을 일으키는 물질은?

① 히드라진 ② 과산화물
③ 부타디엔 ④ 아세틸렌

08 다음 중 가연성 물질이 아닌 것은?

① 프로판 ② 부탄
③ 암모니아 ④ 사염화탄소

09 가정용 연료가스는 프로판과 부탄가스를 액화한 혼합물이다. 이 혼합물이 30℃에서 프로판과 부탄의 몰비가 5 : 1로 되어 있다면 이 용기 내의 압력은 약 몇 atm인가?(단, 30℃에서의 증기압은 프로판 9,000mmHg이고, 부탄은 2,400mmHg이다.)

① 2.6 ② 5.5
③ 8.8 ④ 10.4

10 정적변화인 때의 비열인 정적비열(C_v)과 정압변화인 때의 비열인 정압비열(C_p)의 일반적인 관계로 알맞은 것은?

① $C_p > C_v$
② $C_p < C_v$
③ $C_p = C_v$
④ C_p와 C_v는 일반적인 관계가 없다.

1	①	②	③	④
2	①	②	③	④
3	①	②	③	④
4	①	②	③	④
5	①	②	③	④
6	①	②	③	④
7	①	②	③	④
8	①	②	③	④
9	①	②	③	④
10	①	②	③	④
11	①	②	③	④
12	①	②	③	④
13	①	②	③	④
14	①	②	③	④
15	①	②	③	④
16	①	②	③	④
17	①	②	③	④
18	①	②	③	④
19	①	②	③	④
20	①	②	③	④
21	①	②	③	④
22	①	②	③	④
23	①	②	③	④
24	①	②	③	④
25	①	②	③	④
26	①	②	③	④
27	①	②	③	④
28	①	②	③	④
29	①	②	③	④
30	①	②	③	④

계산기 다음 ▶ 안 푼 문제 답안 제출

11 연소속도에 영향을 주는 요인이 아닌 것은?

① 화염온도
② 가연물질의 종류
③ 지연성 물질의 온도
④ 미연소가스의 열전도율

12 질소와 산소를 같은 질량으로 혼합하였을 때 평균분자량은 약 얼마인가?(단, 질소와 산소의 분자량은 각각 28, 32이다.)

① 28.25
② 28.97
③ 29.87
④ 30.45

13 일산화탄소(CO) 10Sm^{3}를 완전연소시키는 데 필요한 공기량은 약 몇 Sm^{3}인가?

① 17.2
② 23.8
③ 35.7
④ 45.0

14 연료온도와 공기온도가 모두 25℃인 경우 기체연료의 이론화염온도가 옳게 표시된 것은?

① 수소 : 2,252℃
② 메탄 : 3,122℃
③ 일산화탄소 : 4,315℃
④ 프로판 : 5,123℃

15 물질의 화재위험성에 대한 설명으로 틀린 것은?

① 인화점이 낮을수록 위험하다.
② 발화점이 높을수록 위험하다.
③ 연소범위가 넓을수록 위험하다.
④ 착화에너지가 낮을수록 위험하다.

16 10℃의 공기를 단열압축하여 체적을 1/6로 하였을 때 가스의 온도는 약 몇 K인가?(단, 공기의 비열비는 1.4이다.)

① 580K ② 585K
③ 590K ④ 595K

17 어떤 용기 중에 들어 있는 1kg의 기체를 압축하는 데 1,281kg 일이 소요되었으며 도중에 3.7kcal의 열이 용기 외부로 방출되었다. 이 기체 1kg당 내부에너지의 변화값은 약 몇 kcal인가?

① 0.7kcal/kg ② −0.7kcal/kg
③ 1.4kcal/kg ④ −1.4kcal/kg

18 가연성 혼합기체가 폭발범위 내에 있을 때 점화원으로 작용할 수 있는 정전기의 방지대책으로 틀린 것은?

① 접지를 실시한다.
② 제전기를 사용하여 대전된 물체를 전기적 중성상태로 한다.
③ 습기를 제거하여 가연성 혼합기가 수분과 접촉하지 않도록 한다.
④ 인체에서 발생하는 정전기를 방지하기 위하여 방전복 등을 착용하여 정전기 발생을 제거한다.

19 상온, 상압하의 수소가 공기와 혼합하였을 때 폭발범위는 몇 %인가?

① 4.0~75.1% ② 2.5~81.0%
③ 10.0~42.0% ④ 1.8~7.8%

20 위험성 평가기법 중 공정에 존재하는 위험요소들과 공정의 효율을 떨어뜨릴 수 있는 운전상의 문제점을 찾아내어 그 원인을 제거하는 정성적인 안전성 평가기법은?

① What−if ② HEA
③ HAZOP ④ FMECA

1	①	②	③	④
2	①	②	③	④
3	①	②	③	④
4	①	②	③	④
5	①	②	③	④
6	①	②	③	④
7	①	②	③	④
8	①	②	③	④
9	①	②	③	④
10	①	②	③	④
11	①	②	③	④
12	①	②	③	④
13	①	②	③	④
14	①	②	③	④
15	①	②	③	④
16	①	②	③	④
17	①	②	③	④
18	①	②	③	④
19	①	②	③	④
20	①	②	③	④
21	①	②	③	④
22	①	②	③	④
23	①	②	③	④
24	①	②	③	④
25	①	②	③	④
26	①	②	③	④
27	①	②	③	④
28	①	②	③	④
29	①	②	③	④
30	①	②	③	④

계산기 다음 ▶ 안 푼 문제 답안 제출

2과목 가스설비

21 금속 플렉시블 호스의 제조기준 적합 여부에 대하여 실시하는 생산단계검사의 검사 종류별 검사항목이 아닌 것은?

① 구조검사
② 치수검사
③ 내압시험
④ 기밀시험

22 천연가스의 비점은 약 몇 ℃인가?

① −84
② −162
③ −183
④ −192

23 다음 중 회전펌프가 아닌 것은?

① 기어펌프
② 나사펌프
③ 베인펌프
④ 제트펌프

24 LPG 저장탱크에 관한 설명으로 틀린 것은?

① 구형탱크는 지진에 의한 피해방지를 위해 2중으로 한다.
② 지상탱크는 단열재를 사용한 2중 구조로 하여 진공시키면 LNG도 저장할 수 있다.
③ 탱크 재료는 고장력강으로 제작된다.
④ 지하암반을 이용한 저장시설에서는 외부에서 압력이 작용되고 있다.

답안 표기란

1	①	②	③	④
2	①	②	③	④
3	①	②	③	④
4	①	②	③	④
5	①	②	③	④
6	①	②	③	④
7	①	②	③	④
8	①	②	③	④
9	①	②	③	④
10	①	②	③	④
11	①	②	③	④
12	①	②	③	④
13	①	②	③	④
14	①	②	③	④
15	①	②	③	④
16	①	②	③	④
17	①	②	③	④
18	①	②	③	④
19	①	②	③	④
20	①	②	③	④
21	①	②	③	④
22	①	②	③	④
23	①	②	③	④
24	①	②	③	④
25	①	②	③	④
26	①	②	③	④
27	①	②	③	④
28	①	②	③	④
29	①	②	③	④
30	①	②	③	④

계산기 다음 ▶ 안 푼 문제 답안 제출

06회 실전점검! CBT 실전모의고사

수험번호 :
수험자명 :

제한 시간 : 2시간
남은 시간 :

글자 크기 100% 150% 200% 화면 배치 전체 문제 수 : 안 푼 문제 수 :

답안 표기란

25 **도시가스제조 원료의 저장설비에서 액화석유가스(LPG) 저장법으로 옳은 것은?**

① 가압식 저장법, 저온식(냉동식) 저장법
② 고온저압식 저장법, 저온식(냉동식) 저장법
③ 가압식 저장법, 고온증발식 저장법
④ 고온저압식 저장법, 예열증발식 저장법

26 **접촉분해프로세스로 도시가스 제조 시 일정 온도, 압력하에서 수증기와 원료 탄화수소와의 중량비(수증기비)를 증가시키면 일어나는 현상은?**

① CH_4가 많고 H_2가 적은 가스가 발생한다.
② CO의 변성반응이 촉진된다.
③ CH_4가 많고 CO가 적은 가스가 발생한다.
④ CH_4의 수증기 개질을 억제한다.

27 **터보 압축기에 주로 사용되는 밀봉장치 형식이 아닌 것은?**

① 테프론 실
② 메커니컬 실
③ 래버린스 실
④ 카본 실

28 **정압기의 작동원리에 대한 설명으로 틀린 것은?**

① 직동식에서 2차 압력이 설정압력보다 높은 경우는 다이어프램을 들어 올리는 힘이 증가한다.
② 파일럿식에서 2차 압력이 설정압력보다 높은 경우는 파일럿 다이어프램을 밀어 올리는 힘이 스프링과 작용하여 가스양이 감소한다.
③ 직동식에서 2차 압력이 설정압력보다 낮은 경우는 메인밸브를 열리게 하여 가스양을 증가시킨다.
④ 파일럿식에서 2차 압력이 설정압력보다 낮은 경우는 다이어프램에 작용하는 힘과 스프링 힘에 의해 가스양이 감소한다.

번호				
1	①	②	③	④
2	①	②	③	④
3	①	②	③	④
4	①	②	③	④
5	①	②	③	④
6	①	②	③	④
7	①	②	③	④
8	①	②	③	④
9	①	②	③	④
10	①	②	③	④
11	①	②	③	④
12	①	②	③	④
13	①	②	③	④
14	①	②	③	④
15	①	②	③	④
16	①	②	③	④
17	①	②	③	④
18	①	②	③	④
19	①	②	③	④
20	①	②	③	④
21	①	②	③	④
22	①	②	③	④
23	①	②	③	④
24	①	②	③	④
25	①	②	③	④
26	①	②	③	④
27	①	②	③	④
28	①	②	③	④
29	①	②	③	④
30	①	②	③	④

계산기 다음 ▶ 안 푼 문제 답안 제출

06회 실전점검! CBT 실전모의고사

수험번호 :
수험자명 :

제한 시간 : 2시간
남은 시간 :

글자 크기 100% 150% 200% 화면 배치 전체 문제 수 : 안 푼 문제 수 :

답안 표기란

29 고압장치 배관에 발생된 열응력을 제거하기 위한 이음이 아닌 것은?

① 루프형
② 슬라이드형
③ 벨로스형
④ 플랜지형

30 LPG 충전소 내의 가스사용시설 수리에 대한 설명으로 옳은 것은?

① 화기를 사용하는 경우에는 설비 내부의 가연성 가스가 폭발하한계의 1/4 이하인 것을 확인하고 수리한다.
② 충격에 의한 불꽃에 가스가 인화할 염려는 없다고 본다.
③ 내압이 완전히 빠져 있으면 화기를 사용해도 좋다.
④ 볼트를 조일 때는 한쪽만 잘 조이면 된다.

번호				
1	①	②	③	④
2	①	②	③	④
3	①	②	③	④
4	①	②	③	④
5	①	②	③	④
6	①	②	③	④
7	①	②	③	④
8	①	②	③	④
9	①	②	③	④
10	①	②	③	④
11	①	②	③	④
12	①	②	③	④
13	①	②	③	④
14	①	②	③	④
15	①	②	③	④
16	①	②	③	④
17	①	②	③	④
18	①	②	③	④
19	①	②	③	④
20	①	②	③	④
21	①	②	③	④
22	①	②	③	④
23	①	②	③	④
24	①	②	③	④
25	①	②	③	④
26	①	②	③	④
27	①	②	③	④
28	①	②	③	④
29	①	②	③	④
30	①	②	③	④

계산기 다음 ▶ 안 푼 문제 답안 제출

31 **황동(Brass)과 청동(Bronze)은 구리와 다른 금속과의 합금이다. 각각 무슨 금속인가?**

① 주석, 인　　② 알루미늄, 아연
③ 아연, 주석　　④ 알루미늄, 납

32 **펌프에서 발생하는 수격현상의 방지법으로 틀린 것은?**

① 관 내의 유속흐름속도를 가능한 한 적게 한다.
② 서지(surge) 탱크를 관 내에 설치한다.
③ 플라이 휠을 설치하여 펌프의 속도가 급변하는 것을 막는다.
④ 밸브는 펌프 주입구에 설치하고 밸브를 적당히 제어한다.

33 **일반가스의 공급선에 사용되는 밸브 중 유체의 유량조절은 용이하나 밸브에서 압력손실이 커 고압의 대구경 밸브로서는 부적합한 밸브는?**

① 게이트(Gate)밸브　　② 글로브(Glove)밸브
③ 체크(Check)밸브　　④ 볼(Ball)밸브

34 **황산염 환원 박테리아가 번식하는 토양에서 부식방지를 위한 방식전위는 얼마 이하가 적당한가?**

① −0.8V　　② −0.85V
③ −0.9V　　④ −0.95V

35 **고압가스장치 금속재료의 기계적 성질 중 어느 온도 이상에서 재료에 일정한 하중을 가한 순간에 변형을 일으킬 뿐만 아니라 시간의 경과와 더불어 변형이 증대하고 때로 파괴되는 경우가 있다. 이러한 현상을 무엇이라고 하는가?**

① 피로한도　　② 크리프(Creep)
③ 탄성계수　　④ 충격치

번호				
31	①	②	③	④
32	①	②	③	④
33	①	②	③	④
34	①	②	③	④
35	①	②	③	④
36	①	②	③	④
37	①	②	③	④
38	①	②	③	④
39	①	②	③	④
40	①	②	③	④
41	①	②	③	④
42	①	②	③	④
43	①	②	③	④
44	①	②	③	④
45	①	②	③	④
46	①	②	③	④
47	①	②	③	④
48	①	②	③	④
49	①	②	③	④
50	①	②	③	④
51	①	②	③	④
52	①	②	③	④
53	①	②	③	④
54	①	②	③	④
55	①	②	③	④
56	①	②	③	④
57	①	②	③	④
58	①	②	③	④
59	①	②	③	④
60	①	②	③	④

36 공기액화 분리장치에 들어가는 공기 중 아세틸렌가스가 혼입되면 안 되는 주된 이유는?

① 산소와 반응하여 산소의 증발을 방해한다.
② 응고되어 돌아다니다가 산소 중에서 폭발할 수 있다.
③ 파이프 내에서 동결되어 파이프가 막히기 때문이다.
④ 질소와 산소의 분리작용을 방해하기 때문이다.

37 공기액화 분리장치에서 산소를 압축하는 왕복동 압축기의 1시간당 분출가스양이 6,000kg이고, 27℃에서의 안전밸브 작동압력이 8MPa이라면 안전밸브의 유효분출면적은 약 몇 cm^2인가?

① 0.52 ② 0.75
③ 0.99 ④ 1.26

38 메탄가스에 대한 설명으로 옳은 것은?

① 공기 중에 30%의 메탄가스가 혼합된 경우 점화하면 폭발한다.
② 담청색의 기체로서 무색의 화염을 낸다.
③ 고온에서 수증기와 작용하면 일산화탄소와 수소를 생성한다.
④ 올레핀계탄화수소로서 가장 간단한 형의 화합물이다.

39 다음 중 조정압력이 57~83kPa일 때 사용되는 압력조정기는?

① 2단감압식 1차용 조정기
② 2단감압식 2차용 조정기
③ 자동절체식 일체형 준저압조정기
④ 1단감압식 준저압조정기

40 강관이음재 중 구경이 서로 다른 배관을 연결할 때 주로 사용되는 것은?

① 엘보 ② 리듀서
③ 티 ④ 소켓

06회 실전점검! CBT 실전모의고사

수험번호 :
수험자명 :

제한 시간 : 2시간
남은 시간 :

글자 크기 100% 150% 200% 화면 배치 전체 문제 수 : 안 푼 문제 수 :

답안 표기란

31	①	②	③	④
32	①	②	③	④
33	①	②	③	④
34	①	②	③	④
35	①	②	③	④
36	①	②	③	④
37	①	②	③	④
38	①	②	③	④
39	①	②	③	④
40	①	②	③	④
41	①	②	③	④
42	①	②	③	④
43	①	②	③	④
44	①	②	③	④
45	①	②	③	④
46	①	②	③	④
47	①	②	③	④
48	①	②	③	④
49	①	②	③	④
50	①	②	③	④
51	①	②	③	④
52	①	②	③	④
53	①	②	③	④
54	①	②	③	④
55	①	②	③	④
56	①	②	③	④
57	①	②	③	④
58	①	②	③	④
59	①	②	③	④
60	①	②	③	④

3과목 가스안전관리

41 차량에 고정된 2개 이상을 서로 연결한 이음매 없는 용기의 운반차량에 반드시 설치하지 않아도 되는 것은?

① 역류방지밸브
② 검지봉
③ 압력계
④ 긴급탈압밸브

42 LPG 자동차 용기 충전시설에 설치되는 충전호스에 대한 기준으로 틀린 것은?

① 충전호스의 길이는 5m이어야 한다.
② 정전기 제거장치를 설치해야 한다.
③ 가스 주입구는 원터치형으로 한다.
④ 호스에 과도한 인장력이 가해졌을 때 긴급차단장치가 작동해야 한다.

43 암모니아에 대한 설명으로 틀린 것은?

① 강한 자극성이 있고 무색이며 물에 잘 용해된다.
② 붉은 리트머스 시험지에 접촉하면 푸른색으로 변한다.
③ 20℃에서 2.15kgf/cm^2 이상으로 압축하면 액화된다.
④ 고온에서 마그네슘과 반응하여 질화마그네슘을 만든다.

44 방폭전기기기의 용기에서 가연성 가스가 폭발할 경우 그 용기가 폭발압력에 견디고, 접합면, 개구부 등을 통하여 외부의 가연성 가스에 인화되지 않도록 한 구조는?

① 압력방폭구조
② 내압방폭구조
③ 유입방폭구조
④ 안전증방폭구조

45 프로판가스의 폭발위험도는 약 얼마인가?

① 3.5
② 12.5
③ 15.5
④ 20.2

계산기 다음 ▶ 안 푼 문제 답안 제출

46 고압가스 특정 제조설비에는 비상전력설비를 설치하여야 한다. 다음 중 가스누출 검지 경보장치에 설치하는 비상전력설비가 아닌 것은?

① 타처 공급전력　② 자가발전
③ 엔진구동발전　④ 축전지장치

47 고압가스 특정제조시설에서 사업소 밖의 가연성 가스 배관을 노출하여 설치 시 다음 시설과 지상배관과의 수평거리를 가장 멀리하여야 하는 시설은?

① 도로　② 철도
③ 병원　④ 주택

48 고압가스를 운반하는 차량의 안전경계표지 중 삼각기의 바탕과 글자색은?

① 백색바탕 – 적색글씨
② 적색바탕 – 황색글씨
③ 황색바탕 – 적색글씨
④ 백색바탕 – 청색글씨

49 도시가스 공급 시 패널(Panel)에 의한 가스냄새농도측정에서 냄새 판정을 위한 시료의 희석배수가 아닌 것은?

① 100배　② 500배
③ 1,000배　④ 4,000배

50 공기 중 폭발범위가 가장 넓은 가스는?

① 수소　② 아세트알데히드
③ 에탄　④ 산화에틸렌

51 용기에 의한 고압가스 판매의 시설기준으로 틀린 것은?

① 보관할 수 있는 고압가스양이 300m^{3}를 넘는 경우에는 보호시설과 안전거리를 유지해야 한다.
② 가연성 가스, 산소 및 독성 가스의 저장실은 각각 구분하여 설치한다.
③ 용기보관실의 지붕은 불연성 재질의 가벼운 것으로 설치한다.
④ 가연성 가스 충전용기 보관실의 주위 8m 이내에는 화기가 없어야 한다.

52 고압가스시설의 안전을 확보하기 위한 고압가스설비 설치기준에 대한 설명으로 틀린 것은?

① 아세틸렌 충전용 교체밸브는 충전하는 장소에서 격리하여 설치한다.
② 공기액화분리기에 설치하는 피트는 양호한 환기구조로 한다.
③ 에어졸 제조시설에는 과압을 방지할 수 있는 수동충전기를 설치한다.
④ 고압가스설비는 상용압력의 1.5배 이상의 압력으로 내압시험을 실시하여 이상이 없어야 한다.

53 아세틸렌을 용기에 충전할 때 다음 물질 중 침윤제로 사용되는 것은?

① 아세톤　　② 벤젠
③ 케톤　　④ 알데히드

54 도시가스 사업자가 가스시설에 대한 안전성 평가서를 작성할 때 반드시 포함하여야 할 사항이 아닌 것은?

① 절차에 관한 사항
② 결과조치에 관한 사항
③ 품질보증에 관한 사항
④ 기법에 관한 사항

번호				
31	①	②	③	④
32	①	②	③	④
33	①	②	③	④
34	①	②	③	④
35	①	②	③	④
36	①	②	③	④
37	①	②	③	④
38	①	②	③	④
39	①	②	③	④
40	①	②	③	④
41	①	②	③	④
42	①	②	③	④
43	①	②	③	④
44	①	②	③	④
45	①	②	③	④
46	①	②	③	④
47	①	②	③	④
48	①	②	③	④
49	①	②	③	④
50	①	②	③	④
51	①	②	③	④
52	①	②	③	④
53	①	②	③	④
54	①	②	③	④
55	①	②	③	④
56	①	②	③	④
57	①	②	③	④
58	①	②	③	④
59	①	②	③	④
60	①	②	③	④

55 냉동용기에 표시된 각인기호 및 단위로서 틀린 것은?

① 냉동능력 : RT
② 원동기 소요전력 : kW
③ 최고사용압력 : DP
④ 내압시험압력 : AP

56 다음 독성 가스별 제독제 및 제독제 보유량의 기준이 잘못 연결된 것은?

① 염소 : 소석회－620kg
② 포스겐 : 소석회－200kg
③ 아황산가스 : 가성소다수용액－530kg
④ 암모니아 : 물－다량

57 가스배관 내진설계기준에서 고압가스 배관의 지진해석 시 적용사항에 대한 설명으로 틀린 것은?

① 지반운동의 수평 2축방향 성분과 수직방향 성분을 고려한다.
② 지반을 통한 파의 방사조건을 적절하게 반영한다.
③ 배관－지반의 상호작용 해석 시 배관의 유연성과 변형성을 고려한다.
④ 기능수행수준 지진해석에서 배관의 거동은 거물형으로 가정한다.

58 도로 밑 도시가스배관 직상단에는 배관의 위치, 흐름방향을 표시한 라인마크(Line Mark)를 설치(표시)하여야 한다. 직선배관인 경우 라인마크의 최소 설치간격은?

① 25m
② 50m
③ 100m
④ 150m

59 고압가스설비의 수리 등을 할 때의 가스치환에 대한 설명으로 옳은 것은?

① 가연성 가스의 경우 가스의 농도가 폭발하한계의 1/2에 도달할 때까지 치환한다.
② 가스 치환 시 농도의 확인은 관능법에 따른다.
③ 불활성 가스의 경우 산소의 농도가 16% 이상에 도달할 때까지 공기로 치환한다.
④ 독성 가스의 경우 독성 가스의 농도가 TLV－TWA 기준농도 이하로 될 때까지 치환을 계속한다.

60 다음 [보기]의 특징을 가지는 가스는?

- 약산성으로 강한 독성, 가연성, 폭발성이 있다.
- 순수한 액체는 안정하나 소량의 수분에 급격한 중합을 일으키고 폭발할 수 있다.
- 살충용 훈증제, 전기도금, 화학물질 합성에 이용된다.

① 아크릴로니트릴　② 불화수소
③ 시안화수소　④ 브롬화메탄

4과목 가스계측기기

61 가스미터 선정 시 고려할 사항으로 틀린 것은?

① 가스의 최대사용유량에 적합한 계량능력인 것을 선택한다.
② 가스의 기밀성이 좋고 내구성이 큰 것을 선택한다.
③ 사용 시 기차가 커서 정확하게 계량할 수 있는 것을 선택한다.
④ 내열성, 내압성이 좋고 유지관리가 용이한 것을 선택한다.

62 혼합물의 구성 성분을 분리하는 분리관의 분리능에 가장 큰 영향을 미치는 것은?

① 시료의 용량
② 고정상 담체의 입자크기
③ 담체에 부착되는 액체의 양
④ 분리관의 모양과 배치

63 다음 중 보상도선과 기준접점을 이용하는 온도계는?

① 바이메탈 온도계　② 압력 온도계
③ 베크만 온도　④ 열전대 온도계

64 회전자형 및 피스톤형 가스미터를 제외한 건식 가스미터의 경우 검정증인의 올바른 표시위치는?

① 외부함
② 전면판
③ 눈금지시부 및 상판의 접합부
④ 본관의 보기 쉬운 부분 및 부관의 출입구

65 **바이메탈 온도계의 특징에 대한 설명으로 틀린 것은?**

① 히스테리시스 오차가 발생한다.
② 온도 변화에 대한 응답이 빠르다.
③ 온도조절 스위치로 많이 사용한다.
④ 작용하는 힘이 작다.

66 **배관의 유속을 피토관으로 측정할 때 마노미터의 수주높이가 30cm이었다. 이때 유속은 약 몇 m/s인가?**

① 0.76 ② 2.4
③ 7.6 ④ 24.2

67 **연소분석법 중 2종 이상의 동족 탄화수소와 수소가 혼합된 시료를 측정할 수 있는 것은?**

① 폭발법, 완만연소법 ② 분별연소법, 완만연소법
③ 파라듐관 연소법, 산화구리법 ④ 산화구리법, 완만연소법

68 **차압식 유량계로 유량을 측정하였더니 교축기구 전후의 차압이 20.25Pa일 때 유량이 25m^3/h이었다. 차압이 10.50Pa일 때의 유량은 약 몇 m^3/h인가?**

① 13 ② 18
③ 23 ④ 28

69 **액면 조절을 위한 자동제어의 구성으로 가장 적당한 것은?**

① 조작기 → 전송기 → 액면계 → 조절기 → 밸브
② 액면계 → 전송기 → 조작기 → 밸브 → 조절기
③ 밸브 → 액면계 → 전송기 → 조작기 → 조절기
④ 액면계 → 전송기 → 조절기 → 조작기 → 밸브

70 기준입력과 주피드백양의 차로서 제어동작을 일으키는 신호는?

① 기준입력 신호　② 조작신호
③ 동작신호　④ 주피드백 신호

71 다음 [그림]은 불꽃이온화 검출기(FID)의 구조를 나타낸 것이다. ①~④의 명칭으로 부적당한 것은?

제트
수소
㉠ ㉡ ㉢ ㉣
지시계

① ㉠-시료가스　② ㉡-직류전압
③ ㉢-전극　④ ㉣-가열부

72 다음 중 용적식 유량계에 해당되지 않는 것은?

① 루트식　② 피스톤식
③ 오벌식　④ 로터리피스톤식

73 스프링 저울에 의한 무게 측정은 어느 방법에 속하는가?

① 치환법　② 보상법
③ 영위법　④ 편위법

74 염화파라듐 시험지로 검지할 수 있는 가스는?

① H_2S　② CO
③ HCN　④ $COCl_2$

답안 표기란				
61	①	②	③	④
62	①	②	③	④
63	①	②	③	④
64	①	②	③	④
65	①	②	③	④
66	①	②	③	④
67	①	②	③	④
68	①	②	③	④
69	①	②	③	④
70	①	②	③	④
71	①	②	③	④
72	①	②	③	④
73	①	②	③	④
74	①	②	③	④
75	①	②	③	④
76	①	②	③	④
77	①	②	③	④
78	①	②	③	④
79	①	②	③	④
80	①	②	③	④

75 습도계의 종류와 [보기]의 내용이 바르게 연결된 것은?

㉠ 저습도의 측정이 가능하다.	㉡ 물이 필요하다.
㉢ 구조 및 취급이 간단하다.	㉣ 연속기록, 원격측정, 자동제어에 이용된다.

① 저항온도계식 건습구습도계 – ㉠, ㉡
② 광전관식 노점계 – ㉠, ㉢
③ 전기저항식 습도계 – ㉡, ㉣
④ 건습구 습도계 – ㉡, ㉢

76 가스시험지법 중 염화제일구리 착염지로 검지하는 가스 및 반응색으로 옳은 것은?

① 아세틸렌 – 적색
② 아세틸렌 – 흑색
③ 할로겐화물 – 적색
④ 할로겐화물 – 청색

77 다음 중 유체에너지를 이용하는 유량계는?

① 터빈유량계
② 전자기유량계
③ 초음파유량계
④ 열유량계

78 다음 중 실측식 가스미터가 아닌 것은?

① 다이어프램식 가스미터
② 와류식 가스미터
③ 회전자식 가스미터
④ 습식 가스미터

79 제어동작에 따른 분류 중 연속되는 동작은?

① On – Off 동작
② 다위치동작
③ 단속도동작
④ 비례동작

80 MAX $1.0m^3/h$, 0.5L/rev로 표기된 가스미터가 시간당 50회전하였을 경우 가스 유량은?

① $0.5m^3/h$
② 25L/h
③ $25m^3/h$
④ 50L/h

01	02	03	04	05	06	07	08	09	10
③	①	③	②	②	②	③	④	④	①
11	12	13	14	15	16	17	18	19	20
③	③	②	①	②	①	②	③	①	③
21	22	23	24	25	26	27	28	29	30
③	②	④	①	①	②	①	④	④	①
31	32	33	34	35	36	37	38	39	40
③	④	②	④	②	②	③	③	①	②
41	42	43	44	45	46	47	48	49	50
①	④	③	②	①	③	③	②	①	④
51	52	53	54	55	56	57	58	59	60
④	③	①	③	④	②	④	②	④	③
61	62	63	64	65	66	67	68	69	70
③	③	④	③	④	②	③	②	④	③
71	72	73	74	75	76	77	78	79	80
④	②	④	②	④	①	①	②	④	②

01 정답 | ③

풀이 | 확산화염

연료의 증발 시 발생하는 화염이다.

02 정답 | ①

풀이 | 카르노사이클 열효율 계산

$$\frac{T_1 - T_2}{T_1} = 1 - \frac{Q_2}{Q_1} = 1 - \frac{T_2}{T_1}$$

03 정답 | ③

풀이 | 폭발범위(%)

① 수소 : 4~75
② 메탄 : 5~15
③ 부탄 : 1.8~8.4
④ 일산화탄소 : 12.5~74

04 정답 | ②

풀이 | 탄화수소계 연료연소 시 검댕이 발생순서

나프탈렌계 > 벤젠계 > 올레핀계 > 파라핀계

05 정답 | ②

풀이 | (1) 폭발등급에 따른 위험성

폭발 3등급 > 폭발 2등급 > 폭발 1등급

(2) 안전간격

㉠ 1등급 : 0.6mm 초과
㉡ 2등급 : 0.4mm 초과 0.6mm 이하
㉢ 3등급 : 0.4mm 이하

(3) 연소가스의 폭발등급

㉠ 수소 : 3등급
㉡ 메탄 : 1등급
㉢ 에틸렌 : 2등급
㉣ 아세틸렌 : 3등급

06 정답 | ②

풀이 | $CH_4 + 2O_2 \rightarrow CO_2 + 2H_2O$

16kg 2×32kg

공기 중 산소 : 23.2%(중량값 %)

$$\text{이론산소량} = \frac{2 \times 32}{16} = 4\text{kg/kg}$$

$$\therefore \text{이론공기량} = 4 \times \frac{1}{0.232} = 17\text{kg/kg}$$

07 정답 | ③

풀이 | 부타디엔(C_4H_6) 가스

㉠ 폭발범위 : 2~12%
㉡ 상온에서 공기 중 산소와 반응하여 중합성의 과산화물을 생성한다.
㉢ 물에는 조금 녹고 아세톤, 에테르, 벤젠 등에 매우 잘 녹는다.

08 정답 | ④

풀이 | 사염화탄소(CCl_4) : 압축기 세정제로 사용한다.

09 정답 | ④

풀이 | $9,000 \times \frac{4}{5} = 7,200\text{mmHg}$

$2,400 \times \frac{1}{5} = 480\text{mmHg}$

1atm = 760mmHg

$\therefore (7,200 + 480) \times \frac{1}{760} = 10.1\text{atm}$

10 정답 | ①

풀이 | ㉠ 기체의 비열

정압비열 > 정적비열

㉡ 기체의 비열비(k)

$$k = \frac{\text{정압비열}}{\text{정적비열}} = 1\text{보다 크다} > 1$$

11 정답 | ③

풀이 | 연소속도에 영향을 미치는 주요인은 ①, ②, ④항 외에도 지연성 물질(조연성 물질, O_2, 공기 등)의 양과 관계된다.

12 정답 | ③

풀이 | 평균분자량 $= \frac{(28+32)}{2} = 30$

$= (28 \times 0.5) + (32 \times 0.5) = 30$

13 정답 | ②

풀이 | $CO + 0.5O_2 \rightarrow CO_2$ (공기 중 산소 : 21%)

이론공기량$(A_0) = 0.5 \times \frac{1}{0.21} = 2.38Sm^3/Sm^3$

$\therefore$ $2.38 \times 10 = 23.8Sm^3$

14 정답 | ①

풀이 | 이론화염온도

① 수소 : 2,252℃

② 메탄 : 2,066℃

③ 일산화탄소 : 2,000℃

④ 프로판 : 2,116℃

15 정답 | ②

풀이 | 발화점이 낮을수록 화재위험성이 크다.

㉠ 발화점(착화점) : 불씨에 의존하지 않고 주위 산화열에 의한 점화 시의 최저온도

㉡ 인화점 : 점화원에 의한 최저온도

16 정답 | ①

풀이 | $10 + 273 = 283K$, $T_2 = T_1 \times \left(\frac{\varepsilon_1}{\varepsilon_2}\right)^{k-1}$

$\therefore 283 \times \left(\frac{6}{1}\right)^{1.4-1} = 580K$

17 정답 | ②

풀이 | 일의 열량 = 1,281kg,

$m \times \frac{1}{427}$ kcal/kg · m = 3kcal/kg

$\therefore$ 3 − 3.7 = −0.7kcal/kg

18 정답 | ③

풀이 | 가연성 가스는 습기가 있으면 정전기가 방지된다.

19 정답 | ①

풀이 | 가연성 수소가스(H_2)의 상온에서 폭발범위

4.0~75.1%

20 정답 | ③

풀이 | ① What−if : 사고예상질문 분석

② HEA : 작업자실수 분석

③ HAZOP : 위험과 운전 분석

④ FMECA : 이상위험도 분석

21 정답 | ③

풀이 | 금속 플렉시블 호스 생산단계검사

㉠ 구조검사

㉡ 치수검사

㉢ 기밀시험

22 정답 | ②

풀이 | 천연가스(NG) 주성분인 메탄가스의 비점은 약 −162℃이다.

23 정답 | ④

풀이 | 특수펌프

제트펌프, 마찰펌프, 기포펌프, 수력펌프

24 정답 | ①

풀이 | 구형은 원통형에 비하여 강도가 높아 보존면에서 유리하고 누설이 완전 방지된다. 2중으로 하는 것보다는 단열재 사용이 필요하다.

25 정답 | ①

풀이 | LPG 도시가스제조 원료 저장법은 가압식 저장법, 저온식 저장법이 우수하다.

26 정답 | ②

풀이 | $CH_4 + H_2O \rightarrow CO + 3H_2O$(흡열반응)

27 정답 | ①

풀이 | 테프론(합성수지)은 플랜지패킹이다.

28 정답 | ④

풀이 | 파일럿식에서 2차 압력이 설정압력보다 낮은 경우 가스의 유량을 늘리고 2차 압력을 설정압력까지 회복시키도록 작동한다.

29 정답 | ④

풀이 | 플랜지형 이음은 관의 분해, 점검, 고장 시 해체작업이 가능한 이음이다.

30 정답 | ①
풀이 | LPG 충전소 내의 가스사용시설 수리 시 화기를 사용하는 경우 가연성 가스가 폭발한계의 $\frac{1}{4}$ 이하가 되는 것을 확인 후 수리한다.

31 정답 | ③
풀이 | ㉠ 황동=구리+아연
㉡ 청동=구리+주석

32 정답 | ④
풀이 | 펌프는 흡입, 토출밸브와 플렉시블 조인트 및 체크밸브(역류방지)가 설치된다.

33 정답 | ②
풀이 | 글로브밸브
유량조절밸브이며 대구경 밸브로는 사용이 부적합하다.

34 정답 | ④
풀이 | ㉠ 황산염 환원토양 : −0.95V 이하
㉡ 포화황산동 기준전극 : −0.85V 이하

35 정답 | ②
풀이 | 크리프 현상 : 변형이 증대하고 때로는 일정온도 이상에서 금속이 파괴되는 현상이다.

36 정답 | ②
풀이 | 공기액화 분리기의 C_2H_2 가스는 응고되어 돌아다니다가 산소 중에서 폭발할 수 있다.

37 정답 | ③
풀이 | 유효분출면적$(a)=\dfrac{W}{230P\times\sqrt{\dfrac{M}{T}}}$

$$=\frac{6000}{230\times(80+1)\times\sqrt{\dfrac{32}{273+27}}}$$

$$=\frac{6,000}{6,065}$$

$$=0.9892\text{cm}^2$$

※ $8\text{MPa}=80\text{kg/cm}^2\text{g}$

38 정답 | ③
풀이 | CH_4(메탄)$+\frac{1}{2}O_2 \rightarrow CO+2H_2+8.7\text{kcal}$
CH_4(메탄)$+H_2O \xrightarrow{Ni} CO+3H_2-49.3\text{kcal}$

39 정답 | ①
풀이 | ① 57~83kPa
② 230~330mmH_2O
③ 255~330mmH_2O
④ 230~330mmH_2O

40 정답 | ②
풀이 | ① 엘보 :  ② 리듀서 : 
③ 티 : 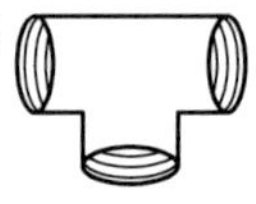 ④ 소켓 : 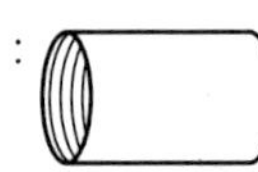

41 정답 | ①
풀이 | 운반차량에 설치한 필요설비
㉠ 검지봉
㉡ 주밸브
㉢ 안전밸브
㉣ 압력계
㉤ 긴급탈압밸브

42 정답 | ④
풀이 | 호스에 과도한 인장력이 가해지면 사용을 중지한다.

43 정답 | ③
풀이 | 암모니아의 특징
㉠ 암모니아가스 비점은 −33.3℃이므로 이 온도 이하에서 액화된다.
㉡ 상온(20℃)에서 8.46atm 이상으로 압력을 가하면 쉽게 액화된다.

44 정답 | ②
풀이 | 내압방폭구조
방폭전기기기의 용기 내부에서 가연성 가스의 폭발이 발생할 경우 그 용기가 폭발압력에 견디고 접합면 개구부 등을 통하여 외부의 가연성 가스에 인화되지 아니하도록 한 구조이다.

45 정답 | ①
풀이 | 프로판가스(C_3H_8)의 폭발위험도(H)

$$H=\frac{\text{상한치}-\text{하한치}}{\text{하한치}}=\frac{9.5-2.1}{2.1}=3.5$$

46 **정답 |** ③
풀이 | 가스누출검지 경보장치에 설치하는 비상전력설비
㉠ 타처 공급전력
㉡ 자가발전
㉢ 축전지장치

47 **정답 |** ③
풀이 | 병원은 제1종 보호시설이므로 지상배관과 수평거리가 멀리 떨어져야 한다.

48 **정답 |** ②
풀이 |

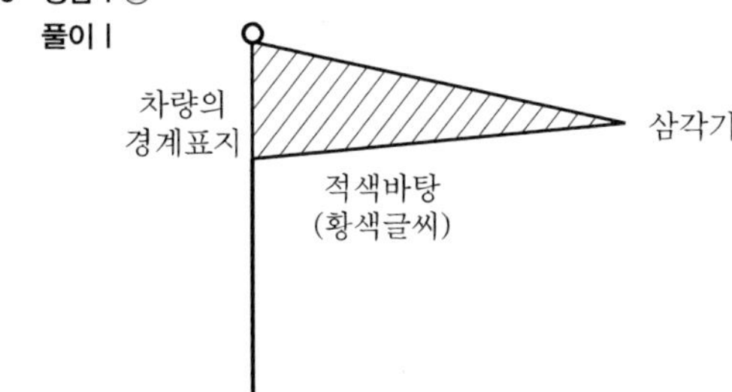

49 **정답 |** ①
풀이 | 패널이 측정하는 시료기체의 희석배수는 원칙적으로 500배, 1,000배, 2,000배, 4,000배의 4가지이다.

50 **정답 |** ④
풀이 | 가스폭발범위
① 수소 : 4~75%
② 아세트알데히드 : 4~60%
③ 에탄 : 3~12.5%
④ 산화에틸렌 : 3~80%

51 **정답 |** ④
풀이 | ④ 2m 이내이다.

52 **정답 |** ③
풀이 | 에어졸제조시설에는 정량을 충전할 수 있는 자동충전기를 설치하고, 인체에 사용하거나 가정에서 사용하는 에어졸제조시설에는 불꽃길이 시험장치를 갖출 것

53 **정답 |** ①
풀이 | C_2H_2 침윤제(용제)
아세톤, 디메틸포름아미드(DMF)

54 **정답 |** ③
풀이 | 안정성 평가와 품질보증은 관련성이 없는 내용이다.

55 **정답 |** ④
풀이 | 냉동용기 내압시험
㉠ 기호(TP)
㉡ 단위(MPa)

56 **정답 |** ②
풀이 | 포스겐($COCl_2$)가스 제독제 보유량
㉠ 소석회 : 360kg
㉡ 가성소다수용액 : 390kg

57 **정답 |** ④
풀이 | 기능수행수준
배관의 거동은 선형으로 가정한다.

58 **정답 |** ②
풀이 | 라인마크 : 50m마다 1개 이상 설치

59 **정답 |** ④
풀이 | ① 폭발하한계의 $\frac{1}{4}$ 이하
② 농도 확인 시 가스검지기 등을 사용
③ 산소농도가 18% 이상

60 **정답 |** ③
풀이 | 시안화수소(HCN)가스의 특징
㉠ 약산성, 강한 독성, 가연성
㉡ 소량(2%)의 수분에 중합폭발 발생
㉢ 살충용, 훈증제, 전기도금, 화학물질 합성용

61 **정답 |** ③
풀이 | 가스미터기는 기차(기기 고유의 오차)가 작을수록 좋다.

62 **정답 |** ③
풀이 | 분리관의 분리능에 가장 영향을 미치는 것은 담체에 부착되는 액체의 양이다.

63 **정답 |** ④
풀이 | 열전대 온도계(제백효과 온도계) 구성
㉠ 보상도선
㉡ 기준접점
㉢ 열전대
㉣ 표시기계

64 정답 | ③

풀이 | 건식 가스미터기의 검정증인 표시위치

눈금지시부 및 상판의 접합부(회전자형 및 피스톤형 가스미터기는 제외)

65 정답 | ④

풀이 | 바이메탈 온도계(인바+황동)는 접촉식 온도계로서 작용하는 힘이 크며 측정범위는 −50~500℃이다.

66 정답 | ②

풀이 | $V=\sqrt{2gh}=\sqrt{2\times 9.8\times 0.3}$

$=2.4\text{m/s}$

67 정답 | ③

풀이 | 파라듐관 연소법, 산화구리법 : 2종 이상의 동족 탄화수소와 수소가 혼합된 시료측정 연소분석법이다.

68 정답 | ②

풀이 | $25\times\frac{\sqrt{10.50}}{\sqrt{20.25}}=\frac{3.24}{4.5}\times 25$

$=18\text{m}^3/\text{h}$

69 정답 | ④

풀이 | 액면 조절 자동제어 구성

액면계 → 전송기 → 조절기 → 조작기 → 밸브

70 정답 | ③

풀이 | 동작신호

기준입력과 주피드백양의 차로서 제어동작을 일으키는 신호이다.

71 정답 | ④

풀이 | ㉣−항온조

72 정답 | ②

풀이 | 자유피스톤식 : 압력계(2차 압력계 교정)

73 정답 | ④

풀이 | ① 치환법 : 다이얼게이지, 천칭 사용

② 보상법 : 미리 알고 있는 양의 차이로써 측정량을 알아낸다.

③ 영위법 : 천칭 사용

④ 편위법 : 스프링식 저울

74 정답 | ②

풀이 | ① 황화수소(H_2S) : 초산납시험지(연당지)

② 일산화탄소(CO) : 염화파라듐지

③ 시안화수소(HCN) : 초산벤젠지

④ 포스겐($COCl_2$) : 하리슨 시험지

75 정답 | ④

풀이 | (1) 듀셀 전기 노점계

저습도 측정이 가능하다.

(2) 건습구 습도계

㉠ 물이 필요하다.

㉡ 구조 및 취급이 용이하다.

(3) 광전관식 노점습도계

㉠ 저습도의 측정이 가능하다.

㉡ 연속적 자동제어가 가능하다.

76 정답 | ①

풀이 | 아세틸렌(염화제일구리 착염지)

가스누설 시 적색으로 변한다.

77 정답 | ①

풀이 | 터빈유량계(추측식 가스미터기)

유체에너지를 이용한 가스미터기이다.

78 정답 | ②

풀이 | 와류식 유량계

델타 유량계, 스월미터 유량계, 카르만 유량계가 있으며 소용돌이 유량계도 사용한다.

79 정답 | ④

풀이 | (1) 연속동작

㉠ 비례동작

㉡ 적분동작

㉢ 미분동작

(2) 불연속동작

온−오프동작, 다위치동작, 단속도동작

80 정답 | ②

풀이 | $Q=\text{rev}\times\text{rpm}=0.5\times 50=25\text{L/h}$

■ 저자약력

권오수
- (사)한국가스기술인협회 회장
- (자)한국에너지관리자격증연합회 회장
- (기)한국기계설비유지관리자협회 회장
- (재)한국보일러사랑재단 이사장

전삼종
- 대한민국 가스명장
- 대한민국 산업현장 교수
- (주)건일산업 대표이사
- 기업체(가스, 안전관리) 위촉강사

박창현
- 한국에너지관리기능장협회 사무총장
- 기능장 3관왕
- 한국에너지기술인협회 회원권익보호위원회 위원
- 한국가스기술인협회 임원

가스산업기사 필기

과년도 문제풀이 7개년

발행일 | 2023. 1. 10 초판 발행
2024. 1. 10 개정 1판 1쇄

저 자 | 권오수 · 박창현 · 전삼종
발행인 | 정용수
발행처 | 예문사

주 소 | 경기도 파주시 직지길 460(출판도시) 도서출판 예문사
TEL | 031) 955－0550
FAX | 031) 955－0660
등록번호 | 11－76호

정가 : 24,000원

ISBN 978-89-274-5255-3 13570